微積分
Brief Applied Calculus

James Stewart・Daniel Clegg 著

王慶安・陳慈芬・鍾文鼎 譯

CENGAGE
Learning

Andover・Melbourne・Mexico City・Stamford, CT・Toronto・Hong Kong・New Delhi・Seoul・Singapore・Tokyo

```
微積分 / James Stewart, Daniel Clegg原著；王慶安,
陳慈芬,鍾文鼎譯. -- 初版. -- 臺北市：新加坡商
聖智學習, 2012.06
    面； 公分
譯自：Brief Applied Calculus
ISBN 978-986-6121-75-3 (平裝)

1. 微積分

314.1                          101010567
```

微積分

© 2012 年，新加坡商亞洲聖智學習國際出版有限公司著作權所有。本書所有內容，
未經本公司事前書面授權，不得以任何方式（包括儲存於資料庫或任何存取系統內）
作全部或局部之翻印、仿製或轉載。

© 2012 Cengage Learning Asia Pte Ltd.
Original: Brief Applied Calculus
　　　　By James Stewart・Daniel Clegg
　　　　ISBN: 9780534423827
　　　　©2012 Brooks/Cole, Cengage Learning Company
　　　　All rights reserved.

　　　　1 2 3 4 5 6 7 8 9 20 16 5 4 3 2

出 版 商	新加坡商聖智學習亞洲私人有限公司台灣分公司
	10349 臺北市鄭州路 87 號 9 樓之 1
	http://www.cengage.tw
	電話：(02) 2558-0569　　傳真：(02) 2558-0360
原　　著	James Stewart・Daniel Clegg
譯　　者	王慶安・陳慈芬・鍾文鼎
企劃編輯	邱筱薇
執行編輯	曾怡蓉
印務管理	吳東霖
總 經 銷	台灣東華書局股份有限公司
	地址：100 台北市重慶南路 1 段 147 號 3 樓
	http://www.tunghua.com.tw
	郵撥：00064813
	電話：(02) 2311-4027
	傳真：(02) 2311-6615
定　　價	650 元
出版日期	西元 2012 年 6 月　初版一刷

ISBN 978-986-6121-75-3

(12SRM0)

譯者序

　　James Stewart 教授所著的微積分教科書以使用口語化的敘述，並佐以圖形及數據來詮釋數學概念而聞名，向來是國內外大學校院理工科系微積分課程的首選。在這本微積分中，Stewart 教授與合著者則是以管理科學和生命科學領域應用的觀點為主，並輔以理工類科嚴謹的態度來撰寫。因此，全書多以自然情境的例題來鋪陳，逐步引導學生理解概念，熟練微積分的基本運算技巧，期望能應用在各自的專業學習中。

　　譯者團隊在保持書本的完整性原則下，加以翻譯成為適合商管或生命科學領域的微積分課程之中文版教科書，以利國內學生有效地學習微積分。

　　在本書中，我們保留了原作者的風格，以口語化的文字，深入淺出的方式來說明微積分的重要概念、定理與性質。全書共有七章，第 1 章至第 6 章是單變量函數的微積分，由極限的概念開始，逐步引進函數的微分、積分的技巧及其應用於實際問題，第 7 章則為多變數函數的偏導數。

　　為了兼顧修習學生能力的差異及需求，原作者特別在附錄 A 和 B 回顧代數運算技巧，以及坐標系統和直線等單元。針對想深化學習的使用者，原作者也在附錄 C 和 D 中介紹近似積分和雙重積分兩個單元。在習題方面原書作者花費許多心思，設計了難易不同的問題由簡入繁，以適合授課教師與學生的需要，我們也選取了習題中精華及部分解答，希望同學們能勤於練習並熟悉計算的技巧。

南台科技大學　王慶安
國立中正大學　陳慈芬
國立中正大學　鍾文鼎

前言

《微積分》(*Brief Applied Calculus*) 是一本專為管理科學、社會科學和生命科學領域的學生所設計的教科書。我們採用非正規且直覺的方式，並在不犧牲數學完整性的前提下來介紹各個主題。

在應用微積分這門課中，學生能力差異性通常很大，因此我們在書中也採取了因應的方案：針對代數運算技巧有待提升的學生，我們在例子的解題過程中作更為細緻的鋪陳。此外，為能讓學生能練習必備的技巧，以便能順利進入接下來的習題，我們提供熱身用的「自我準備」題組。另一方面，我們也不能忽略具數學能力的學生，因此在大部分習題的後面設計「自我挑戰」題組。

■ 特色

建模與自然情境的數據

使學生了解什麼是數學模型是重要的。我們先在第 1.1 節討論數學模型的意義，並持續地在本書中引用數據來建構對應的模型。我們花費很大的心力與時間，從圖書館、企業界、政府部門及網站蒐集現實環境中有趣的數據，以介紹、引導或說明微積分的概念。所以，許多例題和習題就引用由這類的數據或圖形所定義的函數。例如：第 2.1 節的例 3 (車速如何影響汽車里程數)、第 2.3 節的例 10 (美國的國債)、第 2.4 節習題 7 (失業率) 和第 5.3 節的例 3 (舊金山的能源消耗量)。

概念性習題

培養概念理解的最有效方法是透過我們設計的習題。為了達到目標，我們設計了幾種題型：多數章節的習題始於解釋基本概念的意義 (例如，第 2.2 節習題 1 和 23)；每章章末複習也都始於觀念回顧題組；某些題目也藉由圖形或數據表來檢測學生概念理解的程度 (例如，第 2.3 節習題 11、12、25、26、27；第 4.3 節習題 16、17；第 7.2 節習題 3、4)。此外，本書也有口語化文字敘述的概念理解題型 (例如，第 2.4 節習題 25)。

自我準備

為了能讓學生練習必備的代數運算技巧，或提醒他們溫習前面章節的學習內容，有些章節習題設計有自我準備的題目。例如，在第 2.2 節中，為了準備計算極限，因此先練習因式分解或化簡代數式。

自我挑戰

在某些章節習題的結尾，我們設計了一些題目來挑戰學生們，希望他們能針對該章節的概念能有更深入的思考。

觀念回顧

在進入複習的題目之前，我們設計稱為觀念回顧的題組，以確保學生們能了解每章的主要概念。

本書內容

1. **函數與模型** 我們先由文字敘述、數值、圖形和代數四個面向來強調函數的多元表現方式。由數學模型的討論可以引導學生由這四個面向回顧基本函數，如指數函數和對數函數。在第 1 章就把指數函數和對數函數納入其中的理由為：這兩種函數將提供更為廣泛的例子來說明微分的計算法則，尤其是乘法規則；也可用來闡釋在本書前面幾章中具有描述自然情境的模型。

2. **導數** 本書以平均變化率的區間逐漸縮小來引起極限概念的動機，而且透過描述、圖形、數值和代數等觀點來處理極限。在第 3 章學習微分的計算規則之前，導數先在第 2.2 節和第 2.3 節中討論 (尤其是以圖形或數值來定義的函數)。在這裡，導數的意義是透過例題和習題來學習。雖然在第 4 章會有更深入的討論，第 2.4 節先以直觀的方式來討論曲線的形狀。這將有助於在第 3.2 節中討論成本和收益函數的邊際分析。

3. **微分的技巧** 在這裡所討論的基本函數，包括指數函數和對數函數都是可微分的。我們設計了許多應用面向的導數計算例題，並要求同學們解釋它們的意義。為了能儘快學習微分在經濟學上的應用，我們在學習多項式函數導數之後，隨即引進了邊際分析。(這個主題在第 4.7 節中會有更深入的討論。) 接著，指數型的成長和衰減，以及邏輯性模型也將被說明。

4. **微分的應用** 有了微分規則，我們開始討論導數的傳統應用：相關變化率、極大值和極小值、描繪曲線及最佳化問題。在商業和

經濟的應用，則包括利潤的極大化、彈性和庫存管理。

5. **積分**　本書由邊際成本來求出總成本的問題，以及所對應的面積問題來推導積分的定義。所強調的是，由多個面向來解釋積分的意義，及藉由圖形和數據表來估計積分。在許多應用面向中，在這裡所討論的中點法是個合適的選擇來近似所對應的積分，甚至比梯形法更為準確。(若想學習其他近似積分的方法，可參考附錄 C 的梯形法與辛普森法。) 淨變化定理就是微積分基本定理的另一種形式，它可應用在社會科學和自然科學中變化率的問題中。至於積分的技巧，變數變換和分部積分則是在本章最後兩節的學習主題。

6. **積分的應用**　本章所討論的包括在經濟學、生物學的應用，以及介於曲線之間區域的面積。此外，我們由可分離的微分方程式來引導出邏輯性成長和瑕積分的討論，它們可用來處理機率的基本概念。

7. **多變數函數**　本章也將由文字敘述、數值、圖形和代數的面向來介紹多變數函數的概念。尤其在偏導數方面，我們藉由炎熱指數(體感溫度) 表中特定一行的數據，來說明偏導數也是實際溫度和相對濕度的函數。有關求極大值和極小值的方法，也將包括拉格朗日法和它在經濟上的應用。本章未將雙重積分列入其中的主因，在於它的應用多數為自然科學的問題。(若想學習雙重積分，可參考附錄 D。)

James Stewart
Daniel Clegg

目次

譯者序　i
前言　iii

1　函數與模型　1

1.1　函數與其表示法　2
1.2　函數的合併和變換　18
1.3　線性模型與變化率　30
1.4　多項式模型與冪函數　42
1.5　指數模型　53
1.6　對數函數　62

2　導數　75

2.1　變化率的測量　76
2.2　函數的極限　81
2.3　變化率和導數　94
2.4　導數函數　111

3　微分的技巧　131

3.1　求導數的捷徑　132
3.2　邊際分析簡介　143
3.3　乘法和除法律　156
3.4　連鎖法則　163
3.5　隱微分和自然對數　175
3.6　指數成長及衰減　187

4　微分的應用　205

4.1　相關變化率　206
4.2　極大值和極小值　213
4.3　導數和函數的圖形　225

4.4 漸近線　236
4.5 函數圖形的描繪　247
4.6 最佳化問題　255
4.7 商業和經濟學上的最佳化　263

5 積分　279

5.1 成本、面積和定積分　280
5.2 微積分基本定理　294
5.3 淨變化定理與平均值　306
5.4 變數變換法　314
5.5 分部積分　321

6 積分的應用　331

6.1 曲線間的面積　332
6.2 經濟學上的應用　338
6.3 生物學的運用　346
6.4 微分方程式　352
6.5 瑕積分　361
6.6 機率　368

7 多變數函數　379

7.1 多變數函數　380
7.2 偏微分　393
7.3 極大值與極小值　407
7.4 拉格朗日乘數法　414

附錄　A1

A 代數的回顧　A2
B 坐標幾何和直線　A17
C 積分的近似　A24
D 雙重積分　A33
E 奇數題簡答　A41

1 函數與模型

在學習核心的基本函數後,我們將具備足夠的工具來建構數學方法,以描述各種情境,例如,股票市場的漲跌、世界人口的成長、歷史上奧林匹克獎牌數的增減、計算能力的成長,以及新產品的市場接受度等趨勢。

©Michael Nagle/Bloomberg via Getty Images

1.1 函數與其表示法
1.2 函數的合併和變換
1.3 線性模型與變化率
1.4 多項式模型與冪函數
1.5 指數模型
1.6 對數函數

在微積分這門課程中所討論就是函數。在本章中,我們將討論函數的基本概念、它們的圖形,以及合併和變換函數的方法。我們必須強調函數可以用代數式、表格、圖形或文字敘述等形式來描述。我們將專注在這門課所需要的基本函數,並用它們來建構數學模型以描述某些實際的情境。

1.1 函數與其表示法

■ 函數的簡介

在日常生活的周遭環境中，經常隱喻著數學關係。人口成長、金融市場的變化、疾病的傳播、新產品的訂價和生物系統中污染的影響等都能以數學方法來分析。

許多數學關係可被想成是**函數** (function)。當一個變量是由另一個變量所決定時，就會產生函數對應的概念。例如，美國股市每天的開盤價就是由谷歌 (Google) 股票的收盤價來決定。我們可以說股票的收盤價是日期的函數。

我們再介紹幾個生活情境中具有函數對應關係的例子。

A. 若以 A 表示一個邊長為 s 的正方形之面積，由面積公式 $A = s^2$ 可知，給定一個正數 s 就對應一個面積 A，所以 A 是 s 的**函數**。

B. 世界上的總人口數通常是隨著時間而改變。在左表中，我們觀察到年度 t 與當年度總人口數的概數 P 之間的對應關係，例如，當 $t = 1950$，$P \approx 2,560,000,000$；也就是給定一個 t 就對應一個 P，所以我們說 P 是 t 的函數。

C. 一封平信的郵資 C 是由該封信的重量 w 來決定的。由郵局所訂定的郵資對照表，就可以查到一封重量為 w 的平信，應該支付的郵資為 C。所以，C 是 w 的函數。

D. 在地震時地震儀所觀測到地表的鉛直加速度 a 與時間 t 之間也有對應關係。由圖 1 中，我們可以觀察到 1994 年美國加州洛杉磯大地震時所觀測到鉛直加速度的數據；也就是給定一個時間 t，就可在圖 1 上找到所對應的 a 值，所以 a 是 t 的函數。

年	人口數（百萬）
1900	1650
1910	1750
1920	1860
1930	2070
1940	2300
1950	2560
1960	3040
1970	3710
1980	4450
1990	5280
2000	6080
2010	6870

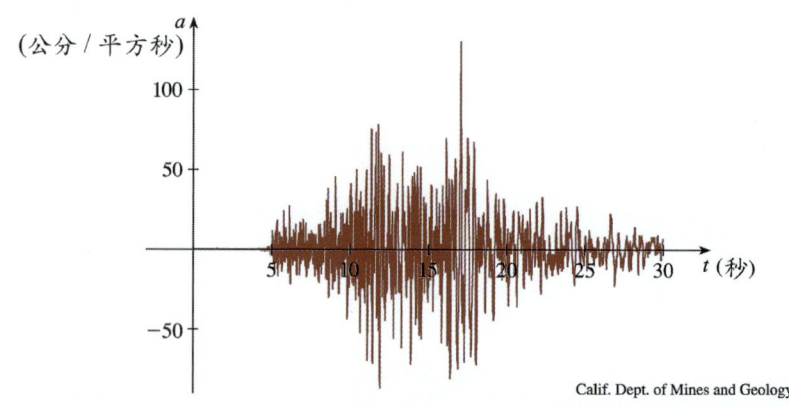

圖 1　洛杉磯地震之地表震動之鉛直加速度圖

Calif. Dept. of Mines and Geology

在這四個例子中，若給定第一個變數 (s、t、w 或 t) 的值，所對應第二個變數 (A、P、C 或 a) 的值就被決定了，我們就稱第二個變數是第一個變數的函數。你可以把函數想成是一種輸入／輸出的關係，也就是函數對一個輸出值指定每個被接受的輸入值。

■ **函數 (function)** 是一種規則，它對每個輸入，都只能指定唯一的輸出。

注意：當函數對每個輸入只能指定一個輸出時，是可以容許多個輸入同時指定同一個輸出。雖然可用許多輸入／輸出的概念來定義函數，我們常考慮的函數其輸入／輸出都為實數。

函數的記號和專有名詞。

我們常用英文字母 f 來代表函數。若 x 代表函數 f 的輸入值，對應的輸出值就是 $f(x)$，讀作 "f of x"。

所有可容許的輸入值之集合稱為函數的**定義域 (domain)**。

函數 f 的**值域 (range)** 為所有對應的輸出值 $f(x)$ 所形成之集合，其中 x 為定義域中的任意數。

當使用一個符號來代表 f 的定義域中的任意數時，這個符號稱為函數 f 的**自變數 (independent variable)**。

當使用一個符號來代表 f 的值域中的任意數時，這個符號稱為函數 f **應變數 (dependent variable)**。

在例 A 中，邊長 s 為自變數，面積 A 就是應變數。(我們可以任意取 s 的值，在 A 卻是由 s 的值來決定。) 使用函數記號就可記作 $A = f(s)$，其中 f 代表面積函數。

將函數的對應關係看成如圖 2 的**機器 (machine)** 是有幫助的。若 x 在 f 的定義域中，那麼當 x 進入了機器就被視為輸入值，而且機器就會依這個函數的規則製造產品 $f(x)$。

例如，在國外零售商場的收銀機上有個按鍵，當按下這個按鍵時機器就會自動算出購買稅。這個按鍵可被視為函數：當有一筆金額被輸入了，這部機器的輸出值就是購買稅的金額。這部機器的定義域和值域都是正數的集合，它們所代表的是金錢的數額。

圖 2　函數的機器示意圖

例 1　售價函數

咖啡店基本型的咖啡分成 8、10 和 14 盎司三種規格，且以每盎司 0.22 美元來計價。

(a) 若 $p(v)$ 代表咖啡的售價，其中 v 盎司為咖啡的重量，試描述 $p(10)$ 值的意義。

(b) 試求 p 的定義域和值域。

解

(a) 函數值 $p(10)$ 表示當輸入值為 10 盎司時的輸出值，所以 $p(10) = 0.22$ 美元 $\times 10 = 2.20$ 美元。

(b) 若假設只賣 8、10 和 14 盎司三種規格的基本型咖啡，所以可輸入的值只有 8、10 和 14，所以 p 的定義域為 {8, 10, 14}。因為值域是輸出值的集合，所以 p 的值域為 {1.76, 2.20, 3.08}。

> 我們用大括號 { } 來列舉集合的元素。

雖然可用規則來定義函數，或表列出輸入值／輸出值，若能很快看出輸入值與輸出值間的關係，將更有助於理解函數的性質，而最常用的方法就是利用函數的圖形來分析。若 f 為函數，則它的**圖形 (graph)** 是輸入值／輸出值的數對 $(x, f(x))$ 所形成的集合，其中 x 為定義域中的任意數。換句話說，f 的圖形包含在坐標平面上的所有點 (x, y)，其中 $y = f(x)$ 且 x 在其定義域中。

若定義域中的元素都是各自獨立的，如例 1，我們稱這些數據是**離散的 (discrete)**，且其圖形為各自獨立的點所形成的集合，稱之為**散佈圖 (scatter plot)**。另一方面，若輸入的是某區間中連續的量，所得到的圖形就會是一條曲線或直線 (如圖 3)。我們將在第 2 章定義連續函數，目前你可將連續函數想成是圖形不會中斷的函數。

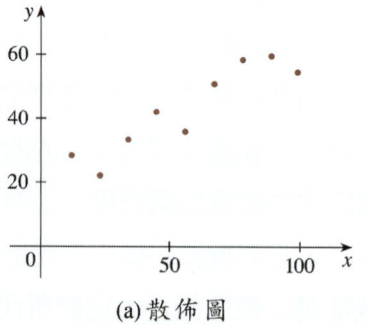
(a) 散佈圖

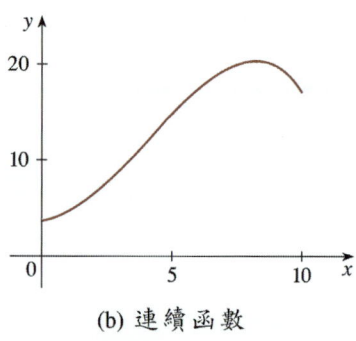
(b) 連續函數

圖 3　函數的圖形

函數 f 的圖形給我們一個有用的圖像來理解它的行為或變化。由於圖形中點 (x, y) 的 y 坐標滿足 $y = f(x)$，我們可由 x 在圖形上所對應的點之高度來讀出 $f(x)$ 的值 (如圖 4 所示)。此外，由 f 的圖形也可讓我們在 x 軸上找到它的定義域，以及在 y 軸上找到它的值域 (如圖 5 所示)。

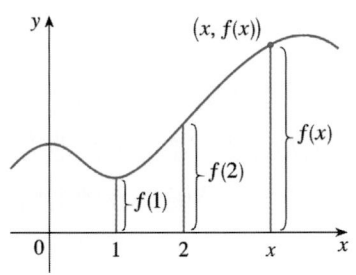

圖 4

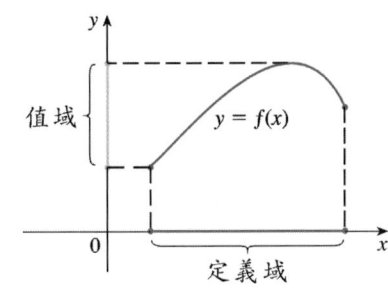

圖 5

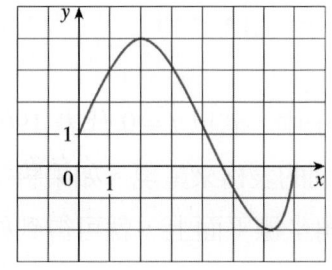

圖 6

回顧在數學上，若區間左或右端點的數也包括在其中我們用中括號 [或] 來表示；若不包括左或右端點的數，則用小括號（或）來表示。例如，[2, 5) 就等同於集合 $\{x \mid 2 \leq x < 5\}$。我們稱包含左右兩個端點的區間為閉區間；不包含左右兩個端點的區間為開區間。有關區間的介紹，請參閱附錄 A。

例 2　由圖形中讀取資料

圖 6 為函數 f 的圖形。

(a)　試求 $f(1)$ 和 $f(5)$ 的值。

(b)　試求 f 的定義域和值域。

解

(a)　由圖 6，我們觀察到點 $(1, 3)$ 在 f 的圖形上，所以 $f(1) = 3$；也就是這個點在 x 軸的上方 3 個單位長的位置。

當 $x = 5$ 時，圖形上的點在 x 軸的下方，且距離 x 軸約 0.7 個單位長，所以 $f(5) \approx -0.7$。

(b)　由圖 6，我們觀察到點 $(0, 1)$ 和 $(7, 0)$ 為 f 圖形的左右兩個端點，且對 $0 \leq x \leq 7$ 中的每個 x，$f(x)$ 都有定義，所以它的定義域為閉區間 $[0, 7]$。再由圖 6，我們也觀察到 $f(x)$ 的最大值為 4，最小值為 -2，而且在 -2 和 4 之間的任意數都是某個 x 所對應的函數值，所以它的值域為

$$\{y \mid -2 \leq y \leq 4\} = [-2, 4]$$

■ 函數的描述方法

我們已經看到四種是描述函數所常用的方法：

- ■ 文字：以文字敘述函數的性質
- ■ 數值：以數值表格說明函數的對應關係
- ■ 圖形：以函數圖形表示函數的性質
- ■ 代數：以數學式表示函數

如果某個函數都可以用上述四種方法來描述時，你一定可以由其中一種方法出發，並藉由其他方法來加以延伸，進而了解這個函數更深入的意義。有時候，我們很自然地只需用其中一、兩種方法，就可以深入了解函數的性質。現在我們就以前面提到的四個例子來說明。

A. 雖然可以用表格或圖形來描述半徑 s 與正方形面積 A 的對應關係，但以代數式 $A(s) = s^2$ 來表示是最自然的。由於正方形的半徑必為正數，所以 $A(s) = s^2$ 的定義域為 $\{s \mid s > 0\} = (0, \infty)$，而值域也恰為區間 $(0, \infty)$。

B. 在討論全世界總人口數概數 $P(t)$ 的例子中，若以 $t = 0$ 代表 1900 年，我們可將 t 和 $P(t)$ 的數值改以左列的表格來呈現。如果將這些數對 $(t, P(t))$ 所對應的點描繪在直角坐標平面上，就可得到如圖 7 的散佈圖。

t	$P(t)$ (百萬)
0	1650
10	1750
20	1860
30	2070
40	2300
50	2560
60	3040
70	3710
80	4450
90	5280
100	6080
110	6870

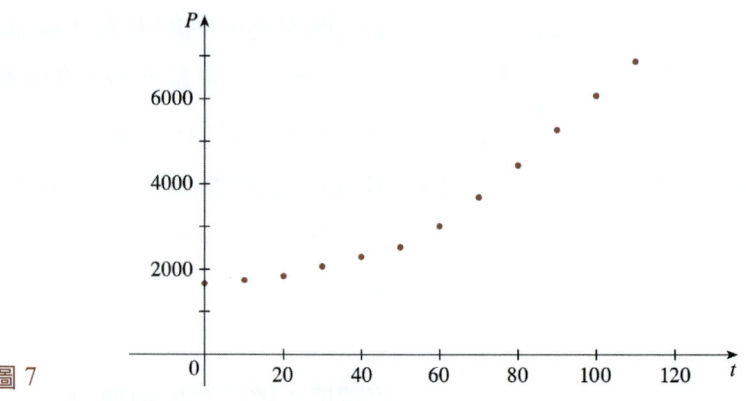

圖 7

散佈圖是一個有用的表示法：圖形使得我們能很快地汲取數據。再藉由圖形的觀察，我們就可以進一步思考是否能以某個代數式來表示正確的人口數 $P(t)$？事實上，我們可用第 1.5 節的一個指數函數形式的代數式來近似 $P(t)$：

$$P(t) \approx (1436.53) \cdot (1.01395)^t$$

由圖 8，我們觀察到 $y = P(t)$ 的圖形與由圖 7 所顯示的圖形樣式相當「吻合」。注意：我們用一條連續的曲線來近似這些數據。我們將學習如何將微積分應用到離散的數據以及數學式。

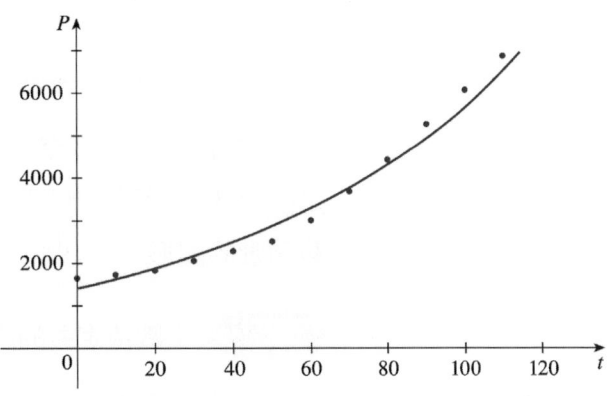

圖 8

以表列數值方式定義的函數稱為表格函數。

w (盎司)	$C(w)$ (美元)
$0 < w \le 1$	0.88
$1 < w \le 2$	1.05
$2 < w \le 3$	1.22
$3 < w \le 4$	1.39
$4 < w \le 5$	1.56
⋮	⋮

C. 2011 年美國郵政部門修訂了平信郵資 $C(w)$ 的計算公式。如果每封平信重量 w 不超過 1 盎司，它的基本郵資為 88 美分，超過時則每盎司加收 17 美分，且每封信的重量不得超過 13 盎司。依照這個公式，我們可以製作成如左表的重量與郵資對照表來描述函數 $C(w)$。對此函數而言，即使有可能畫出它的圖形，左表還是最方便的表示方式。

D. 圖 1 是描述地表鉛直加速度函數 $a(t)$ 最自然的方法。雖然可用列表的方式，或者用近似的函數來呈現，但對地質學家而言，他們所關心的是鉛直加速度的震幅 (amplitude) 及圖形的樣式 (pattern)；這就如同心電圖及測謊圖，我們所關心的是這些圖形的震幅及震盪的樣式。

在下一個例子中，我們嘗試用圖形來詮釋一個文字敘述的函數。

例 3　由圖形來詮釋文字敘述

若我們打開電熱水器的水龍頭時，水溫 T 會隨著所使用的時間 t 而改變。試繪製水溫 T 變化的示意圖。

解

由於未使用熱水前，水管中的水溫約與室溫相同，所以當打開熱水的水龍頭後，水溫會由室溫逐漸升高至電熱水器水箱中的熱水溫度，且將持續一段時間。當水箱的熱水用完後，水溫就會逐漸降低至室溫，且繼續降低至室外水源的水溫。所以，我們可用圖 9 的圖形來描述函數 $T(t)$ 的變化。

圖 9

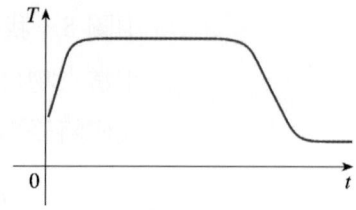

若每 10 秒用溫度計測量一次水溫，用這些數據就可以更精確地畫出例 3 的圖形。如同例 4，研究者通常會用所蒐集的實驗數據來繪製函數的圖形。

例 4 由數值定義的函數

左表為一個新上市的電腦遊戲的週銷售量統計表。若以 t 代表上市後第 t 週所銷售的套數 (單位：千套)，試繪製週銷售量的散佈圖，再畫出一條連續的曲線來近似此散佈圖，並以此曲線來猜測第 6 週的銷售量。

t	$N(t)$
1	41.4
3	25.1
5	15.5
7	10.2
9	6.0

解

我們可將表中的 5 組數據描點在如圖 10 的散佈圖。由於圖 10 上坐標點的分佈相當均勻，我們可用一條曲線連結這 5 個點 (如圖 11)。

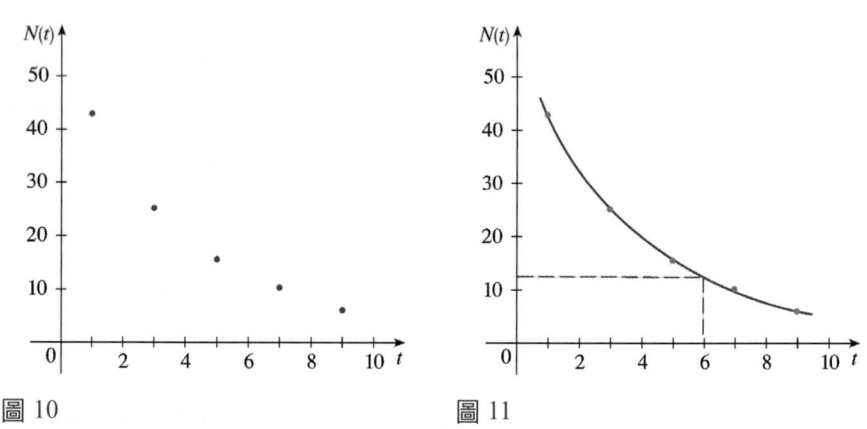

圖 10　　　　　　　　　　　　圖 11

由圖 11 可知 $N(t) \approx 12.5$，因此可猜測第 6 週的銷售量約為 12,500 套。

在下一個例子中，我們先用文字來描述函數所表示的情境，再以代數式來表示這個函數。具有這樣的能力將有助於處理最佳化問題，例如，計算公司的最大獲利。

第 1 章 函數與模型

例 5　以函數表示成本

已知一體積為 10 立方公尺的無頂蓋長方形箱子，其底部的長度為寬度之 2 倍。若箱子的底部製造成本為每平方公尺 10 美元，邊的製造成本為每平方公尺 6 美元，試以底部的寬度為變數來寫出描述此箱子成本的函數。

解

先畫出箱子的示意圖，如圖 12，並以 w 和 $2w$ 分別表示底部的寬度和長度，h 表示高度。

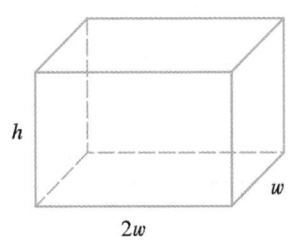

圖 12

底部的面積為 $(2w)w = 2w^2$，所以製作的成本即為 $10(2w^2)$ 美元；四個側邊中的兩個對邊面積分別為 wh，其餘兩個對邊的面積則分別為 $2wh$，所以製作的成本即為 $6[2(wh) + 2(2wh)]$ 美元。因此，製作的總成本為

$$C = 10(2w^2) + 6[2(wh) + 2(2wh)] = 20w^2 + 36wh$$

若想將 C 表示成 w 的函數，我們須引用箱子體積為 10 立方公尺的已知條件來消去 h。由

$$體積 = 長 \cdot 寬 \cdot 高 = w(2w)h = 10$$

可得

$$h = \frac{10}{2w^2} = \frac{5}{w^2}$$

代入 C 可得

$$C = 20w^2 + 36w\left(\frac{5}{w^2}\right) = 20w^2 + \frac{180}{w}$$

因此，所求的成本函數為

$$C(w) = 20w^2 + \frac{180}{w} \quad w > 0$$

在下面兩個例子中，我們將討論以代數式表示的函數。

例 6　以代數式表示的函數

若 $f(x) = 2x^2 - 5x + 1$，試計算下列各式：

(a) $f(-3)$　(b) $f(4) - f(2)$　(c) $\dfrac{f(1+h) - f(1)}{h}$　$(h \neq 0)$

解

(a) 將 -3 代入 $f(x)$：

$$f(-3) = 2(-3)^2 - 5(-3) + 1 = 2 \cdot 9 + 15 + 1$$
$$= 18 + 15 + 1 = 34$$

(b) $f(4) - f(2) = [2(4)^2 - 5(4) + 1] - [2(2)^2 - 5(2) + 1] = 13 - (-1)$
$$= 14$$

(c) 先將 $1+h$ 代入 $f(x)$：

$$f(1+h) = 2(1+h)^2 - 5(1+h) + 1$$
$$= 2(1 + 2h + h^2) - 5(1+h) + 1$$
$$= 2 + 4h + 2h^2 - 5 - 5h + 1 = 2h^2 - h - 2$$

再將上式代入所求之代數式中並化簡：

$$\frac{f(1+h) - f(1)}{h} = \frac{(2h^2 - h - 2) - (2 - 5 + 1)}{h}$$
$$= \frac{2h^2 - h - 2 - (-2)}{h}$$
$$= \frac{2h^2 - h}{h} = \frac{h(2h-1)}{h} = 2h - 1$$

例 6 中的表示式

$$\frac{f(1+h) - f(1)}{h}$$

稱為差分分式 (**difference quotient**)。這個式子在微積分常見的，而我們將在第 2 章開始使用它。

例 7 判斷代數式表示的函數之定義域

試求各函數的定義域。

(a) $B(r) = \sqrt{r+2}$ (b) $g(x) = \dfrac{1}{x^2 - x}$

解

若以代數式來定義函數，但是未指出它的適用範圍時，通常此函數的定義域是指使得代數式有意義的所有數組成之集合。

(a) 因為被開平方的數必須是非負數，即正數或零，所以 B 的定義域為所有滿足 $r + 2 \geq 0$ 的 r 所成的集合，也就是 $r \geq -2$。因此，所求的定義域為區間 $[-2, \infty)$。

(b) 因為

$$g(x) = \frac{1}{x^2 - x} = \frac{1}{x(x-1)}$$

的分母不能為零，也就是 $g(x)$ 在 $x=0$ 及 $x=1$ 沒有定義，因此 g 的定義域為 $\{x \mid x \neq 0, x \neq 1\}$。

我們知道在 xy 坐標平面上函數的圖形通常是曲線或散佈圖，但哪些圖形為 xy 坐標平面上的函數圖形？我們可用下列的方法來判別。

■ **鉛直線檢定法 (The Vertical Line Test)** xy 平面上的曲線圖或散佈圖是變數為 x 的函數圖形，其充分必要條件為此圖形與平面上任意一條鉛直線最多只能有一個交點。

鉛直線檢定法的正確性可由圖 13 看出來。

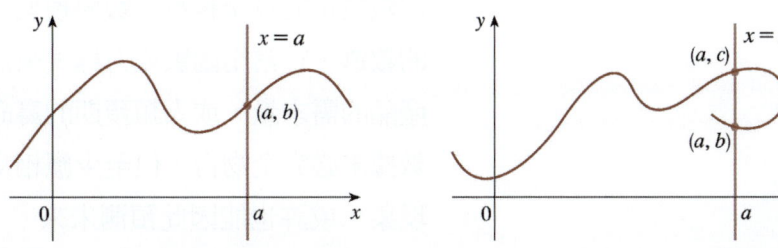

圖 13

在圖 13 的左邊圖形中，我們看到鉛直線 $x=a$ 與曲線僅交於一點 (a, b)，所以函數值 $f(a)=b$ 即被唯一決定了。事實上，任意移動鉛直線時，都可發現鉛直線與曲線最多只有一個交點，所以這條曲線是一個自變數為 x 的函數圖形。在圖 13 的另一個圖形中，我們也觀察到鉛直線 $x=a$ 與曲線交於兩相異點 (a, b) 與 (a, c)，因此 f 在輸入值為 a 時的函數值無法被唯一決定；也就是由鉛直線檢定法可知，這條曲線不能表示 x 的函數。

例 8 使用鉛直線檢定法

試判別下列圖形能否表示函數。

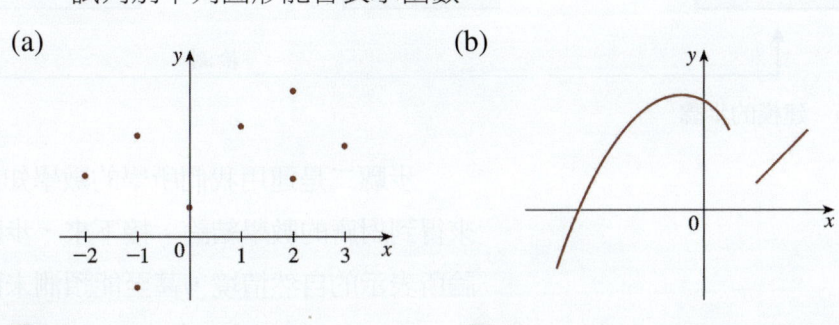

圖 14　　　　圖 15

解

(a) 注意：當我們在圖 14 的散佈圖上分別畫出鉛直線 $x = -1$ 與 $x = 2$，就發現這兩條線同時各有兩個交點，因此圖 14 不能表示自變數為 x 的函數。

(b) 圖 15 中的圖形與任意一條鉛直線至多只有一個交點，所以此圖形是個函數的圖形。注意：雖然此圖形有一段缺口，而此缺口與任意一條鉛直線都沒有交點，所以它並不會對檢定法造成困擾。

■ 數學模型

在第 6 頁例 B 中，我們描繪出世界人口數的散佈圖，也看到可以描述人口數近似變化的數學式。我們使用的函數 P 被稱為世界人口數變化的數學模型。**數學模型 (mathematical model)** 是一種數學化的敘述，它常用函數或方程式來描述現實情境中的某些現象，例如，產品的需求量，或人類預期的壽命等。雖然數學模型中的函數與實際數據未必完全吻合，但至少應相當接近使我們能理解和分析情境中的現象，或許也能因此預測未來。

在圖 16 中，我們看到了數學建模的四個步驟。當給出現實生活中的某類現象時，首先我們想建構一個數學模型來描述它。在建構的過程中，藉由對這個現象所對應物理法則的了解及數學技巧，我們選擇適當的變數 (自變數及應變數) 來建構適當的數學式。我們也可能需要對這個現象提出一些簡化的假設，使得數學模型較容易處理。如果無法找出適合的物理法則，我們就需要蒐集實驗數據或資料 (在圖書館或網際網路上搜尋文獻)，並觀察這些數據或資料的表格或圖形。在下面章節中，我們將看到常被用來建構數學模型的一些代數式。

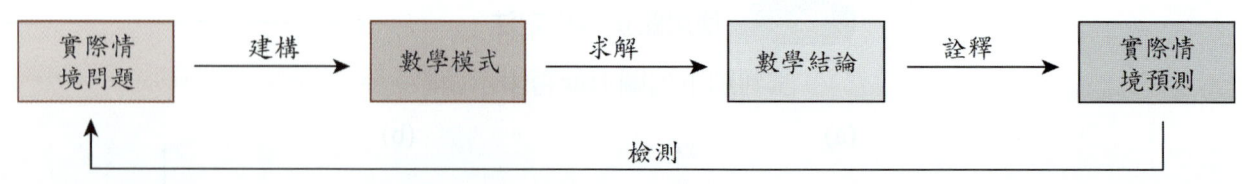

圖 16　建模的步驟

步驟二是運用我們所學的數學知識 (如在本書中將要學習的方法) 來得到對應的數學結論。接下來，步驟三，我們需要詮釋這些數學結論所表示的自然情境，甚至能預測未觀察到的現象。最後的步驟則是

將所預測的現象與最新的數據作比較。如果比較的結果不如預期，就得修正模型，甚至建構新的模型，並再次啟動如圖 16 所示迴圈中的程序。

如果認為數學模型能完全呈現自然情境，那是一個理想化 (idealization) 的想法。好的數學模型是指它的數學結論能詮釋經簡化的自然情境，並且能對原始情境提出頗為準確的預測。更重要的是，我們也必須了解數學模型的極致為何，畢竟它不會完美到足以精確的預測自然界的未來。

■ | 分段定義的函數

有時候函數 f 的定義域可由數個互不重疊的區間所組成，而且在不同的區間上可能以不同的代數式來表示 f，我們稱這樣的函數為分段定義的函數 (piecewise defined functions)。

例 9 描繪分段定義的函數

假設函數 f 之定義如下：

$$f(x) = \begin{cases} 1-x & \text{當 } x \leq -1 \\ x^2 & \text{當 } x > -1 \end{cases}$$

試求 $f(-2)$、$f(-1)$ 及 $f(1)$，並描繪 f 的圖形。

解

記著一個函數就有一個規則。對這個函數而言，它的規則如下：首先檢查輸入值 x。若 $x \leq -1$，$f(x)$ 為 $1-x$；若 $x > -1$，則 $f(x)$ 為 x^2。

因為 $-2 \leq -1$，所以 $f(-2) = 1-(-2) = 3$

因為 $-1 \leq -1$，所以 $f(-1) = 1-(-1) = 2$

因為 $1 > -1$，所以 $f(1) = 1^2 = 1$

如何描繪 $f(x)$ 的圖形呢？由 $f(x)$ 的定義，我們知道在鉛直線 $x = -1$ 的左邊，$f(x)$ 的圖形是直線 $y = 1-x$ 的一部分；在鉛直線 $x = -1$ 的右邊，它的圖形則是拋物線 $y = x^2$ 的一部分，所以我們可描繪出形如圖 17 的圖形。事實上，由 $f(-1) = 2$，可知直線 $y = 1-x$ 的右端點 $(-1, 2)$ 為此函數圖形的一部分，因此用實心的圓點來標示。再者，拋物線 $y = x^2$ 的圖形會靠近 $(-1, 1)$，但這個點並不在所求的圖形上，所以用空心的圓點來標示它。

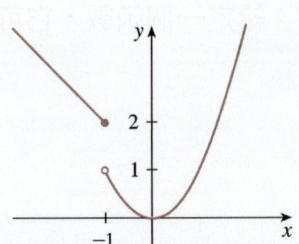

圖 17

例 10 階梯函數

在本節的例 C 中,我們討論寄一封平信的所付郵資 $C(w)$ 函數,其中 w 為該封信的重量。由計價公式

$$C(w) = \begin{cases} 0.88 & \text{當 } 0 < w \leq 1 \\ 1.05 & \text{當 } 1 < w \leq 2 \\ 1.22 & \text{當 } 2 < w \leq 3 \\ 1.39 & \text{當 } 3 < w \leq 4 \\ \vdots & \end{cases}$$

可知 $C(w)$ 也是一個分段定義函數,由它的圖形 (如圖 18),就可以了解 $C(w)$ 為何也可被稱作**階梯函數** (step function)。

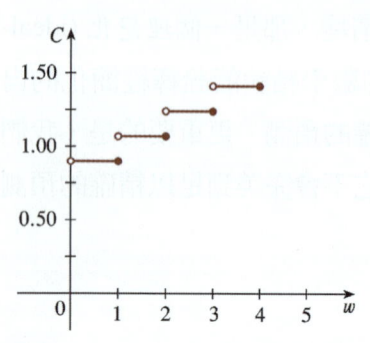
圖 18

■ 對稱性

如果函數 f 滿足 $f(-x) = f(x)$,其中 x 為定義域中的任意元素,我們就稱 f 為**偶函數** (even function)。例如,$f(x) = x^2$ 是偶函數,因為

$$f(-x) = (-x)^2 = x^2 = f(x)$$

偶函數有一個重要的幾何特徵:它的圖形一定對稱於 y 軸 (如圖 19)。因此,描繪偶函數的圖形時,通常只需繪製右半邊 ($x \geq 0$) 的圖形,再對著 y 軸利用鏡面映射,就可以得到左半邊 ($x \leq 0$) 的圖形了。

如果函數 f 滿足 $f(-x) = f(x)$,其中 x 為定義域中之任意元素,我們就稱 f 為**奇函數** (odd function)。例如,$f(x) = x^3$ 是奇函數,因為

$$f(-x) = (-x)^3 = -x^3 = -f(x)$$

奇函數的圖形一定對稱於原點 (如圖 20)。因此,描繪奇函數的圖形時,如果我們已繪製了右半邊 ($x \geq 0$) 的圖形,再對著原點旋轉 $180°$ 就可以得到左半邊 ($x \leq 0$) 的圖形了。注意:給定一個函數,它可能是偶函數、奇函數,也可能都不是。

第 1 章　函數與模型　15

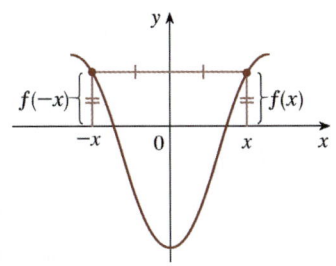
圖 19　偶函數

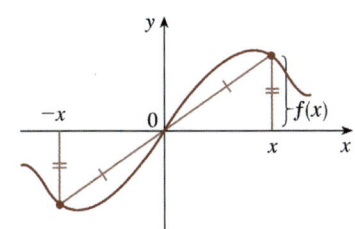
圖 20　奇函數

例 11　檢驗對稱性

試判斷下列何者為奇函數、偶函數，或都不是？
(a) $f(x) = x^5 + x$　(b) $g(x) = 1 - x^4$　(c) $h(x) = 2x - x^2$

解
(a)　由

$$f(-x) = (-x)^5 + (-x) = (-1)^5 x^5 + (-x)$$
$$= -x^5 - x = -(x^5 + x)$$
$$= -f(x)$$

可知 $f(x)$ 為奇函數。

(b)　由 $g(-x) = 1 - (-x)^4 = 1 - x^4 = g(x)$，可知 g 為奇函數。

(c)　由 $h(-x) = 2(-x) - (-x)^2 = -2x - x^2$，可知 $h(-x) \neq h(x)$，且 $h(-x) \neq -h(x)$，所以 h 既不是奇函數，也不是偶函數。

由圖 21，我們再次看到例 11 中 f、g 分別為奇函數與偶函數的幾何特徵，而函數 h 的圖形既不對稱於 y 軸，也不對稱於原點。

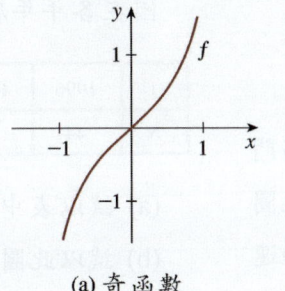
(a) 奇函數

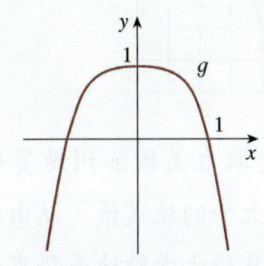
(b) 偶函數

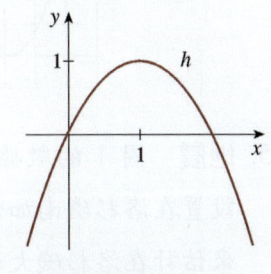
(c) 既不是奇函數，也不是偶函數

圖 21

習題 1.1

1. **價格函數** 某種苗店植栽培養土的售價為每磅 0.40 美元，且有 4 磅、10 磅及 50 磅三種包裝。若以 $f(x)$ 表示 x 磅培養土的售價，
   (a) 試說明函數值 $f(10)$ 的意義。
   (b) 試求 f 的定義域和值域。

2. **人口函數** 設 $P(t)$ 為某城市自 2000 年 1 月 1 日起 t 年之總人口數（單位：千人）。試說明 $P(8) = 64.3$ 的意義。又 $P(4.5)$ 所代表的意思為何？

3. **石油經濟** 設 $F(s)$ 為某款車當車速為 s 哩／小時，每加侖汽油的平均里程數（單位：哩／加侖）。試問 $F(65) = 24.7$ 所代表的意思為何？

4. 下圖為函數 f 的圖形。
   (a) 試說明 $f(-1)$ 的值。
   (b) 試估計 $f(2)$ 的值。
   (c) 滿足 $f(x) = 2$ 的 x 為何？
   (d) 試估計滿足 $f(x) = 0$ 的 x。
   (e) 試描述 f 的定義域和值域。

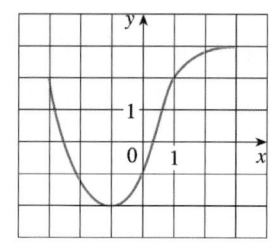

5. **地震** 圖 1 的數據是取自美國加州地質部門設置在洛杉磯南加州大學的地震儀。試由此圖來估計在洛杉磯大地震發生當時地表鉛直加速度函數的定義域。

6. **體重函數** 下圖表示某人的體重函數，其自變數為年齡。試以文字描述隨著年齡成長此人體重的變化情形。你覺得他 30 歲時可能發生了什麼事？

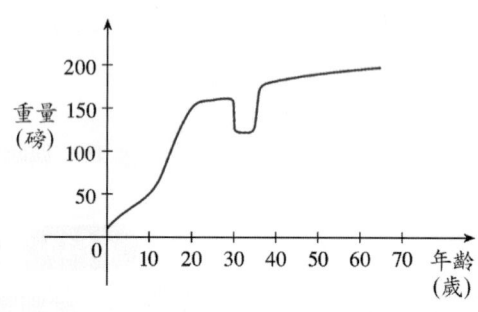

7. **溫度函數** 若將裝著冰塊的杯子裝滿冷水後，再將杯子放在室內的桌上。試先以文字描述杯中水溫的變化情形，並以圖形來描述這個以時間為變數的水溫函數。

8. **溫度函數** 試以圖形來描述在春天的某一天中，室外溫度的變化情形。

9. **零售販賣** 試以圖形來描述某家咖啡店某種咖啡豆（單位：磅）的每日平均販售量函數，其變數為價格（單位：美元）。

10. **草坪高度** 某位屋主在每星期三下午剪草。試以圖形來描述在 4 星期的週期中，這戶房子草坪的高度函數。

11. **電話用戶** 下表中，N（單位：百萬戶）表示美國在各年年底所統計的行動電話用戶總數。

t	1996	1998	2000	2002	2004	2006
N	44	69	109	141	182	233

   (a) 試以表中的數據來描繪函數 N 的圖形。
   (b) 試以此圖形來估計 2001 年底及 2005 年底的行動電話用戶總數。

12. 若 $f(x) = 3x^2 - x + 2$。試求 $f(2)$、$f(-2)$、$f(a)$、$f(-a)$、$f(a+1)$、$2f(a)$、$f(2a)$、$f(a^2)$、$[f(a)]^2$ 和 $f(a+h)$。

13-15 ■ 試計算下列各函數的差分分式並化簡答案。

13. $f(x) = x^2 + 1$，$\dfrac{f(4+h) - f(4)}{h}$

14. $f(x) = 4 + 3x - x^2$，$\dfrac{f(3+h) - f(3)}{h}$

15. $f(x) = \dfrac{1}{x}$，$\dfrac{f(x) - f(a)}{x - a}$

16-17 ■ 試求下列各函數的定義域。

16. $f(x) = \dfrac{x}{3x - 1}$

17. $f(t) = \sqrt{2t + 6}$

18. 試判斷此散佈圖是否為某個以 x 為變數的函數圖形，並說明如何得到你的結論。

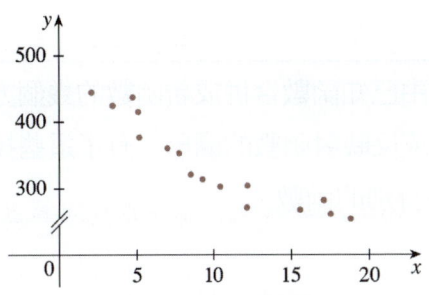

19-20 ■ 試判斷下列各圖是否為某個以 x 為變數的函數圖形。如果是，試說明其定義域及值域。

19.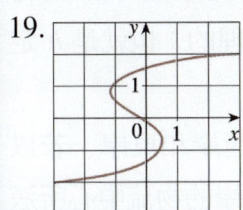

20.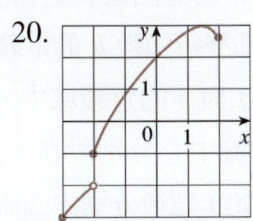

21-22 ■ 試求 $f(-3)$、$f(0)$ 和 $f(2)$，並描繪函數 f 的圖形。

21. $f(x) = \begin{cases} x + 2 & \text{當 } x < 0 \\ 1 - x & \text{當 } x \geq 0 \end{cases}$

22. $f(x) = \begin{cases} x + 1 & \text{當 } x \leq -1 \\ x^2 & \text{當 } x > -1 \end{cases}$

23-24 ■ 試求以代數式來表示文字敘述的函數，並求其定義域及值域。

23. 已知矩形的周長為 20 公尺，試以此矩形的一邊長為變數的函數來表示其面積。

24. **表面積** 已知一無頂蓋長方形箱子的體積為 2 立方公尺，其底部為正方形，試以底部的邊長為變數來描述此箱子表面積的函數。

25. **箱子設計** 若在一片 12 吋乘 20 吋的瓦楞紙板之四個角落各剪下一個邊長為 x 吋的正方形，就能摺成一個無頂蓋之長方形箱子。試以剪下的正方形之邊長 x 為變數，寫出此箱子體積 V 的函數。

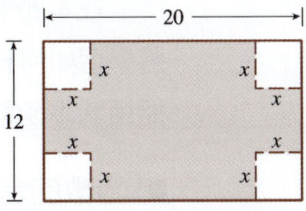 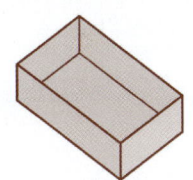

26. **所得稅** 某些國家是以下列方法來計算所得稅額：年收入在 10,000 美元以下則免稅；年收入超過 10,000 美元但在 20,000 美元以下時，稅率為 10%；年收入超過 20,000 美元時，稅率為 15%。

(a) 試以圖形表示以收入 I 為變數的稅率函數 R。

(b) 當年收入為 14,000 美元時須繳多少所得稅？收入為 26,000 美元時又須繳多少呢？

(c) 試以圖形表示以收入 I 為變數的所得稅函數 T。

27. 試由下圖中的函數圖形判斷何者為奇函數、偶函數，或者都不是？

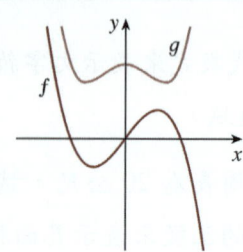

28. (a) 若一個偶函數圖形上某點的坐標為 (5, 3)，那麼此點在圖形上的對稱點坐標為何？

(b) 若一個奇函數圖形上某點的坐標為 (5, 3)，那麼此點在圖形上的對稱點坐標為何？

29-31 ■ 試判斷下列函數是否為偶函數、奇函數，或者都不是。

29. $f(x) = \dfrac{x}{x^2 + 1}$

30. $f(x) = \dfrac{x}{x + 1}$

31. $f(x) = 1 + 3x^2 - x^4$

■ 自我挑戰

32. 已知 $h(x) = f(x) + g(x)$，其中 f 和 g 皆為偶函數，試問 h 是否為偶函數？若 f 和 g 皆為奇函數呢？若 f 為偶函數但 g 為奇函數呢？請說明理由。

1.2 函數的合併和變換

在本節中，我們將學習由已知函數合併成新函數的幾個方法，也將學習如何利用平移、縮放或反映射函數的圖形。有了這些技巧，就能用基本函數來設計出某些特別的函數。

■ 函數的合併

給定兩個函數 f 與 g，它們可用加、減、乘、除四則運算來合併成新函數。例如，我們定義一個新函數 h 為 f 與 g 的和，其方程式為 $h(x) = f(x) + g(x)$。這表示 h 的輸出值就定為 f 與 g 輸出值的和。若 f 與 g 的定義域被決定了，那麼新函數 h 的定義是合理的；也就是 h 定義域中的數必須同時也在 f 與 g 的定義域中。

假設某公司的兩個物流中心分別設在美國的西岸和東岸。若以 $W(t)$ 和 $E(t)$ 表示在年初開始 t 週後分別由西岸和東岸的物流中心所送出的包裹數量，我們可定義新函數 $N(t)$，其中

$$N(t) = W(t) + E(t)$$

那麼，我們就能用 $N(t)$ 來計算兩個物流中心所送出包裹的總數。注意：這裡的每個函數的輸入值都相同；如果兩個函數所計算的量不

同,這兩個函數的和就沒有意義了。

我們也可用相同的方式來定義函數之減、乘、除的運算。例如,$k(x) = f(x)g(x)$ 表示 k 的輸出值為 f 與 g 輸出值的乘積。除了 f 除以 g 之外,新函數定義域中的所有數必須同時在 f 與 g 的定義域中。若 f 除以 g,分母 g 不能為 0。因此,$q(x) = f(x) / g(x)$ 的定義域為同時在 f 與 g 的定義域中且使得 $g(x) \neq 0$ 的所有數。

例 1　兩函數的合併

已知 $N(v) = \sqrt{v}$ 和 $T(v) = 3 - v$,試求函數 $A(v) = N(v)T(v)$ 和 $B(v) = N(v)/T(v)$ 的代數式及其定義域。

解

$N(v) = \sqrt{v}$ 的定義域為 $[0, \infty)$,所有大於或等於 0 的數;$T(v) = 3 - v$ 的定義域為 $\mathbb{R}$,所有的實數。所以,$A(v) = N(v)T(v)$ 的定義域中的數必須同時在 N 和 T 的定義域之中,即為 $[0, \infty)$,且其表示式為

$$A(v) = N(v)T(v) = \sqrt{v}(3-v)$$

同理,

$$B(v) = \frac{N(v)}{T(v)} = \frac{\sqrt{v}}{3-v}$$

注意:當 $v = 3$ 時,$T(v) = 0$,所以 3 必須被排除在 B 的定義域之外。因此,$B(v)$ 的定義域為所有大於或等於 0,且不為 3 的數,記作 $\{v \mid v \geq 0, v \neq 3\}$。

例 2　收益和成本函數的合併

已知某公司第 t 年的年度收益可以函數 $R(t) = 0.2t^2 + 3t + 5$ (單位:百萬美元) 來表示,其中 $t = 0$ 代表 2000 年。又該公司的年度成本函數為 $C(t) = 4t + 9$ (單位:百萬美元)。

(a) 試求 $P(t) = R(t) - C(t)$ 的表示式。

(b) 試計算 $P(7)$ 的值並詮釋其意義。

解

(a) $\quad P(t) = R(t) - C(t) = (0.2t^2 + 3t + 5) - (4t + 9)$
$$= 0.2t^2 + 3t + 5 - 4t - 9$$
$$= 0.2t^2 - t - 4$$

(b) 將 $t = 7$ 代入 (a) 所得的 $P(t)$ 式，可得

$$P(7) = 0.2(7^2) - 7 - 4 = -1.2$$

因為 $P(t)$ 表示年度收益減去年度成本，也就是該公司的年度獲利。因為 $t = 7$ 代表 2007 年，由 $P(7) = -1.2$ 可知該公司在 2007 年共虧損了 120 萬美元。

■ 函數的合成

除了四則運算，還有一個方法來結合成新的函數。假設公司第 t 年的年度獲利可用 $P(t)$ 來表示，而所須繳的稅則以 $f(P)$ 表示，即所繳的稅額取決於年度獲利。由於稅額是獲利的函數，獲利是時間 t 的函數，所以稅額是時間 t 的函數。因此，獲利函數 P 的輸出值可做為稅額函數 f 的輸入值；也就是 $f(P(t))$ 就是第 t 年所應繳的稅額。這個新函數稱為 P 和 f 的合成函數。

如果已知兩個函數的表示式，就可以寫出它們的合成函數之表示式。例如，若 $y = f(t) = \sqrt{t}$ 及 $t = g(x) = x^2 + 1$。因為 y 是 t 的函數，而且 t 是 x 的函數，所以 y 可視為是 x 的函數。因此，我們可用變數代換的方式來計算

$$y = f(t) = f(g(x)) = f(x^2 + 1) = \sqrt{x^2 + 1}$$

> ■ **定義** 給定兩函數 f 和 g，f 和 g 的**合成函數** (composition function) 可定義為
> $$h(x) = f(g(x))$$

$h(x) = f(g(x))$ 的定義域是指在 g 的定義域中，使得 $g(x)$ 的值必定在 f 的定義域之中的所有 x。或許由圖 1 的示意圖較容易理解 f 和 g 合成的意義。

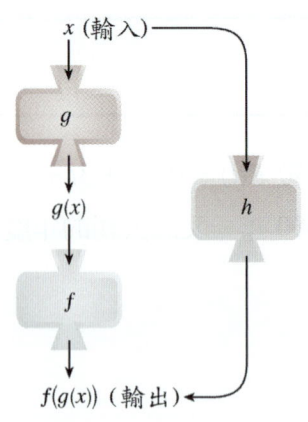

圖 1　機器 h 先由機器 g 啟動後，再啟動機器 f

例 3　兩個函數的合成

已知 $f(x) = x^2$ 與 $g(x) = x - 3$，若合成函數為 $h(x) = f(g(x))$ 與 $k(x) = g(f(x))$，試求 $h(5)$ 和 $k(5)$。

解

先由 h 的輸入值 5 開始。因為 $h(5) = f(g(5))$，我們先將 5 代入內層函數 g，可得 $g(5) = 2$。此時 g 的輸出值 2 再被代入外層函數 f，而得到 $f(2) = 2^2 = 4$。所以可得 $h(5) = f(g(5)) = f(2) = 4$。同理，$k(5) = g(f(5)) = g(25) = 22$。注意：原始的輸入值必須被代入內層函數，所得的輸出值再被代入外層函數，才能得出所求合成函數的輸出值。

也可求得 h 與 k 的表示式：

$$h(x) = f(g(x)) = f(x-3) = (x-3)^2$$
$$k(x) = g(f(x)) = g(x^2) = x^2 - 3$$

即可計算出

$$h(5) = (5-3)^2 = 2^2 = 4 \quad 和 \quad k(5) = 5^2 - 3 = 25 - 3 = 22$$

註：由例 3 可觀察到若將合成的順序對調，所得到的新函數通常不會相同，即 $f(g(x)) \neq g(f(x))$。務必記住 $f(g(x))$ 表示函數 g 必須先被對應，才能對應 f。在例 3 中，$f(g(x))$ 是 x 先減 3 之後再取平方，而 $g(f(x))$ 則是先平方之後再減 3。

例 4　詮釋合成函數

已知小飛機起飛後第 t 小時之飛行高度可用 $A(t) = -2.8t^2 + 6.7t$ 千呎來表示，其中 $0 \leq t \leq 2$。此外，在距離海平面 x 千呎的高空之溫度為華氏 $f(x) = 68 - 3.5x$ 度。

(a) 試問合成函數 $h(t) = f(A(t))$ 所測量的量為何？
(b) 試計算 $h(1)$ 並詮釋它的意義。
(c) 試求 $h(t)$ 的表示式。
(d) 試問 $A(f(x))$ 在此例中有意義嗎？

解

(a) 內層函數 A 的輸入值為飛機的飛行時間，輸出值則為飛行高度；這個高度再被做為外層函數 f 的輸入值，輸出值則為高空之溫度。所以，h 就是飛機起飛後第 t 小時所處位置高空的溫度。

(b) 先將輸入值 1 代入函數 A，而得出 $A(1) = 3.9$，再將 3.9 輸入函數 f，進而得到 $f(3.9) = 54.35$。這表示飛機起飛後第 1 小時所處位置高空的溫度為華氏 54.35 度。

(c) $h(t) = f(A(t)) = f(-2.8t^2 + 6.7t) = 68 - 3.5(-2.8t^2 + 6.7t)$
$= 9.8t^2 - 23.45t + 68$

(d) 雖然可以求得 $A(f(x))$ 的表示式，但是內層函數 $f(x)$ 的輸出值單位為華氏溫度 °F，但外層函數 $A(t)$ 的輸入值 t 之單位卻是小時，所以它在此例題是沒有意義的。

到目前為止，我們只用簡單的函數來建構合成函數。事實上，將複雜的函數解構成簡單的函數也是很有用的。雖然在本書的後面章節中將會引用解構的技巧，先來看下面解構的例題。

例 5　解構合成函數

給定 $L(t) = (2t - 1)^3$，試求函數 f 與 g 使得 $L(t) = f(g(t))$。

解

由 L 可知，先取 t 的 2 倍後再減 1 後，接著再取其立方，所以可令 $2t - 1$ 為內層函數 g，即設 $g(t) = 2t - 1$ 且可得 $L(t) = (g(t))^3$。因此，外層函數就是立方函數，即設 $f(x) = x^3$，即

$$L(t) = f(g(t)) = f(2t - 1) = (2t - 1)^3$$

雖然也可設 $g(t) = 2t$ 和 $f(x) = (x-1)^3$，然而第一個解可能較為直觀。

> 用何種形式來表示外層函數 f 的變數並不重要。函數 $f(x) = x^3$ 與 $f(a) = a^3$ 或 $f(q) = q^3$ 的意義相同。

■ 函數的變換

接下來，我們將討論如何由改寫函數使得原圖形的形狀或位置隨之改變。為了學習這些技巧，可用較熟悉的圖形來設計函數以擴大應用範圍。在常用的變換中，我們先介紹**平移 (translation)**。如果比較圖 2 中函數 $y = f(x)$ 和 $y = f(x) + 3$ 的圖形，你會發現兩個圖形幾乎相同，而後者的圖形恰好位於為前者上方 3 個單位長的位置。事實上，後者的每個輸出值都比前者增加 3，所以只要將前者圖形上的每個點往上移 3 個單位長就能得到後者了；同理，只要將 $y = f(x)$ 的圖形往下移 3 個單位長就能得到 $y = f(x) - 3$ 的圖形。

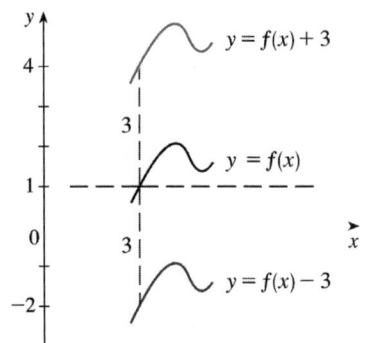
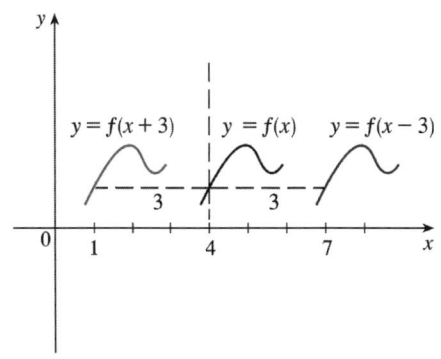

圖 2　f 的圖形之鉛直平移　　　　圖 3　f 的圖形之水平平移

接著比較圖 3 中函數 $y=f(x)$ 和 $y=f(x+3)$ 的圖形，你會發現兩個圖形幾乎相同，而後者的圖形恰好與將前者向左邊移 3 個單位長後的圖形相同。想知道原因，由 $g(x)=f(x+3)$，即可得 $g(1)=f(1+3)=f(4)$，也就是 f 在 $x=4$ 的點左邊 3 個單位長之位置就是 g 在 $x=1$ 的點。同理，只要將 $y=f(x)$ 的圖形往右移 3 個單位長就能得到 $y=f(x-3)$ 的圖形。

■ **鉛直與水平的移動**　設 c 為正數。

$y=f(x)$ 圖形的轉換	表示式
向上移 c 個單位長	$y=f(x)+c$
向下移 c 個單位長	$y=f(x)-c$
向右移 c 個單位長	$y=f(x-c)$
向左移 c 個單位長	$y=f(x+c)$

我們也可以**放大 (stretch)** 或**縮小 (compress)** 圖形。例如，如果比較圖 4 中函數 $y=f(x)$ 和 $y=2f(x)$ 的圖形，你會發現後者的圖形形狀與前者相似，且恰為將前者的圖形沿著鉛直方向放大 2 倍。事實上，後者的每個輸出值都是前者的 2 倍，所以只要將前者圖形上的每個點到 x 軸的鉛直距離放大 2 倍就能得到後者。同理，只要將 $y=f(x)$ 的圖形往 x 軸壓縮為一半，就能得到 $y=\frac{1}{2}f(x)$ 的圖形。

接著比較圖 5 中函數 $y=f(x)$ 和 $y=f(2x)$ 的圖形，這次是將前者沿著水平方向往 y 軸縮小 2 倍。想知道原因，由 $g(x)=f(2x)$，即可得 $g(1)=f(2\cdot 1)=f(2)$，也就是由 f 在 $x=2$ 的點到 y 軸距離縮小為一半的位置就是 g 在 $x=1$ 的點。同理，只要將 $y=f(x)$ 的圖形在水平方向放大 2 倍就能得到 $y=f(\frac{1}{2}x)$ 的圖形。

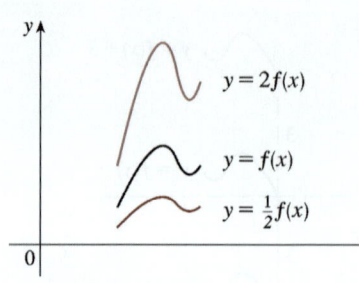
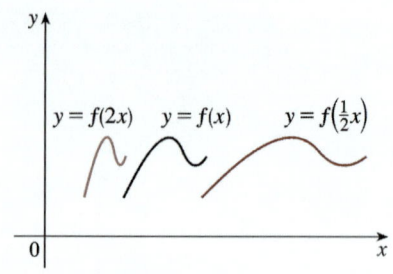

圖 4　f 的圖形之鉛直縮放　　　　圖 5　f 的圖形之水平縮放

■ **鉛直或水平的縮放**　設 $c > 1$。

$y = f(x)$ 圖形的轉換	表示式
沿著鉛直方向放大 c 倍	$y = cf(x)$
沿著鉛直方向縮小 c 倍	$y = \frac{1}{c}f(x)$
沿著水平方向縮小 c 倍	$y = f(cx)$
沿著水平方向放大 c 倍	$y = f(\frac{1}{c}x)$

　　最後，我們也能沿著鉛直或水平方向作圖形的**反映射 (reflection)**。比較圖 6 中函數 $y = f(x)$ 和 $y = -f(x)$ 的圖形，我們觀察到這兩個圖形上下顛倒。這是因為將點坐標 (x, y) 換成 $(x, -y)$，所以這兩個圖形是對著 x 軸作反映射。若是比較圖 6 中函數 $y = f(x)$ 和 $y = f(-x)$ 的圖形，你會注意到 x 坐標互為相反數，所以這兩個圖形是對著 y 軸作反映射。

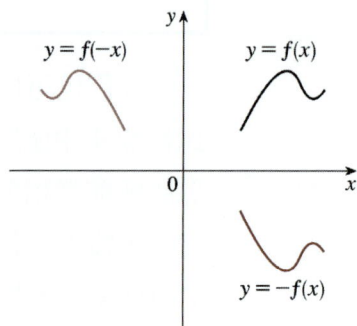

圖 6　f 的圖形之反映射

■ **鉛直和水平的反映射**

$y = f(x)$ 圖形的轉換	表示式
對著 x 軸作反映射	$y = -f(x)$
對著 y 軸作反映射	$y = f(-x)$

圖 7 中展示了數個變換的組合。

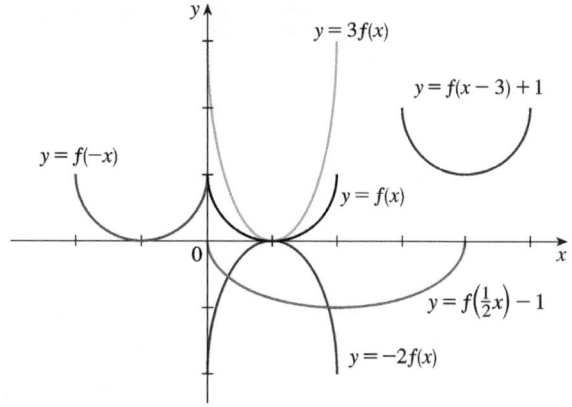

圖 7

例 6　函數的縮放變換

已知 $y = \sqrt{x}$ 的圖形。試利用適當的變換來繪製 $y = \sqrt{x} - 2$、$y = \sqrt{x-2}$、$y = -\sqrt{x}$、$y = 2\sqrt{x}$ 及 $y = \sqrt{-x}$ 的圖形。

解

已知 $y = \sqrt{x}$ 的圖形如圖 8(a)。若假設 $y = \sqrt{x}$，則 $y = \sqrt{x} - 2 = f(x) - 2$，所以只需將 f 的圖形向下移 2 個單位長，就可得到所求的圖形；同理，$y = \sqrt{x-2} = f(x-2)$，只需將 f 的圖形向右移 2 個單位長，就可得到所求的圖形。再由 $y = -\sqrt{x} = -f(x)$ 可知，只需將 f 的圖形對著 x 軸作反映射，就可得到所求的圖形。又由 $y = 2\sqrt{x} = 2f(x)$，只需將 f 的沿著鉛直方向放大 2 倍，就可得到所求的圖形。再由 $y = \sqrt{-x} = f(-x)$ 時，只需將 f 的圖形對著 y 軸作反映射，就可得到所求的圖形。

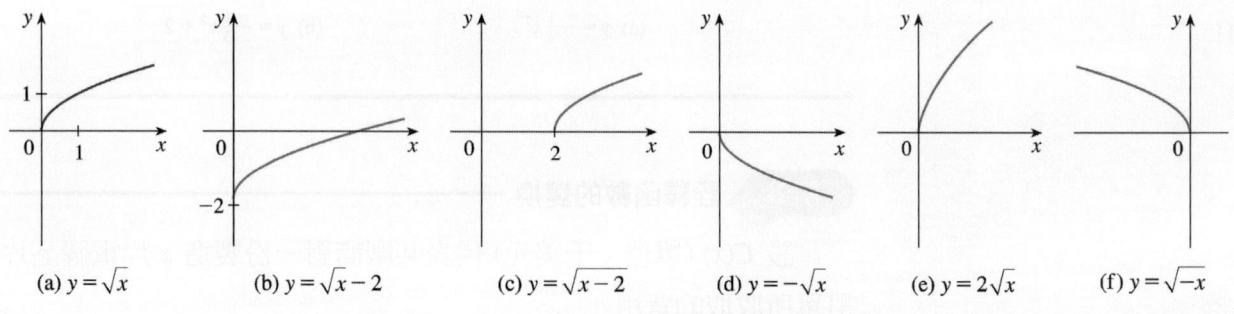

圖 8

例 7　描繪多重變換的函數圖形

已知 $y = x^2$ 的圖形如圖 9 所示，試描繪各函數的圖形。

(a) $f(x) = (x+3)^2 - 1$　(b) $g(x) = -\frac{1}{3}x^2 + 2$

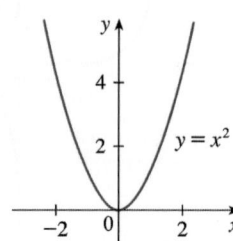

圖 9

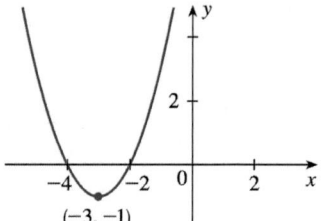

圖 10

解

(a) 可先將 $y = x^2$ 的圖形向左移 3 個單位長後，再向下移 1 個單位長，就可得到 $f(x) = (x+3)^2 - 1$ 的圖形 (如圖 10)。

(b) 可先將 $y = x^2$ 的圖形壓縮 3 倍，接著對 x 軸反映射 [如圖 11(a)]，再向上移 2 個單位長，就可得到 $g(x) = -\frac{1}{3}x^2 + 2$ 的圖形 [如圖 11(b)]。

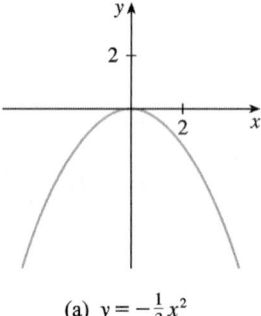
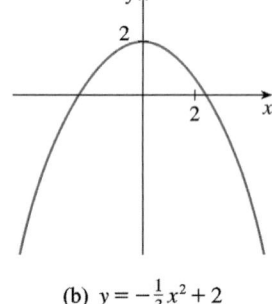

(a) $y = -\frac{1}{3}x^2$　　(b) $y = -\frac{1}{3}x^2 + 2$

圖 11

例 8　詮釋函數的變換

設 $C(x)$ (單位：千美元) 代表某廠商對一份製造 x 片電腦晶片的訂單所收取的費用。

(a) 已知某競爭廠商對這份訂單的出價為 $f(x) = C(x) + 12$，試與第一家廠商的出價作比較。

(b) 若這家競爭廠商對這份訂單的出價改為 $g(x) = 1.4C(x)$ 時，又如何呢？

(c) 若這家競爭廠商對這份訂單的出價又改為 $h(x) = C(x - 2)$ 時，又如何呢？

解

(a) 當輸入值 x 相同時，f 的輸出值永遠比 C 多 12，也就是無論所訂的晶片數量有多少，競爭廠商比第一家廠商的出價永遠多 12,000 千美元。

(b) g 的輸出值是 C 的 1.4 倍，所以競爭廠商比第一家廠商的出價多了 40%。

(c) 若將 $C(x)$ 的圖形往右邊移 2 個單位長，就可得到 $h(x)$ 的圖形。這表示當總價相同時，競爭廠商比第一家廠商多出售了 2,000 片晶片。例如，當時 $x = 10$，$h(10) = C(8)$。

習題 1.2

1. **出席的情形** 設某大學在今年第 t 天出席數學課的男同學和女同學人數分別為 $M(t)$ 和 $F(t)$。若定義 $g(t) = M(t) + F(t)$，試描述函數 g 所代表的意義。

2. **銀行庫存** 假設今年的第 n 天，銀行的黃金庫藏量為 $g(n)$ 盎司，且當天黃金的牌價為每盎司 $v(n)$ 美元，試問函數 $f(n) = g(n)v(n)$ 所表示的意思為何？

3. **穀物收穫** 假設某農場在第 x 年種植玉米的田地面積為 $A(x)$，且所收割的玉米共有 $B(x)$ 蒲式耳 (bushels)。試問函數 $C(x) = B(x)/A(x)$ 所表示的意思為何？（註：蒲式耳為穀物、水果等容量單位，美制 1 蒲式耳 = 35.238 升）

4. **薪資** 已知某受僱者在第 t 年的年薪以函數 $S(t) = 42 + 1.8t$ 來表示 (單位：千美元)，且獲得的佣金總數為 $C(t) = 16.4 + 0.6t$ (單位：千美元)，其中 $t = 0$ 代表 2000 年。

   (a) 試求函數 $f(t) = S(t) + C(t)$ 的表示式。
   (b) 試求 $f(4)$ 並詮釋你的答案所表示的意義。

5. 已知 $f(x) = x^2 - 5x$ 和 $g(x) = 3x + 12$，試求下列函數。
   (a) $A(x) = f(x) + g(x)$
   (b) $B(x) = f(x) - g(x)$
   (c) $C(x) = f(x)g(x)$
   (d) $D(x) = f(x) / g(x)$

6. 已知 $f(x) = x^2 + 1$，$g(x) = 4t - 2$，$A(t) = f(g(t))$ 和 $B(x) = g(f(x))$，試計算 $A(3)$ 和 $B(3)$。

7. 已知 $M(t) = t + \sqrt{t}$、$N(t) = 3t + 7$、$C(t) = M(N(t))$ 和 $D(t) = N(M(t))$，試計算 $C(3)$ 和 $D(4)$。

8-10 ■ 試求函數 $p(x) = f(g(x))$ 和 $q(x) = g(f(x))$。

8. $f(x) = x^2 - 1$，$g(x) = 2x + 1$

9. $f(x) = x^3 + 2x$，$g(x) = 1 - \sqrt{x}$

10. $f(x) = x + \dfrac{1}{x}$, $g(x) = x + 2$

11. **滑板製造** 若函數 $N(t)$ 表示滑板製造商在第 t 年所生產的滑板數量，且 $P(x)$ 為製造 x 個滑板所獲得的利潤函數（單位：千美元），試問函數 $f(t) = P(N(t))$ 所表示的意思為何？

12. **車輛共乘** 當油價上漲時，就會有更多的駕駛參加共乘。設函數 $f(p)$ 表示當汽油油價為每加侖 p 美元時通勤族參加共乘的平均百分比，且 $g(t)$ 代表自 2011 年 1 月 1 日起第 t 個月每加侖汽油的月平均售價。試問函數 $f(g(t))$ 和 $g(f(p))$ 何者有意義？它所表示的意思為何？

13. **深海潛水** 已知當潛水至 d 呎深時，潛水者所承受的壓力約為 $p(d) = 14.7 + 0.433d$ PSI（單位：磅/平方吋），且假設保羅潛水第 m 分鐘時的深度可用函數 $f(m) = 0.5m + 3\sqrt{m}$（單位：吋）來表示。
    (a) 試求 $A(m) = P(f(m))$ 的表示式，並說明 A 所表示的意思。
    (b) 試計算 $A(25)$ 並詮釋其意義。

14. 試由下圖中 f 和 g 的圖形來計算下列各式：
    (a) $f(g(2))$
    (b) $g(f(0))$
    (c) $f(g(0))$
    (b) $f(f(4))$

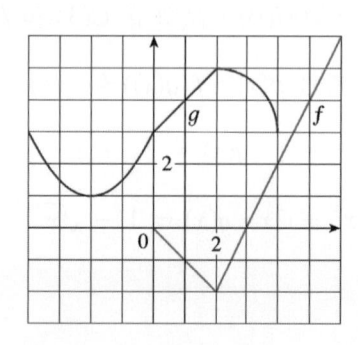

15-16 ■ 試求 f 和 g 使得 $h(x) = f(g(x))$。

15. $h(x) = (x^2 + 1)^{10}$

16. $h(x) = \sqrt{2x^2 + 5}$

17. 給定 f 的圖形，試以 f 來表示對 f 的圖形作下列變換後所得圖形的函數。
    (a) 向上移 4 個單位長。
    (b) 向下移 4 個單位長。
    (c) 向右移 4 個單位長。
    (d) 向左移 4 個單位長。
    (e) 對 x 軸作反映射。
    (f) 對 y 軸作反映射。
    (g) 沿著鉛直方向放大 3 倍。
    (h) 沿著鉛直方向縮小 3 倍。

18. 給定 $y = f(x)$ 的圖形，試找出下列函數所表示的圖形。
    (a) $y = f(x - 4)$
    (b) $y = f(x) + 3$
    (c) $y = \frac{1}{3}f(x)$
    (d) $y = -f(x - 4)$
    (e) $y = 2f(x + 6)$

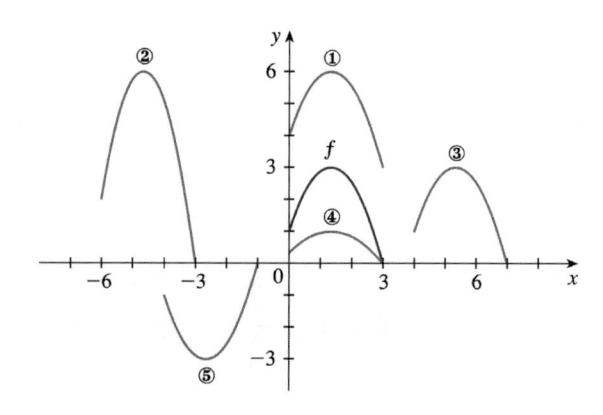

19. 試以給定 f 的圖形來描繪下列函數所表示的圖形。
    (a) $y = f(2x)$

(b) $y = f(\frac{1}{2}x)$

(c) $y = f(-x)$

(d) $y = -f(-x)$

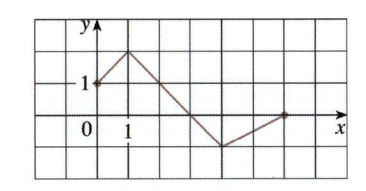

20-21 ■ 已知 $y = \sqrt{x}$ 的圖形如圖 8(a) 所示。試由函數變換來描繪函數所表示的圖形。

20. $y = \sqrt{x+3}$

21. $y = -\sqrt{x-1}$

22-23 ■ 已知 $y = x^2$ 的圖形如圖 9 所示。試由函數變換來描繪函數所表示的圖形。

22. $y = -x^2 + 2$

23. $f(x) = \frac{1}{4}x^2 - 3$

24. 已知 $y = \sqrt{x}$ 的圖形如圖 8(a) 所示。試由函數變換找出下列圖形的函數表示式。

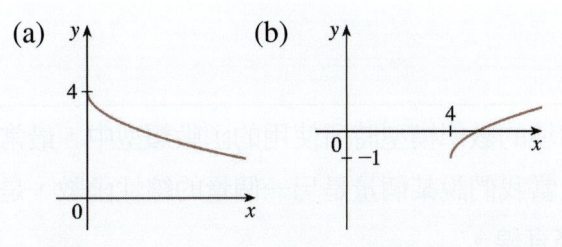

(a)

(b)

25. **水庫水位** 已知某水庫自 2000 年 1 月 1 起第 t 個月的水位可用 $f(t)$ 來表示 (單位：呎)。

(a) 若第二個水庫的水位可用 $g(t) = f(t) - 15$ 來表示，如何比較這兩個水庫水位之間的關係？

(b) 若第二個水庫的水位為 $g(t) = f(t-2)$ 時，又如何呢？

(c) 若第二個水庫的水位為 $g(t) = f(t+2)$ 時，又如何呢？

(d) 若第二個水庫的水位為 $g(t) = 0.8 f(t)$ 時，又如何呢？

26. **音樂銷售量** 已知某音樂網站在去年第 n 個月所銷售的歌曲總數為 $A(n)$ (單位：千首)。

(a) 若競爭網站所銷售的歌曲總數為 $B(n) = 1.3 A(n)$ 時，如何比較這兩個網站在歌曲銷售總數之間的關係？

(b) 若競爭網站所銷售的歌曲總數為 $B(n) = A(n) + 23$，又如何呢？

(c) 若競爭網站所銷售的歌曲總數為 $B(n) = A(n-1) + 5$，又如何呢？

27. **運動** 已知一艘船以 30 公里／小時的速度且以平行於筆直的海岸之方向移動。又知這艘船距離海岸 6 公里，且在中午 12 時通過燈塔。

(a) 若以 d 表示這艘船自中午起所航行的距離，且以 s 表示這艘船與燈塔之間的距離，試求函數 f 使得 $s = f(d)$，來表示這兩個距離之間的關係。

(b) 若以 t 表示這艘船自中午起所航行的時間，試求函數 g 使得 $d = g(t)$。

(c) 試求 $f(g(t))$ 並描述這個函數所表示的意義。

28. **漣漪** 已知將一顆石頭丟入湖裡所產生的漣漪會以 60 公分／秒的速度向外擴散。

(a) 試將圓形波紋的半徑 r 表示成時間 t (單位：秒) 的函數。

(b) 若圓形波紋圍出來的面積 A 是半徑的函數，試求 $A(r(t))$ 並說明它所代表的意義。

■ 自我挑戰

29. 試求 $p(x) = f(g(h(x)))$，其中

$f(x) = \sqrt{x-1}$、$g(x) = x^2 + 2$、$h(x) = x + 3$

30. 已知 $y = f(x)$ 的圖形如下圖所示。

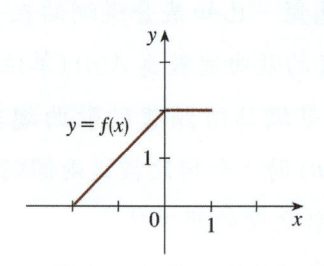

試以 f 來表示其圖形如下圖所示的函數。

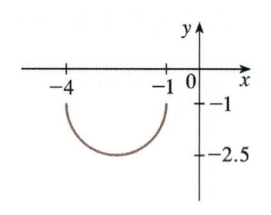

31. 已知 $y = f(x)$ 的圖形如習題 19 所示，試以 f 來表示其圖形如下圖所示的函數。

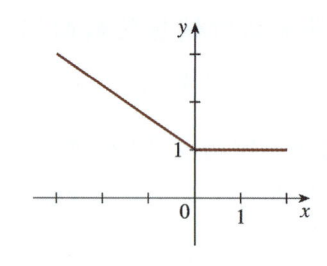

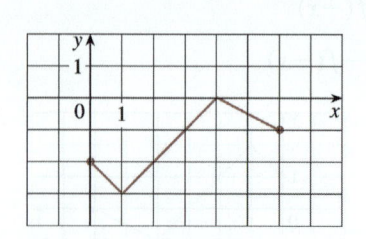

32. 已知 $y = \sqrt{3x - x^2}$ 的圖形如下圖所示。

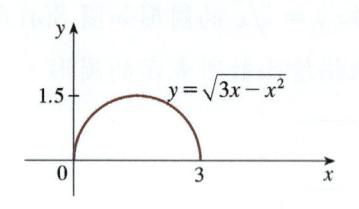

試以 f 來表示其圖形如下圖所示的函數。

33. 已知 f 和 g 為線性函數，其中 $f(x) = m_1 x + b_1$、$g(x) = m_2 x + b_2$。若 $h(x) = f(g(x))$，h 也是線性函數嗎？如果是，其圖形的斜率為何？

1.3 線性模型與變化率

在建構描述自然情境的數學模型時所使用的函數類型中，最常被引用的就是**線性函數**。當我們說某個量是另一個量的線性函數，是指這個函數的圖形是一條直線。

■ 直線的回顧

直線的**斜率**是用來衡量這條線的陡峭程度，並以直線上任意兩點之間「鉛直位移對水平位移」的比值來計算：

$$\text{斜率} = \frac{\text{鉛直位移}}{\text{水平位移}}$$

由圖 1，鉛直位移是指任意兩點 y 坐標的變化量，而水平位移就是 x 坐標的變化量。因此，可將斜率看成是「y 變化量除以 x 變化量」。

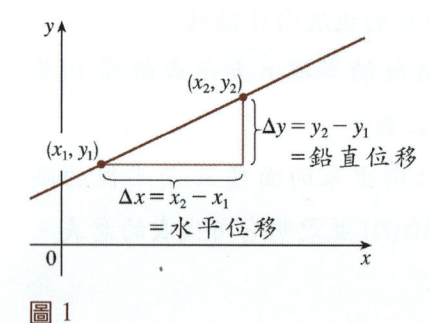

圖 1

數學上，常用希臘字母 Δ，簡讀作 delta 來表示增加量或變化量。

(1) ■ **定義** 通過點 (x_1, y_1) 和 (x_2, y_2) 的直線，其**斜率 (slope)** 為
$$m = \frac{y \text{ 變化量}}{x \text{ 變化量}} = \frac{\Delta y}{\Delta x} = \frac{y_2 - y_1}{x_2 - x_1}$$

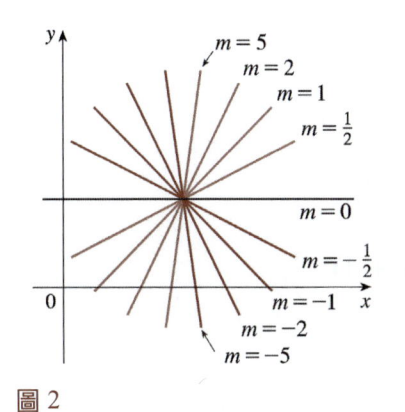

圖 2

由於在直線上其斜率處處相等，因此斜率的計算與取點的位置無關。由圖 2，我們觀察到往右上方延伸的直線，它們的斜率都是正的；往右下方延伸的直線，它們的斜率則是負的。此外，愈陡峭的直線，其斜率的絕對值愈大；水平線的斜率為 0；鉛直線的斜率則沒有定義。

我們接著來計算通過點 (x_1, y_1) 且斜率為 m 的直線方程式。假設 (x, y) 為所求直線上之任意點，其中 $(x, y) \neq (x_1, y_1)$，由斜率公式可得

$$m = \frac{y - y_1}{x - x_1}$$

並可改寫成

$$y - y_1 = m(x - x_1)$$

因為此直線上的每個點 [包括點 (x_1, y_1)] 都滿足此方程式，但也只侷限在此直線上的點，所以它就是所求的直線方程式。

(2) ■ **直線方程式的點斜式** 通過點 (x_1, y_1) 且斜率為 m 的直線方程式為
$$y - y_1 = m(x - x_1)$$

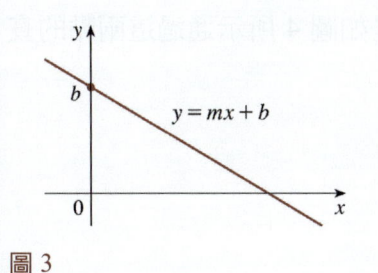

圖 3

當直線和 y 軸有交點時，方程式 2 的形式會較簡潔。此交點的 x 坐標為 0，對應的 y 值稱為 y-截距，通常記作 b（見圖 3）。因此，當直線通過點 $(0, b)$ 時，對應的直線方程式就可改寫成

$$y - b = m(x - 0)$$

(3) ■ **直線方程式的斜截式** 斜率為 m 且 y-截距為 b 的直線方程式為
$$y = mx + b$$

例 1　通過兩點的直線

試求通過點 $(-1, 2)$ 和 $(3, -4)$ 的直線,並以斜截式表示此直線。

解

由定義 (1) 可知所求直線的斜率為

$$m = \frac{-4-2}{3-(-1)} = -\frac{3}{2}$$

將 $x_1 = -1$ 和 $y_1 = 2$ 代入方程式 (2),可得

$$y - 2 = -\frac{3}{2}(x+1)$$

經化簡,所求的方程式為

$$y - 2 = -\frac{3}{2}x - \frac{3}{2} \quad \text{或} \quad y = -\frac{3}{2}x + \frac{1}{2}$$

除了鉛直線和水平線之外,由斜截式立刻能看出直線的斜率和 y 截距。

例 2　描繪直線方程式

試描繪方程式 $y = -\frac{3}{4}x + 5$ 的圖形。

解

由給定的斜截式可知所求的圖形為直線,其斜率 m 為 $-\frac{3}{4}$,且 y-截距為 5。由於斜率為負的,可將 y 變化量看成 -3,所以 x 變化量就為 4。接著,可由點 $(0, 5)$ 向下移 3 個單位長後,再向右移 4 個單位長至點 $(4, 2)$。因此,所求的圖形就是如圖 4 所示通過這兩點的直線。

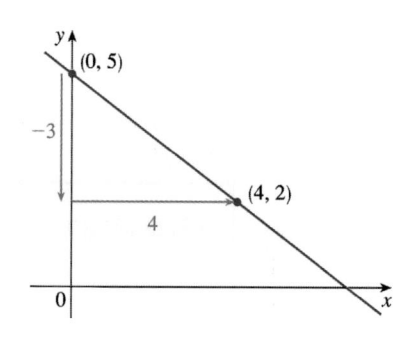

圖 4

變化率與線性函數

我們已經定義直線的斜率是 y 變化量，Δy，除以 x 變化量，Δx，所以可將斜率詮釋為 y 對 x 的**變化率 (rate of change)**。若 f 為線性函數，它的圖形為一條直線，則可將斜率看成是輸出值的變化量對輸入值的變化量之比值。在此前提之下，由線性函數的斜率就可知道函數的變化率。

$$\text{變化率} = \frac{\text{輸出的變化量}}{\text{輸入的變化量}} = \frac{\Delta y}{\Delta x} = \text{直線的斜率}$$

例如，若斜率為 4，這是指當輸入的變化量為 1 時，使得輸出的變化量增為 4 倍大。事實上，在直線上的每個點之斜率都相同，所以**變化率恆為常數**就是直線的重要特徵：

線性函數的成長率恆為常數

變化率的計量單位就是輸出對輸入單位的比值。

例 3　線性函數的斜率

某廠商已觀察到所生產滑雪板的年銷售量呈現線性成長，其中 2005 年賣出 31,300 套，2011 年則賣出 38,200 套。試求表示年銷售的線性函數之斜率，並說明此斜率的意義。

解

所求的斜率為

$$m = \frac{\text{輸出的變化量}}{\text{輸入的變化量}} = \frac{38{,}200 - 31{,}300}{2011 - 2005} = \frac{6900}{6} = 1150$$

其單位為套/年，這表示年銷售量每年增加 1150 套。

由於線性函數的圖形為直線，所以將此函數的表示式寫成如方程式 (3) 斜截式的形式：

$$f(x) = mx + b$$

x	$f(x)$
-10	22
-5	25
0	28
5	31
10	34
15	37

例如，若左表中的數據取自某個線性函數，我們觀察到當 x 每增加 5 時，$y = f(x)$ 都增加 3，所以斜率為 $\frac{3}{5}$。又因 $f(0) = 28$，可知點 $(0, 28)$ 在直線上，且 y-截距為 28。(若應變數為 A 而不是 y，就稱為

A-截距。) 所以，f 的表示式為 $f(x) = \frac{3}{5}x + 28$。

若以 f 來量測某些量，可將 28 (當 $x = 0$) 看成是它的初始值，此時函數 f 的值可由 28 開始，以 $\frac{3}{5}$ 的變化量而做改變。下面的兩個例題將會呈現這個概念。

例 4　線性成本函數

某洗車業的老闆估計每天洗 x 部車的成本為 $C(x) = 4.5x + 340$ 美元。

(a) 變化量為何？它所表示的意義為何？
(b) C-截距為何？它所表示的意義為何？

解

(a) 由 x 的係數可知所求的變化量為 4.5，單位為美元 / 部，也就是每天每多洗 1 部車成本就增加 4.50 美元。

(b) 由給定函數可知 C-截距為 340，這是對應到 $x = 0$ 的初始輸出值，也就是洗車業每天的固定成本。即使沒有生意上門，每天的成本至少為 340 美元。

例 5　寫出線性函數的方程式

(a) 當乾空氣上升時，它會擴散並且變得涼快。如果地面溫度為 20°C，且離地面 1 公里處的空氣溫度為 10°C。假設乾空氣溫度 T (單位：°C) 是高度 h (單位：公里) 的線性模型，試求此線性函數。
(b) 請描繪 (a) 中線性函數的圖形，並詮釋此函數的斜率所代表的意義。
(c) 試求離地面 2.5 公里處的氣溫為何？

解

(a) 因為 T 是高度 h 的線性模型，可設

$$T = mh + b$$

由已知條件 $T(0) = 20$ 和 $T(1) = 10$，可得所求的斜率為

$$m = \frac{\Delta T}{\Delta h} = \frac{T(1) - T(0)}{1 - 0} = \frac{10 - 20}{1 - 0} = -10$$

再由初始溫度 $T(0) = 20$，可知 T-截距 $b = 20$，且所求的線性函數為

$$T(h) = -10h + 20$$

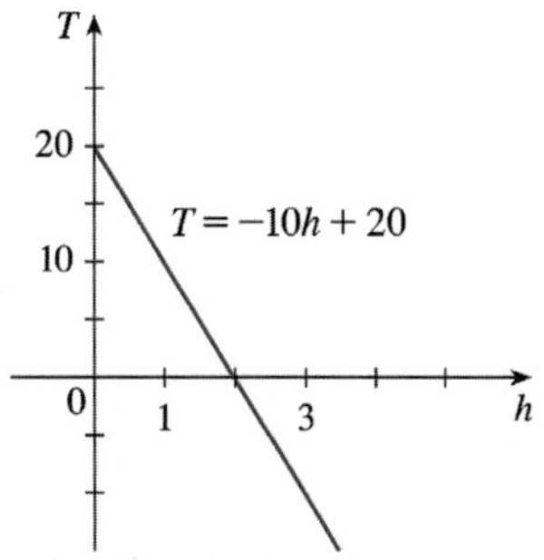

(b) 此函數的圖形如圖 5 所示，其斜率為 -10，單位為 °C / 公里。這表示每升高 1 公里，氣溫下降 10°C。

(c) 離地面 2.5 公里處的氣溫為

$$T(2.5) = -10(2.5) + 20 = -5°C$$

圖 5

對求方程式而言，知道線性函數的初始值未必是必要的。我們也可引用方程式 (2) 的點斜式。

例 6　以點斜式建構線性模型

當使用幫浦將水注入游泳池時，附表的數據顯示了啟動幫浦後每 2 小時泳池內的水量。

(a) 試說明線性模型的合宜性。
(b) 試求出滿足附表數據的線性函數方程式。
(c) 試以求得的模型來預測第 17.5 小時後泳池內的水量。
(d) 何時泳池內的水量可達 6000 加侖？

小時	泳池內的水量(加侖)
2	2800
4	3100
6	3400
8	3700
10	4000

解

(a) 我們觀察到每 2 小時，泳池內增加 300 加侖的水，也就是說變化量恆為常數，這表示輸入與輸出之間為線性關係。

(b) 由於變化量為每 2 小時增加 300 加侖，或者每小時增加 150 加侖，所以斜率 $m = 150$。若以 $V(t)$ 表示幫浦啟動後第 t 小時的水量 (單位：加侖)，則 $V(2) = 2800$，即點 $(2, 2800)$ 在其圖形上。由點斜式可得

$$V - 2800 = 150(t - 2) = 150t - 300$$
$$V = 150t + 2500$$

因此，所求的線性函數方程式為 $V(t) = 150t + 2500$。

(c) 幫浦啟動後第 17.5 小時的水量為

$$V(17.5) = 150(17.5) + 2500 = 5125 \text{ 加侖}$$

(d) 解 $V(t) = 6000$：

$$150t + 2500 = 6000$$
$$150t = 3500$$
$$t = \frac{3500}{150} = \frac{70}{3}$$

因此，幫浦啟動後第 $23\frac{1}{3}$ 小時，或第 23 小時 20 分鐘，泳池內的水量可達 6000 加侖。

■ 以模型擬合數據

雖然線性函數常被用來建模，但是在我們周遭情境中，變量之間鮮少恰為線性關係。然而，有相當多數據的分佈情形是近似於線性的，因此仍可用線性函數來建構模型。此時，在適當的準確度要求下，可用線性函數來「擬合」數據，以呈現出這些數據分佈的趨勢。但是，如何知道線性函數多接近這些數據？下一個例題將介紹其中一種近似的方法。

例 7　以線性函數建構模型

表 1 中的數據為 1980 至 2008 年間在 Mauna Lao 觀測站所收集之二氧化碳年平均濃度 (單位：ppm)。試以表 1 中的數據來建構二氧化碳年平均濃度的模型。

解

將表 1 中的數據描繪成圖 6 的散佈圖，其中橫軸 t 代表年度，縱軸 C 表示二氧化碳的平均濃度。為簡化輸入值，以 $t = 0$ 表示 1980 年。

我們注意到圖 6 中的點很接近一條直線，所以很自然地想使用線性模型。然而，在很多可能的直線中，該選擇哪一條來擬合這些數據？一種方法是自散佈圖中取一對相異的點來求出通過這兩點的直線。由於不同的選擇可能會得到不同的直線，所以選取適當的點是必要的。我們想藉由直尺所畫出的直線來選擇適當的兩個相異點。

表 1

年	二氧化碳平均濃度 (ppm)
1980	338.7
1982	341.2
1984	344.4
1986	347.2
1988	351.5
1990	354.2
1992	356.3
1994	358.6
1996	362.4
1998	366.5
2000	369.4
2002	373.2
2004	377.5
2006	381.9
2008	385.6

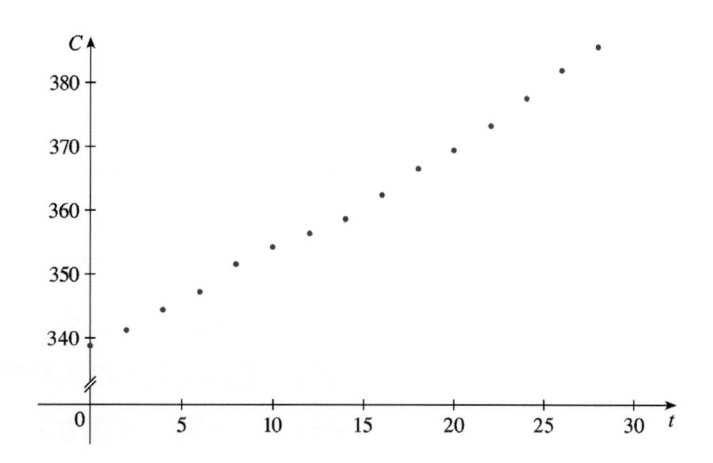

圖 6　二氧化碳平均濃度的散佈圖

由散佈圖 6，通過點 (4, 344.4) 和 (20, 369.4) 的直線似乎是個合理的選擇，其斜率為

$$\frac{369.4 - 344.4}{20 - 4} = \frac{25.0}{16} = 1.5625$$

方程式則為

$$C - 344.4 = 1.5625(t - 4)$$

或

(4)　　　　　　　　$C = 1.5625t + 338.15$

方程式 (4) 給出一個描述二氧化碳年平均濃度變化的可能線性模型，其圖形如圖 7 所示。

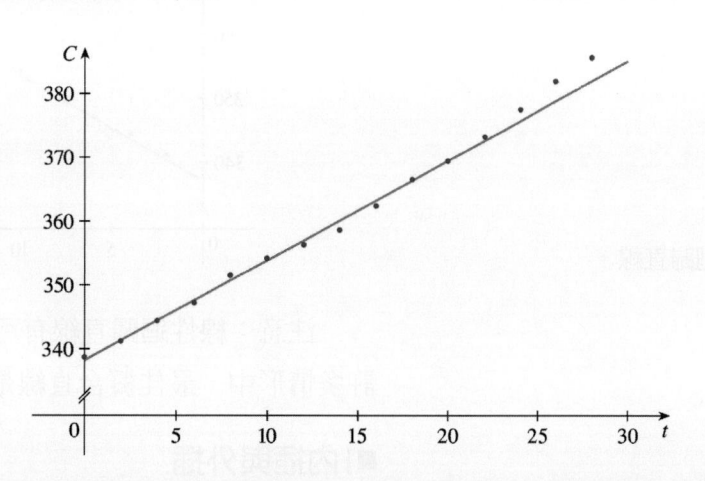

圖 7　通過兩個數據點的線性模型

雖然不必將計算器或電腦所顯示小數點以後的數字全數記載下來，但取太少的位數時，可能大幅降低數學模型的準確度。

■│迴歸直線

在線性模型建模方法中，有一個較細緻的方法稱為**最小平方法** (methad of least squares)。在這個方法中，必須計算每個點到所求直線的鉛直距離，並求出這些距離平方的總和。在這類直線中，我們稱使得距離平方的總和為最小的直線為**迴歸直線** (regression line)，並以直線來描述數據的分佈趨勢。在求迴歸直線的過程中，用手來算是不明智的，若藉由某些電腦軟體或具繪圖功能的計算器來模擬應是比較容易的。當使用具繪圖功能的計算器時，可將表 1 的數據逐一輸入，並按下線性迴歸的按鍵，就可得到此直線的斜率與 y-截距約為

$$m = 1.6543 \qquad b = 337.41$$

所以，描述二氧化碳年平均濃度變化的線性迴歸模型為

(5) $$C = 1.6543t + 337.41$$

所求得的線性迴歸直線及表 1 數據點之圖形如圖 8 所示。相較於圖 7，我們觀察到以線性迴歸直線來擬合更為合適。

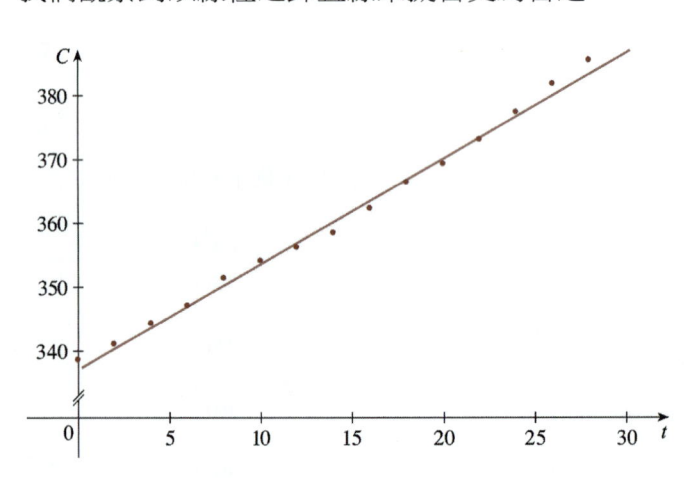

圖 8　迴歸直線

注意：線性迴歸直線有可能不通過任何一組被擬合的數據點。在許多情形中，最佳擬合直線是不會通過被擬合的數據點。

■│內插與外插

由於已經求得描述二氧化碳平均濃度變化的線性模型，我們可用它來估計未列入表 1 的年度之二氧化碳濃度。若想估計的年度介於表 1 中兩年度之間時，這種型態稱為**內插** (interpolating)；反之，若皆不在任意兩年度之間時，則稱為**外插** (extrapolating)。使用外插來

估計通常較為冒險，因為我們無法確定數據分佈的趨勢是否能繼續維持。

例 8　以線性函數作內插與外插

試以方程式 (5) 的線性模型分別估計 1987 年和預測 2016 年的二氧化碳平均濃度。根據這個模型，何時二氧化碳的平均濃度會超過 410 ppm？

解

由 t 的定義，$t = 7$ 代表 1987 年。由方程式 (5)，1987 年的二氧化碳平均濃度為

$$C(7) = (1.6543)(7) + 337.41 \approx 348.99 \text{ ppm}$$

這是個內插的範例，因為 1987 介於 1986 和 1988 之間。(事實上，1987 年 Mauna Lao 觀測站所收集的二氧化碳平均濃度為 348.93 ppm，所以我們的估計值相當準確。)

預測 2016 年的平均濃度時，由方程式 (5) 可得到：

$$C(36) = (1.6543)(36) + 337.41 \approx 396.96 \text{ ppm}$$

所以我們預測 2016 年的二氧化碳平均濃度將會達到 396.96 ppm。這是個外插的範例，因為 2016 不在 1980 至 2008 的範圍內，但是我們無法說明這個預測值的準確程度。

想知道二氧化碳平均濃度達到 410 ppm 的時段，我們解 $C(t) = 410$：

$$1.6543t + 337.41 = 410$$

$$1.6543t = 72.59$$

$$t = \frac{72.59}{1.6543} \approx 43.88$$

所得的答案對應於介於 2023 和 2024 之間的某一刻。由於表 1 的二氧化碳濃度為各該年度的平均值，唯有輸入值為整數才有意義。比較 $C(43) \approx 408.54$ 和 $C(44) \approx 410.20$，我們看到二氧化碳平均濃度在 2024 年首度超過 410 ppm。但是，這個猜測是冒險的，畢竟已觀察的年度距離 2024 年過於久遠，沒有人能保證變化的趨勢能持續保持。

習題 1.3

1-2 ■ 試求通過已知點的直線之斜率。

1. (3, 7)，(5, 10)

2. (45, 1860)，(26, 2240)

3-7 ■ 試以點斜式表示滿足已知條件的直線方程式。

3. 斜率為 3，y-截距為 -2

4. 通過點 $(2, -3)$，斜率為 6

5. 通過點 (2, 1) 和 (1, 6)

6. 通過點 (4, 84) 和 (13, -312)

7. x-截距為 1 和 y-截距為 -3

8. 試描繪通過點 $(-2, 6)$ 且斜率為 $-\frac{1}{5}$ 的直線。

9-10 ■ 試求給定直線的斜率和 y-截距，並描繪直線的圖形。

9. $2x + 5y = 15$

10. $-5x + 6y = 42$

11-12 ■ 試求給定函數的斜率和截距，並抽繪函數的圖形。

11. $f(x) = -2x + 14$

12. $A(t) = 0.2t - 4$

13. 試求線性函數 h 的方程式，其中 $h(7) = 329$ 和 $h(11) = 553$。

14. **電視收視調查** 已知電視節目每週收視人口可用函數為 $L(w)$ (單位：百萬人) 來表示，其中 w 為該節目開播後的週數。若為線性函數其中 $L(8) = 5.32$ 和 $L(12) = 8.36$，試求斜率 L 並詮釋所求斜率的意義。

15. **設備折舊** 有一家小公司以 16,500 美元買進一台新影印機，但會計部門為了節稅，希望在 5 年後將影印機的價值折舊至 0 美元。若以線性函數 $V(t)$ 代表影印機在買進 t 年後的價值，試求 V 的斜率？此斜率所代表的意義為何？

16. **稅賦** 已知某公司所須繳的稅額約為 $T(p) = 0.26p + 15.4$ (單位：千美元)，其中 p 表示該公司的年度總收益 (單位：千美元)。試求 T 的變化率，並說明它所代表的意義。

17. **用藥量** 如果某類藥品的成人建議用量為 D (單位：毫克)，則 a 歲兒童的建議用量 c 可用 $c = 0.0417D\,(a + 1)$ 來表示。假設某藥品的成人用量為 200 毫克。

    (a) 試求 c 的圖形之斜率。它代表的意義為何？

    (b) 該藥對新生兒的用量是多少？

18. **溫度換算** 已知華氏溫度 (F) 與攝氏溫度 (C) 間的換算公式為 $F = \frac{9}{5}C + 32$。

    (a) 試描繪此函數的圖形。

(b) 試求此函數圖形的斜率。它代表的意義為何？試求 F-截距並說明它的意義。

19. **蟋蟀鳴叫頻率** 生物學家觀察到某類蟋蟀的鳴叫次數與氣溫有關，且非常接近線性關係。當氣溫為 70°F 時，這類蟋蟀每分鐘叫 113 次，而當 80°F 時則是每分鐘叫 173 次。
    (a) 試以線性函數來建構這個以氣溫 T 為自變數，每分鐘鳴叫次數 N 為應變數的數學模型。
    (b) 試求此函數圖形的斜率。它代表的意義為何？
    (c) 若蟋蟀每分鐘叫 150 次，試估計當時的氣溫。

20. **海水壓力** 已知在海平面上的海水壓力為 15 磅/平方吋。在海平面下方，每降低 10 呎水壓就增加 4.34 磅/平方吋。
    (a) 試以一個以海平面下深度為變數的函數來表示海水的壓力。
    (b) 當海水壓力為 100 磅/平方吋時的深度為何？

21. **潰瘍罹患率** 依美國國家健康調查，以其家庭收入達特定層級之人口中，每 100 人罹患消化性潰瘍的總人數詳如下表。

收入	潰瘍罹患率（每 100 人）
$4,000	14.1
$6,000	13.0
$8,000	13.4
$12,000	12.5
$16,000	12.0
$20,000	12.4
$30,000	10.5
$45,000	9.4
$60,000	8.2

    (a) 試描繪上表數據的散佈圖，並判別以線性模型來擬合這些數據是否合宜？
    (b) 試以第三組和最後一組數據來建構線性模型，並描繪其圖形。
    (c) 試以 (b) 的線性模型來推測家庭收入達 90,000 美元並罹患消化性潰瘍的可能性？這是內插法或外插法的例子？
    (d) 若以 (b) 的線性模型來推測家庭收入達 200,000 美元並罹患消化性潰瘍的可能性是否合理呢？

22. **中古車的車價** 通常里程數較低的中古車車價較高，下表為中古車的車價與里程數的對照表。

里程數	車價
20,000	$14,245
30,000	$13,520
40,000	$12,520
50,000	$11,645
60,000	$10,970

    (a) 試描繪上表數據的散佈圖，並以其中兩組數據來建構線性模型。
    (b) 試以 (a) 的線性模型來推測里程數達 12,000 哩的中古車之車價。
    (c) 若某部中古車的車價為 0 美元，這部車的里程數應達多少？這樣的里程數合理嗎？

23. 函數的類型是以其共同的特性來區分。
    (a) 試說明形如 $f(x) = 3x + c$ 的函數類型所具有的共同特性，並描繪幾個此類函數的圖形。
    (b) 試說明形如 $f(x) = ax + 3$ 的函數類型所具有的共同特性，並描繪幾個此類函數的圖形。

(c) 哪個函數同時屬於 (a) 和 (b) 的函數類型？

24. 兩個線性函數的圖形如下所示。哪個函數的變化率較大？

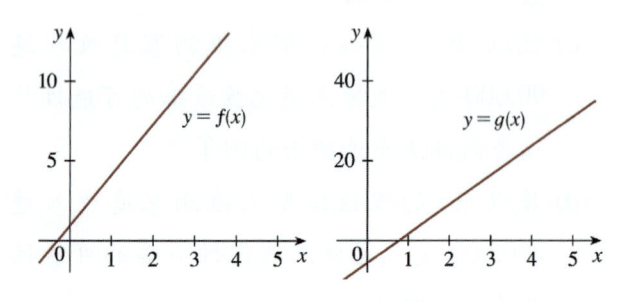

25. **健康開支** 右表為各年度美國國家健康開支佔國內生產毛額 (GDP) 之比率。試以分段定義函數來建構這些數據的數學模型。

年	國家健康開支 (佔 GDP 比率)
1995	13.4
1998	13.2
1999	13.2
2000	13.3
2001	14.1
2002	14.9
2003	15.3

1.4 多項式模型與冪函數

當線性函數被用於基本或常見的模型外，還有很多其他類型的函數被引用來建模。在本節中，我們將討論多項式函數、冪函數和有理函數。事實上，某些函數的類型是重疊的；也就是這三種類型之間是相互連結的。

我們稱形如

$$P(x) = a_n x^n + a_{n-1} x^{n-1} + \cdots + a_2 x^2 + a_1 x + a_0$$

的函數 P 為**多項式 (polynomial)**，其中 n 為正整數或零，常數 $a_0, a_1, a_2, \cdots, a_n$ 為此多項式的**係數 (coefficients)**。例如，

$$f(x) = x^5 - 3x^8 + 4x^2$$
$$g(t) = 1.737t^3 - 2.49t^2 + 8.51t + 4.12$$
$$P(v) = 2v^6 - v^4 + \tfrac{2}{5}v^3 + \sqrt{2}$$

事實上，任意一個多項式的定義域都是 $\mathbb{R} = (-\infty, \infty)$。此外，我們稱輸入值 (自變數) 的最大指數為多項式的**次方 (degree)**；也就是上面三個多項式的次方分別為 8、3 和 6。在第 1.3 節討論的線性函數 $f(x) = mx + b$，次方為 1 (即 $x^1 = x$)。

多項式常被用來建構描述自然科學或社會科學領域中許多現象的數學模型。例如，我們將會看到經濟學家為何引用多項式 $P(x)$ 來描述製造 x 件商品的成本。

第 1 章　函數與模型

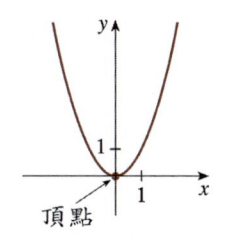

圖 1　二次函數 $y = x^2$ 的圖形

二次函數

形如 $P(x) = ax^2 + bx + c$ 的二次多項式，又稱為**二次函數 (quadratic function)**。在二次函數中，最簡單的為 $y = x^2$，其圖形如圖 1 所示。二次函數的圖形為**拋物線**，其中使得圖形方向改變的點則稱為**頂點**。

可用在第 1.2 節所學習的變換，來將 $y = x^2$ 的圖形轉換成其他二次函數的圖形。例如，若將 $y = x^2$ 的圖形放大或縮小 $|a|$ 倍，就可得到 $f(x) = ax^2$ 的圖形。如果 a 是負數，所對應的圖形就是對著 x 軸反映射，而得到一條開口向下的拋物線，而它的頂點就在圖形的最高點。如果 a 是正數，拋物線的頂點就在圖形的最低點。若將 $f(x) = ax^2$ 圖形沿著鉛直或水平方向移動，就能得出任意一個二次函數的圖形。這是因為形如 $y = a(x - h)^2 + k$ 的方程式都能被展開成 $y = ax^2 + bx + c$ 的形式。

> ■ **二次函數的標準式**　二次函數 $y = ax^2 + bx + c$ 可改寫成標準式
> $$f(x) = a(x - h)^2 + k$$
> 此拋物線的頂點為 (h, k)。當 $a > 0$ 時，圖形的開口向上；而當 $a < 0$ 時，則是開口向下。

例 1　描繪二次函數的圖形

試描繪二次函數 $g(x) = -2(x - 1)^2 + 4$ 的圖形。

解

想描繪 $y = -2x^2$ 的圖形時，可先將 $y = x^2$ 的圖形沿著鉛直方向放大 2 倍，再對 x 軸反映射，如圖 2。接著將圖 2 的圖形向右移 1 個單位長，再向上移動 4 個單位長，就能得到 $g(x) = -2(x - 1)^2 + 4$ 的圖形 (如圖 3)。

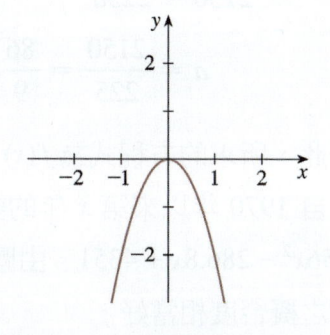

圖 2　$y = -2x^2$ 的圖形

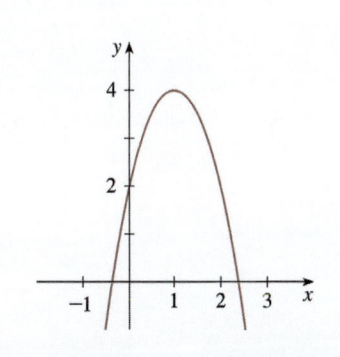

圖 3　$y = -2(x - 1)^2 + 4$ 的圖形

沿著鉛直和水平方向的轉換，將 $y = -2x^2$ 的頂點 $(0, 0)$ 移至所求圖形的最高點 $(1, 4)$。

例 2　求二次模型

保護措施確實扭轉了瀕臨絕種動物數量的下滑趨勢。附表中所列數據為數年間瀕臨絕種動物的估計量。

(a) 試描繪左表數據的散佈圖，並說明為何以二次模型來建模是合宜的。

(b) 試求一個二次模型以來擬合表中的數據。

(c) 試以 (b) 的二次模型來推測 2018 年瀕臨絕種動物的數量。

年	數量
1970	4250
1975	3200
1980	2400
1985	2200
1990	2450
1995	3100
2000	4350
2005	5800

解

(a)

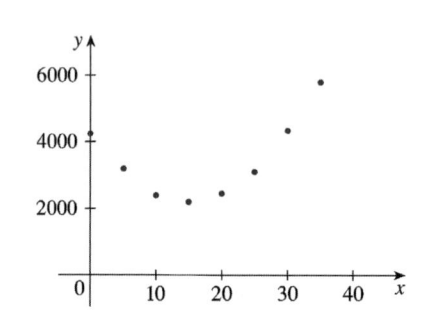

為方便起見，以 $x = 0$ 代表 1970 年。我們觀察到散佈圖 (圖 4) 中數據點的分佈趨勢似乎為一條拋物線，所以用二次模型來建模是合宜的。

(b) 由散佈圖，我們觀察到點 $(15, 2200)$ 似乎是所求拋物線的頂點，所對應的二次函數應為 $y = a(x-15)^2 + 2200$。想求出二次項的係數 a，可自散佈圖中再取一個異於頂點的點，例如 $(35, 4350)$。將此點的坐標值 x 和坐標值 y 代入，可得

$$4350 = a(30 - 15)^2 + 2200 = 225a + 2200$$

$$2150 = 225a$$

$$a = \frac{2150}{225} = \frac{86}{9} \approx 9.56$$

因此，所求的方程式為 $f(x) = 9.56(x-15)^2 + 2200$，其中 $f(x)$ 代表自 1970 年以來第 x 年的動物數量。可將方程式化簡成 $f(x) = 9.56x^2 - 286.8x + 4351$。由圖 5 可以觀察到這個模型與給定的數據之擬合度相當好。

第 1 章　函數與模型　45

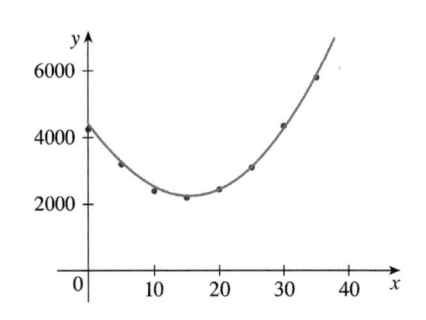

(c) 因為 2018 年對應了 $x=48$，且 $f(48) \approx 12{,}600$。因此，我們推測在 2018 年，瀕臨絕種動物的數量約可達 12,600。

多數具繪圖功能的計算器或電腦軟體都引用最小平方迴歸來求出擬合數據的二次函數。在下一個例題中，我們用具繪圖功能的計算器來求出二次函數，以描述球體墜落的現象。

例 3　以二次迴歸來建模

假設在加拿大多倫多市 CN 塔高 450 公尺的瞭望台上，一顆球以自由落體的方式落下，且以每 1 秒的間隔來記錄球的高度 (如表 1 所示)。試求一個模型以來擬合表 1 中的數據，並推測這顆球抵達地面的時間。

解

將表 1 中的數據描繪在圖 6 的散佈圖中，我們觀察到線性模型是不恰當的。然而，散佈圖中點的分佈趨勢較接近拋物線，所以嘗試用二次模型來擬合。當使用具繪圖功能的計算器 (具最小平方迴歸法) 時，我們得到下列的二次模型：

(1) $$h = 449.36 + 0.96t - 4.90t^2$$

表 1

時間 (秒)	高度 (公尺)
0	450
1	445
2	431
3	408
4	375
5	332
6	279
7	216
8	143
9	61

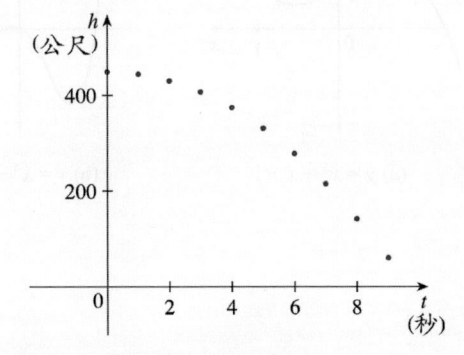

圖 6　球體落下的散佈圖

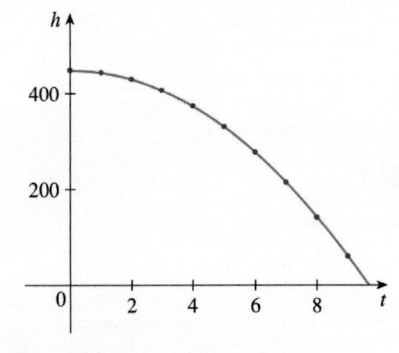

圖 7　球體落下的二次模型

在圖 7 中，我們描繪了方程式 (1) 的圖形及表 1 的數據點，也因此觀察到這個二次模型的高擬合度。

當 $h = 0$，這顆球抵達地面，所以求解二次方程式

$$-4.90t^2 + 0.96t + 449.36 = 0$$

二次方程式 $ax^2 + bx + c = 0$ 解的公式為 $x = \dfrac{-b \pm \sqrt{b^2 - 4ac}}{2a}$。

由二次方程式解的公式，可得

$$t = \frac{-0.96 \pm \sqrt{(0.96)^2 - 4(-4.90)(449.36)}}{2(-4.90)}$$

所求正的解為 $t \approx 9.67$，因此可推測這顆球抵達地面的時間約為第 9.7 秒。

■ 高次多項式函數

形如 $P(x) = ax^3 + bx^2 + cx + d$ 的三次多項式，又稱為**三次函數 (cubic function)**。在圖 8 中，除了三次多項式，也可以看到某些四次、五次多項式的圖形 [如圖 8(b) 和圖 8(c) 所示]。我們將在後面章節中說明這些圖形的由來。一般而言，多項式的次方愈高，它的圖形改變方向的次數愈多。為描述函數圖形的變化，當輸出值隨著輸入值的增加而增加時，就稱這個函數為**遞增的 (increasing)**。這使得它的圖形由左向右往上延伸。當輸出值隨著輸入值的增加而減少時，就稱這個函數為**遞減的 (decreasing)**，例如，圖 7 球體落下的圖形 (由左向右)。次數大於或等於 2 的多項式函數都會在其定義域的某些部分出現遞增或遞減的行為。

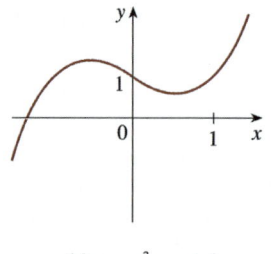

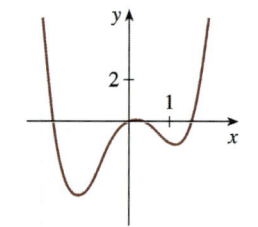

(a) $y = x^3 - x + 1$ (b) $y = x^4 - 3x^2 + x$ (c) $y = 3x^5 - 25x^3 + 60x$

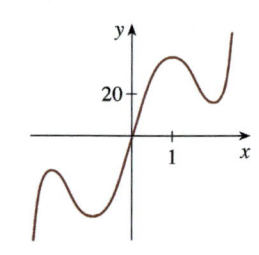

圖 8

例 4　觀察遞增和遞減的區間

三次函數 $g(t) = 2t^3 - 3t^2 - 12t + 24$ 的圖形如圖 9 所示。在哪些區間中 g 是遞增的？而遞減呢？

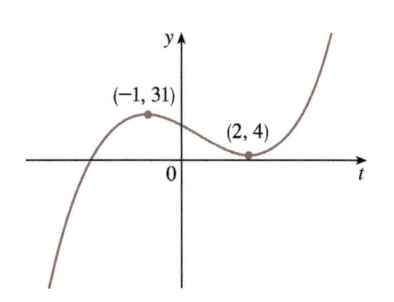

解

由左邊開始，圖形逐漸上升直到抵達點 $(-1, 31)$ 為止。所以，當 $t < -1$ 時，g 是遞增的。若以區間的記號來表示，g 在區間 $(-\infty, -1)$ 中是遞增的。接著，g 圖形逐漸下降直到抵達點 $(2, 4)$ 為止，然後它的圖形改變方向而持續上升。所以，g 在區間 $(-1, 2)$ 是遞減的，且在區間 $(2, \infty)$ 也是遞增的。

圖 9

■ 冪函數

數學上，當 a 為常數時，我們稱形如 $f(x) = x^a$ 的函數為**冪函數 (power function)**。當 a 為正整數，冪函數即是只有一項的多項式。在圖 10 中，我們觀察到 $f(x) = x^n$，$n = 1$、2、3、4 和 5 的函數圖形。我們已經知道 $y = x$ 的圖形是一條通過原點且斜率為 1 的直線，$y = x^2$ 的圖形是一條通過原點的拋物線 (如圖 1)。

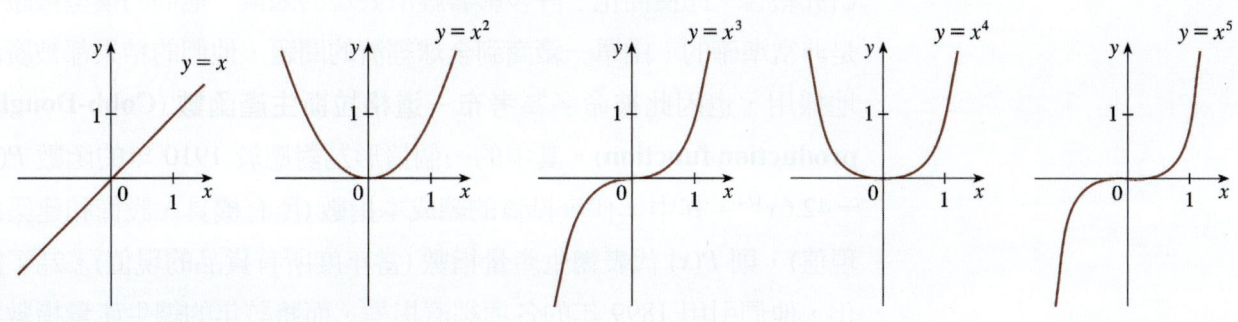

圖 10　$f(x) = x^n$ 的圖形，$n = 1$、2、3、4、5

當 n 為奇數或偶數時，$f(x) = x^n$ 的圖形有些共同的特徵。當 n 為偶數時，$f(x) = x^n$ 為偶函數，它的圖形類似於拋物線 $y = x^2$；當 n 為奇數時，$f(x) = x^n$ 為奇函數，它的圖形則類似於 $y = x^3$ 的圖形。

函數 $f(x) = x^{1/2}$ 等同於 $\sqrt{x}$，稱為**平方根函數 (square root function)**，它的定義域為 $[0, \infty)$ (因為負數的平方根不是實數)，且其圖形為某個拋物線圖形的上半部 [如圖 11(a) 所示]。同理，$g(x) = x^{1/3} = \sqrt[3]{x}$ 為**立方根函數 (cube root function)**，其圖形如圖 11(b) 所示。注意：立方根函數的定義域為 $\mathbb{R}$，這是因為每個實數都有唯一的立方根。一般而言，當 n 為偶數時，函數 $y = x^{1/n}$ 的圖形與平方根函數的圖形相式；當 $n > 3$ 且 n 為奇數時，$y = x^{1/n}$ 的圖形則與 $y = \sqrt[3]{x}$ 的圖形類似。根式函數通常用來描述具有遞增的行為，但遞增的速度比多項式函數慢了許多的情境。

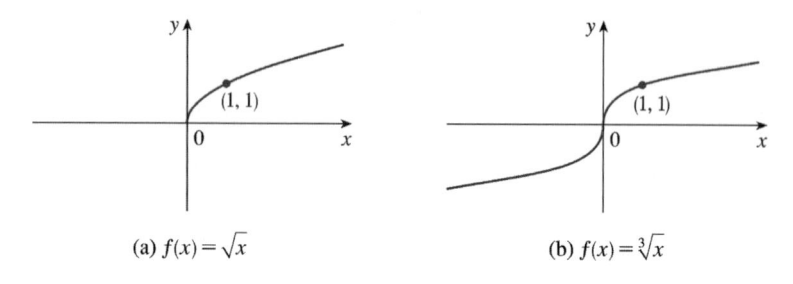

(a) $f(x) = \sqrt{x}$　　(b) $f(x) = \sqrt[3]{x}$

圖 11　根式函數的圖形

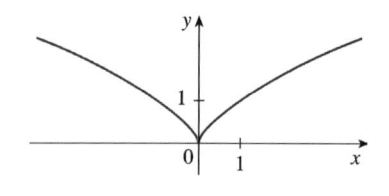

圖 12

若指數 a 為分數，例如，$\frac{2}{3}$，函數可寫成

$$x^{2/3} = (x^{1/3})^2 = (\sqrt[3]{x})^2$$

$y = x^{2/3}$ 的圖形如圖 12 所示。

例 5　考布－道格拉斯生產函數

1928 年查爾斯·考布 (Charles Cobb) 和保羅·道格拉斯 (Paul Douglas) 發表一篇建構 1899 至 1922 年間美國經濟成長數學模型的研究報告。即使簡化了許多影響經濟表現的因素，他們的模型被證實是非常準確的。由單一廠商到全球經濟的問題，他們的結果都被廣泛地採用，也因此被命名為**考布－道格拉斯生產函數 (Cobb-Douglas production function)**。其中的一個情形為對應於 1910 年的函數 $P(x) = 42.6x^{1/4}$，其中 x 代表投資的總成本指數 (所有機具、設備和建築的現值)，則 $P(x)$ 代表總生產量指數 (當年度所有貨品的現值)。為了簡化，他們引用 1899 年的各項經濟指標，而將該年的總生產量指數訂為 100。所以，$P(x) = 200$ 總生產量表示為 1899 年的 2 倍。

(a) 若投資成本指數由 100 增加至 150，對生產量的影響為何？

(b) 在 1910 年，總成本指數預估可達 208 的水準。試問生產量為何？

解

(a) 由

$$P(100) = 42.6(100^{1/4}) \approx 134.7$$

$$P(150) = 42.6(150^{1/4}) \approx 149.1$$

第二個值為第一個的 149.1/134.7 ≈ 1.107 倍，這表示當投資成本增加 50%，預期將使生產量提升約 10.7%。

(b) 這個模型預估生產量的水準可達

$$P(208) = 42.6(208^{1/4}) \approx 161.8$$

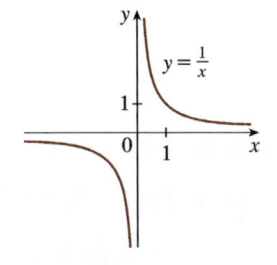

如果冪函數 x^a 的指數 a 為負數，回顧這類函數可引用 $x^{-n} = 1/x^n$ 的性質來改寫，其中 $f(x) = x^{-1} = 1/x$ 稱為**倒數函數 (reciprocal function)**。在圖 13 中，我們觀察到 x 軸和 y 軸為倒數函數圖形的漸近線；也就是當 x 向右或向左移動時，曲線會接近 x 軸；而當 x 接近 0 時，曲線則會接近 y 軸。(我們將在第 4 章學習漸近線的性質。) 圖形的右半部可被用來建構輸入值遞增但輸出值持續減少的模型。

圖 13　倒數函數

■ 有理函數

有理函數 (rational function) f 為能表示成兩個多項式相除的函數：

$$f(x) = \frac{P(x)}{Q(x)}$$

其中 P 和 Q 為多項式。f 的定義域為使得 $Q(x) \neq 0$ 的所有 x。一個有理函數的簡單例子為 $f(x) = 1/x$，它的定義域為 $\{x \mid x \neq 0\}$；這是如圖 13 所示的倒數函數。相較於多項式函數和冪函數，有理函數的圖形就複雜多了。例如，它的圖形常被漸近線分隔成數個部分。函數

$$f(x) = \frac{2x^4 - x^2 + 1}{x^2 - 4}$$

是個典型的有理函數，它的定義域則為 $\{x \mid x \neq \pm 2\}$，其圖形如圖 14 所示。

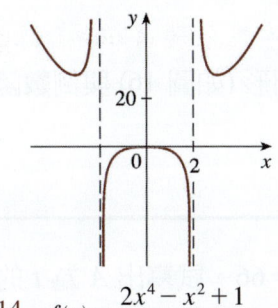

圖 14　$f(x) = \dfrac{2x^4 - x^2 + 1}{x^2 - 4}$

例 6　平均成本函數

假設某公司每天生產 x 件玩具的成本為 $C(x) = 0.2x^2 + 6x + 850$ 美元。我們稱每件玩具的平均成本為

$$a(x) = \frac{\text{總成本}}{\text{總件數}} = \frac{C(x)}{x} = \frac{0.2x^2 + 6x + 850}{x}$$

或等價於每件玩具 $a(x) = 0.2x + 6 + 850/x$。平均成本函數 $a(x)$ 的圖形如圖 15 所示。(我們將在第 3.2 節討論平均成本函數的性質。) 由繪圖軟體，我們推測圖形的最低點為 (65.2, 32.08)，所以可推估這家公司每天若生產 65 件玩具，將使每件玩具的平均成本達到最低值 32 美元。

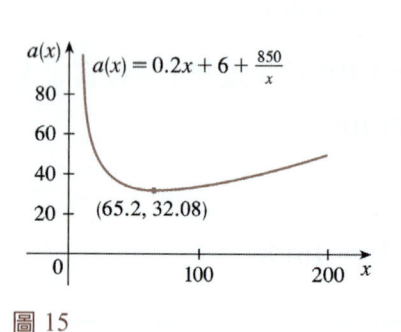

圖 15

◼ 正比與反比

當函數的輸出值與輸入值成比例時，我們稱輸出值 y 與輸入值 x 成**正比 (varies directly)**。這樣的關係可用 $y = kx$ 來表示，其中常數 k 稱為**比例常數 (constant of proportionality)**。例如，公里數 N 與哩數 x 間的關係約為 $N = 1.609x$，所以公里數與哩數成正比，比例常數為 1.609。注意：$N = 1.609x$ 的圖形是通過原點且斜率為 1.609 的直線。

當輸出值 y 與輸入值 x 互為倒數關係時，我們稱輸出值 y 與輸入值 x 成**反比 (varies reversely)**。這樣的關係可用 $y = k/x$ 來表示，其中常數 k 與輸入值 x 的倒數成比例。例如，在物理與化學領域中最有名的反比關係，就是著名的波以耳定律 (Boyle's Law)。這個定律是說，當溫度固定時，氣體的體積 V 與壓力 P 成反比：

$$V = \frac{C}{P}$$

其中 C 為常數。因此，V 為 P 的函數，其圖形 (如圖 16) 與倒數函數圖形右半部的形狀相同 (如圖 13)。

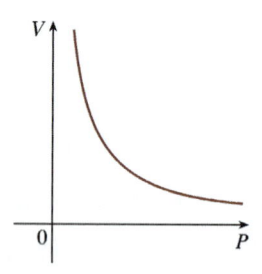

圖 16　當溫度固定時，體積為壓力的函數

例 7　正比與反比

(a) 已知 A 和 t 成正比，且當 $t = 4$ 時，$A = 66$。試寫出 A 為 t 的函數表示式。

(b) 假設 $f(x)$ 和 x 的平方成反比。若 $f(5) = 240$，試求 $f(8)$ 的值。

解

(a) 由 A 和 t 成正比，可知 $A = kt$，其中 k 為某個常數。已知當 $t = 4$ 時，$A = 66$，所以 $66 = k \cdot 4$ 和 $k = 66/4 = 16.5$。因此，$A = 16.5t$。

(b) 首先寫出 f 的函數形式。由 $f(x) = k/x^2$ 和 $f(5) = 240$，可得 $k/5^2 = 240$ 和

$$k = 240 \cdot 5^2 = 240 \cdot 25 = 6000$$

因此，$f(x) = 6000/x^2$ 和

$$f(8) = \frac{6000}{8^2} = \frac{375}{4} = 93.75$$

■ 習題 1.4

1. 試判斷各函數是否為 (i) 多項式 (指出其次方)；(ii) 冪函數；(iii) 有理函數。
   (a) $g(w) = w^4$
   (b) $f(x) = \sqrt[5]{x}$
   (c) $A(t) = -2t^7 + 3t - 1$
   (d) $r(x) = \dfrac{x^2 + 1}{x^3 + x}$

2. 試指出各函數的圖形。
   (a) $y = x^2$ (b) $y = x^5$ (c) $y = \sqrt{x}$

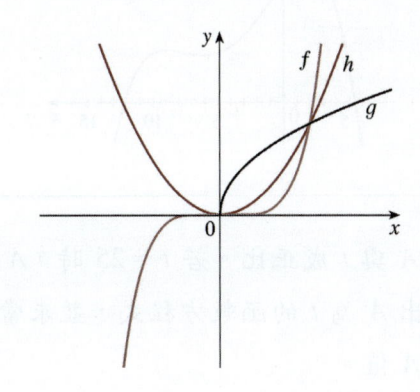

3-6 ■ 試引用第 1.2 節的變換來描繪各函數的圖形，並指出頂點的坐標。

3. $f(x) = (x + 2)^2 + 5$

4. $K(t) = -t^2 + 3$

5. $A(p) = \frac{1}{2}(p - 1)^2 - 2$

6. $C(x) = -2(x - 3)^2 - 4$

7-9 ■ 試寫出滿足各條件的二次函數之方程式，並以 $f(x) = ax^2 + bx + c$ 的形式表示之。

7.

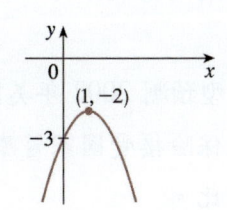

8. 頂點為 (0, 22)，圖形通過點 (8, 6)

9. 頂點為 (55, 1840)，圖形的 y-截距為 (0, 2203)

---

10. **人口成長** 下表為美國人口調查局公佈之北達科他州各年 7 月 1 日之人口估計數。

年	人口數 (千)
2000	641.1
2001	636.3
2002	633.8
2003	633.4
2004	634.4

(a) 試繪製這些數據的散佈圖。

(b) 試寫出描述這些數據的二次函數模型之方程式。

(c) 試以此模型預測北達科他州 2011 年 7 月 1 日之人口數。

11. **健康保險** 下表為美國 65 歲以下公民的健康保險，接受國家醫療輔助計畫所支助的百分比之統計表。

年	百分比
1995	11.5
1997	9.7
1999	9.1
2001	10.4
2003	12.5

(a) 試繪製這些數據的散佈圖。

(b) 試寫出描述這些數據的二次函數模型之方程式。

(c) 試以此模型預測 2002 年美國 65 歲以下公民的健康保險接受國家醫療輔助計畫所支助的百分比。

12. **出版的成本** 某出版商每個月印製和發行 x 本雜誌的成本可用

$$C(x) = 131{,}000 + 0.41x$$

(單位：美元) 來表示。試寫出每本雜誌平均成本的函數方程式 (見例 6)，並計算生產 65,000 本雜誌的平均成本。

13. **線上音樂銷售** 根據市場調查的研究，某音樂網站估計每年線上銷售的音樂檔案可達 $f(p) = 142 - 91.4\sqrt{p}$ (單位：千個)，其中每個檔案售價為 p 美元。試寫出描述年度收益的函數方程式。

14-15 ■ 各多項式函數 f 的圖形如附圖。試指出 f 遞增和遞減的區間。

14.

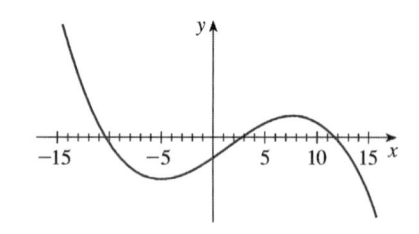

15.

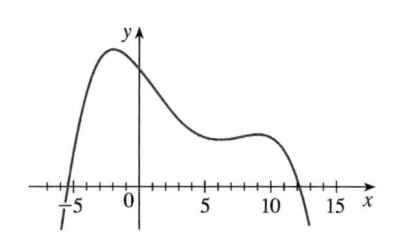

---

16. 假設 A 與 t 成正比。若 $t = 25$ 時，$A = 80$，試寫出 A 為 t 的函數方程式，並求當 $t = 36$ 時的 A 值。

17. 假設 $f(x)$ 與 x 的三次方成比例。若 $f(2) = 14.4$，試求 $f(5)$ 的值。

18. 假設 $T(p)$ 與 p 成反比且 $T(8) = 2$，$T(30)$ 的值為何？

19. **閃電和雷擊** 在暴風雨中，你會先看到閃電的亮光，然後才聽到打雷聲，這是因為光速比音速快。已知你與暴風雨發生地點之間的距離，與閃電和雷擊產生的時間差 t 成正比。假設雷擊的地點距離你 1.5 哩遠，而你看到閃電的亮光 8 秒後才聽到雷聲。
    (a) 試寫出你和雷擊地點的距離 D 為時間差 t 的函數方程式。
    (b) 若所觀察到閃電和雷擊產生的時間差達 14 秒，試問你距離暴風雨有多遠？

20. **音量的大小** 測量音量 L 的單位為分貝 (dB)，且已知聽到音量的大小與所在位置和發音地點間距離 d 的平方成反比。若某人在距離割草機 10 呎處，所聽到的音量為 70 分貝。試問當此人距離割草機 100 呎時，所聽到的音量是多少？

21. **聲音的頻率** 小提琴琴弦的振動頻率與弦長成反比。(比例係數為常數，且取決於弦的材質。) 若琴弦的長度延伸為 2 倍，琴弦的振動頻率有何變化？

22. **考布－道格拉斯生產函數** 例 5 所介紹的考布－道格拉斯生產函數對應於 1920 年的函數為

$$P(x) = 52.5x^{1/4}$$

其中 x 代表投資的總成本指數。已知 1920 年投資的總成本指數估計為 407。若當年這個成本指數成長了 20%，則生產指數的影響為何？

■ 自我挑戰

23. **照明度** 許多物理量遵守著形如 $f(x) = kx^{-2}$ 的反平方定律 (inverse square law)。例如，當以一個光源照射一物件時，在此物件上的亮度與到光源之間距離的平方成反比。假設天黑後，你想在只有一盞燈的房間中看書。若這盞燈有點暗，所以你往燈的方向移動至中點，此時亮度有什麼變化呢？

1.5 指數模型

你可能在新聞播報中聽到某家公司或企業的業務呈現「指數成長」的消息。人口和金融市場也可能呈現指數成長。這是什麼意思？假設某種細菌的個數每小時增加 1 倍。若由 1000 個細菌開始，1 小時之後細菌的數量有 $1000 \times 2 = 2000$ 個，2 小時之後細菌的數量有 $2000 \times 2 = 4000$ 個，3 小時之後細菌的數量就有 8000 個，以此類推。細菌的成長並不是線性的：若數量的變化率為常數，細菌數量應

是每小時增加 1000 個。事實上，我們看到的是成長率的**百分比**為常數；細菌數量每小時增加 100%。

為了建構細菌成長的模型，假設 $P(t)$ 為 t 小時後的細菌數量，則可得

$$p(0) = 1000$$
$$p(1) = 2 \times p(0) = 2 \times 1000$$
$$p(2) = 2 \times p(1) = 2 \times (2 \times 1000) = 2^2 \times 1000$$
$$p(3) = 2 \times p(2) = 2 \times (2^2 \times 1000) = 2^3 \times 1000$$

因此看到下列的規則

$$P(t) = 2^t \times 1000 = 1000(2^t)$$

我們所得到的模式是指數函數 $y=2^t$ 的常數倍。這個函數被稱為指數函數是因為自變數 t 為指數，注意：不要和冪函數 $y=t^2$ 混淆。

■│指數函數的簡介

一般而言，**指數函數 (exponential function)** 形如

$$f(x) = a^x$$

其中正數 a 稱為**底數 (base)**。每個指數函數的定義域都是 $(-\infty, \infty)$，雖然這不是那麼直觀。例如，設為 x 正整數 8，則可得

$$f(8) = a^8 = \underbrace{a \cdot a \cdots \cdot a}_{8 \text{ 個因子}}$$

若設 x 為負整數 -3，則可得

$$f(-3) = a^{-3} = \frac{1}{a^3}$$

也可設 x 為 0：$f(0) = a^0 = 1$。當輸入值 x 為如 1/3 的真分數時，就得到根式：

$$f\left(\tfrac{1}{3}\right) = a^{1/3} = \sqrt[3]{a}$$

事實上，當輸入值 x 為形如 p/q (p 和 q 為整數) 的有理數時，則可得到

$$f(x) = f(p/q) = a^{p/q} = \sqrt[q]{a^p} = \left(\sqrt[q]{a}\right)^p$$

當輸入值 x 為無理數呢？以 $\sqrt{2}$ 為例，我們可以用有理數來近似 $\sqrt{2}$ 的方法來定義 $a^{\sqrt{2}}$。由於 $\sqrt{2}$ 可利用 1.4, 1.41, 1.414, 1.4142, ... 逐漸增加準確度的方法來近似，所以 $a^{\sqrt{2}}$ 可由 $a^{1.4}, a^{1.41}, a^{1.414}, a^{1.4142}, ...$ 的方法來近似。因此，我們可用計算器來找到它的近似值；也就是對任意實數的輸入值 x，a 都有定義。

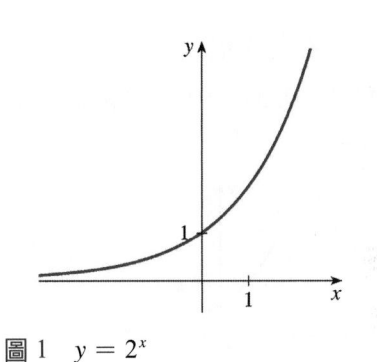

每個指數函數 (除了 $1^x = 1$) 的值域都是 $(0, \infty)$。(指數函數不能輸出零或負數。)

$y = 2^x$ 的圖形如圖 1 所示，數個不同底數 a 的指數函數 $y = a^x$ 之圖形如圖 2 所示。我們注意到這些圖形都通過點 $(0, 1)$，這是因為對任意正數 a 都可得 $a^0 = 1$。此外，當底數 a 愈大且 $x > 0$ 時，指數函數遞增得愈快。

圖 1　$y = 2^x$

若 $0 < a < 1$，當 x 變大時，a^x 接近 0；若 $a > 1$，當 x 遞減成負數時，a^x 接近 0。在這兩個情形中，x 軸為水平漸近線，我們將在第 4.4 節中討論漸近線的性質。

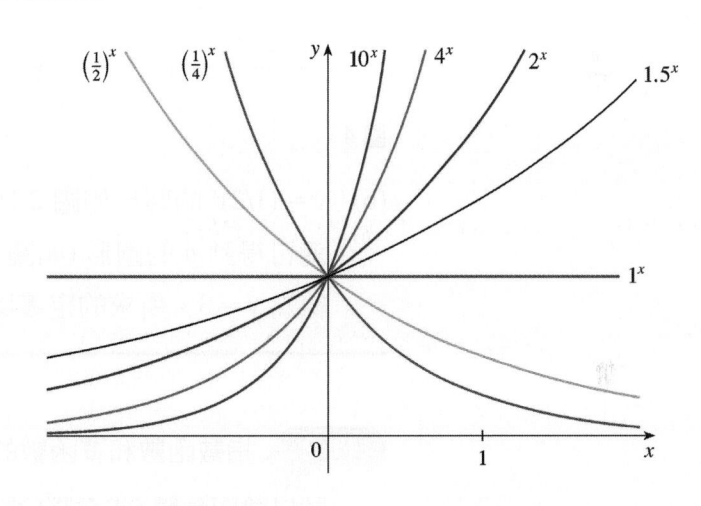

圖 2

由圖 2，我們看到指數函數 $y = a^x$ 的兩種類型 (假設 $a \neq 1$)。若 $0 < a < 1$，指數函數是遞減的；若 $a > 1$，指數函數則是遞增的。這兩種現象如圖 3 所示，注意：因為 $(1/a)^x = 1/a^x = a^{-x}$，若將 $y = a^x$ 的圖形對 y 軸反映射，恰可得到 $y = (1/a)^x$ 的圖形。

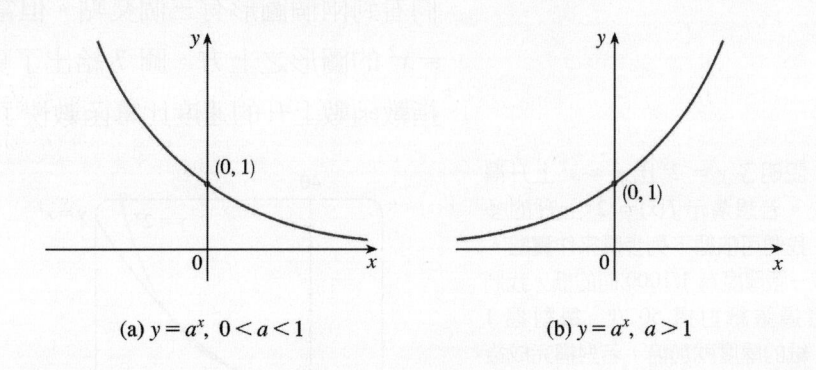

(a) $y = a^x$, $0 < a < 1$　　　(b) $y = a^x$, $a > 1$

圖 3

有關反映射和平移的說明，請參考第 1.2 節。

例 1 描繪指數函數的圖形

試描繪函數 (a) $f(x) = 3 \cdot 2^x$ 和 (b) $g(x) = \left(\frac{1}{2}\right)^x + 3$ 的圖形，並求其定義域和值域。

解

(a) 若將 $y = 2^x$ 的圖形 (如圖 1) 在鉛直方向放大 3 倍，就可得到 f 的圖形 (如圖 4)。這個圖形與 y 軸交於點 $(0, 3)$，但其定義域、值域和水平漸近線並未改變。

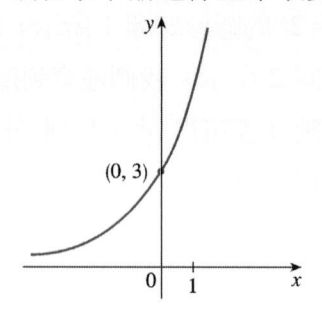

圖 4

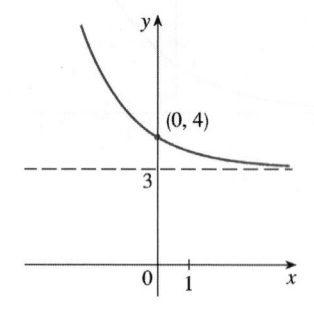

圖 5

(b) $y = (1/2)^x$ 的圖形如圖 2 所示。若將此圖形向上移 3 個單位長，就可得到 g 的圖形 (如圖 5)。所以，y-截距移到 4，且水平漸近線為 $y = 3$。所求的定義域為 $\mathbb{R}$，值域為 $(3, \infty)$。

例 2 指數函數和冪函數的比較

試以繪圖軟體 (或電腦) 來比較指數函數 $f(x) = 2^x$ 和冪函數 $g(x) = x^2$。當 x 很大時，哪個函數上升得比較快？

解

圖 6 顯示了這兩個函數在 $[-2, 6]$ 乘 $[0, 40]$ 的範圍內的圖形。我們看到兩個圖形有三個交點。但當 $x > 4$ 時，$f(x) = 2^x$ 的圖形在 $g(x) = x^2$ 的圖形之上方。圖 7 給出了更宏觀的觀察，也就是 x 夠大時，指數函數上升的速度比冪函數快了許多。

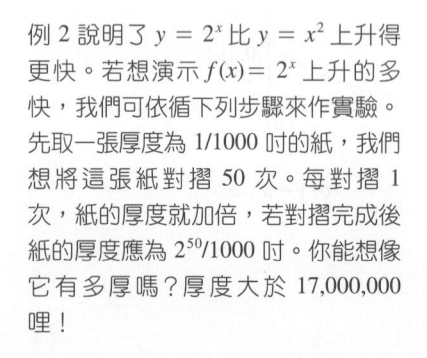

例 2 說明了 $y = 2^x$ 比 $y = x^2$ 上升得更快。若想演示 $f(x) = 2^x$ 上升的多快，我們可依循下列步驟來作實驗。先取一張厚度為 1/1000 吋的紙，我們想將這張紙對摺 50 次。每對摺 1 次，紙的厚度就加倍，若對摺完成後紙的厚度應為 $2^{50}/1000$ 吋。你能想像它有多厚嗎？厚度大於 17,000,000 哩！

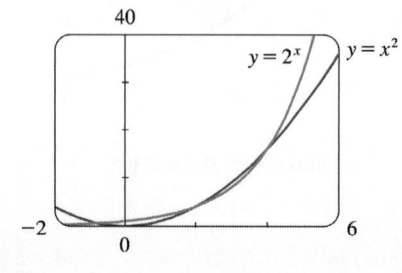

圖 6

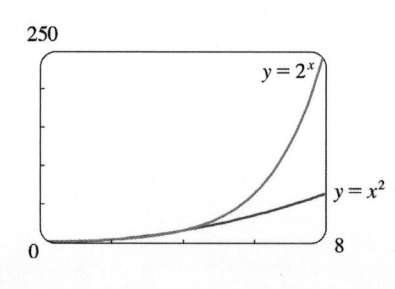

圖 7

圖 13

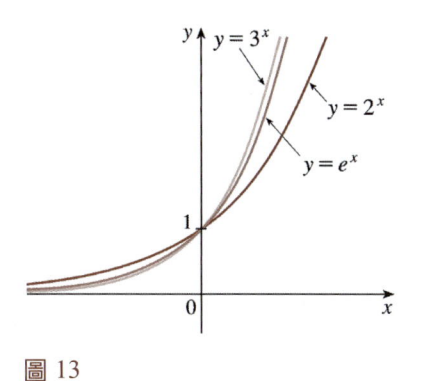

有關指數律更多的複習與練習，請參閱附錄 A。

■ 指數函數的性質

指數函數另一個重要性在於下列的性質。若 x 和 y 為整數或有理數，這些就是初等代數中所熟知的計算定律。事實上，當 x 和 y 為任意實數時，下列的指數律都可被證明是成立的。

> ■ **指數律** 若 a 和 b 為正整數，且 x 和 y 為任意實數，則
> 1. $a^x \cdot a^y = a^{x+y}$
> 2. $\dfrac{a^x}{a^y} = a^{x-y}$
> 3. $(a^x)^y = a^{xy}$
> 4. $(ab)^x = a^x b^x$

例 3　指數律的應用

試驗證下列各式成立。
(a) $8 \cdot (1.6)^{2x} = 8 \cdot (2.56)^x$
(b) $5 \cdot 4^{x/2} = 5 \cdot 2^x$
(c) $\dfrac{10}{5^{x/3}} = 10 \cdot (5^{-1/3})^x$
(d) $3^{4+2t} = 81 \cdot 9^t$

解
(a) $8 \cdot (1.6)^{2x} = 8 \cdot ((1.6)^2)^x = 8 \cdot (2.56)^x$
(b) $5 \cdot 4^{x/2} = 5 \cdot (4^{1/2})^x = 5 \cdot (\sqrt{4})^x = 5 \cdot 2^x$
(c) $\dfrac{10}{5^{x/3}} = 10 \cdot (5^{-x/3}) = 10 \cdot (5^{-1/3})^x$
(d) $3^{4+2t} = 3^4 \cdot 3^{2t} = 81 \cdot (3^2)^t = 81 \cdot 9^t$

■ 指數函數的應用

指數函數常見於自然和社會科學的數學模型。只要某個量的成長或衰減的百分率為常數時，就會出現指數型的成長或衰減之現象，而且能用對指數函數作變換後的新函數來建模。我們先以人口成長的例子來說明指數模型的適當性。在第 3.6 節中，我們將舉出更多指數函數應用的例子。

多數具繪圖功能的計算器 (或電腦軟體) 也有指數型迴歸的功能，來求出擬合數據的指數模型。它們引用了類似在第 1.3 節線性迴歸所採用最小平方的技巧來建模。在下一個例題中，我們將引用這個技巧來建構上世紀全球人口成長的數學模型。

表 1

年	人口數(百萬)
1900	1650
1910	1750
1920	1860
1930	2070
1940	2300
1950	2560
1960	3040
1970	3710
1980	4450
1990	5280
2000	6080
2010	6870

例 4 以指數型迴歸來建模

表 1 所列數據為 20 世紀中相關年度的全球人口數，圖 8 為其對應的散佈圖。為方便起見，以 $t=0$ 代表 1900 年。

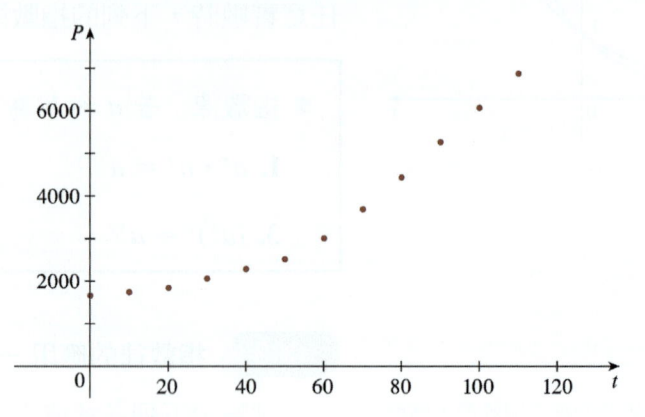

圖 8　全球人口成長的散佈圖

由圖 8 數據點的分佈趨勢可看出指數型成長是合理的，所以由電腦軟體可求得指數型模型

$$P(t) = (1436.53) \cdot (1.01395)^t$$

再將此模型和表 1 的數據點描繪在圖 9 後，可看出指數曲線與數據點的擬合度相當好。事實上，我們也觀察到人口成長相對遲緩的期間，肇因兩次世界大戰及 1930 年代的經濟大蕭條。

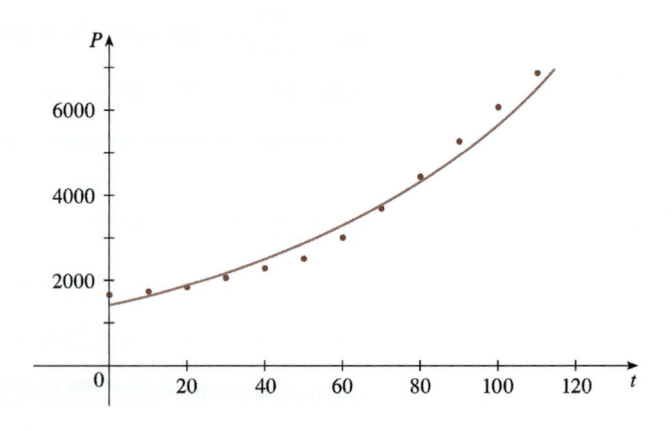

圖 9　人口成長的指數模型

■ **特別的數 e**

在指數函數所有可能的底數中，有一個在微積分課程中最便利的底數。底數 a 的選擇將會受到 $y=a^x$ 的圖形穿過 y 軸方法的影響。圖 10 和圖 11 顯示了 $y=2^x$ 和 $y=3^x$ 的圖形在點 $(0, 1)$ 的切線。(我們將在第 2.3 節定義切線。目前你可以想像指數函數在某個點的切線

為在該點上與函數圖形恰好接觸且方向相同的直線。) 若估計 $y = 2^x$ 的圖形在點 (0, 1) 的切線斜率會得到 $m \approx 0.7$；對 $y = 3^x$ 則得到 $m \approx 1.1$。

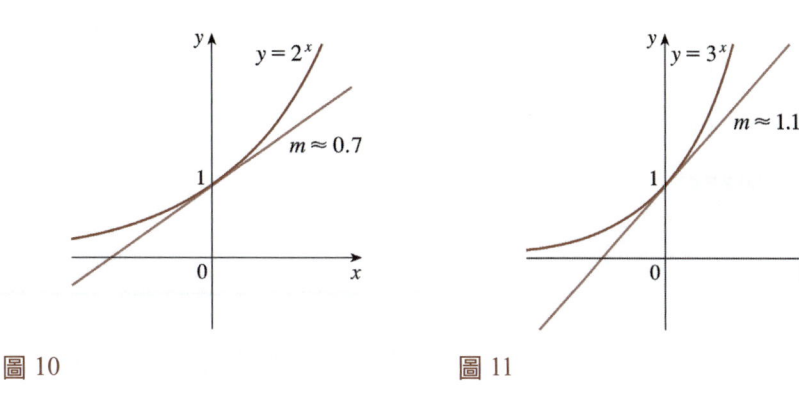

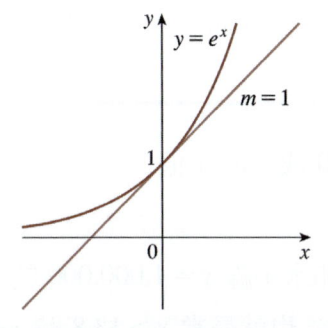

圖 10

圖 11

圖 12　自然指數函數通過 y 軸時的斜率為 1

若能找出適當的底數 a，使得在 $y = a^x$ 的圖形在點 (0, 1) 的切線斜率恰為 1 (如圖 12)，就能大幅簡化微積分的計算公式。事實上，確實恰有一個這樣的數，它是個無理數且記作 e。(這個符號是由瑞士數學家尤拉於 1727 年所提出的，而它可能是取自 exponential 的第一個字母。) 它的值也常出現在銀行複利的計算分析工作。由圖 10 和圖 11，我們發現 e 會介於 2 和 3 之間，且 $y = e^x$ 的圖形介於 $y = 2^x$ 和 $y = 3^x$ 的圖形之間 (如圖 13)。我們稱 $y = e^x$ 為**自然指數函數**。在第 3 章中，我們將會學到 e 準確到小數點後第五位的值，即

$$e \approx 2.71828$$

例 5　描繪變換後的指數函數

試描繪 $y = \frac{1}{2}e^{-x} - 1$，並求其定義域和值域。

解

由圖 12 和圖 14(a) 中 $y = e^x$ 的圖形開始，對著 y 軸作反映射就可得到 $y = e^{-x}$ 的圖形，如圖 14(b) 所示。(注意：$y = e^{-x}$ 的圖形通過 y 軸時的斜率為 -1。) 接著，沿著鉛直方向縮小 2 倍，就可得到 $y = \frac{1}{2}e^{-x}$ 的圖形，如圖 14(c) 所示。最後，再往下移 1 個單位長，就得到所求的圖形，如圖 14(d) 所示。此圖形的 y-截距為 $-\frac{1}{2}$，水平漸近線為 $y = -1$。此外，所求的定義域為 $\mathbb{R}$ 和值域為 $(-1, \infty)$。

(a) $y = e^x$ (b) $y = e^{-x}$ (c) $y = \frac{1}{2}e^{-x}$ (d) $y = \frac{1}{2}e^{-x} - 1$

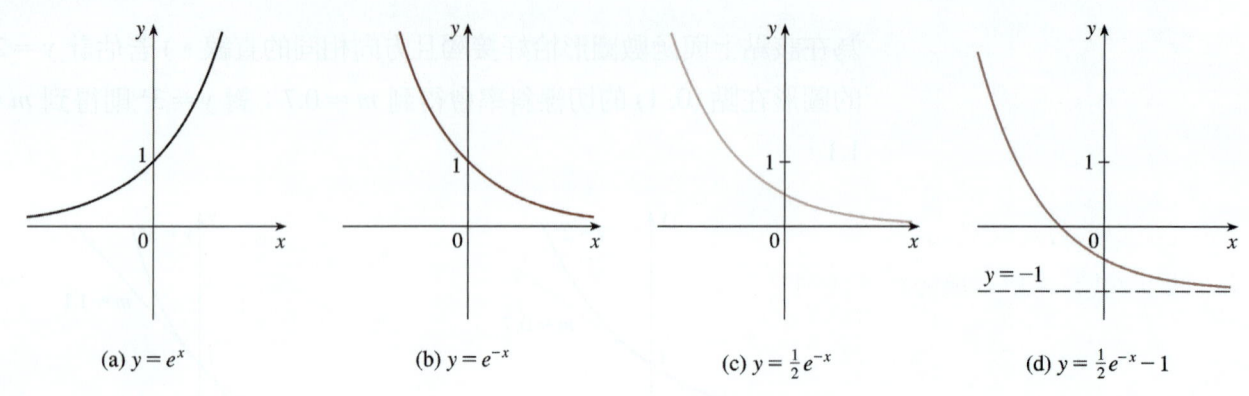

圖 14

你覺得 x 的值為多少才能使 $y = e^x$ 圖形的高度超過 100 萬？下一個例子所呈現這個函數的成長情形，而它的答案將令人驚訝！

例 6　自然指數函數的快速成長

試以繪圖軟體求出使得 $e^x > 1{,}000{,}000$ 成立的 x 值。

解

在圖 15 中，我們描繪了函數 $y = e^x$ 和水平線 $y = 1{,}000{,}000$ 的圖形，進而發現當 $x \approx 13.8$ 時兩條線有交點；也就是當 $x > 13.8$ 時，$e^x > 1{,}000{,}000$。多數人不會猜到 x 只有 14，就能使自然指數函數的值超過 100 萬！

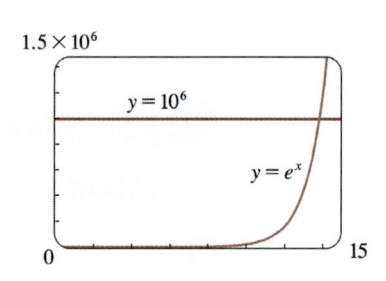

圖 15

習題 1.5

1. (a) 試寫出一個指數函數的方程式，其中底數 $a>0$。
   (b) 這個函數的定義域為何？
   (c) 若 $a \neq 1$，這個函數的值域為何？
   (d) 試就下列兩種情形分別畫出所對應的指數函數圖形之示意圖。
      (i) $a>1$ (ii) $0<a<1$

2-4 ■ 在不使用計算器的情形下，試由圖 2 和圖 13 的圖形，必要時引用第 1.2 節的變換，來繪製函數圖形之示意圖，並指出水平漸近線的位置。

2. $y = 4^x - 3$
3. $y = -2^{-x}$
4. $f(x) = 3e^{-x}$

5. 由 $y = e^x$ 的圖形開始，試寫出由下列變換所得圖形的方程式。
   (a) 向下移 2 個單位長。
   (b) 向右移 2 個單位長。
   (c) 對 x 軸作反映射。
   (d) 對 y 軸作反映射。
   (e) 先對 x 軸作反映射，再對 y 軸作反映射。

6-8 ■ 試化簡各式。

6. $x^3 x^5$
7. $(u^4)^2$
8. $\left(\dfrac{p^3}{2}\right)^3$

9-10 ■ 試以根式表示各式。

9. $4^{2/3}$
10. $e^{1/4}$

11-13 ■ 試證明各敘述是正確的。

11. $P \cdot 3^{3x} = P \cdot 27^x$
12. $500 \cdot (1.025)^{4t} \approx 500 \cdot (1.1038)^t$
13. $4^{x+3} = 64 \cdot 4^x$

14-15 ■ 試判別各表所對應的函數是否為線性函數、指數函數，或者都不是。若為線性函數或指數函數，試寫出可能的方程式。

14.

x	$f(x)$
0	5
1	10
2	20
3	40
4	80

15.

t	$A(t)$
1	12
2	11
3	9
4	6
5	2

16. **細菌成長** 已知在理想條件下，某種細菌自 100 個開始培育且每 3 小時成長為 2 倍。
    (a) 15 小時以後細菌數量有多少？
    (b) t 小時以後細菌數量有多少？
    (c) 試估計 20 小時以後的細菌數量。

17. 試求形如 $f(x) = C \cdot a^x$ 且其圖形如下圖所示的指數函數。

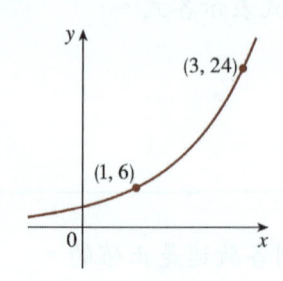

18. 若 $f(x) = 5^x$，試證明

$$\frac{f(x+h) - f(x)}{h} = 5^x \left(\frac{5^h - 1}{h} \right)$$

19. 將 $f(x) = x^2$ 和 $g(x) = 2^x$ 的圖形描繪在同一張方格紙上，其中每個單位長代表 1 吋。試證明在離原點右邊 2 呎處，f 的圖形高度為 48 呎，而 g 的圖形高度則可達 256 哩。

20. **動物的成長** 某些動物在初期會以指數型方式快速成長，但終究會呈現緩慢的成長，穩定的接近某個量，稱這個量為飽和量 (carrying capacity)。這種現象可用數學模型

$$P(t) = \frac{M}{1 + Ae^{-kt}}$$

來表示，且稱之為邏輯函數 (logistic functions)，其中 M 為飽和量。假設某種動物自 2000 年 1 月 1 日起的 t 年後數量 (單位：千) 的成長可用

$$P(t) = \frac{23.7}{1 + 4.8e^{-0.2t}}$$

來表示。
(a) 根據這個模型，在 2007 年 1 月 1 日時，這種動物的數量為何？
(b) 這種動物的飽和量為何？

■ 自我挑戰

21. 由 $y = 2^x$ 的圖形開始，試寫出由下列變換所得圖形的方程式。

(a) 對直線 $y = 3$ 軸作反映射。
(b) 對直線 $x = -4$ 軸作反映射。

1.6 對數函數

■ 對數的簡介

在第 1.5 節中，我們探討某種細菌自 1000 個開始，且每小時成長為 2 倍的現象。若以 t 代表小時，N 代表細菌數量 (單位：千個)，我們說 N 為 t 的函數：$N = f(t)$，並在表 1 中列出若干組數據。然而，若反過來看細菌數量成長至某種程度的時間點，換句話說，我們來看反過來的函數：若輸入細菌數量 N，而輸出的是時間 t，所以 $t = g(N)$。這個函數稱 t 為 N 的反函數。我們在表 2 列出若干組數據，這些就是將表 1 的欄位對調所得到的數據；也就是 f 的輸入值就是 g 的輸出值，以此類推。

表 1　N 為 t 的函數

t (小時)	$N = f(t)$ = 在時間 t 的細菌數量 (千個)
0	1
1	2
2	4
3	8
4	16
5	32

表 2　t 為 N 的函數

N	$t = g(N)$ = 細菌數量達到 N (千個) 的時間 (小時)
1	0
2	1
4	2
8	3
16	4
32	5

若 $a > 0$ 且 $a \neq 1$，指數函數 $f(x) = a^x$ 的反函數稱為**以 a 為底數的對數函數 (logarithmic function with base a)**，記作 $\log_a$。表 1 的細菌數量取自 $f(t) = 2^t$，所以它的相反 (如表 2) 就是 $g(N) = \log_2 N$。若以文字來敘述，$\log_2 N$ 的值為底數 2 的指數使得其對應值為 N。由 $f(3) = 2^3 = 8$，可得 $g(8) = \log_2 8 = 3$。一般而言，

$$\log_a b = c \iff a^c = b$$

例 1　計算對數

因為 $5^3 = 125$，所以 $\log_5 125$ 的值為 3。

例 2　對數與指數形式的互換

試將 $\log_4 w = r$ 改寫成對應的指數形式。

解

在對數的形式中，r 為底數 4 的指數使得 4 的 r 次方其值為 w：

$$4^r = w$$

對數常用的底數為 10 和 e。事實上，具有對數鍵的計算器也只用這兩個數為底數。我們常將 $\log_{10} x$ 簡記作 $\log x$，並稱之為**常用對數 (common logarithm)**。它的反函數就是指數函數 $y = 10^x$。

■ 自然對數函數

為了使用微積分，以 e 為底數的對數函數是最方便的選擇，稱之為**自然對數 (natural logarithm)**，它有個特殊的記法：

$$\log_e x = \ln x$$

事實上，自然對數函數 e^x 是自然指數函數的反函數，因此，

(1) $$\ln b = c \iff e^c = b$$

因為 e 的 1 次方又回到 e，所以

$$\ln e = 1$$

此外，因為 $e^0 = 1$，所以

$$\ln 1 = 0$$

自然對數函數的定義域為 $(0, \infty)$，值域為 $\mathbb{R}$。(這是因為 $\ln x$ 是 e^x 的反函數，它的定義域為 e^x 的值域，而它的值域是 e^x 的定義域。) $y = \ln x$ 的圖形如圖 1 所示，它可由 $y = e^x$ 的圖形對直線 $y = x$ 作反映射而得到的。自然對數函數的鉛直漸近線為 y 軸，且 x-截距是 1。當 $x > 0$ 時，$y = e^x$ 是個快速遞增的函數，經由反映射相對使得當 $x > 1$ 時，$y = \ln x$ 是個緩慢遞增的函數。注意：當 x 接近 0 時，$\ln x$ 的值為負數且其絕對值會很大。

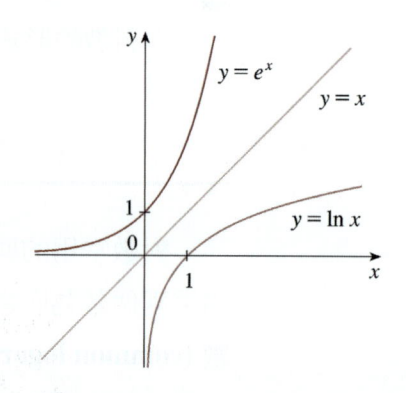

對數的記法

在許多微積分教科書、科學領域或計算器中，以 $\ln x$ 代表自然對數，$\log x$ 代表常用對數。但是，在高等數學、科學文獻或計算機語言中，則常以 $\log x$ 代表自然對數。

圖 1

例 3　描繪自然對數函數的圖形

試描繪函數 $y = \ln(x-2) - 1$。

解

我們可引用第 1.2 節的變換技巧，將 $y = \ln x$ 的圖形 (如圖 1) 向右移 2 個單位長，而得到 $y = \ln(x-2)$ 的圖形。接著向下 1 個單位長就可得到 $y = \ln(x-2) - 1$ 的圖形 (如圖 2)。

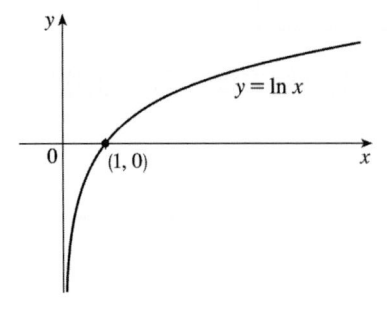

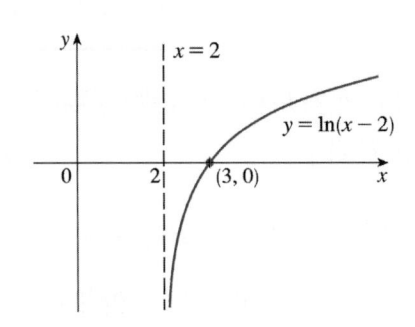

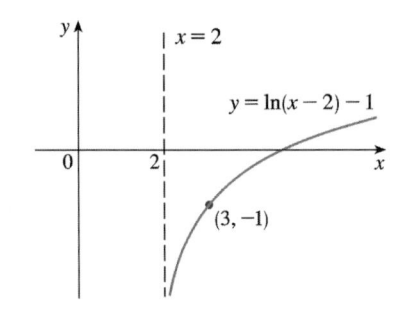

圖 2

雖然 $\ln x$ 是個遞增函數，但當 $x > 1$ 時，它遞增的速度卻比任意一個正數次方的冪函數還緩慢。(相對於 e^x 遞增的速度卻比任意一個正數次方的冪函數還要快。) 為了說明這個事實，我們在下表中比較 $y = \ln x$ 和 $y = x^{1/2} = \sqrt{x}$ 的函數值，並分別繪製它們的圖形 (如圖 3 和圖 4)。你可觀察到，在開始時 $y = \sqrt{x}$ 和 $y = \ln x$ 成長的速度是相當的，接著根式函數的成長速度就遠超越了對數函數。

x	1	2	5	10	50	100	500	1000	10,000	100,000
$\ln x$	0	0.69	1.61	2.30	3.91	4.6	6.2	6.9	9.2	11.5
$\sqrt{x}$	1	1.41	2.24	3.16	7.07	10.0	22.4	31.6	100	316

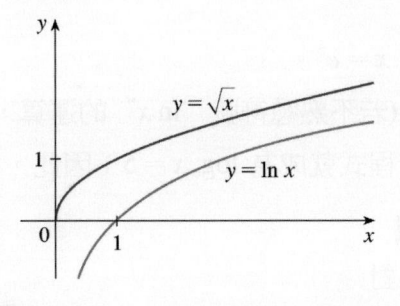

圖 3 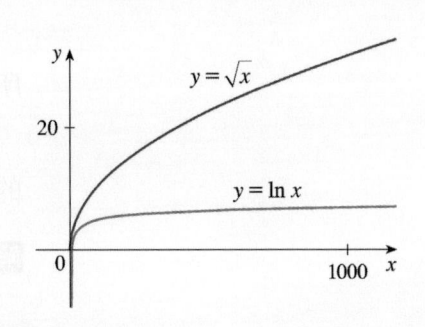　　　　　圖 4

■ 對數函數的性質

下列的**消去方程式 (cancellation equations)** 說明了，不論次序為何，若將自然對數和自然指數合成為新函數，它的輸出值就是原始的輸入值。

(2)
$$\ln(e^x) = x$$
$$e^{\ln x} = x \quad (x > 0)$$

因為自然對數和自然指數互為反函數，這兩個方程式顯示這兩個函數彼此對消了。

例 4 計算自然對數

試計算 (a) $\ln(e^4)$ 和 (b) $\ln 25$。

解

(a) 由消去方程式 (2) 的第一個公式，可得 $\ln(e^4) = 4$；也可這樣解讀：$\ln(e^4) = 4$ 為底數 e 的指數，使得 e 的 4 次方就是 e^4。

(b) $\ln 25$ 的值為底數 e 的指數使得其對應的指數函數值為 25，但是無法以手算來求得這個自然對數的正確值。若使用計算器，則可得 $\ln 25 \approx 3.2189$，即 $e^{3.2189} \approx 25$。

例 5 計算基本對數方程式

試求滿足 $\ln x = 5$ 的 x 值。

解 1

由公式 (1)，我們知道

$$\ln x = 5 \quad 表示 \quad e^5 = x$$

所以 $x = e^5$。

(若不熟悉符號 "$\ln x$" 的運算，可改用 $\log_e$ 的符號。所以，給定的方程式就成為 $\log_e x = 5$；因此，由對數的定義可得 $e^5 = x$。)

解 2

對

$$\ln x = 5$$

的等號兩邊同時取指數，即可得

$$e^{\ln x} = e^5$$

由消去方程式 (2) 的第二式可知 $e^{\ln x} = x$，因此可得

$$x = e^5$$

下列對數函數的計算性質則對應著第 1.5 節的指數律。

■ **對數律** 若 x 和 y 為正數，則
1. $\ln(xy) = \ln x + \ln y$
2. $\ln\left(\dfrac{x}{y}\right) = \ln x - \ln y$
3. $\ln(x^r) = r \ln x$ (r 為任意實數)

例 6 對數函數的化簡

試證明 $f(t) = \ln(5e^{3t})$ 為線性函數。

解

由對數律 1，可將 $f(t)$ 改寫成 $\ln 5 + \ln(e^{3t})$。再由消去方程式 (2) 的第一式，可知 $\ln(e^{3t}) = 3t$，所以可得 $f(t) = 3t + \ln 5$。這是一條斜率為 3 且 y-截距為 $\ln 5 \approx 1.6094$ 的直線。

例 7 對數律的應用

試以單一的對數來表示 $\ln a + \frac{1}{2}\ln b$。

解

由對數律 1 和 3，可得

$$\begin{aligned}\ln a + \tfrac{1}{2}\ln b &= \ln a + \ln b^{1/2} \\ &= \ln a + \ln \sqrt{b} \\ &= \ln(a\sqrt{b})\end{aligned}$$

■ 對數方程式的求解

可引用對數來解指數方程式。不必在意底數為何,先對方程式的兩邊取對數,接著引用對數律來解出指數中的未知數。

例 8　指數方程式的求解

試求方程式 $e^{5-3x} = 10$ 的解。

解

對給定方程式的等號兩邊同時取自然對數,並引用公式 (2),可得

$$\ln(e^{5-3x}) = \ln 10$$
$$5 - 3x = \ln 10$$
$$3x = 5 - \ln 10$$
$$x = \tfrac{1}{3}(5 - \ln 10)$$

若使用計算器,我們可得準確至小數點後第四位解的近似值,$x \approx 0.8991$。

例 9　指數方程式的求解

試求方程式 $3^x = 18$ 的解,並以四捨五入取至小數點後第四位來表示此解。

解

對給定方程式的兩邊同時取自然對數:

$$\ln(3^x) = \ln 18$$

引用對數律 3,可寫成

$$x \cdot \ln 3 = \ln 18$$

再對等號兩邊同除以 $\ln 3$,就可得到

$$x = \frac{\ln 18}{\ln 3} \approx 2.6309$$

藉由計算器來驗算,可知 $3^{2.6309} \approx 18$。

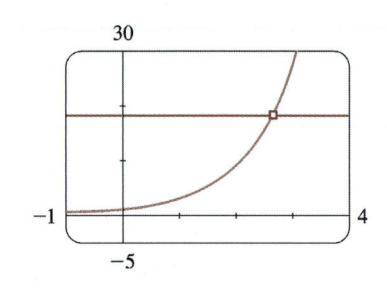

圖 5

可用繪圖計算器來檢查例 9 的答案。圖 5 顯示了當 $x \approx 2.63$ 時,$y = 3^x$ 的圖形恰好穿過水平線 $y = 18$。

例 10　亮度的指數模型

當光線穿過物質後，亮度會呈現指數型的衰減。假設光束穿過混濁的湖水後其亮度可用 $I(x) = I_0 \cdot 2^{-x/18}$ 來表示，其中 I_0 表示光束的初始亮度，且 x 表示光束在湖水中所穿過的距離 (單位：呎)。當光束的亮度已衰減為原始亮度的 10% 時，試求光束在湖中所穿過的距離。

解

因為原始亮度的 10% 可用 $0.10 I_0$ 來表，所以由題意可知必須求解 $I_0 \cdot 2^{-x/18} = 0.1 I_0$。首先在等號兩邊同時除以 I_0，接著取自然對數：

$$2^{-x/18} = 0.1$$

$$\ln(2^{-x/18}) = \ln(0.1)$$

$$-\frac{x}{18} \cdot \ln 2 = \ln(0.1)$$

$$x = -\frac{18}{\ln 2} \cdot \ln(0.1) \approx 59.795$$

也就是當光束穿過湖水約 59.8 呎時，其亮度為初始亮度的 10%。

習題 1.6

1. (a) 如何定義對數函數 $y = \log_a x$？
   (b) 這個函數的定義域為何？
   (c) 這個函數的值域為何？

2-3 ■ 在不使用計算器的情形下，試求下列各式之正確值。

2. (a) $\log_2 64$　(b) $\log_6 \frac{1}{36}$

3. (a) $\ln e^3$　(b) $e^{\ln 7}$

4-5 ■ 試以計算器計算下列各數準確至小數點後第四位。

4. $\ln 100$

5. $\dfrac{\ln 28}{\ln 4}$

6. 試將下列對數的等式改以等價的指數形式來表示。
   (a) $\log_8 4 = \frac{2}{3}$　(b) $\log_6 u = v$

7. 試將下列指數的等式改以等價的對數形式來表示。
   (a) $10^3 = 1000$　(b) $y = 4^x$

8-9 ■ 在不使用計算器的情形下，試由圖 1 及第 1.2 節的變換，描繪下列函數的簡圖。

8. $y = -\ln x$

9. $y = \ln(x+1) + 3$

10. 由 $y = \ln x$ 的圖形開始，試描繪經由下列變換的函數圖形。
    (a) 向上移 3 個單位長。
    (b) 向左移 3 個單位長。
    (c) 對著 x 軸作反映射。
    (d) 對著 y 軸作反映射。

11. 若將 $y = \ln x$ 的圖形描繪在方格紙上，並以方格紙的 1 個單位代表 1 吋。試問離原點多少哩才能使曲線的高度達到 3 呎？

12-13 ■ 試判斷下列何者是正確的或錯誤的？

12. $\ln(c+d) = \ln c + \ln d$

13. $\ln(u/3) = \dfrac{\ln u}{\ln 3}$

14-15 ■ 試以單一的對數來表示下列各式。

14. $2 \ln 4 - \ln 2$

15. $3 \ln u - 2 \ln 5$

16. (a) 試說明 $y = \ln(x^3)$ 和 $y = 3 \ln x$ 的圖形為何相同。
    (b) 試說明 $y = \ln(x^2)$ 和 $y = 2 \ln x$ 的圖形為何不相同。

17. 試求下列各方程式的正確解，再以準確至小數點後第四位的值來近似它。
    (a) $2 \ln x = 1$ (b) $e^{-x} = 5$

18-21 ■ 求解下列各方程式，並以四捨五入準確至小數點後第四位的近似解。

18. $5^t = 20$

19. $2^{x-5} = 3$

20. $8e^{3x} = 31$

21. $6 \cdot (2^{x/7}) = 11.4$

22. **城市人口數** 若某城市在 1995 年底之後 t 年的人口數以 $P(t) = 437.2(1.036)^t$ 來表示（單位：千人），試問這個城市的人口數在何時會達到 100 萬人？

23. **湖水清晰度** 環境學家以湖水不同深度處光的亮度來建構湖水的清晰度模型。基於生物的多樣性，湖水保持適度的清晰度是必要的，才能使得被淹沒的大型植物得以成長。假設某特定湖泊在水深為 x 呎處光的亮度表示為

$$I = 10e^{-0.008x}$$

其中 I 的單位為流明 (lumens)。試問光的亮度降為 5 流明時的水深為何？

24. **細菌的成長** 若細菌自 100 個開始培育且每 3 小時成長為 2 倍，則 t 小時後細菌數達

$$n = f(t) = 100 \cdot 2^{t/3}$$

（參考第 1.5 節習題 16）。試問何時細菌數會達到 50,000？

■ 自我挑戰

25. **電視節目的收視率** 市場調查業者估計居家者已觀看過某特定電視節目的比例可用

$$f(t) = \frac{0.41}{1 + 0.52e^{-0.4t}}$$

來表示，其中 t 的單位為年且 $t=0$ 代表 2005 年 1 月 1 日。試問何時才有 30% 的居家者看過這個節目？

第 1 章 複習

■ 觀念回顧

1. (a) 何謂函數？它的定義域和值域為何？
   (b) 何謂函數的圖形？何謂散佈圖？
   (c) 如何判斷給定的曲線是某個函數的圖形？

2. 試舉例來說明表示函數的四種方法。

3. 何謂數學模型？

4. 何謂分段定義的函數？

5. (a) 何謂偶函數？如何藉由函數的圖形來判斷其是否為偶函數？
   (b) 何謂奇函數？如何藉由函數的圖形來判斷其是否為奇函數？

6. 假設函數 f 的定義域為 $(-5, 5)$，函數 g 的定義域為 $[0, \infty)$。
   (a) $f+g$ 的定義域為何？
   (b) fg 的定義域為何？
   (c) f/g 的定義域為何？

7. 如何定義函數 f 和 g 的合成函數？它的定義域為何？

8. 假設函數 f 的圖形已給定。試寫出由 f 的圖形變換所得圖形的方程式。
   (a) 向上移 2 個單位長。
   (b) 向下移 2 個單位長。
   (c) 向右移 2 個單位長。
   (d) 向左移 2 個單位長。
   (e) 對 x 軸作反映射。
   (f) 對 y 軸作反映射。
   (g) 沿著鉛直方向放大 2 倍。
   (h) 沿著鉛直方向縮小 2 倍。
   (i) 沿著水平方向放大 2 倍。
   (j) 沿著水平方向縮小 2 倍。

9. 試舉出各類函數的例子。
   (a) 線型函數
   (b) 二次函數
   (c) 五次多項式
   (d) 冪函數
   (e) 有理函數
   (f) 指數函數

10. 何謂直線的斜率？如何計算斜率？線型函數的變化率是什麼？

11. 若已知直線的斜率和線上的一點，如何寫出直線的方程式？

12. 何謂迴歸直線？

13. 內插和外插有何不同？

14. 二次函數圖形的形狀為何？頂點為何？

15. 在同一條軸上，試以手描繪各函數的圖形。
    (a) $f(x) = x$
    (b) $g(x) = x^2$
    (c) $h(x) = x^3$

16. 試以手描繪各函數的圖形。
    (a) $y = \sqrt{x}$
    (b) $y = 1/x$

17. (a) 若函數的輸出值與 x 成正比，試寫出此函數的方程式。
    (b) 若函數的輸出值與 x 成反比，試寫出此函數的方程式。

18. 試以手描繪各函數的圖形。
    (a) $y = e^x$
    (b) $y = \ln x$

19. (a) 何謂反函數？
    (b) $f(x) = 3^x$ 的反函數為何？

■ 習題

1. 給定 f 的圖形如下圖。
   (a) 估計 $f(2)$ 的值。
   (b) 估計使得 $f(x) = 3$ 成立的 x 值。
   (c) 說明 f 的定義域。
   (d) 說明 f 的值域。

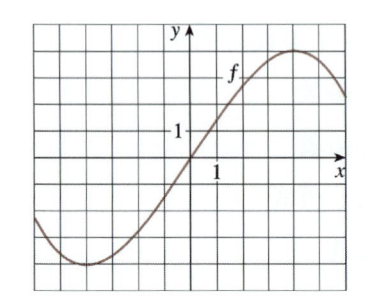

2. **健康的成本** 設 $f(x)$ 表示某家大公司購買健康保險的金額（單位：百萬美元），其中 x 為這家公司的員工人數（單位：千人）。試問 $f(8.6) = 14.1$ 代表的意義為何？

3. **車行的距離** 已知某部車所行駛的路程如下表。

t (秒)	0	1	2	3	4	5
d (呎)	0	10	32	70	119	178

   (a) 試以表列的數據描繪 d 為 t 的函數圖形。
   (b) 試以此圖形估計在 4.5 秒的車行距離。

4. **穀物收穫量** 若穀物的收穫量為施肥量的函數，試描繪此函數的示意圖。

5-8 ■ 試求函數的定義域。

5. $f(x) = \sqrt{4 - 10x}$

6. $g(x) = 1/(x + 1)$

7. $y = 2^x + 1$

8. $A(x) = 6.3 + \ln(x - 1)$

9. 若 $p(x) = x^2 - 3x$，試計算和化簡 $p(-2)$、$p(x-5)$、$\dfrac{p(a) - p(4)}{a - 4}$ 和 $\dfrac{p(x + h) - p(x)}{h}$。

10. 設 f 為分段定義的函數
    $$f(x) = \begin{cases} \frac{1}{2}x + 2 & \text{當 } x < 0 \\ 3^x & \text{當 } x \geq 0 \end{cases}$$
    (a) 試計算 $f(-4)$、$f(0)$ 和 $f(2)$。
    (b) 試描繪 f 的圖形。

11. 試判斷 f 是否為偶函數、奇函數，或者都不是。若有繪圖功能的計算器，試以目視的方法來檢查你的答案。
    (a) $f(x) = 2x^5 - 3x^2 + 2$
    (b) $f(x) = x^3 - x^7$
    (c) $f(x) = e^{-x^2}$

12. f 和 g 的圖形如下圖所示。試判斷是否為偶函數、奇函數，或者都不是，並說明理由。

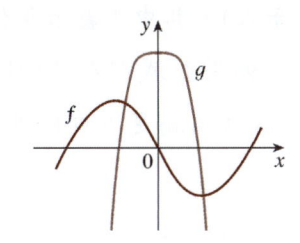

13. **退休金提存**　設 $S(t)$ 為大衛在第 t 年的年薪 (單位：美元)，$P(t)$ 為大衛在第 t 年自薪水中提存至退休金帳戶的百分比 (計算至小數點後第一位)。試問函數 $h(t) = S(t) \cdot P(t)$ 所計算的量為何？

14. **庫存的成本**　設 $N(t)$ 為某製造商在年初開始 t 週後置於倉庫中電腦顯示器的庫存量。若以 $C(x)$ 表示每週保留 x 部顯示器的庫存成本，試問函數 $g(t) = C(N(t))$ 所表示的意義為何？

15. 若 $f(x) = 3x^2 + 4$ 和 $g(x) = 2^x - 5$，試求各函數。
    (a) $A(x) = f(x) - g(x)$
    (b) $B(x) = f(g(x))$
    (c) $C(x) = g(f(x))$

16. 若 $h(x) = e^{x^2 - 3x}$，試求函數 f 和 g 使得 $h(x) = f(g(x))$。

17. 假設已給定 f 的圖形。試說明如何由 f 的圖形來描繪各函數的圖形。
    (a) $y = f(x) + 8$
    (b) $y = f(x + 8)$
    (c) $y = 1 + 2f(x)$
    (d) $y = f(x - 2) - 2$
    (e) $y = -f(x)$

18. 給定 f 的圖形如下圖，試描繪各函數的圖形。
    (a) $y = f(x - 8)$　　(b) $y = -f(x)$
    (c) $y = 2 - f(x)$　　(d) $y = \frac{1}{2}f(x) - 1$

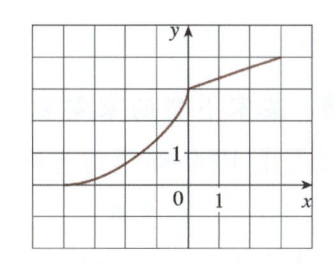

19-22 ■ 試以變換來描繪函數的圖形。

19. $y = (x - 2)^2 - 3$

20. $y = -\ln(x - 2)$

21. $y = 2e^x + 3$

22. $y = 2 - \sqrt{x}$

23. **消費者需求**　某公司發展了新產品。若將此產品的售價訂為 x 美元，可用 $L(x)$ 來表示此產品預估的銷售量 (單位：千件)。公司的市調報告顯示 $L(15) = 281$ 和 $L(18) = 245$。
    (a) 若 L 為線性函數，L 的斜率為何？斜率所代表的意義為何？
    (b) 假設 L 為線性函數，試寫出 L 的表示式。

24. 試描繪線性函數 $p(t) = 2.5t + 4.5$ 的圖形。它的斜率為何？

25. **平均壽命**　平均壽命在 20 世紀大幅地提升。下表為美國男性的出生年份與平均壽命的對應數據。

出生年份	平均壽命	出生年份	平均壽命
1900	48.3	1960	66.6
1910	51.1	1970	67.1
1920	55.2	1980	70.0
1930	57.4	1990	71.8
1940	62.5	2000	73.0
1950	65.6		

試以其散佈圖中的兩個數據點寫出一個線性模型，並以此模型預測於 2015 年出生的男性之平均壽命。

26. **成本函數** 某家小型的家電製造商每週以 9000 美元生產 1000 部烤麵包機，以 12,000 美元生產 1500 部烤麵包機。
    (a) 假設成本為產品件數的線性函數，試寫出此函數的表示式並描繪其圖形。
    (b) 此圖形的斜率為何？它所代表的意義為何？
    (c) 此圖形的 y-截距為何？它所代表的意義為何？

27. 試寫出頂點為 $(-8, 2)$ 且通過點 $(2, 4)$ 的二次函數之方程式。

28. **成本函數** 某家具廠商製造 x 張椅子的成本為 $C(x) = 0.02x^2 + 1.6x + 4200$（單位：美元）。
    (a) 若椅子的生產量由 600 張增加到 800 張，增加的成本有多少？
    (b) 試寫出生產 x 張椅子的平均成本之表示式。

29. 若 A 和 x 成反比，且當 $x = 112$ 時 $A = 28$，試寫出 A 為 x 的函數方程式。

30. 假設 $f(n)$ 和 n 的平方成比例。如果 $f(5) = 35$，試求 $f(10)$ 的值。

31. 函數 f 的圖形如附圖。試說明 f 遞增和遞減的區間。

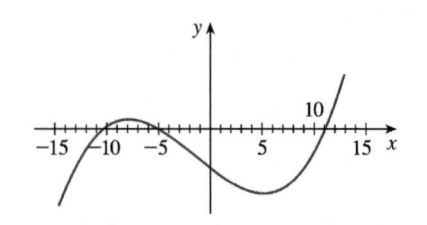

32. **城市人口** 假設以 $P(t)$ 代表某城市之人口總數（單位：千人），其中 t 表示年份且 $t = 0$ 代表 2000 年。如果此城市在 2000 年的人口有 45,200 人，試寫出滿足下列條件的 P 之表示式。
    (a) 每年增加 1650 人。
    (b) 每 20 年人口成長為 2 倍。

33. 試化簡下列各式。
    (a) $(3xy^4)^2$ (b) $e^{2\ln 3}$ (c) $\log_4 16$

34. 試證明各敘述是正確的。
    (a) $9^{t/2} = 3^t$ (b) $2\ln x + \ln(3x^2) = \ln(3x^2)$

35. 試求形如 $f(x) = C \cdot a^x$ 的指數函數，其中 $f(0) = 8.3$ 和 $f(4) = 20.9$。

36. 試解各方程式的 x。
    (a) $e^x = 5$ (b) $\ln x = 2$ (c) $5e^{2x} = 18$

37. **昆蟲的成長** 假設昆蟲數量目前為 4000，且每 5 年會成長為 3 倍。
    (a) 試問 20 年後，昆蟲數量會有多少？
    (b) 試寫出 t 年後，昆蟲數量 $P(t)$ 的表示式。
    (c) 幾年後昆蟲數量可達 100 萬？

38. **細菌的成長** 已知某種細菌的總數每小時會成長為 2 倍。試問在何時細菌的總數會成長為 3 倍？

2 導數

我們將利用在本章所學習的導數觀念來計算或估計一個量如何在特定時間中變動。例如，在本章章末複習的習題中，你將估計在 2000 年的美金流量之變化率。

2.1 變化率的測量
2.2 函數的極限
2.3 變化率和導數
2.4 導數函數

我們由探討一些函數及事件的變化率開始學習微積分，尤其是將看到平均變化率如何經由取極限而變成瞬間變化率。極限的觀念是微積分的基礎；在這裡探討極限及它們的性質，並且看到這種特別形式的極限可用來求速率或其他的變化率。這種極限是微分學的主要觀念，稱作導數。我們將看到導數在不同情況下如何詮釋為變化率和切線的斜率，而且學習如何由函數的導數獲得原始函數的資訊。

2.1 變化率的測量

微分學的主題之一在於分析數量的變化；尤其重要且有興趣的是數量變化的速率 (rates)。在第 1 章中，我們見到線性函數的輸出值之變化率就是它的常數斜率。但是對於非線性函數而言，它的函數值的變化率是變動的，而且是無法直接測量的。

■ 平均變化率

研究函數的變化，我們首先考慮函數在特定輸入值區間的平均變化率 (average rate of change)。假設 y 是 x 的一個函數並記作 $y=f(x)$。當 x 從 x_1 變為 x_2 時，它的變化量 [或增加量 (increment)] 是

$$\Delta x = x_2 - x_1$$

而所對應 y 的變化量是

$$\Delta y = f(x_2) - f(x_1)$$

我們就可以計算輸出的變化量與輸入的變化量之比值。

> ■ y 對於 x 在區間 $[x_1, x_2]$ 的平均變化率 (average rate of change of y with respect to x) 是差分的商
> $$\frac{\Delta y}{\Delta x} = \frac{f(x_2) - f(x_1)}{x_2 - x_1}$$

平均變化率的單位為輸出量的單位除以輸入量的單位。

例 1 求函數的平均變化率

試計算函數 $g(t) = 4t^2 - 3t$ 在區間 $[2, 5]$ 的平均變化率。

解

由 $g(2) = 10$ 及 $g(5) = 85$，可得平均變化率為

$$\frac{\Delta g}{\Delta t} = \frac{g(t_2) - g(t_1)}{t_2 - t_1} = \frac{g(5) - g(2)}{5 - 2} = \frac{85 - 10}{5 - 2} = \frac{75}{3} = 25$$

例 2 人口的平均變化率

表格中的數據為阿魯巴 (Aruba) 在 1960 到 2010 年間每 5 年的人口數 (單位：千人)。

年	人口數 (千人)
1960	57.2
1965	59.0
1970	59.0
1975	59.2
1980	59.9
1985	61.5
1990	63.0
1995	80.0
2000	90.0
2005	97.0
2010	104.6

(a) 試計算在 1975 到 2010 年間人口的平均變化率，並詮釋所得的結果。

(b) 試問在 1965 到 1970 年間人口的平均變化率？

解

令 $P(t)$ 為在 t 年的人口數 (單位：千人)。

(a) 平均變化率為

$$\frac{\Delta P}{\Delta t} = \frac{P(2010) - P(1975)}{2010 - 1975} = \frac{104.6 - 59.2}{2010 - 1975} = \frac{45.4}{35} \approx 1.30$$

它的單位為輸出量的單位除以輸入量的單位：千人 / 年。所以，阿魯巴的人口在 1975 到 2010 年間以大約每年 1300 人的平均變化率增加。

(b) 在 1965 到 1970 年間，平均變化率為

$$\frac{P(1970) - P(1965)}{1970 - 1965} = \frac{59.0 - 59.0}{5} = \frac{0}{5} = 0 \text{ 人 / 年}$$

在例 2(b) 中平均變化率為 0。這並不表示在這 5 年間阿魯巴的人口沒有變動。它只代表在這 5 年區間的最初及最終的人口是相同的。事實上，由給定的資料，我們並不知道任何介於 1965 到 1970 年間的人口數。

■ 平均變化率的幾何意義

對於在定義平均變化率中的差分的商，你應該有些熟悉；在第 1.3 節，它是一條直線的斜率。考慮一個函數 f 的圖形。通過曲線上兩點的直線稱為**割線 (secant line)**。圖 1 所示為通過點 $(x_1, f(x_1))$ 和 $(x_2, f(x_2))$ 的割線。

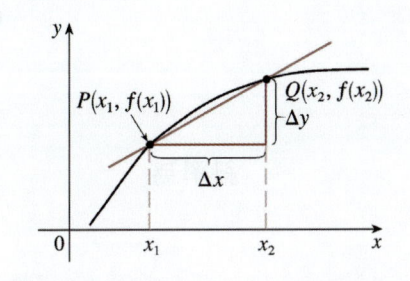

圖 1

平均變化率 = 通過 P、Q 的割線斜率

這條線的斜率為

$$\frac{\Delta y}{\Delta x} = \frac{f(x_2) - f(x_1)}{x_2 - x_1}$$

也就是在區間 $[x_1, x_2]$ 的平均變化率。

> ■ 函數 f 在區間 $[x_1, x_2]$ 的平均變化率為通過點 $(x_1, f(x_1))$ 和 $(x_2, f(x_2))$ 的割線之斜率。

例 3 由圖形估計平均變化率

圖 2 所示為美國能源部所出版的一輛汽車速率如何影響汽油里程數的範例。

試估計當汽車速率由每小時 45 哩增加至 70 哩時，汽油里程數的平均變化率。

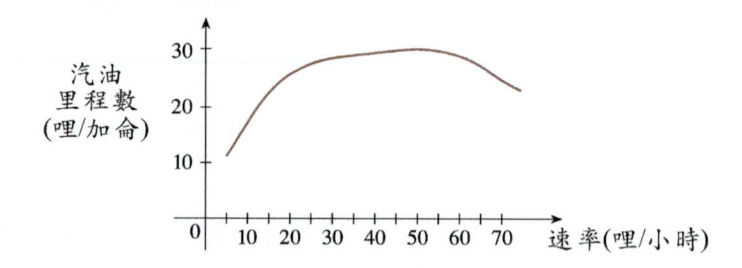

圖 2

解

我們在圖形上標記出對應於速率 45 哩 / 小時和 70 哩 / 小時的點。在這區間的平均變化率為經過這兩點的割線之斜率 (如圖 3)。

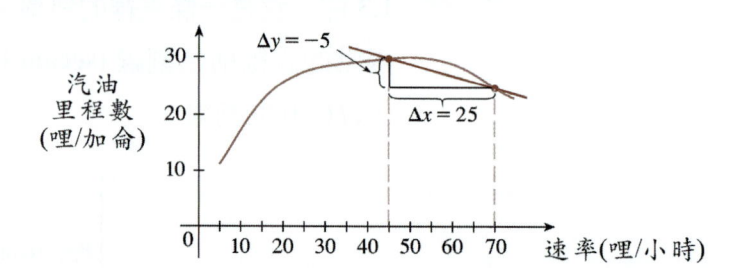

圖 3

斜率為

$$\frac{\Delta y}{\Delta x} \approx \frac{-5}{25} = -0.2$$

斜率的單位為哩 / 加侖除以哩 / 小時。由於斜率是負的，可知當輸入值增加時，輸出值是遞減的。所以當開車速率在 45 哩 / 小時和 70 哩 / 小時之間時，汽油里程數在每小時增加 1 哩的速率下，以 0.2 哩 / 加侖的平均變化率而遞減。

■ 縮短區間

我們可在有限的大區間或小區間，計算平均變化率。然而，在小區間的計算較能顯示一個量在某特定輸入值附近的變化。在下列例題中，我們探討一個球以自由落體方式落下 t 秒後的距離。利用取愈來愈短的時間區間所得的平均速率，我們可以預測這顆球在某個瞬間的確實速率。

例 4　估計瞬間速率

假設一顆球在加拿大多倫多市 CN 塔高 450 公尺的瞭望台上，以自由落體的方式落下，試求 5 秒後此顆球的速率。

解

經由 4 個世紀前的實驗，伽利略 (Galileo) 發現任何物體自由落下的距離與它落下時間的平方成正比。(這個自由落體模型忽略了空氣的阻力。) 令 $s(t)$ 表示 t 秒後此顆球所落下的距離 (單位：公尺)。由伽利略的自由落體定律，可知距離函數 $s(t)$ 可寫成

$$s(t) = 4.9t^2。$$

若計算平均變化率，則可求出平均速率 (單位為公尺 / 秒)。計算第 5 秒的瞬間速率的困難度在於：在第 5 秒的瞬間是時間上的一個單點，因此無法利用時間區間來表示。然而，我們可用在由 $t = 5$ 至 $t = 5.1$ 的十分之一秒時間區間中之平均速率，來估計想求的速率：

$$\begin{aligned}
\text{平均速度} &= \frac{\text{距離差}}{\text{時間差}} \\
&= \frac{s(5.1) - s(5)}{5.1 - 5} \\
&= \frac{4.9(5.1)^2 - 4.9(5)^2}{0.1} = 49.49 \text{ 公尺 / 秒}
\end{aligned}$$

我們可用更小的時間區間而得到更精確的估計。下表所示為隨著時間區間變小時，所計算的平均變化率。

時間區間	平均速率 (公尺/秒)
$5 \leq t \leq 6$	53.9
$5 \leq t \leq 5.1$	49.49
$5 \leq t \leq 5.05$	49.245
$5 \leq t \leq 5.01$	49.049
$5 \leq t \leq 5.001$	49.0049

觀察到隨著時間區間愈來愈小，平均速率會愈接近 49 公尺/秒。因此可以合理的推測 5 秒後此顆球的速率為 49 公尺/秒。

在例 4 中，因為平均速率會隨著時間區間愈來愈小而接近 49 公尺/秒，所以估計此顆球落下的速率為 49 公尺/秒。但是如何知道 49 是正確的值呢？雖然可以繼續縮減時間區間，然而這個程序是無止盡的。假如事實上存在一個值，使得當縮減時間區間時平均速率會趨於它，則稱它為平均速率的極限 (limit)。在下一節探討極限的觀念之後，將可決定在我們的模型中，5 秒後此顆球的速率確實是 49 公尺/秒。

■ 習題 2.1

1-2 ■ 試求下列各函數在給定的區間的平均變化率。

1. $f(x) = x^2 + 5x$，[1, 3]

2. $A(v) = \sqrt{v+3}$，[6, 13]

3-4 ■ 試求下列各函數在給定的區間之平均變化率。將你的結果以四捨五入取至小數點後第三位。

3. $P(t) = 4.7 \ln t + 1.8$，[16, 84]

4. $N(w) = 5e^{0.2w}$，[16, 22]

5. **黃金的價格** 下圖為在 2006 年某些天倫敦一盎司黃金的收盤價格 (單位：美元)。

日期	收盤價格
1 月 11 日	$544.40
2 月 8 日	$548.75
3 月 15 日	$556.50
4 月 19 日	$624.75
5 月 17 日	$699.50

(a) 試計算由 3 月 15 日至 5 月 17 日的收盤價格之平均變化率，並詮釋你的結果。它的單位為何？

(b) 試求由 1 月 11 日至 2 月 8 日的平均變化率。

6. **廣告** 令 $f(x)$ 為製造商花費 x 百萬美元廣告費時所賣出的車輛數。若 $f(1.8) = 240$ 和 $f(2.5) = 325$，試計算在 $1.8 \leq x \leq 2.5$ 的平均變化率。試問在這事件上，你的結果代表什麼意義？

7. **投資** 在開戶 t 年後，所投資的帳戶的結餘額為 $9500(1.064^t)$。試計算在 $2.5 \leq t \leq 4.5$ 的平均變化率，並詮釋你的結果。

8. **電池的充電量** 可充電電池充滿電量的比例為充電時間 (單位：小時) 的函數，其圖形如下圖所示。試估計由 3 至 6 小時的平均變化率，並詮釋你的結果。

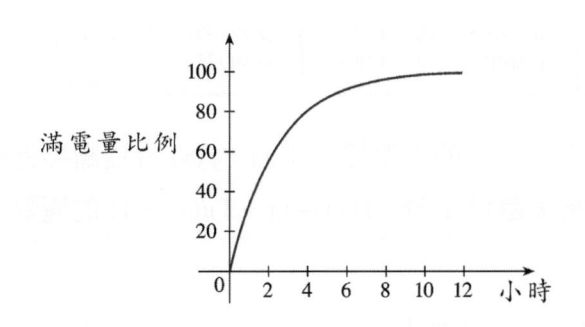

9. 下圖為函數 f 的圖形。

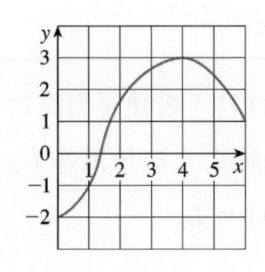

   (a) 試在圖形上繪出一條割線，使得它的斜率代表函數在區間 [2, 6] 的平均變化率，然後再計算此平均變化率。
   (b) 試問函數 f 在區間 [0, 3] 的平均變化率是正的還是負的？
   (c) 試問在區間 [1, 2] 和 [3, 4] 中的平均變化率，哪一個較大？

10. **拋射體的運動** 將一個棒球向上拋，它在 t 秒後的高度為 $h(t) = 36t - 16t^2$。
    (a) 試求此球在給定的區間的平均速率：
        (i) $0 \leq t \leq 1$ (ii) $0.5 \leq t \leq 1$
        (iii) $0.9 \leq t \leq 1$ (iv) $0.99 \leq t \leq 1$
    (b) 試估計此球在 1 秒後的瞬間速率。

11. **拋射體的運動** 將一個球以 40 呎 / 秒的初速向上拋，它在 t 秒後的高度為 $y = 40t - 16t^2$。
    (a) 試求從 $t = 2$ 秒開始，並持續下列時間的平均速率：
        (i) 0.5 秒   (ii) 0.1 秒
        (iii) 0.05 秒   (iv) 0.01 秒
    (b) 試估計此球在 $t = 2$ 秒時的瞬間速率。

2.2 函數的極限

在第 2.1 節的例 4 中，我們由求一個落下的球在某瞬間的速率引導出極限的觀念。現在考慮一般的極限及計算它們的方法。而在下一節中，我們將運用這些知識來計算確實的速率和其他變化率。

■ 極限的簡介

考慮定義為

$$f(x) = \frac{x-1}{x^2-1}$$

的函數 f。若輸入值愈來愈接近 1 時，輸出值是否會趨於某特定的值？注意：我們並未考慮函數在 $x=1$ 的值，而是接近 $x=1$ 的值。(事實上，這個函數在 $x=1$ 時沒有定義。) 下表所列為 x 接近 1 的 $f(x)$ 的值。

x	$f(x)$	x	$f(x)$
0.8	0.55556	1.2	0.45455
0.9	0.52632	1.1	0.47619
0.95	0.51282	1.05	0.48780
0.98	0.50505	1.02	0.49505
0.99	0.50251	1.01	0.49751
0.995	0.50125	1.005	0.49875
0.999	0.50025	1.001	0.49975

無論 x 由小於 1 或大於 1 的兩邊接近 1 時，$f(x)$ 會逐漸接近於 0.5。所以我們說：「當 x 趨近 1 時，$f(x)=(x-1)/(x^2-1)$ 的極限為 0.5」，並記作

$$\lim_{x \to 1} \frac{x-1}{x^2-1} = 0.5$$

對於一般函數的極限，我們有下列的記法。

> ■ **定義** 當 x 趨近 a (但不等於 a) 時，若使得對應的 $f(x)$ 值趨近於 L 時，我們就稱「$f(x)$ 在 x 趨近 a 的極限為 L」，並記作
> $$\lim_{x \to a} f(x) = L$$

若我們寫下

$$\lim_{t \to 5} A(t) = 12$$

則表示當 t 愈來愈接近 5 時，$A(t)$ 的值會愈來愈接近 12。事實上，我們可以取 t 的值非常接近 5 (但不等於 5)，而使得 $A(t)$ 的值會任意地接近 12 (可以隨我們喜歡的方式任意接近 12)。

$\lim_{x \to a} f(x) = L$ 的另一個記法是

$$f(x) \to L，當 x \to a$$

而讀作「當 x 趨近 a 時，$f(x)$ 趨近於 L」。

圖 1 所示為已探討過的函數 $f(x) = (x-1)/(x^2-1)$ 圖形。注意：當 x 的值愈接近 1 時，y 的值就愈接近於 0.5。雖然當 $x = 1$ 時，圖形上並沒有點，但這是不相關的，重要的是在 $x = 1$ 的附近如何定義。

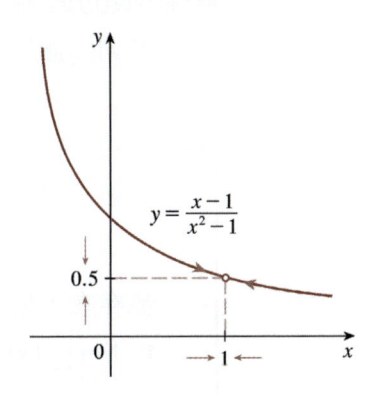

圖 1

例 1　估計函數的極限

試估計 $\lim\limits_{r \to 0} \dfrac{(3+r)^2 - 9}{r}$ 的值。

解

下表所列為 r 接近 0 的函數值。

r	$\dfrac{(3+r)^2-9}{r}$
0.2	6.2
0.1	6.1
0.01	6.01
0.001	6.001
0.0001	6.0001

r	$\dfrac{(3+r)^2-9}{r}$
-0.2	5.8
-0.1	5.9
-0.01	5.99
-0.001	5.999
-0.0001	5.9999

由上表觀察到當 r 接近 0 時，對應的函數值逐漸接近於 6，所以可猜測

$$\lim_{r \to 0} \dfrac{(3+r)^2 - 9}{r} = 6$$

事實上，例 1 中所估計的極限是正確的。然而，我們需要小心使用列表或圖形來猜測極限的值。若繼續使得例 1 表格中的 r 更接近 0，我們發現計算器最終會得到錯誤的對應函數值。不準確的可能原因在於，當以計算器作很小的數相減時，會因捨入的時機不同而產生明顯的誤差。(在習題 5 將會看到這種形式的誤差。) 因此，如何知道所猜測的極限值是正確的呢？我們必須發展一套可靠的方法來求極限。

■ 極限的運算

下列的運算法則稱作極限法則，這可以保證我們求出正確的極限值。

■ **極限法則 (Limit Laws)** 假設 c 為任意常數且極限

$$\lim_{x \to a} f(x) \quad \text{和} \quad \lim_{x \to a} g(x)$$

都存在，則

1. $\lim_{x \to a} [f(x) + g(x)] = \lim_{x \to a} f(x) + \lim_{x \to a} g(x)$
2. $\lim_{x \to a} [f(x) - g(x)] = \lim_{x \to a} f(x) - \lim_{x \to a} g(x)$
3. $\lim_{x \to a} [cf(x)] = c \lim_{x \to a} f(x)$
4. $\lim_{x \to a} [f(x) g(x)] = \lim_{x \to a} f(x) \cdot \lim_{x \to a} g(x)$
5. $\lim_{x \to a} \dfrac{f(x)}{g(x)} = \dfrac{\lim_{x \to a} f(x)}{\lim_{x \to a} g(x)}$，其中 $\lim_{x \to a} g(x) \neq 0$

這五個法則可敘述如下：

加法律 1. 函數和的極限為函數極限之和。
減法律 2. 函數差的極限為函數極限之差。
常數倍律 3. 常數倍函數的極限為常數乘以原函數之極限。
乘法律 4. 函數積的極限為函數極限之積。
除法律 5. 函數商的極限為函數極限之商 (假設分母的函數極限不是 0。)

如果重複引用乘法律，就可得出下一個法則。

次方律 6. $\lim_{x \to a} [f(x)]^n = \left[\lim_{x \to a} f(x)\right]^n$，其中 n 為正整數

雖然我們在本書中不證明這些法則，但是不難相信它們是正確的。例如，若 $f(x)$ 趨近於 L 且 $g(x)$ 趨近於 M，則 $f(x) + g(x)$ 趨近於 $L + M$ 是合理的。因此，在直覺上，法則 1 是正確的。

在下例中，將說明如何使用這些法則來計算極限值。

例 2 用極限法則計算極限

已知 $f(x) = 2x^2 - 3x + 4$，試計算 $\lim_{x \to 5} f(x)$。

解

首先求在 f 中各項的極限值。由於最後一項為常數，且因為當輸入值趨近 5 時，輸出值都是 4（所以趨近於 4），因此 $\lim_{x \to 5} 4 = 4$；中間項為 3 和 x 的乘積，由於當 x 趨近 5 時，輸出值趨近於 5，也就是輸出等於輸入，所以 $\lim_{x \to 5} x = 5$。法則 3 說明常數倍函數的極限為常數乘以函數的極限，故可得

$$\lim_{x \to 5} 3x = 3 \cdot 5 = 15$$

第一項為 2 和 x^2 的乘積。由法則 6 可得

$$\lim_{x \to 5} x^2 = \left[\lim_{x \to 5} x\right]^2 = 5^2 = 25$$

再由法則 3，

$$\lim_{x \to 5} 2x^2 = 2 \cdot 25 = 50$$

最後由法則 1 和法則 2 可得

$$\lim_{x \to 5} f(x) = \lim_{x \to 5}(2x^2) - \lim_{x \to 5}(3x) + \lim_{x \to 5} 4 = 50 - 15 + 4 = 39$$

注意到在例 2 中，當 $x \to 5$ 時，$f(x)$ 的極限為 39 且 $f(5) = 39$，也就是只需將 5 直接代入 x，求出它對應的函數值即可。因此，這提示了一個簡單的方法來計算極限，但是在哪種情況下可以用直接代入函數值來求極限呢？

■ 連續性

某些函數在 $x = a$ 的函數值會等於當 x 趨於 a 的極限。對於具有這個性質的函數，我們就說函數在 a 是連續的 (continuous)。

> ■ **定義** 若 $\lim_{x \to a} f(x) = f(a)$ 成立，我們稱函數 f 在 a **連續** (continuous at a)。

若函數在區間中的每個點都連續，就說函數在此區間連續 (continuous on an interval)。幾何上，可將函數在區間連續想成函數的圖形在區間上沒有破洞，也就是不需要將筆移離開紙面即可繪製出函數的圖形。大多數的物理現象是連續的。例如，你的身高隨著時間的改變是連續的；小孩的身高能由 3 呎成長至 4 呎，但不可能跳過這兩個高度之間的任何值。如果將你一生的身高畫成圖形，它的曲線上是不可能有間隔或跳動。由圖 2 可見，它的圖形只在 $x = -1$ 和 $x = 2$ 有破洞，所以除了這兩點外的圖形都是連續的。

圖 2

我們可以證明在第 1 章學到的所有函數在它們的定義域都是連續的。

> ■ 下列類型的函數在它們的定義域中都是處處連續的：
>
> | 線性函數 | 多項式 | 有理數函數 |
> | 冪函數 | 根值函數 | |
> | 指數函數 | 對數函數 | |

若已知函數是連續的，則可用**直接代入法** (direct substitution) 求其極限：

$$\lim_{x \to a} f(x) = f(a)$$

例 3　引用連續性計算極限

已知函數 f 被定義為

$$f(x) = \frac{x-1}{x^2-1}$$

(a) 試敘述 f 的定義域。
(b) 試求 $\lim_{x \to 4} f(x)$。
(c) 試求 $\lim_{x \to 1} f(x)$。

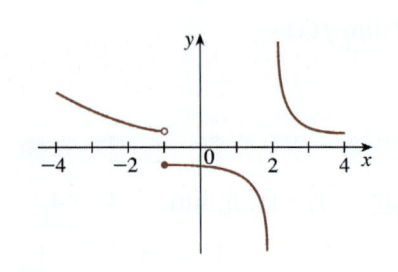

牛頓和極限

艾薩克・牛頓 (Issac Newton) 出生於 1642 年的聖誕節，恰巧是伽利略逝世的同一年。當他在 1661 年進入劍橋大學時，並不太了解數學，但是勤於學習歐基里德 (Euclid) 和笛卡兒 (Descartes) 的工作，也選修巴洛爾 (Issac Barrow) 的課。劍橋大學曾於 1665 至 1666 年因瘟疫而停課，牛頓雖被迫回家，但也因此將所學的知識整合後進而大放異采。在這兩年中，牛頓有許多令人驚嘆的結果，其中最重要的四項發現為：(1) 函數可用無窮級數來表示，這包括二項式定理；(2) 微分與積分；(3) 牛頓運動定律和萬有引力定理；(4) 自然光與色彩的稜鏡實驗。由於唯恐會產生爭議與招致批評，牛頓並不急於發表這些成果，直到 1687 年經由天文學家哈雷 (Halley) 的強力要求，才發表名為 *Principia Mathematica* 的專書。在這本偉大的科學著作中，牛頓建構了他的微積分，並引用它來研究力學、流動力學和波的運動，且解釋天體和衛星的運動模式。微積分起源於古希臘學者，如尤得塞斯 (Eudoxus) 和阿基米得 (Archmedes) 的求面積和體積。雖然極限的想法已隱含「窮舉法」的過程中，但是尤得塞斯和阿基米得從來沒有使用任何與極限概念有關的表示式。即使是牛頓的前輩們，如卡瓦列里 (Cavalieri)、費瑪 (Fermat) 和巴洛爾，在建構微積分的過程中也沒有使用極限。事實上，極限概念是由牛頓首先提出來的。他解釋極限背後的主要想法是「量可以超越任何差距的充分靠近」。牛頓指出微積分的基本概念是極限，然而這個想法卻是後來的數學家，如柯西 (Cauchy) 加以釐清的。

解

(a) f 的定義域包含使得分母不為 0 的所有數。分母為 0 時，

$$x^2 - 1 = 0$$
$$x^2 = 1$$
$$x = \pm 1$$

所以定義域是除了 1 和 −1 以外的所有實數。

(b) 由於 f 是有理函數，因此它在定義域中是連續的。因為 4 在 f 的定義域中，所以 f 在 $x = 4$ 是連續的。因此，引用直接代入法求其極限，可得：

$$\lim_{x \to 4} f(x) = f(4) = \frac{4-1}{4^2 - 1} = \frac{3}{15} = \frac{1}{5}$$

(c) 由於 1 並不在 f 的定義域中，所以直接代入法並不適用。因此，必須先對函數作適度的運算，由

$$\frac{x-1}{x^2 - 1} = \frac{x-1}{(x+1)(x-1)}$$

可知 $x - 1$ 為分子與分母之公因式。只要公因式不等於 0 時，就可以消去它。然而，當 x 趨近 1 時，我們並未考慮 $x = 1$，因此 $x \neq 1$，也就是 $x - 1 \neq 0$，所以可用約分的方法來求得

$$\lim_{x \to 1} \frac{x-1}{x^2 - 1} = \lim_{x \to 1} \frac{x-1}{(x+1)(x-1)} = \lim_{x \to 1} \frac{1}{x+1}$$

由於化簡後的函數 $1/(x+1)$ 在 $x = 1$ 是連續的 (它是個有理函數，且 1 在定義域中)，我們可以直接代入來求極限：

$$\lim_{x \to 1} \frac{1}{x+1} = \frac{1}{1+1} = \frac{1}{2}$$

也就是 $\lim_{x \to 1} f(x) = \frac{1}{2}$。

例 3(c) 的極限就是在本節開始所討論的極限。利用計算函數值，我們猜測此極限值為 0.5，然而這個例題證明此猜測是正確的。

在例 3(c) 中，我們將 $f(x) = (x-1)/(x^2 - 1)$ 簡化為 $1/(x+1)$ 來求在 $x = 1$ 的極限。這是因為當 $x \neq 1$ 時這兩個函數有相同的值，所以當 $x \to 1$ 時，它們有相同的極限。請牢牢記住：在計算當 x 趨近 1 的

極限時,不考慮函數在 x 等於 1 的值。在計算極限時,記住這個觀念是很重要的,這可由在下一個例題中再次探討例 1 而看到它的重要性。

例 4　直接代入前先化簡

試求 $\lim_{r \to 0} \dfrac{(3+r)^2 - 9}{r}$。

解

由於這函數在 0 不連續 (0 不在定義域內),因此無法使用直接代入法來求極限。所以,首先化簡函數:

$$\frac{(3+r)^2 - 9}{r} = \frac{9 + 6r + r^2 - 9}{r} = \frac{6r + r^2}{r}$$

$$= \frac{r(6+r)}{r} = 6 + r$$

在上式的最後一個步驟中,消去了分子與分母的公因式 r,這是因為計算當 r 趨近 0 的極限時,我們假設了 $r \neq 0$。所以

$$\lim_{r \to 0} \frac{(3+r)^2 - 9}{r} = \lim_{r \to 0} (6+r) = 6 + 0 = 6$$

在上式中,由於線性函數 $6+r$ 是處處連續的,因此可用直接代入法來求極限。這個結果與例 1 的猜測是一致的。

例 5　有理化分子

試求 $\lim_{t \to 0} \dfrac{\sqrt{t^2+9} - 3}{t^2}$。

解

由於 0 不在函數的定義域中,所以無法用直接代入法來求極限。對分子有理化可得

$$\lim_{t \to 0} \frac{\sqrt{t^2+9} - 3}{t^2} = \lim_{t \to 0} \left[\frac{\sqrt{t^2+9} - 3}{t^2} \cdot \frac{\sqrt{t^2+9} + 3}{\sqrt{t^2+9} + 3} \right]$$

$$= \lim_{t \to 0} \frac{(t^2 + 9) - 9}{t^2 (\sqrt{t^2+9} + 3)} = \lim_{t \to 0} \frac{t^2}{t^2 (\sqrt{t^2+9} + 3)}$$

$$= \lim_{t \to 0} \frac{1}{\sqrt{t^2+9} + 3}$$

在這裡,有理化分子是由分子和分母同時乘以一個將分子中的減號改為加號的項 (再簡化後) 而得。在附錄 A 中會有其他的有理化分子和分母的例子。

如例 4，因為計算當 $t \to 0$ 的極限時，我們假設了 $t \neq 0$，所以我們可以消去分子與分母中的公因式 t^2。由於所得到的函數在 0 是連續的 (0 在定義域內)，因此可引用直接代入法來求極限：

$$\lim_{t \to 0} \frac{\sqrt{t^2 + 9} - 3}{t^2} = \lim_{t \to 0} \frac{1}{\sqrt{t^2 + 9} + 3} = \frac{1}{\sqrt{(0^2 + 9)} + 3}$$

$$= \frac{1}{3 + 3} = \frac{1}{6}$$

例 6　極限不存在

試判斷 $\lim_{x \to 0} \dfrac{1}{x^2}$ 是否存在。

解

當 x 接近 0 時，x^2 更接近 0，使得 $1/x^2$ 會是個很大的數 (如左列的表格)。再由 $f(x) = 1/x^2$ 的圖形 (如圖 3) 可見，當 x 充分接近 0 時，就可得到任意大的 $f(x)$，也就是 $f(x)$ 並不會趨近於一個定值，所以 $\lim_{x \to 0} (1/x^2)$ 不存在。

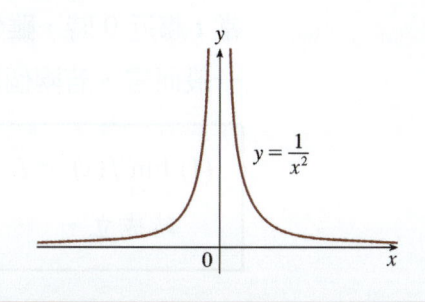

x	$\dfrac{1}{x^2}$
±1	1
±0.5	4
±0.2	25
±0.1	100
±0.05	400
±0.01	10,000
±0.001	1,000,000

圖 3

▪單邊極限

有時候我們需要考慮當 x 從左邊或右邊趨近 a 時 $f(x)$ 的極限。$f(x)$ 在 x 趨近 a 的**右極限 (right-handed limit)** 可記作 $\lim_{x \to a^+} f(x)$。這個記號 "$x \to a^+$" 表示 x 比 a 大。在圖形上，這代表由右邊接近 a。同理，記號 "$x \to a^-$" 代表**左極限 (left-handed limit)** 且表示只考慮 x 比 a 小；在圖形上，它則代表由左邊接近 a。

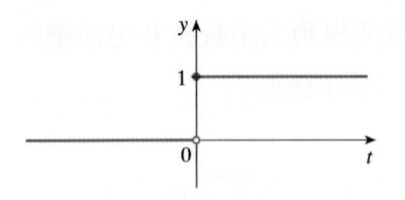

圖 4　Heaviside 函數

例 7　單邊極限

定義 Heaviside 函數 H 如下：

$$H(t) = \begin{cases} 0 & \text{當 } t < 0 \\ 1 & \text{當 } t \geq 0 \end{cases}$$

[這個函數是以電機學者奧利弗·黑維塞 (Oliver Heaviside, 1850-1925) 來命名，用以描述在通電瞬間的電流強度。] 該函數的圖形如圖 4 所示。

當 t 從左邊接近 0 時，$H(t)$ 趨近於 0，所以

$$\lim_{t \to 0^-} H(t) = 0$$

當 t 從右邊接近 0，$H(t)$ 卻會趨近於 1，所以

$$\lim_{t \to 0^+} H(t) = 1$$

在例 7 中，注意到圖形在 $t = 0$ 有跳躍現象。函數在 0 是不連續的；而且當 t 趨近於 0 時 $H(t)$ 的值並不會接近於唯一的定值。所以，當 t 趨近 0 時，雖然單邊極限是存在的，但極限 $\lim_{t \to 0} H(t)$ 不存在。一般而言，若兩個單邊極限不相等，則極限不存在。

(1) $\lim_{x \to a} f(x) = L$ 成立若且唯若 $\lim_{x \to a^-} f(x) = L$ 及 $\lim_{x \to a^+} f(x) = L$ 同時成立。

例 8　由圖形判斷單邊極限

試由 g 的圖形 (如圖 5) 判斷下列各極限：

(a) $\lim_{x \to 2^-} g(x)$　　(b) $\lim_{x \to 2^+} g(x)$　　(c) $\lim_{x \to 2} g(x)$

(d) $\lim_{x \to 5^-} g(x)$　　(e) $\lim_{x \to 5^+} g(x)$　　(f) $\lim_{x \to 5} g(x)$

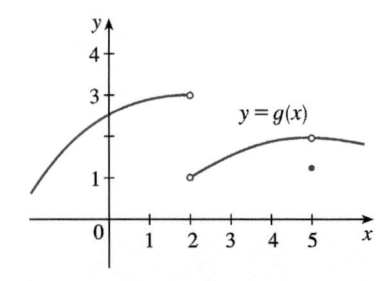

圖 5

解

由圖形可見，當 x 由左邊趨近 2 時，$g(x)$ 趨近於 3；而當 x 由右邊趨近 2 時，$g(x)$ 則趨近於 1。所以

(a) $\lim\limits_{x \to 2^-} g(x) = 3$ 及 (b) $\lim\limits_{x \to 2^+} g(x) = 1$

(c) 因為左極限和右極限不相等，所以由 (1) 可得 $\lim\limits_{x \to 2} g(x)$ 不存在。

又由圖形可得

(d) $\lim\limits_{x \to 5^-} g(x) = 2$ 及 (e) $\lim\limits_{x \to 5^+} g(x) = 2$

(f) 雖然 $g(5) \neq 2$，但是左極限和右極限相等，所以由 (1) 可得

$$\lim_{x \to 5} g(x) = 2$$

■ 自我準備

1. 若
$$f(x) = \frac{3^x - 2^x}{x}$$
計算 $f(0.01)$，並以四捨五入取至小數點後第四位。

2. 若
$$g(t) = \frac{\sqrt{t^2 + 1} - 1}{t^2}$$
計算 $g(0.1)$，並以四捨五入取至小數點後第四位。

3. 因式分解各多項式。
   (a) $x^2 - 5x - 24$ (b) $a^2 - 25$
   (c) $2w^2 - 7w - 15$ (d) $b^3 + 1$

4. 化簡各式。
   (a) $\dfrac{x^2 - 2x - 3}{x^2 - 7x + 12}$ (b) $\dfrac{(c+2)^2 - 4}{c}$
   (c) $\dfrac{\dfrac{1}{q} - \dfrac{1}{3}}{q - 3}$

5. 乘開後再化簡：$\dfrac{\sqrt{x+1} - 2}{x - 3} \cdot \dfrac{\sqrt{x+1} + 2}{\sqrt{x+1} + 2}$

6. 令
$$A(t) = \begin{cases} 1 - t^2 & \text{當 } t < 1 \\ 2^t & \text{當 } t \geq 1 \end{cases}$$
試計算 (a) $A(3)$、(b) $A(-2)$ 和 (c) $A(1)$。

■習題 2.2

1. 試說明下列方程式的意義
$$\lim_{x \to 2} f(x) = 5$$
在上述敘述下，是否仍有可能 $f(2) = 3$？請說明理由。

2. 若想猜測 $\lim\limits_{x \to 2} \dfrac{x^2 - x - 2}{x^2 - 2x}$，先試求 x 分別為 2.1、2.05、2.01、2.005、2.001、1.9、1.95、1.99、1.995、1.999 所對應的函數值 (取到小數點後第六位)，然後用這些函數值來猜測所求的極限值。

3-4 ■ 試用表列出函數值的方法來估計下列極限值。若有繪圖器，利用它們繪圖來驗證你的結果。

3. $\lim\limits_{x \to 0} \dfrac{\sqrt{x+4} - 2}{x}$

4. $\lim\limits_{x \to 1} \dfrac{x^6 - 1}{x^{10} - 1}$

5. (a) 已知函數 $h(x) = \left(\sqrt{x^4 + 1} - 1\right)/x^4$，試求 x 分別為 1、0.5、0.2 和 0.1 所對應的函數值。
   (b) 試猜測 $\lim\limits_{x \to 0} \dfrac{\sqrt{x^4 + 1} - 1}{x^4}$ 的值。
   (c) 試求 x 分別為 0.05、0.01、0.001 和 0.0001 所對應的函數值。你是否仍然對在 (b) 的猜測有信心？
   (d) 試說明為何在 (c) 中你計算的值終究會是 0。計算在 $x = 0.001$ 和 0.0001 時 $h(x)$ 的分子的值可能幫助你了解它的原因。試問你的計算器之結果是否正確？

6-7 ■ 試計算下列極限，並指出推導過程中所引用的極限法則。

6. $\lim\limits_{x \to 2} (x^3 + 2x^2 + 1)$

7. $\lim\limits_{v \to 1} \dfrac{v^2 - 5}{v}$

8-9 ■ 試引用連續性質求下列極限。將你的結果以四捨五入取至小數點後第三位。

8. $\lim\limits_{t \to 1} (3e^t - 4)$

9. $\lim\limits_{m \to 2} \left(\dfrac{\ln m}{m + 2}\right)$

10. (a) 試求函數 $f(x) = \dfrac{x^2 - 4}{x - 2}$ 的定義域。
    (b) 試求 $\lim\limits_{x \to 1} f(x)$。
    (c) 試求 $\lim\limits_{x \to 2} f(x)$。

11. (a) 試求函數 $A(z) = \dfrac{2z - 6}{z^2 - 5z + 6}$ 的定義域。
    (b) 試求 $\lim\limits_{z \to 0} A(z)$。
    (c) 試求 $\lim\limits_{z \to 3} A(z)$。

12-19 ■ 試計算下列極限。

12. $\lim\limits_{t \to 4} (3t - 7)$

13. $\lim\limits_{x \to 3} \dfrac{x^2 + 5}{x + 5}$

14. $\lim\limits_{x \to 2} \dfrac{x^2 + x - 6}{x - 2}$

15. $\lim\limits_{t \to -3} \dfrac{t^2 - 9}{2t^2 + 7t + 3}$

16. $\lim\limits_{h \to 0} \dfrac{(4 + h)^2 - 16}{h}$

17. $\lim\limits_{x \to -2} \dfrac{x + 2}{x^3 + 8}$

18. $\lim_{x \to 7} \dfrac{\sqrt{x+2} - 3}{x - 7}$

19. $\lim_{x \to -4} \dfrac{\dfrac{1}{4} + \dfrac{1}{x}}{4 + x}$

20-21 ■ 試用表列出函數值，或繪圖說明為何下列極限不存在。

20. $\lim_{x \to 0} \dfrac{3}{x^4}$

21. $\lim_{t \to 0} \dfrac{e^t}{t}$

22. 下列極限若存在，試由給定的圖形陳述其極限值。若所求極限不存在時，請說明理由。
    (a) $\lim_{x \to 1^-} f(x)$ (b) $\lim_{x \to 1^+} f(x)$ (c) $\lim_{x \to 1} f(x)$
    (d) $\lim_{x \to 5} f(x)$ (e) $f(5)$

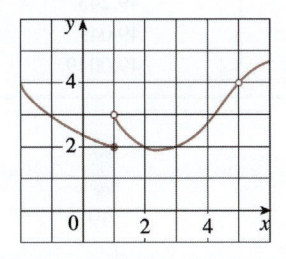

23. 試說明下列極限的意義。

$$\lim_{x \to 1^-} f(x) = 3 \quad \text{和} \quad \lim_{x \to 1^+} f(x) = 7$$

在此情形下，$\lim_{x \to 1} f(x)$ 是否可能存在？請說明理由。

24. 令

$$g(x) = \begin{cases} -x & \text{當 } x \leq -1 \\ 1 - x^2 & \text{當 } -1 < x < 1 \\ x - 1 & \text{當 } x > 1 \end{cases}$$

(a) 下列極限若存在，試計算其極限值。
    (i) $\lim_{x \to 1^+} g(x)$ (ii) $\lim_{x \to 1} g(x)$
    (iii) $\lim_{x \to 0} g(x)$ (iv) $\lim_{x \to -1^-} g(x)$
    (v) $\lim_{x \to -1^+} g(x)$ (vi) $\lim_{x \to -1} g(x)$

(b) 試描繪函數 g 的圖形。

25. 已知

$$|x| = \begin{cases} x & \text{當 } x \geq 0 \\ -x & \text{當 } x < 0 \end{cases}$$

令 $f(x) = |x|/x$。
(a) 試求 $\lim_{x \to 0^+} f(x)$。
(b) 試求 $\lim_{x \to 0^-} f(x)$。
(c) 試問 $\lim_{x \to 0} f(x)$ 是否存在？請說明理由。

26. **停車費** 一個停車場第 1 小時 (或不足 1 小時) 收費 3 美元，而超過 1 小時後則每小時 (或不足 1 小時) 收費 2 美元。每天最高收費為 10 美元。
(a) 在這停車場的停車費為時間的函數，試描繪其圖形。
(b) 試討論這個函數的不連續性和它們對停在此停車場的人之意義。

■ 自我挑戰

27. 試求 c 值使得函數 f 在 $(-\infty, \infty)$ 連續，其中

$$f(x) = \begin{cases} cx^2 + 2x & \text{當 } x < 2 \\ x^3 - cx & \text{當 } x \geq 2 \end{cases}$$

2.3 變化率和導數

■ 瞬間變化率的簡介

在第 2.1 節中，我們探討了平均變化率。例如，若在 2 小時開車行進了 90 哩，你開車的平均變化率(在此情況為速率)為 90 哩／2 小時＝45 哩／小時。這並不表示你在這 2 小時都以 45 哩／小時的速度移動。例如，若在車輛行進中注意車輛的速度表的指針，則可見它不會停在固定位置很久；也就是汽車的速度不是一個常數。當我們注視車輛的速度表時，已假設汽車在每個瞬間都有明確速率，但是如何定義這「瞬間」速度呢？

在第 2.1 節的例 4 中，我們探討在加拿大多倫多市 CN 塔一顆球以自由落體的方式落下的速率。如下表中，我們計算了時間區間愈來愈小的平均速度。因此，估計 5 秒後這顆球的速度為 49 公尺／秒。

時間區間	Δt	平均速度(公尺／秒)
$5 \leq t \leq 6$	1	53.9
$5 \leq t \leq 5.1$	0.1	49.49
$5 \leq t \leq 5.05$	0.05	49.245
$5 \leq t \leq 5.01$	0.01	49.049
$5 \leq t \leq 5.001$	0.001	49.0049

⬇ ⬇

0　　49

我們會估計 5 秒後這顆球的速度為 49 公尺／秒，是因為它就是當 Δt 接近 0 時所趨近的平均速度。(因為平均速度在 $\Delta t = 0$ 沒有定義，所以無法直接計算。) 瞬間速率可用當時間區間的長度趨近 0 時，平均速率的極限來定義。在下面的例子中，我們將引用這個概念來證明這顆球在 5 秒後落下的速度為 49 公尺／秒。

例 1　自由落地的球之瞬間速度

假設一顆球在加拿大多倫多市 CN 塔高 450 公尺的瞭望台上，以自由落體的方式。試求 5 秒後這顆球的瞬間速度。

解

由第 2.1 節例 4 中可知，在 t 秒後球落下的距離 (單位：公尺) 為

$$s(t) = 4.9t^2 \text{ 公尺}$$

在時間區間 $[t_1, t_2]$ 的平均速率為

$$\frac{\Delta s}{\Delta t} = \frac{s(t_2) - s(t_1)}{t_2 - t_1}$$

接下來，要用初始時間為 5 秒的時間區間來檢驗，當 Δt 接近 0 時所趨近的平均速度。所以 $t_1 = 5$，而變動 t_2 使得它趨近於 5。為了簡化符號以 t 代替 t_2，因此在時間區間 $[5, t]$ 的平均速度為

$$\frac{s(t) - s(5)}{t - 5} = \frac{4.9t^2 - 4.9(5^2)}{t - 5} = \frac{4.9t^2 - 4.9(25)}{t - 5}$$

在 5 秒後的瞬間速度是當 Δt 接近 0，或當 t 接近 5 時的平均速度之極限。

$$瞬間速度 = \lim_{t \to 5} \frac{4.9t^2 - 4.9(25)}{t - 5}$$

這極限中的函數在 $t = 5$ 沒有定義，所以無法用直接代入法來計算極限。首先化簡函數：

$$\frac{4.9t^2 - 4.9(25)}{t - 5} = \frac{4.9(t^2 - 25)}{t - 5} = \frac{4.9(t + 5)(t - 5)}{t - 5}$$
$$= 4.9(t + 5) \qquad (t \neq 5)$$

由於線性函數 $4.9(t + 5)$ 是處處連續的，因此可用直接代入法來求極限：

$$瞬間速度 = \lim_{t \to 5} \frac{4.9t^2 - 4.9(25)}{t - 5} = \lim_{t \to 5} 4.9(t + 5)$$
$$= 4.9(5 + 5) = 49 \text{ 公尺} / \text{秒}$$

例 1 的程序不只用於速度並可適用於任意的變化率。一般而言，

$$瞬間變化率 = \lim_{\Delta x \to 0}(平均變化率) = \lim_{\Delta x \to 0} \frac{\Delta y}{\Delta x}$$

若要求函數 f 在 x_1 的瞬間變化率，首先計算在區間 $[x_1, x_2]$ 的平均變化率。再求當區間長度趨近 0，或當 x_2 趨近 x_1 時，平均變化率的極限。

瞬間變化率的單位和平均變化率的單位相同：輸出量單位/輸入量單位。

(1) ■ **定義** 函數 f 在輸入值為 x_1 的**瞬間變化率** (**instantaneous rate of change**) 為

$$\lim_{\Delta x \to 0} \frac{\Delta y}{\Delta x} = \lim_{x_2 \to x_1} \frac{f(x_2) - f(x_1)}{x_2 - x_1}$$

假設上述極限存在。

有時候，這個定義可以用另一個較容易的形式來表示。假設區間的初始點為 $x_1 = a$，且以 h 表示區間的長度 (所以 $\Delta x = h$)，所以區間的終點為 $x_2 = a + h$。因此，函數 f 在區間的平均變化率為

$$\frac{\Delta y}{\Delta x} = \frac{f(x_2) - f(x_1)}{x_2 - x_1} = \frac{f(a + h) - f(a)}{(a + h) - a} = \frac{f(a + h) - f(a)}{h}$$

瞬間變化率則是當區間長度 h 趨近 0 時上式的極限。

(2) ■ 函數 f 在輸入值 a 的**瞬間變化率** (**instantaneous rate of change**) 為

$$\lim_{h \to 0} \frac{f(a + h) - f(a)}{h}$$

假設上述極限存在。

例 2 計算瞬間變化率

試求 $g(x) = x^2$ 在 $x = 3$ 的瞬間變化率。

解 1

由定義 (1) 可知 $x_1 = 3$，可以 x 取代 x_2。所以，瞬間變化率為

$$\lim_{x_2 \to x_1} \frac{g(x_2) - g(x_1)}{x_2 - x_1} = \lim_{x \to 3} \frac{g(x) - g(3)}{x - 3} = \lim_{x \to 3} \frac{x^2 - 9}{x - 3}$$

先化簡再求極限：

$$\lim_{x \to 3} \frac{x^2 - 9}{x - 3} = \lim_{x \to 3} \frac{(x + 3)(x - 3)}{x - 3} = \lim_{x \to 3} (x + 3)$$
$$= 3 + 3 = 6$$

由於線性函數 $x + 3$ 在 $x = 3$ 是連續的，因此可用直接代入法來求極限。

解 2

由 (2) 可知，瞬間變化率在 $x = 3$ 為

$$\lim_{h \to 0} \frac{g(3+h) - g(3)}{h} = \lim_{h \to 0} \frac{(3+h)^2 - 9}{h}$$

需要先化簡再求極限：

$$\frac{(3+h)^2 - 9}{h} = \frac{9 + 6h + h^2 - 9}{h} = \frac{6h + h^2}{h}$$

$$= \frac{h(6+h)}{h} = 6 + h$$

其中 $h \neq 0$。所以，瞬間變化率為

$$\lim_{h \to 0} \frac{g(3+h) - g(3)}{h} = \lim_{h \to 0} (6+h) = 6 + 0 = 6$$

■ 切線

現在來探討瞬間變化率的幾何意義。圖 1 所示為函數的圖形及通過曲線上在 $x = x_1$ 的 P 點和其附近在 $x = x_2$ 的 Q 點的一條割線。由第 2.1 節可知，這條割線的斜率為 f 在區間 $[x_1, x_2]$ 的平均變化率。然而，定義 1 說明瞬間變化率是當 x_2 趨近 x_1，也就是當 Q 趨近於 P 時，平均變化率的極限。當 Q 趨近於 P 時，割線會隨著旋轉到一個極限位置。在此極限位置的直線稱為在 $x = x_1$ 的切線 (如圖 2)。

可以將切線想成是唯一一條與曲線在 $x = x_1$ 的點碰觸的直線，而且此直線在這位置與曲線有相同方向。由於切線就在割線的極限位置，所以它的斜率為割線斜率的極限。

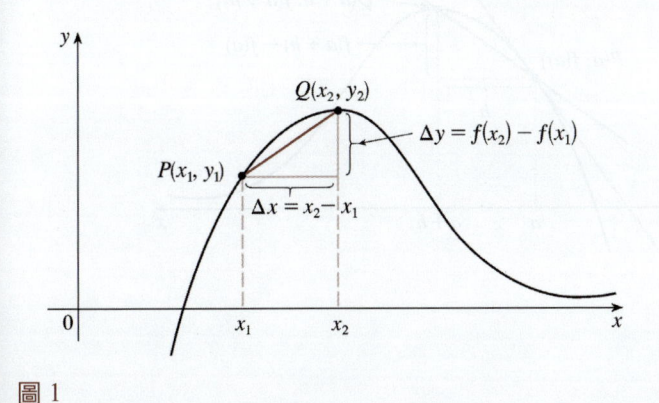

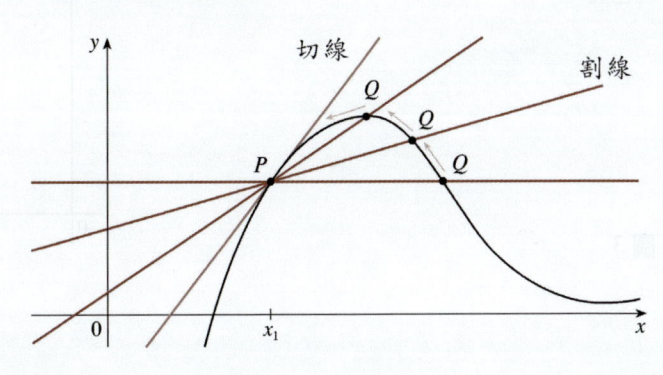

圖 1

圖 2

(3) ■ **定義** 曲線 $y=f(x)$ 在點 $(x_1, f(x_1))$ 的**切線 (tangent line)** 是通過這個點且斜率為

$$m = \lim_{x_2 \to x_1} \frac{f(x_2) - f(x_1)}{x_2 - x_1}$$

的直線，假設上述極限存在。

比較定義 (1) 和定義 (3) 可知，切線的斜率為瞬間變化率，因此可以用 (2) 的形式來表示切線的斜率。

(4) ■ 曲線 $y=f(x)$ 在點 $(a, f(a))$ 的**切線 (tangent line)** 是通過這個點且斜率為

$$m = \lim_{h \to 0} \frac{f(a+h) - f(a)}{h}$$

的直線，假設上述極限存在。

這個表示法可用圖 3 來說明。令 P 表示曲線在 $x=a$ 的點，且 h 為區間的長度，所以在 $x=a+h$ 的點就是 Q。通過 P 和 Q 兩點的割線斜率為

$$\frac{\Delta y}{\Delta x} = \frac{f(a+h) - f(a)}{h}$$

當區間的長度 h 趨近 0 時，Q 會趨近於 P (在 $x=a$)，而且割線會趨近於切線，其中它的斜率為定義 (4) 中的瞬間變化率。

圖 3 所示為 $h>0$ 的情形，所以 Q 在 P 的右邊；如果 $h<0$，則 Q 會在 P 的左邊。

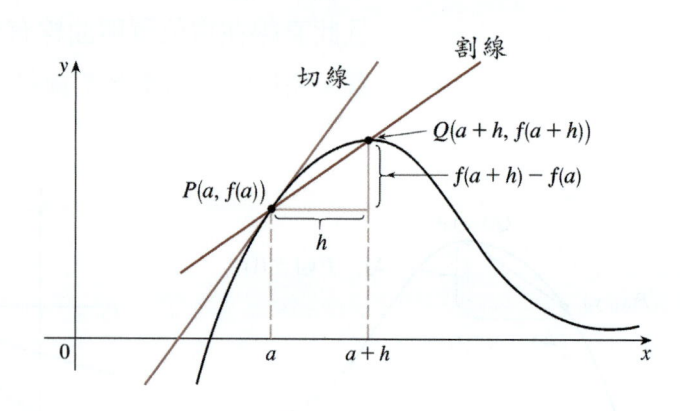

圖 3

例 3　求切線方程式

(a) 試求曲線 $y = 2/x$ 在 $x = 4$ 的點之切線斜率。

(b) 試寫出切線方程式。

解

(a) 設 $f(x) = 2/x$，則由定義 (4) 可得在 $x = 4$ 的切線斜率為

$$m = \lim_{h \to 0} \frac{f(4+h) - f(4)}{h} = \lim_{h \to 0} \frac{\dfrac{2}{4+h} - \dfrac{1}{2}}{h}$$

需要先化簡再求極限：

$$\frac{\dfrac{2}{4+h} - \dfrac{1}{2}}{h} = \frac{\dfrac{2}{4+h} \cdot \dfrac{2}{2} - \dfrac{1}{2} \cdot \dfrac{4+h}{4+h}}{h}$$

$$= \frac{\dfrac{4 - (4+h)}{2(4+h)}}{h} = \frac{\dfrac{4 - 4 - h}{2(4+h)}}{h}$$

$$= \frac{-h}{2(4+h) \cdot h} = \frac{-1}{2(4+h)} \quad (h \neq 0)$$

所以，在 $x = 4$ 的切線斜率為

$$\lim_{h \to 0} \frac{f(4+h) - f(4)}{h} = \lim_{h \to 0} \frac{-1}{2(4+h)} = \frac{-1}{2(4+0)} = -\frac{1}{8}$$

由於有理函數 $-1/[2(4+h)]$ 在 $h = 0$ 是連續的，因此可用直接代入法來求極限。

(b) 由於所求切線的斜率為 $-\frac{1}{8}$ 且通過點 $(4, f(4)) = \left(4, \frac{1}{2}\right)$，所以它的方程式為

$$y - y_1 = m(x - x_1)$$
$$y - \tfrac{1}{2} = -\tfrac{1}{8}(x - 4)$$
$$y = -\tfrac{1}{8}x + 1$$

圖 4 為 f 和它在 $x = 4$ 的點之切線圖形。

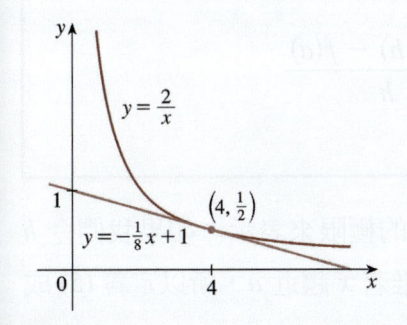

圖 4

有時候我們將曲線在某一點的切線斜率，稱為**曲線在這個點的斜率 (slope of the curve at the point)**。理由是如果我們將在這點附近的圖形持續放大，最後曲線看起來會很像一條直線。曲線 $y = x^2$ 放大後

的情形如圖 5 所示。我們觀察到經過放大後的拋物線圖形，愈來愈像直線，最後幾乎和它的切線沒有分別。

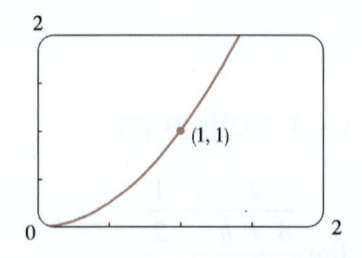

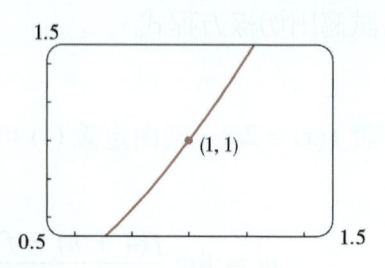

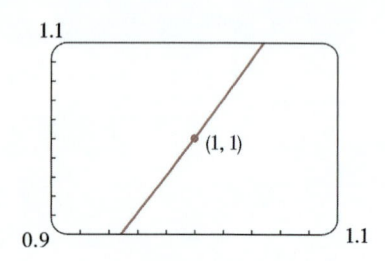

圖 5　拋物線 $y = x^2$ 在點 $(1, 1)$ 附近的放大圖

■ 導數

由定義 (1) 至定義 (4) 可見，在求瞬間變化率或切線的斜率時，都需要用到下列形式的極限

$$\lim_{x_2 \to x_1} \frac{f(x_2) - f(x_1)}{x_2 - x_1}$$

或等價的

$$\lim_{h \to 0} \frac{f(a + h) - f(a)}{h}$$

由於它被廣泛地使用，所以這個極限有一個特別的名字和記號來表示。

$f'(a)$ 讀作 "f prime of a"。

(5) ■ 定義　函數 f 在 a 的導數 (derivative of a function f at a number a)，記作 $f'(a)$，為
$$f'(a) = \lim_{h \to 0} \frac{f(a + h) - f(a)}{h}$$
假設上述極限存在。

定義 (5) 可以用類似於定義 (1) 中的極限來表示。如果我們令 $h = x - a$ 或 $x = a + h$，則 h 趨近 0 若且唯若 x 趨近 a，所以定義 (5) 成為

(6) $$f'(a) = \lim_{x \to a} \frac{f(x) - f(a)}{x - a}$$

例 4　計算導數

試求函數 $f(x) = x^2 - 8x + 9$ 在 (a) $x = 2$；(b) a 的導數。

解

(a) 由定義 (5) 可知

$$f'(2) = \lim_{h \to 0} \frac{f(2+h) - f(2)}{h}$$

$$= \lim_{h \to 0} \frac{[(2+h)^2 - 8(2+h) + 9] - (-3)}{h}$$

$$= \lim_{h \to 0} \frac{4 + 4h + h^2 - 16 - 8h + 9 + 3}{h} = \lim_{h \to 0} \frac{h^2 - 4h}{h}$$

$$= \lim_{h \to 0} \frac{h(h-4)}{h} = \lim_{h \to 0} (h - 4) = 0 - 4 = -4$$

(b)
$$f'(a) = \lim_{h \to 0} \frac{f(a+h) - f(a)}{h}$$

$$= \lim_{h \to 0} \frac{[(a+h)^2 - 8(a+h) + 9] - [a^2 - 8a + 9]}{h}$$

$$= \lim_{h \to 0} \frac{a^2 + 2ah + h^2 - 8a - 8h + 9 - a^2 + 8a - 9}{h}$$

$$= \lim_{h \to 0} \frac{2ah + h^2 - 8h}{h} = \lim_{h \to 0} \frac{h(2a + h - 8)}{h}$$

$$= \lim_{h \to 0} (2a + h - 8) = 2a + 0 - 8 = 2a - 8$$

> 定義 (5) 和 (6) 是等價的，所以兩者皆可用來計算導數。然而，定義 (5) 的計算經常較為直接。

■ 導數的意義

由於在導數的定義 (5) 和 (6) 中我們使用與定義 (1) 和 (2) 同樣形式的極限來定義它們，所以觀察到下列結論。

> ■ 導數 $f'(a)$ 是 $y = f(x)$ 對於 x 在 $x = a$ 時的瞬間變化率。

> 「對於 x」這句話表示 x 是輸入值，而且它與所測量的函數之輸出值變化率相對應。

再者，若繪出曲線 $y=f(x)$ 的圖形，則瞬間變化率為此曲線在 $x=a$ 點的切線斜率。

> ■ 曲線 $y=f(x)$ 在點 $(a, f(a))$ 的切線是通過 $(a, f(a))$ 且斜率為 $f'(a)$ 的直線。

導數的幾何意義 (如定義 5 或 6) 可用圖 6 來說明。

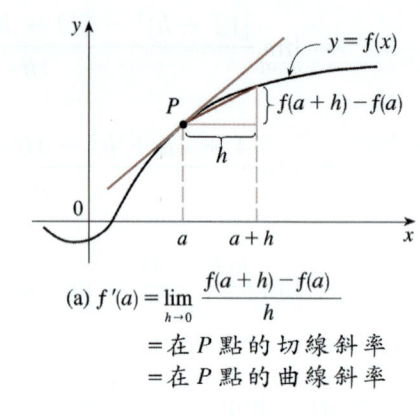

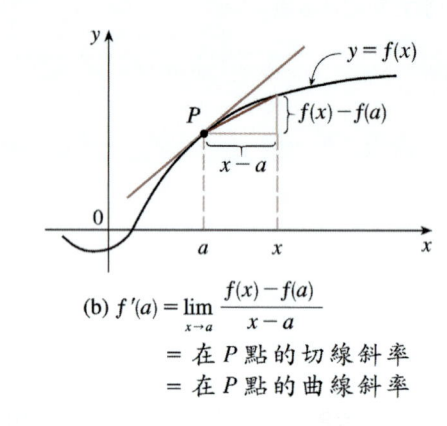

(a) $f'(a) = \lim\limits_{h \to 0} \dfrac{f(a+h) - f(a)}{h}$
 = 在 P 點的切線斜率
 = 在 P 點的曲線斜率

(b) $f'(a) = \lim\limits_{x \to a} \dfrac{f(x) - f(a)}{x - a}$
 = 在 P 點的切線斜率
 = 在 P 點的曲線斜率

圖 6　導數的幾何意義

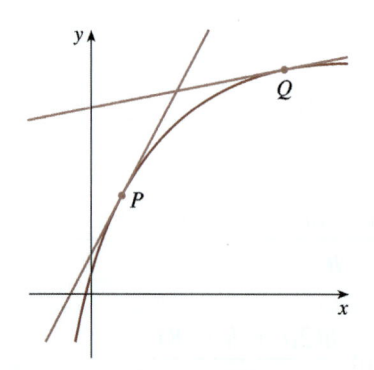

圖 7　y 在 P 點的變化比較快，但是在 Q 點的變化比較慢

也就是說，當導數很大的時候，y 的變化也比較快 (如圖 7，函數曲線在 P 點附近比較陡)。當導數較小時，相對來說圖形比較平緩 (如 Q 點)，y 的變化也較慢。

例 5　用導數求切線方程式

試求拋物線 $y = x^2 - 8x + 9$ 在點 $(3, -6)$ 上的切線方程式。

解

由例 4(b) 可知，函數 $f(x) = x^2 - 8x + 9$ 在 a 的導數是 $f'(a) = 2a - 8$。所以，在點 $(3, -6)$ 上的切線斜率為 $f'(3) = 2(3) - 8 = -2$。因此，如圖 8 所示，它的切線方程式是

$$y - (-6) = (-2)(x - 3) \quad \text{或} \quad y = -2x$$

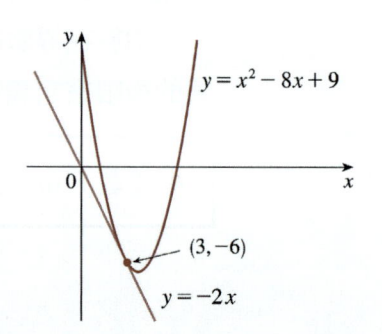

圖 8

■ 導數的應用

已知函數的導數測量了函數的瞬間變化率。在例 1 中,我們取平均速率的極限來計算一顆落下的球之瞬間速率,因此得到 5 秒後距離函數 s 的導數:$s'(5)$。一般而言,下列敘述是成立的。

> ■ 若某物體沿著直線運動,在時間 t 的位置是 $f(t)$,則 $f'(a)$ 是位移函數對於時間 t 的變化率。也就是說,$f'(a)$ 是物體在時間 $t = a$ 的速度。

在這裡,我們用速度而不用速率,這是因為速度可以是正的或負的;負的速度表示在反方向運動。然而,物體的速率是速度的絕對值,也就是 $|f'(a)|$。

例 6 計算速度及速率

一個物體在 t 秒的位置是 $f(t) = 1/(1+t)$ 公尺。試求它在 2 秒後的速度和速率。

解

f 在 $t = 2$ 的導數為

$$f'(2) = \lim_{h \to 0} \frac{f(2+h) - f(2)}{h} = \lim_{h \to 0} \frac{\frac{1}{1+(2+h)} - \frac{1}{1+2}}{h}$$

$$= \lim_{h \to 0} \frac{\frac{1}{3+h} - \frac{1}{3}}{h} = \lim_{h \to 0} \frac{\frac{3-(3+h)}{3(3+h)}}{h}$$

$$= \lim_{h \to 0} \frac{-h}{3(3+h)h} = \lim_{h \to 0} \frac{-1}{3(3+h)} = -\frac{1}{9}$$

所以在 2 秒後的速度為 $f'(2) = -\frac{1}{9}$ 公尺/秒,且速率為

$$|f'(2)| = \left|-\frac{1}{9}\right| = \frac{1}{9} \text{ 公尺/秒}$$

導數可以用來探討分佈在很廣泛的領域中許多的變化率。一個鋼鐵工廠有興趣的是每天生產 x 公噸的鋼鐵所需的成本對於 x 的變化率 [稱為**邊際成本** (marginal cost)];生態學家有興趣的是動物的數量對時間的變化率;化學家想知道在化學反應中產品的濃度對時間的變

邊際成本的觀念詳見第 3.2 節。

化率；物理學家有興趣的，則是功對時間的變化率 (稱為能量)。雖然已經學習了許多變化率的應用，我們再討論幾個變化率的例子；並且在第 4 章中將介紹更多的例子。

例 7　事件的導數

(a) 假設一個生物學家的實驗在經過時間 t 後，孢子的個數為 $N(t)$ (單位：百萬)，所以 $N'(t)$ 是在經過 t 天後，孢子的個數對時間的 (瞬間) 變化率。它的單位和平均變化率的單位相同 (輸出單位 / 輸入單位)：每天百萬個孢子。

(b) 經過市場調查後，一食品公司估計當訂價為 p 美元時可售出 $g(p)$ 百萬盒新的麥片。導數 $g'(p)$ 是新麥片的銷售量對於價格的變化率。例如，$g'(3.5) = -0.2$ 的意義是，當價格為 3.50 美元時銷售量會隨著價格的調漲而遞減 (因為導數為負的)，而且遞減的速率為 0.2 百萬盒 / 美元。這並不表示價格每增加 1 美元會導致銷售減少 0.2 百萬盒。事實上，導數值 −0.2 是指在價格為 3.50 美元時銷售量的變化率。變化率會隨著價格的變動而改變。(同樣地，若現在你的車速為 45 哩 / 小時，並不代表在 1 小時後你的行車距離是 45 哩，這是因為我們可能隨時改變車速。) 我們只能說當價格由 3.5 美元調漲很少時，例如，當價格增加 0.05 美元時，銷售量大約會減少

$$0.05 \text{ 美元} \times 0.2 \text{ 百萬盒 / 美元} = 0.01 \text{ 百萬盒}$$

或 10,000 盒。

(c) 當某輛車的車速為每小時 s 哩時，令 $F(s)$ 為此車輛的平均汽油里程數 (單位為哩 / 加侖)。方程式 $F'(35) = 1.5$ 代表當此車輛的車速為每小時 35 哩，它的汽油里程數會隨著每小時增加車速 1 哩，以 1.5 哩 / 加侖的變化率遞增。

> 所介紹的函數 g 稱為需求函數 (demand function)，詳見第 3.2 節。

例 8　成本函數的導數

已知生產某種布料 x 碼的成本為 $C(x)$ 美元。

(a) 試問導數 $C'(x)$ 的意義為何？它的單位呢？
(b) 在實務上，試問 $C'(1000) = 9$ 代表什麼意義？
(c) 試問 $C'(50)$ 和 $C'(500)$ 之中，哪個量較大？$C'(5000)$ 呢？

解

(a) 導數 $C'(x)$ 是函數 C 在 x 的瞬間變化率；也就是 $C'(x)$ 的意義是生產成本對於生產布料碼數的變化率。(這是另一個邊際成本的例子。)

由於

$$C'(x) = \lim_{\Delta x \to 0} \frac{\Delta C}{\Delta x}$$

$C'(x)$ 的單位和平均變化率的單位相同。由於 ΔC 的單位為美元，而 Δx 的單位為碼，所以 $C'(x)$ 的單位為美元 / 碼。

(b) 這個敘述 $C'(1000) = 9$ 的意義是，在製造 1000 碼的布料後，多製造 1 碼成本會增加 9 美元。(當 $x = 1000$ 時，C 的增加速率為 x 的 9 倍。)

在這裡假設成本函數的表現是適度的，也就是 $C(x)$ 在 $x = 1000$ 附近不會劇烈地改變。

當恰好製造 1000 碼的布料時，它是**瞬間變化率**。變化率可能隨著製造下 1 吋的布料而改變 (少許)。由於 1 碼相對於 1000 碼是很小的，我們可以用瞬間變化率來當作製造下 1 碼平均變化率的估計，也就是在製造第 1001 碼的布料時所增加的成本大約為 9 美元。

(c) 當 $x = 500$ 時，每碼的生產成本的增加率可能較 $x = 50$ 低 (製造第 501 碼比製造第 51 碼的生產成本低)，這是因為生產規模的考量。(在製造商能有效的使用固定的成本下。) 它是瞬間變化率。變化率隨著製造下 1 吋的布料而改變 (少許)。所以

$$C'(50) > C'(500)$$

但是當擴充生產量後，大量生產可能造成加班成本的增加，而無法有效地控制成本。因此，成本的增加率最終會增長而得到

$$C'(5000) > C'(500)$$

■ 導數值的估計

若無法精確計算導數的值，我們可以用定義 (5) 或 (6) 的極限估計值或估計圖形中切線的斜率來近似它。

例 9　估計導數值的兩個方法

設 $f(x)=2^x$。試由下列兩個方式估計 $f'(0)$ 的值：

(a) 以定義 (5) 並取愈來愈小的 h 值。

(b) 詮釋 $f'(0)$ 為切線的斜率，並用繪圖計算器放大 $y=2^x$ 的圖形。

解

(a) 由定義 (5) 可得

$$f'(0) = \lim_{h \to 0} \frac{f(0+h)-f(0)}{h} = \lim_{h \to 0} \frac{2^h - 1}{h}$$

由於無法精確地計算極限值，所以利用計算器來估計 $(2^h-1)/h$ 的值。由左列的表格可見，當 h 趨近 0 時，這些值會趨近於 0.69。所以估計值為

$$f'(0) \approx 0.69$$

h	$\dfrac{2^h - 1}{h}$
0.1	0.718
0.01	0.696
0.001	0.693
0.0001	0.693
−0.1	0.670
−0.01	0.691
−0.001	0.693
−0.0001	0.693

(b) 圖 9 所示為曲線 $y=2^x$ 的圖形及針對點 (0, 1) 放大的圖形。我們觀察到，當愈來愈接近點 (0, 1) 時，曲線會愈來愈像一條直線。事實上，在圖 9(c) 中曲線和它在 (0, 1) 的切線是無法區分的。由於 x 的間距和 y 的間距都是 0.01，所以估計這條線的斜率為

$$\frac{0.14}{0.20} = 0.7$$

因此導數的估計值為 $f'(0) \approx 0.7$。在第 3.4 節中，我們會證明 $f'(0) \approx 0.693147$ (準確到小數點後第六位)。

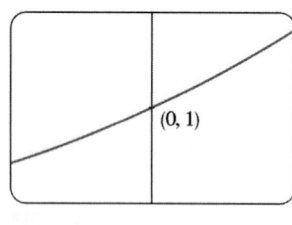

(a) [−1, 1] 乘以 [0, 2]　　(b) [−0.5, 0.5] 乘以 [0.5, 1.5]　　(c) [−0.1, 0.1] 乘以 [0.9, 1.1]

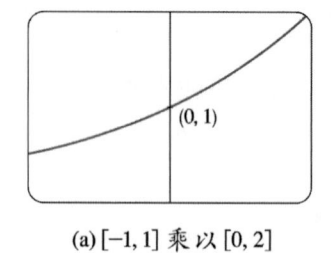

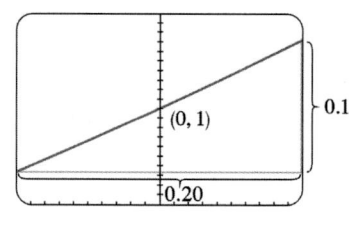

圖 9　$y=2^x$ 在點 (0, 1) 附近的放大圖

在例 9 中，我們引用已知的方程式來估計導數的值。若只有實驗數據或圖形，仍然可以估計導數的值，也就是瞬間變化率。下一個例子說明在這種情形下的作法。

例 10　估計表列函數的導數

若以 $D(t)$ 表示美國在 t 年度對外負債的金額，且表格中為 1990 到 2010 年間每 5 年的年終負債的估計值，其中 $D(t)$ 的單位是十億美元。試估計 $D'(2000)$ 的值並解釋其意義。

t	$D(t)$
1990	3,233.3
1995	4,974.0
2000	5,674.2
2005	7,932.7
2010	13,050.8

解

導數 $D'(2000)$ 表示 D 對於 t 在 $t=2000$ 時的變化率，也就是在 2000 年時負債的成長率。

由公式 (5) 可得

$$(7) \qquad D'(2000) = \lim_{h \to 0} \frac{D(2000+h) - D(2000)}{h}$$

因為沒有 $D(t)$ 的方程式，所以無法精確地計算導數值，但是可以在 2000 的兩邊用相同的區間來計算平均變化率。若令公式 (7) 中差分的 h 為 5，則可得到在區間 [2000, 2005] 的平均變化率為

$$\frac{D(2000+5) - D(2000)}{5} = \frac{D(2005) - D(2000)}{5} = \frac{7932.7 - 5674.2}{5}$$

$$= \frac{2258.5}{5} = 451.7$$

同樣地，令公式 (7) 中的 h 為 -5，則可得到在區間 [1995, 2000] 的平均變化率為

$$\frac{D(2000-5) - D(2000)}{-5} = \frac{D(1995) - D(2000)}{-5} = \frac{4974.0 - 5674.2}{-5}$$

$$= \frac{-700.2}{-5} = 140.04$$

假設在 1990 到 2010 年之間負債並沒有太劇烈的變動 (一個合理的假設)，則 $D'(2000)$ 的值會介於 140.04 和 451.7 十億美元之間。因此，我們可以用這兩者的平均值來估計美國國家債務在 2000 年的成長率，也就是

$$D'(2000) \approx \tfrac{1}{2}(140.04 + 451.7) \approx 296 \text{ 十億美元 / 年}$$

除上述計算外，另一個估計 $D'(2000)$ 的方法是把負債函數的數據描繪在圖上，再用它畫出一條平滑的曲線來近似 D 的圖形。這樣做的目的是畫出一條直線，使得在這點與曲線有相同的方向。所以，若圖形充分的放大，曲線和切線會相同 (如圖 10)。

計算這兩者的平均值與求以 2000 為中點的區間之平均變化率是等價的。

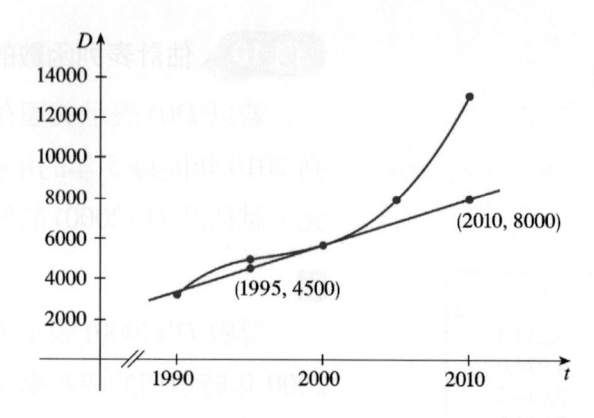

圖 10

畫出切線後，我們可以用切線上的兩點求出它的斜率。由於切線明顯的通過點 (1995, 4500) 和 (2010, 8000)，所以可以估計其斜率為

$$\frac{\Delta y}{\Delta x} = \frac{8000 - 4500}{2010 - 1995} = \frac{3500}{15} \approx 233.33$$

因此 $D'(2000) \approx 233$ 十億美元 / 年。

■ 自我準備

1. 若 $f(x) = x^2 - 5x$，試計算且化簡：
   (a) $\dfrac{f(a) - f(2)}{a - 2}$
   (b) $\dfrac{f(3 + v) - f(3)}{v}$

2. 盡可能的化簡。
   (a) $\dfrac{\dfrac{1}{5 + t} - \dfrac{1}{5}}{t}$
   (b) $\dfrac{\dfrac{1}{r} - \dfrac{1}{4}}{r - 4}$

3. 試計算極限。
   (a) $\lim\limits_{x \to 4} \dfrac{x^2 - 16}{x - 4}$
   (b) $\lim\limits_{a \to 4} \dfrac{a^2 + 2a - 24}{a - 4}$
   (c) $\lim\limits_{b \to 0} \dfrac{(-2 + b)^3 + 8}{b}$
   (d) $\lim\limits_{t \to 9} \dfrac{\sqrt{t} - 3}{t - 9}$

4. 試寫出通過點 $(2, -5)$ 且斜率為 $\dfrac{3}{4}$ 的直線方程式。

5. 若 $f(x) = 2x^2 + 3$，試求在 $-1 \leq x \leq 4$ 的平均變化率。

習題 2.3

1-2 ■ 試引用定義 (1) 和 (2) 求函數在給定值的瞬間變化率。

1. $f(t) = t^2$，$t = 5$

2. $N(x) = 1/x$，$x = 3$

3. **拋射體的運動** 向上射出一顆子彈，它在 t 秒後離地面的高度為 $h(t) = 1400 - 16t^2$ 呎。試求在射出 30 秒後子彈速率的瞬間變化率。

4. 設曲線方程式為 $y = f(x)$。
   (a) 試寫出通過點 $(3, f(3))$ 和 $(x, f(x))$ 的割線斜率之表示式。
   (b) 試寫出在點 $(3, f(3))$ 的切線斜率之表示式。

5-6 ■ 試引用定義 (5) 來求函數在給定值的導數。

5. $h(x) = 2x^2 + 1$，$x = 3$

6. $g(t) = t^2 + 5t - 2$，$t = 4$

7-8 ■ 試引用定義 (6) 來求函數在給定數的導數。

7. $f(x) = 4x^2 - x$，$x = 3$

8. $g(t) = t/(t+1)$，$t = 1$

9. 令 $g(t) = 2t^2 + 6$。
   (a) 試求 $g'(3)$。　(b) 試求 $g'(a)$。

10. 令 $f(x) = 3 - 2x + 4x^2$。
    (a) 試求 $f'(a)$。
    (b) 試問 f 在 $x = 5$ 的瞬間變化率為何？
    (c) 試問 f 的圖形在點 $(-1, 9)$ 的切線斜率為何？

11. 在給定圖形上，標記代表 $f(2+h)$、$f(2+h) - f(2)$ 和 h 的長度。(選擇 $h > 0$。) 試問斜率為 $\dfrac{f(2+h) - f(2)}{h}$ 的直線為何？

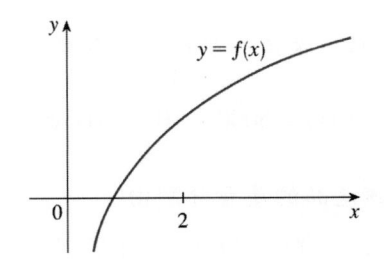

12. 函數 g 的圖形如下。試將下列各值由小到大排序並說明原因。

    $\quad 0 \quad g'(-2) \quad g'(0) \quad g'(2) \quad g'(4)$

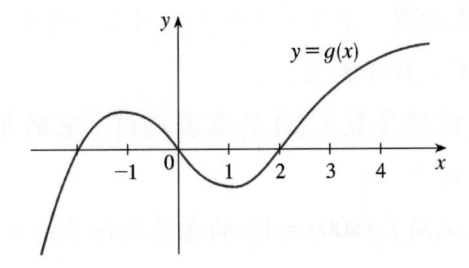

13. **冷卻溫度** 若將在室溫中的汽水放到冰箱裡，試描繪以汽水的溫度做為時間的函數圖形。試問將初始的變化率與放入冰箱 1 小時後的變化率相比是大或小？

14. 假如 $f(x) = 3x^2 - 5x$，試求 $f'(2)$ 並使用它求拋物線 $y = 3x^2 - 5x$ 在點 $(2, 2)$ 的切線方程式。

15. 假如 $F(x) = x^2 - 2x$，試求 $F'(2)$ 並使用它求拋物線 $y = x^2 - 2x$ 在點 $(2, 0)$ 的切線方程式。

16-17 ■ 試求曲線在給定點的切線方程式。

16. $y = 4.2x - x^2$，$(2, 4.4)$

17. $y = (x-1)/(x-2)$，$(3, 2)$

18. **運動** 若一粒子在 t 秒沿著直線運動的方程式為 $f(t) = 40t - 6t^2$ 公尺，試求它在 $t = 5$ 時的速度和速率。

19. **成本函數** 某產品生產 x 單位的成本函數為
$$C(x) = 5000 + 10x + 0.05x^2$$
    (a) 當該產品的產量分別由
        (i) $x = 100$ 增加到 $x = 105$ 時
        (ii) $x = 100$ 增加到 $x = 101$ 時
    試求 C 對於 x 的平均變化率。
    (b) 試求當 $x = 100$ 時，C 對 x 的瞬間變化率（邊際成本）。

20. **成本函數** 某金礦生產 x 盎司黃金所需的成本為 $C = f(x)$ 美元。
    (a) 試問導數 $f'(x)$ 的意義為何？它的單位為何？
    (b) 試問 $f'(800) = 17$ 的意義為何？
    (c) 你認為 $f'(x)$ 的值在短期內會增加或減少？長期而言呢？試說明你的理由。

21. **耗油量** 某部汽車在車速為每小時 v 哩時的耗油量為 $c = f(v)$（單位：加侖/小時）。
    (a) 試問導數 $f'(v)$ 的意義為何？它的單位為何？
    (b) 試以文字說明方程式 $f'(20) = -0.05$ 的意義。

22. **暖氣的成本** 已知辦公大樓每天所需暖氣的成本為 $H(t)$ 美元，其中 t 為室外溫度（華氏）。
    (a) 試問導數 $H'(58)$ 的意義為何？它的單位為何？
    (b) 試問 $H'(58)$ 的值是正的或負的？說明你的理由。

23. **收益函數** 已知某紀念品店每週賣出 x 個咖啡杯的收益為 $P(x)$ 美元。
    (a) 試詮釋 $P(80) = -125$ 的意義。
    (b) 試詮釋 $P'(80) = 1.5$ 的意義。

24. **溫度** 令 $T(t)$（華氏）為鳳凰城在 2008 年 9 月 10 日的 t 點鐘之溫度。下表記錄每 2 小時的溫度。試問 $T'(8)$ 的意義為何？試估計它的值。

t	0	2	4	6	8	10	12	14
T	82	75	74	75	84	90	93	94

25. **運動** 下表記錄了自行車選手的位置。

t（秒）	0	1	2	3	4	5
s（公尺）	0	1.4	5.1	10.7	17.7	25.8

(a) 試求在下列時間區間的平均變化率。
   (i) $[1, 3]$ (ii) $[2, 3]$
   (iii) $[3, 5]$ (iv) $[3, 4]$
(b) 試在 s 的圖形上測量切線斜率來估計在 $t = 3$ 的速率。

26. **手機用戶** 下表中，p 為巴西每年訂購手機人口的比例。（以年終為基準計算。）

年	1997	1999	2001	2003	2005	2007
P	2.7	8.8	16.3	25.6	46.3	63.1

(a) 試求 p 的平均變化率（含單位）：
    (i) 從 2003 到 2007 年
    (ii) 從 2003 到 2005 年
    (iii) 從 2001 到 2003 年
(b) 試用兩個平均變化率的平均值來估計在

2003 年的瞬間成長率。它的單位為何？

(c) 試用 p 的圖形和測量切線斜率的方式來估計 2003 年的瞬間成長率。

27. **溶氧量** 水的溶氧量與水溫有關。(所以熱污染會影響水的含氧量。) 下圖為水的溶氧量 S 和水溫 T 的關係。

(a) 試問導數 $S'(T)$ 的意義為何？它的單位為何？

(b) 試估計並詮釋 $S'(16)$。

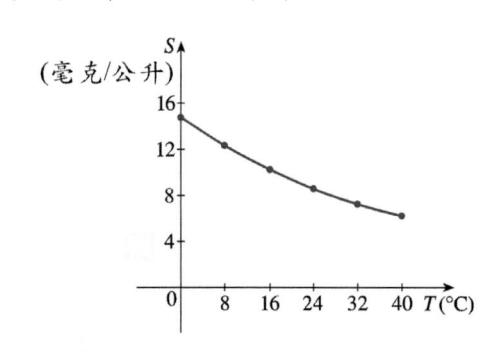

2.4 導數函數

在第 2.3 節中，我們定義了函數 f 在一個固定點 a 的導數：

(1) $$f'(a) = \lim_{h \to 0} \frac{f(a+h) - f(a)}{h}$$

如果變動 a 的值，也就是把公式 (1) 中的 a 改用 x 來表示就會得到

(2) $$f'(x) = \lim_{h \to 0} \frac{f(x+h) - f(x)}{h}$$

對於任何使得上述極限存在的 x，我們指定 x 的對應值為 $f'(x)$。因此，由公式 (2) 所定義的 f' 可視為一個新的函數，稱為 **f 的導數 (derivative of f)**。在幾何上，函數 f' 在 x 的值，也就是 $f'(x)$，可以看作是函數 f 的圖形在點 $(x, f(x))$ 上的切線斜率。

假如函數 f 在這個數的導數是存在的，就說 f 在一個數是**可微分的 (differentiable)**，而我們說 f 在一個區間是可微的，是說它在區間中的每個點都是可微的。函數 f' 被稱為 f 的導數是因為它在公式 (2) 的求極限過程中由 f 所「推導」出來的。函數 f' 的定義域是集合 $\{x \mid f'(x) \text{ 存在}\}$，所以可能比 f 的定義域小。

▪ 由圖形、表格及公式求導數

例 1 由 f 的圖形描繪 f' 的圖形

圖 1 所示為函數 f 的圖形。試用它來描繪導數 f' 的圖形。

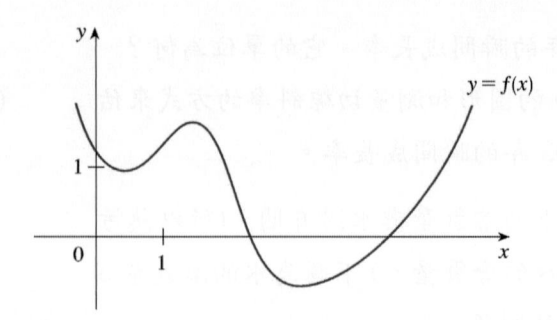

圖 1

解

  雖然沒有函數表示式，我們可以畫出通過點 $(x, f(x))$ 的切線並估計其斜率，而得到對於任意 x 的導數 $f'(x)$。例如，在圖 2(a) 中，我們畫出 $x = 5$ 時的切線，然後估計它的斜率約為 $\frac{3}{2}$，所以 $f'(5) \approx 1.5$。這使得我們可以在 P 的正下方，把點 $P'(5, 1.5)$ 標示在 f' 的圖形上。注意：我們取 f 圖形上的斜率，而將這個值作為 f' 在圖形上的 y 值。

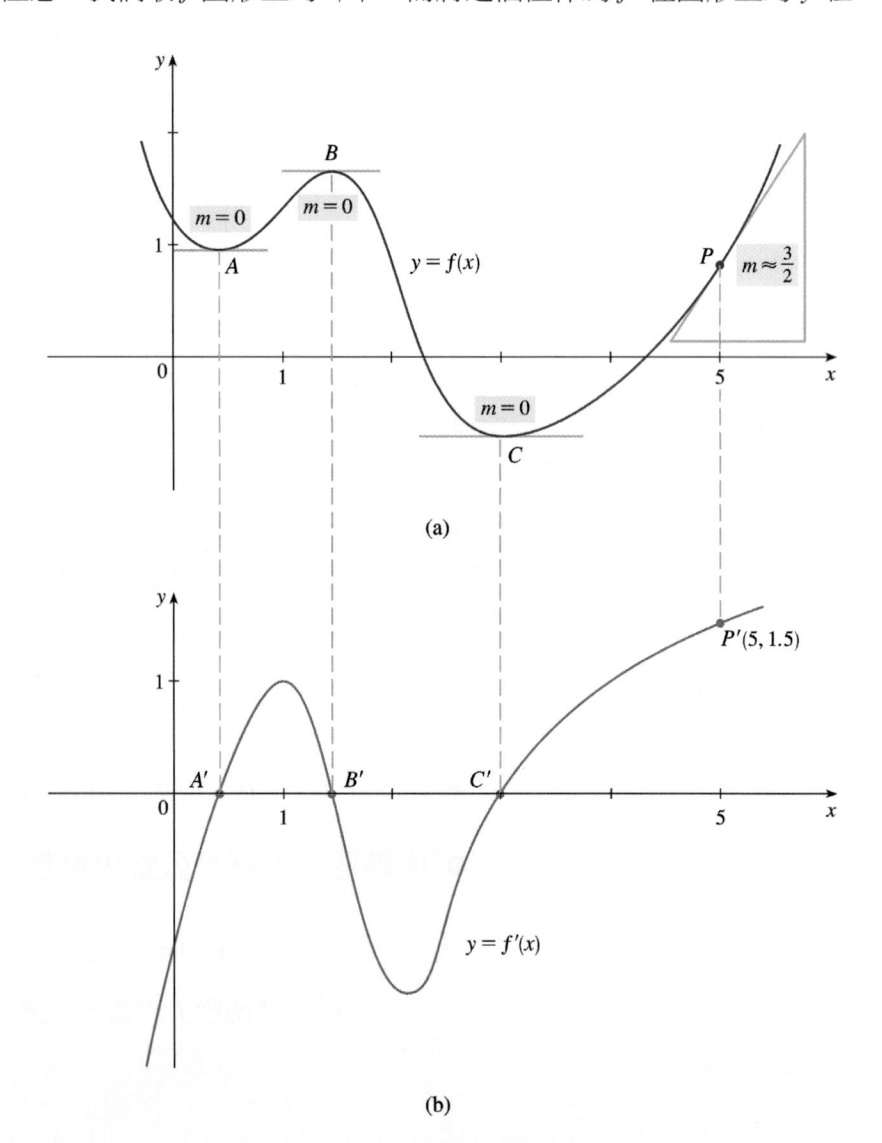

圖 2

重複這程序就會得到如圖 2(b) 所示的圖形。特別注意：通過點 A、B 和 C 的切線是水平的，所以在這些點的導數為 0，因此 f' 的圖形和 x 軸相交於點 A'、B' 和 C'，且這些點位於 A、B 和 C 的正下方。

由於通過在 A 和 B 兩點間任意點之切線斜率是正的，所以 f' 的值是正數；而通過在 B 和 C 兩點間任意點之切線斜率是負的，因此 f' 的值也是負數。

若函數是由表列的數據所定義，如同下面的例題，我們可以建立一個導數近似值的表格。

例 2　由給定函數值的表格估計導數值

假設在微生物實驗 t 小時後，大腸桿菌細胞的數量為 $B(t)$。左表中代表 $B(t)$ 在前 20 小時的值 (單位：千個)。試用左表列出這個函數的導數值。

t	$B(t)$
0	1.1
2	3.1
4	8.5
6	22.1
8	60.3
10	138.6
12	278.3
14	429.5
16	541.0
18	589.8
20	609.6

解

假設在給定時間內細胞的數量沒有劇烈的變化。首先估計 $B'(6)$，也就是在 6 小時後細胞數量的成長率。由

$$B'(6) = \lim_{h \to 0} \frac{B(6+h) - B(6)}{h}$$

可知，對於小的 h，我們有

$$B'(6) \approx \frac{B(6+h) - B(6)}{h}$$

當 $h = 2$ 時，可得

$$B'(6) \approx \frac{B(8) - B(6)}{2} = \frac{60.3 - 22.1}{2} = 19.1$$

(這是在 $t = 6$ 和 $t = 8$ 之間的平均變化率。) 當 $h = -2$ 時，可得

$$B'(6) \approx \frac{B(4) - B(6)}{-2} = \frac{8.5 - 22.1}{-2} = 6.8$$

這是在 $t = 4$ 和 $t = 6$ 間的平均變化率。若取兩者的平均值，則可得到較準確的估計：

$$B'(6) \approx \tfrac{1}{2}(19.1 + 6.8) = 12.95$$

t	$B'(t)$
0	1.0
2	1.85
4	4.75
6	12.95
8	29.13
10	54.50
12	72.73
14	65.68
16	40.08
18	17.15
20	9.9

圖 3 所示為在例 2 中細菌細胞的數量 $B(t)$ 和它的導數 $B'(t)$ 之圖形。注意到細菌細胞的數量之成長率在 12 小時後會遞增至最大值，接著開始遞減。

圖 3

也就是在 6 小時後細菌細胞的數量會以每小時 12.95 千個細胞的速率增加。

對其他的值 (除了端點外) 作同樣的計算，可得如左表的導數近似值。

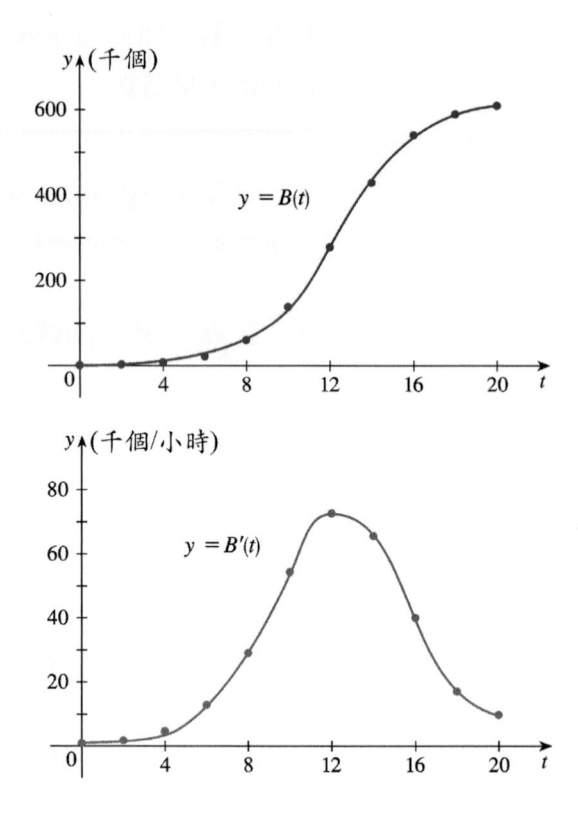

接下來，我們由函數表示式來求其導數。

例 3　由表示式求函數的導數

(a) 若 $f(x) = 8x - 2x^2$，試求導數 $f'(x)$ 的表示式。
(b) 試描繪並比較 f 和 f' 的圖形。

解

(a) 當引用定義 (2) 來計算導數時，首先要記得 h 為變數，而且在計算極限過程中暫時將 x 看作是一個給定的常數。

$$f'(x) = \lim_{h \to 0} \frac{f(x+h) - f(x)}{h}$$

$$= \lim_{h \to 0} \frac{[8(x+h) - 2(x+h)^2] - [8x - 2x^2]}{h}$$

$$= \lim_{h \to 0} \frac{8x + 8h - 2(x^2 + 2xh + h^2) - 8x + 2x^2}{h}$$

$$= \lim_{h \to 0} \frac{8h - 4xh - 2h^2}{h} = \lim_{h \to 0} \frac{h(8 - 4x - 2h)}{h}$$
$$= \lim_{h \to 0} (8 - 4x - 2h) = 8 - 4x$$

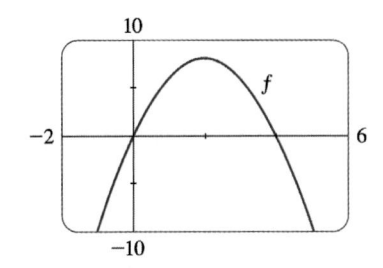

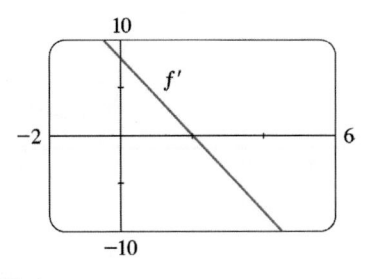

(b) 圖 4 為由繪圖軟體所繪製 f 和 f' 的圖形。當 f 的切線是水平線 (在 $x = 2$) 時，$f'(x) = 0$，所以 f' 的圖形在 $x = 2$ 與 x 軸相交。當切線有正的斜率時，$f'(x)$ 是正的。因此，當 $x < 2$ 時，f' 的圖形會在 x 軸上方；當 $x > 2$ 時，切線的斜率是負的，所以 f' 的圖形會在 x 軸下方。愈往左方時，f 的圖形斜率愈大 (圖形愈陡)，因此 f' 的圖形在這些 x 值會愈高；愈往右方時，f 的圖形斜率會負的愈大，因此 f' 的圖形在這些 x 值會愈低。當 f 的圖形較平緩時，$f'(x)$ 的值會接近於 0，所以 f' 的圖形會接近於 x 軸。

圖 4

例 4　描繪線性函數的導數

若 $g(t) = 3t - 5$，試描繪 g' 的圖形。

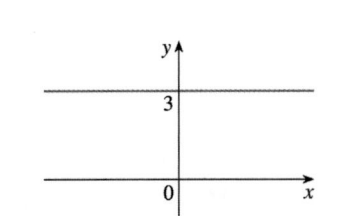

解

由 g 是線性函數可知，其斜率為常數。斜率為 3，所以對於任意 t 都有 $g'(t) = 3$。因此如圖 5 所示，g' 的圖形是水平線 $y = 3$。

圖 5

■ 如何判斷函數不可微分？

在某些情況下，函數可能在某個數有定義但不可微分。例如，若函數在某個點不連續，則在圖形上會見到間隔或跳動。我們稱函數在這個數有一個不連續的點。由於函數的圖形在一個不連續的點沒有切線，因此，函數在這個點的導數不存在。

在第 2.3 節中，當我們充分放大拋物線的圖形時，圖形會愈來愈像一條直線，事實上這條曲線和它的切線是無法分辨的。這對於可微分的函數都是對的。若函數是連續的，但是它的圖形會劇烈地改變方向 (變化率會由一個值突然變成另一個值)，則在圖形中會有「尖點」或「扭結」的現象。無論在這點附近如何放大，尖點仍然存在。由於放大後圖形不是一條直線，所以它的切線在此點不存在，因此函數在此點是不可微分的。

另一種不可微分的情形是函數曲線在一個點有鉛直切線。(回顧到鉛直線的斜率是沒有定義的。) 在圖形上，也就是表示切線在愈來愈接近於這個點時會變得愈來愈陡峭。圖 6 說明上述三種不可微的情形。

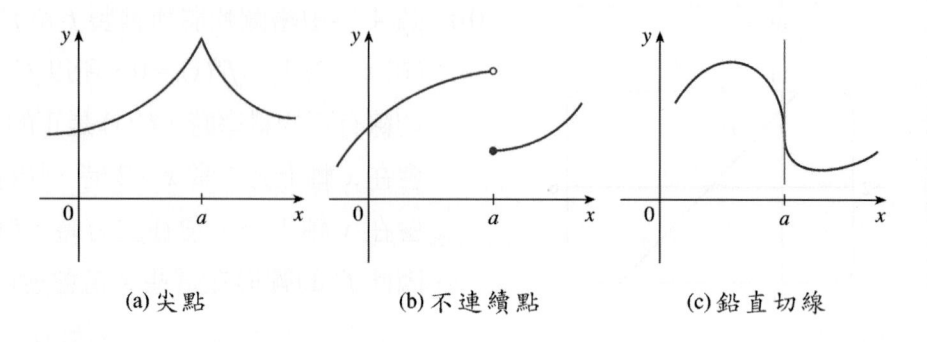

(a) 尖點　　　(b) 不連續點　　　(c) 鉛直切線

圖 6　三種不可微分的情形

例 5　一個連續函數在一個點不可微分

若 $f(x) = |x|$，試描繪 $f'(x)$ 的圖形。

解

f 的圖形如圖 7(a) 所示。

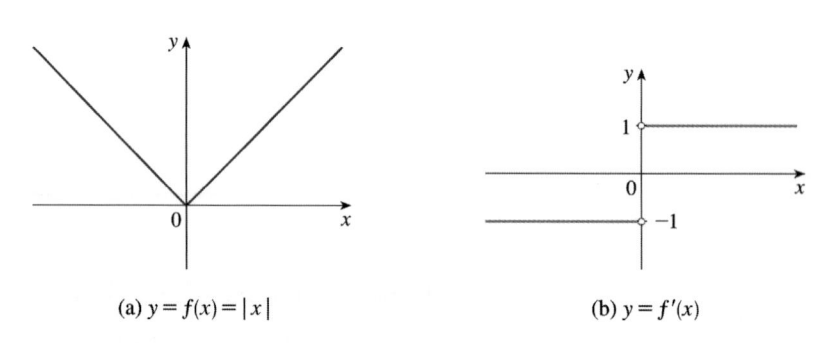

(a) $y = f(x) = |x|$　　　(b) $y = f'(x)$

圖 7

在 $x = 0$ 的左方，f 的圖形是斜率為 -1 的直線 $y = -x$，因此當 $x < 0$ 時，可得到 $f'(x) = -1$；在 $x = 0$ 的右方，f 的圖形是斜率為 1 的直線 $y = x$，因此當 $x > 0$ 時，可得到 $f'(x) = 1$。然而，它的圖形在 $x = 0$ 有尖點且突然改變了方向。由於圖形在 $x = 0$ 上的切線是不存在的，所以 $f'(0)$ 不存在。函數 f' 的圖形如圖 7(b) 所示，我們注意到圖形在 $x = 0$ 上並沒有標記。

圖 6 和圖 7 包含許多連續但不是處處可微分的函數。然而，可微分的函數必定是連續的。

(3) ■ 定理 假設 f 在某數是可微分的，則它在這個數是連續的。

■ 導數的其他記法

至目前為止，我們用 $f'(x)$ 來表示函數 f 的導數。除了 $f'(x)$ 外，還有許多較方便的記法。例如，若 $y = x^3 + x$，則可以用 y' 來代表導數。

若函數為 $y = f(x)$，萊布尼茲 (Leibniz) 介紹了另一個非常有用的符號 dy/dx (也可記作 df/dx) 來表示導數 $f'(x)$。要特別注意的是，它代表的並不是一個分數。它和平均變化率 $\Delta y/\Delta x$ 非常類似。事實上，由於 dy/dx 是導數，它代表瞬間變化率，所以可以寫成

$$\frac{dy}{dx} = \lim_{\Delta x \to 0} \frac{\Delta y}{\Delta x}$$

[如第 2.3 節的公式 (1)]。假如我們想要用萊布尼茲的記號表示函數 f 在某個數 a 的導數 dy/dx 時，$f'(a)$ 可以寫成

$$\left. \frac{dy}{dx} \right|_{x=a}$$

計算導數的程序可記作 d/dx。所以

$$\frac{d}{dx} f(x)$$

代表了函數 f 對於 x 的導數，這與 $f'(x)$ 是等價的。例如，例 3(a) 的結果可表示為

$$\frac{d}{dx}(8x - 2x^2) = 8 - 4x$$

例 6　導數的記法

(a) 已知在暴風雨後 t 小時的雨量為 $R = f(t)$ 呎，試問 dR/dt 在此事件上代表的意義為何？

(b) 已知某部汽車在開了 x 哩後，汽油箱所剩下的汽油量為 $G(x)$ 加侖，試詮釋

$$\left. \frac{dG}{dx} \right|_{x=50}$$

萊布尼茲

戈特弗里德・威廉・萊布尼茲 (Gottfried Wihelm Leibniz) 在 1646 年出生於德國萊比錫，17 歲時畢業於當地的大學，主修法律、神學、哲學與數學。萊布尼茲在 20 歲獲得法學博士後進入外交領域，用其一生中的大部分時間旅行於歐洲各國首都之間從事政治任務，尤其是化解法國對德國的軍事威脅，及嘗試讓天主教與新教派教會之間達成和解。

在 1672 年出使法國之前，萊布尼茲並未積極地研究數學。他在法國發明了一個計算機器，並接受科學家，例如，惠更斯 (Huygens) 的指導而轉向，進而獲得當今數學和科學的重大發展。萊布尼茲想發展一套系統邏輯和符號系統來簡化邏輯說理的表示法。特別地，他在 1684 年出版的微積分書中建構了當今求導數所使用的符號和規則。

不幸地，牛頓和萊布尼茲的追隨者在 1690 年代出現了誰先發明微積分令人不愉快的爭論。萊布尼茲甚至被英國皇家學院指控剽竊。事實上，他們在微積分的研究與發現是各自獨立的。牛頓的版本雖然先完成，卻因怕引起爭論，以致未能立即發表。因此，萊布尼茲在 1684 年的著作就成了第一部已出版的微積分。

在此事件上的意義。

解

(a) dR/dt 代表 R 對於 t 的導數。導數是瞬間變化率，所以它是在 t 時雨量的瞬間變化率，單位為吋／小時。若開始下更大的雨，則可以說在此時刻 dR/dt 是遞增的。

(b) 記號

$$\left.\frac{dG}{dx}\right|_{x=50}$$

代表 G 對於 x 在 $x=50$ 的導數。所以，這是當某汽車開了 50 哩後，油箱所剩下的汽油量的變化率。

■│二階導數

對可微分函數 f 而言，它的導數 f' 也是一個函數，所以 f' 的導數可能存在，記作 $(f')'=f''$（讀作 "f double prime"）。這個新的函數 f'' 稱為 f 的**二階導數** (second derivative)，因為它是 f 的導數的導數。用萊布尼茲的記法，$y=f(x)$ 的二階導數可以寫成

$$\frac{d}{dx}\left(\frac{dy}{dx}\right)=\frac{d^2y}{dx^2}$$

例 7 試計算二階導數

若 $f(x)=x^2-8x+9$，試求 $f''(x)$。

解

在第 2.3 節的例 4(b) 中，已知 $f'(x)=2x-8$，這是斜率為常數 2 的線性函數，所以它的導數恆為 2，因此 $f''(x)=2$。

$f''(x)$ 可以看作是曲線 $y=f'(x)$ 在點 $(x, f'(x))$ 的斜率。換句話說，它是原曲線 $y=f(x)$ 的斜率之變化率。例如，若 $f''(2)$ 是正數，則表示 f 圖形的斜率（不是 f 的值）在 $x=2$ 是遞增的。

在二階導數的例子中，最熟悉的就是加速度。假如一個沿直線運動的物體之位置函數是 $s=s(t)$，則它的一階導數代表此物體的速度，也就是時間函數 $v(t)$：

$$v(t) = s'(t)$$

而速度函數相對於時間的瞬間變化率 $a(t)$，就稱作該物體的**加速度** (**acceleration**)。所以，加速度是速度的導數，也就是位置函數的二階導數：

$$a(t) = v'(t) = s''(t)$$

用萊布尼茲的記法，可記作：

$$v = \frac{ds}{dt} \quad \text{和} \quad a = \frac{dv}{dt} = \frac{d^2s}{dt^2}$$

當車速是穩定的時候，速率沒有變化，因此沒有加速度。若你踩煞車，則車速會遞減，因此有負的加速度；若你踩油門，則車子會加速，因而有了正的加速度。

例 8　位置、速度和加速度函數

一部汽車由靜止開始移動的位置函數如圖 8 所示，其中 s 的單位為呎，而 t 的單位為秒。試用它繪出汽車的速度和加速度之圖形。汽車在 $t = 2$ 秒的加速度為何？

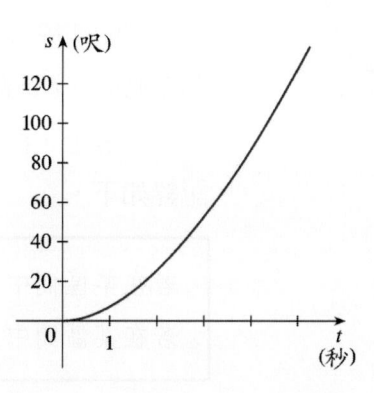

圖 8　汽車的位置函數

解

若引用例 1 的方法來測量 $s = f(t)$ 的圖形在 $t = 0$、1、2、3、4 和 5 的斜率，就可繪出如圖 9 的速度函數 $v = f'(t)$ 的圖形。當 $t = 2$ 時加速度為 $a = f''(2)$，也就是 f' 的圖形在 $t = 2$ 的切線斜率。估計出這條切線的斜率為

$$a(2) = f''(2) = v'(2) \approx \tfrac{27}{3} = 9 \text{ 呎 / 平方秒}$$

同樣的測量方法可繪出如圖 10 中的加速度函數之圖形。

加速度的單位為呎/平方秒。

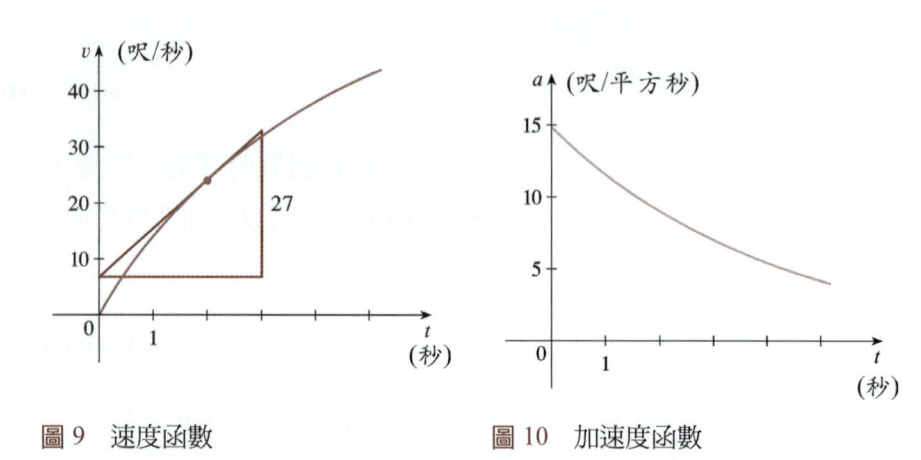

圖9 速度函數

圖10 加速度函數

■ 由導數可知道函數的哪些性質？

許多微積分的應用，都是因為我們可由導數的一些資訊來推導出函數的性質。由於導數 $f'(x)$ 代表曲線 $y=f(x)$ 在點 $(x, f(x))$ 的斜率，它告訴我們曲線沿著每一點變化的方向。因此，可以合理的期望由 $f'(x)$ 可以提供 $f(x)$ 的一些訊息。

首先，用圖 11 來說明如何引用 f 的導數來判斷函數遞增或遞減的區域。(遞增和遞減函數的定義詳見第 1.4 節。) 由於在點 A 和 B，還有點 C 和 D 之間的切線斜率是正的，所以 $f'(x)>0$；而在點 B 和 C 之間的切線斜率是負的，所以 $f'(x)<0$。因此，很明顯的，當 $f'(x)$ 為正數時，f 是遞增的；而當 $f'(x)$ 為負數時，f 是遞減的。

事實上，觀察圖 11 所得到的現象都是對的。我們將一般的結果記錄如下。

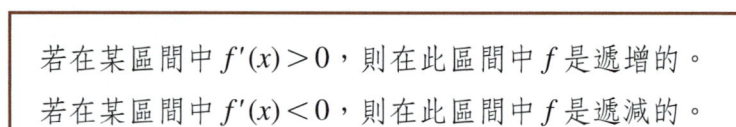

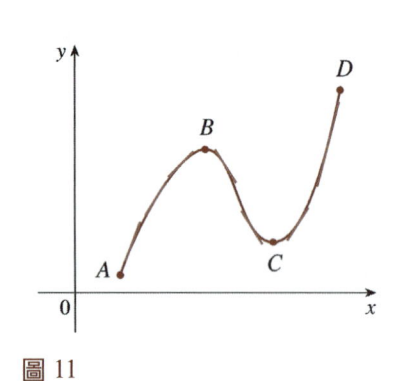

圖 11

> 若在某區間中 $f'(x)>0$，則在此區間中 f 是遞增的。
> 若在某區間中 $f'(x)<0$，則在此區間中 f 是遞減的。

例 9　由導數 f' 圖形推導出函數 f 圖形的性質

(a) 已知圖 12 為導數 f' 的圖形。試問函數 f 有何性質？
(b) 若已知 $f(0)=0$，試描繪出函數 f 的可能圖形。

解

(a) 由圖 12 可觀察到，當 $-1<x<1$ 時，$f'(x)$ 是負的，因此原函數 f 在區間 $(-1, 1)$ 中必定是遞減的。同樣地，當 $x<-1$ 及 $x>1$ 時，$f'(x)$ 是正的，因此 f 在區間 $(-\infty, -1)$ 和 $(1, \infty)$ 中必定是遞

圖 12

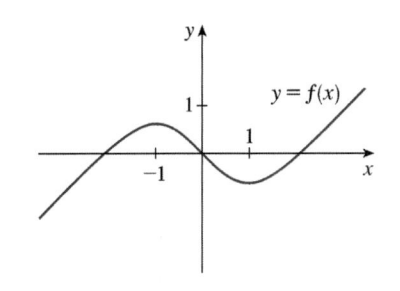

圖 13

在第 4 章中，我們將由一階和二階導數的資訊發展出繪製詳細函數圖形的技巧。

增的。同時注意：由於 $f'(-1)=0$ 和 $f'(1)=0$，所以 f 的圖形在 $x=-1$ 和 $x=1$ 時會有水平切線。

(b) 由 (a) 的資訊以及圖形會通過原點，可以繪出如圖 13 中 f 的可能圖形。注意到由於 $f'(0)=-1$，因此所繪出的曲線 $y=f(x)$ 在原點的切線斜率為 -1。

例 9 中的函數 f 在 -1 有一個**局部極大值 (local maximum)** [或相對極大值 (relative maximum)]，這是因為 $f(x)$ 在 $x=-1$ 的值比它在附近的值都大。由圖 13 可見，在 $x=-1$ 的輸出值比在其附近的值都大 (雖然整體而言，它不是最大的值)。注意到 $f'(x)$ 在 -1 的左方是正的，而在靠近 -1 的右方則是負的。同樣地，f 在 1 有一個**局部極小值 (local minimum)** [或相對極小值 (relative minimum)]，而它的導數在 $x=1$ 附近由負的變成正的。由圖 13 可見，$f(1)$ 比在其附近的值都小。這些觀察的結果將在第 4 章中發展成一般求函數極值的方法。

接下來探討 $f''(x)$ 的符號如何影響 f 的圖形之形狀。由 $f''=(f')'$ 可知，若 $f''(x)$ 是正的，則 f' 是遞增函數。也就是曲線 $y=f(x)$ 的切線斜率由左方遞增至右方。圖 14 所示為這類函數的圖形。當 x 增加時，這條曲線的斜率會漸漸地變大 (不論斜率是正的或負的)。由圖形可見，這條曲線會向上彎曲，這種情形稱為**上凹 (concave upward)**。而在圖 15 中，$f''(x)$ 是負的，也就是 f' 是遞減的。因此，切線斜率由左方遞減至右方且此曲線會向下彎曲，這種情形稱為**下凹 (concave downward)**。綜合上述討論可記錄如下。(在第 4.3 節將詳細地討論凹性。)

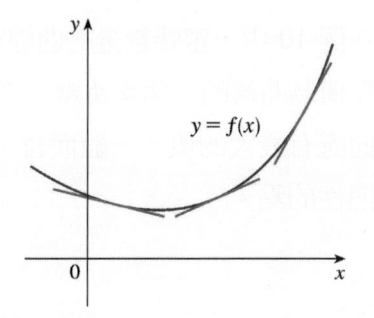

圖 14　由 $f''(x)>0$ 可知斜率是遞增的，因此 f 是上凹的

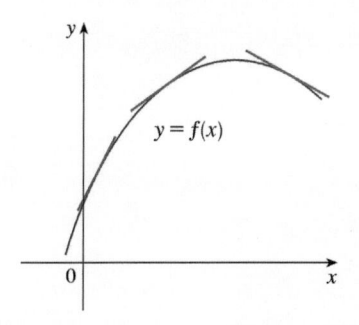

圖 15　由 $f''(x)<0$ 可知斜率是遞減的，因此 f 是下凹的

> 若在某區間中 $f''(x) > 0$，則 f 的圖形在此區間是上凹的。
> 若在某區間中 $f''(x) < 0$，則 f 的圖形在此區間是下凹的。

例 10　由圖形分析變化率和凹性

圖 16 顯示某間蜂房所養的賽浦路斯蜜蜂的數量 P。試問隨時間增加的蜜蜂數量之變化率為何？變化率何時為最高？P 在什麼區間是上凹或下凹？

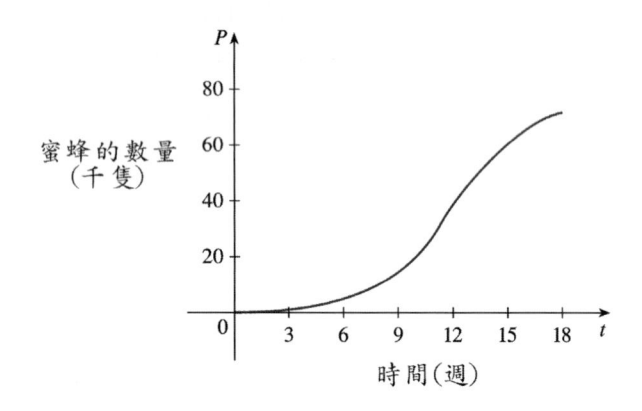

圖 16

解

我們可觀察曲線的斜率，當 t 增加時，蜜蜂數量的變化率在最初的遞增是很小的，然後漸漸地變大，直到大約在 $t = 12$ 週時達到最大值。當蜜蜂數量開始緩慢的增加時，牠的變化率會遞減。當蜜蜂的數量趨於牠的最大值約 75,000 (稱為**飽和量**) 時，變化率 $p'(t)$ 的遞增會趨於 0。因此曲線在區間 (0, 12) 是上凹的，而在區間 (12, 18) 是下凹的。

在例 10 中，蜜蜂數量的曲線在點 (12, 38,000) 由上凹變為下凹。這個點稱為曲線的一個**反曲點**。這個點的特性是蜜蜂數量成長的變化率在此處有最大的值。一般而言，**反曲點 (inflection point)** 是曲線改變其凹性的點。

自我準備

1. 若 $g(t) = 6t - 3t^2$，試計算並化簡

$$\frac{g(t+h) - g(t)}{h}$$

2. 若 $f(x) = \dfrac{1}{x}$，試計算並化簡

$$\frac{f(x+c) - f(x)}{c}$$

3. 試計算極限：

$$\lim_{h \to 0} \frac{h^2 + 2xh}{h}$$

4. 試計算極限：

$$\lim_{h \to 0} \frac{(x+h)^3 + 2(x+h) - x^3 - 2x}{h}$$

5. 盡可能化簡：

$$\frac{\dfrac{x+a}{x+a+2} - \dfrac{x}{x+2}}{a}$$

6. 若 $f(x) = \sqrt{x}$，試計算 $f'(4)$。

習題 2.4

1. 試由給定的函數圖形來估計下列值，然後畫出 f' 的圖形。

   (a) $f'(-3)$ (b) $f'(-2)$
   (c) $f'(-1)$ (d) $f'(0)$
   (e) $f'(1)$ (f) $f'(2)$
   (g) $f'(3)$

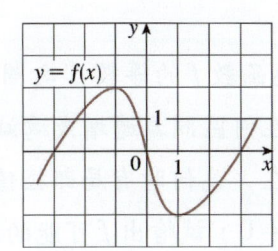

2. 試將 (a)-(d) 的函數圖形和 I-IV 的導數圖形配對，並說明理由。

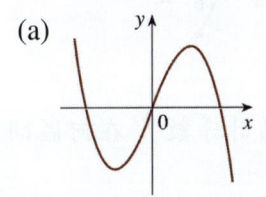

   (a) (b) (c) (d)

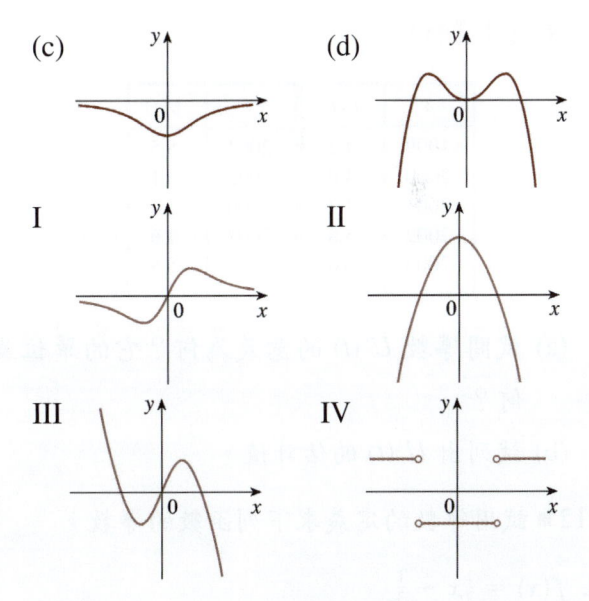

   I   II   III   IV

3-4 ■ 描繪或複製給定函數 f 的圖形（假設在軸上使用相同的單位）。試用類似例 1 的方式，將 f' 的圖形畫在 f 的圖形下方。

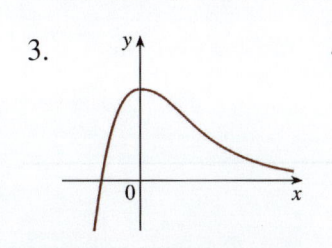

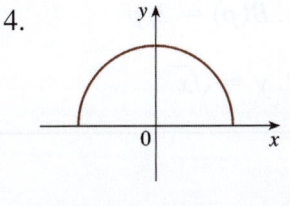

3.   4.

5. 設 $f(x) = e^x$，詳細描繪 f 的圖形，並如習題 3-4，將 f' 的圖形畫在 f 的圖形下方。試問可否由圖形猜測 $f'(x)$ 的公式？

6. **結婚年齡** 在 20 世紀後半葉日本男性第一次結婚的平均年齡分佈圖如下。試描繪 $M'(t)$ 的圖形。試問在哪些年這個導數是負的？

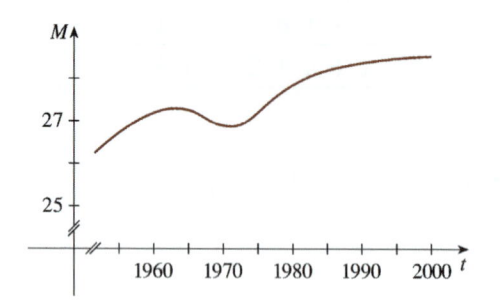

7. **失業率** 失業率會隨著時間而改變。下表列出了美國勞工自 1999 至 2008 年的失業率（勞工局統計資料）。

t	$U(t)$	t	$U(t)$
1999	4.2	2004	5.5
2000	4.0	2005	5.1
2001	4.7	2006	4.6
2002	5.8	2007	4.6
2003	6.0	2008	5.8

(a) 試問導數 $U'(t)$ 的意義為何？它的單位為何？
(b) 試列出 $U'(t)$ 的估計值。

8-12 ■ 試用導數的定義求下列函數的導數。

8. $f(x) = \frac{1}{2}x - \frac{1}{3}$

9. $h(v) = 4v^2 - 2$

10. $f(x) = x^3 - 3x + 5$

11. $B(p) = 3/p$

12. $y = \sqrt{x}$

13-14 ■ 試用導數的定義求下列函數的導數，並分別求函數及其導數的定義域。

13. $G(t) = \dfrac{4t}{t+1}$

14. $g(x) = \sqrt{1 + 2x}$

15. 試描繪或複製給定的函數 f 圖形（假設在各軸上使用相同的單位）。然後將 df/dx 的圖形畫在 f 的圖形下方。

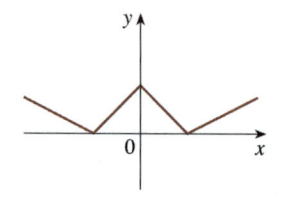

16. **太陽能** 自 2000 年 1 月 1 日開始使用太陽能面板發電 t 年後，令其所生產的電力佔城市中電力的比例為 P。
    (a) 試問 dP/dt 在這事件中的意義為何？
    (b) 試詮釋
    $$\left. \frac{dP}{dt} \right|_{t=2} = 3.5$$

17. 下圖所示為函數 f 的導數 f' 之圖形。
    (a) 試問 f 在何區間為遞增或遞減？
    (b) 試問 f 在 x 為何時有局部極值？
    (c) 若 $f(0) = 0$，試繪出 f 可能的圖形。

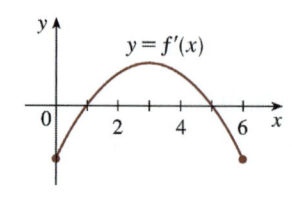

18. 試由給定的 f 圖形來估計導數 f' 在何區間為遞增或遞減。

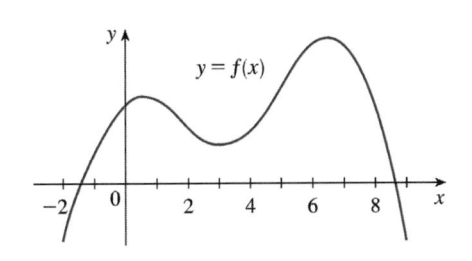

19. 若一個函數的一階導數和二階導數都是負的，試繪出其函數圖形。

20. **聯邦政府負債** 美國總統公開說聯邦政府負債增加的速率是遞減的。試用函數及其導數詮釋這句話的意義。

21. **雉的數量** 下表所列為在加拿大安大略省 Pelee 島上環紋雉的密度（每公畝的個數）。
    (a) 試說明環紋雉數量的變化率會如何改變。
    (b) 試估計圖形上的反曲點。這個點的特性為何？

t	$P(t)$
1927	0.1
1930	0.6
1932	2.5
1934	4.6
1936	4.8
1938	3.5
1940	3.0

22. **運動** 已知一個沿直線運動的物體之位置函數為 $s(t) = 1.7t^2 - 3.1t + 6.8$。試求速度和加速度函數的表示式。

23. **知識的吸收能力** 假設在為了準備考試研讀 t 小時後，你所得到的知識能力為 $K(t)$。試問 $K(8) - K(7)$ 和 $K(3) - K(2)$ 兩者何者較大？K 的圖形是上凹或下凹的？為什麼？

■ 自我挑戰

24. **溫度的上升** 當你轉開熱水龍頭時，水的溫度 T 與水流出的時間有關。
    (a) 試繪出一時間 t 的函數 T 的可能圖形，其中 t 自打開水龍頭時開始計算。
    (b) 試說明當 t 增加時，T 對 t 的變化率會如何改變。
    (c) 試描繪 T 的導數之圖形。

25. 下圖中的三條曲線分別為 f、f' 和 f'' 的圖形。試找出相對應的曲線並說明理由。

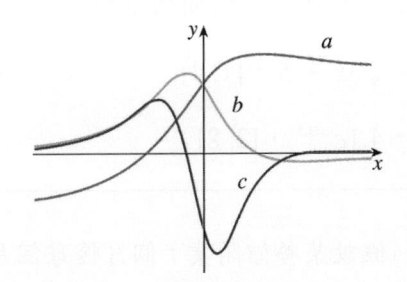

第 2 章　複習

■ 觀念回顧

1. 如何定義函數在區間的平均變化率？平均變化率的單位為何？如何詮釋它的幾何意義？

2. 說明 $\lim_{x \to a} f(x) = L$ 的意義。

3. 敘述下列極限法則：
   (a) 加法律　　(b) 減法律
   (c) 常倍數律　(d) 乘法律
   (e) 除法律　　(f) 次方律

4. (a) 函數 f 在 a 連續的意義為何？
   (b) 函數 f 在區間 $(-\infty, \infty)$ 連續的意義為何？這種函數的圖形有什麼特性？

5. 若函數 f 在 $x = a$ 是連續的，則 $\lim_{x \to a} f(x)$ 的值為何？

6. 極限 $\lim_{x \to a} f(x)$ 以及兩個單邊極限 $\lim_{x \to a^+} f(x)$ 和 $\lim_{x \to a^-} f(x)$ 的差別為何？它們之間的關聯呢？

7. 若 $y = f(x)$ 且 x 從 x_1 變動到 x_2 時，試寫出下列各量的數學表示式。
   (a) 在區間 $[x_1, x_2]$ 中 y 對於 x 的平均變化率。
   (b) 在 $x = x_1$ 時，y 對於 x 的瞬間變化率。

8. 何謂切線？寫出曲線 $y = f(x)$ 在點 $(a, f(a))$ 的切線斜率的表示式。

9. 若無法準確地決定瞬間變化率，試給出兩種估計這個值的方式。

10. 試定義導數 $f'(a)$。試以兩種方式來詮釋這個值。

11. 假設一個運動的物體在時間 t 的位置為 $f(t)$，如何詮釋它的導數？

12. 給定函數 $y = f(x)$ 的圖形，如何繪出導數 f' 的圖形？

13. 函數在 a 可微的意義為何？

14. 試用圖形說明數個函數不可微分的情形。

15. 定義函數 f 的二階導數。若 $f(t)$ 是一個粒子的位置函數，如何詮釋它的二階導數？

16. (a) $f'(x)$ 的符號說明 f 的哪些性質？
    (b) $f''(x)$ 的符號說明 f 的哪些性質？

17. 一條曲線上凹的意義為何？下凹呢？

習題

1-2 ■ 試求函數在給定區間的平均變化率。

1. $h(x) = \sqrt{3x + 5}$，$[1, 4]$

2. $P(t) = 4.1e^{-0.5t}$，$[2, 8]$

3. **收益** 假設某餐館開業 t 個月後每個月的營業額為 $R(t)$（單位：千美元）。若 $R(6) = 154.2$ 和 $R(9) = 179.7$，試計算它在 $6 \leq t \leq 9$ 的平均變化率。你的結果在這事件上代表什麼意義？

4. 下表所示為在美國大陸多年的白頭鷹對的數量（由美國漁業及野生動物協會所提供）。

年	1982	1988	1992	1996	2000
對的數量	1480	2475	3749	5094	6471

   (a) 試求在 1988 至 2000 年間白頭鷹對的數量之平均變化率。
   (b) 試估計在 1992 年白頭鷹對的數量之瞬間變化率。

5. 試用表列出函數值的方法來估計 $\lim_{t \to 3} \dfrac{2^t - 8}{t - 3}$，精確至小數點後第三位。

6. 試由繪出函數圖形並放大圖形，使得它明顯與直線 $x = 1$ 相交，來估計 $\lim_{x \to 1} \dfrac{\sqrt{x} - 1}{x^2 - 1}$。

7-14 ■ 試計算極限。

7. $\lim_{x \to 1} (5x^2 - 4x + 5)$

8. $\lim_{x \to 3} \dfrac{x^2 - 9}{x^2 + 2x - 3}$

9. $\lim_{x \to -3} \dfrac{x^2 - 9}{x^2 + 2x - 3}$

10. $\lim_{t \to 2} \dfrac{t^2 - 4}{t^2 + 3t - 10}$

11. $\lim_{t \to 0} 4e^{-2t}$

12. $\lim_{b \to 1} (\ln b)^2$

13. $\lim_{h \to 0} \dfrac{(h-1)^3 + 1}{h}$

14. $\lim_{x \to 1} \left(\dfrac{1}{x-1} + \dfrac{1}{x^2 - 3x + 2} \right)$

---

15. 給定函數 f 的圖形如下圖。

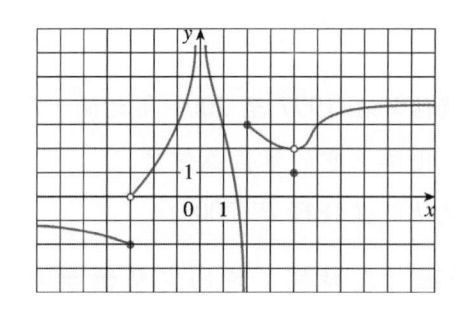

    (a) 試求下列極限。若極限不存在時，請說明原因。

    (i) $\lim_{x \to 2^+} f(x)$ (ii) $\lim_{x \to -3^+} f(x)$

    (iii) $\lim_{x \to -3} f(x)$ (iv) $\lim_{x \to 4} f(x)$

    (v) $\lim_{x \to 0} f(x)$

    (b) 試求 f 不連續的數，並說明理由。

16. 試分別引用

    (a) 第 2.3 節的定義 (1)。

    (b) 第 2.3 節的定義 (2)。

    求 $f(x) = x^2 + 2x$ 在 $x = 3$ 的瞬間變化率。

17. **運動**　一個沿著直線移動的物體的位移 (單位：公尺) 為 $s = 1 + 2t + t^2/4$，其中 t 的單位為秒。

    (a) 試求在給定的時間區間的平均速度。

    (i) [1, 3]   (ii) [1, 2]

    (iii) [1, 1.5]   (iv) [1, 1.1]

    (b) 試求在 $t = 1$ 的瞬間速度。

18. **成本函數**　生產某產品 x 單位的成本 (單位：美元) 為 $C(x) = 12{,}000 + 31x + 0.08x^2$。

    (a) 試求當產品生產量從

    (i) 從 $x = 75$ 改變至 $x = 80$ 時。

    (ii) 從 $x = 75$ 改變至 $x = 76$ 時。

    C 對於 x 的平均變化率。

    (b) 試求當 $x = 75$ 時，C 對於 x 的瞬間變化率 (邊際成本)。

19. 試計算 $g(x) = 0.5x^2 + 4$ 在 $x = 3$ 的導數。

20. 試求 $A(t) = 6t - 2t^2$ 在 $t = 1$ 的導數值。

21. 函數 f 的圖形如下。試將下列各值以遞增的方式排序。

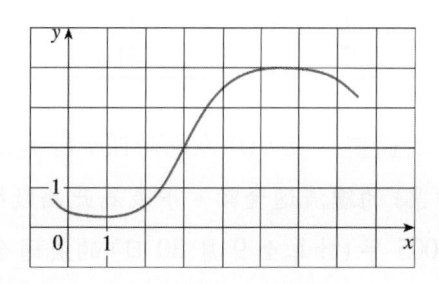

    $0 \quad 1 \quad f'(2) \quad f'(3) \quad f'(5)$

22. (a) 試計算 $f'(2)$，其中 $f(x) = x^3 - 2x$。

    (b) 試求曲線 $y = x^3 - 2x$ 在點 $(2, 4)$ 的切線方程式。

23. **貸款成本**　需要償還每年利息 $r\%$ 的學生貸款的總金額為 $C = f(r)$。

    (a) 試問導數 $f'(r)$ 的意義為何？它的單位呢？

    (b) 試問 $f'(10) = 1200$ 代表什麼意義？

    (c) 試問 $f'(r)$ 是恆正或是會改變符號？

24. **行銷成本** 令行銷公司準備和寄出 n 千本廣告冊子所收取的費用為 C（單位：美元）。
    (a) 試問 dC/dn 在此事件上代表什麼意義？
    (b) 試詮釋
    $$\left.\frac{dC}{dn}\right|_{n=5} = 250$$

25. (a) 若 $f(x) = e^{0.5x}$，試以第 2.3 節的定義 (5) 和取 h 的值愈來愈小來估計 $f'(1)$ 的值。
    (b) 試求曲線 $y = e^{0.5x}$ 在通過 $x = 1$ 的對應點上切線之近似方程式。

26. **利潤函數** 下表所示為一家公司在 1 個月中賣出 x 單位（單位：千）新產品所賺的金額 P（單位：千美元）。試估計及詮釋 $P'(30)$。

x(千)	P(千美元)
10	−121
20	−38
30	71
40	133
50	152
60	144

27. **貨幣流通量** 設 $C(t)$ 為在時間 t 時美元（銅板和鈔票）的總流通金額。下表為此函數從 1980 至 2005 年（計算至 9 月 30 日）的流通金額（單位：十億）。試估計並詮釋 $C'(2000)$。

t	1980	1985	1990	1995	2000	2005
$C(t)$	129.9	187.3	271.9	409.3	568.6	758.8

28. **學院註冊人數** 下表所示為某文學院在第 t 年的註冊人數 $E(t)$。

t	$E(t)$	t	$E(t)$
1986	5710	1998	7240
1990	6440	2002	6845
1994	6965	2006	7620

    (a) 試問 $E'(t)$ 的意義為何？它的單位呢？
    (b) 試列出一個 $E'(t)$ 值的表格。
    (c) 試描繪 E 和 E' 的圖形。

29. **貧窮的青年人口數** 下圖所示為美國 18 歲以下青年多年生活在貧窮線下的人口比例 P 之圖形。

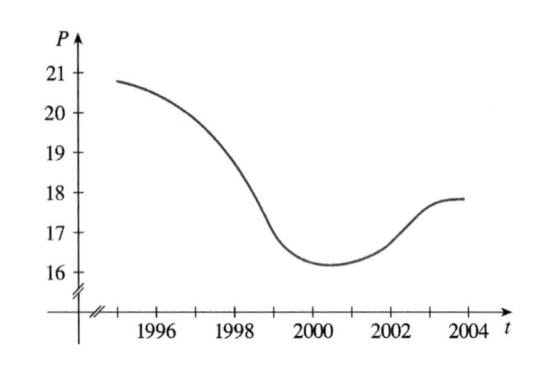

    (a) 試估計在 1997 至 2001 年之間，P 的平均變化率。它的單位為何？
    (b) 試估計並詮釋 $P'(2002)$。

30. **懷孕率** 在時間 t 時的完整懷孕率，記作 $F(t)$，為每位婦女平均生下小孩的個數（假設目前的生育率為常數）。下圖所示為美國由 1940 至 1990 年的懷孕率之分佈圖。
    (a) 試估計 $F'(1950)$、$F'(1965)$ 和 $F'(1987)$。
    (b) 試問上述導數的意義為何？
    (c) 試問你是否可以提供上述導數值的理由？

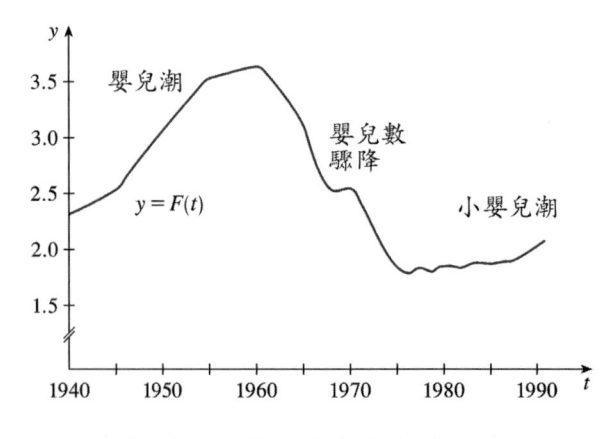

31. 下圖所示為函數 f 的圖形。試敘述並說明 f 在

何處不可微。

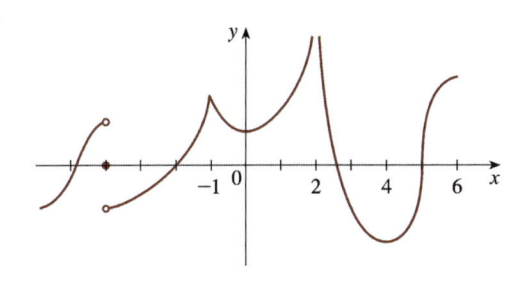

32-34 ■ 描繪或複製給定的函數 f 圖形，然後試著直接在函數圖形的下方畫出導數函數之圖形。

32.

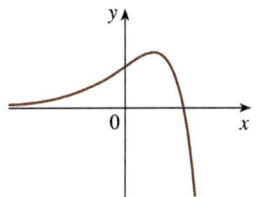

33.

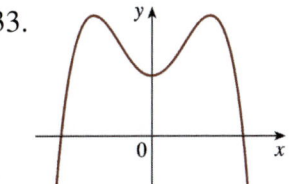

34.

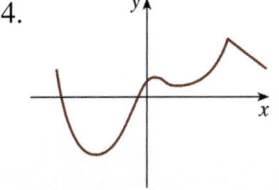

35-39 ■ 試直接引用定義求函數的導數。

35. $f(x) = mx + b$

36. $P(t) = 5.2t - 3.8$

37. $g(x) = 2x^2 - 3x + 1$

38. $r(s) = 5/s$

39. $A(w) = \dfrac{w+1}{2w-1}$

40. (a) 令 $f(x) = 1/(x+1)$，試直接用定義求 $f'(x)$。
    (b) 試問在 $x = 2$ 的瞬間速度為何？
    (c) 試求 $\left.\dfrac{df}{dx}\right|_{x=4}$。
    (d) 試求函數 f 的圖形在點 $\left(1, \frac{1}{2}\right)$ 的切線方程式。

41. 試求在習題 37 給定的函數 g 的二階導數。

42. **生活費用**　假設生活費用以較慢的速率持續增加。試問如何利用函數及其導數解釋這句話的意義？

43. **運動**　下表記錄了一部汽車由靜止開始移動後每 2 秒所行經的距離 (呎)。

t(秒)	0	2	4	6	8	10	12	14
s(呎)	0	8	40	95	180	260	319	373

(a) 試估計在 6 秒後汽車的速率。
(b) 試估計在位置函數的圖形上的反曲點之坐標。
(c) 試問反曲點的重要性為何？

44. **運動**　一部沿著直線移動的玩具車在 $0 \leq t \leq 10$ 之間的位置函數為 $s(t) = 0.05t^3 - 0.8t + 2$ (呎)，其中時間 t 的單位為秒。
    (a) 試求玩具車的速度方程式。
    (b) 試問在 8 秒後玩具車移動的速度有多快？
    (c) 試求玩具車的加速度方程式。

45. 下圖所示為函數 f 的導數 f' 的圖形。
   (a) 試問 f 在何區間為遞增或遞減？
   (b) 試問 f 在何 x 有局部極值？
   (c) 試問 f 在何處上凹或下凹？

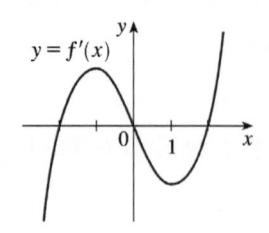

46. 下圖中的三條曲線分別為 f、f' 和 f'' 的圖形。試找出相對應的曲線並說明理由。

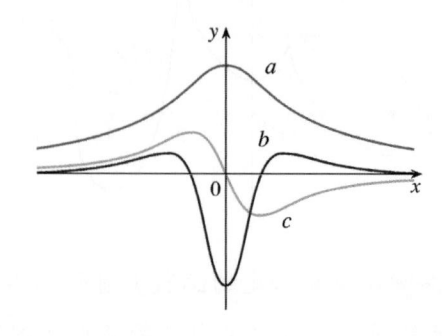

3 微分的技巧

若要雲霄飛車平滑的運轉，必須將筆直伸展的軌道與彎曲的線段連結，使得它的方向不會突然改變。你可利用第 3.1 節所學的方法來設計一雲霄飛車，使得它在第一次上升和墜落時都能平滑的運轉。

3.1　求導數的捷徑
3.2　邊際分析簡介
3.3　乘法和除法律
3.4　連鎖法則
3.5　隱微分和自然對數
3.6　指數成長及衰減

在第 2 章中學習了導數的重要性。我們知道函數的導數不但是瞬間變化率，也是函數圖形在某一點的斜率。另外，也學習了如何藉由函數的表列值及圖形來估計導數並描繪其圖形。當已知函數的公式時，可以用導數的定義來計算出它的導數公式。假如每次都要用定義去求導數，尤其當函數很複雜時，計算過程就會變得非常繁瑣。因此，我們將在本章中發展出求導數的公式，而不需要直接引用定義。然後再利用這些公式去解變化率問題。

3.1 求導數的捷徑

在本節中，我們將學習如何微分常數函數、冪函數、多項式函數和指數函數。

首先考慮最簡單的常數函數 $f(x) = c$。它的函數圖形是斜率為 0 的水平線 $y = c$，所以對每個 x 都有 $f'(x) = 0$（如圖 1）。由導數的定義，可以很容易地推導出這個結果：

$$f'(x) = \lim_{h \to 0} \frac{f(x+h) - f(x)}{h} = \lim_{h \to 0} \frac{c - c}{h}$$
$$= \lim_{h \to 0} 0 = 0$$

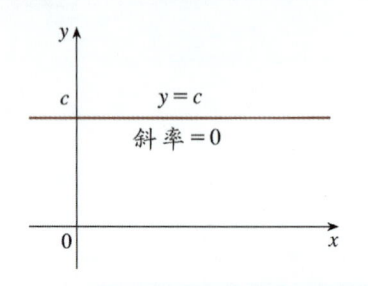

圖 1　$f(x) = c$ 的圖形是直線 $y = c$，所以 $f'(x) = 0$

這個結果也可用萊布尼茲的記法寫成下列形式。

> ■ 常數函數的導數
> $$\frac{d}{dx}(c) = 0$$

■ 冪函數

接著我們考慮冪函數 $f(x) = x^n$，其中 n 為正整數。當 $n = 1$ 時，$f(x) = x$ 的圖形是斜率為 1 的一條直線 $y = x$（如圖 2）。

所以

(1) $$\frac{d}{dx}(x) = 1$$

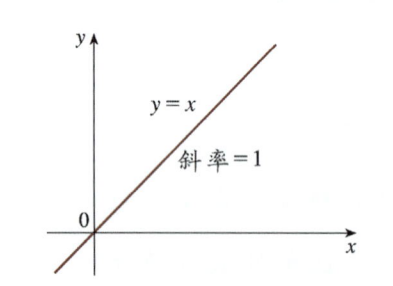

圖 2　$f(x) = x$ 的圖形是一條直線 $y = x$，所以 $f'(x) = 1$

同樣地，由導數的定義也可以推導出

(2) $$\frac{d}{dx}(x^2) = 2x$$

若 $f(x) = x^3$，則

$$f'(x) = \lim_{h \to 0} \frac{f(x+h) - f(x)}{h} = \lim_{h \to 0} \frac{(x+h)^3 - x^3}{h}$$
$$= \lim_{h \to 0} \frac{x^3 + 3x^2 h + 3xh^2 + h^3 - x^3}{h}$$
$$= \lim_{h \to 0} \frac{3x^2 h + 3xh^2 + h^3}{h} = \lim_{h \to 0} (3x^2 + 3xh + h^2) = 3x^2$$

因此

(3) $$\frac{d}{dx}(x^3) = 3x^2$$

同樣地，可以直接用定義計算 $f(x) = x^4$ 的導數，而得到

(4) $$\frac{d}{dx}(x^4) = 4x^3$$

比較公式 (1)、(2)、(3) 和 (4)，可發現它們以某種模式出現，所以可合理地猜測：當 n 為正整數時，$(d/dx)(x^n) = nx^{n-1}$。這個猜測的證明將留到本節最後。

> ■ 次方律　若 n 為正整數，則
> $$\frac{d}{dx}(x^n) = nx^{n-1}$$

在例 1 中，我們將以不同的微分記號來說明次方律。

例 1 用次方律求導數公式

(a) 若 $f(x) = x^6$，則 $f'(x) = 6x^5$。
(b) 若 $y = x^{1000}$，則 $y' = 1000x^{999}$。
(c) 若 $P = t^4$，則 $\dfrac{dP}{dt} = 4t^3$。
(d) $\dfrac{d}{dr}(r^3) = 3r^2$

指數為負整數的冪函數呢？由導數的定義可得到

$$\frac{d}{dx}\left(\frac{1}{x}\right) = -\frac{1}{x^2}$$

也可將上式寫成

$$\frac{d}{dx}(x^{-1}) = (-1)x^{-2}$$

因此，當 $n = -1$ 時，次方律是成立的。事實上，可證明它對所有的負整數是成立的。

如果指數是分數呢？在第 2.4 節的習題 12 中，利用導數的定義可以得到

$$\frac{d}{dx}\sqrt{x} = \frac{1}{2\sqrt{x}}$$

或者記作

$$\frac{d}{dx}(x^{1/2}) = \tfrac{1}{2}x^{-1/2}$$

也就是次方律對 $n = \tfrac{1}{2}$ 也是成立的。事實上，我們會在第 3.5 節中證明，次方律對所有實數 n 都是成立的。在這裡，只敘述一般情形的次方律。

■ **次方律 (一般情形)** 假設 n 為任意實數，則

$$\frac{d}{dx}(x^n) = nx^{n-1}$$

利用次方律，我們可以很容易計算 x 的任意次方、任意根，以及次方或根式倒數之導數。

例 2 **負數和分數的指數的次方律**

試微分： (a) $f(x) = \dfrac{1}{x^2}$ (b) $y = \sqrt[3]{x}$ (c) $A(t) = \dfrac{1}{\sqrt{t}}$

解

(a) 先將函數寫成 x 的次方：$f(x) = x^{-2}$。引用 $n = -2$ 在次方律上，可得

$$f'(x) = \frac{d}{dx}(x^{-2}) = -2x^{-2-1} = -2x^{-3} = -\frac{2}{x^3}$$

(b) 由於 $\sqrt[3]{x}$ 可寫成 $x^{1/3}$，所以

$$\frac{dy}{dx} = \frac{d}{dx}\left(\sqrt[3]{x}\right) = \frac{d}{dx}(x^{1/3}) = \tfrac{1}{3}x^{(1/3)-1} = \tfrac{1}{3}x^{-2/3}$$

或等價的，$1/(3x^{2/3})$。

(c) 先將 $A(t)$ 寫成 $1/t^{1/2}$ 或 $t^{-1/2}$，則

$$A'(t) = \frac{d}{dt}(t^{-1/2}) = -\frac{1}{2}t^{(-1/2)-1} = -\frac{1}{2}t^{-3/2} = -\frac{1}{2t^{3/2}}$$

圖 3 所示為例 2(b) 的函數 y 及其導數 y' 的圖形。注意到 y 在 $x = 0$ 有一條鉛直切線，所以在那裡不可微 (當 x 趨於 0 時 y' 愈來愈大)。觀察到 y' 是正的，這是因為 y 是遞增的。

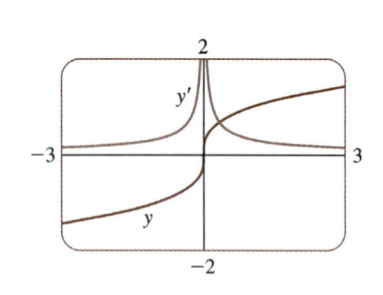

圖 3 $y = \sqrt[3]{x}$

■ 由已知函數的導數求新函數的導數

將函數相加、相減、相乘或是乘以常數所得到的新函數，它們的導數可以用原函數的導數來求得。下列的公式說明一個常數乘以函數後的導數等於該常數乘以函數的導數。

> ■ **常數倍律** 假設 c 為常數且 f 是一個可微分的函數，則
> $$\frac{d}{dx}[cf(x)] = c\frac{d}{dx}f(x)$$

證明 令 $g(x) = cf(x)$，則

$$g'(x) = \lim_{h \to 0}\frac{g(x+h) - g(x)}{h} = \lim_{h \to 0}\frac{cf(x+h) - cf(x)}{h}$$

$$= \lim_{h \to 0} c\left[\frac{f(x+h) - f(x)}{h}\right]$$

$$= c\lim_{h \to 0}\frac{f(x+h) - f(x)}{h} \quad \text{(極限法則 3)}$$

$$= cf'(x)$$

常數倍律的幾何意義

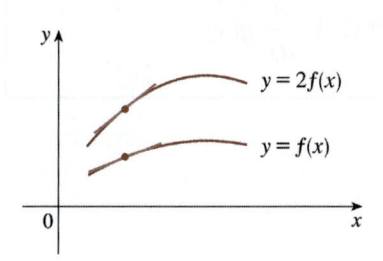

乘以 $c = 2$ 會使得圖形垂直伸展了 2 倍，所有高度都變為 2 倍，但 x 方向移動速度不變，因此斜率也會變為 2 倍。

直觀上，不難看出為何常數倍律是成立的。例如，若將圖形的高度變為 2 倍，則圖形的斜率也會變成 2 倍；若將函數的輸出值變為 3 倍，則變化率也會變成 3 倍。

例 3 使用常數倍律

(a) $\dfrac{d}{dx}(3x^4) = 3\dfrac{d}{dx}(x^4) = 3(4x^3) = 12x^3$

(b) $\dfrac{d}{dx}(-x) = \dfrac{d}{dx}[(-1)x] = (-1)\dfrac{d}{dx}(x) = -1(1) = -1$

我們所學的捷徑將可直接用來計算如下面的例題切線之斜率。

例 4 切線方程式

試求曲線 $y = 0.2x^3$ 在點 $(2, 1.6)$ 的切線方程式，並用曲線和它的切線的圖形來說明。

解 $f(x) = 0.2x^3$ 的導數為

$$f'(x) = 0.2 \frac{d}{dx}(x^3) = 0.2(3x^2) = 0.6x^2$$

所以，切線在點 $(2, 1.6)$ 的斜率是 $f'(2) = 0.6(2^2) = 2.4$。因此，切線方程式為

$$y - 1.6 = 2.4(x - 2) \quad 或 \quad y = 2.4x - 3.2$$

圖 4 所示為曲線和它的切線圖形。

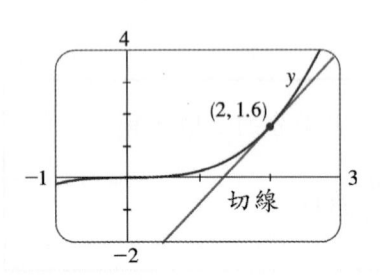

圖 4

下一個公式說明了函數和的導數等於函數導數的和。

加法律可記作 $(f + g)' = f' + g'$。

■ **加法律** 假設 f 和 g 都是可微分的函數，則

$$\frac{d}{dx}[f(x) + g(x)] = \frac{d}{dx}f(x) + \frac{d}{dx}g(x)$$

證明 令 $F(x) = f(x) + g(x)$，則

$$F'(x) = \lim_{h \to 0} \frac{F(x + h) - F(x)}{h}$$

$$= \lim_{h \to 0} \frac{[f(x + h) + g(x + h)] - [f(x) + g(x)]}{h}$$

$$= \lim_{h \to 0} \left[\frac{f(x + h) - f(x)}{h} + \frac{g(x + h) - g(x)}{h} \right]$$

$$= \lim_{h \to 0} \frac{f(x + h) - f(x)}{h} + \lim_{h \to 0} \frac{g(x + h) - g(x)}{h} \quad \text{(極限法則 1)}$$

$$= f'(x) + g'(x)$$

也可以將加法律應用到許多函數相加。例如，使用加法律兩次就可得到

$$(f + g + h)' = [(f + g) + h]' = (f + g)' + h' = f' + g' + h'$$

將 $f - g$ 寫成 $f + (-1)g$，然後應用加法律和常數倍律就可得到下列公式。

■ **減法律** 假設 f 和 g 都是可微分的函數，則
$$\frac{d}{dx}[f(x) - g(x)] = \frac{d}{dx}f(x) - \frac{d}{dx}g(x)$$

綜合常數倍律、加法律和減法律，再加上次方律，如下列的例題，就可以算出多項式的導數。

例 5　多項式的導數

試求 $g(w) = 12w^5 - 10w^3 - 6w + 5$ 的導數。

解

$$\begin{aligned}g'(w) &= \frac{d}{dw}(12w^5) - \frac{d}{dw}(10w^3) - \frac{d}{dw}(6w) + \frac{d}{dw}(5) \\ &= 12\frac{d}{dw}(w^5) - 10\frac{d}{dw}(w^3) - 6\frac{d}{dw}(w) + \frac{d}{dw}(5) \\ &= 12(5w^4) - 10(3w^2) - 6(1) + 0 \\ &= 60w^4 - 30w^2 - 6\end{aligned}$$

例 6　一個多項式模型的導數

在亞歷桑那州中，通報沒有醫療保險的成人之百分比(根據疾病管制中心的資料)可由下列函數來模擬

$$P(t) = -0.197t^3 + 5.54t^2 - 50.2t + 161.4 \quad 6 \leq t \leq 12$$

其中 $t = 0$ 對應於 1990 年。試引用此模型，來求出這百分比在 1999 年的瞬間變化率。

解

首先計算 P 的導數：

$$\begin{aligned}P'(t) &= -0.197(3t^2) + 5.54(2t) - 50.2(1) + 0 \\ &= -0.591t^2 + 11.08t - 50.2\end{aligned}$$

1999 年對應於 $t = 9$，所以該年的瞬間變化率為

$$P'(9) = -0.591(9^2) + 11.08(9) - 50.2 = 1.649 \text{ 個百分點}$$

因此，在亞歷桑那州中，通報沒有醫療保險的成人之百分比在 1999 年大約以每年 1.65 個百分點的速率增加。

例 7　一個多項式的運動方程式之加速度

某移動物體的運動方程式為 $s = 2t^3 - 5t^2 + 3t + 4$，其中 t 的單位為秒，且 s 的單位為公分。試將加速度表示為時間的函數。在 2 秒後的加速度為何？

解

速度和加速度分別為

$$v(t) = \frac{ds}{dt} = 2(3t^2) - 5(2t) + 3(1) + 0 = 6t^2 - 10t + 3$$

$$a(t) = \frac{dv}{dt} = 6(2t) - 10(1) + 0 = 12t - 10$$

在 2 秒後的加速度為 $a(2) = 14$ 公分 / 平方秒。

例 8　曲線上有水平切線的點

試求在曲線 $y = x^4 - 6x^2 + 4$ 上有水平切線的點。

解

當導數為 0 時，曲線會有水平切線。由於

$$\frac{dy}{dx} = \frac{d}{dx}(x^4) - 6\frac{d}{dx}(x^2) + \frac{d}{dx}(4) = 4x^3 - 12x + 0 = 4x(x^2 - 3)$$

因此 $dy/dx = 0$ 發生在 $x = 0$ 或 $x^2 - 3 = 0$，也就是 $x = \pm\sqrt{3}$。所以曲線在 $x = 0$、$\sqrt{3}$ 和 $-\sqrt{3}$ 時有水平切線。它們所對應的點分別是 $(0, 4)$、$(\sqrt{3}, -5)$ 和 $(-\sqrt{3}, -5)$（如圖 5）。

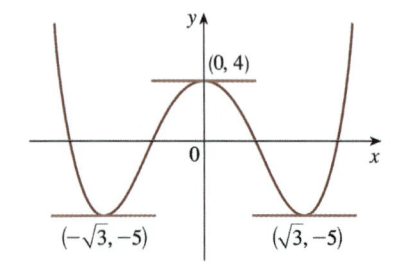

圖 5　曲線 $y = x^4 - 6x^2 + 4$ 及它的水平切線

■ 指數函數

由導數的定義，可以求出指數函數 $f(x) = a^x$ 的導數：

$$f'(x) = \lim_{h \to 0} \frac{f(x+h) - f(x)}{h} = \lim_{h \to 0} \frac{a^{x+h} - a^x}{h}$$

$$= \lim_{h \to 0} \frac{a^x a^h - a^x}{h} = \lim_{h \to 0} \frac{a^x(a^h - 1)}{h}$$

因為 a^x 和 h 無關，所以在取極限時可將它視為常數而提到極限外面：

$$f'(x) = a^x \lim_{h \to 0} \frac{a^h - 1}{h}$$

雖然不容易計算上式中的極限，但注意到它是 f 在 0 的導數，也就是

$$\lim_{h \to 0} \frac{a^h - 1}{h} = \lim_{h \to 0} \frac{f(0+h) - f(0)}{h} = f'(0)$$

因此，我們證明了若 $f(x) = a^x$ 在 $x = 0$ 是可微的，則對任意的 x 可以得到

(5) $\qquad f'(x) = f'(0) a^x$

這個公式說明任意的指數函數之變化率與函數本身成正比。(斜率與高度成正比。) 由圖 6 可見，$y = 2^x$ 的圖形在 y 軸左邊的斜率是小的數，而且函數值也是小的數；當 x 往右方移動時，斜率和函數值都是遞增的。

在第 2.3 節的例 9 中，我們已經估計當 $f(x) = 2^x$ 時，$f'(0) \approx 0.69$。同樣地，若 $g(x) = 3^x$，則

$$g'(0) = \lim_{h \to 0} \frac{3^h - 1}{h}$$

左表提示 $g'(0)$ 是存在的且大約為 1.10。所以

當 $f(x) = 2^x$ 時，$f'(0) = \lim_{h \to 0} \dfrac{2^h - 1}{h} \approx 0.69$

當 $f(x) = 3^x$ 時，$f'(0) = \lim_{h \to 0} \dfrac{3^h - 1}{h} \approx 1.10$

事實上，可以證明這些極限是存在的，而且準確到小數點後第六位的值為

$$\left.\frac{d}{dx}(2^x)\right|_{x=0} \approx 0.693147 \qquad \left.\frac{d}{dx}(3^x)\right|_{x=0} \approx 1.098612$$

因此，由公式 (5) 可以得到

(6) $\qquad \dfrac{d}{dx}(2^x) \approx (0.69) 2^x \qquad \dfrac{d}{dx}(3^x) \approx (1.10) 3^x$

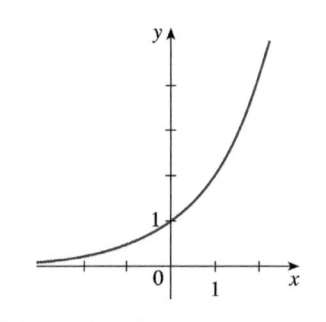

圖 6　$y = 2^x$

h	$\dfrac{3^h - 1}{h}$
0.1	1.1612
0.01	1.1047
0.001	1.0992
0.0001	1.0987

在第 3.4 節中,我們將決定這些導數的精確公式。現在只考慮一種特殊情形:在公式 (5) 的所有可能的基底 a 中,當 $f'(0)=1$ 時它的微分公式是最簡單的。由 $a=2$ 和 $a=3$ 的 $f'(0)$ 之估計,可以合理的猜測在 2 和 3 之間會有一個數 a,使得 $f'(0)=1$。傳統上將此數記作 e。(事實上,我們已經在第 1.5 節中以同樣方式介紹 e。)因此有下面的定義。

■ e 的定義

$$e \text{ 是使得 } \lim_{h \to 0} \frac{e^h - 1}{h} = 1 \text{ 的數}$$

已知 e 介於 2 和 3 之間,且 $f(x)=e^x$ 的圖形介於 $y=2^x$ 和 $y=3^x$ 的圖形之間 (如圖 7)。我們將會證明,準確到小數點後第五位,

$$e \approx 2.71828$$

在基底為 e 時,也就是 $f'(0)=1$ 時,公式 (5) 是最簡單的,因此有下面重要的微分公式。

■ 自然指數函數的導數

$$\frac{d}{dx}(e^x) = e^x$$

因此,指數函數 $f(x)=e^x$ 有個重要性質:**它是它自己的導數**。幾何意義就是:曲線 $y=e^x$ 在一點的切線斜率會等於在這點的 y 坐標 (如圖 8)。

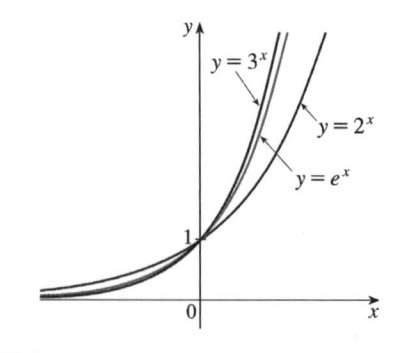

圖 7

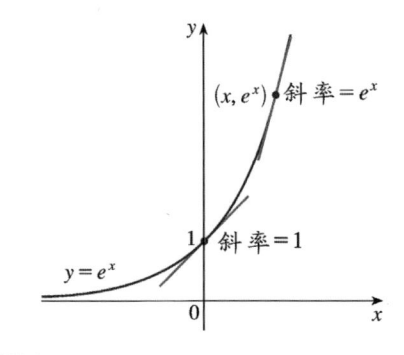

圖 8

例 9　自然指數函數的導數

若 $f(x) = 2e^x - x$，試求 f' 和 f''。

解

由減法律和常數倍律可得

$$f'(x) = \frac{d}{dx}(2e^x - x) = 2 \cdot \frac{d}{dx}(e^x) - \frac{d}{dx}(x) = 2e^x - 1$$

在第 2.4 節中，定義了二階導數為 f' 的導數，所以

$$f''(x) = \frac{d}{dx}(2e^x - 1) = 2 \cdot \frac{d}{dx}(e^x) - \frac{d}{dx}(1) = 2e^x$$

圖 9 所示為 f 和 f' 的圖形。

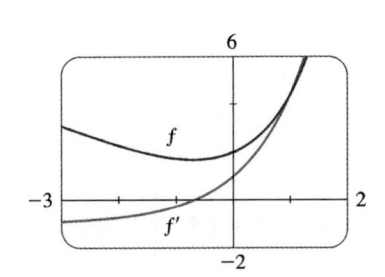

圖 9

例 10　自然指數函數的切線

試問曲線 $y = e^x$ 在 $x = 2$ 的切線斜率為何？在曲線上哪一點的切線斜率為 2？

解

由 $y = e^x$ 可得 $dy/dx = e^x$。當 $x = 2$ 時，切線斜率為

$$\left.\frac{dy}{dx}\right|_{x=2} = e^2 \approx 7.389$$

當切線斜率為 2 時，即 $dy/dx = 2$，或

$$e^x = 2 \quad \Longleftrightarrow \quad x = \ln 2$$

因此，所求的點為 $(\ln 2, 2)$，或大約為 $(0.693, 2)$ (如圖 10)。

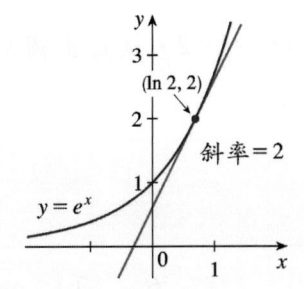

圖 10

■ 次方律的證明

我們要證明若 n 為正整數，則

$$\frac{d}{dx}(x^n) = nx^{n-1}$$

設 $f(x) = x^n$，則可得

$$f'(x) = \lim_{h \to 0} \frac{f(x+h) - f(x)}{h} = \lim_{h \to 0} \frac{(x+h)^n - x^n}{h}$$

回想求 x^3 的導數時，我們必須展開 $(x+h)^3$。現在可以用二項式定理展開 $(x+h)^n$，而得到：

$$f'(x) = \lim_{h \to 0} \frac{\left[x^n + nx^{n-1}h + \frac{n(n-1)}{2}x^{n-2}h^2 + \cdots + nxh^{n-1} + h^n\right] - x^n}{h}$$

$$= \lim_{h \to 0} \frac{nx^{n-1}h + \frac{n(n-1)}{2}x^{n-2}h^2 + \cdots + nxh^{n-1} + h^n}{h}$$

$$= \lim_{h \to 0} \left[nx^{n-1} + \frac{n(n-1)}{2}x^{n-2}h + \cdots + nxh^{n-2} + h^{n-1}\right] = nx^{n-1}$$

這是因為除了第一項外，後面的項都有 h，所以求極限時會趨近於 0。

■ 自我準備

1. 改寫成冪函數的型式。
   (a) $f(x) = \sqrt[3]{x}$
   (b) $g(w) = 1/w$
   (c) $A(t) = 4/\sqrt{t}$
   (d) $B(v) = 8/v^3$
   (e) $y = \sqrt[4]{x^3}$

2. 已知 $f(3) = 8$ 且 $f'(3) = -2$，試寫出圖形 f 在 $x = 3$ 的切線方程式。

■ 習題 3.1

1-19 ■ 試微分下列函數。

1. $f(x) = 186.5$
2. $y = x^9$
3. $g(t) = t^{7/2}$
4. $y = x^{-2/5}$
5. $L(t) = \sqrt[4]{t}$
6. $y = 8x^6$
7. $f(x) = 7/x^2$
8. $y = 5x - 3$
9. $f(x) = x^3 - 4x + 6$
10. $y = 0.7x^4 - 1.8x^3 + 5.1x$
11. $q = e^r + 3.4$
12. $G(x) = x^3 - 4e^x$
13. $f(t) = \frac{1}{4}(t^4 + 8)$
14. $f(q) = \frac{6}{q} - \frac{3}{q^2}$
15. $y = x(\sqrt{x} + 1/\sqrt{x})$
16. $F(x) = \left(\frac{1}{2}x\right)^5$
17. $y = \frac{7x^2 - 3x + 5}{x}$ (提示：先將式子改寫成三個獨立的分式。)
18. $f(y) = \frac{A}{y^{10}} + Be^y$
19. $v = t^2 - \frac{1}{\sqrt[4]{t^3}}$

20. 試求曲線 $y = 2x^2 + 3/x$ 在點 $(3, 19)$ 的切線方程式。

21. 試求曲線 $y = x^4 + 2e^x$ 在點 $(0, 2)$ 的切線方程式。

22. **原油價格** 2006 年 2 月、3 月和 4 月在世界上的平均原油價格（單位：美元 / 桶）可由函數 $p(t) = 0.12t^2 - 1.6t + 59.5$ 來模擬，其中 t 為在 2006 年 1 月 1 日之後的週數。試引用此模型求出原油價格在這一年第 14 週之後的瞬間變化率。它的單位為何？

23. 試求函數 $f(x) = x^4 - 3x^3 + 16x$ 的一階和二階導數。

24. **運動** 某移動物體的運動方程式為
$$s = 4.2t^3 + 3.4t^2 - 6t + 2.5$$
其中 t 的單位為秒，且 s 的單位為呎。
(a) 試計算在 4 秒後的速度。
(b) 試問在 6 秒後的加速度為何？

25. **運動** 一個粒子的運動方程式為 $s = t^3 - 3t$，其中 t 的單位為秒，且 s 的單位為公尺。試求
(a) 時間為 t 時的速度及加速度。
(b) 在 2 秒後的加速度。
(c) 速度為 0 時的加速度。

26. 試求在曲線 $y = 2x^3 + 3x^2 - 12x + 1$ 上有水平切線的點。

■ 自我挑戰

27. 試證明在曲線 $y = 6x^3 + 5x - 3$ 上沒有斜率為 4 的切線。

28. 試求 a 和 b 的值，使得當 $x = 2$ 時，直線 $2x + y = b$ 與拋物線 $y = ax^2$ 相切。

3.2 邊際分析簡介

由經濟學家的觀點，公司生產貨品或提供服務的目標是為了將利潤極大化。為了達成目的，這些公司必須面對許多決定，例如，要生產多少貨品？要僱用多少員工？或如何決定售價？在本節中，我們來檢視某些議題，尤其是公司的成本和收益的模型。模型是一種將實際狀況簡化的表示方式，而商業行為卻包含了許多複雜的元素，因此只能限制在引用少數的變數和方程式來分析它。然而，適當的數學模型仍然足夠精確以協助我們作決策。

■ 平均成本與邊際成本

所有的公司都必須控制成本才能永續經營。充分了解生產成本才能決定貨品的價格和產量。一般而言，不論生產量如何，公司都有例如租賃、購買機器的**固定成本** (fixed cost)。此外，也會有因產量改變而產生的**變動成本** (variable cost)。變動成本包括原料、薪資等成本。將所有的成本加總就得到**總成本** (total cost)。

若以 $C(q)$ 表示生產 q 件貨品之總成本 (將 q 想成是量)，就稱 C 為**成本函數 (cost function)**。成本函數常以二次函數

$$C(q) = a + bq + cq^2$$

或三次函數

$$C(q) = a + bq + cq^2 + dq^3$$

來表示。這裡以 a 表示固定成本，它與 q 無關，而用其他項表示變動成本。(生產原料與 q 成比例，但常因大量的生產作業出現超時工作或工作較無效率的現象，使得薪資須以 q 的較高次方來表示。)

我們預期成本函數是一個遞增函數，這是因為當生產量增加時，成本會隨著增加。但是，增加的速度有多快？成本函數增加的速度通常不會是線性的，而且當產量很大時，成本函數增加的速度則是較為緩慢。產量增加通常表示廠商的生產作業較有效率；工人更為專業，且因原料量需求達到經濟學家所稱的**規模經濟 (economies of scale)** 而減低進貨價格。然而，若產量再持續擴增，有些優勢可能會受到某些因素影響而消失，例如，組織過於龐大所造成內部效率不彰，額外的人事、設備或原料供應逐漸變少，造成更高的成本。

若能知道製造一件貨品的平均成本，會有助於公司作出決策。(例如，訂定貨品的售價。) 只要把總成本除以產量，就能容易地得出平均成本。

■ **平均成本** 若以 $C(q)$ 表示生產 q 件產品的總成本，則每件的**平均成本 (average cost)** 為

$$\frac{C(q)}{q}$$

如果只生產少量的產品，平均成本會較高，這是因為固定成本分攤在少數的產品上。當產量增加時，固定成本就能由較多的產品來分攤，所以平均成本減低是可以預期的。若平均成本隨著產量額外增加而下降時，這將帶給公司更多的彈性來調降售價。

在忽略固定成本因素的前提下，我們可用成本函數的變化率來檢視成本對產量的影響。成本函數對產量的瞬間變化率，稱為**邊際成本**。

> ■ **邊際成本** 若以 $C(q)$ 表示生產 q 件產品或服務的總成本，則**邊際成本 (marginal cost)** 為成本函數對產量的瞬間變化率
> $$C'(q) = \frac{dC}{dq}$$

若成本以美元為單位，邊際成本的單位為美元/件。因此，當產量增加時，邊際成本會告訴我們成本的立即影響。

例 1　平均成本與邊際成本

假設某公司估計每週生產 q 件產品的成本 (單位：美元) 為 $C(q) = 3000 + 13q - 0.01q^2 + 0.000003q^3$。

(a) 試問固定成本為何？

(b) 試求每件產品的平均成本函數。當生產 1500 件時，平均成本為何？

(c) 試求邊際成本函數。當生產 1500 件時，邊際成本為何？

(d) 試問生產第 1501 件產品的實際成本為何？

解

(a) 固定成本為成本函數的常數項，所以這個例題的固定成本為 3000 美元。

(b) 平均成本為每件

$$\frac{C(q)}{q} = \frac{3000 + 13q - 0.01q^2 + 0.000003q^3}{q}$$
$$= \frac{3000}{q} + 13 - 0.01q + 0.000003q^2 \text{ 美元}$$

當生產 1500 件時，平均成本為每件

$$\frac{C(1500)}{1500} = 6.75 \text{ 美元}$$

(c) 邊際成本為

$$C'(q) = 0 + 13(1) - 0.01(2q) + 0.000003(3q^2)$$
$$= 13 - 0.02q + 0.000009q^2$$

當生產 1500 件時，邊際成本為

$$C'(1500) = 13 - 0.02(1500) + 0.000009(1500^2) = 3.25$$

也就是在這個產量水準，多生產 1 件 (即第 1501 件) 的成本約為 3.25 美元。

(d) 生產第 1501 件的實際成本是產量為 1501 件和 1500 件成本的差值：

$$C(1501) - C(1500) \approx 10{,}128.2535 - 10{,}125.00 = \$3.2535$$

在例 1(d) 中，多生產 1 件的實際成本非常接近邊際成本。回顧導數的定義

$$C'(q) = \lim_{\Delta q \to 0} \frac{\Delta C}{\Delta q} = \lim_{h \to 0} \frac{C(q+h) - C(q)}{h}$$

若假設產量相對較多時，可取 $h = 1$ (這使得 h 對產量 q 而言相對的小)，我們能說

$$C'(q) \approx C(q+1) - C(q)$$

數學式 $C(q+1) - C(q)$ 表示生產 $q+1$ 件的成本減去生產 q 件的成本；換句話說，這計算出生產第 $q+1$ 件的實際成本。因此，

邊際成本近似於多生產 1 件產品的實際成本

如同例 1，$C'(1500)$ 近似於當已經產出 1500 件之後，再生產第 1501 件的實際成本。

■ 線性近似

引用導數 (瞬間變化率) 的概念來估計函數的變化在很多方面是很有用的。例如，若知道子彈離開槍管的速度為每秒 600 公尺，我們可以估計出半秒後子彈飛行了 300 公尺遠。即使子彈離開槍管後會減速，我們預期在這 $\frac{1}{2}$ 秒內子彈的速度變化相對小，所以估計飛行距離為 300 公尺是合理的。

我們以圖形來看這個近似方法。圖 1 顯示了例 1 的成本函數 C。由於圖形的斜率都在改變，所以變化率不是常數。然而，當 $q = 1500$ 時，變化率為 $C'(1500) = 3.25$。若說每多生產 1 件的成本都是 3.25 美元，這表示函數的變化率都是固定的。若由點 $(1500, C(1500))$ 出發

因為取 q 為整數，所以在字義上無法使 h 趨近 0，但是用來表示成本的函數是連續的，而且能接受任意的輸入值。

且以變化率為 $C'(1500) = 3.25$ 移動，這就是我們所描述的切線。因此，引用導數來預測所對應的可微分函數在這個點附近的函數值，也就是用切線來預測對應的函數值；我們稱為**線性近似 (linear approximation)**。

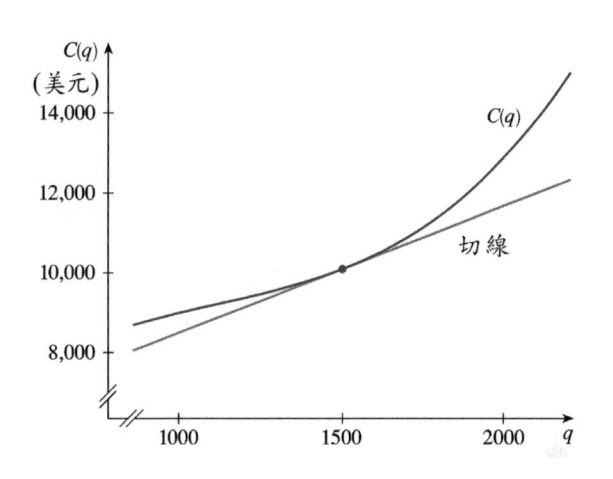

圖 1

由圖 1，我們看到 C 的值在 $q = 1500$ 附近非常接近切線，所以線性近似能非常準確地預測生產第 1501 件產品的成本。這使得我們能說生產接下來的 100 件產品的成本約為 $3.25(100) = 325$ 美元。這是個合理精確度的預測，因為切線在 $1500 \le q \le 1600$ 很接近 C 的圖形。但是當距離 $q = 1500$ 較遠時，切線並不會接近 C 的圖形，所以線性近似就不太準確。圖 2 中，我們看到若以線性近似來估計產量由 1500 件到 2000 件所增加的成本約為 1600 美元，而實際增加的成本卻是 $C(2000) - C(1500) = 2875$ 美元。因此，線性近似適合預測附近的函數值，但不適合預測離開計算導數的點太遠的函數值。

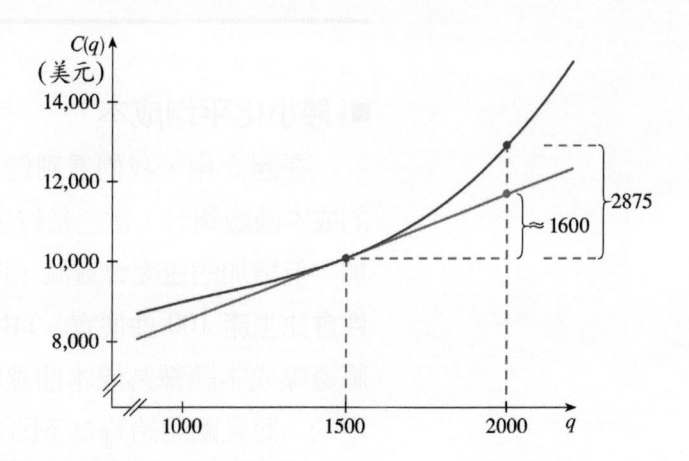

圖 2

線性近似能簡化某些量的計算，例如，邊際成本。但是，若只知道導數卻無有關原始函數的充分資訊時，線性近似卻是一個特別有用的工具。

一般而言，若知道函數在 $x = a$ 的值和它的導數，我們可以用線性近似來估計它在附近的值 (在 $x = a + \Delta x$，其中 Δx 是一個相對較小的量)

(1) $$f(a + \Delta x) \approx f(a) + f'(a)\Delta x$$

例 2　引用線性近似

假設某家工廠在每月運作 t 小時所使用的電力成本為 $E(t)$ (單位：美元)。若 $E(210) = 1845$ 和 $E'(210) = 10.12$，試以線性近似來估計這家工廠運作 218.5 小時所使用的電力成本。

解

我們知道這家工廠運作 210 小時所使用的電力成本為 1845 美元。想預測的是多運作 8.5 小時所增加的成本，所以可用已知的導數做為變化率。因此，所增加的成本約為

$$8.5(10.12) = 86.02$$

而調整後的月成本約為

$$1845 + 86.02 = 1931.02$$

若用公式 (1) 的表示法，可知 $a = 210$ 和 $\Delta x = 8.5$，所以

$$f(218.5) = f(210 + 8.5) \approx f(210) + f'(210) \cdot (8.5)$$
$$= 1845 + 10.12(8.5) = 1845 + 86.02 = 1931.02$$

■ 最小化平均成本

在圖 3 中，我們看到例 1 中成本函數的較完整圖形，這是典型的成本函數圖形。當產量較少時，因為尚未達到規模經濟，成本會增加，但增加的速度會遞減，所以邊際成本看來會先下降。(生產 1000 件會比生產 100 件便宜。) 由於邊際成本是成本函數的導數，我們可將邊際成本詮釋為成本曲線的斜率。由圖 3 中，我們看到曲線是遞增的，而且剛開始時為下凹 (變化率遞減)。但終究會抵達反曲點 (在 $q \approx 1100$) 使得圖形反轉，所以生產成本會快速遞增，這可能是因為大量的生產作業出現超時工作或工作較無效率的現象所導致的。在這裡，曲線為上凹。

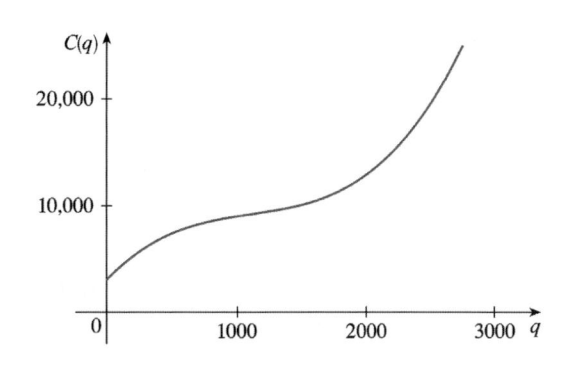

圖 3　例 1 的成本函數

若邊際成本是遞增的，擴增產量合理嗎？只要邊際成本低於平均成本，擴增產量可以降低平均成本。若想降低平均成本，就應該增加產量；相反地，若邊際成本高於平均成本，擴增產量卻會使平均成本增加。因此，對典型的成本函數而言，

當邊際成本等於平均成本時，平均成本為最小

例 1 成本函數的平均成本和邊際成本之圖形如圖 4 所示；平均成本曲線的最低點恰為兩條曲線的交點。

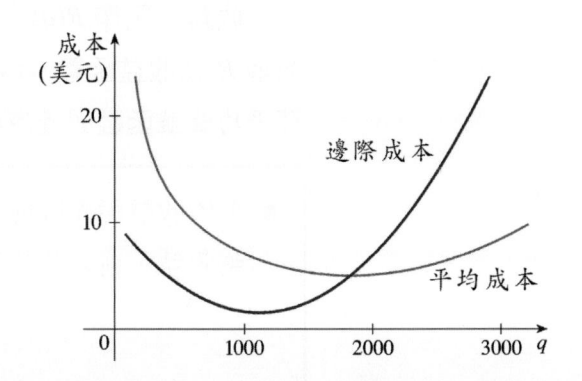

圖 4　例 1 的邊際成本函數和平均成本函數

例 3　平均成本最小化

某小型家具工廠估計每月製造 q 張某特殊造型的椅子之成本 (單位：美元) 為

$$C(q) = 10{,}000 + 5q + 0.01q^2$$

若想使得平均成本為最小，每月的產量應為多少？

解

當邊際成本等於平均成本時，可得到最小的平均成本。由

$$平均成本 = \frac{C(q)}{q} = \frac{10{,}000 + 5q + 0.01q^2}{q}$$

和
$$邊際成本 = C'(q) = 5 + 0.02q$$

取兩式相等,可得

$$\frac{10{,}000 + 5q + 0.01q^2}{q} = 5 + 0.02q$$
$$10{,}000 + 5q + 0.01q^2 = 5q + 0.02q^2$$
$$10{,}000 = 0.01q^2$$
$$1{,}000{,}000 = q^2$$
$$1000 = q$$

另一方面,我們可以畫出平均成本和邊際成本函數的圖形 (如圖 5),並找出它們的交點。兩條曲線交於點 (1000, 25),所以生產 1000 張椅子的平均成本為最低 (每張 25 美元)。

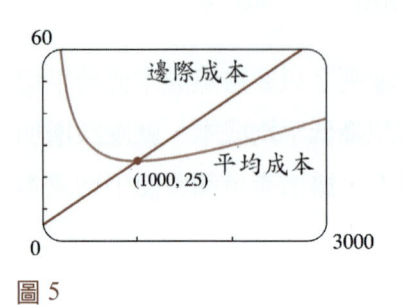

圖 5

■ 收益和利潤

收益,記作 $R(q)$,為公司生產並賣出 q 件貨品所收到的貨款,並稱 R 為**收益函數** (revenue function)。如同成本函數,我們可以計算平均收益函數與邊際收益函數。

> ■ **平均收益與邊際收益** 若以 $R(q)$ 表示售出 q 件貨品或服務的總收益,則每件的**平均收益** (average revenue) 為
> $$\frac{R(q)}{q}$$
> 和**邊際收益** (marginal revenue) 為
> $$R'(q) = \frac{dR}{dq}$$

邊際收益可視為收益函數的斜率。我們可將邊際收益看成大約是每多售出 1 件商品所增加的收入 (假設銷售量相當大)。

若每件商品的售價都不變,則邊際收益永遠相同。(事實上,邊際收益就是商品的單價。) 然而,在典型的商業行為,商品售價是會改變的。若某項商品的產量過多,由於市場過於飽和,將迫使該項商品的售價必須調降。

無論如何,在特定時段中應生產多少件商品才能獲得最大的利

潤,這是公司必須回答的關鍵問題。**利潤函數 (profit function)** P 是由總收益減去總成本:

$$P(q) = R(q) - C(q)$$

若多售出商品的額外收益高於額外成本,將會使利潤增加。因此,只要是邊際收益大於邊際成本,就應增加銷售量來獲得最高的利潤。所以,$R'(q) > C'(q)$,

想獲得最高的利潤,銷售量應持續增加至
使得邊際收益和邊際成本相等的水準

例 4　邊際收益與利潤極大化

再探討例 3 的製造椅子問題,假設製造商估計售出 q 張椅子,且不超過 2000 張的收益 (單位:美元) 為 $R(q) = 48q - 0.012q^2$。

(a) 售出 1500 張椅子的邊際收益為何?
(b) 試求使得利潤為最大的銷售量。

解

(a) 邊際收益函數為 $R'(q) = 48 - 0.024q$,所以售出 1500 張椅子時,邊際收益為每張 $R'(1500) = 12$ 美元。因此,可以說售出第 1501 張椅子的額外收入約為 12 美元。

(b) 在例 3 中,我們得到 $C'(q) = 5 + 0.02q$。椅子剛上市時,可知 $R'(q) > C'(q)$,所以當邊際收益等於邊際成本時,利潤為最高:

$$R'(q) = C'(q)$$
$$48 - 0.024q = 5 + 0.02q$$
$$-0.044q = -43$$
$$q = \frac{43}{0.044} \approx 977.27$$

因此,家具製造商應製造和銷售 977 張椅子才能獲得最大的利潤。

例 4 的成本函數和收益函數之圖形如圖 6 所示。注意:大約在 $q = 977$,兩條切線的斜率相同,所以邊際成本和邊際收益在該處相

等。在它的左邊，收益曲線比成本曲線更陡峭，這指出增加產量是有利的。

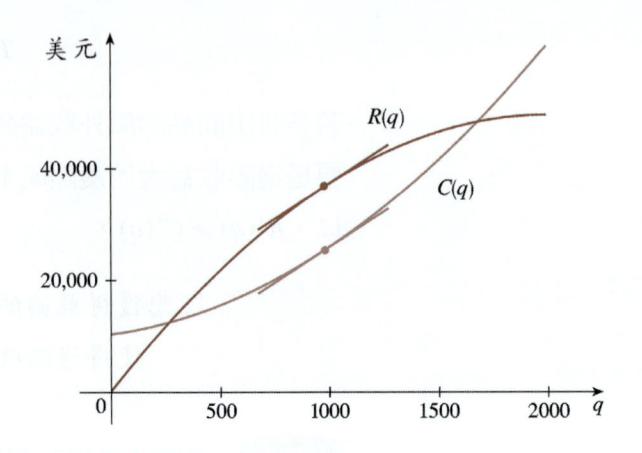

圖 6　例 4 的成本函數和收益函數

需求函數

在商品的售價和銷售量之間有某種關係。設 $p = D(q)$ 為某公司出售 q 件商品的單價，則稱 D 為**需求函數 (demand function)** [或**價格函數 (price function)**，它的圖形為**需求曲線 (demand curve)**。我們預期 p 為 q 的遞減函數 (想賣出更多商品，就得調降售價)。典型的需求曲線如圖 7 所示。

以售價決定銷售量是比較自然的想法，但是經濟學家長久以來用銷售量做為需求函數的輸入值，而售價就是輸出值。

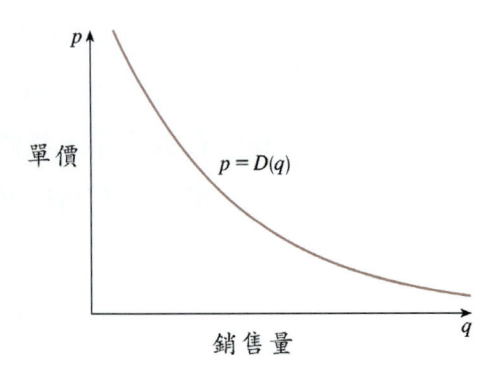

圖 7　典型需求函數的圖形

因為收益是商品售出的數量和它的單價之乘積，所以收益函數就是

$$R(q) = q \cdot D(q)$$

例 5 需求函數和利潤極大化

某公司的成本函數和需求函數為

$$C(q) = 84 + 1.26q - 0.01q^2 + 0.00007q^3 \quad \text{和} \quad D(q) = 3.5 - 0.01q$$

(a) 若每件商品的售價為 1.20 美元，試問這項商品的銷售量為何？

(b) 試求使得利潤為最大的銷售量。

解

(a) 因為單價為需求函數的輸出值，由求解

$$3.5 - 0.01q = 1.20$$
$$0.01q = 2.3$$
$$q = 230$$

可知，若單價為 1.20 美元，可賣出 230 件商品。

(b) 因為收益函數為

$$R(q) = q \cdot D(q) = q(3.5 - 0.01q) = 3.5q - 0.01q^2$$

可得到邊際收益函數為

$$R'(q) = 3.5 - 0.02q$$

和邊際成本函數為

$$C'(q) = 1.26 - 0.02q + 0.00021q^2$$

因此，當

$$3.5 - 0.02q = 1.26 - 0.02q + 0.00021q^2$$

邊際收益和邊際成本相等。求解，可以得到

$$0.00021q^2 = 2.24$$
$$q^2 = \frac{2.24}{0.00021}$$
$$q = \sqrt{\frac{2.24}{0.00021}} \approx 103$$

注意：剛開始上市時 $R'(q) > C'(q)$，因此當銷售量為 103 件，將可使得利潤為最大。

例 5 的收益函數和成本函數之圖形如圖 8 所示。當 $R > C$ 時，公司會獲利，且利潤會到達最大值。注意：在這個產量時，兩條曲線有互相平行的切線，這是因為邊際收益和邊際成本相等。

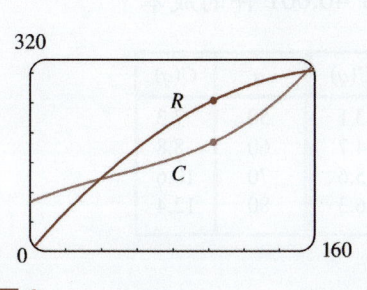

圖 8

■ 自我準備

1. 若 $f(x) = 120 + 2.6x + 0.02x^2$，試求
   (a) $f'(x)$
   (b) $f'(50)$

2. 若 $A(q) = 0.001q^3 + 0.05q^2 + 20q + 350$，試計算 $A'(400)$。

3. 試由函數 f 的圖形估計 $f'(60)$ 的值。

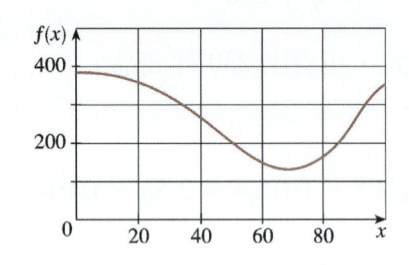

4. 試求方程式的解 x（四捨五入到小數點後第二位）：

$$\frac{250 + 5x + 0.002x^2}{x} = 0.004x + 5 \quad (x > 0)$$

5. 試求下列方程式的解 x（四捨五入到十分位）：
   (a) $18e^{-0.5x} = 8$
   (b) $200x^{-1.4} = 75$

■ 習題 3.2

1. **成本函數** 試寫出成本函數的方程式，其中固定成本為 2000 美元，變動成本為每單位 15 美元。

2. **生產糖果** 某家糕點小鋪每週製造 q 條巧克力棒的成本為

$$C(q) = 1800 + 0.12q + 0.003q^2$$

   (a) 試求平均成本函數。
   (b) 試求邊際成本函數。
   (c) 試比較生產 500 條巧克力棒的平均成本和邊際成本。生產第 501 條巧克力棒的實際成本為何？

3. **服飾製作** 某公司生產 x 件牛仔褲的成本為

$$C(x) = 2000 + 3x + 0.01x^2 + 0.0002x^3$$

   (a) 試求邊際成本函數。
   (b) 試求 $C'(100)$ 並詮釋其意義。它預測了什麼？
   (c) 試將 $C'(100)$ 和生產第 101 件牛仔褲的實際成本作比較。

4. 假設某公司生產 q 單位（單位：千件）新產品的成本為 $C(q)$（單位：百萬美元）。下表列舉了數個成本的值。
   (a) 試計算生產 60,000 件的平均成本。
   (b) 試估計 $C'(40)$ 的值並詮釋其意義。
   (c) 試估計生產第 40,001 件的成本。

q	$C(q)$	q	$C(q)$
10	3.1	50	7.3
20	4.7	60	8.8
30	5.6	70	10.6
40	6.3	80	12.4

5. 設 f 為可微分函數。若 $f(40) = 378$ 和 $f'(40) = 6$，試引用線性近似估計下列的值。
   (a) $f(42)$
   (b) $f(38.5)$

6. **生產紙張** 假設 $C(t)$（單位：千美元）為生產 x 噸白紙的成本。若 $C'(10) = 350$，試估計當已

生產 10 噸白紙後再額外生產 500 磅的成本。

7. 成本函數 C 的圖形如下圖。

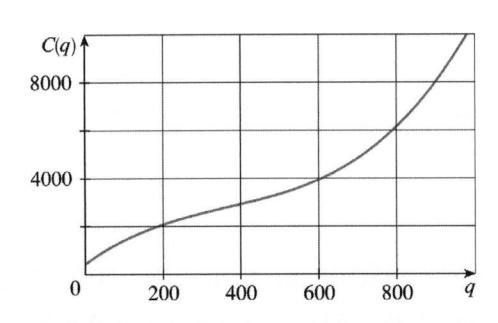

   (a) 若已生產 100 單位，試問邊際成本高嗎？若已生產 200 單位呢？
   (b) 試估計生產 600 單位的邊際成本。
   (c) 試估計最低邊際成本的生產量。

8. **烘焙** 烘焙師傅估計每天烤 q 條麵包的成本 (單位：美元) 為

$$C(q) = 0.01q^2 + 2q + 250$$

   若想使得平均成本為最低，試問每天須烤多少條麵包？

9. **生產家電** 某製造商估計每天生產 q 部電源供應器的成本 (單位：美元) 為

$$C(q) = 2500 + 4q + 0.005q^2$$

   所帶來的收益 (單位：美元) 為

$$R(q) = 16q - 0.002q^2$$

   (a) 試寫出這家製造商生產 q 部電源供應器後預期的利潤 P。
   (b) 試求邊際成本和邊際收益函數。
   (c) 試求使得利潤為最大的產量為何？

10. 已知某公司產品的需求函數為 $p = 32e^{-0.6q}$，其中 q 的單位為千件，p 的單位為美元。
    (a) 若想賣出 4500 件，試問每件的售價為何？
    (b) 若每件的售價為 7.50 美元，試問可以賣出多少件？

11. 已知成本為 $C(q) = 680 + 4q + 0.01q^2$，和需求為 $p = 12 - q/500$，試求使得利潤為最大的產量。

12. **生產珠寶** 某珠寶商考慮推出限量版的鑽石手鐲，她想決定應生產多少個。下表列出數種不同產量的總成本和每套手鐲的售價。

手鐲數量	總成本 (千美元)	單價
100	$215	$8000
200	$420	$7500
300	$625	$6000
400	$820	$5000
500	$1015	$4200
600	$1205	$3600

   (a) 在上表中，試問哪種產量的利潤最高？
   (b) 試估計生產 400 個手鐲的邊際成本和邊際收益。
   (c) 由 (b) 的估計，若將產量提高超過 400 個，試問利潤會隨著增加嗎？

13. 成本函數 C 和收益函數 R (單位：千美元) 的圖形如下圖，其中 q 為某公司新產品的個數。

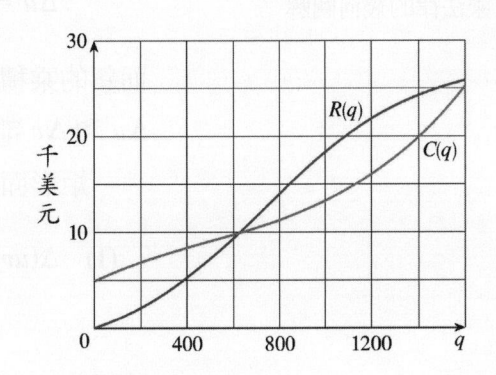

    (a) 若生產 800 個新產品，試估計這家公司得到的利潤。
    (b) 若生產 1400 個新產品，試估計邊際成本

和邊際收益。在這個產量水準，你覺得應該增加產量嗎？

(c) 試估計使得利潤為最大的產量。

14. 某汽車美容公司估計每天打蠟 q 部汽車的成本（單位：美元）為

$$C(q) = 0.08q^2 + 37q + 350$$

已知每部打蠟的汽車需繳 65 美元，若想得到最高的利潤，試問每天須為幾部汽車打蠟？

3.3 乘法和除法律

在第 3.1 節中，我們學習了導數的加法和減法律，也就是函數和或差的導數等於函數導數的和或差。但是，兩個函數相乘或相除就不是那麼簡單。在本節中，我們將發展公式來計算兩個函數相乘或相除的導數。

■ 乘法律

若仿照加法律和減法律，我們可能會猜測，函數乘積的導數是函數導數的乘積。事實上，這個敘述是錯的。例如，取 $f(x) = x$ 和 $g(x) = x^2$，則由次方律可得 $f'(x) = 1$ 和 $g'(x) = 2x$。可是若定義 $h(x) = f(x) \cdot g(x)$，則 $h(x) = x^3$，所以可得 $h'(x) = 3x^2$；也就是說，$(fg)' \neq f'g'$。這個正確的公式是由萊布尼茲所發現，稱為乘法律（他也作過這個錯誤的猜測，但隨即發現正確的公式）。

在敘述乘法律之前，先看看如何推導它。首先假設 $u = f(x)$ 和 $v = g(x)$ 為正的可微分函數，則乘積 uv 可視為一個長為 u 且寬為 v 的矩形的面積（如圖 1）。若在 x 變動了 Δx，則在 u 和 v 相對的改變分別為

$$\Delta u = f(x + \Delta x) - f(x) \qquad \Delta v = g(x + \Delta x) - g(x)$$

而新的乘積值 $(u + \Delta u)(v + \Delta v)$ 可視為在圖 1 中大矩形的面積（假設 Δu 和 Δv 都是正數）。

矩形面積的改變量為

(1) $\Delta(uv) = (u + \Delta u)(v + \Delta v) - uv = u\Delta v + v\Delta u + \Delta u \Delta v$
 $ = $ 三個陰影部分的面積和

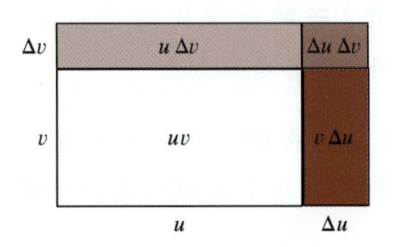

圖 1 乘法律的幾何圖解

除以 Δx，可得 uv 的平均變化率為

$$\frac{\Delta(uv)}{\Delta x} = u\frac{\Delta v}{\Delta x} + v\frac{\Delta u}{\Delta x} + \Delta u \frac{\Delta v}{\Delta x}$$

回顧在萊布尼茲記號中，導數的定義可寫成

$$\frac{dy}{dx} = \lim_{\Delta x \to 0} \frac{\Delta y}{\Delta x}$$

接著取 $\Delta x \to 0$，則可得 uv 的導數：

$$\frac{d}{dx}(uv) = \lim_{\Delta x \to 0} \frac{\Delta(uv)}{\Delta x} = \lim_{\Delta x \to 0}\left(u\frac{\Delta v}{\Delta x} + v\frac{\Delta u}{\Delta x} + \Delta u \frac{\Delta v}{\Delta x}\right)$$

$$= u \lim_{\Delta x \to 0} \frac{\Delta v}{\Delta x} + v \lim_{\Delta x \to 0} \frac{\Delta u}{\Delta x} + \left(\lim_{\Delta x \to 0} \Delta u\right)\left(\lim_{\Delta x \to 0} \frac{\Delta v}{\Delta x}\right)$$

$$= u\frac{dv}{dx} + v\frac{du}{dx} + 0 \cdot \frac{dv}{dx}$$

[注意到 $\lim_{\Delta x \to 0} \Delta u = 0$。這是因為 f 是可微分的，所以由第 2.4 節的定理 (3) 可知它是連續的，因此當 $\Delta x \to 0$ 時，$\Delta u \to 0$。] 所以

(2) $$\frac{d}{dx}(uv) = u\frac{dv}{dx} + v\frac{du}{dx}$$

雖然假設所有量都是正數 (為了幾何上的詮釋)，公式 (1) 是恆成立的。(無論 u、v、Δu 和 Δv 是正的或負的，代數計算是成立的。)

用 ′ (prime) 的符號記作：
$$(fg)' = fg' + gf'$$

> ■ **乘法律** 假設 f 及 g 都是可微分的函數，則
> $$\frac{d}{dx}[f(x)g(x)] = f(x)\frac{d}{dx}[g(x)] + g(x)\frac{d}{dx}[f(x)]$$

以文字來敘述，乘法律就是兩個函數乘積的導數等於第一個函數乘以第二個函數的導數，加上第二個函數乘以第一個函數的導數。

例 1 使用乘法律

若 $f(x) = xe^x$，試求 $f'(x)$ 和 $f''(x)$。

解

由乘法律，可得

$$f'(x) = \frac{d}{dx}(xe^x) = x\frac{d}{dx}(e^x) + e^x\frac{d}{dx}(x)$$

$$= \underbrace{x}_{\text{第一個函數}} \cdot \underbrace{e^x}_{\text{第二個函數的導數}} + \underbrace{e^x}_{\text{第二個函數}} \cdot \underbrace{1}_{\text{第一個函數的導數}}$$

$$= (x+1)e^x$$

再用乘法律一次，可得

圖 2 所示為例 1 中函數 f 和它的導數 f' 的圖形。注意：當 f 是遞增時，$f'(x)$ 是正的；而當 f 是遞減時，$f'(x)$ 是負的。

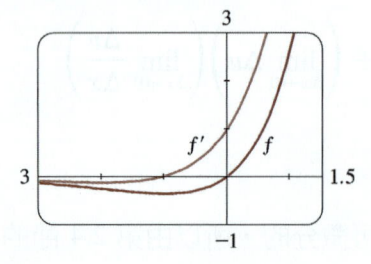

圖 2

$$f''(x) = \frac{d}{dx}[(x+1)e^x] = (x+1)\frac{d}{dx}(e^x) + e^x\frac{d}{dx}(x+1)$$
$$= (x+1)e^x + e^x \cdot 1 = (x+2)e^x$$

例 2 乘法律的替代方法

試微分函數 $g(t) = 2t^3(3+5t)$。

解 1

使用乘法律可得

$$g'(t) = 2t^3\frac{d}{dt}(3+5t) + (3+5t)\frac{d}{dt}(2t^3)$$
$$= 2t^3 \cdot 5 + (3+5t) \cdot 6t^2$$
$$= 10t^3 + 18t^2 + 30t^3 = 40t^3 + 18t^2$$

解 2

如果我們用分配律重新改寫 $g(t)$，直接引用加法律即可，而不必用到乘法律。

$$g(t) = 2t^3(3+5t) = 6t^3 + 10t^4$$
$$g'(t) = 18t^2 + 40t^3$$

這個結果與解 1 的答案一樣。

例 2 說明了有時候先簡化函數乘積後再微分會比直接使用乘法律來得容易。但是，在例 1 中乘法律是唯一的選擇。

例 3 未知方程式時使用乘法律

已知 $f(x) = \sqrt{x}\, g(x)$，若 $g(4) = 2$ 和 $g'(4) = 3$，試求 $f'(4)$。

解

使用乘法律可得

$$f'(x) = \frac{d}{dx}[\sqrt{x}\, g(x)] = \sqrt{x}\,\frac{d}{dx}[g(x)] + g(x)\frac{d}{dx}[\sqrt{x}]$$
$$= \sqrt{x}\, g'(x) + g(x) \cdot \tfrac{1}{2}x^{-1/2}$$
$$= \sqrt{x}\, g'(x) + \frac{g(x)}{2\sqrt{x}}$$

因此

$$f'(4) = \sqrt{4}\, g'(4) + \frac{g(4)}{2\sqrt{4}} = 2 \cdot 3 + \frac{2}{2 \cdot 2} = 6.5$$

在下面的例題中，我們將引用乘法律來估計兩個量相乘所得函數的變化率，其中每個量都是遞增的。

例 4　詮釋乘法律中的項

某電話公司需要估計下個月必須裝設新住戶電話線的數量。在 1 月初，它有 100,000 戶客戶，且平均每戶有 1.2 條電話線。電話公司估計每個月會增加 1000 戶客戶。由調查現有客戶的需求得知，1 月底每個現有客戶想裝設新電話線的平均數量為 0.01 條。試由在月初計算電話線增加的速率，來估計在 1 月份必須架設的新電話線數量。

解　　令 $s(t)$ 為客戶數，$n(t)$ 為每戶在時間 t 所擁有的電話線數量，其中 t 的單位為月，且 $t = 0$ 對應 1 月初。所以，電話線的總數為

$$L(t) = s(t)n(t)$$

因此，依題意所要求的是 $L'(0)$。由乘法律可得

$$L'(t) = \frac{d}{dt}[s(t)n(t)] = s(t)n'(t) + n(t)s'(t)$$

已知 $s(0) = 100{,}000$ 和 $n(0) = 1.2$。公司對增加率的估計有 $s'(0) \approx 1000$ 和 $n'(0) \approx 0.01$。所以

$$L'(0) = s(0)n'(0) + n(0)s'(0)$$
$$\approx 100{,}000 \cdot 0.01 + 1.2 \cdot 1000 = 2200$$

也就是公司在 1 月份必須架設大約 2200 條新的電話線。

注意到在乘法律中兩項的來源是不同的 —— 舊的和新的客戶。在 L' 的其中一項是現有客戶數 (100,000) 乘以他們預定新增的電話線數速率 (每個月每戶約 0.01)；第二項則是每戶的平均電話線數 (在月初有為 1.2) 乘以客戶增加的數量 (每個月 1000)。

■ 除法律

接下來，我們要推導計算兩個函數相除的微分公式。假設 f 和 g 是可微分的，且令 $F(x) = f(x)/g(x)$。若預設 F 是可微分的，則可將乘法律應用至 $f(x) = F(x) \cdot g(x)$，而得到

$$f'(x) = F(x) \cdot g'(x) + g(x) \cdot F'(x)$$

對上式求解 $F'(x)$，可得到

$$g(x) F'(x) = f'(x) - F(x) g'(x)$$

$$F'(x) = \frac{f'(x) - F(x) g'(x)}{g(x)} = \frac{f'(x) - \dfrac{f(x)}{g(x)} g'(x)}{g(x)}$$

$$= \frac{f'(x) - \dfrac{f(x)}{g(x)} g'(x)}{g(x)} \cdot \frac{g(x)}{g(x)} = \frac{g(x) f'(x) - f(x) g'(x)}{[g(x)]^2}$$

因此

$$\left(\frac{f(x)}{g(x)}\right)' = \frac{g(x) f'(x) - f(x) g'(x)}{[g(x)]^2}$$

雖然我們預設 F 是可微分的而得到上式，但是它可以如同之前發現乘法律，不需要這假設而得證。

′ 的符號記作：

$$\left(\frac{f}{g}\right)' = \frac{gf' - fg'}{g^2}$$

> ■ **除法律** 假設 f 及 g 都是可微分的函數，則
>
> $$\frac{d}{dx}\left[\frac{f(x)}{g(x)}\right] = \frac{g(x) \dfrac{d}{dx}[f(x)] - f(x) \dfrac{d}{dx}[g(x)]}{[g(x)]^2}$$

以文字來敘述，除法律就是分數的導數等於分母乘以分子的導數減去分子乘以分母的導數後，再除以分母的平方。

下面的例子進一步說明，除法律和其他的公式可被用來計算任何有理函數的導數。

例 5 使用除法律

令 $y = \dfrac{x^2 + x - 2}{x^3 + 6}$。

則

可以利用繪圖軟體來驗證例 5 的結果。圖 3 為例 5 的函數及其導數的圖形。注意到當 y 增加得很快 (接近 −2) 時，y' 很大；當 y 增加得很慢時，y' 很接近 0。

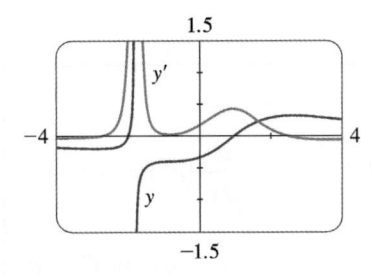

圖 3

$$y' = \frac{(x^3 + 6)\dfrac{d}{dx}(x^2 + x - 2) - (x^2 + x - 2)\dfrac{d}{dx}(x^3 + 6)}{(x^3 + 6)^2}$$

$$= \frac{(x^3 + 6)(2x + 1) - (x^2 + x - 2)(3x^2)}{(x^3 + 6)^2}$$

$$= \frac{(2x^4 + x^3 + 12x + 6) - (3x^4 + 3x^3 - 6x^2)}{(x^3 + 6)^2}$$

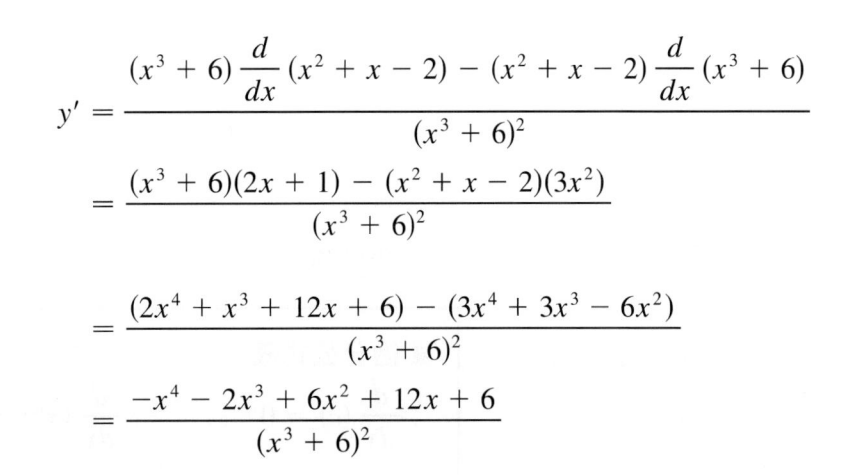

$$= \frac{-x^4 - 2x^3 + 6x^2 + 12x + 6}{(x^3 + 6)^2}$$

例 6　切線方程式

試求曲線 $y = e^x/(1 + x^2)$ 在點 $(1, e/2)$ 的切線方程式。

解

由除法律，可得

$$\frac{dy}{dx} = \frac{(1 + x^2)\dfrac{d}{dx}(e^x) - e^x \dfrac{d}{dx}(1 + x^2)}{(1 + x^2)^2}$$

$$= \frac{(1 + x^2)e^x - e^x(2x)}{(1 + x^2)^2} = \frac{e^x(1 - x)^2}{(1 + x^2)^2}$$

所以，在點 $(1, e/2)$ 的切線斜率為

$$\left.\frac{dy}{dx}\right|_{x=1} = \frac{e^1(1 - 1)^2}{(1 + 1^2)^2} = 0$$

也就是在點 $(1, e/2)$ 的切線是水平的，所以它的方程式為 $y = e/2$ (大約 $y = 1.36$)。[詳見圖 4。注意到函數是遞增的，且在 $(1, e/2)$ 穿過它的切線。]

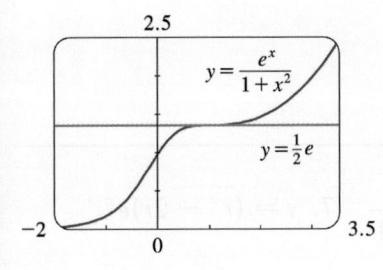

圖 4

註：不要每次看到函數是分式的形式時就用除法律去微分。有時候，先將函數改寫成其他形式時，會較容易作微分。例如，雖然可以用除法律求得下列函數

$$F(x) = \frac{3x^2 + 2\sqrt{x}}{x}$$

的導數，可是若將函數改寫成

$$F(x) = \frac{3x^2}{x} + \frac{2\sqrt{x}}{x} = 3x + 2x^{-1/2}$$

更容易求出它的導數。

我們將到目前為止所得到的微分公式摘錄如下：

■ 微分公式表

$$\frac{d}{dx}(c) = 0 \qquad \frac{d}{dx}(x^n) = nx^{n-1} \qquad \frac{d}{dx}(e^x) = e^x$$

$$(cf)' = cf' \qquad (f+g)' = f' + g' \qquad (f-g)' = f' - g'$$

$$(fg)' = fg' + gf' \qquad \left(\frac{f}{g}\right)' = \frac{gf' - fg'}{g^2}$$

■ 自我準備

1. 求函數的導數。
   (a) $f(x) = 5x^3 + 3x$
   (b) $g(x) = 1/x^2$
   (c) $r(x) = \sqrt{x}$
   (d) $U(t) = e^t$

2. 改寫成指數不為負數或分數的型式。
   (a) $5t^{-2}$
   (b) $\frac{1}{2}x^{-1/2}$
   (c) $4x^{1/3}$

3. 若某移動物體在 t 分鐘後的位置（單位：呎）為 $s(t) = 0.2t^3 + 14t + 3$，分別求下列各項。
   (a) 在 2 分鐘後的速度。它的單位為何？
   (b) 在 2 分鐘後的加速度。

■ 習題 3.3

1. 試用兩種不同的方式求 $y = (x^2 + 1)(x^3 + 1)$ 的導數：乘法律或先將式子展開後再微分。兩者求出的答案是否相同？

2-10 ■ 試微分。

2. $f(x) = x^2 e^x$

3. $y = \dfrac{e^x}{x^2}$

4. $g(x) = \dfrac{3x - 1}{2x + 1}$

5. $F(y) = \left(\dfrac{1}{y^2} - \dfrac{3}{y^4}\right)(y + 5y^3)$

6. $y = \dfrac{t^2}{3t^2 - 2t + 1}$

7. $y = (r^2 - 2r)e^r$

8. $P = \dfrac{5e^t}{2 + 3t^2}$

9. $y = \dfrac{v^3 - 2v\sqrt{v}}{v}$

10. $f(x) = \dfrac{A}{B + Ce^x}$

11. 試求曲線 $y = \dfrac{x}{x^2 - 1}$ 在 $x = 2$ 的斜率。將你的結果四捨五入至小數點後第三位。

12. 試求曲線 $y = 2xe^x$ 在點 $(0, 0)$ 的切線方程式。

13. **生產力** 若工廠有 x 個工人時，其總生產值為 $p(x)$，則人力的平均生產力為

$$A(x) = \frac{p(x)}{x}$$

   (a) 試求 $A'(x)$。若 $A'(x) > 0$ 時，為何公司需要僱用更多工人？
   (b) 試證明當 $p'(x)$ 大於平均生產力時，會有 $A'(x) > 0$。

14. **運動** 若某移動物體在 t 秒後行經的距離（單位：呎）為 $3t/(2+t)$。試求在 4 秒後的加速度。

15. 若 $f(x) = x^2/(1+x)$，試求 $f''(1)$。

16. 已知 $f(5) = 1$、$f'(5) = 6$、$g(5) = -3$ 和 $g'(5) = 2$。若 $A(x) = f(x)g(x)$、$B(x) = f(x)/g(x)$ 和 $C(x) = g(x)/f(x)$，試求下列值。
   (a) $A'(5)$ (b) $B'(5)$ (c) $C'(5)$

17. 若 $f(x) = e^x g(x)$，其中 $g(0) = 2$ 和 $g'(0) = 5$，試求 $f'(0)$。

18. 函數 f 和 g 的圖形如下圖所示。令 $u(x) = f(x)g(x)$ 及 $v(x) = f(x)/g(x)$。
   (a) 試求 $u'(1)$。   (b) 試求 $v'(5)$。

■ 自我挑戰

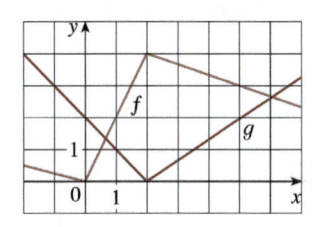

19. **平均收入** 我們要估計維吉尼亞州理奇蒙－彼得斯堡 (Richmond-Petersburg) 區域所有居民年總收入的上升速率。這區域在 1999 年的人口為 961,400 人，且每年人口大約成長 9200 人。若每人年平均收入為 30,593 美元，且每年大約增加 1400 美元。(比全國每人年平均大約增加 1225 美元稍高。) 試引用乘法律和這些數據來估計，在 1999 年時維吉尼亞州理奇蒙－彼得斯堡區域所有居民年總收入的上升速率，並說明乘法律中每項的意義。

20. 假如 g 為一個可微分函數，試求下列函數導數的表示式。
   (a) $y = xg(x)$ (b) $y = \dfrac{x}{g(x)}$ (c) $y = \dfrac{g(x)}{x}$

21. 若 $g(x) = xe^x$，試求 g 的 n 次導數之表示式。

3.4 連鎖法則

假設你被要求計算函數

$$F(x) = \sqrt{x^2 + 1}$$

的微分，將會發現無法引用前面幾節所學到的公式來算出 $F'(x)$。

■ 合成函數和連鎖法則

觀察到 F 其實是兩個函數的合成函數。令 $f(u) = \sqrt{u}$ 和 $g(x) =$

合成函數的複習詳見第 1.2 節。

x^2+1，則 $F(x)=f(g(x))$。由於已經知道如何微分 f 和 g，希望能找到一個利用 f 和 g 的導數來求 $f(g(x))$ 的導數公式。

事實上，合成函數 $f(g(x))$ 的導數是 f 和 g 的導數的乘積。這是已知最重要的微分公式之一，稱為**連鎖法則 (Chain Rule)**。這公式也可以用變化率來說明：將 du/dx 看作是 u 對於 x 的變化率，dy/du 是 y 對於 u 的變化率，dy/dx 則是 y 對於 x 的變化率。假如 u 的變化是 x 變化的 2 倍，y 的變化是 u 變化的 3 倍，我們會很自然地推論 y 的變化是 x 變化的 6 倍，或者說我們會預期

$$\frac{dy}{dx} = \frac{dy}{du}\frac{du}{dx}$$

■ **連鎖法則** 假設 g 在 x 是可微分的且 f 在 $g(x)$ 是可微分的，則由 $F(x)=f(g(x))$ 定義的合成函數 F 在 x 是可微分的，而且 F' 為

(1) $$F'(x) = f'(g(x)) \cdot g'(x)$$

若 $y=f(u)$ 和 $u=g(x)$ 都是可微分函數，則可用萊布尼茲記號寫成

(2) $$\frac{dy}{dx} = \frac{dy}{du}\frac{du}{dx}$$

公式 (2) 很容易記，因為假如將 dy/du 和 du/dx 看成兩個分數，則可消去 du 而得到。特別要注意的是，du 在目前並沒有定義，而且不應將 du/dx 看成實質的分數。

連鎖法則是很難證明的，所以省略嚴謹的證明。但是，下面的推導解釋了為何這個法則是合理的：令 Δu 為 u 在 x 改變 Δx 時對應的變化量，也就是

$$\Delta u = g(x + \Delta x) - g(x)$$

則 y 的變化量為

$$\Delta y = f(u + \Delta u) - f(u)$$

所以嘗試作下列計算

葛雷格里

首先推導出連鎖法則的是蘇格蘭數學家詹姆斯‧葛雷格里 (James Gregory, 1638-1675)，他也是實用的反射型天文望遠鏡的第一位設計者。葛雷格里與牛頓大約在同時期發現微積分。他是聖安德魯大學第一位數學教授，後來在愛丁堡大學也相同，然而卻在 1 年後不幸去世，享年 36 歲。

$$\frac{dy}{dx} = \lim_{\Delta x \to 0} \frac{\Delta y}{\Delta x}$$

(3)
$$= \lim_{\Delta x \to 0} \frac{\Delta y}{\Delta u} \cdot \frac{\Delta u}{\Delta x}$$

$$= \lim_{\Delta x \to 0} \frac{\Delta y}{\Delta u} \cdot \lim_{\Delta x \to 0} \frac{\Delta u}{\Delta x}$$

$$= \lim_{\Delta u \to 0} \frac{\Delta y}{\Delta u} \cdot \lim_{\Delta x \to 0} \frac{\Delta u}{\Delta x} \quad \text{(由於 } g \text{ 是連續的,所以當 } \Delta x \to 0 \text{ 時,} \Delta u \to 0\text{)}$$

$$= \frac{dy}{du} \frac{du}{dx}$$

在算式 (3) 的計算過程中,Δu 有可能為 0 (即使 $\Delta x \neq 0$),所以不能除以 0。雖然如此,上述的計算至少提示了連鎖法則是成立的。

例 1 使用連鎖法則

若 $F(x) = \sqrt{x^2 + 1}$,試求 $F'(x)$。

解 1 [用公式 (1)]:

在本節開始,已知 F 可以表示成 $F(x) = f(g(x))$,其中 $f(u) = \sqrt{u}$ 且 $g(x) = x^2 + 1$。由

$$f'(u) = \tfrac{1}{2} u^{-1/2} = \frac{1}{2\sqrt{u}}$$

可得

$$f'(g(x)) = \frac{1}{2\sqrt{g(x)}} = \frac{1}{2\sqrt{x^2+1}}$$

由於 $g'(x) = 2x$,可得

$$F'(x) = f'(g(x))\, g'(x)$$
$$= \frac{1}{2\sqrt{x^2+1}} \cdot 2x = \frac{x}{\sqrt{x^2+1}}$$

解 2 [用公式 (2)]:

令 $u = x^2 + 1$ 且 $y = \sqrt{u}$,則

$$F'(x) = \frac{dy}{du}\frac{du}{dx} = \frac{1}{2\sqrt{u}}(2x)$$
$$= \frac{1}{2\sqrt{x^2+1}}(2x) = \frac{x}{\sqrt{x^2+1}}$$

引用公式 (2) 計算時要特別注意到,dy/dx 是將 y 視為 x 的函數時 y 之導數(y 相對於 x 的導數),而 dy/du 則是將 y 視為 u 的函數時 y 之導數(y 相對於 u 的導數)。例如,在例 1 中,y 可以看成 x ($y = \sqrt{x^2+1}$) 的函數或 u ($y = \sqrt{u}$) 的函數。注意到

$$\frac{dy}{dx} = F'(x) = \frac{x}{\sqrt{x^2+1}} \quad \text{然而} \quad \frac{dy}{du} = f'(u) = \frac{1}{2\sqrt{u}}$$

註:連鎖法則的運算是由外到內的。公式 2 是說先微分外層函數 (代入內層函數的值),然後再乘上內層函數的導數。

$$\frac{d}{dx}\underbrace{f}_{\text{外層函數}}\underbrace{(g(x))}_{\text{內層函數值}} = \underbrace{f'}_{\text{外層函數的導數}}\underbrace{(g(x))}_{\text{內層函數值}} \cdot \underbrace{g'(x)}_{\text{內層函數的導數}}$$

例 2　使用連鎖法則

試微分 $y = (x^2 + e^x)^3$。

解

由 $y = (x^2 + e^x)^3$,可知外層函數為三次方函數,且內層函數為 $x^2 + e^x$。運用連鎖法則,可得到

$$\frac{dy}{dx} = \frac{d}{dx}\underbrace{(x^2+e^x)^3}_{\text{內層函數}} = \underbrace{3(x^2+e^x)^2}_{\text{內層函數值}} \cdot \underbrace{(2x+e^x)}_{\text{內層函數的導數}}$$

$$= 3(x^2+e^x)^2(2x+e^x) = (6x+3e^x)(x^2+e^x)^2$$

在例 2 中，同時使用了連鎖法則和次方律的微分公式。一般而言，所有函數的微分公式都可和連鎖法則一起使用。

■ 次方律

當外層函數 f 為冪函數時，我們來討論一個連鎖法則的特別情況。假如 $y = [g(x)]^n$，則可寫成 $y = f(u) = u^n$，其中 $u = g(x)$。由連鎖法則和次方律可得

$$\frac{dy}{dx} = \frac{dy}{du}\frac{du}{dx} = nu^{n-1}\frac{du}{dx} = n[g(x)]^{n-1}g'(x)$$

---

(4) ■ 次方律和連鎖法則的合併　假設 n 為任意實數且 $u = g(x)$ 是可微分的，則

$$\frac{d}{dx}(u^n) = nu^{n-1}\frac{du}{dx}$$

或　　$$\frac{d}{dx}[g(x)]^n = n[g(x)]^{n-1} \cdot g'(x)$$

注意：在例 1 的導數就是公式 (4) 取 $n = \frac{1}{2}$ 的情形。

例 3　使用連鎖法則和次方律

試微分 $y = (x^3 - 1)^{100}$。

解

在公式 (4) 中取 $u = g(x) = x^3 - 1$ 和 $n = 100$，即可得

$$\frac{dy}{dx} = \frac{d}{dx}(x^3 - 1)^{100} = 100(x^3 - 1)^{99}\frac{d}{dx}(x^3 - 1)$$
$$= 100(x^3 - 1)^{99} \cdot 3x^2 = 300x^2(x^3 - 1)^{99}$$

例 4　在根式函數使用連鎖法則

若 $A(v) = \sqrt[3]{v^2 + v + 1}$，試求 $A'(v)$。

解

先將 A 改寫成：$A(v) = (v^2 + v + 1)^{1/3}$，可得到

$$A'(v) = \tfrac{1}{3}(v^2 + v + 1)^{-2/3} \frac{d}{dv}(v^2 + v + 1)$$

$$= \tfrac{1}{3}(v^2 + v + 1)^{-2/3}(2v + 1)$$

$$= \frac{2v + 1}{3(v^2 + v + 1)^{2/3}}$$

例 5　使用連鎖法則和次方律

試微分：

$$Q = \frac{4}{(1.9t^2 + 3.2)^2}$$

解

將 Q 改寫為 $Q = 4(1.9t^2 + 3.2)^{-2}$，則可得到

$$\frac{dQ}{dt} = 4(-2)(1.9t^2 + 3.2)^{-3} \frac{d}{dt}(1.9t^2 + 3.2)$$

$$= -8(1.9t^2 + 3.2)^{-3}(1.9 \cdot 2t)$$

$$= \frac{-30.4t}{(1.9t^2 + 3.2)^3}$$

你也可以用除法律來解例 5。注意：求分母的導數時需用到連鎖法則。

例 6　使用連鎖法則、次方律和除法律

試求函數

$$g(t) = \left(\frac{t - 2}{2t + 1}\right)^9$$

的導數。

解

引用次方律、連鎖法則和除法律可得

$$g'(t) = 9\left(\frac{t - 2}{2t + 1}\right)^8 \frac{d}{dt}\left(\frac{t - 2}{2t + 1}\right)$$

$$= 9\left(\frac{t - 2}{2t + 1}\right)^8 \frac{(2t + 1) \cdot 1 - (t - 2) \cdot 2}{(2t + 1)^2}$$

$$= 9\frac{(t-2)^8}{(2t+1)^8} \cdot \frac{2t+1-2t+4}{(2t+1)^2}$$

$$= 9\frac{(t-2)^8}{(2t+1)^8} \cdot \frac{5}{(2t+1)^2} = \frac{45(t-2)^8}{(2t+1)^{10}}$$

例 7 使用連鎖法則和乘法律

試微分 $y = (2x+1)^5(x^3-x+1)^4$。

解

先用乘法律，後再用連鎖法則，可得：

$$\frac{dy}{dx} = (2x+1)^5 \frac{d}{dx}(x^3-x+1)^4 + (x^3-x+1)^4 \frac{d}{dx}(2x+1)^5$$

$$= (2x+1)^5 \cdot 4(x^3-x+1)^3 \frac{d}{dx}(x^3-x+1)$$

$$+ (x^3-x+1)^4 \cdot 5(2x+1)^4 \frac{d}{dx}(2x+1)$$

$$= 4(2x+1)^5(x^3-x+1)^3(3x^2-1) + 5(x^3-x+1)^4(2x+1)^4 \cdot 2$$

由於每項都有因式 $2(2x+1)^4(x^3-x+1)^3$，可以提出公因式將答案化簡為

$$\frac{dy}{dx} = 2(2x+1)^4(x^3-x+1)^3[2(2x+1)(3x^2-1) + 5(x^3-x+1)]$$

$$= 2(2x+1)^4(x^3-x+1)^3(17x^3 + 6x^2 - 9x + 3)$$

圖 1 為例 7 的函數及其導數的圖形。注意到當 y 增加很快時，y' 很大；而當 $y' = 0$ 時，y 有水平切線。因此，我們的結果是合理的。

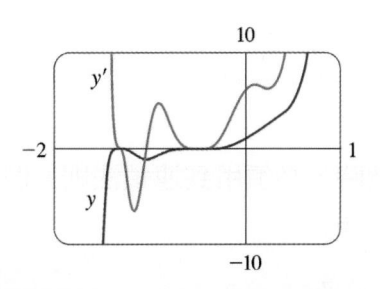

圖 1

例 8 合成函數的導函數

在第 1.2 節的例 4 中，小飛機在起飛 t 小時後之飛行高度為 $A(t) = -2.8t^2 + 6.7t$ (單位：千呎)，其中 $0 \leq t \leq 2$。同時，在距離海平面 x 千呎的高空之溫度為華氏 $f(x) = 68 - 3.5x$ 度。所以，合成函數 $h(t) = f(A(t))$ 測量了飛機在起飛 t 小時後所處高空位置的溫度，因此 $h'(1)$ 代表在起飛 1 小時後，高空溫度對於時間的變化率。

由 h 的方程式

$$h(t) = f(A(t)) = f(-2.8t^2 + 6.7t)$$

$$= 68 - 3.5(-2.8t^2 + 6.7t) = 9.8t^2 - 23.45t + 68$$

可得到

$$h'(t) = 9.8(2t) - 23.45 = 19.6t - 23.45$$

因此

$$h'(1) = 19.6(1) - 23.45 = -3.85$$

也就是在起飛 1 小時後，高空溫度是以每小時華氏 3.85 度遞減。

另一方面，因為 h 是合成函數，可以用連鎖法則計算 $h'(1)$。由公式 (1)，可得

$$h'(1) = f'(A(1)) \cdot A'(1) = f'(3.9) \cdot A'(1)$$
$$= (每千呎華氏 - 3.5 \text{ 度})(每小時 1.1 \text{ 千呎})$$
$$= 每小時華氏 - 3.85 \text{ 度}$$

■ | 指數函數

回想自然指數函數的導數為它自己：

$$\frac{d}{dx} e^x = e^x$$

當合成函數的外層函數為自然指數函數時，必須用到連鎖法則。例如，若 $y = e^u$，其中 u 是 x 的可微函數，則

$$\frac{dy}{dx} = \frac{dy}{du} \frac{du}{dx} = e^u \frac{du}{dx}$$

■ 若 $u = g(x)$ 是一可微函數，則

(5) $$\frac{d}{dx}(e^u) = e^u \frac{du}{dx}$$

或等價地，

(6) $$\frac{d}{dx} e^{g(x)} = e^{g(x)} \cdot g'(x)$$

例 9　在指數函數使用連鎖法則

試微分 $y = e^{x^2}$。

解

內層函數為 $g(x) = x^2$，而外層為自然指數函數。由公式 (6) 可得

$$\frac{dy}{dx} = \frac{d}{dx}\left(e^{x^2}\right) = e^{x^2} \frac{d}{dx}(x^2) = e^{x^2} \cdot 2x = 2xe^{x^2}$$

例 10　投資帳戶餘額的變化率

已知某投資帳戶在 t 年後的餘額 (單位：美元) 為 $A(t) = 8000e^{0.07t}$，試求 $A'(3)$ 並詮釋你的結果。

解

由常數倍律和公式 (5) 可得

$$A'(t) = 8000e^{0.07t}\frac{d}{dt}(0.07t) = 8000e^{0.07t}(0.07) = 560e^{0.07t}$$

因此 $A'(3) = 560e^{0.07(3)} = 560e^{0.21} \approx 690.86$；也就是在 3 年後帳戶的餘額每年以 690.86 美元的瞬間變化率遞增。

■ a^x 的導數

接下來，我們要用連鎖法則及 e^x 的導數，來求任意基底 $a > 0$ 的指數函數 a^x 之導數。由第 1.6 節的公式 (2) 可知 $a = e^{\ln a}$。因此

$$a^x = (e^{\ln a})^x = e^{(\ln a)x}$$

由連鎖法則 [公式 (5) 或公式 (6)] 可得

$$\frac{d}{dx}(a^x) = \frac{d}{dx}\left(e^{(\ln a)x}\right) = e^{(\ln a)x}\frac{d}{dx}(\ln a)x$$

$$= e^{(\ln a)x} \cdot \ln a = a^x \ln a$$

(注意：$\ln a$ 是常數。) 所以

不要將公式(7) (其中 x 是指數) 弄錯為次方律 (其中 x 是基底)：

$$\frac{d}{dx}(x^n) = nx^{n-1}$$

(7)
$$\boxed{\frac{d}{dx}(a^x) = a^x \ln a}$$

當 $a=2$ 時，會得到

(8) $$\frac{d}{dx}(2^x) = 2^x \ln 2$$

在第 3.1 節中已得到下列估計

$$\frac{d}{dx}(2^x) \approx (0.69)2^x$$

因為 $\ln 2 \approx 0.693147$，這個估計與公式 (8) 是一致的。

例 11 基底不是 e 的指數函數之導數

(a) 若 $P(t) = 1.27^t$，試求 $P'(8)$ 的值。

(b) 試求 $M = 3(5^x) + 4x^2$ 的導數。

解

(a) 由公式 (7)，$P'(t) = 1.27^t \ln 1.27$，因此

$$P'(8) = 1.27^8 \ln 1.27 \approx 1.618$$

(b) 由加法律可得

$$\frac{dM}{dx} = \frac{d}{dx}(3 \cdot 5^x) + \frac{d}{dx}(4x^2)$$

再用常數倍律可得

$$\frac{dM}{dx} = 3(5^x \ln 5) + 4 \cdot 2x = 3(5^x \ln 5) + 8x$$

例 12 世界人口的變化率

在第 1.5 節的例 4 中，我們已用指數函數

$$P(t) = (1436.53) \cdot (1.01395)^t$$

其中 $t = 0$ 對應 1990 年，來模擬世界人口（單位：百萬人）的變化。試計算並詮釋 $P'(75)$。

解

用公式 (7) 和常數倍律可得：

$$P'(t) = (1436.53) \cdot (1.01395^t \ln 1.01395)$$

所以
$$P'(75) = (1436.53) \cdot (1.01395^{75} \ln 1.01395) \approx 56.25$$
也就是說在 1975 世界人口增加的速率大約為每年 56.25 百萬人。

在下面例子中，我們同時引用公式 (7) 和連鎖法則。

例 13　在指數函數使用連鎖法則

若 $f(x) = 2^{\sqrt{x}}$，試求 $f'(x)$。

解

$$f'(x) = 2^{\sqrt{x}} \ln 2 \frac{d}{dx} \sqrt{x} = 2^{\sqrt{x}} (\ln 2) \cdot \tfrac{1}{2} x^{-1/2}$$

$$= \frac{2^{\sqrt{x}} \ln 2}{2\sqrt{x}}$$

■ 多重連鎖法則

當我們加入另一個鎖鏈而形成一個較長的鎖鏈時，「連鎖法則」這個名稱就會變得更明顯。假設 $y = f(u)$、$u = g(x)$ 和 $x = h(t)$，其中 f、g 和 h 都是可微分函數。那麼，y 對 t 的導數就可由引用兩次連鎖法則而得到：

$$\frac{dy}{dt} = \frac{dy}{dx} \frac{dx}{dt} = \frac{dy}{du} \frac{du}{dx} \frac{dx}{dt}$$

例 14　連鎖法則在連鎖法則內

試微分 $y = e^{\sqrt{t^2+2}}$。

解

這個合成函數中最外層為指數函數，中間為平方根函數，最內層則為二次函數。所以

$$\frac{dy}{dt} = e^{\sqrt{t^2+2}} \frac{d}{dt} \left(\sqrt{t^2+2} \right)$$

$$= e^{\sqrt{t^2+2}} \cdot \tfrac{1}{2}(t^2+2)^{-1/2} \frac{d}{dt}(t^2+2)$$

$$= e^{\sqrt{t^2+2}} \cdot \tfrac{1}{2}(t^2+2)^{-1/2} \cdot 2t = \frac{t e^{\sqrt{t^2+2}}}{\sqrt{t^2+2}}$$

例 15　使用連鎖法則兩次

若 $f(x) = (x + e^{3x})^2$，則可得

$$f'(x) = 2(x + e^{3x})^1 \frac{d}{dx}(x + e^{3x})$$

$$= 2(x + e^{3x})\left[1 + e^{3x}\frac{d}{dx}(3x)\right]$$

$$= 2(x + e^{3x})[1 + e^{3x} \cdot 3] = 2(x + e^{3x})(1 + 3e^{3x})$$

注意：我們用了兩次連鎖法則。首先是因為 $(x + e^{3x})$ 是二次函數的內層函數，然後是因為 $3x$ 是指數函數的內層函數。

■ 自我準備

1. 若 $f(g(x)) = \sqrt{5 + 4x}$ 和 $g(x) = 5 + 4x$，寫出 $f(x)$ 的表示式。

2. 若 $f(g(x)) = e^{-3x}$ 和 $g(x) = -3x$，寫出 $f(x)$ 的表示式。

3. 求下列表示式的導數。
   (a) $4\sqrt{x}$ 　　　　　(b) $5x^6$
   (c) $2/\sqrt[3]{t}$ 　　　　(d) $-8e^t$
   (e) $x^2 e^x$ 　　　　　(f) $\dfrac{w}{w^2 + 1}$

4. 求 $y = 6\sqrt{x} + x^2$ 的圖形在點 $(4, 28)$ 的斜率。

■ 習題 3.4

1-3 ■ 試將下列函數寫成合成函數 $f(g(x))$ 的形式，[寫出內層函數 $u = g(x)$ 及外層函數 $y = f(u)$。] 然後求出導數 dy/dx。

1. $y = \sqrt{x^2 + 4}$ 　　　2. $y = (1 - x^2)^{10}$
3. $y = e^{\sqrt{x}}$

4-19 ■ 試求下列函數的導數。

4. $f(x) = \sqrt{9 - x^2}$ 　　5. $F(x) = \sqrt[4]{1 + 2x + x^3}$
6. $y = (2x^4 - 8x^2)^7$ 　　7. $g(t) = \dfrac{1}{(t^4 + 1)^3}$
8. $A(x) = 5.3e^{0.8x}$ 　　9. $y = xe^{-x^2}$
10. $P(t) = 6^t + 8$ 　　11. $A = 4500(1.124^t)$
12. $g(x) = (1 + 4x)^5 (3 + x - x^2)^8$
13. $P(t) = 4^{2+t/3}$
14. $L(t) = e^{3 \cdot 2^t}$ 　　15. $F(z) = \sqrt{\dfrac{z - 1}{z + 1}}$
16. $y = \dfrac{r}{\sqrt{r^2 + 1}}$ 　　17. $y = \dfrac{10}{1 + 2e^{-0.3t}}$
18. $Q(x) = \sqrt{e^{3x} + x}$ 　　19. $y = e^{\sqrt[3]{x^2 + 2}}$

20. 若 $y = e^{-0.5x}$，試求 y' 和 y''。

21. 試用兩種不同的方式求 $f(x) = (3x^5 + 1)^2$ 的導數：連鎖法則及將式子先展開後再微分。驗證兩者求出的答案是相同的。

22. 試求函數 $f(x) = 3x - 3^x$ 的圖形在 $x = 2$ 的斜率。將你的結果四捨五入至小數點後第三位。

23. 試求曲線 $y = (1 + 2x)^{10}$ 在點 $(0, 1)$ 的切線方程式。

24. **藥物濃度** 病患在口服藥物 t 分鐘後，血液中的藥物濃度約為 $C(t) = 0.6t(0.98^t)$，其中 $C(t)$ 的單位為百萬分之一公克/毫升。試求在服用藥物 2 小時後藥物濃度降低的速率。

25. **投資帳戶** 已知某退休帳戶在 t 年後的價值為 $A(t) = 26{,}800e^{0.07t}$（單位：美元），試計算並詮釋 $A'(3.5)$。

26. **冷卻溫度** 假設將一杯熱咖啡放在廚房檯面上。若在 t 小時後，它的溫度為華氏 $F(t) = 75 + 105(0.62^t)$ 度，試求在 1.5 小時後咖啡溫度的變化率。

27. 假設 f 在 $\mathbb{R}$ 是可微分的。令 $F(x) = f(e^x)$ 和 $G(x) = e^{f(x)}$。試求 (a) $F'(x)$ 和 (b) $G'(x)$ 的表示式。

■ 自我挑戰

28. **函數** 函數 f 和 g 的圖形如下圖所示。令 $u(x) = f(g(x))$、$v(x) = g(f(x))$ 和 $w(x) = g(g(x))$。試求下列導數的值。若不存在，試解釋原因。
    (a) $u'(1)$
    (b) $v'(1)$
    (c) $w'(1)$

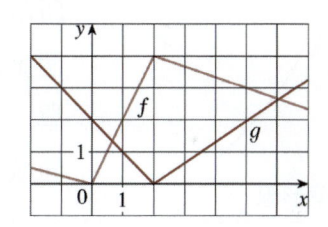

29. 試求函數 $y = e^{2x}$ 的第 30 階導數。

3.5 隱微分和自然對數

■ 隱微分

到目前為止，所討論過的函數都可將其中一個變數用另一個變數來表示。例如

$$y = x^3 + x \quad \text{或} \quad y = 4e^{-x}$$

或者一般而言，$y = f(x)$。但是，有些函數是被 x 和 y 的方程式隱含地定義出來的，例如，

(1) $$x^2 + y^2 = 25$$

或

$$x^3 + y^3 = 6xy \qquad (2)$$

有時候我們可解出給定的方程式，並將 y 表示成一個 (或數個) x 的函數。例如，若解出方程式 (1) 就會得到 $y = \pm\sqrt{25 - x^2}$，所以方程式 (1) 隱含地表示兩個函數 $f(x) = \sqrt{25 - x^2}$ 和 $g(x) = -\sqrt{25 - x^2}$，其中 f 和 g 的圖形分別為圓 $x^2 + y^2 = 25$ 的上半圓和下半圓 (如圖 1)。

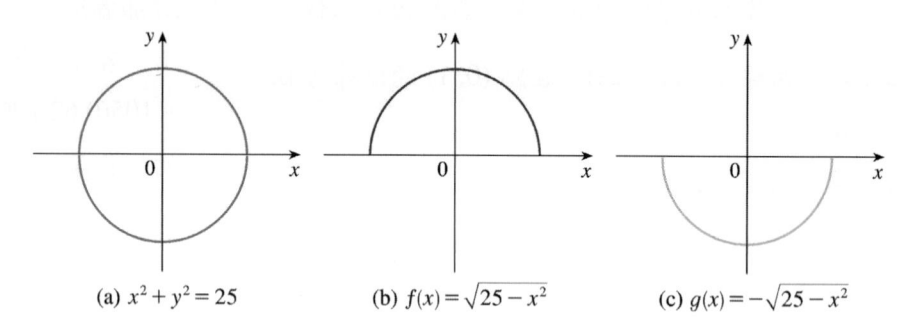

(a) $x^2 + y^2 = 25$　　(b) $f(x) = \sqrt{25 - x^2}$　　(c) $g(x) = -\sqrt{25 - x^2}$

圖 1

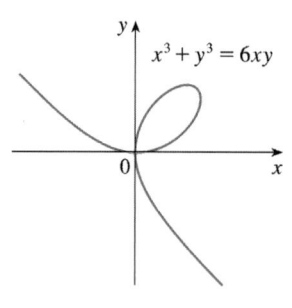

圖 2　笛卡兒葉形線

很難用手演算出滿足方程式 (2) 的 x 之函數 y。(雖可利用電腦代數系統演算，但是答案很複雜。) 事實上，方程式 (2) 的曲線如圖 2 所示，稱為**笛卡兒葉形線 (folium of Descartes)**，它隱含的定義了數個 x 的函數 y。(因為圖形未能通過鉛直線檢定法，所以 y 不可能是單一 x 的函數。) 當我們說方程式 (2) 隱含地定義了 f，是指在它的定義域的所有 x 都滿足方程式

$$x^3 + [f(x)]^3 = 6xf(x)$$

幸運地，求導數時未必需要將 y 寫成 x 的函數，而是可以用另一種求導數的方法，稱為**隱微分 (implicit differentiation)**：方程式的等號兩邊先對 x 微分，然後由所得的方程式解出 dy/dx。當方程式包含 y 時，微分時要記住 y 代表 x 的函數，因此必須用到連鎖法則。在本節的例題和習題中，都假設給定的方程式已經隱含地定義了 y 為 x 的可微分函數，因此才能用隱微分法來求導數。

例 1　隱微分法

(a) 若 $x^2 + y^2 = 25$，試求 $\dfrac{dy}{dx}$。

(b) 試求圓 $x^2 + y^2 = 25$ 在點 $(3, 4)$ 的切線方程式。

解 1

(a) 將方程式 $x^2 + y^2 = 25$ 的兩邊同時對 x 微分：

$$\frac{d}{dx}(x^2+y^2) = \frac{d}{dx}(25)$$

$$\frac{d}{dx}(x^2) + \frac{d}{dx}(y^2) = 0$$

計算 $\frac{d}{dx}(y^2)$ 時，記得將 y 看作是 x 的函數，所以由連鎖法則可得

$$\frac{d}{dx}(y^2) = \frac{d}{dy}(y^2)\frac{dy}{dx} = 2y\frac{dy}{dx}$$

因此

$$2x + 2y\frac{dy}{dx} = 0$$

由上式解 dy/dx 可得：

$$2y\frac{dy}{dx} = -2x \implies \frac{dy}{dx} = -\frac{2x}{2y} = -\frac{x}{y}$$

> 若你無法看出如何得到 dy/dx 項，用函數的導數記號寫成：
> $$\frac{d}{dx}[f(x)]^2 = 2f(x)\cdot f'(x)$$

(b) 在點 (3, 4)，$x=3$ 和 $y=4$，所以

$$\frac{dy}{dx} = -\frac{3}{4}$$

因此圓在點 (3, 4) 的切線方程式為

$$y - 4 = -\tfrac{3}{4}(x-3) \quad \text{或} \quad 3x + 4y = 25$$

解 2

(b) 解方程式 $x^2 + y^2 = 25$ 可以得到 $y = \pm\sqrt{25-x^2}$。因為點 (3, 4) 屬於上半圓 $y = \sqrt{25-x^2}$，所以令函數 $f(x) = \sqrt{25-x^2}$。利用連鎖法則微分 f 可得

$$f'(x) = \tfrac{1}{2}(25-x^2)^{-1/2}\frac{d}{dx}(25-x^2)$$
$$= \tfrac{1}{2}(25-x^2)^{-1/2}(-2x) = -\frac{x}{\sqrt{25-x^2}}$$

> 由例 1 可見，即使有時候可以解出 y 為 x 的函數，但是隱微分法還是比較容易的。

所以 $$f'(3) = -\frac{3}{\sqrt{25-3^2}} = -\frac{3}{4}$$

而且和解 1 一樣，在該點的切線方程式為 $3x + 4y = 25$。

> **例 2** 隱微分求切線方程式

(a) 已知 $x^3 + y^3 = 6xy$，試求 dy/dx。

(b) 試求笛卡兒葉形線 $x^3 + y^3 = 6xy$ 在點 $(3, 3)$ 的切線方程式。

解

(a) 首先將方程式 $x^3 + y^3 = 6xy$ 的兩邊對於 x 作微分：

$$\frac{d}{dx}(x^3 + y^3) = \frac{d}{dx}(6xy)$$

將 y 看作是 x 的函數，其中 y^3 項要用到連鎖法則，而 $6xy$ 項則要用到乘法律，所以結果為

$$3x^2 + 3y^2 \frac{dy}{dx} = 6x \frac{dy}{dx} + 6y$$

或

$$x^2 + y^2 \frac{dy}{dx} = 2x \frac{dy}{dx} + 2y$$

由上式解 $\frac{dy}{dx}$ ：

$$y^2 \frac{dy}{dx} - 2x \frac{dy}{dx} = 2y - x^2$$

$$(y^2 - 2x) \frac{dy}{dx} = 2y - x^2$$

$$\frac{dy}{dx} = \frac{2y - x^2}{y^2 - 2x}$$

(b) $x = y = 3$，所以

$$\frac{dy}{dx} = \frac{2 \cdot 3 - 3^2}{3^2 - 2 \cdot 3} = -1$$

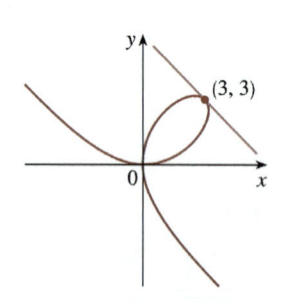

由圖 3 可以驗證在點 $(3, 3)$ 的切線斜率是合理的。所以，葉形線在點 $(3, 3)$ 的切線方程式為

$$y - 3 = -1(x - 3) \quad 或 \quad x + y = 6$$

圖 3

我們有可能(但很複雜)解出滿足方程式 $x^3 + y^3 = 6xy$ 的 y 為 x 的函數。但是在這種情形下，經由隱微分法的幫忙節省了非常多的工作

量。再者，隱微分可以很容易地應用在例如下面的方程式上

$$y^5 + 3x^2y^2 + 5x^4 = 12$$

它不可能寫成等價的 y 為 x 之表示式。

例 3　隱微分求需求函數

某公司估計賣出一種新產品 x 單位 (單位：千件) 與每單位的售價 p (單位：美元) 的關係式為 $px^2 + 15px = 30{,}000$。當每單位的售價為 30 美元時，試求 dx/dp。

解

我們可以先由 $px^2 + 15px = 30{,}000$ 解出 x 後再計算導數，但是對 p 作隱微分比較容易。記住將 x 看作是 p 的函數。(在方程式左邊使用了兩次乘法律。)

$$p \cdot 2x\frac{dx}{dp} + x^2 \cdot 1 + 15\left(p\frac{dx}{dp} + x \cdot 1\right) = 0$$

$$2px\frac{dx}{dp} + 15p\frac{dx}{dp} = -x^2 - 15x$$

$$(2px + 15p)\frac{dx}{dp} = -x^2 - 15x$$

$$\frac{dx}{dp} = \frac{-x^2 - 15x}{2px + 15p}$$

當 $p = 30$ 時，可得 $30x^2 + 15(3)x = 30{,}000 \Rightarrow x^2 + 15x - 1000 = 0$。唯一可能的解為 $x = 25$ (可對二次方程式因式分解或用公式而得到)，所以

$$\left.\frac{dx}{dp}\right|_{p=30} = \frac{-25^2 - 15(25)}{2(30)(25) + 15(30)} = \frac{-1000}{1950} = -\frac{20}{39} \approx -0.513$$

因此，當每單位的售價為 30 美元時，售價每增加 1 美元會減少售出約 513 件。

■ **自然對數函數的導數**

利用隱微分的技巧，我們就可以求自然對數函數 $y = \ln x$ 的導數。

令 $y = \ln x$，則 $e^y = x$。對 x 作隱微分可得

$$e^y \frac{dy}{dx} = 1$$

解 $\frac{dy}{dx}$ 可得

$$\frac{dy}{dx} = \frac{1}{e^y} = \frac{1}{x}$$

因此證明了下列的微分公式：

(3) $$\boxed{\frac{d}{dx}(\ln x) = \frac{1}{x}}$$

例 4 對數函數的微分

若 $g(t) = 3t - 4 \ln t$，試求 $g'(t)$。它的圖形在 $t = 1$ 的斜率為何？

解

$$g'(t) = \frac{d}{dt}(3t) - \frac{d}{dt}(4 \ln t) = 3 - 4 \cdot \frac{1}{t} = 3 - \frac{4}{t}$$

圖形在 $t = 1$ 的斜率為

$$g'(1) = 3 - \frac{4}{1} = -1$$

例 5 合成對數函數的微分

試微分 $y = \ln(x^3 + 1)$。

解

令 $u = x^3 + 1$，則 $y = \ln u$。引用連鎖法則，可得到

$$\frac{dy}{dx} = \frac{dy}{du}\frac{du}{dx} = \frac{1}{u}\frac{du}{dx} = \frac{1}{x^3 + 1}(3x^2) = \frac{3x^2}{x^3 + 1}$$

結合公式 (3) 和連鎖法則可以得到一般的公式：

(4) $$\boxed{\frac{d}{dx}(\ln u) = \frac{1}{u}\frac{du}{dx}} \quad 或 \quad \boxed{\frac{d}{dx}[\ln g(x)] = \frac{g'(x)}{g(x)}}$$

第 3 章 微分的技巧　181

圖 4 所示為例 6 中 $f(x) = \ln(x^2 + 3e^x)$ 和它的導數之圖形。注意：當 f 遞增時，f' 是負的。

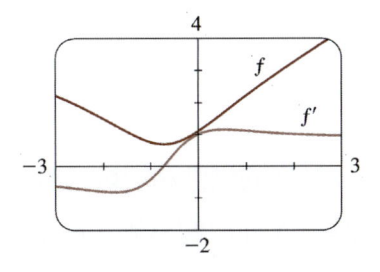

圖 4

例 6　在對數函數上使用連鎖法則

試求 $\dfrac{d}{dx} \ln(x^2 + 3e^x)$。

解

由公式 (4)，可得

$$\frac{d}{dx} \ln(x^2 + 3e^x) = \frac{1}{x^2 + 3e^x} \frac{d}{dx}(x^2 + 3e^x)$$

$$= \frac{1}{x^2 + 3e^x}(2x + 3e^x) = \frac{2x + 3e^x}{x^2 + 3e^x}$$

例 7　在對數函數上使用連鎖法則

試微分 $f(x) = \sqrt{\ln x}$。

解

將函數寫成 $f(x) = (\ln x)^{1/2}$。因為對數函數是內層函數，用連鎖法則可得

$$f'(x) = \tfrac{1}{2}(\ln x)^{-1/2} \frac{d}{dx}(\ln x) = \frac{1}{2\sqrt{\ln x}} \cdot \frac{1}{x} = \frac{1}{2x\sqrt{\ln x}}$$

例 8　絕對值函數的自然對數

若 $f(x) = \ln |x|$，試求 $f'(x)$。

例 8 中函數 $f(x) = \ln|x|$ 與導數 $f'(x) = 1/x$ 的圖形如圖 5 所示。注意：當 x 較小時，$y = \ln|x|$ 的圖形較陡峭，所以 $f'(x)$ 的值為正的或負的很大。

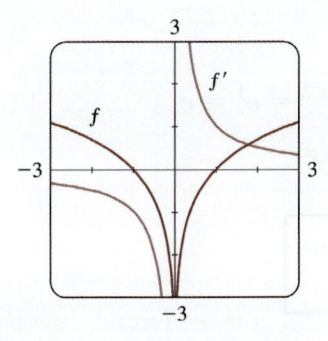

圖 5

解

因為

$$f(x) = \begin{cases} \ln x & \text{當 } x > 0 \\ \ln(-x) & \text{當 } x < 0 \end{cases}$$

所以

$$f'(x) = \begin{cases} \dfrac{1}{x} & \text{當 } x > 0 \\ \dfrac{1}{-x}(-1) = \dfrac{1}{x} & \text{當 } x < 0 \end{cases}$$

因此，對於所有 $x \neq 0$，$f'(x) = 1/x$。

例 8 的結果很值得記住 (我們將在第 5 章再見到)：

(5) $$\boxed{\frac{d}{dx}\ln|x| = \frac{1}{x}}$$

■ | e 的極限形式之定義

我們已經見到，在微積分中一個使用 e 為底的指數和對數函數之主要理由為它的微分公式是最簡單的。由第 1.5 節已觀察到，e 介於 2 和 3 之間，但是如何得到更精確的值呢？

已知當 $f(x) = \ln x$ 時，$f'(x) = 1/x$，所以 $f'(1) = 1$。用這個結果可以將 e 用極限表示。由極限的定義將導數寫出來，會得到

$$f'(1) = \lim_{h \to 0} \frac{f(1+h) - f(1)}{h} = \lim_{h \to 0} \frac{\ln(1+h) - \ln 1}{h}$$

$$= \lim_{h \to 0} \frac{1}{h} \ln(1+h) = \lim_{h \to 0} \ln(1+h)^{1/h}$$

(由第 1.6 節的對數律 3 和 $\ln 1 = 0$ 得到的。) 由 $f'(1) = 1$，可得

$$\lim_{h \to 0} \ln(1+h)^{1/h} = 1$$

因為指數函數是連續的，所以可證明

$$e^{\lim_{h \to 0} \ln(1+h)^{1/h}} = \lim_{h \to 0} e^{\ln(1+h)^{1/h}}$$

而

$$e^{\ln(1+h)^{1/h}} = (1+h)^{1/h}$$

因此

$$\lim_{h \to 0} (1+h)^{1/h} = \lim_{h \to 0} e^{\ln(1+h)^{1/h}}$$

$$= e^{\lim_{h \to 0} \ln(1+h)^{1/h}} = e^1 = e$$

我們可以用任何變數取代 h，而得下列公式：

(6) $$\boxed{e = \lim_{x \to 0} (1+x)^{1/x}}$$

公式 (6) 可以用圖 6 中函數 $y = (1+x)^{1/x}$ 的圖形及下表來說明。

第 3 章　微分的技巧　**183**

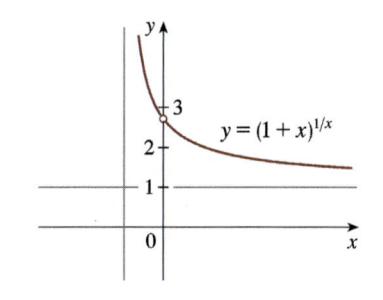

x	$(1+x)^{1/x}$
0.1	2.59374246
0.01	2.70481383
0.001	2.71692393
0.0001	2.71814593
0.00001	2.71826824
0.000001	2.71828047
0.0000001	2.71828169
0.00000001	2.71828181

圖 6

我們可以取 x 值愈來愈接近 0 而得到更精確的估計。事實上，e 精確到小數點後第七位的值為

$$e \approx 2.7182818$$

■ 一般次方律的證明

在本章中，我們廣泛地使用了次方律。在第 3.1 節中，我們證明了任意正整數次方的次方律，現在將證明次方律對*所有*實數 n 都是成立的。

> ■ **次方律**　假設 n 是任意實數且 $f(x)=x^n$，則
> $$f'(x) = nx^{n-1}$$

證明　令 $y=x^n$。首先假設 $x>0$，所以 $y>0$。等式兩邊取對數：

$$\ln y = \ln x^n$$

由對數的性質，可得

$$\ln y = n \ln x$$

兩邊對 x 微分，可得

$$\frac{1}{y} \cdot \frac{dy}{dx} = n \cdot \frac{1}{x}$$

所以

$$\frac{dy}{dx} = n\frac{y}{x}$$

最後代入 $y=x^n$，而得到

$$\frac{dy}{dx} = n\frac{x^n}{x} = nx^{n-1}$$

若 $x<0$ 且 y 有定義，則 y 可能是負數。所以，在兩邊取對數前先取絕對值：

$$\ln|y| = \ln|x^n| = \ln|x|^n = n\ln|x|$$

微分 [見公式 (5)]，則可得到和上面相同的結果

$$\frac{1}{y} \cdot \frac{dy}{dx} = n \cdot \frac{1}{x}$$

若 $x = 0$，則可直接由導數的定義證明：當 $n > 1$ 時，$f'(0) = 0$。

■ 微分公式表

我們整理完整的微分公式表如下。

	函數	導數
常數函數	c	0
次方律	x^n	nx^{n-1}
次方律和連鎖法則	$[g(x)]^n$	$n[g(x)]^{n-1}g'(x)$
倒數函數	$\dfrac{1}{x}$	$-\dfrac{1}{x^2}$
倒數函數和連鎖法則	$\dfrac{1}{g(x)}$	$-\dfrac{g'(x)}{[g(x)]^2}$
自然指數函數	e^x	e^x
自然指數函數和連鎖法則	$e^{g(x)}$	$e^{g(x)}g'(x)$
指數函數	a^x	$a^x \ln a$
自然對數函數	$\ln x$	$1/x$
自然對數函數和連鎖法則	$\ln g(x)$	$\dfrac{g'(x)}{g(x)}$
常數倍律	$cf(x)$	$cf'(x)$
加法律	$f(x) + g(x)$	$f'(x) + g'(x)$

	函數	導數
減法律	$f(x) - g(x)$	$f'(x) - g'(x)$
乘法律	$f(x) g(x)$	$f(x) g'(x) + g(x) f'(x)$
除法律	$\dfrac{f(x)}{g(x)}$	$\dfrac{g(x) f'(x) - f(x) g'(x)}{[g(x)]^2}$
連鎖法則	$f(g(x))$	$f'(g(x)) g'(x)$
連鎖法則 (萊布尼茲記號)	$y = f(u), u = g(x)$	$\dfrac{dy}{dx} = \dfrac{dy}{du} \dfrac{du}{dx}$

■ 自我準備

1. 若 $y = f(x)$，求下列表示式對 x 的導數。
   (a) $3x + f(x)$ (b) $xf(x)$
   (c) $[f(x)]^3$ (d) $e^{f(x)}$

2. 若 $y = f(x)$，計算給定的導數。
   (a) $\dfrac{d}{dx}(x + y^4)$
   (b) $\dfrac{d}{dx}(\sqrt{x} + \sqrt{y})$
   (c) $\dfrac{d}{dx}(x^2 y^2 + y)$
   (d) $\dfrac{d}{dx}(e^x - e^y)$

3. 若 $N = 5a - 2b + a^2\sqrt{b}$，求給定的導數。
   (a) dN/da
   (b) dN/db

■ 習題 3.5

1. 已知 $xy + 2x + 3x^2 = 4$。
   (a) 試用隱微分求 dy/dx。
   (b) 試解出 y 為 x 的函數，然後微分得 dy/dx。
   (c) 試將 (b) 中所得的 y 代入 (a) 中，驗證 (a) 和 (b) 的答案是一致的。

2-5 ■ 試引用隱微分求 dy/dx。

2. $x^2 + y^2 = 1$
3. $x^3 + x^2 y + 4y^2 = 6$
4. $x^2 y + xy^2 = 3x$
5. $e^{x^2 y} = x + y$

6. 若 $f(x) + x^2[f(x)]^3 = 10$ 和 $f(1) = 2$，試求 $f'(1)$。

7. 若 $C + L^3 = e^{2C}$，試計算當 $C = 0$ 時的 dC/dL。

8-9 ■ 試用隱微分求下列曲線在給定點的切線方程式。

8. $x^2 + xy + y^2 = 3$，$(1, 1)$ （橢圓）

9. $2(x^2 + y^2)^2 = 25(x^2 - y^2)$
   (3, 1)
   (雙紐線)

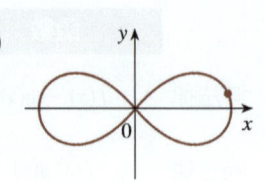

10. **軟體需求** 某軟體公司估計賣出 x 千套新軟體與每套售價 p 美元（不超過 100 美元）的關係式為 $2px^2 + 3px = 58,000$。當每套售價為 40 美元時，試求 dx/dp 並詮釋你的結果。

11-19 ■ 試微分下列函數。

11. $f(x) = 3x - 2\ln x$

12. $y = 1.5x + \ln x$

13. $y = (\ln x)^5$ 14. $f(x) = \sqrt[5]{\ln x}$

15. $y = (\ln x + 1)^2 + (e^x + 1)^2$

16. $F(t) = \ln \dfrac{(2t + 1)^3}{(3t - 1)^4}$

17. $f(u) = \dfrac{\ln u}{1 + \ln(2u)}$

18. $y = \ln(e^{-x} + xe^{-x})$

19. $y = \ln(\ln x)$

20-21 ■ 試求 f' 和 f''。

20. $f(x) = \ln(x^2 - 5)$ 21. $f(x) = e^x \ln x$

22. 試求曲線 $y = \ln(x^2 - 3)$ 在點 (2, 0) 的切線方程式。

23. 試引用基底變換公式 $\log_a x = \dfrac{\ln x}{\ln a}$，證明 $\dfrac{d}{dx}\log_a x = \dfrac{1}{x \ln a}$。

24. **音量大小** 在大自然中，當發音強度為 I（單位：瓦/平方公尺）時，人類感受到的音量強度為 $B = 120 + 10\log_{10} I$，其中 B 的單位是分貝。當飛機起飛所產生的發音強度為 100 瓦/平方公尺時，試求 B 和 dB/dI。

25. 若 $y = \ln(x^2 + y^2)$，試求 dy/dx。

■ 自我挑戰

26. 試求雙曲線
$$\dfrac{x^2}{a^2} - \dfrac{y^2}{b^2} = 1$$
在點 (x_0, y_0) 的切線方程式。

27. 方程式 $x^2 - xy + y^2 = 3$ 代表一個「旋轉橢圓」，也就是橢圓的軸與坐標軸不是平行的。試求此橢圓與 x 軸的交點，並證明在這些點的切線是平行的。

28. 證明次方律時，我們首先對原方程式兩邊取自然對數，並引用對數性質化簡結果。然後用隱微分法求 dy/dx，最後再由原方程式用 x 來表示 y 的項。這程序稱為**對數微分法 (logarithmic differentiation)**；試用它求 $y = x^x$ 的導數。

29. 直接微分函數
$$y = \dfrac{e^{x^2}\sqrt{x^3 + x}}{(2x + 3)^4}$$
的程序會很冗長，試改用對數微分法求 dy/dx。

3.6 指數成長及衰減

在本章中,我們已學習了指數函數的導數等於一個常數乘以它本身。如果量的成長或衰減速度和它的數量成正比,就顯示所謂**指數成長**的性質。在本節中,我們將見到這個性質出現在許多自然界的現象中,例如,人口的成長、投資的利息收入和放射性物質的衰減。

■ 常數百分比成長

在第 1.5 節中,我們已討論了指數函數,並且用它來模擬常數百分比的成長。舉例來說,以函數 $p(t) = 1000(2^t)$ 來模擬在 t 小時後的細菌數量,其中最初的細菌數量為 1000 且每小時成長為 2 倍。

同樣地,若某件藝術品的現值為 5000 美元,而其價值每年以 8% 增加,所以 1 年後它的價值會增加 8%:

$$\$5000 + \$5000(0.08) = \$5000(1 + 0.08) = \$5000(1.08)$$

也就是將現值乘以 1.08;換句話說,1 年後它的價值是現值的 108%。在 2 年後,它的價值再乘以 1.08:

$$[\$5000(1.08)](1.08) = \$5000(1.08)^2$$

在 3 年後,它的價值為 $\$5000(1.08)^3$。依此可推得在 t 年後,它的價值為 $\$5000(1.08)^t$。相反的,若藝術品的價值每年減少 8%,所以每年維持 $100\% - 8\% = 92\%$ 的價值,因此在 t 年後,它的價值為 $\$5000(0.92)^t$。

任意以常數百分比成長或衰減的量都可以用指數函數來描述。例如,在第 1.5 節的例 4 中,我們用

$$P(t) = (1436.53) \cdot (1.01395)^t$$

來模擬世界人口數(單位:百萬人),其中時間 t 的單位為年。由此模型可知每年的人口是前一年的 101.395%,也就是每年成長 1.395%。

> **例 1** 模擬以常數百分比遞減的量
>
> 若以 56,000 美元購買一架舊的飛機,買主預期它的價值每年會減少 3.8%。
> (a) 試寫出一個函數來模擬在 t 年後飛機的價值 V。
> (b) 試問 4.5 年後飛機的預期價值為何?

(c) 試問飛機的價格何時會降至 20,000 美元？

解

(a) 若飛機的價值每年減少 3.8%，則每年維持 100% − 3.8% = 96.2% 的價值。所以，每過 1 年最初的價格 56,000 美元需要乘以 0.962。因此在 t 年後，它的價值為

$$V(t) = 56,000(0.962)^t$$

(b) 由模型可知，4.5 年後飛機的價值為

$$V(4.5) = 56,000(0.962)^{4.5} \approx 47,041 \text{ 美元}$$

例 1 的函數圖形如圖 1 所示。可由觀察曲線與水平線 $V = 20,000$ 的交點大約是 $t \approx 27$，來檢驗例 1(c) 的結果。

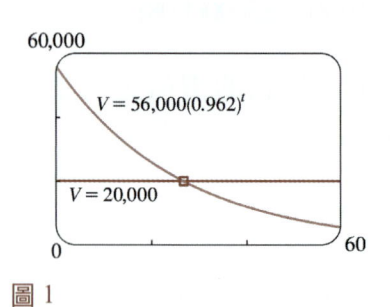

(c) 需要解 $V(t) = 20,000$：

$$56,000(0.962)^t = 20,000$$

$$0.962^t = \frac{20,000}{56,000} = \frac{5}{14}$$

$$\ln(0.962^t) = \ln \tfrac{5}{14}$$

$$t \ln 0.962 = \ln \tfrac{5}{14}$$

$$t = \frac{\ln \tfrac{5}{14}}{\ln 0.962} \approx 26.58$$

所以飛機的價格大約在 26 年半之後會降至 20,000 美元。

圖 1

■ **利息收入**

　　接下來討論投資的利息收入。如果投資本金為 1000 美元且年複利率為 6%，則投資 1 年後的餘額為 106% 乘以本金，所以投資 t 年後變為 $1000(1.06)^t$ 美元。一般而言，如果投資本金為 p 且年複利率為 r（在這裡，$r = 0.06$），投資 t 年後的價值為

(1) $$A(t) = P(1 + r)^t$$

但是通常 1 年計息不只一次，例如，n 次。這時每次的利率就只有 r/n，而 t 年內共會發放 nt 次利息，所以投資的價值為

(2)
$$A(t) = P\left(1 + \frac{r}{n}\right)^{nt}$$

例如，以每年複利率 6% 投資 1000 美元而言，如果 1 年計算一次利息，3 年後的價值為

$$\$1000(1.06)^3 = \$1191.02$$

如果 1 季計算一次利息，3 年後的價值為

$$\$1000\left(1 + \tfrac{0.06}{4}\right)^{4\cdot 3} = \$1000(1.015)^{12} = \$1195.62$$

如果 1 個月計算一次利息，3 年後的價值為

$$\$1000\left(1 + \tfrac{0.06}{12}\right)^{12\cdot 3} = \$1000(1.005)^{36} = \$1196.68$$

如果每天計算一次利息，3 年後的價值為

$$\$1000\left(1 + \tfrac{0.06}{365}\right)^{365\cdot 3} = \$1197.20$$

很明顯的，當計算利息的次數愈頻繁，所得到的價值就愈多。

若繼續增加 n 會如何呢？在實務上，銀行是不可能每小時或每分鐘計算利息的。但是，若計算利息的次數可以愈來愈頻繁，就可以用極限的觀念來決定最大的利息收入。

我們要決定當 n 任意大時，方程式 (2) 中 $A(t)$ 的值。$n \to \infty$，讀作「n 趨近無限大」，表示了 n 持續的增加至超過我們可以任意選擇的有限值。(注意到 ∞ 不是一個數；$n \to \infty$ 是一個記號。) 如果 $n \to \infty$，會得到**連續複利 (compounded continuously)**，這時的投資價值為

$$A(t) = \lim_{n\to\infty} P\left(1 + \frac{r}{n}\right)^{nt}$$

可將極限改寫為

$$\lim_{n\to\infty} P\left[\left(1 + \frac{r}{n}\right)^{n/r}\right]^{rt} = P\left[\lim_{n\to\infty}\left(1 + \frac{r}{n}\right)^{n/r}\right]^{rt}$$

接著令 $m = n/r$。若 $n \to \infty$，則 $n/r = m \to \infty$ (n 除以正數 r 不影響它變成任意大)，所以

我們將在第 4.4 節進一步探究在無窮遠處的極限。

$$A(t) = P\left[\lim_{m\to\infty}\left(1+\frac{1}{m}\right)^m\right]^{rt}$$

為求此極限，我們計算當 m 遞增時，$[1+(1/m)]^m$ 的值，四捨五入到小數點後第六位 (詳見左表)。由表可見，極限似乎趨近於 $e \approx 2.71828$。

m	$\left(1+\dfrac{1}{m}\right)^m$
10	2.593742
100	2.704814
1,000	2.716924
10,000	2.718146
100,000	2.718268
1,000,000	2.718280

事實上，若令 $u = 1/m$，則當 m 愈來愈大時，u 會非常接近 0。所以當 $m \to \infty$ 時 $u \to 0$，且由第 3.5 節的公式 (6)，可得到

$$\lim_{m\to\infty}\left(1+\frac{1}{m}\right)^m = \lim_{u\to 0}(1+u)^{1/u} = e$$

所以，以年利率 r 的連續複利來計算，在投資 t 年後的價值為

(3) $$\boxed{A(t) = Pe^{rt}}$$

回到這個以年複利率 6% 投資本金 1000 美元的例子，如果是連續複利，投資 3 年後的價值為

$$A(3) = \$1000e^{(0.06)3}$$
$$= \$1000e^{0.18} = \$1197.22$$

注意：這和每日計息的結果 1197.20 美元很接近，可是用連續複利計算比較簡單，而且保證這是給定利率利息收入的最大可能。

例 2　複利率

已知以年複利率 3.2% 投資定存帳戶 25,000 美元。

(a) 若 1 季計息一次，試計算 5 年後的價值。
(b) 若連續的計算利息，試計算 5 年後的價值。

解

(a) 由公式 (2) 可得，帳戶餘額為

$$\$25,000\left(1+\frac{0.032}{4}\right)^{4\cdot 5} = \$25,000(1.008)^{20} = \$29,319.10$$

(b) 由公式 (3) 可得，帳戶餘額為

$$\$25,000 e^{(0.032)5} = \$25,000 e^{0.16} = \$29,337.77$$

■ 指數成長

在本節最開始，我們探討一個量以常數百分比成長的情形。也就是量的變化率為某個常數百分比乘以它本身：

$$A'(t) = k \cdot A(t)$$

其中 k 為一常數。這是一個微分方程式 (differential equation) 的例子，也就是一個方程式包含一個未知函數以及它的導數。它的解是一個或家族的函數 A。由 $A'(t) = Pe^{kt} \cdot k = k \cdot A(t)$，明顯可知 $A(t) = Pe^{kt}$ 是一個解。事實上，在第 6.4 節會證明所有滿足這個方程式可能的形式一定是

(4) $$\boxed{A(t) = Ce^{kt}}$$

其中 C 和 k 為常數。所以，任意成長的速度和它的數量成正比的量 (或以常數百分比的成長) 可由公式 (4) 的函數來描述。由 $A(0) = Ce^0 = C$，因此 C 代表函數的初始值。常數 k 扮演如 r 在公式 (3) 相同的角色，稱為**相對成長率 (relative growth rate)**。

相對成長率和年百分比增加率不同。若人口數 50,000 每年成長 10%，則用 $50{,}000(1+0.10)^t$ 來描述人口數。若人口數每年的相對成長率為 10%，則用 $50{,}000e^{0.10t}$ 來描述人口數。

許多自然界物種的成長 (或衰減) 速度和它的數量成正比，所以公式 (4) 的模型是適當的。例如，若 1000 個細菌以每小時 300 個細菌在成長，則可合理地推測若有 2000 個細菌，它們的個數會以每小時 600 個細菌在成長。也就是當個數增為 2 倍時，成長的速率也是 2 倍。動物或植物的數量，如同化學反應物質，經常有這個性質。

> 相對成長率測量了相對於現有量的變化率，也就是變化率除以現有量：
>
> $$\frac{f'(t)}{f(t)}$$
>
> 在指數成長及衰減時，
>
> $$\frac{A'(t)}{A(t)} = \frac{Ce^{kt} \cdot k}{Ce^{kt}} = k$$
>
> 所以相對成長率是一個常數。

例 3　細菌的指數成長

某實驗室最初有 4000 個細菌。它的相對繁殖速率為每小時 7.2%。試求在 3 小時後細菌的數量和它的變化率。試問何時細菌數量會達到 18,000？

解

因為細菌以常數的相對成長率在成長，所以可引用公式 (4) 來描述在 t 小時後它的數量：

$$P(t) = 4000e^{0.072t}$$

在 3 小時後，它的數量為

$$P(3) = 4000e^{0.072(3)} \approx 4964$$

而變化率為

$$P'(t) = 4000e^{0.072t}(0.072) = 288e^{0.072t}$$

因此 $P'(3) = 288e^{0.072(3)} \approx 357.4$，也就是在 3 小時後細菌的數量以每小時大約 357 個的速率遞增。

想求出細菌數量達到 18,000 個的時間，需要對 $P(t) = 18,000$ 解 t：

$$4{,}000e^{0.072t} = 18{,}000$$
$$e^{0.072t} = \frac{18{,}000}{4{,}000} = \frac{9}{2}$$
$$\ln(e^{0.072t}) = \ln\frac{9}{2}$$
$$0.072t = \ln\frac{9}{2}$$
$$t = \frac{\ln\frac{9}{2}}{0.072} \approx 20.890$$

因此，需要約 20.9 小時後細菌的數量會達到 18,000 個。

例 4　世界人口模型

假設世界總人口的成長率與人口數成正比，並利用表 1 中的數據來模擬在 20 世紀後半世界的人口數。試問人口數的相對成長率為何？試問這個模型與數據是否一致？試以此模型來估計 1993 年及預測 2017 年的世界人口數。

解

若取 1950 年為 $t = 0$ 時，由方程式 (4)，可得 $C = 2560$ 且

$$P(t) = 2560e^{kt}$$

我們可以用表 1 的值來估計相對成長率 k。然而，每一組數據會得到不同的 k。若以 2000 年的人口數來估計 k，則可得到

表 1

年	人口數（百萬）
1950	2560
1960	3040
1970	3710
1980	4450
1990	5280
2000	6080

$$P(50) = 2560e^{50k} = 6080$$

$$e^{50k} = \tfrac{6080}{2560}$$

$$\ln(e^{50k}) = \ln \tfrac{6080}{2560}$$

$$50k = \ln \tfrac{6080}{2560}$$

$$k = \tfrac{1}{50} \ln \tfrac{6080}{2560} \approx 0.01730$$

也就是相對成長率為每年 1.73% 且人口總數的模型為

(5) $$P(t) = 2560e^{0.01730t}$$

因此，1993 年人口的估計值為

$$P(43) = 2560e^{0.01730(43)} \approx 5387 \text{ 百萬}$$

而 2017 年則是

$$P(67) = 2560e^{0.01730(67)} \approx 8159 \text{ 百萬}$$

圖 2 所示為世界人口數的估計曲線，標記的點則是實際的數據。由圖可知，這個模型給出 1993 年的估計是相當準確及可信賴的，但是 2017 年的預測值就比較不可靠。

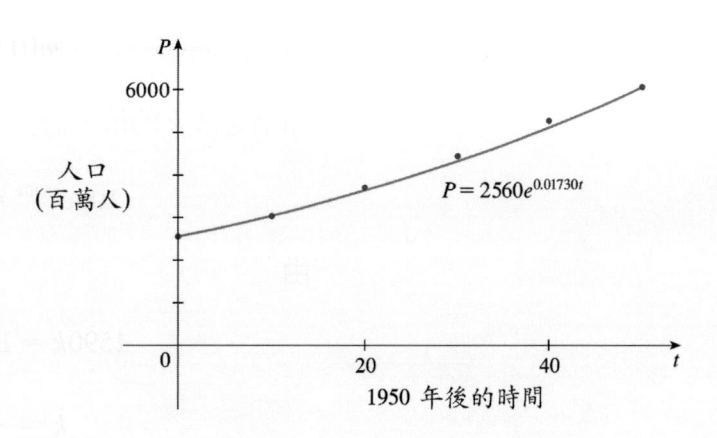

圖 2　20 世紀後半世界人口的成長模型

在例 4 中，若改用繪圖計算器 (或電腦) 的迴歸法而不是只用兩組數據，則可得

$$P(t) = 2578.6(1.017765)^t$$

這也是指數函數，但是它的表示法是以每年百分比的遞增而不是連續百分比的遞增。由這個模型可見每年以 1.7765% 遞增，而由式 (5) 可見相對成長率為 0.01730 或 1.730%。

■ 放射性的衰減

放射性物質因為本身會散發出輻射而衰減。由實驗發現，放射性物質會以與殘餘量成正比的速度衰減，也就是在給定的時間它的量可由方程式 (4) 所模擬：$A(t) = Ce^{kt}$。這裡的常數 C 是它的初始質量，而 k 則是相對衰減率。(由於質量是遞減的，所以 k 是負的。)

放射性物質會持續地減少某個百分比的質量，但是理論上永遠不會消失。所以，物理學家通常用**半衰期 (half-life)** 來描述衰減速度，也就是物質衰減為原有質量的一半所需之時間。

例 5　放射性物質的模型和它的半衰期

鐳-226 ($^{226}_{88}$Ra) 的半衰期為 1590 年。

(a) 試求質量為 100 毫克的鐳-226 在 t 年後剩下的質量。
(b) 試問在 1000 年後的質量為何 (取到整數的毫克)？
(c) 試問何時會衰減為 30 毫克？
(d) 試問當質量為 30 毫克時衰減的速度為何？

解

(a) 若鐳-226 在 t 年後的質量剩 $m(t)$ 毫克，則由 $C = 100$ 和方程式 (4) 可得

$$m(t) = Ce^{kt} = 100e^{kt}$$

如果想求 k 的值，需要用到條件 $m(1590) = \frac{1}{2}(100)$。所以

$$100e^{1590k} = 50 \quad 即 \quad e^{1590k} = \frac{1}{2}$$

由

$$1590k = \ln \frac{1}{2}$$

$$k = \frac{\ln \frac{1}{2}}{1590} \approx -0.00043594$$

可知　　　　　　$m(t) = 100e^{-0.00043594t}$

註：因為半衰期為 1590 年，所以可以寫成

$$m(t) = 100 \times \left(\frac{1}{2}\right)^{t/1590}$$

(b) 在 1000 年後剩下

$$m(1000) = 100e^{-0.00043594(1000)} \approx 64.7 \text{ 毫克}$$

(c) 需要求出 t，使得 $m(t) = 30$ 成立，也就是

$$100e^{-0.00043594t} = 30 \quad 或 \quad e^{-0.00043594t} = 0.3$$

可在兩邊同時取自然對數來解出算式的 t：

$$\ln(e^{-0.00043594t}) = \ln 0.3$$
$$-0.00043594t = \ln 0.3$$

因此 $\quad t = \dfrac{\ln 0.3}{-0.00043594} \approx 2762$ 年

(d) 由 $m(t) = 100e^{-0.00043594t}$ 可得

$$m'(t) = 100e^{-0.00043594t}(-0.00043594) = -0.043594e^{-0.00043594t}$$

和

$$m'(2762) = -0.043594e^{-0.00043594(2762)} \approx -0.013077 \text{ 毫克/年}$$

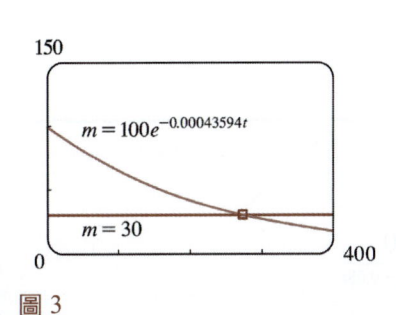

如果用繪圖工具畫出 $m(t)$ 和水平線 $m = 30$ 的圖形 (如圖 3)，可以看到這兩條線相交於 $t \approx 2800$，和 (c) 的結果相吻合。

圖 3

■ 邏輯函數

有時候人口數在初期會以指數型方式快速成長，但終究會呈現緩慢的成長，穩定地接近某個量，稱這個量為**飽和量 (carrying capacity)**，直到最終可承受的環境條件。所以，人口數最初會以接近常數百分比增加，然後呈現指數成長。如果人口數再繼續增加時，相對成長率會遞減 (若人口數超過其飽和量，相對成長率會變為負的)。這種現象可用數學模型

在相同的初始假設下，我們將在第 6.4 節中推導這個式子。

(6) $$P(t) = \dfrac{M}{1 + Ae^{-kt}}$$

來表示，且稱為**邏輯函數 (logistic function)**，其中 M 為飽和量，t 是時間，k 是常數且 A 定義為常數

$$A = \dfrac{M - P_0}{P_0}$$

其中 P_0 為最初的人口數。典型的遞增邏輯函數之圖形如圖 4 所示。我們觀察到有時候此圖形會被稱為「S 形」的理由。注意到曲線在初期是上凹的，然後由反曲點開始變平緩時則是下凹的。

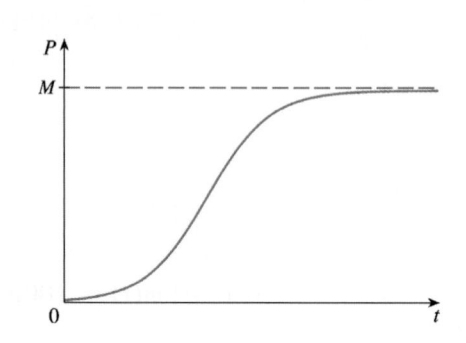

圖 4

在第 1.5 節習題 20 中，我們雖然已見過邏輯函數的例子，而在下面的例子會有進一步的討論。

例 6　人口數的邏輯模型

已知人口數的模型為

$$P(t) = \frac{1000}{1 + 9e^{-0.08t}}$$

其中 t 為時間，單位為年。

(a) 試問最初的人口數為何？在 40 年後的人口數為何？飽和量為何？
(b) 試問多少年後人口數會達到 900？
(c) 試比較在 0、40 和 80 年後的變化率。

解

(a) 由 $P(0) = 1000/(1 + 9e^0) = 100$，可知最初的人口數為 100。在 40 年後的人口數為

$$P(40) = \frac{1000}{1 + 9e^{-3.2}} \approx 732$$

與公式比較可得 $M = 1000$，因此飽和量為 1000。

(b) 人口數會達到 900，即為

$$\frac{1000}{1 + 9e^{-0.08t}} = 900$$

由上式解 t 可得

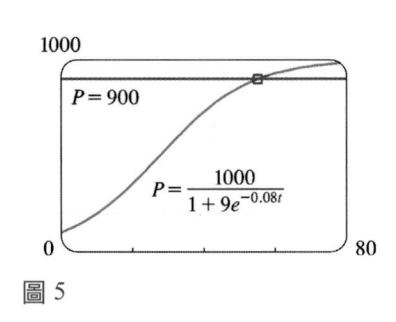

$$1 + 9e^{-0.08t} = \tfrac{10}{9}$$

$$9e^{-0.08t} = \tfrac{1}{9}$$

$$e^{-0.08t} = \tfrac{1}{81}$$

$$\ln(e^{-0.08t}) = \ln \tfrac{1}{81}$$

$$-0.08t = \ln \tfrac{1}{81}$$

$$t = -\frac{\ln \tfrac{1}{81}}{0.08} \approx 54.9$$

所以，約在 55 年人口數後會達到 900。為檢驗上述計算，在圖 5 中描繪出人口數曲線，進而觀察到曲線與直線的交點大約是 $t \approx 55$。

(c) 先將 P 改寫成

$$P(t) = 1000(1 + 9e^{-0.08t})^{-1}$$

然後引用連鎖法則，即可得

$$P'(t) = 1000(-1)(1 + 9e^{-0.08t})^{-2} \cdot \frac{d}{dt}(1 + 9e^{-0.08t})$$

再引用連鎖法則在 $(1 + 9e^{-0.08t})$ 的求導數上，可得

$$P'(t) = 1000(-1)(1 + 9e^{-0.08t})^{-2} \cdot 9e^{-0.08t}(-0.08)$$

$$= 720(1 + 9e^{-0.08t})^{-2} e^{-0.08t} = \frac{720e^{-0.08t}}{(1 + 9e^{-0.08t})^2}$$

所以

$$P'(0) = \frac{720e^0}{(1 + 9e^0)^2} = \frac{720}{100} = 7.2$$

$$P'(40) = \frac{720e^{-3.2}}{(1 + 9e^{-3.2})^2} \approx 15.71$$

$$P'(80) = \frac{720e^{-6.4}}{(1 + 9e^{-6.4})^2} \approx 1.16$$

也就是最初的成長率為每年 7.2（人口數為 100 時）；40 年後的人口數大量增加為 732 且成長率為每年 15.71，約為最初的成長率的 2 倍；但是在 80 年後的人口數為 $P(80) \approx 985$，非常接近飽和量，因此成長率會變得很小：每年 1.16。由圖 6 的導數圖形可

圖 5

觀察，成長率會遞增至在 $t = 27$ 時為最大，然後遞減至幾乎為 0。

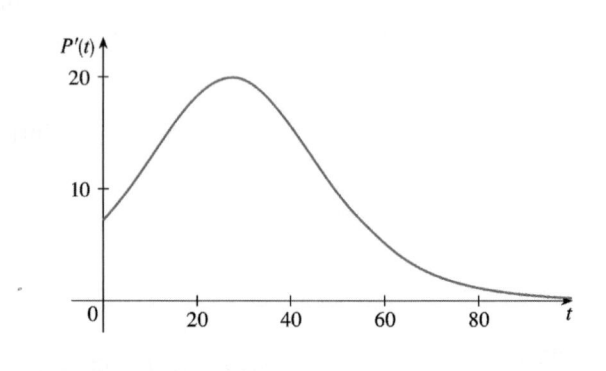

圖 6

■ 自我準備

1. (a) 若 $f(t) = 14e^{-0.2t}$，計算 $f(4.5)$（四捨五入至小數點後第二位）。
   (b) 解 $f(t) = 4.5$（四捨五入至小數點後第二位）。

2. 求 x 的解（四捨五入至小數點後第二位）。
   (a) $100(1.08)^x = 160$ (b) $5(0.8)^x = 3.1$
   (c) $45e^{0.3x} = 85$

3. (a) 若 $g(x) = \dfrac{240}{1 + 2e^{-0.4x}}$，計算 $g(7.3)$（四捨五入至小數點後第二位）。
   (b) 解 $g(x) = 100$（四捨五入至小數點後第二位）。

■ 習題 3.6

1. **人口數**　已知現有人口數為 46,500，試寫出人口數的公式。
   (a) 當每年遞增 2.4% 時。
   (b) 當每年遞減 2.4% 時。

2. **投資價值**　已知投資本金為 5000 美元且每年增值 6.2%。
   (a) 試寫下在 t 年後投資價值的公式。
   (b) 試問在 7.5 年後投資價值為何？
   (c) 試問多少年後投資價值為 8000 美元？

3. **設備折舊**　某汽車公司以 2860 萬美元購買新的機器人焊接設備。這設備的折舊率為每年 15%。
   (a) 試寫出在 t 年後設備價值 V 的公式。
   (b) 試問多少年後設備價值為原購買價的一半？
   (c) 試計算並詮釋 $V'(5)$。
   (d) 試問何時設備價每年會折舊 100 美元？

4. **投資價值**
   (a) 已知投資本金為 3000 美元且每年複利為 5%。如果計算利息的方式為 (i) 每年；(ii) 每半年；(iii) 每月；(iv) 每週；(v) 每天；

和 (vi) 連續的，試求投資 5 年後的價值。

(b) 如果在時間 t 時投資的金額為 $A(t)$，且計算利息的方式為連續複利，試寫出 $A(t)$ 所滿足的微分方程式和初始條件。

5. **投資價值** 以每年利率 4.3% 投資一帳戶 16,000 美元。
   (a) 若每個月計算複利利息一次，試寫出在 t 年後投資價值 V 的公式。
   (b) 試計算並詮釋 $V'(3.5)$。

6. **投資價值** 試問哪一種投資你比較喜歡，年利率 5.1% 連續複利，或年利率 5.25% 每季計算利息一次？

7. **人口** 某族群最初有 1300 個成員且每年以 17.2% 的相對成長率增加。試寫出在 t 年後成員個數的公式。在 7.5 年後會有多大的人口數？

8. **動物數量** 某類原生動物每天以 0.7944 的常數相對成長率繁殖，剛開始時牠的數量為 2。試求 6 天後族群的數量。

9. **細菌數量** 細菌的培養皿開始時有 100 個細胞。已知它的繁殖速率和個數成正比，且在 1 小時後數量增加到 420。
   (a) 試求細菌在 t 小時後細胞的數量。
   (b) 試求細菌在 3 小時後細胞的數量。
   (c) 試求 3 小時後細菌的成長率。
   (d) 試問何時細菌細胞的數量會達到 10,000？

10. **病毒數量** 某類病毒在血液中會以常數的相對成長率增加，且在 3 天後數量由 260 增加至 1720。
    (a) 試寫出一個模擬在 t 天後病毒個數的模型。
    (b) 由此模型，試問在 1 週後病毒的個數為何？
    (c) 試問在 1 週後病毒的個數增加的速率為何？

11. **世界人口** 下表是全球總人口數在 1750 到 2000 年間的估計值。

年	人口	年	人口
1750	790	1900	1650
1800	980	1950	2560
1850	1260	2000	6080

   (a) 試用指數成長的模型，與 1750 年及 1800 年的人口數來估計 1900 年及 1950 年的人口數，與實際的數目作比較。
   (b) 試用指數成長的模型，與 1850 年及 1900 年的人口數來估計 1950 年的人口數，並與實際的數目作比較。
   (c) 試用指數成長的模型，與 1900 年及 1950 年的人口數來估計 2000 年的人口數，並與實際的數目作比較，同時解釋形成差異的原因。

12. **放射性的衰減** 銫-137 的半衰期為 30 年。已知現有的樣本的質量為 100 毫克。
    (a) 試求 t 年後此樣本的質量。
    (b) 試問 100 年後樣本還剩多少？
    (c) 試問何時會只剩下 1 毫克？
    (d) 試問 100 年後此樣本質量的遞減率為何？

13. **碳的年代** 科學家用放射性碳年代法來測量古代物質存在的時間。當宇宙射線撞擊高空中的大氣層時，會把氮轉變成半衰期為 5730 年的放射性同位素碳 ^{14}C。植物會吸收大氣中的二氧化碳，再經由食物鏈把 ^{14}C 轉移到動物身上。當植物或動物死亡時，^{14}C 不再變動且放

射性會開始衰退，所以它的成分會呈指數遞減。如果一羊皮紙的碎片被發現時 ^{14}C 的含量為現今同樣的物質含量的 74%，試估計這個碎片的年代。

14. **放射性的衰減** 100 克的 ^{24}Na（鈉的同位素）的樣本在 26 小時後衰減至 30 公克。
    (a) 試求此同位素的半衰期。
    (b) 試問在 2 小時後樣本還剩多少？
    (c) 試問需要多久樣本會只剩下 5 公克？

15. **牛頓冷卻定律** 牛頓冷卻定律是說：在物體及環境的溫度差別不太大時，物體冷卻的速度會和溫差成正比，所以溫度差會是指數成長或衰減。假設將烤熟的火雞從華氏 185 度的烤箱移到華氏 75 度的室溫下。
    (a) 如果火雞的溫度在半小時後降為華氏 150 度，試問 45 分鐘後的溫度為何？
    (b) 試問何時可以冷卻到華氏 100 度？
    (c) 試問半小時後冷卻的速率為何？

16. **動物數量** 從 2010 年 1 月 1 日算起 t 年，在野生動物保護區的山獅子數量之模型為

    $$P(t) = \frac{1680}{1 + 4.2e^{-0.11t}}$$

    (a) 試問飽和量為何？在 2010 年 1 月 1 日有多少山獅子？
    (b) 由此模型，試問在 15 年後山獅子的數量為何？
    (c) 試問此模型預測在何時山獅子的個數會達到 1500？
    (d) 試計算並詮釋 $P'(12)$。

17. **動物數量** 在第 1.5 節習題 20 中引用邏輯函數

    $$P(t) = \frac{23.7}{1 + 4.8e^{-0.2t}}$$

    來擬合從 2000 年 1 月 1 日起的 t 年後動物數量（單位：千）。試計算並詮釋 $P'(8)$。

18. **養殖魚業** 若以邏輯函數 B 來模擬太平洋比目魚養殖場，其中 $B(t)$ 是在 t 年的生物量（成員數的總量）（單位：公斤），飽和量估計為 8×10^7 公斤和 $k = 0.71$。
    (a) 若 $B(0) = 2 \times 10^7$ 公斤，試求 1 年後的生物量。
    (b) 試問在何時生物量會達到 4×10^7 公斤？

19. **世界人口** 世界人口在 1990 年約為 53 億人。在 1990 年代生育率每年約為 3500 萬到 4000 萬，而死亡率每年約為 1500 萬到 2000 萬。所以在那個年代人口的成長約為每年 2000 萬。假設世界人口飽和量為 1000 億。
    (a) 試估計在 1990 年的相對成長率。
    (b) 試用 (a) 中所得的 k 寫出一個人口的邏輯模型。由此模型，估計在 2000 年的世界人口，並與實際世界人口 61 億作比較。
    (c) 用此模型，試估計在 2100 年和 2500 年的世界人口。

■ **自我挑戰**

20. **昆蟲數量** 在聚集 t 週後，蜜蜂的數量 $B(t)$ 以常數百分比遞減。試問何者是對的：$B'(4) = B'(8)$、$B'(4) < B'(8)$ 或 $B'(4) > B'(8)$？說明你的理由。

21. **謠言的傳播** 一個散播謠言的模型是傳播的速率與聽到謠言的人數比例 R，和沒聽到謠言的人數比例之乘積成正比。所以，R 滿足微分方程式

$$R'(t) = k \cdot R(t) \cdot [1 - R(t)]$$

(a) 試證明函數

$$R(t) = \frac{R_0}{R_0 + (1 - R_0)e^{-kt}}$$

其中 R_0 是最初聽到謠言的人數比例，而時間 t 的單位是小時，滿足此微分方程式。

(b) 某小鎮居民有 1000 人。在早上 8 點有 80 人聽到一個謠言，而在中午時所有人都聽到這個謠言。試問何時有 90% 的人聽到這個謠言？

第 3 章 複習

■ 觀念回顧

1. 同時使用函數符號和文字敘述下列微分公式。
   (a) 次方律　　(b) 常數倍律
   (c) 加法律　　(d) 減法律
   (e) 乘法律　　(f) 除法律
   (g) 連鎖法則

2. 敘述下列函數的導數。
   (a) $y = c$，其中 c 是一常數。
   (b) $y = x^n$　　(c) $y = e^x$
   (d) $y = a^x$　　(e) $y = \ln x$

3. (a) e 這個數是如何定義的？
   (b) 為什麼在微積分中自然指數函數 $y = e^x$ 比其他指數函數 $y = a^x$ 更常用？
   (c) 為什麼在微積分中自然對數函數 $y = \ln x$ 比其他對數函數 $y = \log_a x$ 更常用？

4. 以年複利 r 投資利息收益帳戶。如果計算利息的方式為 (a) 每年；(b) 每年 n 次；和 (c) 連續，寫下計算投資 t 年後的餘額之公式。

5. 某個量的成長率與本身成正比，則這個量的一般公式為何？

6. (a) 邏輯函數的圖形看起來像什麼？
   (b) 在什麼情形下，它會是適當的人口成長模型？

7. 解釋如何使用隱微分。

8. (a) 何謂企業的固定成本？何謂變動成本？
   (b) 如何計算在生產 q 單位的貨品或服務的平均成本？
   (c) 何謂邊際成本？如何計算？
   (d) 如何決定最少的平均成本？

9. (a) 何謂邊際收益？如何計算？
   (b) 如何定義利潤函數？
   (c) 如何決定何時會有最大的利潤？

10. 何謂需求函數？為什麼需求函數會是代表性的遞減函數？

11. 何謂線性近似？它和切線有何關聯？

■ 習題

1-34 ■ 試求函數的導數。

1. $f(x) = 5x^3 - 7x + 13$
2. $g(t) = \sqrt{t} + 3t^2 - 1$
3. $q = \sqrt[3]{r} + 6/r$ 4. $A = \dfrac{2}{v^2} + v - 1$
5. $h(u) = 3e^u + 1/\sqrt{u}$
6. $y = 2^x + 5$
7. $E(x) = 2.3(1.06)^x$ 8. $F(y) = 6y - \ln y$
9. $B(t) = 1 + 4\ln t$ 10. $T = 2e^h(5h^2 + 3h)$
11. $C(a) = \sqrt{a}\,(e^a + 1)$
12. $y = \dfrac{e^x}{1 + x^2}$ 13. $y = \dfrac{t}{1 - t^2}$
14. $g(v) = \dfrac{v^2 + 6v - 2}{v}$
15. $y = (x^4 - 3x^2 + 5)^3$
16. $y = \dfrac{3}{(2x^5 + x)^4}$ 17. $A = 16e^{-2t}$
18. $g(t) = 3.8 \ln(t^2 + t)$
19. $y = \ln(x^3 + 5)$ 20. $y = e^{-t}(t^2 - 2t + 2)$
21. $y = 2x\sqrt{x^2 + 1}$ 22. $y = \dfrac{e^{2x}}{1 + e^{-x}}$
23. $z = \sqrt{\dfrac{t}{t^2 + 4}}$ 24. $y = \dfrac{3x - 2}{\sqrt{2x + 1}}$
25. $y = xe^{-1/x}$ 26. $y = x^r e^{sx}$
27. $f(x) = 10^{x\sqrt{x-1}}$ 28. $y = \ln(x^2 e^x)$
29. $A(r) = 6(\ln r)^4$ 30. $P(t) = \dfrac{75}{1 + 4e^{-0.5t}}$
31. $y = 3^{x \ln x}$ 32. $y = e^{\sqrt{1+x^4}}$
33. $y = [\ln(x^2 + 1)]^3$ 34. $y = \sqrt{t \ln(t^4)}$

35-36 ■ 試求 f' 和 f''。

35. $f(t) = 500e^{0.65t}$ 36. $f(x) = \dfrac{\ln x}{2x}$

37-38 ■ 試由隱微分求 dy/dx。

37. $xy^4 + x^2 y = x + 3y$
38. $xe^y = y - 1$

39. 若 $f(t) = \sqrt{10 + 3t}$,試求 $f''(2)$。
40. 試求曲線 $y = 3(1.25^x)$ 在 $x = 3$ 的斜率。將你的結果四捨五入至小數點後第三位。

41-44 ■ 試求曲線在給定點的切線方程式。

41. $y = (2 + x)e^{-x}$,$(0, 2)$
42. $y = \dfrac{x^2 - 1}{x^2 + 1}$,$(0, -1)$
43. $y = (3x - 2)^5$,$(1, 1)$
44. $x^2 + 4xy + y^2 = 13$,$(2, 1)$

45. (a) 若 $f(x) = x\sqrt{5 - x}$,試求 $f'(x)$。
    (b) 試求曲線 $y = x\sqrt{5 - x}$ 分別在點 $(1, 2)$ 和 $(4, 4)$ 的切線方程式。

46. **運動** 若某移動物體在 t 秒後所行經的距離為 $s(t) = 4t^2/(t + 1)$ 呎。試求在 3 秒後的速率和加速度。

47. **成本函數** 生產某商品 q 單位的成本(單位:美元)為

$$C(q) = 920 + 2q - 0.02q^2 + 0.00007q^3$$

(a) 試求平均成本函數,並計算在生產 1500 單位後每單位的平均成本。

(b) 試求邊際成本函數。
(c) 試求 $C'(100)$ 並說明它的意義。
(d) 試比較 $C'(100)$ 和實際生產第 101 單位的成本。

48. **外燴服務** 某承辦宴席的師傅估計在一個慈善場合提供 x 位客人晚餐的成本（單位：美元）為

$$C(x) = 0.02x^2 + 8x + 375$$

(a) 試問固定成本為何？
(b) 試問容納多少人的場合會使得每人的平均成本為最小？

49. **生產飲料** 某公司估計生產 q 罐新的能量飲料之成本（單位：美元）為

$$C(q) = 380 + 0.32q + 0.0002q^2$$

公司賣 q 罐飲料所賺得的收益為

$$R(q) = 1.36q - 0.0001q^2$$

(a) 試寫出公司在每天賣 q 罐飲料後所賺得的利潤函數 P 的公式。
(b) 試寫出平均收益和邊際收益函數的公式。
(c) 試求公司每天應賣的飲料罐數使得利潤為最大。

50. **軟體需求** 某手機應用軟體的需求函數估計為 $p = 28e^{-0.2q}$，其中 q 的單位為千套，p 的單位為美元。
(a) 試問為了賣出 8000 套軟體，價格應訂為多少？
(b) 若軟體價格為每套 4.95 美元，試問預期賣出多少套？
(c) 試寫出賣 q 套應用軟體的收益函數公式。

51. **地產價值** 用 260 萬美元購買一商業用地產。
(a) 若地產價值每年以 4.6% 遞增，試寫出它的公式。在 3.5 年後的價值為何？
(b) 若地產價值每年以 4.6% 遞減，試寫出它的公式。在多久後它的價值減至 200 萬美元？

52. **投資價值**
(a) 以年複利率 3.8% 投資本金 8000 美元。如果計算利息的方式為 (i) 每年；(ii) 每季；(iii) 每月；(iv) 每週；(v) 每天；和 (vi) 連續，試求投資 6 年後的價值。
(b) 如果計算利息的方式為每季一次，試問在多久後它的餘額會達到 10,000 美元？

53. **細菌數量** 某類細菌的培養皿開始有 200 個細胞。它的繁殖速率和數量成正比，在半小時後數量增加到 360 個細胞。
(a) 試求細菌在 t 小時後細胞的數量。
(b) 試求細菌在 4 小時後細胞的數量。
(c) 試求 4 小時後細菌的成長率。
(d) 相對成長率為何？
(e) 試問何時細菌細胞的數量會達到 10,000？

54. **昆蟲數量** 昆蟲的數量在聚落是以常數相對成長率遞增。估計在 4 週後數量由 6000 增加到 13,400。
(a) 試寫下在 t 週後昆蟲數量的模型。
(b) 由此模型，試問在 10 週後昆蟲的數量為何？
(c) 試問試求在 10 週後昆蟲數量的成長率為何？

55. **藥物濃度** 令 $C(t)$ 為血液中的藥物濃度。隨著身體代謝藥物，$C(t)$ 會以與當時藥物的量成

正比的速率遞減。若身體在 30 小時消耗一半的藥物，試問多久後會消耗 90% 的藥物？

56. **放射性的衰減** 鈷-60 的半衰期為 5.24 年。
    (a) 試求 20 年後 100 毫克的樣本質量還剩多少？
    (b) 試問何時會衰減至 1 毫克？

57. **放射性的衰減** 已知 2 盎司的放射性物質樣本在 6.3 年後衰減至 0.8 盎司。
    (a) 試求此物質的半衰期。
    (b) 試問在 2 小時後樣本還剩多少？
    (c) 試問需要多久會衰減 90% 的物質？

58. **世界人口**
    (a) 世界人口在 1990 年約為 52.8 億且在 2000 年約為 60.7 億。由這些數據，試求一個指數模型，並用此模型預測在 2020 年的世界人口。用 $t = 0$ 代表 1990 年。
    (b) 由此模型，試問何時世界人口會超過 100 億？
    (c) 由 (a) 的數據，試求世界人口的邏輯模型。假設世界人口的飽和量為 1000 億，並用與 (a) 相同的 k。試用邏輯模型預測在 2020 年的世界人口，並與指數模型的預測作比較。
    (d) 由邏輯模型，試問何時世界人口會超過 100 億？與你在 (b) 的預測作比較。

59. **動物數量** 從 2010 年 1 月 1 日算起 t 年，某種動物數量的模型為
$$P(t) = \frac{285}{1 + 3.8e^{-0.08t}}$$
    (a) 試問飽和量為何？在 2010 年 1 月 1 日動物數量為何？
    (b) 由此模型，試問在 25 年後該種動物的數量為何？
    (c) 試問此模型預測在何時該種動物的個數會達到 200,000？
    (d) 試計算並詮釋 $P'(30)$。

60. 試問在曲線 $y = [\ln(x + 4)]^2$ 上哪一點有水平的切線？

61. (a) 試求曲線 $y = e^x$ 上與直線 $x - 4y = 1$ 平行的切線方程式。
    (b) 試求曲線 $y = e^x$ 上通過原點的切線方程式。

62. 試求在橢圓 $x^2 + 2y^2 = 1$ 上切線斜率為 1 的點。

63. 若 g 是可微函數且 $g(72) = 285.4$ 和 $g'(72) = -3.7$，試用線性近似來估計 $g(70)$ 和 $g(73.3)$ 的值。

64. 假設 $h(x) = f(x)g(x)$ 和 $F(x) = f(g(x))$，其中 $f(2) = 3$、$g(2) = 5$、$g'(2) = 4$、$f'(2) = -2$ 和 $f'(5) = 11$。試求 (a) $h'(2)$ 和 (b) $F'(2)$。

4 微分的應用

海浪的速度是浪的波長之函數。在本章所學的微積分，將能使你辨識它和其他函數的最佳值。

至此已探討了一些導數的應用。學會微分法則後可更深入地討論微分的應用。在本章中，我們將學習如何分析函數的性質、如何解相關變化率的問題 (如何由可以測量的變化率來計算無法測量的變化率)，和如何求函數的極大值或極小值。

4.1 相關變化率
4.2 極大值和極小值
4.3 導數和函數的圖形
4.4 漸近線
4.5 函數圖形的描繪
4.6 最佳化問題
4.7 商業和經濟學上的最佳化

4.1 相關變化率

假如我們將一個氣球充氣，它的體積和半徑都是遞增的，而且它們增加的速率是相關的，然而直接測量體積的增加率會比測量半徑的增加率來得容易。

■│連結變化率

解相關變化率的問題的想法是利用某個量的變化率（有可能較容易測量），來求出另一個量的變化率。解題程序是先找到描述兩個量的關係式。若將每個量視為時間的函數，則可利用連鎖法則將方程式的等號兩邊對時間作微分，因此可得到變化率的關係式。

例 1　氣球充氣

將一個圓形氣球以每秒 100 立方公分的速度充氣。試問氣球在直徑為 50 公分時半徑的增加率為何？

解

首先確認題意如下：

已知：

氣球內空氣體積的增加率為 100 立方公分／秒

未知：

半徑在氣球直徑為 50 公分時的增加率

為了用數學來描述這個問題，我們必須引進一些變數：

令 V 為氣球的體積，且 r 為氣球的半徑。

關鍵在於記得變化率就是導數。在這個問題中，體積和半徑都是時間 t 的函數。體積對於時間的變化率為 dV/dt，而半徑對於時間的變化率為 dr/dt。所以題意可重寫為：

已知：　$\dfrac{dV}{dt} = 100$ 立方公分／秒

注意到 dV/dt 是常數，而 dr/dt 不是常數。

未知：　當 $r = 25$ 公分時的 $\dfrac{dr}{dt}$

為了找到 dV/dt 和 dr/dt 的關係，首先用球體的體積公式將 V 和 r 連結在一起：

$$V = \tfrac{4}{3}\pi r^3$$

若你對使用連鎖法則有困惑，嘗試將公式用函數記號來表示。因為 V 和 r 都是時間的函數，公式可寫成

$$V(t) = \tfrac{4}{3}\pi[r(t)]^3$$

所以兩邊同時對 t 微分，由連鎖法則可得

$$V'(t) = 4\pi[r(t)]^2 r'(t)$$

為了利用已知的條件，我們將方程式的等號兩邊同時對隱藏的變量 t 作微分。微分的過程需要用到連鎖法則：

$$\frac{dV}{dt} = \frac{dV}{dr}\frac{dr}{dt} = 4\pi r^2 \frac{dr}{dt}$$

將 $r = 25$ (因為直徑為 50 公分) 和 $dV/dt = 100$ 代入方程式內可得

$$100 = 4\pi(25)^2 \frac{dr}{dt}$$

接著解出未知的量：

$$\frac{dr}{dt} = \frac{100}{4\pi(25)^2} = \frac{1}{25\pi}$$

所以，氣球半徑的增加速率為 $1/(25\pi) \approx 0.013$ 公分 / 秒。

⊘ 警告：經常犯的錯誤是太早代入給定的數據 (隨時間變化的量)，這應該在微分後才作。(步驟 6 然後步驟 7。) 例如，在例 1 中最後一步才代入 $r = 25$。(若太早代入 $r = 25$，則會得到很明顯錯的答案 $dr/dt = 0$。)

■ 相關變化率問題的解題策略

在探討更多的相關變化率前，先由例 1 歸納出解相關變化率問題的策略如下：

策略

1. 仔細地了解題意。
2. 可能的話，畫圖描述題意。
3. 引入變數。指定符號來代表所要用到的時間函數的量。
4. 利用導數寫下已知條件和欲求的變化率。
5. 寫下一個描述問題中各個量之間的關係式 (不是變化率)。
6. 利用連鎖法則將方程式兩邊同時對時間 t 微分。
7. 將已知的條件代入最後的式子，以求出未知的變化率。

下面的例子可以更進一步說明上述的策略。

例 2 梯子的滑動問題

一個長 10 呎的梯子斜靠在垂直的牆壁上。假如梯子的底部以每秒 1 呎的速度向外滑動。當梯子的底部離開牆壁 6 呎時，試問梯子的頂端沿著牆壁向下滑動的速度有多快？

圖 1

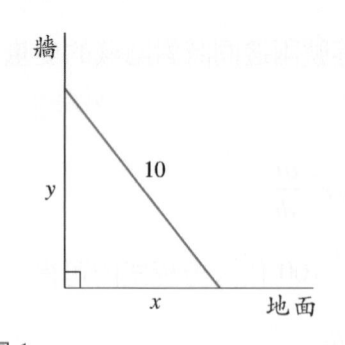

圖 2

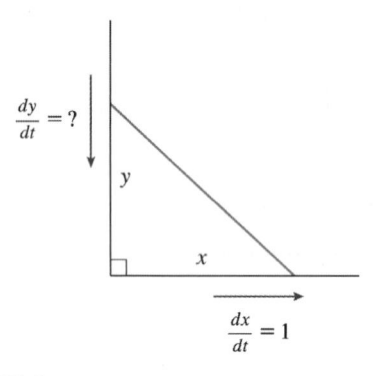

解

你可能會猜測梯子的頂端一定也以 1 呎 / 秒的速度下滑，然而事實上梯子的頂端最初下滑的速度較慢，而當梯子的底部離牆腳更遠時，下滑的速度會加快，因此首先在圖 1 畫出梯子的圖形，並標上需要的變數。假設梯子的底部到牆腳的距離為 x 呎，梯子的頂端到地面的距離則是 y 呎。注意到 x 和 y 都會隨時間而變動，所以是時間 t 的函數。

已知 $dx/dt = 1$ 呎 / 秒，而我們想知道在 $x = 6$ 呎時 dy/dt 的值 (見圖 2)。接下來需要 x 和 y 的關係。觀察到圖 1 中有一直角三角形，因此 x 和 y 的關係可以用畢氏定理來表示：

$$x^2 + y^2 = 100$$

將式子兩邊分別對 t 微分，並利用連鎖法則可得

$$2x\frac{dx}{dt} + 2y\frac{dy}{dt} = 0$$

當 $x = 6$ 時，由畢氏定理可得 $y = 8$，並與 $dx/dt = 1$ 一起代入上式可得

$$2(6)(1) + 2(8)\frac{dy}{dt} = 0$$

解 dy/dt 可得

$$16\frac{dy}{dt} = -12 \Rightarrow \frac{dy}{dt} = -\frac{12}{16} = -\frac{3}{4} \text{ 呎 / 秒}$$

由於導數 dy/dt 的值是負的，表示梯子的頂端到地面的距離以 $\frac{3}{4}$ 呎 / 秒的速度遞減，也就是說梯子的頂端以 $\frac{3}{4}$ 呎 / 秒的速度沿著牆壁向下滑動。

例 3 需求函數

需求函數已在第 3.2 節介紹過。

某公司的記憶體晶片的需求方程式為 $(q^2 + 80)p = 10,000$ (單位：千個)，其中 p 是每個晶片的售價，q 是每個月所賣出晶片的數量。當每個晶片的售價為 49.75 美元時，公司預期每個月會賣出 11,000 個，但是晶片的售價每週會遞減 1.50 美元。試求記憶體晶片的需求對時間的變化率。

解

因為 p 和 q 都是時間的函數，所以將需求方程式的兩邊分別對 t 微分 (左邊用乘法律)：

$$(q^2 + 80)\frac{dp}{dt} + p \cdot 2q\frac{dq}{dt} = 0$$

當 $p = 49.75$ 時 $q = 11$，且 $dp/dt = -1.50$，因此

$$(11^2 + 80)(-1.50) + (49.75)(2 \cdot 11)\frac{dq}{dt} = 0$$

接著解 dq/dt：

$$-301.5 + 1094.5\frac{dq}{dt} = 0$$

$$\frac{dq}{dt} = \frac{301.5}{1094.5} \approx 0.275$$

所以記憶體晶片的需求是每個月約遞增 275 個。

如同下個例題，出現三個或以上相關量的情形並不罕見。

例 4　畢氏定理用在相關變化率上

A 車以 50 哩 / 小時的速度向西開，B 車則以 60 哩 / 小時的速度向北開。兩部車都開向路的交叉路口。在 A 車距交叉路口 0.3 哩，而 B 車離交叉路口 0.4 哩時，試問兩車以何速度互相接近？

解

圖 3 表示兩車運動的情形，其中 C 點為交叉路口。在時間 t 時，令 x 為 A 車到 C 點的距離，y 是 B 車到 C 點的距離，且 z 為兩車之間的距離，其中 x、y 和 z 的單位是哩。

已知 $dx/dt = -50$ 哩 / 小時和 $dy/dt = -60$ 哩 / 小時。(導數是負的，因為 x 和 y 都是遞減的。) 而想求的未知數為 dz/dt，也就是兩車距離對時間的變化率。觀察到圖 3 中有一個直角三角形，所以由畢氏定理可以得到 x、y 和 z 的關係：

$$z^2 = x^2 + y^2$$

將兩邊對 t 微分可得

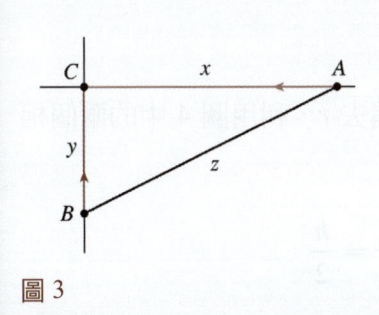

圖 3

$$2z\frac{dz}{dt} = 2x\frac{dx}{dt} + 2y\frac{dy}{dt}$$

由畢氏定理可知，當 $x = 0.3$ 哩和 $y = 0.4$ 哩時，$z = 0.5$ 哩。又已知 $dx/dt = -50$ 哩／小時和 $dy/dt = -60$ 哩／小時，所以

$$2(0.5)\frac{dz}{dt} = 2(0.3)(-50) + 2(0.4)(-60)$$

$$\frac{dz}{dt} = -30 - 48 = -78 \text{ 哩／小時}$$

也就是兩車以 78 哩／小時的速度互相接近。

例 5　將水注入水槽

一個倒立的圓錐形水槽的底半徑為 2 公尺，高 4 公尺。若水以每分鐘 2 立方公尺的速度注入此水槽，試求在水深為 3 公尺時水面上升的速率。

解

首先，畫出圓錐的圖形並標出所需的變數，如圖 4 所示。令 V、r 和 h 分別為水槽內在時間 t 的水的體積、水面的半徑和水的深度，其中時間 t 的單位為分鐘。

已知的條件為 $dV/dt = 2$ 立方公尺／分鐘，而想要算的是 dh/dt 在 h 是 3 公尺時的值。雖然 V 和 h 的關係為

$$V = \tfrac{1}{3}\pi r^2 h$$

可是我們希望能只用 h 來描述 V。為了消去 r，利用圖 4 中的兩個相似三角形可得

$$\frac{r}{h} = \frac{2}{4} \qquad r = \frac{h}{2}$$

所以 V 可表示為

$$V = \frac{1}{3}\pi\left(\frac{h}{2}\right)^2 h = \frac{\pi}{12}h^3$$

將兩邊對 t 微分可得

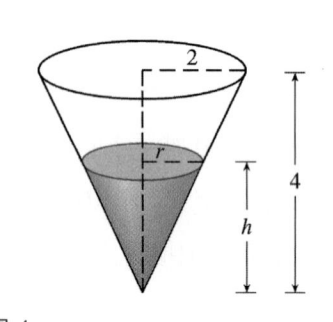

圖 4

$$\frac{dV}{dt} = \frac{\pi}{4} h^2 \frac{dh}{dt}$$

因此 $\dfrac{dh}{dt} = \dfrac{4}{\pi h^2} \dfrac{dV}{dt}$

將 $h = 3$ 公尺和 $dV/dt = 2$ 立方公尺 / 分鐘代入可得

$$\frac{dh}{dt} = \frac{4}{\pi(3)^2} \cdot 2 = \frac{8}{9\pi}$$

所以水面上升的速率為 $8/(9\pi) \approx 0.28$ 公尺 / 分鐘。

■ 自我準備

1. 一部汽車在一地標的東方 40 哩處，一部卡車則在此地標的南方 60 哩處。試問兩車距離多遠？

2. 兩架飛機同時離開機場，某中一架往北飛，而另一架往西飛。在 2 小時後，一架飛機往北飛了 x 哩，而另一架往西飛了 y 哩。試寫下此時兩架飛機之間的距離公式。

3. 試求函數的導數 (對 x)。用 $f(x)$ 和 $f'(x)$ 表示你的結果。

    (a) $y = [f(x)]^4$
    (b) $y = x^2 + xf(x)$

4. 若 A 和 B 為 t 的可微分函數，試求函數對於 t 的導數。用 $A(t)$、$A'(t)$、$B(t)$ 和 $B'(t)$ 表示你的結果。

    (a) $y = A(t)B(t)$
    (b) $y = [A(t)]^2 + [B(t)]^2$
    (c) $y = [A(t)]^2 B(t)$

■ 習題 4.1

1. **立方體的體積** 令 V 表示邊長為 x 的立方體體積。若立方體會隨著時間而膨脹，試以 dx/dt 來表示 dV/dt。

2. **正方形面積** 一正方形的邊長以 6 公分 / 秒的速率增加。試問當面積為 16 平方公分時，正方形面積以何速率遞增？

3. 假設 x 和 y 為 t 的函數。已知 $y = x^3 + 2x$ 且 $dx/dt = 5$。當 $x = 2$ 時，試求 dy/dt。

4. 假設 x、y 和 z 為 t 的函數。已知 $z^2 = x^2 + y^2$，$dx/dt = 2$ 和 $dy/dt = 3$。當 $x = 5$ 和 $y = 12$ 時，試求 dz/dt。

5. **生產輪胎** 某工廠每週製造 q 個輪胎的成本 C 為

    $$C = 2200 + 16q - 0.01q^2 \quad 0 \leq q \leq 800$$

    目前工廠每週製造 600 個輪胎，並且以每週

製造 40 個輪胎的速率增加。試計算成本對時間的變化率。

6. **葡萄酒的需求** 當葡萄酒的售價為每瓶 p 美元時,某葡萄園每年葡萄酒的需求為 q 瓶,其中 $qe^{0.03p} = 5000$。目前每瓶的售價為 14 美元,若每年的售價以 1.20 美元的速率增加,試求需求改變 (對時間) 的速率。

7-8 ■ 在下列問題中,
(a) 試問哪些量是給定的?
(b) 試問什麼是未知的?
(c) 試對任意時間 t 畫圖說明題意。
(d) 試寫出變量間的關係式。
(e) 試解出問題。

7. **融化的雪球** 雪球融化時表面積每分鐘減少 1 平方公分。當雪球的直徑為 10 公分時,試求直徑遞減的速率。

8. **航空** 一架飛機保持在 1 哩的高度飛行,且以每小時 500 哩的速度通過一雷達站上方。當飛機和雷達站距離 2 哩時,試求兩者之間距離增加的速度。

9. **導航** 兩部車同時從同一地點出發。一部車以每小時 60 哩的速度往南,另一部車則以每小時 25 哩的速度往西。試求在出發 2 小時後兩車距離的變化率。

10. **導航** 在中午時,A 船位於 B 船的西邊 100 公里處。A 船以時速 35 公里往南航行,B 船則以時速 25 公里往北航行。在下午 4 點時,試問兩船間距離的變化有多快?

11. **加壓的氣體** 氣體的波耳定律為 $PV = C$,其中 P 為壓力、V 為體積、C 為常數。假如在某時刻,體積為 600 立方公分,壓力為 150 kPa,而且壓力以 20 kPa/分鐘的速率增加。試問在此時體積以何速度遞減?

12. **火箭的上升** 一架電視攝影機架設於距離火箭發射台 4000 呎處。為了保持火箭在畫面中,攝影機的角度要不斷的調整。同時鏡頭的焦距也要隨著火箭的上升,攝影機與火箭的距離增加而不斷的改變。現在假設火箭以每秒 600 呎的速度已經垂直上升了 3000 呎。
(a) 試問當時火箭和攝影機間距離的變化有多快?
(b) 假如攝影機的鏡頭總是對著火箭,試問當時它的上升仰角之變化有多快?

13. **建築** 一輸送帶以 30 立方呎/分鐘的速率倒出碎石,而它們是足夠細到可堆成一個底的直徑與高相同的圓錐區域。當碎石堆到 10 呎高時,試問碎石堆的高度增加之速度有多快?

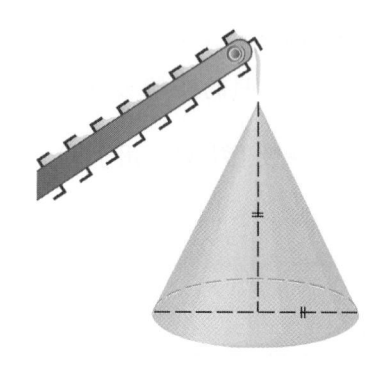

14. **風寒指數** 風寒指數是用來描述嚴峻冷天的表面氣溫與風速之關係。表面溫度可由下式來模擬

$$W = 13.12 + 0.6215T - 11.37v^{0.16} + 0.3965Tv^{0.16}$$

其中實際溫度 T 的單位為攝氏度數,且風速 v 的單位為公里/小時。假設現在的溫度為攝氏 -15 度,且風速為 30 公里/小時。若每小時

溫度增加攝氏 2 度，且風速增加的速度為每小時 4 公里，試計算表面溫度的變化率。

15. **三角形面積** 已知一個三角形的高以每分鐘 1 公分的速度增加時，面積增加的速度為每分鐘 2 平方公分。在高為 10 公分且面積為 100 平方公分時，試問三角形的底之變化率為何？

16. **水的深度** 一個 10 呎長水槽的橫截面為底寬 3 呎且頂寬 1 呎的等腰梯形。假如水以每分鐘 12 呎的速度注入此水槽，試問在水深為 6 吋時水面上升的速度有多快？

■ 自我挑戰

17. **滑動梯子的長度** 假如梯子的頂端沿著牆壁向下滑動的速度為 0.15 公尺/秒。當梯子的底部距離牆壁 3 公尺時，梯子的底部以每秒 0.2 公尺的速度向外滑動。試問梯子的長度為何？

18. **滑輪** 如圖所示，一條 39 呎長的繩子經由一滑輪 P 將兩拉車 A 和 B 兩車連結在一起。兩拉車之間，在 P 的正下方 12 呎的地上有一點 Q。將 A 車以每秒 2 呎的速率往外拉離 Q。在 A 車和 Q 距離 5 呎時，試問 B 車以何速率往 Q 移動？

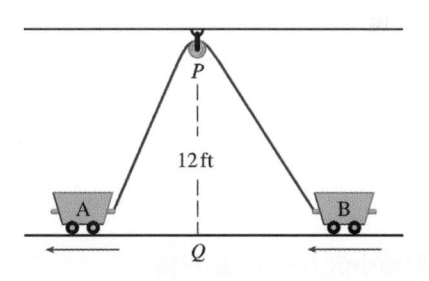

4.2 極大值和極小值

微分最重要的應用之一是最佳化問題，也就是要找到做某件事的最好的方法。首先列舉一些我們在本章嘗試解決的最佳化問題：

- 在最低的製造成本下可得到的罐頭形狀為何？
- 何謂太空梭的最大加速度？(對必須抵抗加速度影響的太空人而言，這是非常重要的。)
- 人在咳嗽時，氣管以最快的速度將空氣釋放出來時之收縮半徑為何？
- 企業要得到最大收益時，它的產品售價應為何？
- 何謂在病患的血液中最大的藥物濃度？

上述問題可以被簡化為求函數的極大或極小值問題。首先要精確地解釋極大值和極小值的意義；我們將討論兩種類型。

絕對與局部極大值和極小值

函數在給定的定義域的絕對極大值是函數產生所有輸出值最大的值，而絕對極小值則是它們最小的值。

> **(1) ▪ 定義** 令 c 為函數 f 定義域 D 中的一個數，則稱 $f(c)$ 為
> ▪ f 的**絕對極大值 (absolute maximum)** 是假如對於所有在 D 中的 x 滿足 $f(c) \geq f(x)$。
> ▪ f 的**絕對極小值 (absolute minimum)** 是假如對於所有在 D 中的 x 滿足 $f(c) \leq f(x)$。

有時候絕對極大值或極小值也被稱為**整體 (global)** 的極大值或極小值，並統稱 f 的極大值和極小值為 f 的**極值 (extreme values)**。

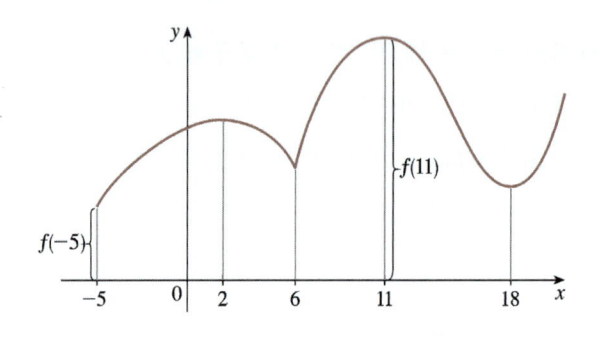

圖 1　絕對極小值 $f(-5)$，絕對極大值 $f(11)$

圖 1 所示為在 $x = 11$ 有絕對極大值，而在 $x = -5$ 有絕對極小值的函數 f 圖形。注意到 $(11, f(11))$ 是圖形的最高點，而 $(-5, f(-5))$ 則是圖形的最低點。

第二種類型的極值是定義在第 2.4 節的局部極大值和局部極小值。在圖 1 中，如果只考慮 $x = 2$ 附近的函數值 [例如，考慮區間 $(0, 4)$]，則在這區間中 f 的最大值 $f(2)$ 是 f 的一個局部極大值。同樣地，在 $x = 6$ 附近的 x [例如，區間 $(5, 7)$] 皆滿足 $f(6) \leq f(x)$，所以 $f(6)$ 是 f 的一個局部極小值。觀察這個連續函數可見在「山丘」的頂端有局部極大值，而在「山谷」的底部有局部極小值。在圖 1 中，有另一個局部極大值在 $x = 11$ 上 (也是絕對極大值) 和局部極小值在 $x = 18$ 上 (也是絕對極小值) 上。接下來寫下更明確的定義。

(2) ■ **定義** 我們稱 $f(c)$ 為

■ f 的**局部極大值** (**local maximum**) 是若對於在 c 附近的 x 滿足 $f(c) \geq f(x)$。

■ f 的**局部極小值** (**local minimum**) 是若對於在 c 附近的 x 滿足 $f(c) \leq f(x)$。

回顧若是一個開區間，則表示不含它的端點；一個閉區間則包含它的端點。

在定義 2 (及其他地方) 中，假如某事件在 c 的**附近** (**near**) 成立，則表示它在某個包含 c 的開區間是成立的。例如，由圖 1 可見 $f(18)$ 是一個局部極小值，因為它是 f 在區間 (16, 19) [也可用 (15, 20) 或 (17.9, 18.1)] 的最小值。它不是絕對極大值，這是因為在圖形的其他部分會得到較小的 f 值 (例如，在 $x = -5$)。注意到在定義 2 中的 c 值必須包含在一個開區間之中，所以局部極值永遠不可能會在曲線的端點。

例 1 在端點有絕對極大值

圖 2 中的曲線為函數

$$f(x) = 3x^4 - 16x^3 + 18x^2 \qquad -1 \leq x \leq 4$$

的圖形。由圖形可見 $f(1) = 5$ 是一個局部極大值，而 $f(-1) = 37$ 是絕對極大值。(因為發生在端點，所以這個絕對極大值並不是局部極大值。) 同時，$f(0) = 0$ 是一個局部極小值，而 $f(3) = -27$ 是局部及絕對極小值。注意到 f 在 $x = 4$ 既不是局部極大值，也不是絕對極大值。

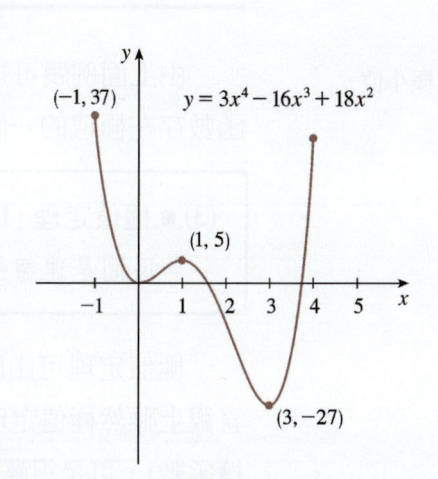

圖 2

例 2　無限多個極值

加拿大溫哥華市在某年 1 月 1 日後 t 天的日照為 N 小時的模型如圖 3 所示。函數 N 有無限多個約為 16.2 的絕對極大值 (大約在 $t =$ 173, 538, 903, ...)。它們同時是局部極大值。同樣地，函數有無限多個約為 8.2 的 (絕對和局部) 極小值。

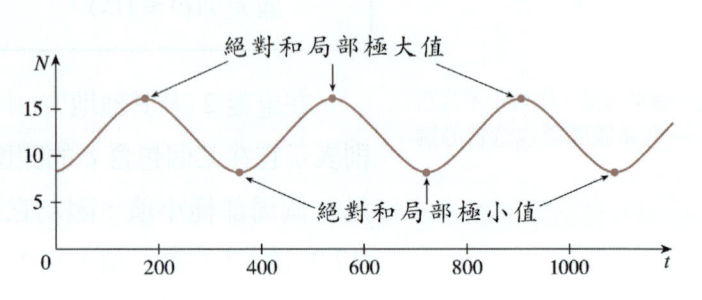

圖 3　重複的極大和極大值

例 3　有極小值但無極大值

因為任意 x 滿足 $x^2 \geq 0$，所以函數 $f(x) = x^2$ 滿足 $f(x) \geq 0$，因此 $f(0) = 0$ 是 f 的絕對 (也是局部) 極小值；也就是說，拋物線 $y = x^2$ 的最低點在原點 (如圖 4)。然而，這個拋物線並沒有最高點，所以這個函數沒有極大值。

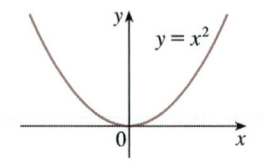

圖 4　極小值 0，無極大值

例 4　無極值

由圖 5 所示，函數 $f(x) = x^3$ 沒有絕對極大值和絕對極小值。事實上，它並沒有任何極值。

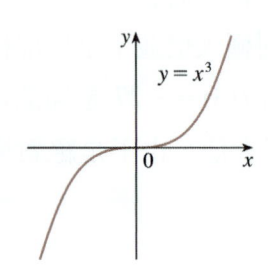

圖 5　無極大值，無極小值

由上面例題可知有些函數有極值，有些則沒有。下列定理給出了函數存在極值的一個充分條件。

(3)　■ 極值定理 (The Extreme Value Theorem)　假如 f 在某個閉區間是連續的，則在此閉區間中存在絕對極值的點。

極值定理可由圖 6 來說明。注意到函數可在不只一處有極值。直觀上雖然極值定理是合理的 (嘗試繪出有兩個端點而沒有極值的連續函數)，可是很難證明，我們在本書中省略它的證明。

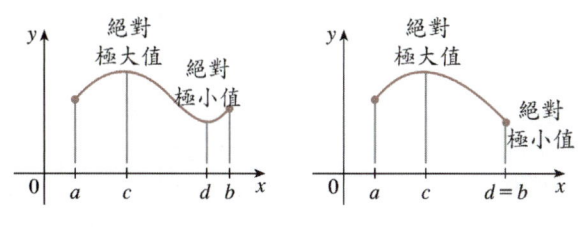

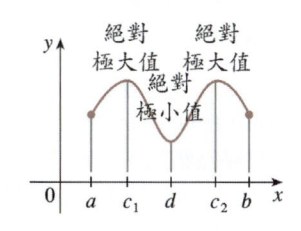

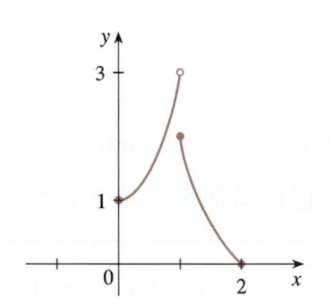

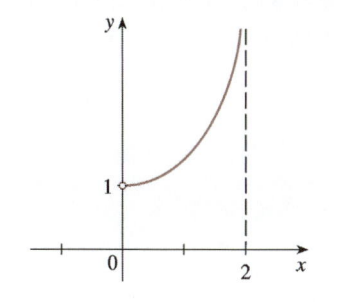

圖 6 在 [a, b] 的連續曲線，在 c 有極大值，在 d 有極小值

圖 7 函數極小值為 $f(2) = 0$，但無極大值

圖 8 連續函數 g 無極大或極小值

圖 7 和圖 8 說明了，如果極值定理中的任一條件 (連續或閉區間) 不成立，則函數的極值就有可能不存在。

圖 7 所示的函數在閉區間 [0, 2] 有定義，可是卻沒有最大值。[注意到 f 的值域是 [0, 3)，函數值有可能是任意接近 3 的數，但永遠不會是 3。] 這和極值定理並沒有矛盾，因為 f 不是一個連續函數。[然而，不連續函數還是可能有極大值和極小值。見習題 7(b)。]

圖 8 的 g 是定義在 (0, 2) 的一個連續函數，但是它既沒有極大值，也沒有極小值。[g 的值域是 (1, ∞)。函數值可以是比 1 大的任意數。] 因為 (0, 2) 不是閉區間，所以這和極值定理也沒有矛盾。

■ 求極值

極值定理說明了一個連續函數在一個閉區間必定有極大值和極小值，但並未說明如何求這些極值。接下來首先討論如何求局部極值。

圖 9 中的函數 f 在 $x = c$ 有局部極大值，且在 $x = d$ 則有局部極小值。由圖形可見在這些有極值的點，切線都是水平的，因此它的斜率為 0。由於導數是切線的斜率，所以可知 $f'(c) = 0$ 和 $f'(d) = 0$。下列定理說明了對於可微分函數這是對的。

費瑪

費瑪定理是紀念法國的律師 Pierre Fermat (1601-1665) 而命名的，他以作數學為嗜好。儘管被視為是業餘的，但他與笛卡爾一同被視為解析幾何的發明者。在發明極限與導數之前，他在求曲線的切線、求極值所使用的方法被公認為牛頓建構微積分之先驅。

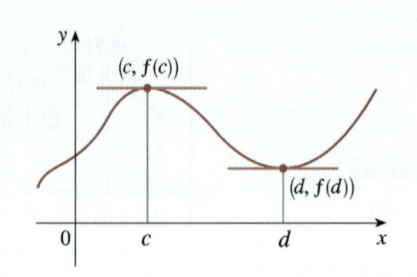

圖 9

(4) ■費瑪定理 (Fermat's Theorem) 假如 f 在 c 有一個局部極大值或局部極小值，且假設 $f'(c)$ 是存在的，則 $f'(c) = 0$。

雖然省略費瑪定理的證明，但是我們可由定義來證明它。直觀上這是成立的。若嘗試繪出有局部極值的曲線，可發現總會有導數為 0 的水平切線，或導數不存在的尖點或陡峭的圖形。

費瑪定理雖然非常有用，但我們要小心的解讀費瑪定理。例如：若 $f(x) = x^3$，則 $f'(x) = 3x^2$，因此 $f'(0) = 0$。但是，由圖 10 可知，f 在 0 並沒有極大或極小值 (或觀察到 $x^3 > 0$ 當 $x > 0$，而 $x^3 < 0$ 當 $x < 0$)。$f'(0) = 0$ 只是說明了曲線 $y = x^3$ 在點 (0, 0) 有水平切線。曲線在點 (0, 0) 並沒有一個極大值或極小值，而且曲線的圖形在這個點穿過它的水平切線。

警告 所以，當 $f'(c) = 0$ 時不表示在 c 有極大值或極小值。(換句話說，費瑪定理的逆敘述是錯的。) 定理只敘述了若 f 有局部極值，則它的導數 (若存在) 在那裡必然是 0。

要記住有時候在極值發生的點導數並不存在。例如，函數 $f(x) = |x|$ 在 0 有 (局部或絕對) 極小值 (見圖 11)，但是並不能用 $f'(x) = 0$ 的條件找到這點，這是因為由第 2.4 節的例 5 已知 $f'(0)$ 是不存在的。

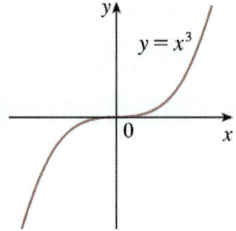

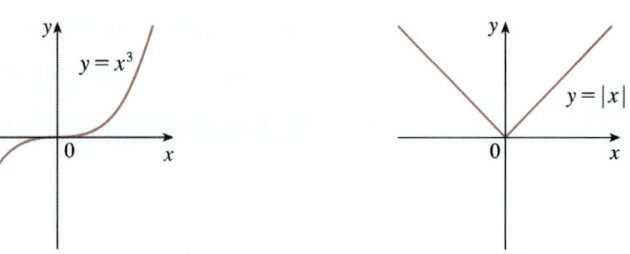

圖 10 若 $f(x) = x^3$，則 $f'(0) = 0$ 且 f 沒有極大或極小值。

圖 11 若 $f(x) = |x|$，則 $f(0) = 0$ 是極小值，但 $f'(0)$ 不存在。

費瑪定理確實提示了，在求 $f(x)$ 在 $x=c$ 的極值時，首先需要找 $f'(c)=0$ 或 $f'(c)$ 不存在的數。這些數有一個特定的名字。

(5) ■ **定義** 函數 f 的**臨界數 (critical number)** 是在 f 的定義域中使得 $f'(c)=0$ 或 $f'(c)$ 不存在的數 c。

例 5 求臨界數

試求函數 $A(t) = t^3 - 6t^2 - 36t + 7$ 的臨界數。

解

首先計算導數

$$A'(t) = 3t^2 - 6(2t) - 36 + 0 = 3t^2 - 12t - 36$$

因為沒有使得 $A'(t)$ 不存在的 t 值，因此解 $A'(t) = 0$ 可得

$$3t^2 - 12t - 36 = 0$$
$$3(t^2 - 4t - 12) = 0$$
$$3(t-6)(t+2) = 0$$
$$t - 6 = 0 \quad 或 \quad t + 2 = 0$$

也就是 $t=6$ 和 $t=-2$，所以臨界數是 6 和 -2。

圖 12 所示為例 5 函數 A 的圖形。當 $x=-2$ 和 $x=6$ 時有一條水平切線，而當 $x=0$ 時有一條鉛直切線，因此與我們的結果吻合。

圖 12

圖 13 所示為例 6 函數 f 的圖形。它沒有水平切線，而當 $x=0$ 時有一條鉛直切線。

圖 13

例 6 導數不存在的臨界數

試求函數 $f(x) = \sqrt[3]{x}$ 的臨界數。

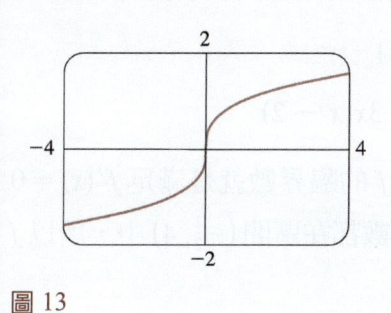

解

$f(x) = \sqrt[3]{x} = x^{1/3}$ 的導數是

$$f'(x) = \tfrac{1}{3} x^{-2/3} = \frac{1}{3(\sqrt[3]{x^2})}$$

注意到沒有 $f'(x) = 0$ 的解，而且當 $x=0$ 時，$f'(x)$ 不存在，所以 0 是唯一的臨界數。

引用臨界點的定義，就可以重新敘述費瑪定理 (結合定義 5 和定理 4)：

(6) ■ 若 $f(x)$ 在 c 有一個局部極大值或極小值，則 c 是 f 的臨界數。

■│閉區間法

在求一個連續函數在閉區間上的絕對極值時，注意到它一定是局部極值 (由公式 6 可知，它發生在臨界數) 或者發生在區間的端點上。所以可用下列的步驟來求得。

■ **閉區間法 (The Close Interval Method)** 由下列步驟可求得一個連續函數 f 在閉區間 $[a, b]$ 的絕對極值：

1. 在區間 (a, b) 中求 f 在其臨界數的值。

2. 求 f 在區間端點的值。

3. 比較步驟 1 和 2 所得的值：最大的為絕對極大值，最小的為絕對極小值。

例 7 使用閉區間法

試求函數

$$f(x) = x^3 - 3x^2 + 1 \qquad -\tfrac{1}{2} \le x \le 4$$

的絕對極值。

解

因為 f 在 $\left[-\tfrac{1}{2}, 4\right]$ 是連續的，所以可以用閉區間法求極值：

$$f(x) = x^3 - 3x^2 + 1$$
$$f'(x) = 3x^2 - 6x = 3x(x - 2)$$

由於 $f'(x)$ 對任何 x 皆存在，所以求解 f 的臨界數就是滿足 $f'(x) = 0$ 的 x，即 $x = 0$ 或 $x = 2$。同時，這兩個數都在區間 $\left(-\tfrac{1}{2}, 4\right)$ 中，所以 f 在臨界數的值為

$$f(0) = 1 \qquad f(2) = -3$$

而在端點的值為

$$f\left(-\tfrac{1}{2}\right) = \tfrac{1}{8} \qquad f(4) = 17$$

比較這四個數可得，絕對極大值是 $f(4) = 17$，而絕對極小值是 $f(2) = -3$。

注意到絕對極大值出現在端點，而絕對極小值則發生在 x 為臨界數時。圖 14 所示為 f 的圖形。

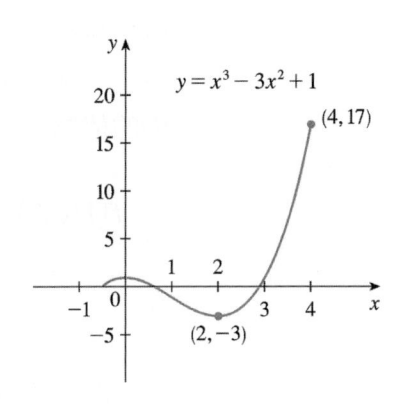

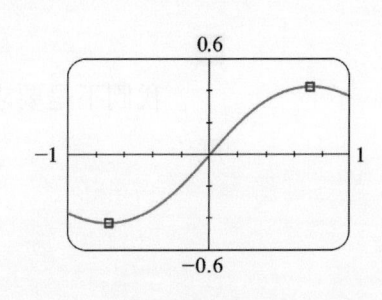

圖 14

若有計算器或電腦軟體，可以很容易估計最大和最小值。但是，下面的例子說明了需要用微積分才能求得**精確**的解。

例 8 估計的和實際的極值

(a) 試用繪圖工具估計函數 $f(x) = xe^{-x^2}$ 在 $-1 \leq x \leq 1$ 上的絕對極大值和極小值。

(b) 試用微積分求精確的極大值和極小值。

解

(a) 圖 15 所示為視窗取為 $[-1, 1]$ 乘以 $[-0.6, 0.6]$ 的矩形區域的 f 之圖形。將游標往最大的點移動，會發現在最大值附近的 y 坐標不會改變太大。大約在 $x \approx 0.7$ 時，f 會有最大值 0.43。同樣地，將游標往最小的點移動，會發現大約在 $x \approx -0.7$ 時，f 會有最小值 -0.43。雖然可以利用繪圖器放大的功能，將最大和最小值的點附近放大，而得到更準確的估計，但是我們改用微積分求精確的最大值和最小值。

圖 15

(b) 函數 $f(x) = xe^{-x^2}$ 在 $[-1, 1]$ 是連續的，所以可用閉區間法。首先求 f 的臨界數。f 的導數為

$$f'(x) = x \cdot e^{-x^2}(-2x) + e^{-x^2} \cdot 1 = e^{-x^2}(1 - 2x^2)$$

而它是到處都有定義的。由於 e^{-x^2} 永遠不是 0，所以 $f'(x) = 0$。當 $1 - 2x^2 = 0$ 時，也就是當 $x^2 = \frac{1}{2}$ 或 $x = \pm 1/\sqrt{2}$ 時。f 在臨界點的值為

$$f(1/\sqrt{2}) = \frac{1}{\sqrt{2}} e^{-(1/\sqrt{2})^2} = \frac{1}{\sqrt{2}} e^{-1/2} = \frac{1}{\sqrt{2e}} \approx 0.42888$$

和

$$f(-1/\sqrt{2}) = -\frac{1}{\sqrt{2}} e^{-(-1/\sqrt{2})^2} = -\frac{1}{\sqrt{2e}} \approx -0.42888$$

f 在端點的值為

$$f(-1) = -e^{-1} \approx -0.36788 \quad \text{和} \quad f(1) = e^{-1} \approx 0.36788$$

比較這四個數和用閉區間法可得，絕對極小值是 $f(-1/\sqrt{2}) = -1/\sqrt{2e}$，而絕對極大值是 $f(1/\sqrt{2}) = 1/\sqrt{2e}$。在 (a) 的估計值驗證了這個結果。

例 9　火箭的加速度

在 1990 年 4 月 24 日，哈伯太空望遠鏡由發現號太空梭送上太空。在此次任務中，火箭推進器從在 $t = 0$ 升空到在 $t = 126$ 秒被投棄時，太空梭的速度模型為

$$v(t) = 0.001302t^3 - 0.09029t^2 + 23.61t - 3.083$$

用此模型，試估計在火箭推進器升空和被投棄之間的太空梭加速度之絕對極值。

解

我們不是要求速度而是加速度的極值，所以需要先微分求加速度：

$$a(t) = v'(t) = \frac{d}{dt}(0.001302t^3 - 0.09029t^2 + 23.61t - 3.083)$$

$$= 0.003906t^2 - 0.18058t + 23.61$$

再用閉區間法至連續函數 a 上，其中 $0 \leq t \leq 126$。它的導數為

$$a'(t) = 0.007812t - 0.18058$$

當 $a'(t) = 0$ 時有唯一的臨界數：

$$t_1 = \frac{0.18058}{0.007812} \approx 23.12$$

計算 $a(t)$ 在臨界數和端點的值可得

$$a(0) = 23.61 \qquad a(t_1) \approx 21.52 \qquad a(126) \approx 62.87$$

所以，加速度的絕對最大值約為 62.87 呎/平方秒，且絕對最小值約為 21.52 呎/平方秒。

■ 自我準備

1. 試求給定的方程式之解。
   (a) $4x^2 + x - 3 = 0$
   (b) $\dfrac{a^2 - 2a}{(a+1)^2} = 0$
   (c) $5t^2 - 5 = 0$
   (d) $3 + \dfrac{1}{x} = 0$

2. 試用二次式的解之公式求方程式 $2x^2 - x - 5 = 0$ 的解。

3. 試將表示式 $x^2(1+x^2)^{-1/2} + 3(1+x^2)^{1/2}$ 分解出 $(1+x^2)^{-1/2}$ 的因式。

4. 試將 $t^{2/3}(t+2) - 5t^{-1/3}(t+2)^2$ 完全分解出它的因式。

5. 試求給定的方程式之解。
   (a) $3xe^x + 2e^x = 0$
   (b) $\ln x - 2 = 0$
   (c) $2x(x^2 - 9)^3 = 0$

6. 試求函數的導數。
   (a) $f(x) = xe^{5x}$
   (b) $f(t) = \dfrac{t+3}{t^2+4}$
   (c) $y = \sqrt{1 + \ln x}$
   (d) $y = x\sqrt{1 + \ln x}$

習題 4.2

1. 試解釋絕對極小值和局部極小值的差異性。

2. 試說明下圖所示的函數在 a、b、c、d、r 和 s 是否有絕對極值、局部極值,或者兩者都不是。

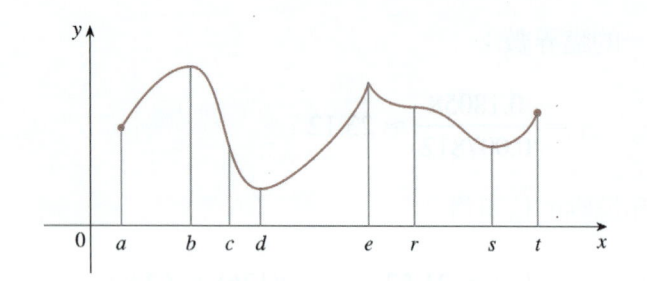

3. 試找出下圖中函數的絕對極值和局部極值。

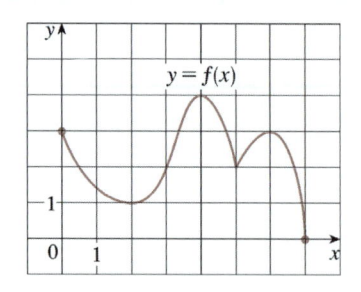

4-5 ■ 試描繪定義在 $[1, 5]$ 上且滿足給定條件的連續函數 $f(x)$ 之圖形。

4. 在 $x = 2$ 有絕對極小值,在 $x = 3$ 有絕對極大值,在 $x = 4$ 有局部極小值。

5. 在 $x = 5$ 有絕對極大值,在 $x = 2$ 有絕對極小值,在 $x = 3$ 有局部極大值,在 $x = 2$ 和 $x = 4$ 有局部極小值。

6. (a) 試畫出一個在 $x = 2$ 可微分,且在 $x = 2$ 有局部極大值的函數圖形。
   (b) 試畫出一個在 $x = 2$ 連續、不可微,且在 $x = 2$ 有局部極大值的函數圖形。
   (c) 試畫出一個在 $x = 2$ 不連續,但在 $x = 2$ 有局部極大值的函數圖形。

7. (a) 試畫出一個定義在區間 $[-1, 2]$ 且有一個絕對極大值,但沒有絕對極小值的函數圖形。
   (b) 試畫出一個定義在區間 $[-1, 2]$ 不連續,但有一個絕對極大值和一個絕對極小值的函數圖形。

8-11 ■ 試手繪函數 f 的圖形,然後利用所畫的圖找出有 f 絕對極值和局部極值的點。(用第 1 章中的圖形和變換。)

8. $f(x) = 8 - 3x, \quad x \geq 1$

9. $f(x) = x^2, \quad 0 < x < 2$

10. $f(x) = \ln x, \quad 0 < x \leq 2$

11. $f(x) = 1 - \sqrt{x}$

12-17 ■ 試求函數的臨界數。

12. $f(x) = 5x^2 + 4x$

13. $f(x) = x^3 + 3x^2 - 24x$

14. $s(t) = 3t^4 + 4t^3 - 6t^2$

15. $f(x) = x \ln x$

16. $g(y) = \dfrac{y - 1}{y^2 - y + 1}$

17. $F(x) = x^{4/5}(x - 4)^2$

18-23 ■ 試求 f 在給定區間中的絕對極值。

18. $f(x) = 3x^2 - 12x + 5, \quad [0, 3]$

19. $f(x) = 2x^3 - 3x^2 - 12x + 1, \quad [-2, 3]$

20. $f(x) = x^4 - 2x^2 + 3$, $[-2, 3]$

21. $f(t) = t\sqrt{4 - t^2}$, $[-1, 2]$

22. $f(x) = xe^{-x^2/8}$, $[-1, 4]$

23. $f(x) = \ln(x^2 + x + 1)$, $[-1, 1]$

24. **血液酒精濃度** 在喝了含酒精的飲料後，血液中酒精濃度 (BAC) 隨著酒精被吸收而激增，接著隨著酒精被代謝掉而慢慢下降。下列函數模擬某測試病患很快消耗 15 毫升的酒精 t 小時後的 BAC：

$$C(t) = 1.2te^{-2.6t} \text{ 毫克／毫升}$$

試求前 3 小時中最大的 BAC，又是在何時發生的？

25. **水的體積** 假設在溫度介於攝氏 0 度和 30 度之間時，1 公斤的水在溫度 T 的體積 V 約為

$$V = 999.87 - 0.06426T + 0.0085043T^2 - 0.0000679T^3 \text{ 立方公分}$$

試求當水的體積為最小時的溫度。

■ 自我挑戰

26. 若 a 和 b 都是正數，試求 $f(x) = x^a(1 - x)^b$ 在 $0 \leq x \leq 1$ 的最大值。

27. 試證明函數

$$f(x) = x^{101} + x^{51} + x + 1$$

沒有局部極值。

4.3 導數和函數的圖形

在第 2.4 節中，我們討論了導數 $f'(x)$ 和 $f''(x)$ 的符號如何影響 f 圖形的形狀。現在再利用這些結果並引用第 3 章的微分公式，來解釋曲線的形狀。

■ 遞增和遞減函數

在第 2.4 節中，我們已見到函數遞增時它的導數是正的，而遞減時它的導數是負的。

> ■ **遞增／遞減檢定法 (Increasing/Decreasing Test；I/D 檢定法)**
> (a) 若在某區間中 $f'(x) > 0$，則在此區間中 f 是遞增的。
> (b) 若在某區間中 $f'(x) < 0$，則在此區間中 f 是遞減的。

如下例所說明的，要用 I/D 檢定法來決定函數遞增和遞減的區間時，首先需要求出函數的臨界數。

例 1　辨識遞增和遞減的區間

試找出函數 $f(x) = 3x^4 - 4x^3 - 12x^2 + 5$ 遞增和遞減的範圍。

解

$$f'(x) = 12x^3 - 12x^2 - 24x = 12x(x-2)(x+1)$$

注意到當 $x = 0$、$x = 2$ 或 $x = -1$ 時，$f'(x) = 0$，所以臨界數為 0、2 和 -1。要引用 I/D 檢定法，必須知道使得 $f'(x) > 0$ 及 $f'(x) < 0$ 的範圍。$f'(x)$ 的符號是由它的因式 $12x$、$x-2$ 和 $x+1$ 所決定的。首先用臨界數 -1、0 和 2 把定義域分成四個區間。在下表中，正號表示給定項在對應的區間中是正的，負號則表示該項是負的，而表中的最後一行就是引用 I/D 檢定所得到的結論。例如，當 $0 < x < 2$ 時，$f'(x) < 0$，所以 f 在區間 $(0, 2)$ 中是遞減的。(也可以說 f 在閉區間 $[0, 2]$ 中是遞減的。)

區間	$12x$	$x-2$	$x+1$	$f'(x)$	f
$x < -1$	$-$	$-$	$-$	$-$	在 $(-\infty, -1)$ 中遞減
$-1 < x < 0$	$-$	$-$	$+$	$+$	在 $(-1, 0)$ 中遞增
$0 < x < 2$	$+$	$-$	$+$	$-$	在 $(0, 2)$ 中遞減
$x > 2$	$+$	$+$	$+$	$+$	在 $(2, \infty)$ 中遞增

由圖 1 中 f 的圖形可驗證表列的結果。

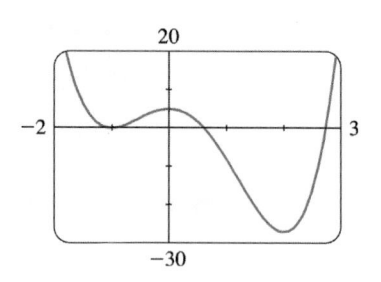

圖 1

> 也可以在每個區間選擇一「測試值」。例如：1 在區間 $(0, 2)$ 中且 $f'(1) = -24$，所以可知在區間 $(0, 2)$ 中 f' 是負的。當 f' 是連續時可用此方法，這是因為它不可能不通過 0（一臨界數）而改變符號，因此 f' 在臨界數之間的區間會全是正的或全是負的。

回想第 4.2 節的結果，如果 f 在 c 有局部極值，則 c 一定是一個臨界數 (由費瑪定理)，但不是所有的臨界數都能對應極值，所以需要一個檢驗 f 在臨界數是否有局部極值的方法。

由圖 1 可見，f 在區間 $(-1, 0)$ 是遞增的，而在區間 $(0, 2)$ 是遞減的，所以 $f(0) = 5$ 是一個 f 的局部極大值；或者以導數來看，當 $-1 < x < 0$ 時 $f'(x) > 0$，而當 $0 < x < 2$ 時 $f'(x) < 0$，也就是在 $x = 0$ 時，$f'(x)$ 會由正數變成負數。因此得到下面的檢定法。

■ **一階導數檢定法 (The First Derivative Test)** 假設 c 是連續函數 f 的臨界數，則
(a) 若 $f'(x)$ 在 c 由正的變成負的，則 f 在 c 有局部極大值。
(b) 若 $f'(x)$ 在 c 由負的變成正的，則 f 在 c 有局部極小值。
(c) 若 $f'(x)$ 在 c 未改變符號 (例如，若 f' 在 c 的兩邊都是正的或都是負的)，則 f 在 c 沒有局部極值。

一階導數檢定法其實是由 I/D 檢定法衍生出來的。例如，在 (a) 中，$f'(x)$ 在 $x=c$ 由正的變成負的，則表示 f 在 c 的左邊是遞增的，而在 c 的右邊是遞減的，因此 f 在 c 就會有局部極大值。

一階導數檢定法很容易由如圖 2 的圖形來記憶。

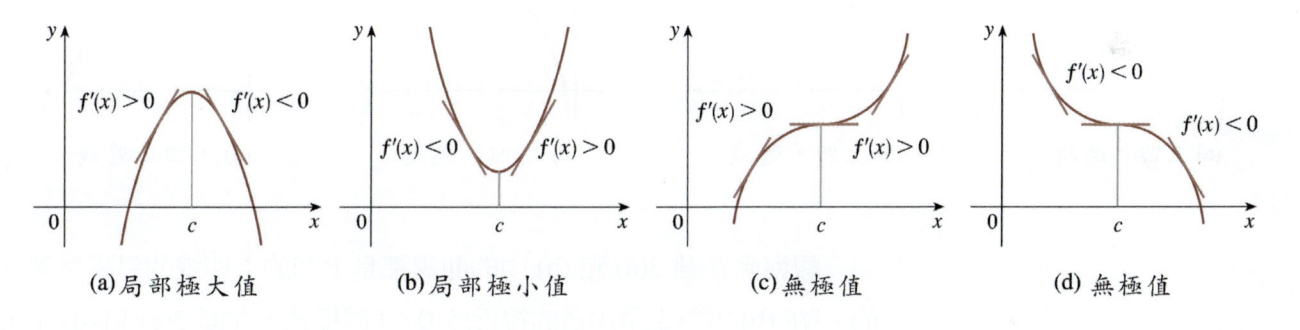

(a) 局部極大值　(b) 局部極小值　(c) 無極值　(d) 無極值

圖 2

例 2　辨識局部極值

試求例 1 中函數 f 的局部極值。

解

由例 1 所得的表可知，$f'(x)$ 在 -1 由負數變成正數，所以由一階導數檢定法可知，$f(-1)=0$ 是一個局部極小值；同樣地，f' 在 2 由負的變成正的，所以 $f(2)=-27$ 也是一個局部極小值。在之前已知 $f(0)=5$ 是一個局部極大值，因為 $f'(x)$ 在 0 是由正的變成負的。

■ 凹性

至今已學到如何辨識函數遞增和遞減的區間。但是我們可以由觀察導數值的變化來探討函數如何遞增或遞減。

由第 2.4 節可知，若 f' 本身為遞增的函數，則曲線 $y=f(x)$ 的切

線斜率會由左邊遞增至右邊，因此曲線會向上彎曲，我們稱此曲線是上凹的；若 f' 為遞減的函數，則曲線的切線斜率會由左邊遞減至右邊，因此曲線會向下彎曲，而我們稱此曲線是下凹的。

> ■ **定義** 若在某區間中 f' 為遞增的函數，則稱它 (或它的圖形) 在此區間中為**上凹** (**concave upward**)。若在區間中 f' 為遞減的函數，則稱它在此區間中為**下凹** (**concave downward**)。

凹性與曲線是否遞增或遞減無關。圖 3 說明了不同組合可能的情形。

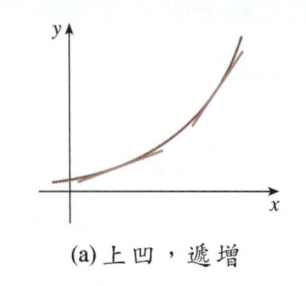

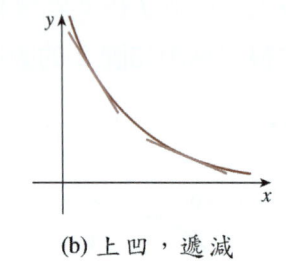

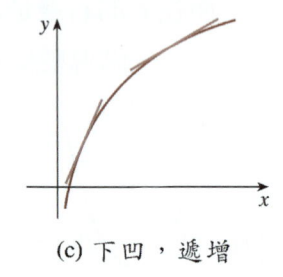

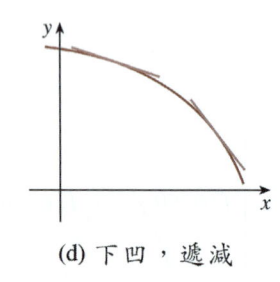

(a) 上凹，遞增　　(b) 上凹，遞減　　(c) 下凹，遞增　　(d) 下凹，遞減

圖 3

觀察到在圖 3(a) 和 (b) 中的曲線都是上凹的；切線的斜率是遞增的。[在 (b) 中斜率是由負的接近於 0。] 同樣地，在圖 3(c) 和 (d) 中，曲線都是下凹的且切線的斜率是遞減的。注意到當曲線上凹時，它總是在切線的上方；而當曲線下凹時，它總是在切線的下方。

在第 2.4 節也提過凹性方向會改變的點稱為**反曲點**。

> ■ **定義** 假如 f 在某個點是連續的，且曲線在此點由上凹變成下凹，或由下凹變成上凹，則稱此點為曲線 $y = f(x)$ 的**反曲點** (**inflection point**)。

例 3 由圖形辨識凹性和反曲點

圖 4 所示為函數 f 的圖形。曲線開始時的斜率是負的，且曲線會向上彎曲。若沿著曲線畫出切線，則它們的斜率會由左邊方遞增至右邊，然後斜率會變成正的，而遞增直到 $x = 6$。所以 f' 是遞增的，且 f 在區間 $(1, 6)$ 是上凹的 (縮寫為 CU)。(也觀察到曲線在此區間中會在切線的上方。) 在區間 $6 < x < 10$ 中，曲線會向下彎曲。曲線開始

時的斜率是正的且遞減，在約 $x=8$ 時變成負的，且繼續遞減至 $x=10$。因此，f 在區間 (6, 10) 是下凹 (縮寫為 CD) 的。因為斜率在區間 (10, 13) 是遞增的，所以 f 在此區間是上凹的，且曲線會向上彎曲。因為凹性在 $x=6$ 時由上凹改變為下凹，且在 $x=10$ 時由下凹改變為上凹，因此 f 在 $x=6$ 和 $x=10$ 時有反曲點。

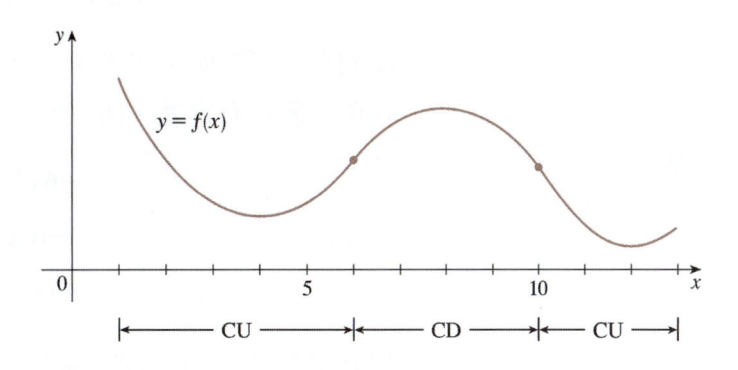

圖 4

接著我們看如何用二階導數來決定函數圖形凹性的區間。已知當函數 f 是上凹時，f' 是遞增的，也就是 f' 的導數是正的。所以，由 $f''=(f')'$ 可知 f'' 的值必為正數。同樣地，若 f'' 的值是負的，則 f' 是遞減的且 f 是下凹的。因此得到下面的凹性檢定法。

■ **凹性檢定法 (Concavity Test)**
(a) 若在某區間中所有的 x 滿足 $f''(x) > 0$，則 f 的圖形在此區間中是上凹的。
(b) 若在某區間中所有的 x 滿足 $f''(x) < 0$，則 f 的圖形在此區間中是下凹的。

利用上述的凹性檢定法可知，函數的二階導數在反曲點會改變符號 (假設函數是連續的)。回顧過去如何用一階導數檢定法求極值和遞增或遞減的區間：我們首先求出 $f'(x)=0$ 或 $f'(x)$ 沒有定義的點，再檢驗在這些值之間區間中 f' 符號的變化。如下例所描述，類似的分析可以用在二階導數上，來求出反曲點和凹性的區間。

例 4 由方程式辨識凹性和反曲點

試辨識函數

$$R(x) = -0.5x^4 + x^3 + 6x^2 - 2x + 4$$

凹性的區間和反曲點。

解

首先計算一階和二階導數：

$$R'(x) = -2x^3 + 3x^2 + 12x - 2$$
$$R''(x) = -6x^2 + 6x + 12$$

反曲點只可能產生在 $R''(x) = 0$ 或 $R''(x)$ 沒有定義的點。然而，$R''(x)$ 在所有數都有定義，所以解

$$-6x^2 + 6x + 12 = 0$$
$$-6(x^2 - x - 2) = 0$$
$$-6(x - 2)(x + 1) = 0$$

也就是當 $x = -1$ 或 $x = 2$ 時，$R''(x) = 0$。用這些點將定義域分段來決定 R'' 在每個區間中的符號。

區間	$f''(x) = -6(x-2)(x+1)$	凹性
$(-\infty, -1)$	−	下凹
$(-1, 2)$	+	上凹
$(2, \infty)$	−	下凹

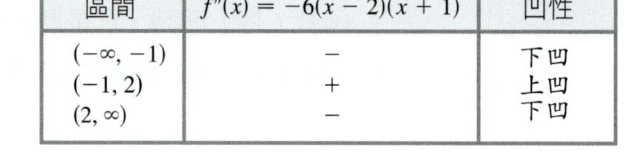

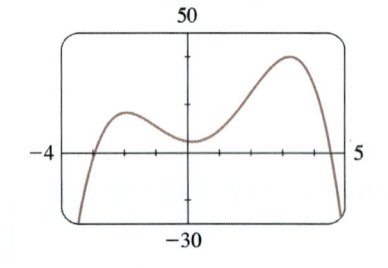

因此，R 在區間 $(-1, 2)$ 是上凹的，且在區間 $(-\infty, -1)$ 和 $(2, \infty)$ 是下凹的。因為 R'' 在 $x = -1$ 和 $x = 2$ 改變符號，所以在這些值有反曲點，也就是反曲點為 $(-1, 10.5)$ 和 $(2, 24)$。我們的結果可由圖 5 中 R 的圖形來驗證。

圖 5

下列檢定法是一個凹性檢定法的延伸，可以代替一階導數檢定法來檢驗極值是否存在。

■ **二階導數檢定法 (The Second Derivative Test)** 假設 $f''(x)$ 在 c 的附近是連續的。
(a) 若 $f'(c) = 0$ 且 $f''(c) > 0$，則 f 在 c 有局部極小值。
(b) 若 $f'(c) = 0$ 且 $f''(c) < 0$，則 f 在 c 有局部極大值。

例如，(a) 是成立的，這是由於在 $x = c$ 附近 $f''(x) > 0$，所以 f 在 c 附近是上凹的。也就是，f 的圖形在 c 的水平切線上面，因此 f 在 c 有一局部極小值 (見圖 6)。

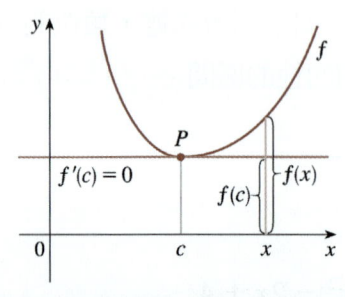

圖 6　$f''(c) > 0$，f 是上凹的

例 5　用導數來分析曲線

試討論曲線 $y = x^4 - 4x^3$ 的凹性、反曲點和局部極值，然後用這些資訊畫出它的圖形。

解

由 $f(x) = x^4 - 4x^3$，可得

$$f'(x) = 4x^3 - 12x^2 = 4x^2(x - 3)$$

$$f''(x) = 12x^2 - 24x = 12x(x - 2)$$

令 $f'(x) = 0$，則可得臨界數 $x = 0$ 和 $x = 3$。若要引用二階導數檢定法，就要先算出 f'' 在臨界數的值：

$$f''(0) = 0 \qquad f''(3) = 36 > 0$$

因為 $f'(3) = 0$ 和 $f''(3) > 0$，所以 $f(3) = -27$ 是個局部極小值。又因 $f''(0) = 0$，所以無法由二階導數檢定法得到 f 在臨界數 0 的資訊。但是在 $x < 0$ 和 $0 < x < 3$ 中，$f'(x) < 0$，因此由一階導數檢定法可知，f 在 $x = 0$ 並沒有局部極值。

因為 $f''(x) = 0$ 的解是 $x = 0$ 或 2，所以可以用這些點把定義域分段如下：

區間	$f''(x) = 12x(x - 2)$	凹性
$(-\infty, 0)$	+	上凹
$(0, 2)$	−	下凹
$(2, \infty)$	+	上凹

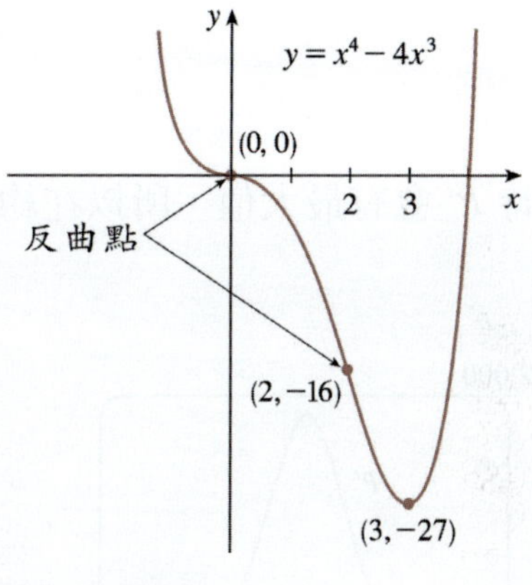

點 $(0, 0)$ 是一個反曲點，因為圖形在這點由上凹變為下凹；$(2, -16)$ 也是一個反曲點，因為圖形在這點由下凹變為上凹。

引用上面所得到的局部極小值、凹性和反曲點，就可以畫出如圖 7 的曲線。

圖 7　反曲點

註：二階導數檢定法在 $f''(c) = 0$ 時不適用；也就是在這個點有可能有極大值、極小值或者都不是 (見例 5)。另外，當 $f''(c)$ 不存在時也不適用。這些情形就必須用一階導數檢定法才能判斷。事實上，在一階和二階導數檢定法都適用的情形下，通常一階導數檢定法是較為簡單的。

例 6　求最大的變化率

在初始時間 $t = 0$ 時養蜂場有 50 隻蜜蜂，而它的蜜蜂數量可由函數

$$P(t) = \frac{75{,}200}{1 + 1503e^{-0.5932t}}$$

來模擬，其中時間 t 的單位為週，且 $0 \leq t \leq 25$。試用圖形估計蜜蜂數量何時會成長的最快，然後繪出導數圖形以得到更精確的估計。

解

當蜜蜂數量的曲線 $y = P(t)$ 有最陡的切線時，蜜蜂數量會成長的最快。由 P 在圖 8 的圖形可估計當 $t \approx 12$ 時會有最陡的切線，所以在約 12 週後蜜蜂數量會成長的最快。

要得到更精確的估計，需要計算導數 $P'(t)$，也就是蜜蜂數量成長的變化率。若把 P 改寫為

$$P(t) = 75{,}200(1 + 1503e^{-0.5932t})^{-1}$$

則

$$P'(t) = 75{,}200(-1)(1 + 1503e^{-0.5932t})^{-2} \cdot 1503e^{-0.5932t}(-0.5932)$$

$$= -\frac{67{,}046{,}785.92\,e^{-0.5932t}}{(1 + 1503e^{-0.5932t})^2}$$

由圖 9 中 P' 的圖形可見，在 $t \approx 12.3$ 時 P' 會有最大值，所以在約 12.3 週後蜜蜂數量會成長得最快。

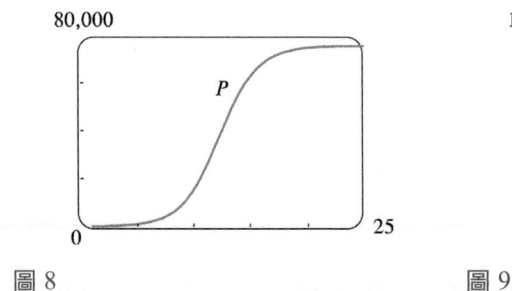

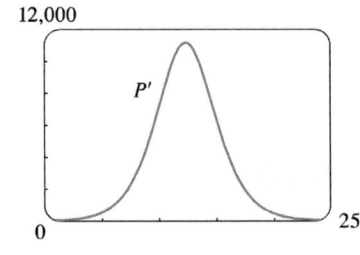

圖 8　　　　　　　　　　　圖 9

注意到，當 P' 由遞增變為遞減時 P' 會有最大值。這發生在 P 由上凹變為下凹時，也就是在 P 有反曲點時。所以，P 在成長得最快時，也就是在 $t \approx 12.3$ 時有反曲點。[也可用二階導數求出這個反曲點，但是 $P''(t)$ 的計算相當繁複。]

若 f' 是連續的，則當 f' 由遞增變為遞減時，f' 會有局部極大值。由例 6 可知，它對應了 f 的一個反曲點。同樣地，f' 有局部極小值時，凹性會由下凹為上凹，所以一個函數的變化率的極大值或極小值會發生在反曲點上。在圖形上，它是曲線最陡或最平緩上升或下降 (在某開區間) 之處。

如下面的例子，由本節所學的觀念，我們可以只由函數導數的圖形，而獲得函數重要的資訊。

例 7　由導數圖形分析函數的性質

若已知圖 10 所示為函數導數 f' 的圖形，試辨識 f 遞增或遞減的區間、在何處會有極值、在何處會是上凹或下凹，以及在何處會有反曲點。

圖 10

解

由圖 10 可見，在 $x=10$、約 $x=45$ 和 $x=60$ 時，$f'(x)=0$，所以 f 的臨界數為 10、45 和 60。在 $x=10$ 的左邊，$f'(x)$ 的值是負的，且若假設對所有 $x<10$，這都是成立的，則在區間 $(-\infty, 10)$ 中 f 是遞減的。在 $10<x<45$ 中，$f'(x)>0$，所以在區間 $(10, 45)$ 中 f 是遞增的。同樣地，f 在區間 $(45, 60)$ 中是遞減的，而在區間 $(60, \infty)$ 中是遞增的 [假設在 $x=60$ 右邊，$f'(x)$ 的值都是正的]。因為 $f'(x)$ 在 $x=10$ 由負的變為正的，所以由一階導數檢定法可知，$f(10)$ 是局部極小。注意到 f 在 $x=60$ 也有局部極小值；f 在 $x=45$ 一定是局部極大，這是因為導數在該處由正的變為負的。

f 的圖形在導數遞增時是上凹的。由圖 10 可見，f' 在區間 $(-\infty, 30)$ 和約 $(53, \infty)$ 中是遞增的，所以 f 在這些區間是上凹的。又因 f' 在區間 $(30, 53)$ 中是遞減的，所以 f 在此區間是下凹的。因為 f' 在 $x=30$ 由遞增變為遞減，且在 $x=53$ 由遞減變為遞增，所以在該處有反曲點。注意到在這些地方 $y=f'(x)$ 的圖形有局部極值。

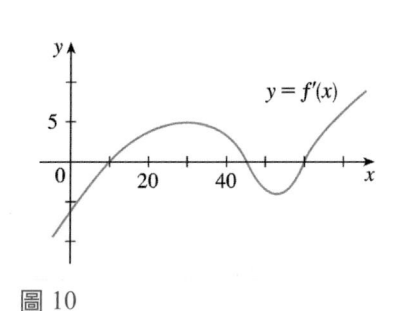

■ 自我準備

1. 試解下列不等式。
   (a) $r^2 - 3r - 18 < 0$
   (b) $x^3 - 9x > 0$
   (c) $x^2 e^x - 4xe^x > 0$
   (d) $\dfrac{t-4}{(t^2+2)^2} < 0$
   (e) $\dfrac{x \ln x - 6x}{x^2} > 0$

2. 試求臨界數。
   (a) $f(x) = \dfrac{2 + \ln x}{x}$
   (b) $g(t) = (t^2 + 2t)e^t$

3. 試計算函數的二次導數。
   (a) $B(t) = 3te^{-2t}$
   (b) $y = \ln(x^3 + x)$

4. 若 $f(x) = \dfrac{x^2}{2x^2 + 1}$，試問 $f''(3)$ 是正的或負的？

■ 習題 4.3

1. 下圖所示為函數 f 的圖形。
   (a) 試求 f 遞增的區間。
   (b) 試求 f 遞減的區間。
   (c) 試求 f 上凹的區間。
   (d) 試求 f 下凹的區間。
   (e) 試求反曲點的坐標。

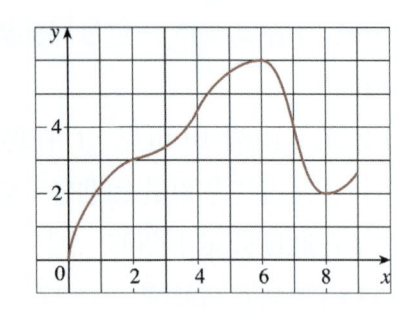

2. 假如已知一函數 f 的公式。
   (a) 試問如何決定 f 在何處遞增或遞減？
   (b) 試問如何決定 f 在何處上凹或下凹？
   (c) 試問如何尋找反曲點？

3-5 ■ 試由一階導數檢定法求函數的局部極值。

3. $y = 3x^2 - 11x + 4$

4. $M(t) = 4t^3 - 11t^2 - 20t + 7$

5. $f(x) = (\ln x)/\sqrt{x}$

6-7 ■ 試求函數的凹性區間及反曲點。

6. $f(x) = x^4 - 4x^3 + 6x^2 - 1$

7. $h(t) = -1.6t^3 + 0.9t^2 + 2.2t - 6.4$

8-12 ■
(a) 試求 f 為遞增或遞減的區間。
(b) 試求 f 的局部極值。
(c) 試求凹性區間及反曲點。

8. $f(x) = x^3 - 12x + 1$

9. $f(x) = x^4 - 2x^2 + 2$

10. $f(x) = 5xe^{-0.2x}$

11. $f(x) = xe^x$

12. $f(x) = (\ln x)/x$

13-15 ■
(a) 試求函數為遞增或遞減的區間。
(b) 試求函數的局部極值。
(c) 試求凹性區間及反曲點。
(d) 試用 (a)-(c) 所得到的資訊描繪函數之圖形。若有繪圖工具，用它來檢驗你的結果

13. $f(x) = 2x^3 - 3x^2 - 12x$

14. $h(x) = 3x^5 - 5x^3 + 3$

15. $A(x) = x\sqrt{x+3}$

---

16. 由給定的條件試敘述 f 的反曲點的 x 坐標，並說明理由。
    (a) 若下圖所示為 f 的圖形。
    (b) 若下圖所示為 f' 的圖形。
    (c) 若下圖所示為 f'' 的圖形。

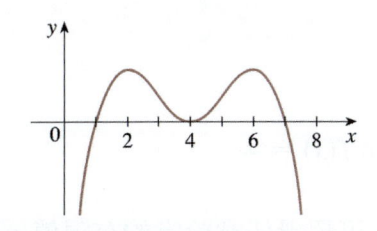

17. 下圖所示為一個連續函數 f 的導數 f' 的圖形。
    (a) 試問 f 在何區間是遞增的或遞減的？
    (b) 試問 f 在何處有局部極值？
    (c) 試問 f 在何區間是上凹的或下凹的？
    (d) 試敘述反曲點的 x 坐標。

(e) 假設已知 $f(0) = 0$，試描繪 f 的圖形。

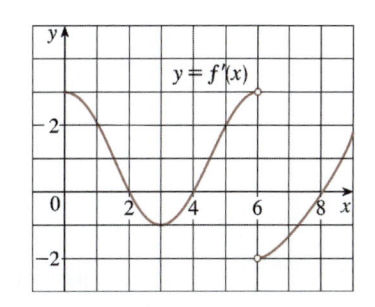

18. 試由一階和二階導數檢定法求 $f(x) = x^5 - 5x + 3$ 的局部極值。哪個方法比較好呢？

19. 假設 f'' 在 $(-\infty, \infty)$ 是連續的。
    (a) 若 $f'(2) = 0$ 且 $f''(2) = -5$，試問 f 有何性質？
    (b) 若 $f'(6) = 0$ 且 $f''(6) = 0$，試問 f 有何性質？

20. 溫度　已知在你居住地時間 t 的溫度為 $f(t)$，且假設在 $t = 3$ 時，你覺得熱得非常不舒服。試問在下列給定的數據下，你的感覺為何？
    (a) $f'(3) = 2$, $f''(3) = 4$
    (b) $f'(3) = 2$, $f''(3) = -4$
    (c) $f'(3) = -2$, $f''(3) = 4$
    (d) $f'(3) = -2$, $f''(3) = -4$

21. 公司利潤　某公司的財務長報告：在上一季中公司的利潤持續的遞增但速率減緩。若在時間 t 的利潤為 $P(t)$，試問你能說出在上一季中 P' 和 P'' 的符號為何？

■ 自我挑戰

22. 假設 f 的導數為
$$f'(x) = (x+1)^2(x-3)^5(x-6)^4$$
試問 f 在何區間是遞增的？

23. 試證明任何立方函數 (三次多項式) 永遠只有一個反曲點。

24. 試求出在 -2 有局部極大值 3，且在 1 有局部極小值 0 的立方函數 $f(x) = ax^3 + bx^2 + cx + d$。

4.4 漸近線

在前面我們已非正式的討論了曲線的漸近線，在本節將更詳細的研究且探討它們與無窮極限的關聯。

■ 無窮大的極限和鉛直漸近線

在第 2.2 節的例 6 中，我們由觀察表格中的數據和函數 $y = 1/x^2$ 圖形 (見圖 1) 歸納出下面的結論：

x	$\dfrac{1}{x^2}$
± 1	1
± 0.5	4
± 0.2	25
± 0.1	100
± 0.05	400
± 0.01	10,000
± 0.001	1,000,000

$$\lim_{x \to 0} \frac{1}{x^2} \text{ 不存在}$$

這是因為只要取 x 接近 0，就可以得到任意大的 $1/x^2$。所以 $f(x)$ 不會趨近於一個定值，因此 $\lim_{x \to 0} (1/x^2)$ 不存在。

我們用下列記號來描述這類行為

$$\lim_{x \to 0} \frac{1}{x^2} = \infty$$

這記號並不代表 ∞ 是一個數，也不代表極限是存在的，它只是用來表示極限不存在的一個特別方式：當 $x \to 0$ 時，$1/x^2$ 就會變得愈來愈大。

一般而言，我們可用

$$\lim_{x \to a} f(x) = \infty$$

來表示當 x 趨近於 a 時，$f(x)$ 可超過任意給定的有限值，而愈變愈大。

圖 1

> **(1) ■ 定義** 當 x 充分接近 a 時，$f(x)$ 可為任意大的正數時，則可記作
> $$\lim_{x \to a} f(x) = \infty$$

也就是只要取 x 足夠的接近 a (由 a 的兩邊，但是不等於 a)，就可以得到任意大的 $f(x)$。另一個表示 $\lim_{x \to a} f(x) = \infty$ 的記法是

$$\text{當 } x \to a \text{ 時}, f(x) \to \infty$$

要注意的是，∞ 不是一個數，而記號 $\lim_{x \to a} f(x) = \infty$ 經常讀作

「當 x 趨近 a 時，$f(x)$ 的極限為無限大」

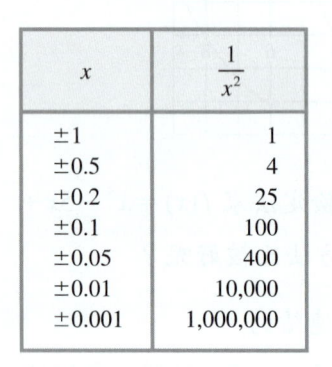

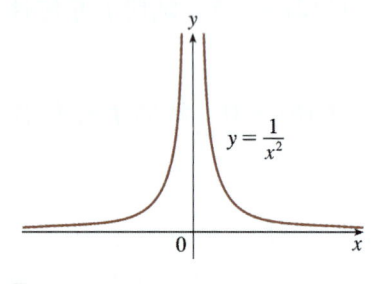

或 「在 x 趨近 a 時，$f(x)$ 會變成無限大」

或 「在 x 趨近 a 時，$f(x)$ 會沒有上界地遞增」

圖 2 的圖形說明了這個極限。

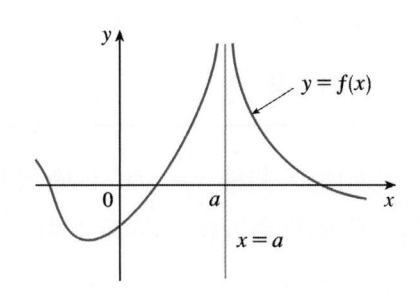

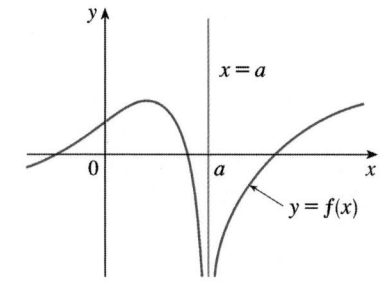

圖 2 $\lim_{x \to a} f(x) = \infty$

圖 3

當我們說「負的很大」表示它是負數但是它的量（絕對值）很大。

同樣地，如圖 3 所示，

$$\lim_{x \to a} f(x) = -\infty$$

表示當 x 趨近 a 時，$f(x)$ 可以是任意大的負數。

記號 $\lim_{x \to a} f(x) = -\infty$ 讀作「當 x 趨近於 a 時，$f(x)$ 的極限為負的無限大」或「在 x 趨近 a 時，$f(x)$ 會沒有下界的遞減」。

單邊極限也有類似的定義：

$$\lim_{x \to a^-} f(x) = \infty \qquad \lim_{x \to a^+} f(x) = \infty$$

$$\lim_{x \to a^-} f(x) = -\infty \qquad \lim_{x \to a^+} f(x) = -\infty$$

要記住記號 "$x \to a^-$" 表示我們只考慮小於 a 的 x；而 "$x \to a^+$" 則是只考慮大於 a 的 x。圖 4 的圖形說明這四個極限。

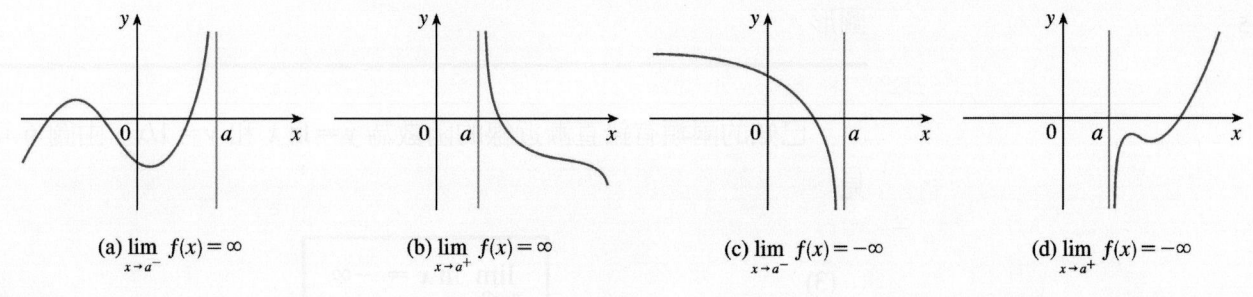

(a) $\lim_{x \to a^-} f(x) = \infty$ 　　(b) $\lim_{x \to a^+} f(x) = \infty$ 　　(c) $\lim_{x \to a^-} f(x) = -\infty$ 　　(d) $\lim_{x \to a^+} f(x) = -\infty$

圖 4

下列的定義說明了無限極限是必要的鉛直漸近線的要素。

(2) ■**定義**　若下列各極限中至少有一個成立時，

$$\lim_{x \to a} f(x) = \infty \qquad \lim_{x \to a^-} f(x) = \infty \qquad \lim_{x \to a^+} f(x) = \infty$$

$$\lim_{x \to a} f(x) = -\infty \qquad \lim_{x \to a^-} f(x) = -\infty \qquad \lim_{x \to a^+} f(x) = -\infty$$

我們稱 $x = a$ 為曲線 $y = f(x)$ 的一條**鉛直漸近線** (**vertical asymptote**)。

比如說，曲線 $y = 1/x^2$ 有極限 $\lim_{x \to 0}(1/x^2) = \infty$，所以 y 軸就是它的一條鉛直漸近線。在圖 4 中，直線 $x = a$ 是上述所畫的四類函數的鉛直漸近線。

例 1　有理函數的鉛直漸近線

試求 $\lim\limits_{x \to 3^+} \dfrac{2x}{x-3}$ 和 $\lim\limits_{x \to 3^-} \dfrac{2x}{x-3}$。

解

當 x 比 3 大且接近 3 時，分母 $x - 3$ 為小的正數，但 $2x$ 趨近於 6，所以 $2x/(x-3)$ 可為任意大的正數。因此，直觀上可見

$$\lim_{x \to 3^+} \frac{2x}{x-3} = \infty$$

同樣地，當 x 由左邊接近 3 時，$x - 3$ 為小的負數，但 $2x$ 趨近於 6，所以 $2x/(x-3)$ 可為負的任意大的數。因此

$$\lim_{x \to 3^-} \frac{2x}{x-3} = -\infty$$

所以直線 $x = 3$ 為一條鉛直漸近線。圖 5 所示為曲線 $y = 2x/(x-3)$ 的圖形。

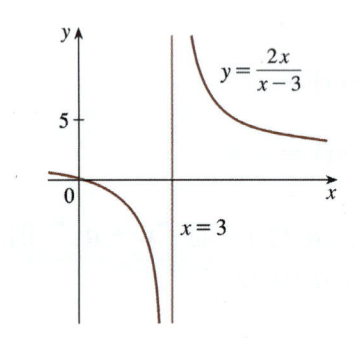

圖 5

已知的兩類有鉛直漸近線的函數為 $y = \ln x$ 和 $y = 1/x$。由圖 6 可見

(3)
$$\lim_{x \to 0^+} \ln x = -\infty$$

所以直線 $x = 0$ (y 軸) 為一條鉛直漸近線。事實上，當 $a > 1$ 時，$y = \log_a x$ 有相同的性質。

圖 6　　　　　　　　　　　　　圖 7

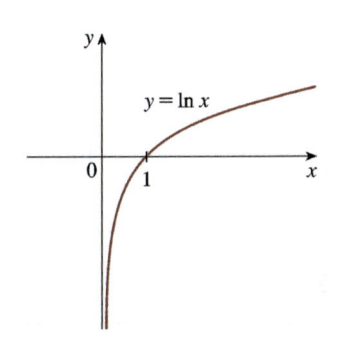

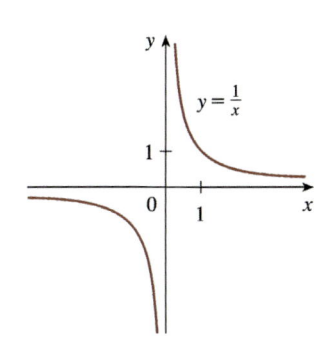

圖 7 顯示了

$$\lim_{x \to 0^-} \frac{1}{x} = -\infty \quad 和 \quad \lim_{x \to 0^+} \frac{1}{x} = \infty$$

所以直線 $x = 0$ 為 $y = 1/x$ 的一條鉛直漸近線。

■ 無窮遠的極限和水平漸近線

在計算無窮的極限時，我們令 x 趨近某一個數使得 y 的值 (正或負) 變為任意大。在這裡我們令 x 變成任意大 (正或負) 來觀察 y 的變化。

首先討論在 x 變成非常大時，函數

$$f(x) = \frac{x^2 - 1}{x^2 + 1}$$

的性質。左表所示為準確至六位小數的一些函數值，而圖 8 則是 f 的函數圖形。

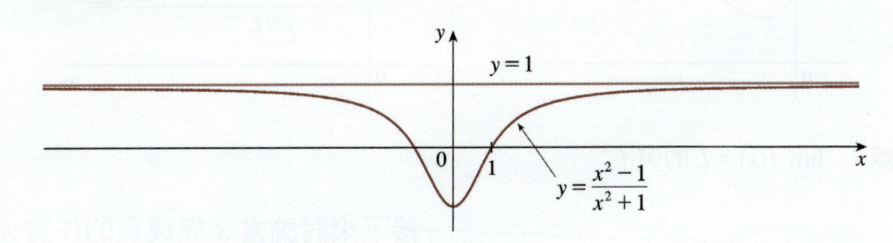

x	$f(x)$
0	−1
±1	0
±2	0.600000
±3	0.800000
±4	0.882353
±5	0.923077
±10	0.980198
±50	0.999200
±100	0.999800
±1000	0.999998

圖 8

當 x 愈來愈大時，會發現 $f(x)$ 愈來愈接近 1。這種情形就記作

$$\lim_{x \to \infty} \frac{x^2 - 1}{x^2 + 1} = 1$$

一般的定義如下。

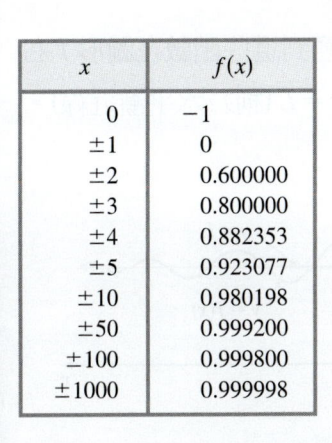

(4) ■ 定義 假設函數 f 定義在區間 (a, ∞) 中。
$$\lim_{x \to \infty} f(x) = L$$
的意義是，只要取 x 足夠大，所對應的函數值 $f(x)$ 會任意接近於 L。

這裡的想法是：只要取 x 足夠大，則 $f(x)$ 的值會隨我們的要求充分接近於 L。另一個 $\lim_{x \to \infty} f(x) = L$ 的寫法是

$$當\ x \to \infty\ 時，f(x) \to L$$

記住 ∞ 並不是一個數。經常將表示式 $\lim_{x \to \infty} f(x) = L$ 讀作

「當 x 趨近無窮大時，$f(x)$ 的極限為 L」

或　　　「當 x 變成無窮大時，$f(x)$ 的極限為 L」

或「當 x 增加且無上界時，$f(x)$ 的極限為 L」

圖 9 所示為滿足定義 4 的一些例子。注意到這些函數在圖形 f 右邊很遠的地方，以各種不同的形式接近直線 $y = L$ (稱為水平漸近線)。

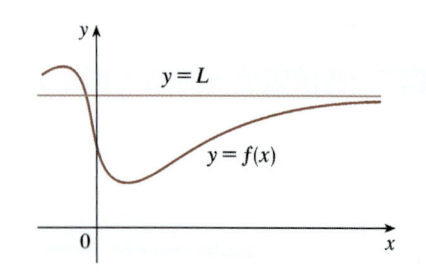

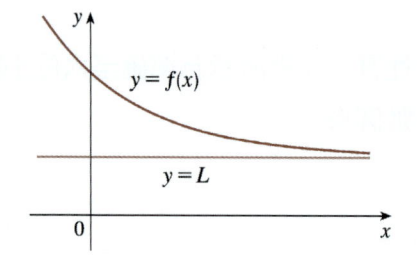

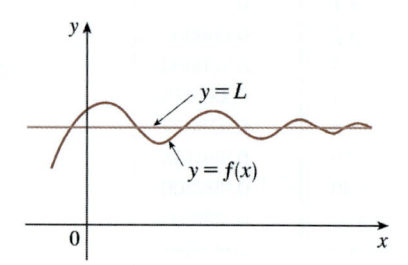

圖 9　$\lim_{x \to \infty} f(x) = L$ 的例子

接下來討論當 x 變成負的任意大時的極限。回到圖 8 中，可見當 x 變成負的任意大時，$f(x)$ 也會趨近於 1。這種情形就記作

$$\lim_{x \to -\infty} \frac{x^2 - 1}{x^2 + 1} = 1$$

一般而言，如圖 10 所示，記號

$$\lim_{x \to -\infty} f(x) = L$$

的意義是，只要取 x 負的愈來愈大到超過可選擇的任意有限的值，所對應的函數值 $f(x)$ 會充分接近於 L。

同樣地，雖然 $-\infty$ 不是一個數，卻經常將 $\lim_{x \to -\infty} f(x) = L$ 讀作

「當 x 趨近負無窮大時，$f(x)$ 的極限為 L」

如同無窮大的極限對應於鉛直漸近線，在無窮大的極限就會對應於水平漸近線。

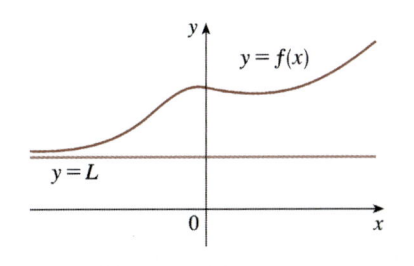

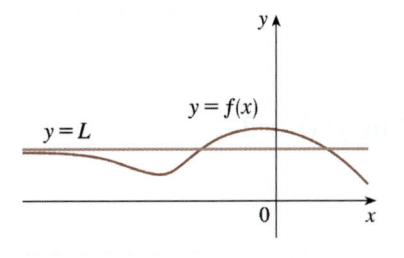

圖 10 $\lim_{x \to -\infty} f(x) = L$ 的例子

(5) ■定義 若

$$\lim_{x \to \infty} f(x) = L \quad 或 \quad \lim_{x \to -\infty} f(x) = L$$

則稱直線 $y = L$ 為曲線 $y = f(x)$ 的**水平漸近線 (horizontal asymptote)**

例如，圖 8 所示的曲線有極限

$$\lim_{x \to \infty} \frac{x^2 - 1}{x^2 + 1} = 1$$

所以，$y = 1$ 是它的水平漸近線。

自然指數函數 $y = e^x$ 的圖形有水平漸近線 $y = 0$ (x 軸)。(任意的基底 $a > 1$ 的指數函數也有相同的性質。) 事實上，由圖 11 和對應表列的值可見

$$\lim_{x \to -\infty} e^x = 0$$

注意到由下表可見 e^x 的值非常快速地趨近於 0。

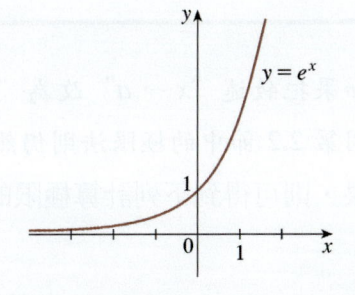

x	e^x
0	1.00000
-1	0.36788
-2	0.13534
-3	0.04979
-5	0.00674
-8	0.00034
-10	0.00005

圖 11

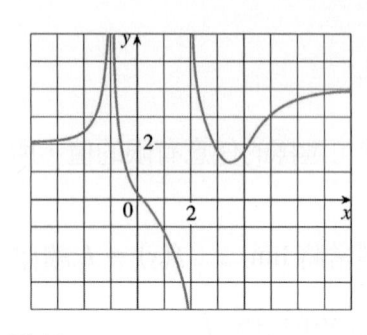

例 2　由圖形決定在無限大的極限

試求圖 12 中的函數 f 在無限大的極限和漸近線。

解

由圖形可見，兩條直線 $x=-1$ 和 $x=2$ 都是鉛直漸近線。

當 x 變成很大時，$f(x)$ 會趨近於 4，而 x 持續遞減成負的很大時，$f(x)$ 則趨近於 2。所以

$$\lim_{x \to \infty} f(x) = 4 \quad \text{和} \quad \lim_{x \to -\infty} f(x) = 2$$

也就是 $y=4$ 和 $y=2$ 都是水平漸近線。

圖 12

例 3　倒數函數在無限大的極限

試求 $\lim\limits_{x \to \infty} \dfrac{1}{x}$ 和 $\lim\limits_{x \to -\infty} \dfrac{1}{x}$。

解

觀察到當 x 很大時，$1/x$ 會是很小的。例如：

$$\frac{1}{100} = 0.01 \qquad \frac{1}{10,000} = 0.0001 \qquad \frac{1}{1,000,000} = 0.000001$$

事實上，我們可以取足夠大的 x 使得 $1/x$ 任意小。因此，由定義 4 可得

$$\lim_{x \to \infty} \frac{1}{x} = 0$$

同樣地，當 x 負的很大時，$y=1/x$ 會變成負的很小，所以也有

$$\lim_{x \to -\infty} \frac{1}{x} = 0$$

因此，$y=0$ (x 軸) 是曲線 $y=1/x$ 的一條水平漸近線。此性質可由圖 13 中 $y=1/x$ 的圖形所確認。

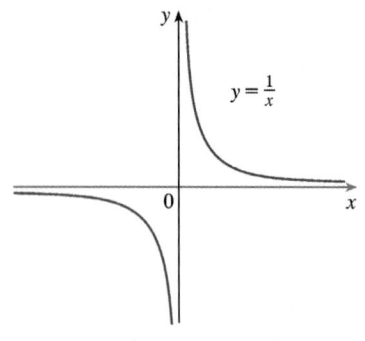

圖 13　$\lim\limits_{x \to \infty} \dfrac{1}{x} = 0$, $\lim\limits_{x \to -\infty} \dfrac{1}{x} = 0$

如果把敘述 "$x \to a$" 改為 "$x \to \infty$" 或 "$x \to -\infty$"，可以很容易證明第 2.2 節中的極限法則仍然成立。尤其是若合併定律 6 和例 3 的結果，則可得到下列計算極限的重要性質：

第 4 章 微分的應用

(6) ■ 若 n 是正整數，則

$$\lim_{x \to \infty} \frac{1}{x^n} = 0 \qquad \lim_{x \to -\infty} \frac{1}{x^n} = 0$$

下面的例子說明一個計算有理函數在無限大的極限之技巧。

例 4 有理函數在無限大的極限

試求

$$\lim_{x \to \infty} \frac{3x^2 - x - 2}{5x^2 + 4x + 1}$$

解

當 x 很大時，分子和分母同時變得很大，因此看不出它們的比值會如何變化，所以要設法改寫這個有理函數。

想求有理函數在無窮遠處的極限，首先要把分子和分母同時除以分母中的最高次項 (因為主要是看 x 很大時的行為，所以可以假設 $x \neq 0$)。而在分母中 x 的最高次項是 x^2，所以由極限法則可得

$$\lim_{x \to \infty} \frac{3x^2 - x - 2}{5x^2 + 4x + 1} = \lim_{x \to \infty} \frac{\frac{3x^2 - x - 2}{x^2}}{\frac{5x^2 + 4x + 1}{x^2}} = \lim_{x \to \infty} \frac{\frac{3x^2}{x^2} - \frac{x}{x^2} - \frac{2}{x^2}}{\frac{5x^2}{x^2} + \frac{4x}{x^2} + \frac{1}{x^2}}$$

$$= \lim_{x \to \infty} \frac{3 - \frac{1}{x} - \frac{2}{x^2}}{5 + \frac{4}{x} + \frac{1}{x^2}} = \frac{\lim_{x \to \infty}\left(3 - \frac{1}{x} - \frac{2}{x^2}\right)}{\lim_{x \to \infty}\left(5 + \frac{4}{x} + \frac{1}{x^2}\right)}$$

$$= \frac{\lim_{x \to \infty} 3 - \lim_{x \to \infty} \frac{1}{x} - 2\lim_{x \to \infty} \frac{1}{x^2}}{\lim_{x \to \infty} 5 + 4\lim_{x \to \infty} \frac{1}{x} + \lim_{x \to \infty} \frac{1}{x^2}}$$

$$= \frac{3 - 0 - 0}{5 + 0 + 0} \quad [由(6)]$$

$$= \frac{3}{5}$$

類似的方法也可以算出這個函數在 $x \to \infty$ 時的極限也是 $\frac{3}{5}$。圖 14 顯示出圖形如何趨近於水平漸近線 $y = \frac{3}{5}$，也說明這些計算的結果。

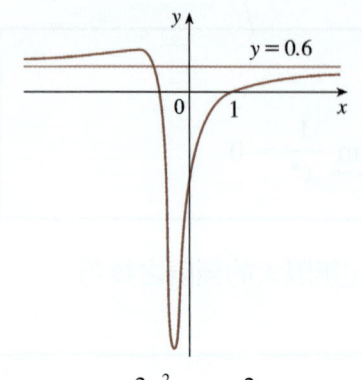

圖 14　$y = \dfrac{3x^2 - x - 2}{5x^2 + 4x + 1}$

■ 無窮遠處的無窮極限

記號
$$\lim_{x \to \infty} f(x) = \infty$$
表示當 x 變很大時，$f(x)$ 也會變很大。類似的概念也適用於下列記號

$$\lim_{x \to -\infty} f(x) = \infty \qquad \lim_{x \to \infty} f(x) = -\infty \qquad \lim_{x \to -\infty} f(x) = -\infty$$

由圖 11 和圖 15 可見

$$\lim_{x \to \infty} e^x = \infty \qquad \lim_{x \to \infty} x^3 = \infty \qquad \lim_{x \to -\infty} x^3 = -\infty$$

這些極限不但告訴我們圖形沒有水平漸近線，而且表示了曲線「最終的行為」。

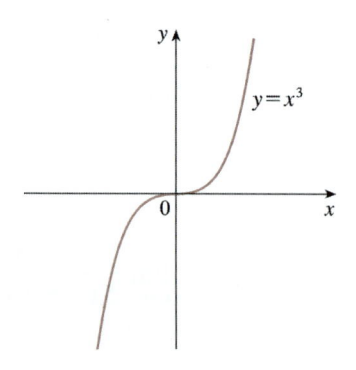

圖 15

例 5　有理函數的無限大極限

試求 $\displaystyle\lim_{x \to \infty} \frac{x^2 + x}{3 - x}$。

解

將分子和分母同除以 x（分母中 x 的最高次項），且注意到當 $x \to \infty$ 時，會有 $x + 1 \to \infty$ 和 $3/x - 1 \to 0 - 1 = -1$，所以

$$\lim_{x \to \infty} \frac{x^2 + x}{3 - x} = \lim_{x \to \infty} \frac{\dfrac{x^2}{x} + \dfrac{x}{x}}{\dfrac{3}{x} - \dfrac{x}{x}} = \lim_{x \to \infty} \frac{x + 1}{\dfrac{3}{x} - 1} = -\infty$$

例 6 在分析極限前改寫函數

試求 $\lim\limits_{x\to\infty} (x^2 - x)$。

解

用極限法則作下列計算是**錯**的：

$$\lim_{x\to\infty} (x^2 - x) = \lim_{x\to\infty} x^2 - \lim_{x\to\infty} x = \infty - \infty$$

這是因為 ∞ 不是一個數 (∞ − ∞ 是沒有定義的)。但是，可以寫成

$$\lim_{x\to\infty} (x^2 - x) = \lim_{x\to\infty} x(x - 1) = \infty$$

這是因為 x 和 $x-1$ 都會變成任意大的數。

例 7 求水平漸近線

試求 $y = e^{-x^2}$ 圖形的水平漸近線。

解

首先將函數寫成 $y = 1/e^{x^2}$。注意到當 $x\to\infty$ 時會有 $x^2\to\infty$。因為 $\lim_{u\to\infty} e^u = \infty$，所以當 $x^2\to\infty$ 時會有 $e^{x^2}\to\infty$。最後如例 3，若 $e^{x^2}\to\infty$，則它的倒數 $1/e^{x^2}\to 0$，也就是

$$\lim_{x\to\infty} \frac{1}{e^{x^2}} = 0$$

同樣地，當 $x\to -\infty$ 時會有 $x^2\to\infty$，所以可得

$$\lim_{x\to -\infty} \frac{1}{e^{x^2}} = 0$$

也就是 $y = e^{-x^2}$ 有一條水平漸近線 $y = 0$ (x 軸)。

■ 自我準備

1. (a) 若 $a = 1/10$，試問 $1/a^3$ 的值為何？
   (b) 若 $b = -1/100$，試問 $1/b^3$ 的值為何？

2. 若 x 變得愈來愈大，試描述函數輸出值的性質。
   (a) $f(x) = -x^2$ (b) $g(x) = 1/x$
   (c) $h(x) = -1/x$ (d) $A(x) = e^x$
   (e) $B(x) = e^{-x}$

3. 若 c 愈來愈接近於 5，試問如何形容 $\dfrac{2c}{c-5}$ 的值？當 $c<5$ 或 $c>5$ 時是否會影響它的值？

4. 若 a 是愈來愈接近於 0 的正數，試問 $\ln a$ 的值有何性質？

5. 試乘開並簡化：

$$\frac{4x^3 + x^2 - 2}{3x^3 + 3x^2} \cdot \frac{1/x^3}{1/x^3}$$

■ 習題 4.4

1. 試敘述下列所代表的意義。
   (a) $\lim_{x \to 2} f(x) = \infty$
   (b) $\lim_{x \to 1^+} f(x) = -\infty$
   (c) $\lim_{x \to \infty} f(x) = 5$
   (d) $\lim_{x \to -\infty} f(x) = 3$

2. 如圖所示為函數 f 的圖形，試求
   (a) $\lim_{x \to 2} f(x)$
   (b) $\lim_{x \to -1^-} f(x)$
   (c) $\lim_{x \to -1^+} f(x)$
   (d) $\lim_{x \to \infty} f(x)$
   (e) $\lim_{x \to -\infty} f(x)$
   (f) 漸近線的方程式

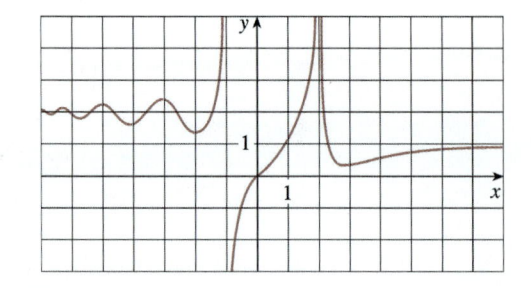

3-4 ■ 試描繪一個滿足給定條件的函數 f 之圖形：

3. $\lim_{x \to 0} f(x) = -\infty$, $\lim_{x \to -\infty} f(x) = 5$, $\lim_{x \to \infty} f(x) = -5$

4. $\lim_{x \to 2} f(x) = -\infty$, $\lim_{x \to \infty} f(x) = \infty$, $\lim_{x \to -\infty} f(x) = 0$, $\lim_{x \to 0^+} f(x) = \infty$, $\lim_{x \to 0^-} f(x) = -\infty$

5-13 ■ 試求極限。

5. $\lim_{x \to 4^+} \dfrac{3}{x-4}$

6. $\lim_{x \to -3^+} \dfrac{x+2}{x+3}$

7. $\lim_{x \to 1} \dfrac{2-x}{(x-1)^2}$

8. $\lim_{x \to \infty} \dfrac{2}{x^3}$

9. $\lim_{x \to \infty} \dfrac{x^3 + 5x}{2x^3 - x^2 + 4}$

10. $\lim_{p \to \infty} \dfrac{3p}{p^2 + 2p + 7}$

11. $\lim\limits_{u\to\infty} \dfrac{4u^4+5}{(u^2-2)(2u^2-1)}$

12. $\lim\limits_{x\to-\infty} (x^4+x^5)$

13. $\lim\limits_{x\to\infty} \dfrac{x+x^3+x^5}{1-x^2+x^4}$

14-15 ■ 試求曲線的水平漸近線。

14. $y = \dfrac{2x}{x^3+3}$

15. $y = \dfrac{1}{e^x+1}$

■ 自我挑戰

16. 試求曲線

$$y = \dfrac{x}{\sqrt{x^2+1}}$$

的水平漸近線，且由遞增與遞減的區間和凹性來描繪曲線的圖形。

17. 鹽的濃度

(a) 每公升含 30 公克的濃鹽水以 25 公升/分鐘的速率注入一含有 5000 公升的蓄水池中。試證明在 t 分鐘後鹽的濃度 (公克/公升) 為

$$C(t) = \dfrac{30t}{200+t}$$

(b) 試問當 $t \to \infty$ 時濃度如何變化？

4.5 函數圖形的描繪

至目前為止，已學到函數的極值、遞增或遞減區間、反曲點、凹性、鉛直漸近線、水平漸近線，以及圖形的最終的性質。在本節中，我們將要整合這些資訊，嘗試畫出反映這些重要性質的函數圖形。

■ 用手繪圖

也許有人會問：為什麼不用計算器或電腦畫圖就好？為何還要學微積分呢？

利用現代的科技確實可以得到很精確的圖形，但是很先進的繪圖工具，仍需要巧妙且正確的應用到我們的問題上，否則會很容易遺漏許多重要的細節。如何知道我們已選擇了適當的視窗，或應該在函數圖形某處放大呢？微積分將可用來發掘曲線最有趣的性質，尤其是可精確的計算極值的點和反曲點。雖然鼓勵使用繪圖工具來驗證你的結果，但應小心使用，而不是完全依賴它們。

例 1 描繪多項式函數的圖形

試描繪函數 $f(x) = x^3 - 3x + 1$ 的圖形。

解

$$f'(x) = 3x^2 - 3 = 3(x^2 - 1) = 3(x + 1)(x - 1)$$

且當 $x = \pm 1$ 時，$f'(x) = 0$，所以 1 和 −1 是臨界數。同時，當 $x < -1$ 或 $x > 1$ 時，$f'(x) > 0$；當 $-1 < x < 1$ 時，$f'(x) < 0$。所以，f 在 $(-\infty, -1)$ 和 $(1, \infty)$ 是遞增的，且在 $(-1, 1)$ 是遞減的。由一階導數檢定法可得，$f(-1) = 3$ 是局部極大值，而 $f(1) = -1$ 是局部極小值。因為 $f''(x) = 6x$，所以當 $x = 0$ 時 $f''(x) = 0$，當 $x < 0$ 時 $f''(x) < 0$，且當 $x > 0$ 時 $f''(x) > 0$。因此，f 在 $(0, \infty)$ 是上凹、在 $(-\infty, 0)$ 是下凹，且 f 在 $x = 0$ 有反曲點。綜合上述可製成下圖。

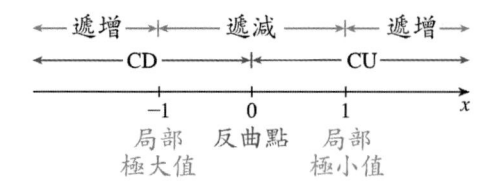

```
  ←—遞增—→|←— 遞減 —→|←— 遞增 —→
  ←———— CD ————→|←———— CU ————→
 ——————●————————●————————●——————→ x
       −1        0        1
       局部     反曲點    局部
       極大值             極小值
```

注意到因為當 $x \to \infty$ 時，x 和 $(x^2 - 3)$ 同時變成任意大，所以

$$\lim_{x \to \infty} (x^3 - 3x + 1) = \lim_{x \to \infty} [x(x^2 - 3) + 1] = \infty$$

同樣地，

$$\lim_{x \to -\infty} (x^3 - 3x + 1) = \lim_{x \to -\infty} [x(x^2 - 3) + 1] = -\infty$$

因此知道圖形沒有水平漸近線，也知道它的最終行為。在圖形上，首先標記局部極大點 $(-1, 3)$、反曲點 $(0, 1)$ 和局部極小點 $(1, -1)$。描繪通過這些點的曲線，並根據上圖的描述且記住它的最終行為，則可繪出如圖 1 的圖形。

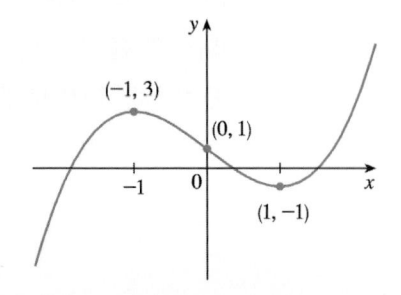

圖 1

例 2　描繪有理函數的圖形

試描繪曲線 $y = \dfrac{2x^2}{x^2 - 1}$。

解

首先當分母為 0 時函數沒有定義，也就是當 $x^2 - 1 = 0$，或 $x = \pm 1$ 時，所以定義域為

$$\{x \mid x \neq \pm 1\}$$

因為函數在 $x = \pm 1$ 時沒有定義，我們計算下列極限：

$$\lim_{x \to 1^+} \frac{2x^2}{x^2 - 1} = \infty \qquad \lim_{x \to 1^-} \frac{2x^2}{x^2 - 1} = -\infty$$

$$\lim_{x \to -1^+} \frac{2x^2}{x^2 - 1} = -\infty \qquad \lim_{x \to -1^-} \frac{2x^2}{x^2 - 1} = \infty$$

因此，$x = 1$ 和 $x = -1$ 都是鉛直漸近線。接下來計算在無限大的極限：

$$\lim_{x \to \pm\infty} \frac{2x^2}{x^2 - 1} = \lim_{x \to \pm\infty} \frac{2x^2}{x^2 - 1} \cdot \frac{1/x^2}{1/x^2} = \lim_{x \to \pm\infty} \frac{2}{1 - 1/x^2} = 2$$

所以，$y = 2$ 是一條水平漸近線 (同時在左方和右方)。利用這些資訊，就可以畫出曲線靠近漸近線初略的圖形 (見圖 2)。

由函數的導數

$$f'(x) = \frac{(x^2 - 1)(4x) - 2x^2 \cdot 2x}{(x^2 - 1)^2} = \frac{-4x}{(x^2 - 1)^2}$$

可得，當 $x < 0$ (但 $x \neq -1$) 時，$f'(x) > 0$；當 $x > 0$ (但 $x \neq -1$) 時，$f'(x) < 0$。所以，f 在區間 $(-\infty, -1)$ 和 $(-1, 0)$ 是遞增的，而在區間 $(0, 1)$ 和 $(1, \infty)$ 是遞減的。$x = 0$ 是唯一的臨界數。因為 f' 在 $x = 0$ 由正的變為負的，所以由一階導數檢定法可知，$f(0) = 0$ 是一個局部極大值。

$$f''(x) = \frac{(x^2 - 1)^2(-4) + 4x \cdot 2(x^2 - 1)2x}{(x^2 - 1)^4} = \frac{12x^2 + 4}{(x^2 - 1)^3}$$

因為對於所有 x 滿足 $12x^2 + 4 > 0$，所以

當 $x^2 - 1 > 0$ 或 $x < -1$，$x > 1$ 時，$f''(x) > 0$

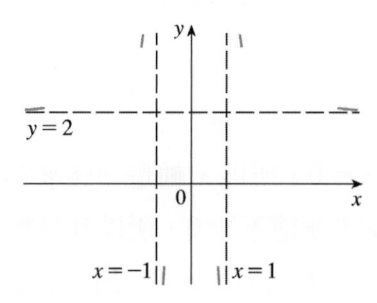

圖 2　概略的繪圖

圖 2 說明了曲線由上方趨近於它的水平漸近線，這可由遞增或遞減區間來驗證。

且當 $-1<x<1$ 時，$f''(x)<0$。因此，曲線在區間 $(-\infty, -1)$ 和 $(1, \infty)$ 是上凹的，而在區間 $(-1, 1)$ 是下凹的。由於 -1 和 1 並不在 f 的定義域內，所以它沒有反曲點。

綜合這些資訊就可以完成圖 3 的圖形。

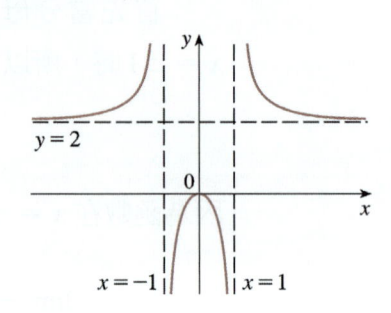

圖 3　完成的 $y = \dfrac{2x^2}{x^2-1}$ 圖形

例 3　描繪與指數函數相關的圖形

試描繪 $f(x) = e^{-x^2}$ 的圖形。

解

由第 4.4 節的例 7 已知 $\lim_{x \to \pm\infty} f(x) = 0$，所以 x 軸是一條水平漸近線。導數 $f'(x) = -2xe^{-x^2}$，且因為 e^{-x^2} 永遠不為 0，所以 0 是唯一的臨界數。當 $x<0$ 時 $f'(x)>0$，且當 $x>0$ 時 $f'(x)<0$，所以 f 在區間 $(-\infty, 0)$ 是遞增的，而在區間 $(0, \infty)$ 是遞減的。因為在 $x=0$ 時，f' 由正的變為負的，由一次導數檢定法可得 $f(0) = 1$ 是局部極大值。(它一定也是絕對極大值。)

$$f''(x) = -2x(-2xe^{-x^2}) + e^{-x^2}(-2) = 2(2x^2 - 1)e^{-x^2}$$

因為 $e^{-x^2} > 0$，在

$$2x^2 - 1 > 0$$
$$x^2 > \tfrac{1}{2}$$
$$x < -\frac{1}{\sqrt{2}} \text{ 或 } x > \frac{1}{\sqrt{2}}$$

時 $f''(x) > 0$ 會成立。同樣地，當 $-1/\sqrt{2} < x < 1/\sqrt{2}$ 時 $f''(x)<0$。因此，f 在區間 $(-\infty, -1/\sqrt{2})$、$(1/\sqrt{2}, \infty)$ 是上凹的，而在區間 $(-1/\sqrt{2}, 1/\sqrt{2})$ 是下凹的；f 有反曲點 $(-1/\sqrt{2}, e^{-1/2})$、$(1/\sqrt{2}, e^{-1/2})$。綜合這些資訊，就可以畫出下列圖形且可用它完成圖 4 的圖形。

第 4 章 微分的應用　251

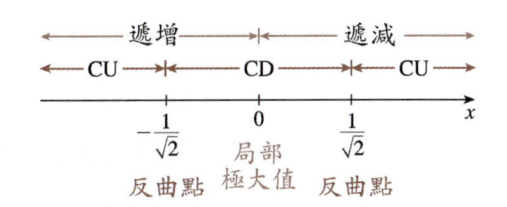

```
←――遞增――→|←――遞減――→
←― CU ―→|← CD →|← CU ―→
           |     |     |
         −1/√2   0   1/√2      x
         反曲點  局部  反曲點
              極大值
```

注意到例 2 和例 3 的函數為偶函數 $[f(-x) = f(x)]$。我們可由此只描繪函數在 $x \geq 0$ 的圖形後，再將圖形對 y 軸映射，而得到完整的圖形。

圖 4

（圖形：y 對 x 的鐘形曲線，標示點 $(-1/\sqrt{2}, e^{-1/2})$ 與 $(1/\sqrt{2}, e^{-1/2})$，峰值為 1）

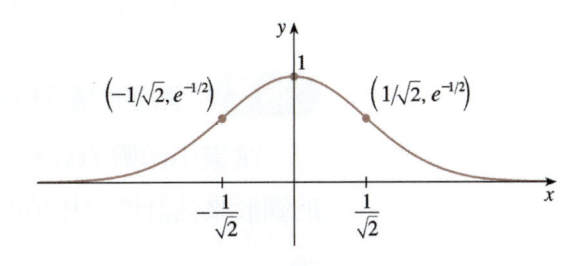

例 4 由導數和極限的資訊描繪圖形

試畫出滿足下列所有條件的函數之可能圖形：

(i) 在 $(-\infty, 1)$ 中 $f'(x) > 0$，在 $(1, \infty)$ 中 $f'(x) < 0$。

(ii) 在 $(-\infty, -2)$ 和 $(2, \infty)$ 中 $f''(x) > 0$，在 $(-2, 2)$ 中 $f''(x) < 0$。

(iii) $\lim_{x \to -\infty} f(x) = -2$，$\lim_{x \to \infty} f(x) = 0$

解

條件 (i) 表示 f 在 $(-\infty, 1)$ 中遞增，而在 $(1, \infty)$ 中遞減，所以在 $x = 1$ 有一局部極小值。條件 (ii) 則表示 f 圖形在 $(-\infty, -2)$ 和 $(2, \infty)$ 中是上凹的，且在 $(-2, 2)$ 中是下凹的，所以在 $x = -2$ 和 $x = 2$ 時有反曲點。條件 (iii) 表示圖形在 $y = -2$ (左方) 和 $y = 0$ (右方) 有水平漸近線。

首先，將水平漸近線 $y = -2$ 用虛線表示 (如圖 5)。然後 f 的圖形會由左方遠處趨近於此漸近線，且遞增至它在 $x = 1$ 的極大值，而後當 $x \to \infty$ 時再遞減至 x 軸。我們同時要確定圖形在 $x = -2$ 和 $x = 2$ 時有反曲點。注意到當 $x < -2$ 和 $x > 2$ 時圖形向上彎曲，而當 x 介於 -2 和 2 之間時圖形向下彎曲。

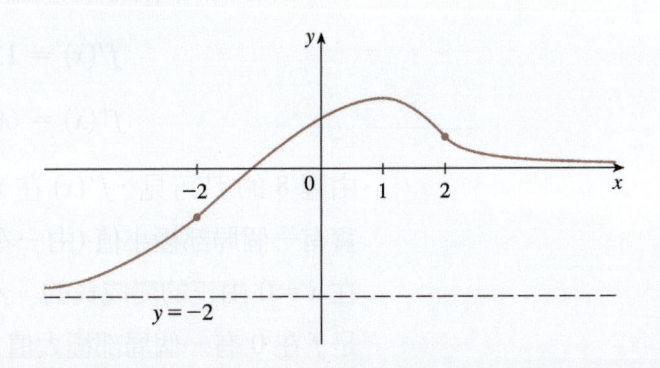

圖 5

■|使用繪圖科技

當使用科技工具時，繪圖的策略與在例 1 到例 4 的步驟不一樣。我們先用繪圖計算器或電腦繪製圖形，再更精確地畫出某些部分的圖，然後再用微積分來驗證所得的圖形確實發掘了這個函數所有重要的資訊。有了繪圖工具後，我們可以處理很多更複雜的函數。

例 5　使用微積分與科技工具繪製函數圖形

試畫出函數 $f(x) = 2x^6 + 3x^5 + 3x^3 - 2x^2$ 的圖形，並利用 f' 和 f'' 的圖形來估計所有極值的點和凹性的區間。

解

假如只輸入定義域而未輸入值域時，繪圖工具就會依照給定的函數在一個合適的範圍內畫出函數的圖形。圖 6 就是只輸入 $-5 \leq x \leq 5$ 在某繪圖工具中所畫出的函數圖形。雖然由此圖形可見到它的最終行為，但是卻無法觀察到較細緻的函數圖形。所以，我們將視窗取為 $[-3, 2]$ 乘以 $[-50, 100]$ 的矩形區域，則可得如圖 7 的圖形。

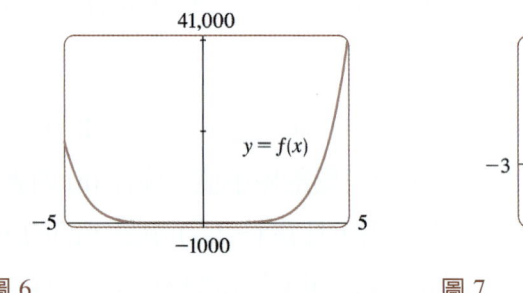

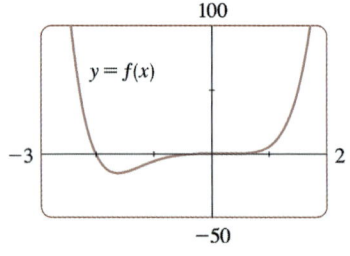

圖 6

圖 7

由圖 7 可見，函數在 $x \approx -1.62$ 有最小值大約為 -15.33；同時它在 $(-\infty, -1.62)$ 是遞減的，而在 $(-1.62, \infty)$ 是遞增的。還有函數在 $x = 0$ 不但有水平切線，而且是一個反曲點，另一個反曲點則落在 -2 和 -1 之間。

接著我們用微積分來檢驗這個圖形的一些性質。微分該函數可得

$$f'(x) = 12x^5 + 15x^4 + 9x^2 - 4x$$

$$f''(x) = 60x^4 + 60x^3 + 18x - 4$$

由圖 8 的 f' 可見，$f'(x)$ 在 $x \approx -1.62$ 時會由負的變成正的，所以確實有一個局部極小值 (由一次導數檢定法)。但是令人意外的是，$f'(x)$ 在 $x = 0$ 由正的變成負的，然後在 $x \approx 0.35$ 又由負的變成正的；也就是 f 在 0 有一個局部極大值且在 $x \approx 0.35$ 有一個局部極小值，而這無

法由圖 7 而得知。如果把圖形在原點附近局部放大，就可以得到圖 9 的曲線。它在 $x = 0$ 時有局部極大值 0，而在 $x \approx 0.35$ 的局部極小值約為 -0.1。

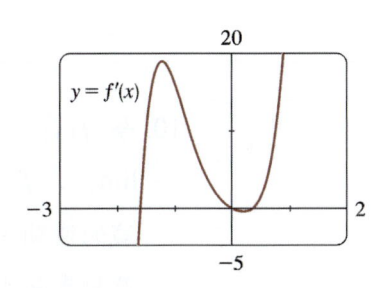

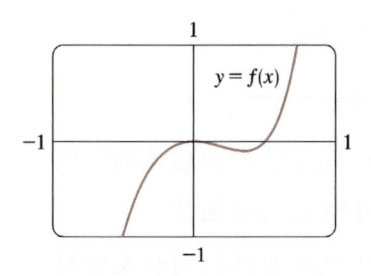

圖 8

圖 9

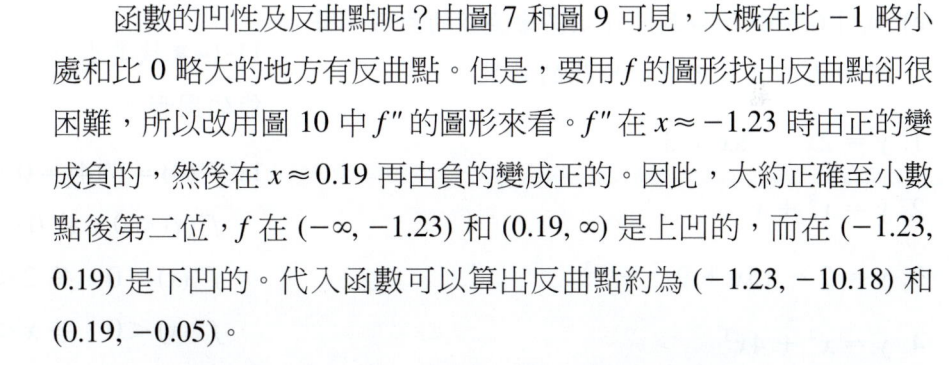

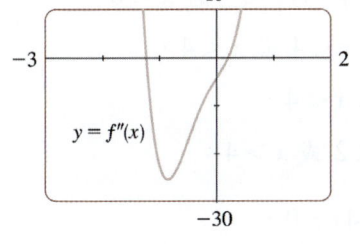

函數的凹性及反曲點呢？由圖 7 和圖 9 可見，大概在比 -1 略小處和比 0 略大的地方有反曲點。但是，要用 f 的圖形找出反曲點卻很困難，所以改用圖 10 中 f'' 的圖形來看。f'' 在 $x \approx -1.23$ 時由正的變成負的，然後在 $x \approx 0.19$ 再由負的變成正的。因此，大約正確至小數點後第二位，f 在 $(-\infty, -1.23)$ 和 $(0.19, \infty)$ 是上凹的，而在 $(-1.23, 0.19)$ 是下凹的。代入函數可以算出反曲點約為 $(-1.23, -10.18)$ 和 $(0.19, -0.05)$。

圖 10

由上述討論可知，無法由單一圖形顯示此多項式的所有重要資訊。然而，綜合圖 7 和圖 9 則可精確地提供這些資訊。

■ 自我準備

1. 試問 $y = \dfrac{x}{x^2 - 4}$ 的定義域為何？

2. 試求 $L(t) = t^3 - 3t^2 - 9t$ 的臨界數。

3. 試求 $g(x) = \dfrac{x^2}{x^2 + 1}$ 的局部極值和遞增或遞減的區間。

4. 試求 $f(w) = 3w^4 - 2w^3 + 1$ 的臨界數和凹性的的區間。

5. 試求函數 $R(t) = \dfrac{2t^2 + 1}{t^2 + 7t}$ 的鉛直漸近線和水平漸近線。

6. 若 $f'(2) = 0$ 和 $f''(2) = -1$，試問 f 在 $x = 2$ 的圖形有何性質？

7. (a) 若 $g'(1) = 0$ 且 $g'(x)$ 在 $x < 1$ 時是負的，而在 $x > 1$ 時是正的，試問 g 在 $x = 1$ 的圖形有何性質？

   (b) 若 $g''(1) = 0$ 且 $g''(x)$ 在 $x < 1$ 時是負的，而在 $x > 1$ 時是正的，試問 g 在 $x = 1$ 的圖形有何性質？

8. (a) 若 $\lim_{x \to 5} f(x) = \infty$，試問 f 的圖形有何性質？

(b) 若 $\lim_{x \to \infty} f(x) = 5$，試問 f 的圖形有何性質？

■ 習題 4.5

1-4 ■

(a) 試求遞增和遞減的區間。

(b) 試求局部極值。

(c) 試求凹性區間和反曲點。

(d) 試決定圖形最終的行為。

(e) 試用 (a)-(d) 所得到的資訊描繪函數的圖形。若有繪圖工具，用它檢驗你的結果。

1. $y = 2x^2 - 8x + 3$

2. $y = x^3 + x$

3. $y = 2 - 15x + 9x^2 - x^3$

4. $y = x^4 + 4x^3$

5-9 ■ 試用討論定義域、遞增和遞減的區間、局部極值、凹性區間和反曲點，以及最終的行為 (含鉛直和水平漸近線) 所得到的資訊，來描繪下列函數的圖形。

5. $y = \dfrac{x}{x-1}$

6. $y = \dfrac{1}{x^2 - 9}$

7. $y = \dfrac{x-1}{x^2}$

8. $h(a) = \sqrt{a}\,(a^2 - 4a)$

9. $y = 1/(1 + e^{-x})$

10. 令 $f(x) = xe^{-x^2}$。試列表估計 $\lim_{x \to \infty} f(x)$ 和 $\lim_{x \to -\infty} f(x)$。然後用討論定義域、遞增和遞減的區間、局部極值、凹性區間和反曲點，以及鉛直和水平漸近線所得到的資訊，來描繪下列函數的圖形。

11-14 ■ 試畫出一個滿足下列所有條件的函數的可能的圖形。

11. $f'(0) = f'(4) = 0$，$f'(x) > 0$，若 $x < 0$，
  $f'(x) < 0$，若 $0 < x < 4$ 或 $x < 4$，
  $f''(x) > 0$，若 $2 < x < 4$，
  $f''(x) < 0$，若 $x < 2$ 或 $x > 4$。

12. $f'(0) = f'(2) = f'(4) = 0$，
  $f'(x) > 0$，若 $x < 0$ 或 $2 < x < 4$，
  $f'(x) < 0$，若 $0 < x < 2$ 或 $x > 4$，
  $f''(x) > 0$，若 $1 < x < 3$，
  $f''(x) < 0$，若 $x < 1$ 或 $x > 3$。

13. $f'(x) > 0$，若 $x \neq 2$，f 在 $x < 2$ 是上凹的，而在 $x > 2$ 是下凹的，f 有反曲點 $(2, 5)$，
  $\lim_{x \to \infty} f(x) = 8$，$\lim_{x \to -\infty} f(x) = 0$

14. $f'(5) = 0$，當 $x < 5$ 時 $f'(x) < 0$，
  當 $x > 5$ 時，$f'(x) > 0$，$f''(2) = 0$，$f''(8) = 0$，
  當 $x < 2$ 或 $x > 8$ 時，$f''(x) < 0$，
  當 $2 < x < 8$ 時，$f''(x) > 0$，
  $\lim_{x \to \infty} f(x) = 3$，$\lim_{x \to -\infty} f(x) = 3$

■ 自我挑戰

15. 試用本節的方法描繪出曲線 $y = x^3 - 3a^2x + 2a^3$ 的圖形，其中常數 a 為正數。這類函數有何相同和相異之處？

16. **謠言的傳播**　一個謠言傳播的模型可由下列方程式來表示

$$p(t) = \frac{1}{1 + ae^{-kt}}$$

其中 $p(t)$ 是在時間 t 知道謠言的人口比例，而 a 和 k 是正的常數。

(a) 試問何時會有一半人口聽過這謠言？
(b) 試問何時謠言傳播的速率會是最快的？
(c) 試描繪出 p 的圖形。

4.6 最佳化問題

　　在本章所學到的求極值方法有許多生活中實際上的應用。例如，商人會想要以最低成本來獲取最大利潤，而往返不同城市的人想要找到最節省時間的交通工具。費瑪定理說明光會以最短的時間的路徑來傳播。在本節中，我們會介紹許多求極值的問題，例如，最大面積、體積或利潤、最短距離、時間或最小成本。

　　在解決這些實際的問題時，最大的困難在於如何正確地把問題改寫成數學上求函數極值的最佳化問題。下列的解題策略可適用於解決這類的問題：

解決最佳化問題的步驟

1. **了解題意**　首先仔細了解題意。問自己下列的問題：哪些是未知的？哪些是已知的？什麼條件是給定的？

2. **畫圖**　對許多問題而言，用圖形來描述題意是非常有幫助的，且將所有用到的已知的或未知的量適當標示在圖上。

3. **引入變數**　指定符號代表所求的最大或最小化的量 (暫時稱之為 Q)。同時用其他符號 $(a, b, c, ..., x, y)$ 表示未知的量，而通常會以未知量的第一個英文字母分別來代表它們，例如，以 A 表示面積、h 表示高度、t 表示時間。

4. 把 Q 表示成在步驟 3 中所設變數的函數。

5. 如果 Q 在步驟 4 是兩個以上變數的函數，就利用給定的條件找出這些變數之間的關係式，藉由這些關係式消去多餘的變數使得 Q 變成單變數的函數，例如，寫成 $Q = f(x)$。再依照題意找出這個函數的定義域。

6. 利用第 4.2 節和第 4.3 節的方法求出函數 f 的絕對極值。如果 f 的定義域是一個閉區間，則可用第 4.2 節的閉區間法求解。

例 1　面積最大化

一位農夫想要用總長為 2400 呎的籬笆沿著筆直的河岸圍出一塊矩形區域，其中靠河的一邊不需使用籬笆。試問如何才能圍出最大的面積？

解

■ 了解題意

為了想知道題意，首先要找幾個特例作實驗。圖 1 (非依比例) 畫的是三個可能排列 2400 呎籬笆的情形。由圖可見，如果圍起來的區域是淺而寬或深而窄時，則它的面積相對會較小，所以可以猜測面積最大的形狀應該是介於兩者之間。

■ 畫圖

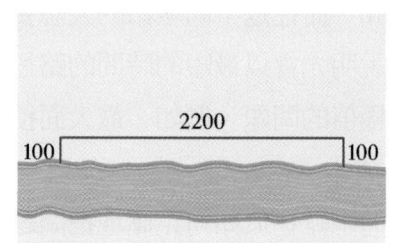

面積 = 100 · 2200 = 220,000 平方呎　　面積 = 700 · 1000 = 700,000 平方呎　　面積 = 1000 · 400 = 400,000 平方呎

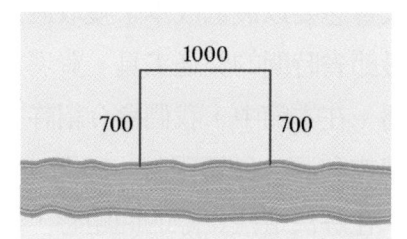

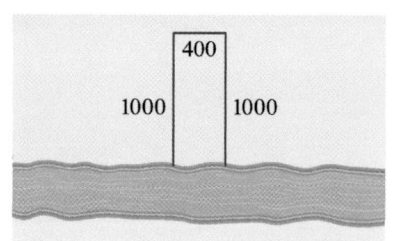

圖 1

■ 引入變數

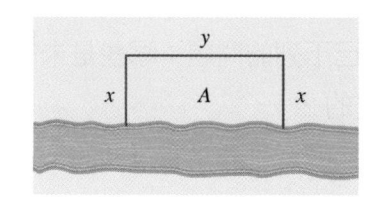

圖 2 畫的是一般的情形，其中想最大化的量為矩形的面積 A，而 x 和 y 分別表示矩形的深度和寬度。所以，面積 A 可用 x 和 y 表示為：

$$A = xy$$

圖 2

若只想用一個變數來表示 A，可用 x 消去 y。這時，就得用到籬笆總長為 2400 呎的條件，也就是

$$2x + y = 2400$$

即 $y = 2400 - 2x$，所以可得

$$A = xy = x(2400 - 2x) = 2400x - 2x^2$$

因為 $x \geq 0$ 和 $x \leq 1200$ (否則 $A < 0$)，所以要最大化的問題為

$$A(x) = 2400x - 2x^2 \qquad 0 \leq x \leq 1200$$

由 $A'(x) = 2400 - 4x$，可解方程式

$$2400 - 4x = 0$$

而得到臨界數為 $x = 600$。因為面積 A 的最大值一定發生在臨界數或端點上，且這些數所對應的函數值分別為 $A(0) = 0$、$A(600) = 720{,}000$ 和 $A(1200) = 0$，所以由閉區間法可知最大值為 $A(600) = 720{,}000$。

[另外一個方法是觀察到，對於所有 x 滿足 $A''(x) = -4 < 0$，A 的圖形永遠是下凹的，所以局部極小值一定也是絕對極小值。]

因此，所求的區域應該為 600 呎深和 1200 呎寬的矩形。

由於例 1 中函數的定義域是一個閉區間，我們引用閉區間法來求絕對極大值。若是函數的定義域不是閉區間，我們可引用一階導數檢定法 (只能找出局部極大值或局部極小值)，來找出絕對極大值和絕對極小值。

> ■ **絕對極值的一階導數檢定法** 假設 c 為定義在某區間的連續函數 f 之臨界數。
> **(a)** 若對所有 $x < c$ 滿足 $f'(x) > 0$，且對所有 $x > c$ 滿足 $f'(x) < 0$，則 $f(c)$ 是 f 的絕對極大值。
> **(b)** 若對所有 $x < c$ 滿足 $f'(x) < 0$，且對所有 $x > c$ 滿足 $f'(x) > 0$，則 $f(c)$ 是 f 的絕對極小值。

例 2　成本最小化

想製造一個圓柱形罐子來儲存 1 公升的油。試求製造所需的金屬成本為最小的圓柱形罐子之尺寸。

解

圖 3 所示為底半徑 r 公分、高 h 公分的圓柱形罐子。要降低所使用的金屬，就等同於要減少圓柱的表面積，也就是上下兩個圓和側邊圓柱面的面積總和。由圖 4 可知，側邊圓柱面是由一片長與高分別為 $2\pi r$ 和 h 的長方形金屬片所製成。頂部和底部都是面積為 πr^2 的圓。所以表面積為所以總表面積為

$$A = 2\pi r^2 + 2\pi rh$$

面積 $2(\pi r^2)$ 面積 $(2\pi r)h$

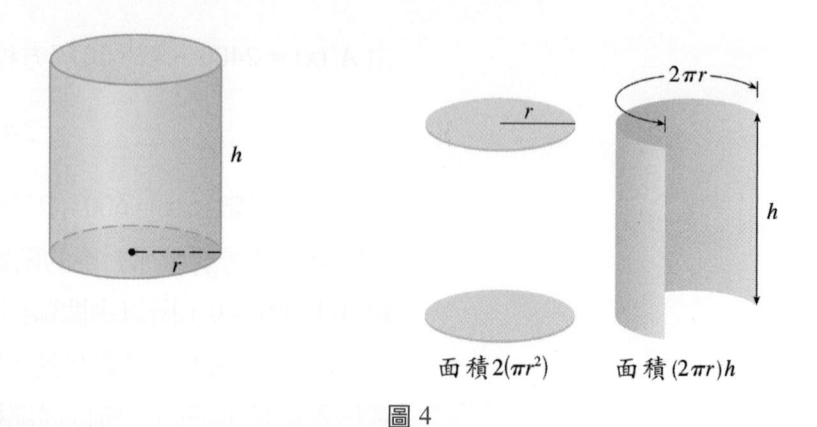

圖 3   圖 4

若要消去多餘的變數 h，必須用到容積為 1 公升的條件，也就是 1000 立方公分。圓柱體的體積是 $\pi r^2 h$，所以可得

$$\pi r^2 h = 1000$$

可得 $h = 1000/(\pi r^2)$。將此式代入 A 可得

$$A = 2\pi r^2 + 2\pi r\left(\frac{1000}{\pi r^2}\right) = 2\pi r^2 + \frac{2000}{r}$$

若要罐子有體積，$r > 0$ 是必要的，但沒有 r 的理論極大值。所以要最小化的函數即為

$$A(r) = 2\pi r^2 + \frac{2000}{r} \qquad r > 0$$

微分 A 可得

$$A'(r) = 4\pi r + 2000(-r^{-2}) = 4\pi r - \frac{2000}{r^2}$$

$$= \frac{4\pi r^3}{r^2} - \frac{2000}{r^2} = \frac{4(\pi r^3 - 500)}{r^2}$$

解 $A'(r) = 0$ 會得到 $\pi r^3 = 500$，所以臨界數為 $r < \sqrt[3]{500/\pi}$。

因為 A 的定義域為 $(0, \infty)$，而它不是閉區間，所以例 1 中的閉區間法在這裡並不適用。但是我們觀察到當 $r < \sqrt[3]{500/\pi}$ 時 $A'(r) < 0$，而當 $r < \sqrt[3]{500/\pi}$ 時 $A'(r) > 0$；也就是 A 在臨界數的左邊是遞減的，在右邊則是遞增的，所以 $r < \sqrt[3]{500/\pi}$ 一定是絕對極小值。

［另一個方法是：由於取 $r \to 0^+$ 和 $r \to \infty$ 都有 $A(r) \to \infty$，所以在某處必有一最小值 $A(r)$，而這只能發生在 r 為臨界數時。詳見圖 5。］

h 在 $r = \sqrt[3]{500/\pi}$ 的值為

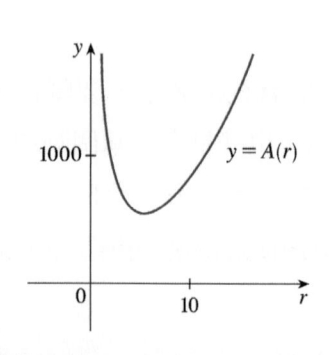

圖 5

$$h = \frac{1000}{\pi r^2} = \frac{1000}{\pi(500/\pi)^{2/3}} = \frac{2 \cdot 500}{\pi^{1/3}(500)^{2/3}}$$

$$= \frac{2(500)^{1/3}}{\pi^{1/3}} = 2\sqrt[3]{\frac{500}{\pi}}$$

所以，最節省原料的圓形罐子其底部的半徑為 $\sqrt[3]{500/\pi} \approx 5.42$ 公分，而高則是底部半徑的 2 倍，也就是等於底部的直徑。

例 3 游速的最佳化

若一條魚的游速為 v 時，牠每單位時間所消耗的能量與 v^3 成正比。迴游的魚群會以最小的能量游動。若魚群逆著水流游動時，其中流速為 u ($u < v$)，則移動距離 L 所需的時間為 $L/(v-u)$，且所消耗的總能量 E 為

$$E(v) = av^3 \cdot \frac{L}{v-u}$$

其中常數 a 為正數。試求使得 E 為最小的 v 值。

解 由

$$E(v) = aL \cdot \frac{v^3}{v-u}$$

可得

$$E'(v) = aL \cdot \frac{(v-u) \cdot 3v^2 - v^3 \cdot 1}{(v-u)^2} = aL \cdot \frac{2v^3 - 3uv^2}{(v-u)^2}$$

$$= aL \cdot \frac{v^2(2v-3u)}{(v-u)^2}$$

也就是當 $v^2(2v-3u) = 0$ 時，即 $v = \frac{3}{2}u$（因為 $v \neq 0$），$E'(v) = 0$。由定義域 (u, ∞) 可知，當 $u < v < \frac{3}{2}u$ 時，$E'(v) < 0$，且當 $v > \frac{3}{2}u$ 時，$E'(v) > 0$。因此，當 $v = \frac{3}{2}u$ 時，E 有絕對極小值。E 的圖形如圖 6 所示。

注意：經由實驗已經證實了這個結果：迴游的魚群會以高於 50% 潮水流速的游速逆流而上。

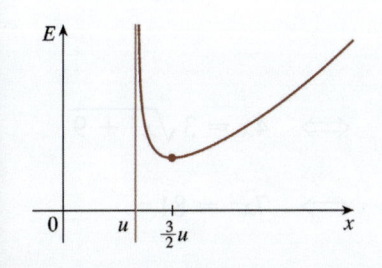

圖 6

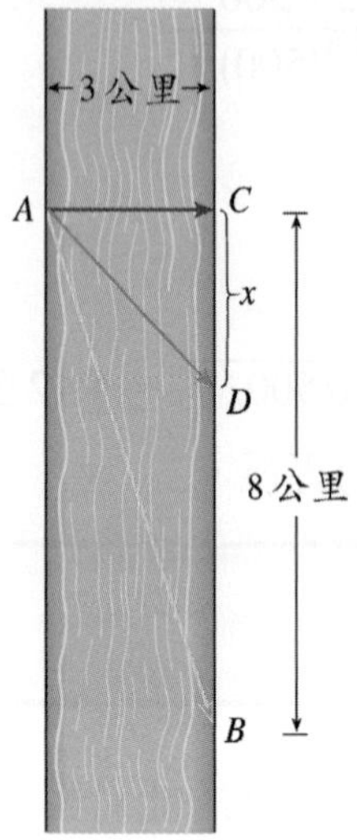

例 4　最短時間

如圖 7 所示，某人從一直線河流岸邊的 A 點划船出發，想要以最快的速度到達寬 3 公里的對岸向下游走 8 公里的 B 點。他可以直接划船到 C 點再跑步到 B 點，也可以直接划船到 B 點，或者是划船到 C 和 B 之間的某一點 D 後再跑步到 B 點。假如他划船的速度是每小時 6 公里，而跑步的速度是每小時 8 公里，試問他應划船到何處上岸，才可以在最短的時間到達 B 點？(假設忽略水流對划船的影響。)

解

若以 x 表示 C 到 D 的距離，則他要跑由 D 到 B 的距離為 $8-x$ 公里，而要划的距離 (由 A 到 D) 可用畢式定理算出為 $\sqrt{x^2+9}$。利用關係式

$$時間 = \frac{距離}{速率}$$

則可求出划船的時間為 $\sqrt{x^2+9}/6$ 和跑步的時間為 $(8-x)/8$，因此總共花費的時間 T 為 x 的函數：

$$T(x) = \frac{\sqrt{x^2+9}}{6} + \frac{8-x}{8}$$

T 的定義域為 $[0, 8]$。注意到若 $x=0$ 則表示划到 C 點，而 $x=8$ 則表示直接划到 B 點。改寫

$$T(x) = \tfrac{1}{6}(x^2+9)^{1/2} + \tfrac{1}{8}(8-x)$$

則 T 的導數為

$$T'(x) = \tfrac{1}{6} \cdot \tfrac{1}{2}(x^2+9)^{-1/2} \cdot 2x + \tfrac{1}{8}(-1) = \frac{x}{6\sqrt{x^2+9}} - \frac{1}{8}$$

因為 $x \geq 0$，所以

$$T'(x) = 0 \iff \frac{x}{6\sqrt{x^2+9}} = \frac{1}{8} \iff 4x = 3\sqrt{x^2+9}$$

$$\iff 16x^2 = 9(x^2+9) \iff 7x^2 = 81$$

$$\iff x = \frac{9}{\sqrt{7}}$$

圖 7

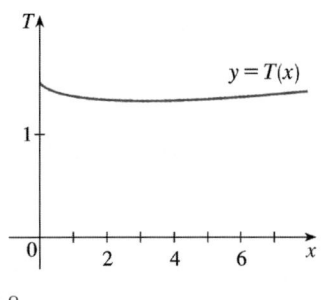

因此 $x = 9/\sqrt{7}$ 是唯一的臨界數。要知道何時會有最小值，必須算出在臨界數和定義域 [0, 8] 兩個端點上的函數值：

$$T(0) = 1.5 \qquad T\left(\frac{9}{\sqrt{7}}\right) = 1 + \frac{\sqrt{7}}{8} \approx 1.33 \qquad T(8) = \frac{\sqrt{73}}{6} \approx 1.42$$

因為在 $x = 9/\sqrt{7}$ 時 T 的值最小，所以在那點有絕對極小值。在圖 8 中 T 的圖形說明了這個計算結果。

因此，他應該要向下游划船至對岸離 C 點 $9/\sqrt{7}$ 公里 (≈ 3.4 公里) 處上岸後再跑到 B 點。

自我準備

1. 若直角三角形的兩股長分別為 x 和 $20-x$，試寫出斜邊長的表示式。

2. 若直角三角形的斜邊長為 $2x+5$，其中一股長為 $x-2$，試寫出另一股長的表示式。

3. 若長方體盒子的體積為 840 立方吋，且底部的寬為 x 吋和長為 $x+4$，試寫出此盒子高的表示式。

4. 通過原點和點 (a, b) 的直線斜率為何？

5. 試解 $3x - \dfrac{4}{x^2} = 0$。

6. 若 $A = \dfrac{p+m}{cm^2 - bm}$，試求 $\dfrac{dA}{dm}$。

7. 某人在距離為 x 哩的路程慢跑速度為 3 哩/小時，距離為 $x-2$ 哩的路程走路速度為 1.5 哩/小時。試寫出在此旅程所需時間的表示式。

習題 4.6

1. 考慮下面問題：求和為 23 的兩個數中使得乘積為最大的一對。

   (a) 製作一個類似下表的表格，其中前兩欄中的數字和為 23。試以所得的表格來估計上述問題的答案。

第一個數	第二個數	乘積
1	22	22
2	21	42
3	20	60
⋮	⋮	⋮

   (b) 試用微積分來解這個問題，然後與在 (a) 中所得的答案作比較。

2. 試求乘積為 100 且和為最小的兩個正數。

3. **矩形面積** 試求周長為 100 公尺且面積為最大的矩形邊長。

4. **籬笆的面積** 一農夫想要用 750 呎的籬笆圍出矩形區域，再沿著與矩形其中一邊平行的方向，用籬笆將此區域平均隔出四個小區域。試問這四個小區域的面積和最大為多少？

(a) 試畫出幾個圖形來顯示有些是淺而寬、深而窄的小區域。試計算出這些圖形的總面積。這些圖形中有面積和最大的可能嗎？若有，試估計最大值。

(b) 試畫出一般情形的圖形，並選擇適當的符號來標示圖形。

(c) 試寫出面積和的表示式。

(d) 試將已知條件以方程式來表示。

(e) 試由 (d) 將面積和的表示式改寫成一個單變數的函數。

(f) 完成解題並與 (a) 的結果作比較。

5. **盒子的設計**　想用 1200 平方公分的材料來製作一個沒有蓋子的盒子，其中底部為正方形，試求盒子的最大可能體積。

6. **矩形面積**
   (a) 試證明當面積固定時，周長最短的矩形為正方形。
   (b) 試證明當周長固定時，面積最大的矩形為正方形。

7. **罐子的設計**　若想製作一個容積 1 加侖 (231 立方吋) 的無蓋圓柱形罐子。試求如何在成本最少的情形下做出這樣的容器。

8. **穀物的產量**　已知某種穀物的產量 Y 可用土壤中氮含量 N 的函數來表示：

$$Y = \frac{kN}{1+N^2}$$

其中常數 k 為正數。試求使得產量最高的氮含量為何？

9. **電力**　若一個 R 歐姆的電阻與一個內建電阻為 r 歐姆的 E 伏特電池連接，則外接的電阻所產生的電力 (單位：瓦) 為

$$P = \frac{E^2 R}{(R+r)^2}$$

若 E 和 r 固定，但 R 可以變動時，試求所產生的最大電力。

10. **杯子的設計**　若一個錐形的杯子是由半徑 4 吋的圓形紙片剪下一個扇形後所摺出來的，試求這種杯子的最大容量。

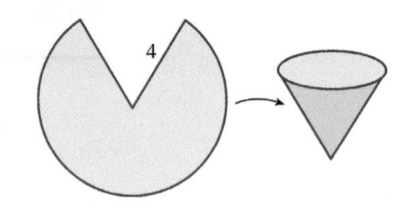

11. **合併的面積**　將一條長 10 公尺的電纜剪成兩段：其中一段折出一個正方形；另一段折成一個正三角形。試問如何剪裁能使得這兩個區域的面積和 (a) 為最大？(b) 為最小？

12. **建造的成本**　已知煉油廠位於寬為 2 公里筆直河流的北岸。若想建造一條油管由煉油廠連接到 6 公里外位於河流南岸的油槽，已知由北岸的位置點 P 至煉油廠在地面布管的成本為 400,000 美元/公里，而在河底布管的成本為 800,000 美元/公里，試求使得布管總成本為最低的 P 點位置。

13. **窗子的設計**　諾曼窗 (Norman window) 的形狀為矩形上方覆蓋著一個半圓 (也就是半圓的直徑恰為長方形的寬)。若窗子的周長為 30 呎，試求使得透光最好的窗子尺寸。

自我挑戰

14. 試求由通過點 $(3, 5)$ 且在第一象限所切出的區域面積為最小之直線。

15. **鳥類的飛行路徑** 鳥類學家發現某些鳥類在白天飛行時會避開大面積的水域。通常鳥類在水面上飛行較為費力，這是因為氣流在陸地上會上升，而在水面上則會下沉。基於這種趨勢，若在離筆直河岸最近的地點 (B 點) 5 公里外小島上將鳥類野放，牠們會先飛到河岸邊的 C 點後再筆直的沿著河岸飛回到築巢處 D。已知 B 和 D 兩點之間的距離為 13 公里，且鳥類會以直覺來選擇飛行路徑，使得所耗費的力氣為最少。

    (a) 一般而言，在水面上飛行所耗費的力氣為在陸地上飛行的 1.4 倍。試問若想使得所耗費的力氣為最少，C 點的位置應為何？

    (b) 設 W 和 L 分別代表每飛越水面和陸地各 1 公里所耗費的能量 (單位：焦耳)。W/L 的比值較大時所代表的意義為何？比值較小時又是如何？試求使得所耗費的力氣為最少的 W/L 值。

    (c) 若鳥群直接飛回築巢處 D 時，其 W/L 值為何？若鳥群先飛到 B 點，再沿著岸邊飛回築巢處 D，其 W/L 值為何？

    (d) 若鳥類學家發現其中一類會先飛到岸邊距離 B 點 4 公里處，試問在水面上飛行所耗費的力氣比在陸地上飛行的多了幾倍？

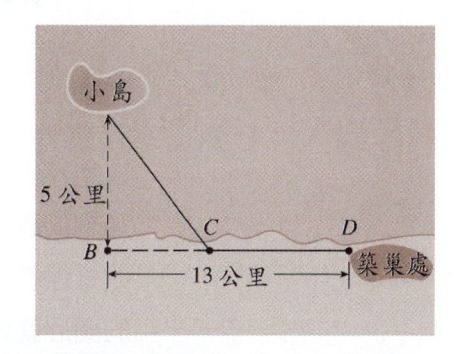

16. **長度最短** 如圖所示，由右上角斜摺一張 12 吋乘以 8 吋長方形的紙張至它的底邊上。試問要怎麼摺才能讓折線的長度為最短？也就是如何取 x 使得 y 為最小？

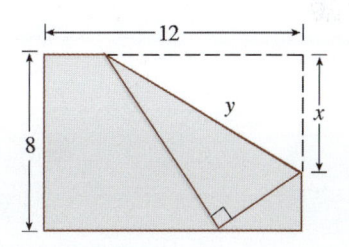

4.7 商業和經濟學上的最佳化

在本節中，我們先回顧成本、收益、利潤和需求等函數。由於有了求導數的經驗，將更能了解這些函數想傳達的訊息。接著，將檢視如何估量價格的調整對需求增減的影響 (稱為**彈性**)，以及商人如何管理使得庫存達到最佳。

■ 邊際和平均成本

在第 3.2 節中，我們引進了邊際成本的概念。回想如果 $C(q)$ 是生產 q 單位商品的**成本函數 (cost function)**，則邊際成本函數 (mar-

ginal cost function) 就是 C 對 q 的變化率，也就是成本函數的導函數 $C'(q)$。

典型的成本函數之圖形如圖 1 所示，而邊際成本 $C'(q)$ 即為成本曲線在點 $(q, C(q))$ 的切線斜率。要注意的是，成本曲線開始為下凹 (邊際成本遞減)，接著如同之前所描述的，終究會存在一個反曲點，使其接著變成上凹。

平均成本函數 (average cost function c) 的定義為

$$c(q) = \frac{C(q)}{q} \tag{1}$$

這代表生產 q 件產品時，每件產品的平均成本。平均成本函數 c 的示意圖如圖 2，其中，如圖 1 所示，$C(q)/q$ 即為連接原點和點 $(q, C(q))$ 的直線斜率。當 q 遞增時，這個斜率會先遞減，然後再遞增，因此 c 的圖形就會有絕對極小值。我們曾在第 3.2 節說明過，此時的邊際成本和平均成本相等，而在這裡我們再由導數的觀點來檢視。

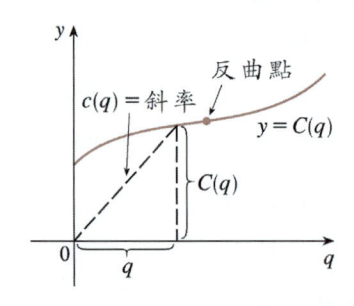

圖 1　成本函數　　　　　圖 2　平均成本函數

平均成本函數 c 的絕對極小值會發生在它的臨界數，也就是由微分的除法律的式 1 可得

$$c'(q) = \frac{q \cdot C'(q) - C(q)}{q^2}$$

當 $qC'(q) - C(q) = 0$ 時，$c'(q) = 0$，進而得到

$$C'(q) = \frac{C(q)}{q} = c(q)$$

所以，我們得到下列性質。

> ■ 當平均成本為極小值時，邊際成本和平均成本相等。

為什麼以多項式來表示成本函數是合理的，請參考第 3.2 節的說明。

例 1 邊際成本和求平均成本的極小值

某家公司估計生產 q 件產品的成本為

$$C(q) = 2600 + 2q + 0.001q^2$$

(a) 試求分別生產 1000 件、2000 件及 3000 件時的成本，平均成本和邊際成本。

(b) 試求使得平均成本為最小的生產量，和平均成本之極小值。

解

(a) 平均成本函數為

$$c(q) = \frac{C(q)}{q} = \frac{2600}{q} + 2 + 0.001q$$

邊際成本函數為

$$C'(q) = 2 + 0.002q$$

由這兩個表示式，我們填表如下 [成本、平均成本、邊際成本 (單位分別為美元、美元 / 件，並以四捨五入取至美分)]。

q	$C(q)$	$c(q)$	$C'(q)$
1000	5,600.00	5.60	4.00
2000	10,600.00	5.30	6.00
3000	17,600.00	5.87	8.00

(b) 我們引用本節的方法來求 $c(q)$ 在定義域 $(0, \infty)$ 中的絕對極小值。平均成本的導數為

$$c'(q) = -\frac{2600}{q^2} + 0.001$$

由 $c'(q) = 0$ 可求出臨界數，因此求解可得

$$-\frac{2600}{q^2} + 0.001 = 0$$

$$0.001 = \frac{2600}{q^2}$$

$$0.001q^2 = 2600$$

$$q^2 = 2,600,000$$

$$q = \sqrt{2,600,000} \approx 1612$$

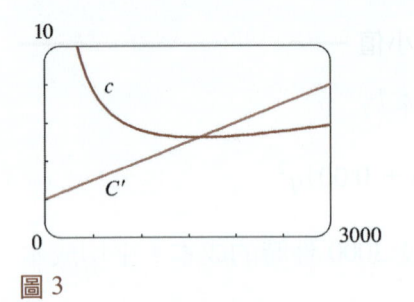

圖 3 的曲線為例 1 邊際成本函數 C' 和平均成本函數 c 的圖形。當兩個圖形相交時，c 有極小值。

由 $c''(q) = 5200/q^3$ 可知，當 $q > 0$ 時 $c''(q) > 0$，所以 c 在定義域中恆為上凹。因此，在 $q \approx 1612$ 可得到局部也是絕對極小值，也就是最小的平均成本為

$$c(1612) = \frac{2600}{1612} + 2 + 0.001(1612) = 5.22 \text{ 美元 / 件}$$

事實上，我們也可由使得平均成本和邊際成本相等來求解 (如圖 3)。

■│收益、利潤和需求函數

在第 3.2 節中，我們學過**收益函數 (revenue function)** R，這表示銷售 q 件產品的總收益。回顧**邊際收益函數 (marginal revenue function)** 記作 R'，它表示當某件產品售出時收益的變化率。我們也定義了**利潤函數 (profit function)** P 為收益減去成本：

$$P(q) = R(q) - C(q)$$

邊際利潤函數 (marginal profit function) P' 表示當售出某件產品時利潤的變化率。P 的極大值會發生在它的臨界數，也就是邊際利潤為 0。然而，若

$$P'(q) = R'(q) - C'(q) = 0$$

則
$$R'(q) = C'(q)$$

因此，當利潤被極大化時，邊際收益和邊際成本相等，而這就是我們在第 3.2 節所作的觀察。為了確保這個條件可推導出極大值，可引用二階導數檢定法。因此，當

$$P''(q) = R''(q) - C''(q) < 0$$

可得
$$R''(q) < C''(q)$$

這個條件是說邊際收益的增加率小於邊際成本的增加率。因此，我們得到下列性質。

> ■ 當 $R'(q) = C'(q)$ 且 $R''(q) < C''(q)$ 時，利潤就可被極大化。

例 2　利潤的極大化

在第 3.2 節的例 3 和例 4 中，當銷售了 q 張椅子時，成本函數為 $C(q) = 10{,}000 + 5q + 0.01q^2$ 和利潤函數為 $R(q) = 48q - 0.012q^2$。所以，利潤函數為

$$P(q) = R(q) - C(q)$$
$$= (48q - 0.012q^2) - (10{,}000 + 5q + 0.01q^2)$$
$$= 43q - 0.022q^2 - 10{,}000$$

若想找出使得利潤產生極大值的產量水準，其中的一個方法就是求導數：由 $P'(q) = 43 - 0.044q = 0$，可得

$$q = \frac{43}{0.044} \approx 977$$

也就是 $q \approx 977$ 是 P 的臨界數。由於 $P''(q) = -0.044 < 0$，所以 P 的圖形是處處是下凹，因此利潤函數的絕對極大值為 $P(977) \approx 11.011$。(也可引用一階導數檢定法。)

在第 3.2 節中，我們藉由 $R'(q) = C'(q)$ 求得相同的 q 值。由 $C'(q) = 5 + 0.02q \Rightarrow C''(q) = 0.02$ 和 $R''(a) = -0.024$，可得 $R''(977) < C''(977)$。這驗證製造商應生產 977 張椅子才能獲得最大的利潤。

由第 3.2 節，我們回顧**需求函數** (demand function) 與貨品單價和銷售量有關。若以典型代表銷售件數的 q 為輸入值，和 $p = D(q)$ 為貨品單價，對應的收益就是

$$R(q) = q \cdot p = q \cdot D(q)$$

當單價調降時，通常能使得廠商賣出更多的貨品。可是單價低可賣出更多商品，單價高可賣出較少商品一定有利嗎？若能獲得消費者對商品的興趣和購買意願等相關訊息，我們就能寫出需求函數，並且用它來決定使得利潤為最大時的貨品售價。

例 3　寫出需求函數並極大化收益

通訊行每週售出 200 支某種新款手機，其中每支售價為 220 美元。市場調查報告指出若對每支手機折價 10 美元，則每週的銷售量可增加 10 支。試求這款手機的需求函數和收益函數。試問如何折價才能獲得最大的收益？

解

若 q 為這款手機的每週銷售量，則每週銷售的增加量為 $q - 200$。當每週多售出 20 支手機，售價就減 10 美元，因此每多售出 1 支，售價就減少 $\frac{1}{20} \times 10$ 美元，所以需求函數即為

$$D(q) = 220 - \tfrac{10}{20}(q - 200) = 320 - \tfrac{1}{2}q$$

所以收益函數為

$$R(q) = q \cdot D(q) = 320q - \tfrac{1}{2}q^2$$

由 $R'(q) = 320 - q$，可知當 $q = 320$ 時，可得 $R'(q) = 0$。再由一階導數檢定法 (或直接觀察收益函數圖形 R 為上凹的拋物線)，即可知這個 q 值推導出絕對極大值。所以，對應的售價為

$$D(320) = 320 - \tfrac{1}{2}(320) = 160$$

和折價為 220 - 160 = 60 美元。因此，若想得到最大的收益應該將每支手機的折價訂為 60 美元。

圖 4

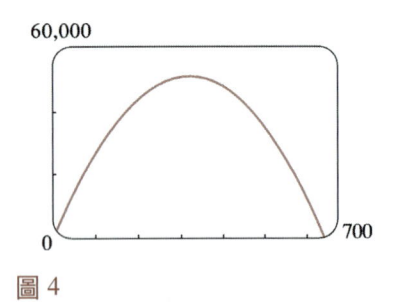

圖 4 為例 3 收益函數的圖形。曲線大約在 $q = 320$ 時會有最大值，這與例 3 的計算是吻合的。

■ 彈性

我們由需求函數看到商品的價格和消費者想購買的數量之間的關係。對於不同的需求函數，若能找到一種方法來估測價格的調整如何影響需求的改變，則會更有幫助。一般而言，我們會預期價格的調漲會導致需求的衰退；對某些商品而言，需求的改變會很劇烈，可是也有些商品的需求幾乎不受影響。如果旅館的房價提高 20%，旅客可能會放棄旅遊，因而導致訂房率明顯下降。若與油價比較，至少就短期而言，油價提高 20% 似乎不會影響油料的需求。

若想知道價格調整對需求改變的影響，引用這些量的相對變化 (即百分比) 會比實際變化更為有用。回顧若 x 改變了 Δx，則它的相

對變化就是 $\Delta x/x$。經濟學家計算價格調整對需求改變影響的方法是取比值

需求彈性也可表示成價格的函數。若將需求函數改寫成 $q = f(p)$ 的形式，則式 (2) 的比值就可寫成

$$\frac{\Delta q/\Delta p}{q/p}$$

若取 $\Delta p \to 0$ 的極限 (並包括負號)，就可得到

$$E(p) = -\frac{dq/dp}{q/p} = -\frac{pf'(p)}{f(p)}$$

(2) $\quad \dfrac{\text{需求的相對變化}}{\text{價格的相對變化}} = \dfrac{\Delta q/q}{\Delta p/p} = \dfrac{p/q}{\Delta p/\Delta q}$

若取 $\Delta q \to 0$ (即 $\Delta p \to 0$)，則 $\Delta p/\Delta q$ 就變成 dp/dq；我們就可以在需求曲線的特定點上計算這個比值。經濟學家稱這類的比值為**彈性**，並廣泛運用它們來估計某個量的改變對另一個量改變的影響。

(3) ■ **定義** 若商品的需求 p 以 $p = D(q)$ 來表示，則此商品的**需求彈性 (elasticity of demand)** E 為

$$E(q) = -\frac{p/q}{dp/dq} = -\frac{D(q)}{qD'(q)}$$

註：典型的彈性為正數。由於需求函數通常是遞減的，即 dp/dq 是負數，所以 $\dfrac{p/q}{dp/dq}$ 為負數。因此，我們所估量的是這個比值的絕對值；定義 3 的負號就是將負的比值變成正數。

若 $E(q) > 1$，需求的相對變化大於價格的相對變化，因此稱需求為**具彈性 (elastic)**；若 $E(q) < 1$，需求的相對變化成比例的小於價格的相對變化，則稱需求為**不具彈性 (inelastic)**；若彈性為 1，則稱為**單位彈性 (unit elastic)**。一般而言，E 的值愈大表示價格的變化對需求的影響愈大。

例 4 計算需求的彈性

某家生產工具的公司估計電鑽的每月需求 q 與每支電鑽的價格 p 之關係式可表示為 $p = 185 - 0.06q$。試計算電鑽的單價分別設定為 50 美元和 95 美元時的需求彈性。

解

若單價為 50 美元，由 $p = 50$ 解出 q 來求出對應的需求：

$$185 - 0.06q = 50$$
$$-0.06q = -135$$
$$q = \frac{-135}{-0.06} = 2250$$

因為 $dp/dq = -0.06$，所以由公式 3 可得

$$E(2250) = -\left.\frac{p/q}{dp/dq}\right|_{q=2250} = -\frac{50/2250}{-0.06} \approx 0.37037$$

因此，當單價為 50 美元時需求彈性大約 0.37。這表示需求的變化約為單價變化的 37%，所以是不具彈性的。

同理，當單價為 95 美元時，可得

$$185 - 0.06q = 95$$
$$-0.06q = -90$$
$$q = \frac{-90}{-0.06} = 1500$$

和

$$E(1500) = -\left.\frac{p/q}{dp/dq}\right|_{q=1500} = -\frac{95/1500}{-0.06} \approx 1.0556$$

所得的彈性約為 1.06，因此是具彈性的。

對於具彈性的需求 ($E > 1$)，價格的調升就會等比例的產生需求的較大衰退。因為收益是需求和價格的乘積，這將造成收益的減少。(每件價格提高的差價並無法彌補銷售量減少所造成的損失。) 然而，對於不具彈性的需求 ($E < 1$)，價格的調升只會等比例的產生需求的較小衰退。(較高的價格會高於因銷售量減少所需彌補的損失。) 若 $E = 1$，價格和需求改變的比例相同，這使得收益保持不變。

在例 4 中，當電鑽的單價為 50 美元時 $E < 1$，因此這家公司可調高售價來增加收益；而電鑽的單價為 95 美元時 $E > 1$，調降售價對這家公司是有利的。

接著探討彈性和收益之間的關係。我們提問下列的問題：在何種情況下能有最高的收益？當 $E > 1$，調降售價能提高收入；當 $E < 1$，調升售價也能提高收益。因此，可以合理地得出想求出最高的收益，就得調整售價使得彈性恰為 1。在習題 18，你們被要求以數學方法證明這個結論。

第 4 章 微分的應用　271

需求 q	彈性 $E(q)$	收益 $R(q)$
具彈性	$E(q) > 1$	若價格降低，需求增加，則收益增加
不具彈性	$E(q) < 1$	若價格提高，需求減少，則收益減少
單位彈性	$E(q) = 1$	極大值

例 5　彈性與極大化收益

已知某商品的需求函數為 $D(q) = 75e^{-0.05q}$。試求需求彈性 E 的表示式，並求出使得收益為最高的商品售價。

解

需求的導數為 $D'(q) = 75e^{-0.05q}(-0.05) = -3.75e^{-0.05q}$，由定義 3 可得

$$E(q) = -\frac{D(q)}{qD'(q)} = -\frac{75e^{-0.05q}}{q(-3.75e^{-0.05q})} = \frac{20}{q}$$

當 $E(q) = 1$ 時，也就是 $q = 20$，收益有極大值，所對應的售價為

$$D(20) = 75e^{-0.05(20)} = 75e^{-1} = \frac{75}{e} \approx 27.59$$

也就是使得收入為最高的商品售價為 27.59 美元。

我們也可由並引用例 3 的方法來求出收益的極大值。

圖 5 為例 5 的需求曲線。圖中陰影的長方形區域之面積為 $q = 20$ 和 $p = 27.59$ 美元時的總收入。

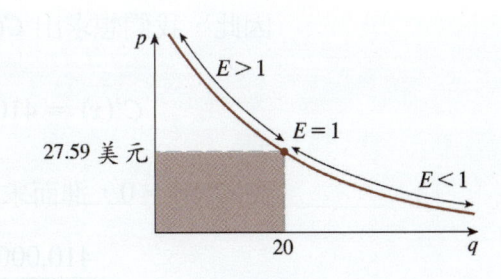

圖 5

■庫存管理

每位商人都必須在由進貨到售出的過程中，有效管理訂貨的時機及儲存貨品空間。由於涉及許多因素，這將是一個複雜的問題。在這裡，我們只討論被簡化的情形。

假設零售商整年售出某種商品的速度是穩定的。經理想確保儲存量充足，卻不想一次進太多貨，以避免同時有太多種商品需要儲存，而造成倉儲成本的大幅增加。同時，他們也不想在同一年度下太多次

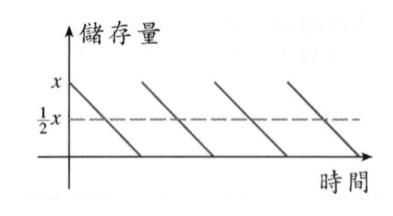

圖 6

圖 6 顯示每年以固定速度售出，每次進貨 x 件且以完美方式儲存的情形。我們觀察到平均的儲存量為 $\frac{1}{2}x$。

訂單，這是因為每次訂貨都會產生附加的成本 (例如，文書作業、運送、管理)。因此，想達成的目標是如何對訂貨量和訂貨頻率作最佳化。

若零售商每年售出 A 件某貨品的速度是固定的，且每次都訂 x 件貨，所以每年必須下 A/x 次訂單。假設訂貨的時程非常完美，使得新貨到達時，上一批貨恰好賣完。因為售貨的速度是穩定的，零售商會將儲存量的平均值訂為訂貨量的半數：$\frac{1}{2}x$。(前半段儲存量會高過它，後半段就會比它低；如圖 6 所示。) 若知道儲存和訂貨的成本，如同下一個例子，我們就能計算最小的總成本。

例 6 極小化庫存成本

假設某網路商店每年以穩定的速度賣出 5,000 支手錶。老闆估計每支手錶每年的儲存成本為 2.40 美元，每一批手錶的運送成本為 82 美元。若想使得庫存成本為最低，試問老闆多久訂一次貨，且每次訂多少支手錶？

解

假設每次運送 x 支手錶，所以每年必須下 $5000/x$ 次訂單。由於每年的平均儲存量為 $\frac{1}{2}x$，所以相關的成本它總和為

$$C(x) = \$82(5000/x) + \$2.40(x/2) = \frac{410{,}000}{x} + 1.2x$$

因此，我們想求出 $C(x)$ 的極小值，其中 $x > 0$。我們得到

$$C'(x) = 410{,}000(-x^{-2}) + 1.2 = -\frac{410{,}000}{x^2} + 1.2$$

和 $C'(x) = 0$，進而求出

$$-\frac{410{,}000}{x^2} + 1.2 = 0$$

$$1.2 = \frac{410{,}000}{x^2}$$

$$x^2 = \frac{410{,}000}{1.2}$$

$$x = \pm\sqrt{\frac{410{,}000}{1.2}} \approx \pm 584.52$$

可知在定義域中唯一的臨界數約為 585。由於在 (0, 585) 中，$C'(x) < 0$，和在 $(585, \infty)$ 中，$C'(x) > 0$，$C(x)$ 的局部和絕對極小值會產生在 $x \approx 585$，所以每次的訂貨量為 585 支手錶，且每年需訂貨的次數為 $5000/585 \approx 8.55$，也就是約每 1.4 個月 (1 個月又 12 天) 訂一次貨。

■ 自我準備

1-4 ■ 試求函數的一階和二階導數。

1. $f(x) = 3250 + 4.2x - 0.3x^2 + 0.002x^3$
2. $P(t) = 12e^{-0.4t}$
3. $g(x) = 60 \ln(4x)$
4. $h(a) = 5 + \sqrt{3a}$

5. 試寫出線性函數 g 的方程式，其中 $g(6000) = 16$ 和 $g(7200) = 12$。

6. 試解給定 x 的方程式，並四捨五入至小數點後第二位。
   (a) $x^{0.7} = 18$
   (b) $15e^{0.48} = 113$

■ 習題 4.7

1. **成本函數** 某製造商記錄了製造 q 件產品的成本 $C(q)$，並繪出成本函數的圖形如下。
   (a) 試說明 $C(0) > 0$ 的原因。
   (b) 反曲點所顯示的重要性為何？
   (c) 試由 C 的圖形畫出邊際成本函數之圖形。

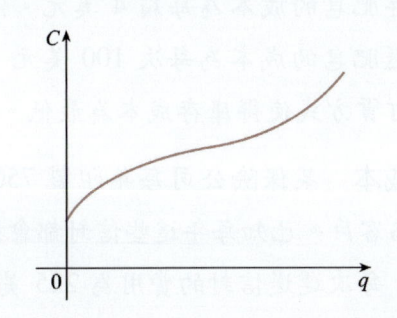

2. **平均和邊際成本** 已知製造 q 件產品的平均成本為 $\bar{C}(q) = 21.4 - 0.002q$。試求製造 1000 件產品的邊際成本，並說明所求答案的意義為何？

3. 若成本函數為 $C(q) = 16{,}000 + 200q + 4q^{3/2}$ (單位：美元)，試求：
   (a) 生產 1000 件的成本、平均成本和邊際成本。
   (b) 使得平均成本為最小的產量水準。
   (c) 平均成本的極小值。

4. **極大化利潤** 若某公司生產某產品的成本函數為

$$C(q) = 2250 + 3.5q + 0.004q^2$$

和收益函數為 $R(q) = 12.2q - 0.002q^2$，試求使得利潤為最大的產量水準。

5. 若成本函數為 $C(q) = 0.0008q^3 - 0.72q^2 + 325.3q + 78{,}000$，試求使得邊際成本開始遞增的產量水準。

6. **球賽的觀眾人數** 某棒球隊在可容納 55,000 個座位的球場比賽。若每張門票訂價 10 美元，平均可售出 27,000 張；若降為 8 美元，則平均可售出 33,000 張。
   (a) 試求線性的需求函數。
   (b) 如何訂價才能使得收益為最大？

7. **零售** 某製造商 1 週能賣出 1000 台單價為 450 美元的電視機。市場調查指出每台若能折價 10 美元，每週就能多賣出 100 台。
   (a) 試求需求函數。
   (b) 要折價多少才能使得收益為最大？
   (c) 若每週的成本函數為
   $$C(q) = 68,000 + 150q$$
   製造商應折價多少才能創造最高的利潤？

8. **需求彈性** 某特定太陽眼鏡的需求函數為
   $$p = 155 - 0.035q$$
   (a) 若每副太陽眼鏡的訂價為 65 美元時，能賣多少副？
   (b) 若每副太陽眼鏡的訂價為 65 美元時，試求對應的需求彈性，並解釋你的答案。在這個價格，需求是具彈性或不具彈性？

9. **需求彈性** 你覺得目前平板電腦的需求彈性高於 1 嗎？解釋你的看法。

10-11 ■ 給定需求 q 和價格 p 的方程式。試計算給定價格所對應的需求彈性。需求是具彈性或不具彈性？

10. $1.25p + q = 860$, $p = 225$

11. $q + 80 \ln(2p) = 600$, $p = 400$

(提示：引用第 255 頁邊欄的方法將 E 寫成 p 的函數。)

12. **需求彈性** 對於需求函數 $D(q) = 45e^{-0.4q}$ (單位：美元)，能使得需求彈性為 1 的單價為何？試舉出單價的例子，分別使得需求具彈性和不具彈性。

13. **單位彈性** 對於形如 $p = M/q$ 的需求曲線，其中常數 M 為正數，試證明 $E(q) = 1$，即在曲線上的任意價格點所對應的收入恆為常數。

14. **彈性與收益** 某卡車製造商估計他們的小型卡車需求函數為 $p = 58,000 - 32q$，而目前的售價為每部 28,000 美元。
    (a) 在此價格點的需求彈性為何？
    (b) 為了增加收益，他們應該漲價或降價？
    (c) 使得收益最高的售價為何？

15. **彈性與收益** 已知某種皮包的需求函數為 $p = 150 - 4\sqrt{q}$，試引用彈性來求出使得收益為最大的售價和對應的銷售量。

16. **庫存成本** 某超級市場的經理估計在未來 1 年內能以穩定的速度賣出 800 箱肥皂，而每年儲存肥皂的成本為每箱 4 美元。他也估計出運送肥皂的成本為每次 100 美元。試求最佳的訂貨方式使得庫存成本為最低。

17. **庫存成本** 某保險公司每年印製 750 箱信封以聯絡客戶。已知每年這些信封都會被穩定的使用，每次運送信封的費用為 225 美元 (不含印刷費)，且每箱的儲存成本為 4 美元。為了將成本減到最低，這家公司每年應訂貨幾次，每次又應訂幾箱？

■ 自我挑戰

18. 在本題中，我們要證明當彈性為 1 時，收益為最高。
    (a) 試證明 $R'(q) = q \cdot D'(q)[1 - E(q)]$。
    (b) 試證明當 $0 < E(q) < 1$ 時，$R'(q) < 0$，而當 $E(q) > 1$ 時，$R'(q) > 0$。
    (c) 試解釋如何得到當 $E(q) = 1$ 時，收益 $R(q)$ 為最高的結論。

第 4 章　複習

■ 觀念回顧

1. 解釋絕對極大值和局部極大值之間的差異性，並畫圖說明。

2. (a) 極值定理的內容為何？
   (b) 說明要如何應用閉區間法。

3. (a) 定義函數 f 的臨界數。
   (b) 臨界數和局部極值之間的關聯性為何？

4. (a) 敘述遞增/遞減檢定法。
   (b) 什麼是 f 在一個區間 I 上凹？
   (c) 敘述凹性檢定法。
   (d) 什麼是反曲點？要如何找反曲點？

5. (a) 敘述一階導數檢定法。
   (b) 敘述二階導數檢定法。
   (c) 這兩種檢定法的優缺點各為何？

6. 解釋下列敘述的意義，並用圖形說明。這些極限提供圖形的漸近線什麼資訊？
   (a) $\lim_{x \to 2^-} f(x) = \infty$
   (b) $\lim_{x \to \infty} f(x) = 5$

7. (a) 試提供一個熟悉的函數使得它的圖形有一條鉛直漸近線。
   (b) 提供一個熟悉的函數使得它的圖形有一條水平漸近線。是否可想到有兩條水平漸近線的函數？

8. 如果你有一台繪圖計算器或電腦，為何還需要利用微積分來畫圖？

9. (a) 什麼是相關變化率問題？描述解這些問題的策略。
   (b) 什麼是最佳化問題？描述解這些問題的策略。

10. 平均成本和邊際成本的差異為何？在最小的平均成本時，它們是如何相關的？

11. 什麼是需求函數？如何用它來計算收益？

12. (a) 什麼是需求彈性？如何計算它？
    (b) 當需求彈性為 1 時，它的意義為何？
    (c) 如何利用需求彈性來決定最大的收益？

■ 習題

1-6 ■ 試求函數在給定區間的局部和絕對極值。

1. $f(x) = x^3 - 6x^2 + 9x + 1$, $[2, 4]$

2. $f(x) = (x^2 + 2x)^3$, $[-2, 1]$

3. $g(t) = 4t^3 - 3t + 2$, $[-1, 1]$

4. $f(x) = x\sqrt{1-x}$, $[-1, 1]$

5. $f(x) = \dfrac{3x-4}{x^2+1}$, $[-2, 2]$

6. $f(x) = (\ln x)/x^2$, $[1, 3]$

7-12 ■

(a) 試求 f 為遞增或遞減的區間。

(b) 試求 f 的局部極值。

(c) 試求凹性區間及反曲點。

7. $N(t) = t^3 - 3t^2 - 24t + 5$

8. $L = 4.3s^3 - 1.9s^2 - 8.8s + 13.1$

9. $f(x) = x + \sqrt{1-x}$

10. $B(r) = \dfrac{r^2}{r^2+2}$

11. $y = xe^{4x}$

12. $y = t(1 - \ln t)$

---

13. 下圖所示為一個連續函數 f 的導數 f' 之圖形。

(a) 試問 f 在何區間是遞增的或遞減的？

(b) 試問 f 在何 x 有局部極值？

(c) 試問 f 在何區間是上凹的或下凹的？

(d) 試問 f 在何 x 有反曲點？

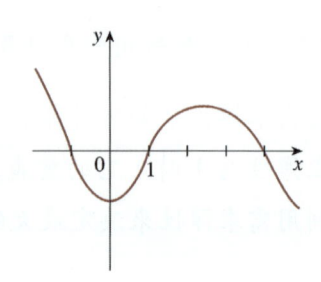

14. 若在習題 13 中的曲線為函數 f 的二階導數 f'' 的圖形，試問 f 在何處是上凹的？下凹的？f 在何 x 有反曲點？

15-20 ■ 試求極限。

15. $\lim\limits_{x \to 2^-} \dfrac{2x+6}{x-2}$

16. $\lim\limits_{a \to -1} \dfrac{e^{2a}}{(a+1)^2}$

17. $\lim\limits_{x \to \infty} \dfrac{8x^2 - 5x}{2x^2 + x + 1}$

18. $\lim\limits_{x \to -\infty} \dfrac{1 - 2x^2 - x^4}{5 + x - 3x^4}$

19. $\lim\limits_{u \to \infty} \ln(2^u + u)$

20. $\lim\limits_{x \to \infty} e^{x - x^2}$

21-26 ■

(a) 試決定函數的鉛直和水平漸近線。

(b) 試求函數為遞增或遞減的區間。

(c) 試求函數的局部極值。

(d) 試求凹性區間和反曲點。

(e) 試用 (a)-(d) 所得到的資訊描繪函數之圖形，並用繪圖工具驗證你的結果。

21. $f(x) = 2 - 2x - x^3$

22. $f(x) = x^4 + 4x^3$

23. $H(w) = \dfrac{3w}{2w-4}$

24. $f(x) = \dfrac{1}{1-x^2}$

25. $y = \ln(x^2 + 4)$

26. $y = e^{2x - x^2}$

27-28 ■ 試根據給定的條件描繪函數之圖形。

27. $f'(3) = 0$，當 $x < 3$ 時，$f'(x) > 0$，當 $x > 3$ 時，$f'(x) < 0$，$f''(-1) = 0$，當 $x < -1$ 時，$f''(x) > 0$，

當 $x > -1$ 時，$f''(x) < 0$，
$\lim_{x \to -\infty} f(x) = 2$，$\lim_{x \to \infty} f(x) = -\infty$。

28. $f'(4) = 0$，當 $x < 1$ 或 $x > 4$ 時，$f'(x) > 0$
當 $1 < x < 4$ 時，$f'(x) < 0$，
當 $x \neq 1$ 時，$f''(x) > 0$，$\lim_{x \to 1} f(x) = \infty$。

29. **波速** 已知波長為 L 的水波在深水中的速度為

$$v = K\sqrt{\frac{L}{C} + \frac{C}{L}}$$

其中 K 和 L 都是已知的正數。試問水波速度為最小時的波長為何？

30. 假設 r 和 s 是變數為 t 的正函數。若 $r^2 + s^4 = 25$ 和 $dr/dt = -3$，當 $s = 2$ 時，試求 ds/dt。

31. **消費者的需求** 某公司可錄影的 DVD 光碟片每個月的需求 q（單位：千片）與每片光碟片的價格之間的關係為 $p = 1.3e^{-0.04q}$ 美元。目前每個月製造 30,000 片。若價格每個月增加 0.05 美元，試求需求對時間的變化率。

32. **水面高度** 若一個錐形紙杯的半徑為 3 公分（在頂部）且高為 10 公分。若以每秒 2 立方公分的速度倒水入杯子，試問在水深為 5 公分時，水面上升的速度有多快？

33. **上升的氣球** 一個氣球以 5 呎 / 秒的速度穩定上升。一個男孩以 15 呎 / 秒的速度騎著腳踏車沿一直路前進。當他經過氣球下方時，氣球的高度為 45 呎。再 3 秒後，試問氣球和男孩之間的距離增加的速度有多快？

34. **滑水斜板** 一滑水者在如圖所示的斜板上滑行的速率為 30 呎 / 秒。試問當她滑離斜板時，她上升的速度有多快？

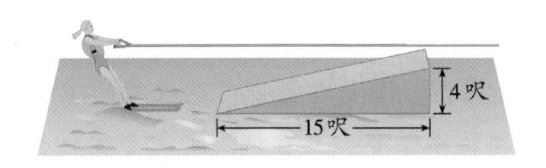

35. 試求二個正整數，其中第一個數加上 4 乘以第二個數的和為 1000，而且它們的乘積為最大。

36. 試求在曲線 $y = 8/x$ 上最接近 $(3, 0)$ 的點。

37. **籬笆的面積** 一牧場主人想要用籬笆圍出一塊矩形區域。矩形區域的一邊為一大型的建築物，所以只有三邊需要籬笆，但是他想在與建築物垂直的正中央也圍上籬笆。若牧場主人有足夠材料圍 2100 呎的籬笆，試問區域的尺寸為何，才能圍出最大的面積？

38. **容器的設計** 糖果製造商想要用一個透明的塑膠圓柱形罐子，其中蓋子和底部為金屬，裝入新的糖果來販售。塑膠材料的成本為 0.40 美元 / 平方呎而金屬的成本為 1.20 美元 / 平方呎。若罐子的容積為 0.05 立方呎，試問罐子的尺寸為何，才會使得材料的成本為最小？

39. **自行車的製造** 某公司估計每個月生產 q 個自行車安全帽的成本為

$$C(q) = 6200 + 7.3q + 0.002q^2 \text{ 美元}$$

且預期的收益為

$$R(q) = 31q - 0.003q^2 \text{ 美元}$$

(a) 若每個月生產 2000 個安全帽，試問它的成本、邊際成本、平均成本和利潤為何？

(b) 試問每個月應生產多少個安全帽，才會使得平均成本為最小？

(c) 試求使得利潤為最大時，每個月應生產安

全帽的數量。

40. **需求彈性** 衛星電視公司在收費的電視節目中播放拳擊賽，且嘗試決定需要收取多少費用。行銷部門估計此節目的需求函數為 $p = 62e^{-0.04q}$，其中會支付 p 美元觀看此節目的人數為 q 千人。
    (a) 若觀看拳擊賽的收費為 29.95 美元時，試問有多少人會支付此費用？
    (b) 試計算當收費為 29.95 美元時的需求彈性。在這個價格，需求是具彈性或不具彈性？降低收費是否會增加收益？
    (c) 試計算當收費為 19.95 美元時的需求彈性。在這個價格，需求是具彈性或不具彈性？降低收費是否會增加收益？
    (d) 試決定使得此節目的收益為最大的價格。

41. **彈性與收益** 某產品的需求函數為 $D(q) = 308 - \frac{1}{24}q$。
    (a) 試將此產品的需求彈性 E 寫成 q 的函數。
    (b) 試問什麼價格時 $E(q) < 1$？何時會有 $E(q) > 1$ 呢？
    (c) 試用在 (a) 的公式決定使得此產品的收益為最大的價格。
    (d) 試將收益函數 R 寫成 q 的函數，且用 R' 求出最大的收益。你的結果是否與 (c) 是一致的？

42. **庫存成本** 某新聞機構每天用大幅版面印製報紙。印刷工購買大捲的紙張 (1800 磅)，並穩定的使用它們。每年每捲紙的儲存成本為 34 美元且每次運送紙張的費用為 650 美元。若每年使用 235 捲紙，為了將成本減到最低，試問印刷工每年應訂貨幾次，每次又應訂幾捲？

5 積分

在第 5.3 節的例 5 中將可以看到如何利用能源消耗的數據及積分技巧，計算出舊金山市某日電力的使用量。

©Nathan Jaskowiak/Shutterstock

5.1 成本、面積和定積分
5.2 微積分基本定理
5.3 淨變化定理與平均值
5.4 變數變換法
5.5 分部積分

在前面章節中，我們使用切線及斜率的想法推導出微分計算的中心概念——函數的導數；也就是以微分的方法由總成本函數得到邊際成本函數。在本章中，將從邊際成本函數出發，把它還原為總成本函數。我們發現這個問題和求曲線下方區域的面積是相關的，這就引導出積分計算的基本概念——函數的定積分。我們也看到定積分可以解出許多如從運動速度求出移動的距離，或從劑量的變化來求出注射的藥量等類型的問題。

微分計算與積分計算是相關的。微積分基本定理連結了導數和積分，在本章中我們將會看到這個定理如何簡化許多問題的計算。

5.1 成本、面積和定積分

考慮某公司所生產的商品。在第 3 章中，我們利用已知的總生產成本求得邊際成品，也就是算出每多生產一件產品時成本的變化率。現在將問題反過來，如果已知在任意產量水準時的邊際成本，是否能算出生產某個數量商品的總成本？

■ 總成本的計算

若商品的邊際成本為固定的，那麼計算總成本就很簡單。若生產一單位的商品成本為 10 美元，則生產 500 單位的商品成本為 10 美元 × 500 = 5000 美元。可是當邊際成本變化時，計算總成本就沒那麼直接了。我們來看下面的例子。

例 1 估算總成本

某飲料生產商估計出在某產量水準時，可樂的邊際成本如下表所列。試估算除固定成本外，生產前 600 箱可樂的總成本。

產量 (箱)	0	100	200	300	400	500	600
邊際成本 (美元 / 箱)	8.00	6.23	4.92	4.07	3.68	3.75	4.28

解

由於邊際成本是變化的，所以我們以每生產 100 箱來估算總成本。取每批的初始邊際成本每箱 8.00 美元來估算首批 100 箱的總成本為

$$8.00 \text{ 美元 / 箱} \times 100 \text{ 箱} = 800 \text{ 美元}$$

由於生產首批 100 箱後的邊際成本為每箱 6.23 美元，所以第二批 100 箱的總成本為

(1) $$6.23 \text{ 美元 / 箱} \times 100 \text{ 箱} = 623 \text{ 美元}$$

依此類推，可以得到生產 600 箱的總成本為

$$(8.00 \times 100) + (6.23 \times 100) + (4.92 \times 100)$$
$$+ (4.07 \times 100) + (3.68 \times 100) + (3.75 \times 100) = 3065 \text{ 美元}$$

同理，我們可以不使用初始成本，而改用每批的最終成本所得到的估算為

$$(6.23 \times 100) + (4.92 \times 100) + (4.07 \times 100)$$
$$+ (3.68 \times 100) + (3.75 \times 100) + (4.28 \times 100) = 2693 \text{ 美元}$$

實際總成本似乎應介於此兩者之間。

在例 1 中，如果想得到更精準的估算可以用較小量的批次。如每批次為 20 箱或每批次為 1 箱的邊際成本。因為批次所含的單位數愈少，在此批次中邊際成本的改變就愈小，所得到估算就愈精準。

一般而言，若產量從 $q = a$ 到 $q = b$ ($a < b$) 之間的邊際成本 $M(q)$ 為已知。我們將商品總數 ($b - a$) 平分成 n 個批次，而每個批次的大小為 Δq，然後決定在每批次中的邊際成本。為方便起見，稱初始產量為 q_0 (即 $q_0 = a$)，第一批的產量止於 q_1，依此類推。(最終的產量則是 q_n，其中 $q_n = b$。)

如果使用批次較多，則每個批次包含的單位數就少，因此在各個批次中邊際成本幾乎近似於某個固定數。我們可以說，若第一批次中的邊際成本為最終邊際成本 $M(q_1)$，所以生產第一批次的總成本為 $M(q_1) \cdot \Delta q$ (每單位的邊際成本乘以單位數)。同理，生產第二批次的總成本為 $M(q_2) \cdot \Delta q$, ...，進而得到產量從 $q = a$ 到 $q = b$ 之間的總成本為

(2) $$M(q_1) \Delta q + M(q_2) \Delta q + \cdots + M(q_n) \Delta q$$

當使用的批次愈多 (每個批次包含的單位數就愈少)，得到的估算就愈精準，所以正確的總成本應是上式的極限：

(3) $$\text{總成本} = \lim_{n \to \infty} [M(q_1) \Delta q + M(q_2) \Delta q + \cdots + M(q_n) \Delta q]$$

我們將在第 5.2 節說明這個事實。

在式 (2) 中的估計可以用初始邊際成本或其他中間產量的邊際成本。雖然這麼做會得到稍微不同的成本估計，但當 n 值愈大，這些估計就愈接近真正的總成本，因此由式 (3) 所得的結果應和所取邊際成本的不同無關。

■ 以圖形說明成本

例 1 中的邊際成本函數的可能圖形如圖 1 所示。我們可以從圖中以寬為每批次所包含的單位數，高為初始邊際成本的矩形了解如何估算成本。例如，第二個矩形橫向從 $q = 100$ 到 $q = 200$，高為 $M(100) = 6.23$，其面積為 $6.23 \times 100 = 623$。這等於例 1 中式 (1) 的估計，產

量由第 100 箱增加到第 200 箱的成本。事實上,每個矩形區域都表示成本,理由是這些矩形的寬為各批次所包含的單位數,高為每單位的成本。這些矩形的面積和為 3065,也就等於例 1 中第一個估算。

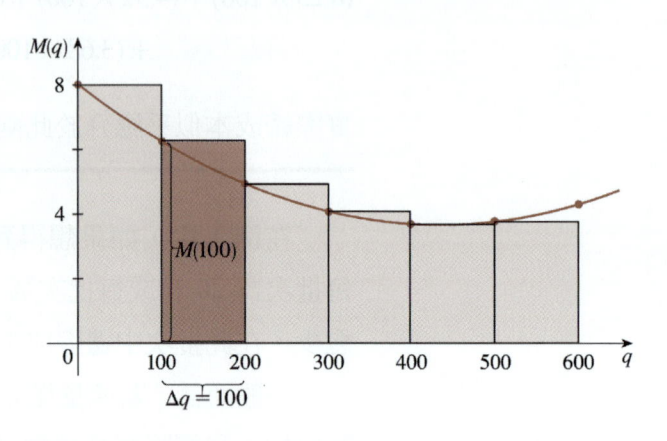

圖 1
第二個矩形的面積為 $M(100) \times 100$,大約是 $100 \leq q \leq 200$ 時的總成本

我們在總成本的估算中,所引用的是每批次的初始成本。因此,圖 1 中每個矩形的高度是取其左端點的函數值。圖 2 所使用的是每批次的最終成本來估算。注意此時矩形的高度是取其右端點的函數值,這些矩形的面積和為 2693,也就等於例 1 中的第二個估算。

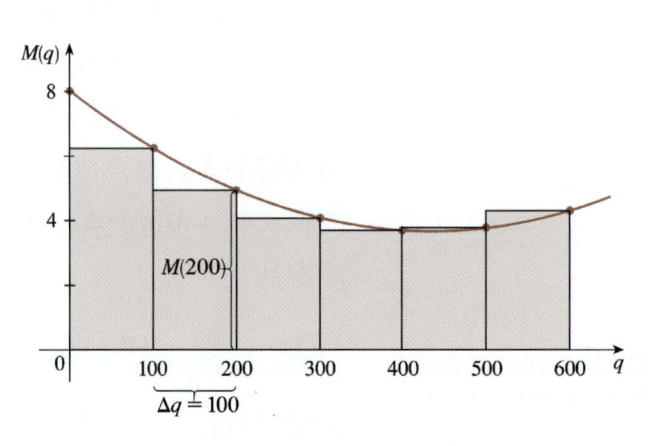

圖 2

由公式 (3) 可知,真正的成本是將 n 不斷的增加,最後取 $n \to \infty$ 的極限所得到的值。當 n 增加時,圖 2 中矩形的數量增多,但個別矩形的寬會減少。最後這些矩形的面積,會等於在邊際成本函數曲線下方的區域面積。這告訴我們,當產量增加時,總成本與在邊際成本函數曲線下方的區域的面積是相關的,我們將會說明這事實。

事實上,曲線下方區域的面積與許多問題的解答有關。例如,若圖 1 或圖 2 中的曲線表示一物體的速率,則每個矩形的高就表示某段時間內物體的速率。所得到的面積(速率乘以時間),也就表示在某段時間內物體所移動的距離,即曲線下方的區域面積等於物體所移動

的總距離。

但是，如何計算曲線下方區域的正確面積？

■ 面積問題

有些形狀的面積很容易計算，例如，矩形的面積為底乘以高，圓的面積為 π 乘以半徑的平方。但如圖 3 中的區域，就不容易求出面積。這就是**面積問題** (area problem)：如圖 3 所示，計算在函數 f 的圖形下方，x 軸上方，且介於 $x=a$ 和 $x=b$ 之間的區域 S 面積 (目前假設函數 f 為正且連續)。由於矩形面積易求，我們的策略乃是基於圖 2 的想法：用矩形來逼近 S，最後將這些面積和取極限，便求出 S 的面積。我們用下面的例子來說明。

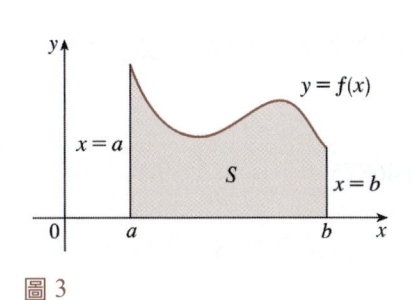

圖 3

例 2　面積的估計

試用矩形來估計在拋物線 $y=x^2$ 的下方由 $x=0$ 到 $x=1$ 之區域面積 (拋物線區域 S 如圖 4)。

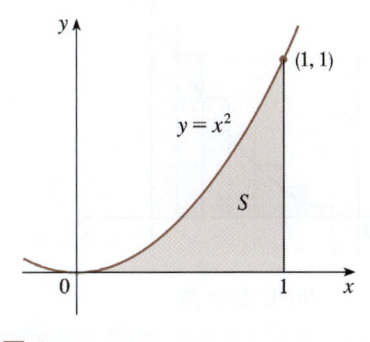

解

由於 S 包含在一個邊長為 1 的正方形裡面，所以 S 的面積介於 0 和 1 之間。如果想更精確的估計，可利用鉛直線 $x=\frac{1}{4}$、$x=\frac{1}{2}$ 及 $x=\frac{3}{4}$ 把 S 分割為四個帶狀區域 S_1、S_2、S_3 及 S_4，如圖 5(a)。

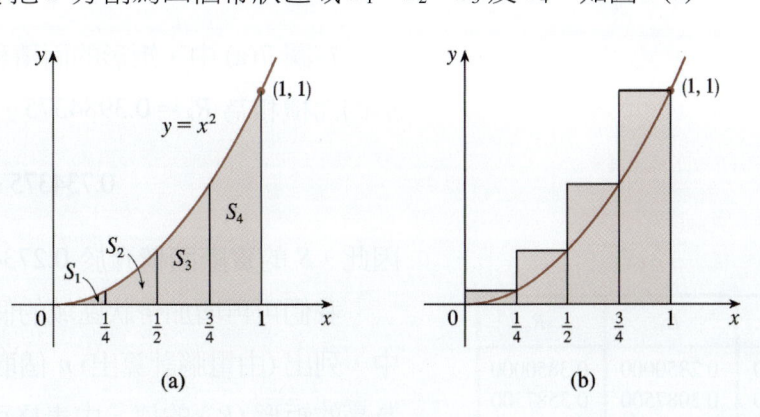

圖 4

圖 5

(a)　(b)

每一個帶狀區域可用相同寬度的底，且以帶狀區域右邊的邊長為高之矩形來估計 [如圖 5(b)]；也就是這些矩形的高分別是函數 $f(x)=x^2$ 在子區間 $[0,\frac{1}{4}]$、$[\frac{1}{4},\frac{1}{2}]$、$[\frac{1}{2},\frac{3}{4}]$ 及 $[\frac{3}{4},1]$ 上右端點的對應值。

所以每一個矩形的寬為 $\frac{1}{4}$，而高分別為 $\left(\frac{1}{4}\right)^2$、$\left(\frac{1}{2}\right)^2$、$\left(\frac{3}{4}\right)^2$ 及 1^2。假設 R_4 表示這些矩形面積的和，則

$$R_4 = \left(\tfrac{1}{4}\right)^2 \cdot \tfrac{1}{4} + \left(\tfrac{1}{2}\right)^2 \cdot \tfrac{1}{4} + \left(\tfrac{3}{4}\right)^2 \cdot \tfrac{1}{4} + 1^2 \cdot \tfrac{1}{4} = \tfrac{15}{32} = 0.46875$$

記號 R_4 表示用四個子區間，並取每個子區間右邊端點做為矩形的高，而 L_4 表示用的是每個子區間左端點。

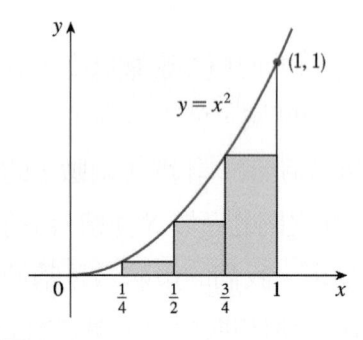

圖 6

圖 7　以八個矩形估計 S 的值

除了用圖 5(b)，我們也可取如圖 6 較小的矩形，這些矩形的高分別是各區間左端點的對應值。(最左邊的矩形消失了，這是因為它的高度為 0。) 這些近似矩形的面積和為

$$L_4 = 0^2 \cdot \tfrac{1}{4} + \left(\tfrac{1}{4}\right)^2 \cdot \tfrac{1}{4} + \left(\tfrac{1}{2}\right)^2 \cdot \tfrac{1}{4} + \left(\tfrac{3}{4}\right)^2 \cdot \tfrac{1}{4} = \tfrac{7}{32} = 0.21875$$

由圖 5(b) 和圖 6 得到 S 的面積小於 R_4 但大於 L_4，所以可放心地說，A 的值介於此兩數之間：

$$0.21875 < A < 0.46875$$

此程序可重複用於更多的帶狀區域，如圖 7 把 S 分成八個寬度相同的帶狀區域。

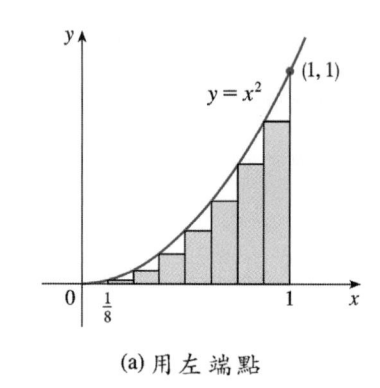

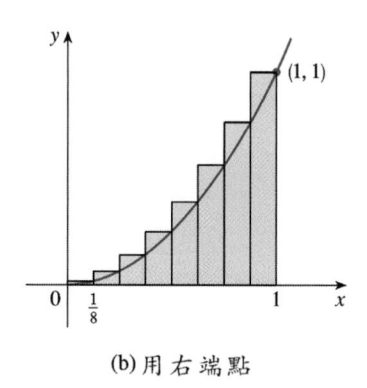

(a) 用左端點　　　　(b) 用右端點

在圖 7(a) 中，矩形的面積和為 $L_8 = 0.2734375$；而在圖 7(b) 中矩形的面積和為 $R_8 = 0.3984375$，因此可得更精確 A 的估計值為

$$0.734375 < A < 0.3984375$$

因此，S 的實際面積介於 0.2734375 及 0.3984375 之間。

我們可再增加帶狀區域的個數來得到更精確的估計。在左列表格中，列出 (由電腦計算出) n 個取左端點值為高的矩形 (L_n) 及右端點值為高的矩形 (R_n) 的值。由表格可知，當 S 切成 50 個帶狀區域時，可得 A 介於 0.3234 及 0.3434 之間；而當 S 切成 1000 個帶狀區域時，A 則介於 0.3328335 及 0.3338335 之間。因此，它們的平均值是很準確的估計：

$$A \approx 0.3333335$$

n	L_n	R_n
10	0.2850000	0.3850000
20	0.3087500	0.3587500
30	0.3168519	0.3501852
50	0.3234000	0.3434000
100	0.3283500	0.3383500
1000	0.3328335	0.3338335

由圖 8 看出，當 n 增加時這些矩形會愈來愈接近 S，因此 R_n (及 L_n) 就愈來愈接近實際的面積 A。

第 5 章 積分　285

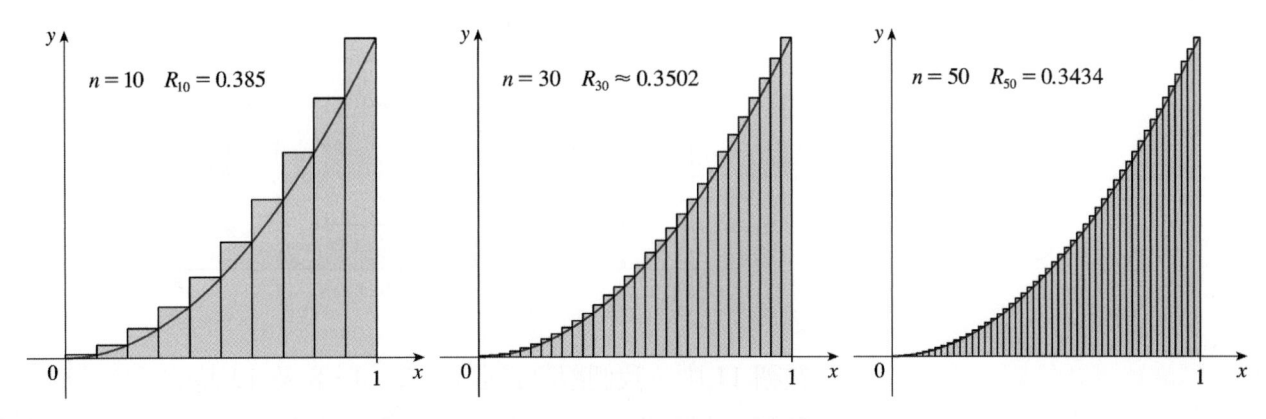

圖 8

接著,我們將例 2 的想法應用至比圖 3 更為一般的區域 S。首先把 S 分割為 n 個寬相同的帶狀區域 $S_1, S_2, \ldots, S_n$,如圖 9。

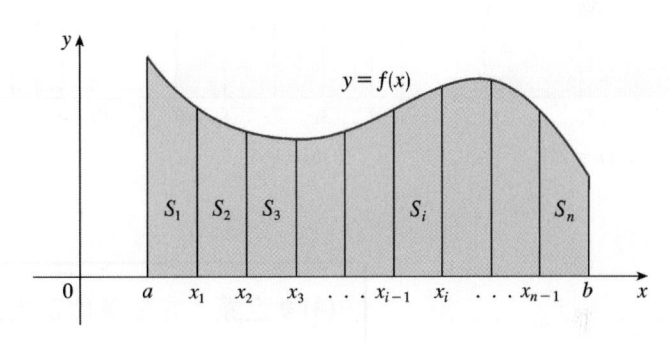

圖 9

由於區間 $[a, b]$ 的長為 $b - a$,因此每一 n 個帶狀區域的寬度為

$$\Delta x = \frac{b - a}{n}$$

這些帶狀區域把 $[a, b]$ 平分成 n 個子區間

$$[x_0, x_1], \quad [x_1, x_2], \quad [x_2, x_3], \quad \ldots, \quad [x_{n-1}, x_n]$$

其中 $x_0 = a$ 及 $x_n = b$。

第 i 個帶狀區域 S_i 是由一個寬為 Δx 及高為 f 在右端點 x_i 的對應值之矩形 $f(x_i)$ 來估計,所以第 i 個矩形面積 S_i 為 $f(x_i)\Delta x$。直觀上,S 的面積可由這些矩形面積的和來估計,也就是

$$R_n = f(x_1)\Delta x + f(x_2)\Delta x + \cdots + f(x_n)\Delta x$$

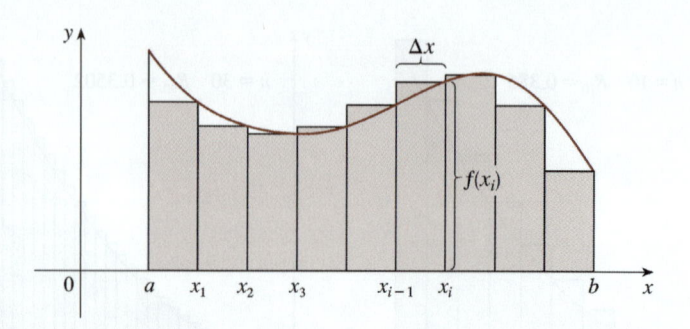

圖 10

在圖 11 中，我們觀察到當 $n = 2$、4、8 及 12 時的近似情形。由此，我們注意到當 $n \to \infty$，也就是 n 愈來愈大時，這些估計愈來愈精確。因此，我們定義區域 S 的面積如下。

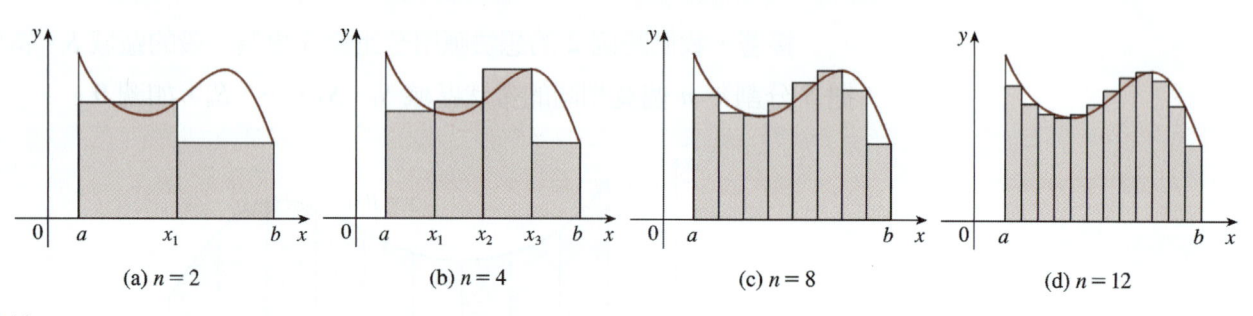

(a) $n = 2$　　(b) $n = 4$　　(c) $n = 8$　　(d) $n = 12$

圖 11

> **(4)■定義**　在連續的正項函數 f 圖形下方之區域 S 的**面積 (area)** 為近似矩形面積和的極限：
> $$\text{面積} = \lim_{n \to \infty} R_n = \lim_{n \to \infty} [f(x_1)\Delta x + f(x_2)\Delta x + \cdots + f(x_n)\Delta x]$$

由於我們假設 f 為連續函數，所以可證明定義 (4) 的極限永遠存在。

或許你們注意到圖 11 中，矩形的高是由在區間中右邊端點的函數值所決定。當然也可以取區間中的右邊端點或其中的任意點。雖然當矩形個數 n 為有限時，取不同點會得到稍為不同的結果，但是當我們把矩形個數取極限 $n \to \infty$ 時，得到的值就都相同。

■|定積分

比較方程式 (3) 和定義 (4)，我們看到下列極限

$$\lim_{n \to \infty} [f(x_1)\Delta x + f(x_2)\Delta x + \cdots + f(x_n)\Delta x]$$

也出現在面積和生產成本的計算。事實上，同類形的極限也會在很廣泛的情形下出現，即使 f 不一定是一個非負的函數。因此，對這種形式的極限給出特別的名稱及符號。

雖然在上面用了右端點，但也可以用左端點、中點或任意點。由於我們假設 f 為連續函數，可以證明定義 (5) 中的極限一定存在，而且不論如何選取這些點，所得的極限值都相等。

> **(5) ■ 定義** 假設 f 是定義在 $[a, b]$ 的函數，且將 $[a, b]$ 平分成 n 個寬為 $(a-b)/n$ 的子區間。設 $x_0(=a)$，x_1，x_2，$\cdots$，$x_n(=b)$ 為這些子區間的端點，那麼 f 由 a 到 b 的定積分 (**definite integral of f from a to b**) 為
>
> $$\int_a^b f(x)\, dx = \lim_{n \to \infty} [f(x_1) \Delta x + f(x_2) \Delta x + \cdots + f(x_n) \Delta x]$$

註 1： 由於積分是和的極限，萊布尼茲首先以拉長的 S，即 $\int$，做為**積分記號** (**integration sign**)。

在定積分 $\int_a^b f(x)\, dx$ 中，

- $f(x)$ 稱為**被積函數** (**integrand**)
- a 與 b 被稱為**定積分的界限** (**limits of integration**)
- a 為**下限** (**lower limit**)，b 為**上限** (**upper limit**)

在現階段，dx 本身沒有意義；整體而言，$\int_a^b f(x)\, dx$ 是一個記號，而 dx 只是表示積分的自變數為 x。我們也稱計算定積分的過程稱為**積分** (**integration**)。

註 2： 定積分是一個數，它與是否以 x 表示自變數無關，也就是我們可以用其他的字元來取代 x，而不會改變這積分的值：

$$\int_a^b f(x)\, dx = \int_a^b f(t)\, dt = \int_a^b f(r)\, dr$$

註 3： 定義 (5) 的和

$$f(x_1) \Delta x + f(x_2) \Delta x + \cdots + f(x_n) \Delta x$$

稱為**黎曼和** (**Riemann sum**)，這是為紀念德國數學家伯納‧黎曼 (Bernhard Riemann, 1826-1866) 而命名的。注意：在取黎曼和時雖然取的是子區間右端點，但我們可以用子區間內的任意點。

■ 黎曼和與積分的闡釋

若 f 是正的，它的黎曼和可視為近似矩形面積的和 (如圖 10)。比較定義 (4) 與定義 (5)，即可將定積分 $\int_a^b f(x)\, dx$ 視為 x 由 a 到 b，

黎曼

伯納‧黎曼在高斯 (Gauss) 的指導下，得到哥廷根大學的博士學位，並留下來任教。高斯吝於對他人讚賞，卻對黎曼的評價極高。他稱讚黎曼的工作是「具有創意、充滿活力、純正的數學思考，以及極豐富的原創性」。我們現在使用定義 (5) 的定積分概念就是黎曼所提出的。他在複變函數、數學物理、數論及微分幾何的基礎都有很多貢獻。黎曼對空間和幾何宏觀的概念，正確的鋪陳了 50 年後愛因斯坦 (Einstein) 所發明的廣義相對論。但他終生健康不佳，最後因肺結核於 39 歲英年早逝。

在 $y=f(x)$ 圖形下方的區域面積，如圖 3。

假如 f 的值有正有負 (如圖 12)，則黎曼和為在 x 軸上方的矩形面積和，**減去**在 x 軸下方的矩形面積和。當我們取這個黎曼和的極限時，如圖 13 所示，其對應的定積分可視為**淨面積 (net area)**，即面積的差。

> ■ 定積分視為淨面積
>
> $$\int_a^b f(x)\,dx = A_1 - A_2$$
>
> 其中 A_1 是在 x 軸上方且在 f 圖形下方區域的面積，而 A_2 是在 x 軸下方且在 f 圖形上方區域的面積。

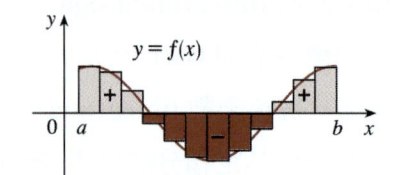

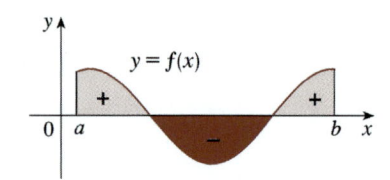

圖 12　$f(x_1)\Delta x + f(x_2)\Delta x + \cdots + f(x_n)\Delta x$ 為淨面積的近似值

圖 13　$\int_a^b f(x)\,dx$ 為淨面積

例 3　檢視淨面積

函數 f 的圖形如圖 14 所示。試問 $\int_1^6 f(x)\,dx$ 的值為正數、負數或零？$\int_0^4 f(x)\,dx$ 的值又如何？

圖 14

解

積分 $\int_1^6 f(x)\,dx$ 代表當 $1 \leq x \leq 6$ 時，介於函數 f 的圖形與 x 軸之間區域的淨面積。由於當 $1 \leq x \leq 6$ 時，曲線在 x 軸下方所包圍的區域大於曲線在 x 軸上方所包圍的區域的面積 (如圖 15)，淨面積為負數，即 $\int_1^6 f(x)\,dx < 0$。當 $0 \leq x \leq 4$ 時，由圖 16 可得到，在 x 軸下方及曲線上方所包圍的區域面積似乎等於曲線在 x 軸上方及曲線下方所包圍區域的面積。所以我們估計 $\int_0^4 f(x)\,dx = 0$。

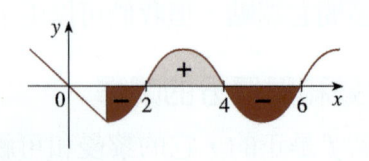

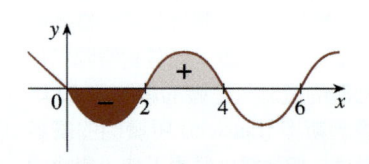

圖 15

圖 16

註 4：定義 $\int_a^b f(x)\,dx$ 時，我們常將區間 $[a, b]$ 作等分，但有的時候作不等分的切割反而是有利的。

■ 積分的計算

由定義 (5) 來計算定積分是不容易的事。在下一節中我們將會學到一些計算定積分的方法。目前，從定積分和函數圖形所圍出的區域淨面積之關係，我們可藉由幾何方法來算出某些定積分。

例 4　利用幾何方法算出定積分

將下列定積分視為面積並求其值。

(a) $\int_0^1 \sqrt{1 - x^2}\,dx$

(b) $\int_0^3 (x - 1)\,dx$

解

(a) 由於 $f(x) = \sqrt{1 - x^2} \geq 0$，這個積分可詮釋為在函數 $y = \sqrt{1 - x^2}$ 的圖形下方，由 0 到 1 的區域面積。由 $y^2 = 1 - x^2$，可得 $x^2 + y^2 = 1$，所以 f 的圖形就是如圖 17 所示的四分之一圓，因此

$$\int_0^1 \sqrt{1 - x^2}\,dx = \tfrac{1}{4}\pi(1)^2 = \frac{\pi}{4} \approx 0.7854$$

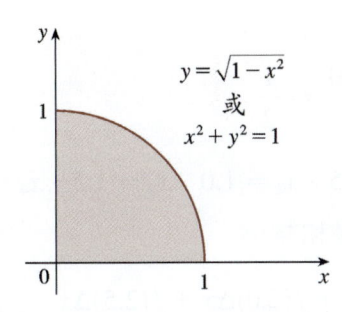

圖 17

(b) 如圖 18，$y = x - 1$ 的圖形是斜率為 1 的直線。因此，這個定積分為兩個三角形的面積差 [三角形的面積為 (底 × 高) 的一半]：

$$\int_0^3 (x - 1)\,dx = A_1 - A_2 = \tfrac{1}{2}(2 \cdot 2) - \tfrac{1}{2}(1 \cdot 1) = 1.5$$

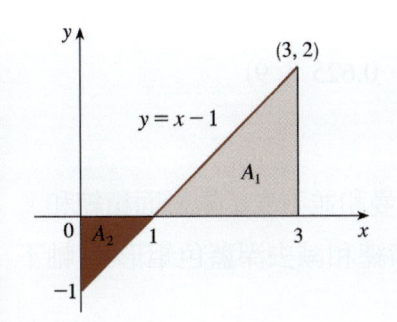

圖 18

■ 中點法

有些時候無法引用幾何方法或直接求出定積分，但我們仍然可以估計定積分的值。由定義 (5)，定積分是定義為黎曼和的極限，因此可用黎曼和作定積分的估計。為求方便，在定義 5 中我們取子區間的右邊端點，事實上可以取子區間中任意點。而在實際的計算中，如果取子區間的中間點會得到較好的估計 (雖然增加子區間的數目 n 會得到較好的估計，但在 n 為固定時取中點會比取兩邊的端點要好)。因此，取子區間的中點可以得到下列的估計。

> ■ 中點法 (Midpoint Rule)
>
> $$\int_a^b f(x)\,dx \approx \Delta x\,[f(\bar{x}_1) + \cdots + f(\bar{x}_n)]$$
>
> 其中 $\Delta x = \dfrac{b-a}{n}$
>
> 且 $\bar{x}_i = \frac{1}{2}(x_{i-1} + x_i)$ 為 $[x_{i-1}, x_i]$ 的中點

例 5 以黎曼和估計定積分

將區間分成六等分，並取 (a) 右邊端點和 (b) 中點的黎曼和來估計 $\int_0^3 (x^3 - 6x)\,dx$。

解

當 $n = 6$ 時，每個子區間的長為

$$\Delta x = \frac{b-a}{n} = \frac{3-0}{6} = \frac{1}{2}$$

(a) 六個子區間的右端點分別為 $x_1 = 0.5$、$x_2 = 1.0$、$x_3 = 1.5$、$x_4 = 2.0$、$x_5 = 2.5$ 及 $x_6 = 3.0$。所得的黎曼和為

$$R_6 = f(0.5)\Delta x + f(1.0)\Delta x + f(1.5)\Delta x + f(2.0)\Delta x + f(2.5)\Delta x + f(3.0)\Delta x$$

$$= \tfrac{1}{2}(-2.875 - 5 - 5.625 - 4 + 0.625 + 9)$$

$$= -3.9375$$

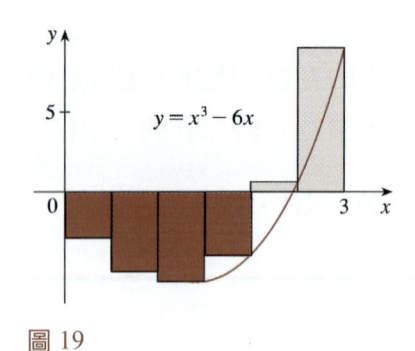

注意：因為 f 不是恆為正，所以黎曼和並不表示矩形面積總和。但卻是淺藍色矩形 (x 軸上方) 面積總和減去深藍色矩形 (x 軸下方) 面積總和，如圖 19。

圖 19

(b) 六個子區間的中點分別為 $\bar{x}_1 = 0.25$、$\bar{x}_2 = 0.75$、$\bar{x}_3 = 1.25$、$\bar{x}_4 = 1.75$、$\bar{x}_5 = 2.25$ 及 $\bar{x}_6 = 2.75$ (如圖 20)。

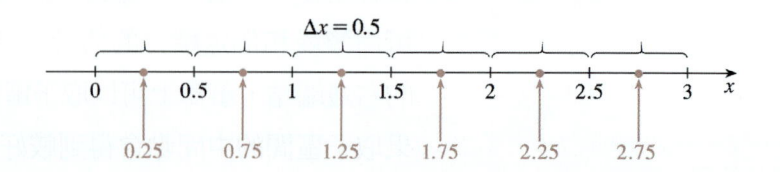

圖 20

中點法可得

$$M_6 = f(0.25)\Delta x + f(0.75)\Delta x + f(1.25)\Delta x + f(1.75)\Delta x$$
$$+ f(2.25)\Delta x + f(2.75)\Delta x$$
$$= \tfrac{1}{2}(-1.484375 - 4.078125 - 5.546875 - 5.140625$$
$$- 2.109375 + 4.296875)$$
$$= -7.03125$$

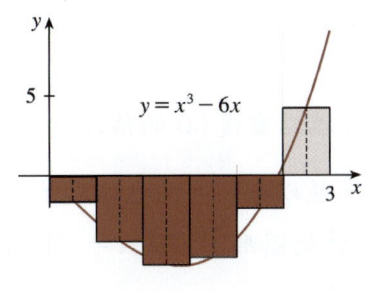

圖 21 表示了中點法所取的矩形。

圖 21

事實上，在第 5.2 節的例 5，我們將得到正確的積分值為 -6.75，所以中點法比右端點法得到更精確的值。若要增加精確度，可將區間的數量增加。這裡用中點法取四十個子間區得到如圖 22，其估計值為 $M_{40} \approx -6.7563$，十分接近正確值 -6.75。

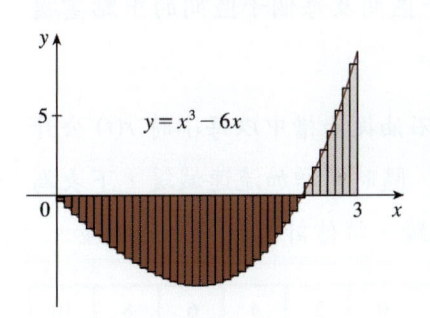

圖 22 $M_{40} \approx -6.7563$

習題 5.1

1. **總成本** 某公司生產的商品之邊際成本如下表。

單位	邊際成本 (美元 / 單位)	單位	邊際成本 (美元 / 單位)
0	3.22	7000	2.14
1000	2.89	8000	2.13
2000	2.76	9000	2.15
3000	2.71	10,000	2.19
4000	2.55	11,000	2.33
5000	2.40	12,000	2.61
6000	2.26	13,000	2.83

(a) 試以 2000 單位為一批次，估算 (固定成本除外) 生產前 12,000 單位的商品 (在每批次使用最初邊際成本) 的成本。

(b) 試以 1000 單位為一批次及每批次使用最終邊際成本，估算將產量從 4000 單位提高到 11,000 單位時所增加的成本。

2. **跑步的距離** 某跑者在賽跑開始前 3 秒速率是穩定增加的。在這段時間跑者每半秒的速率記錄如下。試以每時段中最終的速率來估計這位跑者在 3 秒內所跑的距離。

t (s)	0	0.5	1.0	1.5	2.0	2.5	3.0
v (呎 / 秒)	0	6.2	10.8	14.9	18.1	19.4	20.2

3. **賽車的距離** 下表為 Daytona 國際賽車時，前 1 分鐘裡每 10 秒賽車速度表的紀錄。

時間 (秒)	速度 (哩 / 小時)
0	182.9
10	168.0
20	106.6
30	99.8
40	124.5
50	176.1
60	175.6

(a) 試以每時段中的最終速度來估計 1 分鐘內賽車所行駛的距離。試描繪車速的可能曲線圖，以及估計所使用的矩形來說明你的估計。[提示：1 哩 / 小時 = (5280/3600) 呎 / 秒]

(b) 試以三個子區間及每個子區間的中點重複 (a) 之估計。

4. **漏出的石油** 石油從油槽中以每小時 $r(t)$ 公升的速度漏出來。隨時間增加流速減緩，下表為每 2 小時的紀錄。試估計流出石油的總量。

t (小時)	0	2	4	6	8	10
$r(t)$ (公升 / 小時)	8.7	7.6	6.8	6.2	5.7	5.3

5. (a) 由給定 f 的圖形，用四個矩形且取其高為每個區間右端點的對應值，試估計函數 f 圖形下從 $x = 0$ 到 $x = 8$ 的面積。

(b) 試以每個區間左端點重複 (a) 的估計。

(c) 重新用八個矩形 (以每個區間右端點) 來估計。

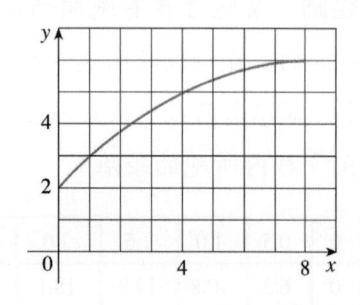

6. (a) 試用四個矩形，並以每個區間右端點估計在函數 $f = 1/x$ 的圖形下方從 $x = 1$ 到 $x = 5$ 的區域面積。這個結果高估或低估了實際值？

(b) 試用每個區間左端點重複 (a) 的估計。

7. (a) 試用六個矩形，並以每個區間右端點估計在函數 $f = 1 + x^2$ 的圖形下方從 $x = -1$ 到 $x = 2$ 的區域面積。

(b) 試用每個區間左端點重複 (a) 的估計。

(c) 試用每個區間中點重複 (a) 的估計。

(d) 從你的草圖來看 (a)-(c) 哪個是最佳估計？

8. 給定函數 g 的圖形，試判定下列積分何者為正、為負，或為 0？並解釋你的理由。

(a) $\int_0^4 g(t)\,dt$

(b) $\int_6^8 g(t)\,dt$

(c) $\int_4^{10} g(t)\,dt$

(d) $\int_0^8 g(t)\,dt$

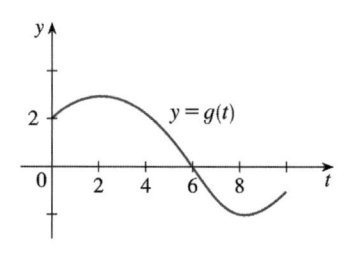

9. 下圖中區域 A、B、C 的面積都是 3，試求下列定積分。

(a) $\int_{-4}^0 f(x)\,dx$

(b) $\int_{-4}^2 f(x)\,dx$

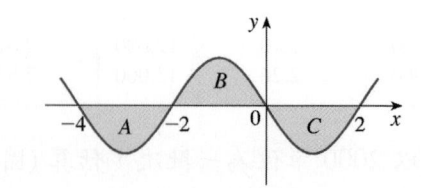

10. 已知函數 f 的圖形，試以面積的意義計算下列定積分。
    (a) $\int_0^2 f(x)\,dx$
    (b) $\int_0^5 f(x)\,dx$
    (c) $\int_5^7 f(x)\,dx$
    (d) $\int_0^9 f(x)\,dx$

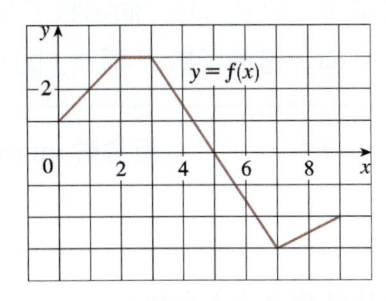

11-12 ■ 試以面積的意義計算下列定積分。

11. $\int_{-1}^4 (4-2x)\,dx$

12. $\int_{-1}^2 |x|\,dx$

13-14 ■ 以給定的 n 值，用中點法求下列積分到小數點後第四位。

13. $\int_2^{10} \sqrt{x^3+1}\,dx$，$n=4$

14. $\int_1^2 4e^{-0.6t}\,dt$，$n=5$

15. 一遞增函數 f 的值表列如下，試求積分 $\int_{10}^{30} f(x)\,dx$ 的上估計值及下估計值。

x	10	14	18	22	26	30
$f(x)$	-12	-6	-2	1	3	8

16. 函數 f 的圖形如下，試以四個子區間，並取 (a) 右端點；(b) 左端點；(c) 中點來估計 $\int_0^8 f(x)\,dx$。

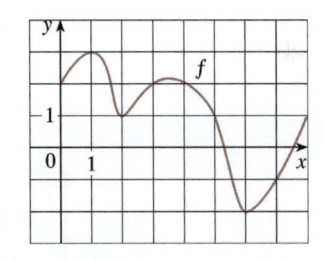

17. (a) 當 $2 \leq x \leq 6$ 時，$f(x) > 0$，我們可以說 $\int_2^6 f(x)\,dx > 0$ 嗎？試說明理由或給出一個反例。
    (b) 若 $\int_2^6 f(x)\,dx > 0$，我們可以說當 $2 \leq x \leq 6$ 時，$f(x) > 0$ 嗎？試說明理由或給出一個反例。

■ 自我挑戰

18. 已知函數 f 的圖形，試將下列定積分由小排到大，並說明理由。
    (A) $\int_0^8 f(x)\,dx$
    (B) $\int_0^3 f(x)\,dx$
    (C) $\int_3^8 f(x)\,dx$
    (D) $\int_4^8 f(x)\,dx$
    (E) $f'(1)$

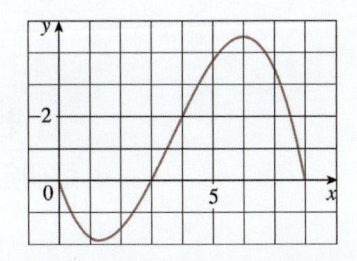

19. (a) 試利用公式 $1+2+3+\cdots+n=\frac{1}{2}n(n+1)$ 及定義 (5)，求積分 $\int_0^4 x\,dx$。

    [提示：在此先得結果 $x_i = i\cdot(4/n)$。]

    (b) 試引用幾何方法求出 $\int_0^4 x\,dx$ 以驗證 (a) 的結果。

5.2 微積分基本定理

在第 5.1 節中，我們看到如何由黎曼和的極限推導出定積分的定義。牛頓發現了一個十分簡單計算定積分的方法，數年後萊布尼茲也得到了相同的結果。他們都認知到，如果已知一個函數 F 使得 $F'(x)=f(x)$ 成立，就可以算出 $\int_a^b f(x)\,dx$。這個函數 F 稱為 f 的反導數。

■ **定義** 若 $F'(x)=f(x)$，則稱 F 為 f 的一個**反導數 (antiderivative)**。

牛頓和萊布尼茲的發現稱為微積分基本定理。

■ **微積分基本定理 (The Fundamental Theorem of Calculus)** 若 f 在區間 $[a, b]$ 是連續的，則

$$\int_a^b f(x)\,dx = F(b) - F(a)$$

其中 F 為 f 的反導數，也就是 $F'=f$。

微積分基本定理說明了，如果 F 是 f 的反導數，那麼定積分 $\int_a^b f(x)\,dx$ 等於 F 在區間 $[a, b]$ 的兩端點上對應值的差；也就是出乎意料的，原先定積分複雜的定義與 $f(x)$ 在 $a\leq x\leq b$ 的所有點有關，而事實上它可以僅由 $F(x)$ 在端點 a 與 b 的值來決定。

例如，由於 e^{3x} 之導數是 $3e^{3x}$，所以 $G(x)=e^{3x}$ 是 $g(x)=3e^{3x}$ 的反導數，因此由微積分基本定理，我們得到

$$\int_0^2 3e^{3x}\,dx = G(2) - G(0) = e^{3(2)} - e^{3(0)} = e^6 - 1$$

若將此結果與第 5.1 節的定義 (5) 中用取黎曼和的極限作比較，這個定理確實提供一個簡潔有力的方法。

例 1　微積分基本定理的應用

試計算 $\int_0^1 x^2\, dx$。

解

$f(x) = x^2$ 的一個反導數是 $F(x) = \frac{1}{3}x^3$。這個結果很容易由 F 的微分得到

$$F'(x) = \frac{1}{3} \cdot 3x^2 = x^2 = f(x)$$

由微積分基本定理可得

$$\int_0^1 x^2\, dx = F(1) - F(0) = \frac{1}{3} \cdot 1^3 - \frac{1}{3} \cdot 0^3 = \frac{1}{3}$$

雖然這個定理看起來有些意外，若由實例來說明就會十分清楚。假設在生產 q 個單位的商品後之邊際成本為 $M(q)$，且生產總成本為 $C(q)$，那麼 $M(q) = C'(q)$，即 $C(q)$ 為 $M(q)$ 的反導數。在第 5.1 節中，我們作了一個猜測：在邊際成本曲線下方的面積等於將產量提升後所增加的總成本，記作

$$\int_a^b M(q)\, dq = C(b) - C(a)$$

這就是微積分基本定理在生產成本所詮釋的意義。

在本節結束前，我們會給出微積分基本定理的另一種看法，來說明微積分基本定理何以為真。

■ 反導數

由微積分基本定理可知，定積分計算的關鍵在於找出函數的反導數。在例 1 中，我們看到 $f(x) = x^2$ 的反導數是 $F(x) = \frac{1}{3}x^3$，但這是否是唯一的反導數呢？注意：$G(x) = \frac{1}{3}x^3 + 5$ 也滿足 $G'(x) = x^2$。因此，G 和 F 都是 f 的反導數。事實上，任何形式如同 $H(x) = \frac{1}{3}x^3 + C$ 的函數，其中 C 為常數，都是 f 的反導數。除此之外，下面的定理告訴我們：f 沒有其他反導數。

(1) ■定理 若 F 為 f 在區間 I 的反導數，則 f 在區間 I 的反導數之通式為

$$F(x) + C$$

其中 C 為任意常數。

回到函數 $f(x) = x^2$，我們知道它的一般反導數為 $\frac{1}{3}x^3 + C$。若給出不同的 C 值，則可得到一系列的函數，它們之間是一個垂直平移的關係(如圖 1)。這個結果是合理的，因為在任意給定的 x 值，這一系列曲線的斜率都是一樣的。

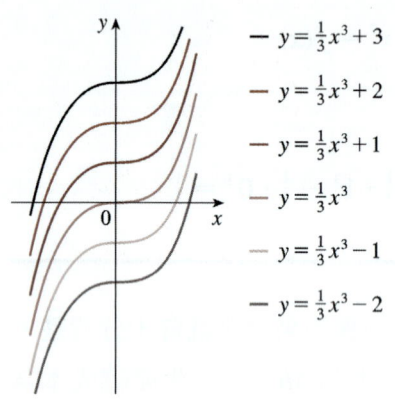

圖 1　函數 $f(x) = x^2$ 的反導數系列中之成員

例 2　計算反導數

試求下列函數反導數之通式。

(a) $g(t) = t^4$　　(b) $y = 1/x$　　(c) $f(x) = x^n$，$n \neq 1$

解

(a) 已知 t^5 的導數為 $5t^4$。設 $G(t) = \frac{1}{5}t^5$，可得

$$G'(t) = \frac{1}{5} \cdot 5t^4 = t^4$$

所以 t^4 的一個反導數為 $\frac{1}{5}t^5$，再由定理(1)可知反導數的通式為 $G(t) = \frac{1}{5}t^5 + C$。

(b) 回顧

$$\frac{d}{dx}(\ln x) = \frac{1}{x}$$

所以，當 $x > 0$ 時(即 x 的定義域)，$1/x$ 反導數之通式為 $\ln x + C$。事實上，若 $x < 0$ 時，則 $\ln |x| = \ln(-x)$，且

$$\frac{d}{dx}\ln|x| = \frac{d}{dx}\ln(-x) = \frac{1}{-x}(-1) = \frac{1}{x}$$

所以，對所有 $x \neq 0$，都有

$$\frac{d}{dx}(\ln|x|) = \frac{1}{x}$$

由定理 1 可知，在任意不包含 0 的區間，$1/x$ 反導數之通式為 $\ln|x| + C$。因此，我們可以說 $1/x$ 反導數之通式為 $\ln|x| + C$。

(c) 由次方律

$$\frac{d}{dx}(x^n) = n \cdot x^{n-1}$$

可發現一個 x^n 的反導數：

$$\frac{d}{dx}\left(\frac{x^{n+1}}{n+1}\right) = \frac{1}{n+1} \cdot (n+1)x^n = x^n$$

所以 $f(x) = x^n$ 的反導數之通式為

$$F(x) = \frac{x^{n+1}}{n+1} + C$$

當 n 為正數時，這個公式成立，若 n 為負數 ($n \neq -1$) 時，此公式在任意不包含 0 區間仍然成立。

在例 2 中的每個微分公式，如果從右邊讀到左邊就是一個反微分公式。在表 (2) 中，我們列出之前所學的微分公式，並列出對應的反導數。表中的每個反導數公式都成立，這是因為將右邊一行的函數微分就可得到左邊一行的函數。第一個公式是說：將一個函數乘以常數，則對應的反導數也乘以同一個常數。第二個公式是說：兩個函數的和或差之反導數是兩個反導數之和或差。(我們記作 $F' = f$，$G' = g$。)

(2) 導數和反導數公式表

函數	導數	函數	反導數的通式
$cf(x)$	$cf'(x)$	$cf(x)$	$cF(x) + C$
$f(x) \pm g(x)$	$f'(x) \pm g'(x)$	$f(x) \pm g(x)$	$F(x) \pm G(x) + C$
cx	c	c	$cx + C$
x^n ($n \neq 0$)	nx^{n-1}	x^n ($n \neq -1$)	$\dfrac{x^{n+1}}{n+1} + C$
$\ln x$	$1/x$	$1/x$	$\ln|x| + C$
e^x	e^x	e^x	$e^x + C$
e^{kx}	ke^{kx}	e^{kx}	$\frac{1}{k}e^{kx} + C$
a^x	$a^x \ln a$	a^x	$\frac{1}{\ln a}a^x + C$

例 3　求給定函數的反導數

(a) 試求所有的函數 g 使得

$$g'(x) = 6\sqrt{x} - \frac{4}{x^2}$$

(b) 在 (a) 所有的函數 g 中，何者滿足 $g(1) = 5$？

解

(a) 我們將函數改寫，就知道需要找出下面函數的反導數

$$g'(x) = 6x^{1/2} - 4x^{-2}$$

由表 (2) 及定理 (1)，可得

$$g(x) = 6 \cdot \frac{x^{3/2}}{3/2} - 4 \cdot \frac{x^{-1}}{-1} + C$$

$$= 6 \cdot \frac{2}{3}x^{3/2} - 4\left(-\frac{1}{x}\right) + C = 4x^{3/2} + \frac{4}{x} + C$$

(b) 我們得到

$$g(1) = 4(1)^{3/2} + \frac{4}{1} + C = 5$$

所以 $4 + 4 + C = 5$ 或 $C = -3$，因此所求的函數為

$$g(x) = 4x^{3/2} + \frac{4}{x} - 3$$

> 例 3 中的答案可以用函數 g 的微分來驗證。

例 4　求反導數的通式

試求下列函數反導數的通式。

(a) $f(t) = 6e^{-0.3t} + 8$ 　　(b) $w(p) = 0.4p^3 - \frac{2.9}{p}$

解

(a)

$$F(t) = 6 \cdot \frac{1}{-0.3}e^{-0.3t} + 8t + C$$

$$= -20e^{-0.3t} + 8t + C$$

(b) 將 $w(p)$ 稍作改寫：

$$w(p) = 0.4p^3 - 2.9\left(\frac{1}{p}\right)$$

所以

$$W(p) = 0.4\left(\frac{p^4}{4}\right) - 2.9\ln|p| + C$$
$$= 0.1p^4 - 2.9\ln|p| + C$$

■ 使用微積分基本定理

當你習慣了求出函數的反導數後，就可以利用微積分基本定理來計算定積分。引用微積分基本定理時，我們經常用下列記號

$$F(x)\Big]_a^b = F(b) - F(a)$$

所以

$$\int_a^b f(x)\,dx = F(x)\Big]_a^b \quad \text{其中} \quad F' = f$$

至於其他經常使用的記法則有 $F(x)\big|_a^b$ 及 $[F(x)]_a^b$。

例 5 用微積分基本定理來計算定積分

試計算 $\int_1^3 \frac{1}{t}\,dt$。

解

$f(t) = 1/t$ 的一個反導數為 $F(t) = \ln|t|$，所以由微積分基本定理：

$$\int_1^3 \frac{1}{t}\,dt = \ln|t|\Big]_1^3 = \ln|3| - \ln|1| = \ln 3 - 0 \approx 1.0986$$

> 由微積分基本定理，我們可以用 f 的任意反導數 F。在例 5 中就取最簡單的形式 $F(t) = \ln|t|$，而不必取最一般的形式 $(\ln|t| + C)$。

例 6 曲線下方的面積

試求曲線 $y = e^x$ 下從 1 到 3 的面積。

解

因為 $e^x > 0$ 且 $f(x) = e^x$ 的一個反導數為 $F(x) = e^x$，所以可得

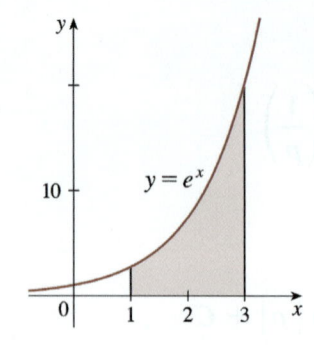

$$\text{面積} = \int_1^3 e^x\, dx = e^x \Big]_1^3 = e^3 - e^1 = e^3 - e$$

因此，當 $1 \le x \le 3$，在指數函數圖形下方的面積為 $e^3 - e \approx 17.367$ (如圖 2)。

圖 2

■ 不定積分

我們需要有一個方便於計算反導數的記號。由於微積分基本定理給出了反導數與定積分的關係，傳統上我們用 $\int f(x)\, dx$ 來表示 f 的反導數，稱為 f 的**不定積分 (indefinite integral)**；也就是

$$\int f(x)\, dx = F(x) \quad \text{表示} \quad F'(x) = f(x)$$

我們應注意到定積分和不定積分是完全不同的。定積分 $\int_a^b f(x)\, dx$ 是一個數，而不定積分 $\int f(x)\, dx$ 則是一個函數 (或一組函數)。兩者之間的關係來自於微積分基本定理：假如 f 在 $[a, b]$ 是連續的，則

$$\int_a^b f(x)\, dx = \int f(x)\, dx \Big]_a^b$$

注意：表 (2) 中的反導數可以用不定積分的符號來表示，例如：

$$\int e^{kx}\, dx = \frac{1}{k} e^{kx} + C \quad \text{因為} \quad \frac{d}{dx}\left(\frac{1}{k} e^{kx} + C\right) = e^{kx}$$

表 (2) 中的前兩個有關不定積分的性質則可表示為

(3) $$\int cf(x)\, dx = c\int f(x)\, dx$$

(4) $$\int [f(x) \pm g(x)]\, dx = \int f(x)\, dx \pm \int g(x)\, dx$$

性質 (3) 是說：將一個函數乘以常數，則對應的不定積分也乘以同一個常數。換言之，一個常數 (只有常數) 可以拿到積分符號前面。性質 (4) 是說：兩個函數的和或差之不定積分是兩個對應的不定積分之和或差。

例 7 求定積分

試求不定積分的通式。

$$\int (10x^4 - 3e^x)\, dx$$

解

由性質(3)、性質(4)及表(2)，可得

$$\int (10x^4 - 3e^x)\, dx = 10\int x^4\, dx - 3\int e^x\, dx$$

$$= 10 \cdot \frac{x^5}{5} - 3e^x + C$$

$$= 2x^5 - 3e^x + C$$

你應該將所得答案作微分以驗證結果。

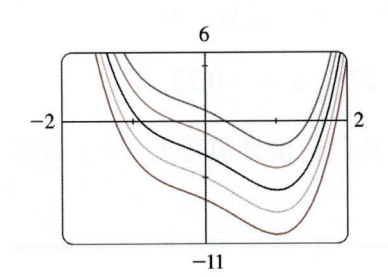

圖 3

圖 3 中為例 7 中取不同 C 值的不定積分之圖形。

例 8 求定積分及不定積分

試求 (a) $\int (x^3 - 6x)\, dx$ 和 (b) $\int_0^3 (x^3 - 6x)\, dx$。

解

(a) 由性質(3)、性質(4)及表(2)，可得

$$\int (x^3 - 6x)\, dx = \frac{x^4}{4} - 6 \cdot \frac{x^2}{2} + C = \tfrac{1}{4}x^4 - 3x^2 + C$$

(b) 由微積分基本定理可得

$$\int_0^3 (x^3 - 6x)\, dx = \tfrac{1}{4}x^4 - 3x^2 \Big]_0^3$$

$$= \left(\tfrac{1}{4} \cdot 3^4 - 3 \cdot 3^2\right) - \left(\tfrac{1}{4} \cdot 0^4 - 3 \cdot 0^2\right)$$

$$= \tfrac{81}{4} - 27 - 0 + 0 = -6.75$$

這個結果和第 5.1 節中例 5 的計算一致。

例 9 將積分詮釋為淨面積

試求 $\int_0^3 (x^3 - 3x^2 + 2)\, dx$，並將其解釋為淨面積。

解

由微積分基本定理，可得

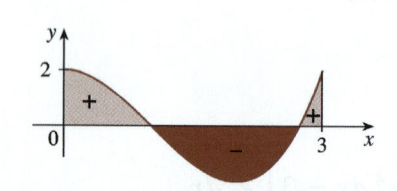

$$\int_0^3 (x^3 - 3x^2 + 2)\, dx = \frac{x^4}{4} - 3 \cdot \frac{x^3}{3} + 2x \Big]_0^3$$
$$= \tfrac{1}{4}x^4 - x^3 + 2x \Big]_0^3$$
$$= \tfrac{1}{4}(3^4) - 3^3 + 2(3) - 0$$
$$= \tfrac{81}{4} - 27 + 6 = -0.75$$

圖 4 為被積函數的圖形。由第 5.1 節，我們得積分值等於「＋」號區域的面積和減去「－」號區域的面積。

圖 4

例 10　積分前先化簡

試計算 $\int_1^8 \dfrac{0.7r^2 + 4.6r + 9}{r}\, dr$。

解

先將被積函數用除法化簡後再作積分：

$$\int_1^8 \frac{0.7r^2 + 4.6r + 9}{r}\, dr$$
$$= \int_1^8 \left(\frac{0.7r^2}{r} + \frac{4.6r}{r} + \frac{9}{r} \right) dr$$
$$= \int_1^8 \left(0.7r + 4.6 + \frac{9}{r} \right) dr$$
$$= 0.7\left(\frac{r^2}{2}\right) + 4.6r + 9\ln|r|\Big]_1^8 = 0.35r^2 + 4.6r + 9\ln|r|\Big]_1^8$$
$$= [0.35(8^2) + 4.6(8) + 9\ln 8] - [0.35(1^2) + 4.6(1) + 9\ln 1]$$
$$= 22.4 + 36.8 + 9\ln 8 - 0.35 - 4.6 - 0 = 54.25 + 9\ln 8$$

這是積分的正確值。若要取小數點，可用計算器得到 ln 8 的近似值。如此一來，我們可得到

$$\int_1^8 \frac{0.7r^2 + 4.6r + 9}{r}\, dr \approx 72.965$$

■ 定積分的一些性質

不定積分的性質 (3) 和性質 (4) 可以用於定積分，我們得到

(5) $$\int_a^b cf(x)\,dx = c\int_a^b f(x)\,dx，其中 c 為常數$$

(6) $$\int_a^b [f(x) \pm g(x)]\,dx = \int_a^b f(x)\,dx \pm \int_a^b g(x)\,dx$$

在定義 $\int_a^b f(x)\,dx$ 時，我們假設 $a<b$。但黎曼和的定義在 $a>b$ 時依然成立。注意：在第 5.1 節的定義 (5) 中，若將 $a<b$ 互換，則 Δx 由 $(b-a)/n$ 換成 $(a-b)/n = -(b-a)/n$。因此

(7) $$\int_b^a f(x)\,dx = -\int_a^b f(x)\,dx$$

微積分基本定理驗證了這個結果：若 $\int_a^b f(x)\,dx = F(b) - F(a)$，則

$$\int_b^a f(x)\,dx = F(a) - F(b) = -[F(b) - F(a)] = -\int_a^b f(x)\,dx$$

最後，下面結果說明當被積函數相同時，如何將兩項在相鄰區間的定積分合併：

(8) $$\int_a^c f(x)\,dx + \int_c^b f(x)\,dx = \int_a^b f(x)\,dx$$

一般而言，這個結果不容易證明，但若假設 $f \geq 0$ 且 $a<c<b$，那麼性質 (8) 可由圖 5 的幾何性質推出：函數圖形 $y=f(x)$ 下從 a 到 c 加上從 c 到 b 的面積等於從 a 到 b 的面積。

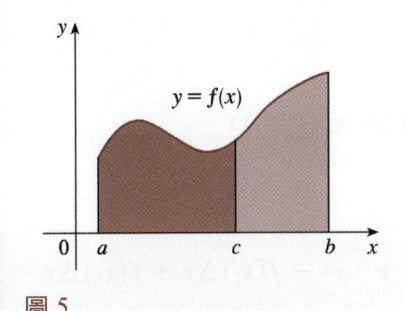

圖 5

例 11　相鄰區間的積分

已知 $\int_0^{10} f(x)\,dx = 17$ 及 $\int_0^8 f(x)\,dx = 12$，求 $\int_8^{10} f(x)\,dx$。

解

由性質 (8) 可得

$$\int_0^8 f(x)\,dx + \int_8^{10} f(x)\,dx = \int_0^{10} f(x)\,dx$$

所以　　$$\int_8^{10} f(x)\,dx = \int_0^{10} f(x)\,dx - \int_0^8 f(x)\,dx = 17 - 12 = 5$$

■ 為何微積分基本定理成立？

考慮 $\int_a^b f(x)\,dx$，其中 f 在區間 $[a, b]$ 為連續。將 $[a, b]$ 等分成長度為 $\Delta x = (b-a)/n$ 的 n 個子區間，其端點為 $x_0\,(=a)$，x_1，x_2，$\cdots$，$x_n\,(=b)$。令 F 為 f 的任意反導數，將 F 在各子區間端點的值先減後加，依序插入：

$$F(b) - F(a) = F(x_n) - F(x_0)$$
$$= F(x_n) + [-F(x_{n-1}) + F(x_{n-1})] + [-F(x_{n-2}) + F(x_{n-2})]$$
$$+ \cdots + [-F(x_1) + F(x_1)] - F(x_0)$$
$$= [F(x_n) - F(x_{n-1})] + [F(x_{n-1}) - F(x_{n-2})] + \cdots$$
$$+ [F(x_2) - F(x_1)] + [F(x_1) - F(x_0)]$$

因為 F 是可微分的，所以當 Δx 很小時，由微分的定義，我們得到

$$F'(x_i) \approx \frac{F(x_i + \Delta x) - F(x_i)}{\Delta x} = \frac{F(x_{i+1}) - F(x_i)}{\Delta x}$$

或等價於

$$F(x_{i+1}) - F(x_i) \approx F'(x_i)\,\Delta x = f(x_i)\,\Delta x$$

因此

$$F(b) - F(a) \approx f(x_{n-1})\,\Delta x + f(x_{n-2})\,\Delta x + \cdots + f(x_1)\,\Delta x + f(x_0)\,\Delta x$$

現在將等號兩邊取極限 $n \to \infty$。左邊是常數，而右邊為函數 f 的黎曼和，所以

$$F(b) - F(a) = \lim_{n \to \infty} [f(x_0)\,\Delta x + f(x_1)\,\Delta x + \cdots + f(x_{n-1})\,\Delta x]$$
$$= \int_a^b f(x)\,dx$$

■ 自我準備

1. 展開並化簡 $(4t+3)^2$。

2. 利用分配律化簡 $\sqrt{x}(2x^2 - 3)$。

3. 將下列表示成 x 的冪次方。
   (a) $\sqrt{x}$
   (b) $(\sqrt[3]{x})^2$
   (c) $1/x^2$
   (d) $\dfrac{1}{x\sqrt{x}}$

4. 將 $\dfrac{2x^4 + 5x^3 + 2}{x^2}$ 表示成三項 x 的冪次方之和。

5. 試求下列函數的導數。
   (a) $y = \frac{1}{4}x^4$
   (b) $B(t) = \frac{2}{3}t^{3/2}$
   (c) $L(u) = \ln|u|$
   (d) $P = 7.3e^t$
   (e) $g(t) = -\dfrac{1}{0.2}e^{-0.2t}$
   (f) $f(v) = 2\sqrt{v}$
   (g) $h(x) = 1/x^3$
   (h) $A = 5^t$

■ 習題 5.2

1-6 ■ 試求下列函數反導數的通式，並以微分驗證結果。

1. $f(x) = 6x^2 - 8x + 3$

2. $f(x) = 5x^{1/4} - 7x^{3/4}$

3. $f(x) = 3\sqrt{x} + \dfrac{5}{x^6}$

4. $q(s) = 5e^s + 3.7$

5. $f(q) = 1 + 2e^{0.8q}$

6. $g(x) = \dfrac{5 - 4x^3 + 2x^6}{x^6}$

7. 試求所有 f，使得 $f'(x) = 8x^2 - 3/x$。

8. 試求 f，其中 $f'(x) = \sqrt{x}(6 + 5x)$，$f(1) = 10$。

9. 試求 (a) f' 和 (b) f，其中 $f''(x) = 24x^2 + 2x + 10$、$f(1) = 5$、$f'(1) = -3$。

10-19 ■ 試求下列定積分。

10. $\int_0^4 (6x - 5)\,dx$

11. $\int_{-1}^3 x^5\,dx$

12. $\int_0^2 (6x^2 - 4x + 5)\,dx$

13. $\int_1^9 4\sqrt{z}\,dz$

14. $\int_{-1}^0 (2x - e^x)\,dx$

15. $\int_0^4 (1 + 2e^{-0.6q})\,dq$

16. $\int_0^4 (2v + 5)(3v - 1)\,dv$

17. $\int_1^2 \dfrac{v^3 + 3v^6}{v^4}\,dv$

18. $\int_1^9 \dfrac{1}{2x}\,dx$

19. $\int_0^1 5(2^z)\,dz$

20-21 ■ 試求在給定區間函數圖形下的面積。

20. $y = 4x + 0.3e^x$，$1 \leq x \leq 4$

21. $p = 5\sqrt{t}$，$0 \leq t \leq 4$

22-27 ■ 試求下列不定積分。

22. $\int 12x^3\,dx$

23. $\int (t^2 + 3t + 4)\,dt$

24. $\int (0.01q^3 + 0.6q^2 + 3.5q + 14.9)\,dq$

25. $\int 5e^{2t}\,dt$

26. $\int (6u^2 - 3\sqrt{u})\,du$

27. $\int (1-t)(2+t^2)\,dt$ （提示：先將被積函數展開。）

28. 給定函數 $f(x) = \frac{1}{2}x^3 + 4x - 1$，試求
    (a) $\int f(x)\,dx$
    (b) $\int_0^2 f(x)\,dx$

29. 試以微分驗證等式
$$\int \frac{x}{\sqrt{x^2+1}}\,dx = \sqrt{x^2+1} + C$$

30. 若 $\int_0^9 f(x)\,dx = 37$ 且 $\int_0^9 g(x)\,dx = 16$，試求 $\int_0^9 [2f(x) + 3g(x)]\,dx$。

31. 將下面的積分以單獨的積分 $\int_a^b f(x)\,dx$ 來表示：
$$\int_{-2}^2 f(x)\,dx + \int_2^5 f(x)\,dx - \int_{-2}^{-1} f(x)\,dx$$

■ 自我挑戰

32. 在 x 軸右邊及拋物線 $x = 2y - y^2$ 左邊區域（如下圖深色部分）的面積為 $\int_0^2 (2y - y^2)\,dy$。（將下圖順時鐘旋轉 90 度，可將此區域看成在拋物線 $x = 2y - y^2$ 下方從 $y = 0$ 到 $y = 2$ 的區域。）求此區域的面積。

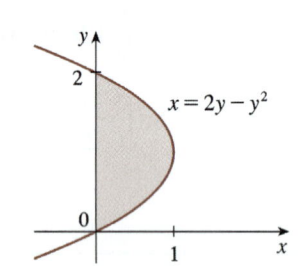

33. 試以性質 (8) 求 $\int_0^8 g(x)\,dx$，其中
$$g(x) = \begin{cases} 0.2x^2 + 4 & \text{當 } x < 5 \\ 3x - 6 & \text{當 } x \geq 5 \end{cases}$$

34. 若 h 為一函數滿足 $h(1) = -2$，$h'(1) = 2$，$h''(1) = 3$，$h(2) = 6$，$h'(2) = 5$，$h''(2) = 13$，且 h'' 處處為連續，試求 $\int_1^2 h''(u)\,du$。

5.3 淨變化定理與平均值

由微積分基本定理，若 f 為定義在區間 $[a, b]$ 的連續函數，則

$$\int_a^b f(x)\,dx = F(b) - F(a)$$

其中 F 為 f 之任意反導數，也就是 $F' = f$，上述方程式可重寫為

$$\int_a^b F'(x)\,dx = F(b) - F(a)$$

已知 F' 表示函數 $y = F(x)$ 對變數 x 的變化率，而 $F(b) - F(a)$ 則表示當 x 從 a 到 b 時 y 的改變。[注意：y 可以是遞增，然後遞減再遞增，雖然 y 可以在不同方向（遞增或遞減）改變，但 $F(b) - F(a)$ 表示 y 的淨變化量。] 因此，可以將微積分基本定理重新表示為

> ■ **淨變化定理 (Net Change Theorem)** 變化率的積分等於淨變化量:
>
> $$\int_a^b F'(x)\, dx = F(b) - F(a)$$

■ 淨變化定理的應用

淨變化定理可應用在前面章節所討論社會學或自然科學有關變化率的問題。下面是這個想法的一些實例:

■ 若人口的增加率為 dP/dt,則

$$\int_{t_1}^{t_2} \frac{dP}{dt}\, dt = P(t_2) - P(t_1)$$

是在時間由 t_1 到 t_2 期間人口的淨變化量。(當新生兒出生時,人口數遞增;當有人死亡時,人口數遞減,而淨變化量為此兩者相減。)

■ 若 $C(q)$ 為生產 q 單位商品的成本,則邊際成本為 $C'(q)$,所以

$$\int_{q_1}^{q_2} C'(q)\, dq = C(q_2) - C(q_1)$$

表示商品的生產由 q_1 單位到 q_2 單位之間成本的淨變化。

■ 若 $V(t)$ 表示在 t 時間蓄水池內的水量,則 $V'(t)$ 表示水流入蓄水池的速度,所以

$$\int_{t_1}^{t_2} V'(t)\, dt = V(t_2) - V(t_1)$$

是在 t_1 到 t_2 期間蓄水池內的水量之淨變化。

■ 若一沿直線運動的物體在 t 時間的位置函數為 $s(t)$,則此物體移動的速度為 $v(t) = s'(t)$,所以

$$(1) \qquad \int_{t_1}^{t_2} v(t)\, dt = s(t_2) - s(t_1)$$

是在時間 t_1 到 t_2 期間,此物體位置的淨變化量或位移 (displacement)。

當我們要計算在某時間內所移動的總距離,就必須考慮 $v(t) \geq 0$ 的區間 (向右移動),以及 $v(t) \leq 0$ 的區間 (向左移動)。而左右移動的距離分別為速率 $|v(t)|$ 的積分,所以

$$(2) \quad \int_{t_1}^{t_2} |v(t)|\, dt = 移動的總距離 = 左右移動的距離相加$$

圖 1 表示如何用面積來表示位移和移動的總距離。

■ 一移動物體的加速度等於速度的變化率，即 $a(t) = v'(t)$，所以

$$\int_{t_1}^{t_2} a(t)\, dt = v(t_2) - v(t_1)$$

是在時間 t_1 到 t_2 期間此物體速度的改變。

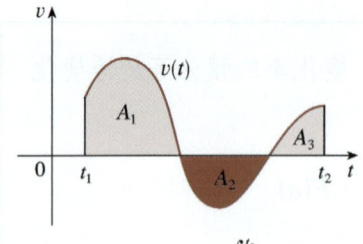

位移 $= \int_{t_1}^{t_2} v(t)\, dt$
$= A_1 - A_2 + A_3$

移動的總距離 $= \int_{t_1}^{t_2} |v(t)|\, dt$
$= A_1 + A_2 + A_3$

圖 1

例 1　邊際收益的積分

已知邊際收益 (單位：美元) 為收益相對於單位生產量的變化率。設某公司賣出 q 單位的新產品時之邊際收益為 $R'(q) = 26 - 0.04q$，試求 $\int_{200}^{300} R'(q)\, dq$，並解釋其意義。

解

$$\int_{200}^{300} R'(q)\, dq = \int_{200}^{300} (26 - 0.04q)\, dq$$

$$= 26q - 0.04\left(\frac{q^2}{2}\right)\bigg]_{200}^{300} = 26q - 0.02q^2\bigg]_{200}^{300}$$

$$= 26(300) - 0.02(300^2) - 26(200) + 0.02(200^2)$$

$$= 7800 - 1800 - 5200 + 800 = 1600$$

這表示當 $200 \leq q \leq 300$ 時的收益淨變化。上面的結果是說，當產量由 200 增加到 300 時收益增加 1600 美元。

例 2　位移 vs. 移動的總距離

若一沿直線運動的物體在時間 t 的速度為 $v(t) = t^2 - t - 6$ (單位：公尺／秒)。

(a) 試求在 $1 \leq t \leq 4$ 期間物體的位移。
(b) 試求在同期間物體移動的總距離。

解

(a) 由方程式 (1) 可得到物體的位移為

$$s(4) - s(1) = \int_1^4 v(t)\, dt = \int_1^4 (t^2 - t - 6)\, dt$$

$$= \left[\frac{t^3}{3} - \frac{t^2}{2} - 6t\right]_1^4 = -\frac{9}{2}$$

這表示在 $t=4$ 時，此物體位於出發點左邊 4.5 公尺處。

(b) 我們先求出使得 $v(t) \geq 0$ 及 $v(t) \leq 0$ 的區間。因為 $v(t) = t^2 - t - 6 = (t-3)(t+2)$，所以當 $t=3$ 及 $t=0$ 時，$v(t)=0$；當 $-2 \leq t \leq 3$ 時，$v(t) \leq 0$；當 $t \leq -2$ 且 $t \geq 3$ 時，$v(t) \geq 0$。因此，當 $1 \leq t \leq 4$，在區間 [1, 3] 中 $v(t) \leq 0$；在區間 [3, 4] 中 $v(t) \geq 0$。已知若 $v(t) \leq 0$，則 $|v(t)| = -v(t)$，所以由公式 (2) 可求得移動的總距離為

我們利用第 5.2 節的性質 (8) 求絕對值 $v(t)$ 的積分，將定積分分成兩個：一個對 $v(t) \geq 0$；另一個對 $v(t) \leq 0$。

$$\int_1^4 |v(t)|\, dt = \int_1^3 [-v(t)]\, dt + \int_3^4 v(t)\, dt$$
$$= \int_1^3 (-t^2 + t + 6)\, dt + \int_3^4 (t^2 - t - 6)\, dt$$
$$= \left[-\frac{t^3}{3} + \frac{t^2}{2} + 6t\right]_1^3 + \left[\frac{t^3}{3} - \frac{t^2}{2} - 6t\right]_3^4$$
$$= \left(\frac{27}{2} - \frac{37}{6}\right) + \left(-\frac{32}{3} + \frac{27}{2}\right) = \frac{61}{6} \approx 10.17 \text{ 公尺}$$

例 3 由積分電力求總電量

圖 2 為 9 月份中某日舊金山市電力的消耗 (P 以瓩為單位，時間則從午夜 12 點開始以小時為單位)。試估計在此日所用的總電能。

圖 2

Pacific Gas & Electric

解

電力是電量的變化率：$P(t) = E'(t)$。所以，由淨變化量定理可得到當日的總耗電量為

$$\int_0^{24} P(t)\, dt = \int_0^{24} E'(t)\, dt = E(24) - E(0)$$

若將一天平分成 12 個時段，$\Delta t = 2$，並引用中點法就可以得到上述積分的估計值：

$$\int_0^{24} P(t)\,dt \approx [P(1) + P(3) + P(5) + \cdots + P(21) + P(23)]\Delta t$$
$$\approx (440 + 400 + 420 + 620 + 790 + 840 + 850$$
$$+ 840 + 810 + 690 + 670 + 550)(2)$$
$$\approx 15{,}840$$

也就是一天大約用掉 15,840 瓩-小時的電量。

■ 單位的註解

在例 3 中，我們如何選取電量的單位呢？由黎曼和的概念，積分 $\int_0^{24} P(t)\,dt$ 是定義為每一項的形式都如同 $P(t_i)\Delta t$ 的和之極限，而 $P(t_i)$ 和 Δt 的單位分別為瓩和小時。所以，它們的乘積的單位應該是瓩-小時，取極限後也應該是一樣的。一般而言，積分 $\int_a^b f(x)\,dx$ 的單位等於 $f(x)$ 的單位乘以 x 的單位。

例 4 定積分中的單位

假設把某種藥物注射到病人體內 t 小時後，血液中吸收藥物的速率為 $a(t)$。若 $a(t)$ 以每小時微克/毫升，且 t 以小時為單位。試問 $\int_1^3 a(t)\,dt$ 之單位為何？此定積分意義為何？

解

$\int_1^3 a(t)\,dt$ 的單位為每小時微克/毫升 [$a(t)$ 的單位] 乘以小時 (t 的單位)，所以 $\int_1^3 a(t)\,dt$ 的單位等於微克/毫升。此定積分意義為藥物注射到病人體內 1 小時後到 3 小時後濃度的淨變化。

■ 平均值

n 個數 y_1，y_2，$\cdots$，y_n 的平均值為

$$y_{\text{ave}} = \frac{y_1 + y_2 + \cdots + y_n}{n}$$

若假設在一天中可以無窮多次記錄溫度，如何計算溫度的平均值？圖 3 為某日溫度函數 $T(t)$ 的圖形，其中時間單位是小時，溫度單位 T 是 °C，試猜測這天的平均溫度 T_{ave}。

一般而言，我們要計算函數 $y = f(x)$ 在區間 $a \leq x \leq b$ 的平均值。作法是先將區間 $[a, b]$ 等分成 n 個長度為 $\Delta x = (b-a)/n$ 的小區間，

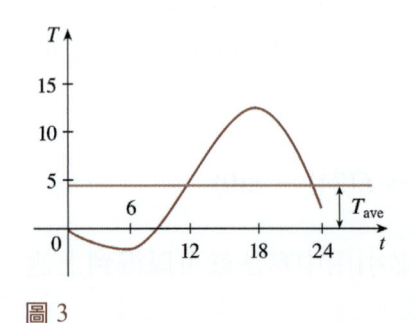

圖 3

然後取每個小區間右邊端點 x_i 的對應值 $f(x_i)$，然後取平均值：

$$\frac{f(x_1) + \cdots + f(x_n)}{n}$$

(例如，當 $f(x)$ 表示溫度函數，且 $n = 24$，此時就是取每整點的溫度再作平均。) 因為 $\Delta x = (b-a)/n$，所以 $n = (b-a)/\Delta x$。上面的公式就成為

$$\frac{f(x_1) + \cdots + f(x_n)}{(b-a)/\Delta x} = \frac{\Delta x}{b-a}[f(x_1) + \cdots + f(x_n)]$$

$$= \frac{1}{b-a}[f(x_1)\Delta x + \cdots + f(x_n)\Delta x]$$

當 n 增加時，我們計算就是間隔極小 (但數量極大) 函數值的平均 (例如，取每分鐘甚至每秒鐘的溫度再作平均)。括弧中的和就是一個黎曼和，將其取極限 $n \to \infty$，可得到

$$\lim_{n\to\infty} \frac{1}{b-a}[f(x_1)\Delta x + \cdots + f(x_n)\Delta x] = \frac{1}{b-a}\int_a^b f(x)\,dx$$

所以，函數 f 在的區間 $[a, b]$ 的**平均值 (average)** 定義為

$$\boxed{f_{\text{ave}} = \frac{1}{b-a}\int_a^b f(x)\,dx}$$

若函數值為正數，我們可將定義看成：

$$\frac{\text{面積}}{\text{寬}} = \text{高的平均值}$$

例 5　計算函數的平均值

試求函數 $f(x) = 1 + x^2$ 在區間 $[-1, 2]$ 的平均值。

解

由題意 $a = -1$ 和 $b = 2$ 可得

$$f_{\text{ave}} = \frac{1}{b-a}\int_a^b f(x)\,dx = \frac{1}{2-(-1)}\int_{-1}^2 (1 + x^2)\,dx$$

$$= \frac{1}{3}\left[x + \frac{x^3}{3}\right]_{-1}^2 = \frac{1}{3}\left[2 + \frac{8}{3} - (-1) - \left(-\frac{1}{3}\right)\right] = 2$$

例 6　求平均溫度

4 月中某日墨西哥市午夜過後 t 小時的溫度 (華氏) 可用下面函數表示：

$$T(t) = -0.017t^3 + 0.53t^2 - 2.9t + 65$$

試求在上午 8 點到下午 6 點間的平均溫度。

解

由題意可知，所求為區間 [8, 18] 中的平均溫度：

$$T_{ave} = \frac{1}{18-8} \int_8^{18} (-0.017t^3 + 0.53t^2 - 2.9t + 65)\, dt$$

$$= \frac{1}{10}\left[-0.017\frac{t^4}{4} + 0.53\frac{t^3}{3} - 2.9\frac{t^2}{2} + 65t\right]_8^{18}$$

$$\approx \frac{1}{10}(1284.372 - 500.245) \approx 78.4 \text{ 度}$$

習題 5.3

1. **積分邊際成本**　若 $C'(q)$ 為製造 q 把吉他的邊際成本 (單位：千美元 / 把)，則定積分 $\int_{300}^{500} C'(q)\, dq$ 的意義為何？

2. **人體成長率**　若 t 年後兒童體重的變化率為 $w'(t)$ (單位：磅 / 年)，定積分 $\int_5^{10} w'(t)\, dt$ 的意義為何？

3. **石油的洩出**　若油槽中的石油以每分鐘 $r(t)$ 加侖的速度洩出，則定積分 $\int_0^{120} r(t)\, dt$ 的意義為何？

4. **步道的斜度**　若 $f(x)$ 表示與步道的起點水平距離 x 哩處之坡道斜度，則定積分 $\int_3^5 f(x)\, dx$ 的意義為何？

5. **資料流量**　在午夜過後，資料以每秒 $f(t)$ mB 的速度經由網路傳輸到個人電腦，則 $\int_{21,600}^{28,800} f(t)\, dt = 18,350$ 的意義為何？

6. **布料的生產**　生產 y 碼某種布料的邊際成本為 (單位：美元 / 碼)

$$C'(y) = 3 - 0.01y + 0.000006y^2$$

試求布料的產量從 2000 碼提高到 4000 碼所增加的成本。

7. **報紙的訂戶**　某城市大報的訂戶一直流失。若從 2010 年 1 月 1 日起訂戶的變化率 (單位：戶 / 月) 為 $s(t) = -15{,}000e^{-0.04t}$。試問在 2010 年共流失了多少訂閱戶？

8. **細菌數量**　在培養皿的細菌 t 小時內，以每小時 $r(t) = 6e^{0.3t}$ 千個的速度成長。試問在前 2 小時細菌數量增加了多少？

9. **石油的洩出** 油槽在 $t=0$ 時破裂，石油以每分鐘 $r(t) = 100e^{-0.01t}$ 公升的速度流出。試問在第一個小時洩出了多少石油？

10. 若 t 以年為單位，而 $P(t)$ 以每年千人為單位。試問 $\int_a^b P(t)\,dt$ 的單位為何？

11. **電能消耗** 某日一家戶的電力消耗(瓩)可用

$$p(t) = -0.016t^3 + 0.44t^2 - 1.4t + 12.1$$

為模型，其中 t 表示午夜過後 t 小時，$0 \leq t \leq 24$。試問在此日電能消耗量為何？(利用電力是電能的變化率。)

12. **老鷹飛行的速度** 一隻老鷹沿直線飛行 t 秒後的加速度為 $a(t) = 0.4 + 0.12t$ 呎/平方秒。試問在 $t=5$ 到 $t=8$ 這段時間，老鷹的速度增加了多少？

13. 某物體沿直線移動速度函數(單位：公尺/秒)為

$$v(t) = 3t - 5 , 0 \leq t \leq 3$$

試求在這段時間的 (a) 位移和 (b) 移動總距離。

14. 某物體沿直線移動加速度函數(單位：公尺/秒平方)為

$$a(t) = t + 4 , v(0) = 5 , 0 \leq t \leq 10$$

試求 (a) 在 t 時的速度和 (b) 在這段時間的移動總距離。

15-16 ■ 試求函數在給定區間的平均值。

15. $f(x) = 4x - x^2$，$[0, 4]$

16. $g(x) = \sqrt[3]{x}$，$[1, 8]$

17. **平均溫度** 某城市早上 9 點過後的溫度函數(華氏)為

$$T(t) = 57 - 2.4t + 0.43t^2 - 0.014t^3$$

試求從早上 9 點到晚上 9 點的平均溫度。

18. **藥物濃度** 將藥物注射入病人體內 t 分鐘後，設濃度(毫克/公升)為

$$C(t) = 8(e^{-0.05t} - e^{-0.4t})$$

試求在前 20 分鐘病人體內藥物的平均濃度。

19. **儲水量** 水槽中的水不斷流入也流出。下圖為水槽中水量的變化率。假設在 $t=0$ 時的水量為 25,000 公升。試以中點法估計 4 天後水槽中的水量。

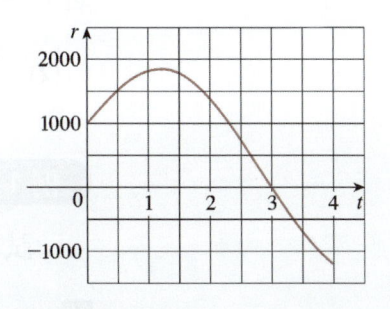

20. 下表為連續函數 f 的給定值。試以中點法估計 f 在區間 $[20, 50]$ 的平均值

x	20	25	30	35	40	45	50
$f(x)$	42	38	31	29	35	48	60

■ 自我挑戰

21. **邊際成本** 若生產 q 單位某商品的為 $C'(q)$。試說明邊際成本在 $a \leq q \leq b$ 的平均值等於在 $a \leq q \leq b$ 總成本的平均變化率。

5.4 變數變換法

■ 連鎖法則的反運算

基於微積分基本定理，找出函數的反導數來計算定積分是很重要的。但是，直接引用第 5.2 節的反導數公式未必能求出不定積分，例如：

(1) $$\int 2x\sqrt{1+x^2}\,dx$$

但函數 $2x\sqrt{1+x^2}$ 的反導數確實存在；事實上，

$$\frac{d}{dx}\left[\tfrac{2}{3}(1+x^2)^{3/2}\right] = \tfrac{2}{3}\cdot\tfrac{3}{2}(1+x^2)^{1/2}\cdot 2x = 2x\sqrt{1+x^2}$$

所以 $\tfrac{2}{3}(1+x^2)^{3/2}$ 是 $2x\sqrt{1+x^2}$ 的一個反導數。如何才能找到這個反導數？注意：$\tfrac{2}{3}(1+x^2)^{3/2}$ 是一個合成函數，所以其導數的計算需要用連鎖法則。因此，找反導數的關鍵在將連鎖法則倒過來用。

一般而言，考慮一個合成函數 $F(g(x))$，由連鎖法則得到

$$\frac{d}{dx}[F(g(x))] = F'(g(x))\,g'(x)$$

若 $F'=f$，則

(2) $$\int f(g(x))\,g'(x)\,dx = F(g(x)) + C$$

例 1　連鎖法則的反運算

試求不定積分 $\int 2x\sqrt{1+x^2}\,dx$。

解

若將根號內的函數設為 $g(x)=1+x^2$，則可得 $g'(x)=2x$。我們可將不定積分寫成 $\int 2x\sqrt{1+x^2}\,dx = \int \sqrt{g(x)}\,g'(x)\,dx$。再設 $f(u)=\sqrt{u}$，因為 f 的一個反導數為 $F(u)=\tfrac{2}{3}u^{3/2}$，所以由公式 (2) 可得

$$\int \underbrace{\sqrt{\underbrace{1+x^2}_{g(x)}}}_{f(g(x))}\,\underbrace{2x}_{g'(x)}\,dx = F(g(x)) + C = F(1+x^2) + C$$

$$= \tfrac{2}{3}(1+x^2)^{3/2} + C$$

■ 不定積分的變換法

實際上，我們常以「變數變換」(change of variable) 或「變換」(substitution)，將被積分函數改寫成新變數的形式。若令 $u = g(x)$，則 $du/dx = g'(x)$。雖然 du/dx 是一個符號，我們常將它看成一個分式，因此把上面的微分記為 $du = g'(x)\,dx$。當我們這麼做，du 和 dx 就稱作微分元 (differential)，它們的關聯性是由方程式 $du = g'(x)\,dx$ 來決定。此時，公式(2)可記作

$$\int f(\underbrace{g(x)}_{u})\,\underbrace{g'(x)\,dx}_{du} = \int f(u)\,du = F(u) + C$$

其中 $F' = f$。所以，以 u 取代 $g(x)$ 和以 du 取代 $g'(x)\,dx$，就可將對變數 x 的積分換成對變數 u 的積分，因此得到下面的法則。

> **(3) ■ 變數變換法 (Substitution Rule)**　假設 $u = g(x)$ 是一個可微分函數，且 f 在 g 的值域上是連續的，則
> $$\int f(g(x))\,g'(x)\,dx = \int f(u)\,du$$

對變數 u 的積分完成後，我們再把 u 換回 $g(x)$。再檢視例 1 的積分，當我們使用代換 $u = 1 + x^2$，即可得 $du = 2x\,dx$，因此得到

$$\int 2x\sqrt{1+x^2}\,dx = \int \sqrt{u}\,du = \tfrac{2}{3}u^{3/2} + C = \tfrac{2}{3}(1+x^2)^{3/2} + C$$

例 2　利用變數變換法

試求 $\displaystyle\int x^3(x^4+2)^6\,dx$。

解

設 $u = x^4 + 2$，可得到微分元 $du = 4x^3\,dx$。除了常數 4 外，這些都出現在積分式中。所以 $x^3\,dx = \tfrac{1}{4}du$，再由變數變換法可得

$$\int x^3(x^4+2)^6\,dx = \int u^6 \cdot \tfrac{1}{4}\,du = \tfrac{1}{4}\int u^6\,du$$

$$= \tfrac{1}{4} \cdot \tfrac{1}{7}u^7 + C = \tfrac{1}{28}(x^4+2)^7 + C$$

注意：在最後須將變數換回 x。

用微分驗證答案。

變數變換法的基本想法是，將複雜的積分用相對較簡單的積分來取代。要達到這個目的，就必須把變數 x 用另一個以 x 為變數的函數 u 來代替。在例 2 中，將積分 $\int x^3(x^4+2)^6\,dx$ 換成較簡單的積分 $\frac{1}{4}\int u^6\,du$。

使用變數變換法的最大的挑戰在於如何尋找適當的新變數。如在例 2 中，應嘗試以 u 取代被積函數中的某個函數，並使它的導數 (除常數外) 也會出現在被積函數。如果行不通，我們常將被積函數中某個複雜的部分 (類似於合成函數的內層函數) 設為 u。找到合適的新變數是一門藝術，猜錯了是很正常的，如果試一個函數不行，就試另一個。

例 3　變換變數的選擇

試計算 $\displaystyle\int \frac{t^2}{t^3+1}\,dt$。

解

因為分母 t^3+1 形式比較複雜，而且它的導數 $3t^2$ (除了常數 3 外) 出現在分子。所以令 $u=t^3+1$，則 $du=3t^2dt$，即 $t^2\,dt=\frac{1}{3}du$。再由變數變換法，即可得

$$\int \frac{t^2}{t^3+1}\,dt = \int \frac{1}{u}\cdot\frac{1}{3}\,du = \frac{1}{3}\int \frac{1}{u}\,du$$
$$= \tfrac{1}{3}\ln|u|+C = \tfrac{1}{3}\ln|t^3+1|+C$$

一般而言，形式如同

$$\int \frac{g'(x)}{g(x)}\,dx$$

的積分利用代換 $u=g(x)$，得到反導數為 $\ln|g(x)|+C$。

例 4　變換變數的選擇

試求 $\displaystyle\int \frac{x}{\sqrt{1-4x^2}}\,dx$。

解

被積函數的分母為合成函數。令 $u=1-4x^2$ 為合成函數中的內層函數，由 $du=-8x\,dx$，即 $x\,dx=-\frac{1}{8}du$，所以

$$\int \frac{x}{\sqrt{1-4x^2}}\,dx = \int \frac{1}{\sqrt{u}}\left(-\frac{1}{8}\right)du = -\frac{1}{8}\int u^{-1/2}\,du = -\frac{1}{8}\left[\frac{u^{1/2}}{1/2}\right]du$$
$$= -\tfrac{1}{8}(2\sqrt{u})+C = -\tfrac{1}{4}\sqrt{1-4x^2}+C$$

第 5 章　積分　317

除了用微分來驗算答案外，我們也可以用圖形來檢驗例 4 的解。在圖 1 中，被積函數 $f(x) = x/\sqrt{1-4x^2}$ 和它的不定積分 $g(x) = -\frac{1}{4}\sqrt{1-4x^2}$（取 $C=0$）的圖形是用電腦繪製的。注意到當 $f(x) < 0$ 時，$g(x)$ 是遞減的；當 $f(x) > 0$ 時，它則是遞增的。因此，當 $f(x) = 0$ 時，$g(x)$ 有最小值。所以，由圖形 1 推論出 g 為 f 的反導數是合理的。

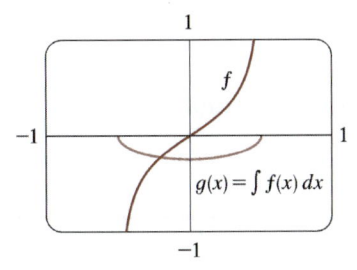

圖 1　$f(x) = \dfrac{x}{\sqrt{1-4x^2}}$

$g(x) = \int f(x)\,dx = -\frac{1}{4}\sqrt{1-4x^2}$

當你看到形式如同 $\int g'(x)e^{g(x)}\,dx$ 的積分，就用代換 $u = g(x)$，得到反導數為 $e^{g(x)} + C$。

例 5　有關指數函數的變數變換法

試計算 $\int r e^{5r^2}\,dr$。

解

令 $u = 5r^2$，則微分元為 $du = 10r\,dr$。除了常數 10，微分元的各項都出現在積分式。所以，由 $r\,dr = \frac{1}{10}du$ 可得

$$\int re^{5r^2}\,dr = \int e^u \cdot \tfrac{1}{10}\,du = \tfrac{1}{10}\int e^u\,du = \tfrac{1}{10}e^u + C = \tfrac{1}{10}e^{5r^2} + C$$

■ 定積分的變數變換

使用變數變換計算定積分時，有下列兩種方法。一種方法是先求出不定積分，再引用微積分基本定理來求值。如由例 3 中的結果，可得

$$\int_0^1 \frac{t^2}{t^3+1}\,dt = \tfrac{1}{3}\ln|t^3+1|\Big]_0^1 = \tfrac{1}{3}\ln(1+1) - \tfrac{1}{3}\ln(0+1) = \tfrac{1}{3}\ln 2$$

另一種方法是在變數變換時，一併改變積分的上下限。這樣我們可以不須將變數還原。

這個規則告訴我們在使用變數變換求定積分時，要將所有的量換成新變數 u，不只有 x 及 dx 而已，新的定積分上下極限分別為 $x = a$ 及 $x = b$ 所對應的 u 值。

(4) ■ 定積分變數變換法　若 g' 在 $[a, b]$ 上是連續的，且 f 在 $u = g(x)$ 的值域上也是連續的，則

$$\int_a^b f(g(x))\,g'(x)\,dx = \int_{g(a)}^{g(b)} f(u)\,du$$

證明　設 F 為 f 的反導數，則由公式 (2) 可知，$F(g(x))$ 是 $f(g(x))g'(x)$ 的反導數。因此，由微積分基本定理可得到

$$\int_a^b f(g(x))\,g'(x)\,dx = F(g(x))\Big]_a^b = F(g(b)) - F(g(a))$$

再引用微積分基本定理,即可得

$$\int_{g(a)}^{g(b)} f(u)\, du = F(u)\Big]_{g(a)}^{g(b)} = F(g(b)) - F(g(a))$$

例 6 定積分的變數變換

試以定理 (4) 計算 $\int_0^1 \dfrac{t^2}{t^3+1}\, dt$。

解

由例 3,令 $u = t^3 + 1$,可得 $du = 3t^2\, dt$ 或 $\frac{1}{3} du = t^2\, dt$。再找出積分新的上下限,我們有

當 $t = 0$ 時,$u = (0)^3 + 1 = 1$ 和   當 $t = 1$ 時,$u = (1)^3 + 1 = 2$

所以

$$\int_0^1 \frac{t^2}{t^3+1}\, dt = \int_1^2 \frac{1}{u} \cdot \frac{1}{3}\, du = \tfrac{1}{3} \ln|u|\Big]_1^2$$
$$= \tfrac{1}{3} \ln 2 - \tfrac{1}{3} \ln 1 = \tfrac{1}{3} \ln 2$$

例 7 定積分的變數變換

試計算 $\int_1^2 \dfrac{dx}{(3-5x)^2}$。

例 7 中的定積分為 $\int_1^2 \dfrac{1}{(3-5x)^2}\, dx$ 的縮寫。

解

令 $u = 3 - 5x$,則 $du = -5\, dx$,即 $dx = -\tfrac{1}{5} du$。當 $x = 1$ 時,$u = -2$;當 $x = 2$ 時,$u = -7$。所以

$$\int_1^2 \frac{dx}{(3-5x)^2} = \int_{-2}^{-7} -\frac{1}{5} \cdot \frac{1}{u^2}\, du = -\frac{1}{5} \int_{-2}^{-7} u^{-2}\, du$$
$$= -\frac{1}{5} \left[\frac{u^{-1}}{-1} \right]_{-2}^{-7} = -\frac{1}{5}\left[-\frac{1}{u}\right]_{-2}^{-7} = \frac{1}{5}\left[\frac{1}{u}\right]_{-2}^{-7}$$
$$= \frac{1}{5}\left[-\frac{1}{7} - \left(-\frac{1}{2}\right)\right] = \frac{1}{5} \cdot \frac{5}{14} = \frac{1}{14}$$

由於例 8 中當 $x > 1$ 時，函數 $f(x) = (\ln x)/x$ 是正的，其積分值為圖 2 中深色區域的面積。

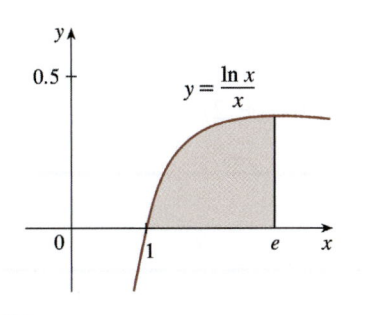

圖 2

例 8 定積分的變數變換

試計算 $\int_1^e \dfrac{\ln x}{x} dx$。

解

令 $u = \ln x$，這是因為其微分元 $du = (1/x)\, dx$ 出現在積分中。當 $x = 1$ 時，$u = \ln 1 = 0$；當 $x = 2$ 時，$u = \ln e = 1$。所以，

$$\int_1^e \frac{\ln x}{x} dx = \int_0^1 u\, du = \left.\frac{u^2}{2}\right]_0^1 = \frac{1}{2} - 0 = \frac{1}{2}$$

■ | 對稱性

當函數有對稱性時，某些定積分的計算就可以簡化。由第 1.1 節可知，偶函數 $[f(-x) = f(x)]$ 的圖形對稱於 y 軸，而奇函數 $[f(-x) = -f(x)]$ 的圖形則對稱於原點。

圖 3(a) 中的函數為一個定義在 $-a \leq x \leq a$ 且值為正數的偶函數。由對稱性可知，左邊圖形下方區域的面積等於右邊圖形下方區域的面積，所以從 $-a$ 到 a 的面積等於從 0 到 a 的面積的 2 倍。若函數 f 是奇函數，則介於 0 和 a 之間圖形下方的區域面積，等於介於 0 和 $-a$ 之間圖形上方的區域面積，所以彼此互相抵消，即是從 $-a$ 到 a 的積分為 0 [如圖 3(b)]。

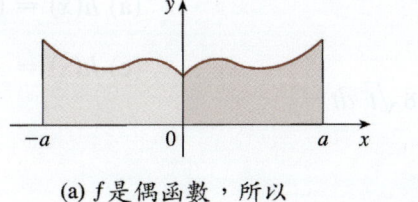

(a) f 是偶函數，所以
$\int_{-a}^{a} f(x)\, dx = 2\int_0^a f(x)\, dx$

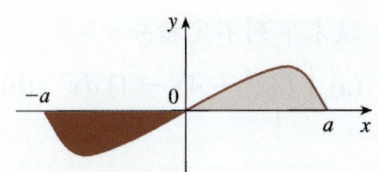

(b) f 是奇函數，所以 $\int_{-a}^{a} f(x)\, dx = 0$

圖 3

我們將上面的結果整理後，可得到下面的定理。

(6) ■ 對稱函數的積分　假設 f 在 $[-a, a]$ 是連續的。
 (a) 若 f 為偶函數 $[f(-x) = f(x)]$，則 $\int_{-a}^{a} f(x)\, dx = 2\int_0^a f(x)\, dx$。
 (b) 若 f 為奇函數 $[f(-x) = -f(x)]$，則 $\int_{-a}^{a} f(x)\, dx = 0$。

例 9 偶函數的積分

由於 $f(x) = x^6 + 1$ 滿足 $f(-x) = f(x)$，所以它是偶函數。因此

$$\int_{-2}^{2} (x^6 + 1)\, dx = 2 \int_{0}^{2} (x^6 + 1)\, dx$$

$$= 2\left[\tfrac{1}{7}x^7 + x\right]_0^2 = 2\left(\tfrac{128}{7} + 2\right) = \tfrac{284}{7}$$

例 10 奇函數的積分

由於 $f(x) = x^3/(1 + x^2 + x^4)$ 滿足 $f(-x) = -f(x)$，所以它是偶函數。因此

$$\int_{-1}^{1} \frac{x^3}{1 + x^2 + x^4}\, dx = 0$$

■ 自我準備

1. 試求下列函數的導數。
   (a) $y = e^{x^3 + 1}$
   (b) $Q(t) = \ln(3t + t^2)$
   (c) $f(x) = (2x^2 + 3)^4$
   (d) $g(z) = \sqrt{e^z + 5z}$
   (e) $r = 3^{2t+2}$

2. 試求下列不定積分。
   (a) $\int (3x^5 + 4x - 1)\, dx$
   (b) $\int 8\sqrt{t}\, dt$
   (c) $\int (5/v)\, dv$
   (d) $\int (5/v^2)\, dv$
   (e) $\int 4^x\, dx$

3. 試求函數 f 及 g 使得 $h(x) = f(g(x))$。
   (a) $h(x) = (3x^2 + 2)^4$
   (b) $h(x) = \sqrt{x^3 + 8}$
   (c) $h(x) = \dfrac{1}{x^3 - 2}$
   (d) $h(x) = e^{x^2 + 1}$

■ 習題 5.4

1-3 ■ 試以給定的變數變換求下列積分。

1. $\int e^{-x}\, dx$，$u = -x$

2. $\int x^2 \sqrt{x^3 + 1}\, dx$，$u = x^3 + 1$

3. $\int \dfrac{p}{1 + 4p^2}\, dp$，$u = 1 + 4p^2$

4-15 ■ 試求下列積分。

4. $\int t(3 - t^2)^4\, dt$

5. $\int (3x - 2)^{20}\, dx$

6. $\int q\sqrt{q^2 + 3.1}\, dq$

7. $\int \dfrac{x^2}{\sqrt{0.4x^3 + 2.2}}\, dx$

8. $\int \dfrac{5z^2}{(z^3 + 2)^3}\, dz$

9. $\int e^x \sqrt{1 + e^x}\, dx$

10. $\int \dfrac{(\ln x)^2}{x}\,dx$ 11. $\int te^{2t^2}\,dt$

12. $\int \dfrac{dx}{5-3x}$ 13. $\int \dfrac{e^{\sqrt{t}+1}}{\sqrt{t}}\,dt$

14. $\int 2^{3-4t}\,dt$

15. $\int (x^2+1)(x^3+3x)^4\,dx$

16-21 ■ 試求下列定積分。

16. $\int_0^1 \sqrt[3]{1+7x}\,dx$ 17. $\int_0^1 x^2(1+2x^3)^5\,dx$

18. $\int_0^1 \dfrac{1}{(3v+1)^2}\,dv$ 19. $\int_1^3 4ze^{z^2-1}\,dz$

20. $\int_1^4 \dfrac{e^{\sqrt{x}}}{\sqrt{x}}\,dx$ 21. $\int_e^{e^4} \dfrac{dx}{x\sqrt{\ln x}}$

22-23 ■ 利用對稱性求下列定積分。

22. $\int_{-1}^1 (3x^8+x^4)\,dx$ 23. $\int_{-2}^2 \dfrac{t^3}{t^6+1}\,dt$

24. **新歌的銷售**　一音樂家將新歌放在網路上提供下載，若 t 週後下載率為

$$50\left(\dfrac{t}{2t^2+5}\right) \text{千次／週}$$

試求在前 6 週共下載多少次？

25. **汽油儲存量**　一個油槽汽油儲存率為 $8te^{-0.026t^2}$ 加侖／分鐘，試問前 10 分鐘有多少汽油加入油槽？

■ 自我挑戰

26. 試求定積分 $\int x(2x+5)^8\,dx$。

27. 若 f 為連續函數且 $\int_0^4 f(x)\,dx=10$，試求 $\int_0^2 f(2x)\,dx$。

28. 將 $\int_{-2}^2 (x+3)\sqrt{4-x^2}$ 表示成兩個定積分，並視其中一個為面積，以求其值。

29. 下圖中的兩個區域是否有相同面積？為什麼？

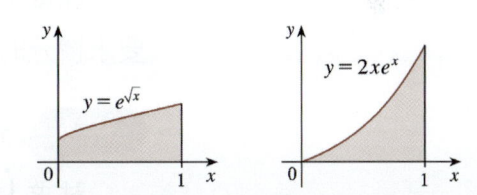

30. 若 a、b 為正數，試證明

$$\int_0^1 x^a(1-x)^b\,dx = \int_0^1 x^b(1-x)^a\,dx$$

5.5 分部積分

■ 微分乘法律的反運算

每一個積分法則都有一個相對應的微分法則。例如，積分中的變數變換法，所對應的就是微分中的連鎖法則，而對應於微分乘法律的積分技巧則稱為**分部積分**。

如果函數 f 和 g 為可微分函數，由乘法律

$$\dfrac{d}{dx}[f(x)\,g(x)] = f(x)\,g'(x) + g(x)\,f'(x)$$

對上式的等號兩邊同時積分，得到

$$\int [f(x)\,g'(x) + g(x)\,f'(x)]\,dx = f(x)\,g(x)$$

或

$$\int f(x)\,g'(x)\,dx + \int g(x)\,f'(x)\,dx = f(x)\,g(x)$$

移項後，可得

(1) $$\boxed{\int f(x)\,g'(x)\,dx = f(x)\,g(x) - \int g(x)\,f'(x)\,dx}$$

■ 不定積分的分部積分

公式 (1) 稱為**分部積分公式 (formula for integration by parts)**。如果令 $u = f(x)$ 和 $v = g(x)$，則可得到 $du = f'(x)\,dx$ 及 $dv = g'(x)\,dx$，使用變數變換法就會得到另一個較好記的分部積分公式

(2) $$\boxed{\int u\,dv = uv - \int v\,du}$$

注意：分部積分公式是將不定積分轉換成其他形式，但仍含有需要求積分的式子。

例 1 分部積分

試求 $\int xe^{2x}\,dx$。

解 1 利用公式 (1)

若我們取 $f(x) = x$，$g'(x) = e^{2x}$，則可得 $f'(x) = 1$，$g(x) = \frac{1}{2}e^{2x}$。(對 g 而言，可以取任何 g' 的反導數，不必是通式。) 所以，由公式 (1) 得到

$$\int xe^{2x}\,dx = f(x)\,g(x) - \int g(x)\,f'(x)\,dx$$
$$= x\left(\tfrac{1}{2}e^{2x}\right) - \int \tfrac{1}{2}e^{2x}(1)\,dx$$
$$= \tfrac{1}{2}xe^{2x} - \tfrac{1}{2}\int e^{2x}\,dx = \tfrac{1}{2}xe^{2x} - \tfrac{1}{4}e^{2x} + C$$

可對答案作微分來驗算，就會得到 xe^{2x}

第 5 章　積分

解2 利用公式 (2)

令
$$u = x \quad dv = e^{2x}\, dx$$

則
$$du = dx \quad v = \tfrac{1}{2}e^{2x}$$

所以

用下面形式會有幫助：
$u = \square \quad dv = \square$
$du = \square \quad v = \square$

$$\int \overbrace{x}^{u}\ \overbrace{e^{2x}\, dx}^{dv} = \overbrace{x}^{u} \cdot \overbrace{\tfrac{1}{2}e^{2x}}^{v} - \int \overbrace{\tfrac{1}{2}e^{2x}}^{v}\ \overbrace{dx}^{du}$$
$$= \tfrac{1}{2}xe^{2x} - \tfrac{1}{2} \cdot \tfrac{1}{2}e^{2x} + C$$
$$= \tfrac{1}{2}xe^{2x} - \tfrac{1}{4}e^{2x} + C$$

註： 分部積分的目標是找到一個比原先積分式更簡單的積分式。所以在例 1 中，由 $\int xe^{2x}\, dx$ 開始，想將其表示成較簡單的形式 $\int e^{2x}\, dx$。如果我們取 $u = e^{2x}$ 和 $dv = x\, dx$，則 $du = 2e^{2x}\, dx$ 和 $v = x^2/2$，所以由分部積分就可得到

$$\int xe^{2x}\, dx = (e^{2x})\frac{x^2}{2} - \int x^2 e^{2x}\, dx$$

雖然上式是正確的，但是卻比開始的形式 $\int x^2 e^{2x}\, dx$ 更複雜。一般而言，在決定如何選取 u 及 dv 時，我們取的 $u = f(x)$ 是為了將它微分後會得到更簡單的函數 (或者至少不會更複雜)，且 $dv = g'(x)\, dx$ 要能很容易被積分而得到 v。

例 2 使用兩次分部積分

試求 $\int t^2 e^t\, dt$。

解

微分之後 t^2 會變簡單 (而 e^t 不論微分或積分之後都不會改變)，所以令

$$u = t^2 \quad dv = e^t\, dt$$

則
$$du = 2t\, dt \quad v = e^t$$

分部積分後，可得

圖 1 為例 2 中的函數 $f(t) = t^2 e^t$ 及 $F(t) = t^2 e^t - 2te^t + 2e^t$，用觀察法檢驗來計算，我們注意當 F 有水平切線時 $f(t) = 0$。

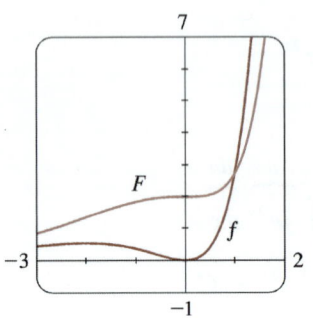

圖 1

(3) $$\int t^2 e^t \, dt = t^2 e^t - 2\int te^t \, dt$$

新得到的積分 $\int te^t \, dt$ 比原來的積分簡單，但是答案還是不明顯。如果再用一次分部積分，令 $u = t$ 及 $dv = e^t \, dt$（如同例 1 的作法），則 $du = dt$ 且 $v = e^t$。所以，

$$\int te^t \, dt = te^t - \int e^t \, dt = te^t - e^t + C$$

代入式 (3) 可得到

$$\int t^2 e^t \, dt = t^2 e^t - 2\int te^t \, dt$$
$$= t^2 e^t - 2(te^t - e^t + C)$$
$$= t^2 e^t - 2te^t + 2e^t - 2C$$

因為 C 是任意常數，將其乘以 -2 仍是任意常數。我們可以將 $-2C$ 換成另一個常數 C_1，使得結果看起來較為簡單：

$$\int t^2 e^t \, dt = t^2 e^t - 2te^t + 2e^t + C_1$$

註：我們如何知道什麼時候要用分部積分？當被積函數是冪函數與指數函數相乘時，這個方法十分有效。如果被積函數是合成函數時，變數變換法則是較好的選擇。

例 3　自然對數函數的積分

試求 $\int \ln x \, dx$。

解

雖然沒有明顯看到兩個函數的乘積，但是對數函數的積分仍然可以用分部積分來計算。在這裡，我們只有 u 和 dv 沒有太多的選擇。令

$$u = \ln x \qquad dv = dx$$

則

$$du = \frac{1}{x} dx \qquad v = x$$

由分部積分即得

習慣上，我們將 $\int 1\, dx$ 寫成 $\int dx$。

$$\int \ln x\, dx = x \ln x - \int x \cdot \frac{1}{x}\, dx$$
$$= x \ln x - \int dx$$
$$= x \ln x - x + C$$

用微分檢驗答案。

在此可以用分部積分，是因為 $f(x) = \ln x$ 的導數比 f 本身簡單。

■ 定積分的分部積分

若同時引用分部積分和微積分基本定理，也可以計算定積分。將公式 1 的兩邊從 a 積到 b，同時假設 f' 和 g' 都是連續的，再引用微積分基本定理就會得到

(4) $$\int_a^b f(x)\, g'(x)\, dx = f(x)\, g(x)\Big]_a^b - \int_a^b g(x)\, f'(x)\, dx$$

例 4　分部積分求定積分

試計算 $\int_1^2 x^2 \ln x\, dx$。

解

雖然 x^2 及 $\ln x$ 微積分都很簡單，但 $\ln x$ 的積分看起來比較複雜 (見例 3)，所以取

$$u = \ln x \qquad dv = x^2\, dx$$

則

$$du = \frac{1}{x}\, dx \qquad v = \tfrac{1}{3}x^3$$

由公式 (4) 可得

$$\int_1^2 x^2 \ln x\, dx = (\ln x)\tfrac{1}{3}x^3\Big]_1^2 - \int_1^2 \tfrac{1}{3}x^3 \cdot \frac{1}{x}\, dx$$
$$= \tfrac{1}{3}x^3 \ln x\Big]_1^2 - \tfrac{1}{3}\int_1^2 x^2\, dx$$
$$= \tfrac{8}{3}\ln 2 - \tfrac{1}{3}\ln 1 - \tfrac{1}{3}\Big[\tfrac{1}{3}x^3\Big]_1^2$$
$$= \tfrac{8}{3}\ln 2 - 0 - \tfrac{1}{3}\Big[\tfrac{8}{3} - \tfrac{1}{3}\Big]$$
$$= \tfrac{8}{3}\ln 2 - \tfrac{7}{9} \approx 1.0706$$

因為當 $x \geq 1$ 時，$x^2 \ln x \geq 0$，例 4 中的定積分可視為圖 2 中深色區域的面積。

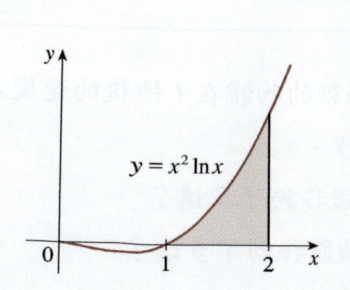

圖 2

■ 我們是否可以求出所有連續函數的積分？

除了變數變換法和分部積分以外，還有一些本書沒有討論的積分方法，也有一長串的積分公式可被使用來求積分。另外，有一些電腦軟體，如 Mathematica 及 Maple，和計算器都藉由上述的公式或技巧來作積分。

現在的問題是：前面所討論的積分方法，再加上電腦及計算器是否可以求出任何連續函數的積分？答案是否定的，或者說所求得的積分至少不是我們所熟悉的形式。例如，下面一些看似單純的函數，雖然有反導數卻無法用熟知的函數來表示。

$$\int e^{x^2}\,dx \qquad \int \frac{e^x}{x}\,dx$$

$$\int \sqrt{x^3+1}\,dx \qquad \int \frac{1}{\ln x}\,dx$$

事實上，大多數的函數是屬於這種類型的。

當我們找不到函數的反導數時，就無法使用微積分基本定理來求這個函數的定積分，剩下的選擇只能估計定積分之值。在第 5.1 節中，我們已使用黎曼和與中點法來求定積分的近似值。在一些較完備的微積分教科書中，可以找到一些更深入的討論。

我們會在附錄 C 討論求定積分的其他技巧。

■ 習題 5.5

1. 利用給定的 u 及 dv，試用分部積分求下列積分。

    $$\int x \ln x\,dx\,；u = \ln x，dv = x\,dx$$

2-6 ■ 試求下列不定積分。

2. $\int r e^{r/2}\,dr$
3. $\int x^3 \ln 2x\,dx$
4. $\int (1-2z)e^{-z}\,dz$
5. $\int \ln \sqrt[3]{x}\,dx$
6. $\int r^2 e^{-3r}\,dr$

7-10 ■ 試求下列定積分。

7. $\int_0^1 x e^{4x}\,dx$
8. $\int_0^1 \frac{y}{e^{2y}}\,dy$
9. $\int_1^2 \frac{\ln x}{x^2}\,dx$
10. $\int_1^2 (\ln x)^2\,dx$ [提示：令 $u = (\ln x)^2$，$dv = dx$。]

11. **運動** 已沿直線移動的物體在 t 秒後的速度為 $v(t) = t^2 e^{-t}$ 公尺 / 秒。

    (a) 在前 t 秒此物體移動了多遠？
    (b) 在前 10 秒此物體移動了多遠？

■ 自我挑戰

12. 試先用變數變換，再以分部積分來求積分

    $$\int x \ln(1 + x)\, dx$$

13. 試用分部積分，證明化約公式 (reduction formula)

    $$\int (\ln x)^n\, dx = x(\ln x)^n - n \int (\ln x)^{n-1}\, dx$$

14. 試引用上題的結果求 $\int (\ln x)^3\, dx$。

15. 若 $f(1) = 2$，$f(4) = 7$，$f'(1) = 5$，$f'(4) = 3$ 且 f'' 為連續，試求 $\int_1^4 x f''(x)\, dx$。

第 5 章　複習

■ 觀念問題

1. (a) 如何估計曲線下方的區域面積？
   (b) 寫出函數 f 的黎曼和。
   (c) 若 $f(x) \geq 0$，其黎曼和的幾何意義又是什麼？試以圖形說明。

2. (a) 寫出連續函數從 a 到 b 定積分的定義。
   (b) 若在區間 $[a, b]$ 中，$f(x) \geq 0$，則 $\int_a^b f(x)\, dx$ 的幾何意義為何？
   (c) 若在區間 $[a, b]$ 中，$f(x)$ 有正也有負，則 $\int_a^b f(x)\, dx$ 的幾何意義為何？試以圖形說明。

3. 什麼是中點法？

4. (a) 函數 f 的反導數定義為何？
   (b) 如何求 f 的反導數之通式？

5. (a) 敘述微積分基本定理。
   (b) 敘述淨變化定理。

6. 在邊際曲線下方從 a 到 b 的區域面積意義為何？

7. 若水流入儲水槽的速度為 $r(t)$，則 $\int_{t_1}^{t_2} r(t)\, dt$ 代表什麼？

8. 若物體以速度 $v(t)$（單位：呎／秒）及加速度 $a(t)$ 沿一直線左右移動。
   (a) $\int_{60}^{120} v(t)\, dt$ 的意義為何？
   (b) $\int_{60}^{120} |v(t)|\, dt$ 的意義為何？
   (c) $\int_{60}^{120} a(t)\, dt$ 的意義為何？

9. (a) 解釋不定積分 $\int f(x)\, dx$ 的意義。
   (b) 定積分 $\int_a^b f(x)\, dx$ 與不定積分 $\int f(x)\, dx$ 的關係如何？

10. 若 t 的單位是分鐘，$g(t)$ 單位為加侖／分鐘，則 $\int_{10}^{30} g(t)\, dt$ 的單位為何？

11. 如何求出函數 f 在區間 $[a, b]$ 的平均值？

12. (a) 敘述變數變換法，要如何應用該法則？
    (b) 敘述分部積分法，要如何應用該法則？

13. 明確解釋「微分及積分互為反運算」的意義。

■ 習題

1. **總成本** 某製造電鑽的工廠，在不同產量時的邊際成本表列如下：

單位	邊際成本 (美元/單位)	單位	邊際成本 (美元/單位)
0	17.48	35,000	11.62
5,000	15.69	40,000	11.56
10,000	15.01	45,000	11.68
15,000	14.71	50,000	11.89
20,000	13.84	55,000	12.65
25,000	13.05	60,000	14.18
30,000	12.24		

   (a) 試以 10,000 單位為一批次，估算（固定成本除外）生產第一批 60,000 單位的商品（在每批次使用最初邊際成本）的成本。

   (b) 試以 5000 單位為一批次及每批次使用最終邊際成本，估算將產量從 20,000 單位提高到 40,000 單位時所增加的成本。

2. **灰鯨的遷移** 海洋研究人員將追蹤器植入一隻遷移的灰鯨身體中。下表為某日每 2 小時灰鯨移動速度的記錄。試以每個時間區間的初始速度估計這一天灰鯨所移動的距離。

t(小時)	v(呎/秒)	t(小時)	v(呎/秒)
0	3.8	14	7.0
2	4.1	16	9.4
4	4.0	18	5.7
6	5.3	20	5.3
8	6.8	22	4.9
10	6.6	24	4.2
12	11.1		

3. 利用下面函數 f 的圖形及六個子區間求黎曼和：(a) 取左端點；(b) 取中點。試估計作圖並解釋它們的意義。

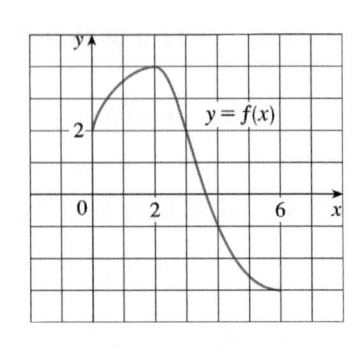

4. **剎車距離** 某部剎車減速中的汽車車速如下圖。試估計當駕駛踩下剎車後，汽車所行駛的距離。

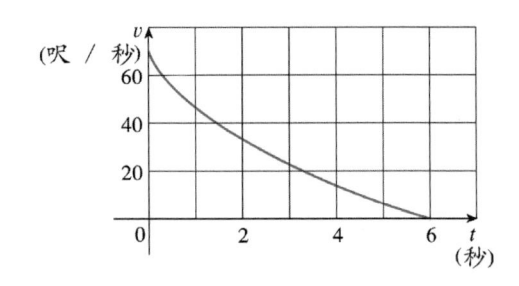

5. 試將 $\int_0^1 (x + \sqrt{1-x^2})\,dx$ 表示成兩個定積分，並將這兩個定積分視為面積，然後求原定積分的值。

6. 用中點法取 $n=6$ 個子區間，估計在曲線 $y=e^x/x$ 下方從 $x=1$ 到 $x=4$ 的面積。

7. 用中點法取 $n=6$ 個子區間，估計 $\int_0^{12} \ln(x^3+1)$。

8. 若 $f'(x) = -6x^2 + 4x + 3$ 且 $f(1)=5$，試求 f。

9-12 ■ 試求給定函數之反導數的通式。

9. $f(x) = 2x^3 + 6x - 7$

10. $g(t) = \dfrac{1}{t^2} - 4\sqrt{t}$

11. $p(r) = 4 + \dfrac{5}{r}$

12. $h(z) = 7.6e^{-0.4z}$

13-18 ■ 試計算下列定積分。

13. $\displaystyle\int_1^2 (8x^3 + 3x^2)\, dx$ 14. $\displaystyle\int_0^1 (x^4 - 8x + 7)\, dx$

15. $\displaystyle\int_0^1 (1 - x^9)\, dx$ 16. $\displaystyle\int_1^4 12\sqrt{w}\, dw$

17. $\displaystyle\int_0^2 5e^{2t}\, dt$ 18. $\displaystyle\int_1^3 \left(2 + \dfrac{3}{x}\right) dx$

---

19. 試求在 $1 \le x \le 8$ 間,在函數 $f(x) = 2\sqrt[3]{x}$ 圖形下方的區域面積。

20. 若函數 $h(t) = 2 + 4e^{-0.5t}$,試求
    (a) $\displaystyle\int h(t)\, dt$
    (b) $\displaystyle\int_0^4 h(t)\, dt$

21-24 ■ 試求下列不定積分通式。

21. $\displaystyle\int (7.2t^2 - 4.6t + 18.1)\, dt$

22. $\displaystyle\int (1.8\sqrt{u} + 2.1)\, du$

23. $\displaystyle\int \left(\dfrac{6}{x} + x\right) dx$ 24. $\displaystyle\int \left(\dfrac{3x - x^2 + 2}{x}\right) dx$

---

25. **石油消耗** 已知全球汽油消耗量從 $t = 0$ 為 2000 年 1 月 1 日算起 t 年後為 $r(t)$(單位:桶/年)。試問 $\displaystyle\int_0^8 r(t)\, dt$ 的意義如何?

26. **失業率** 若 $g(t)$ 為美國失業率的變化率,其中 t 以月為單位,且 $t = 0$ 為 2010 年 1 月 1 日,$g(t)$ 為每月的百分點。試問 $\displaystyle\int_4^6 g(t)\, dt$ 的意義如何?

27. **邊際成本的積分** 已知生產 q 台筆記型電腦的邊際成本為 $C'(q)$ 美元/台。試問 $\displaystyle\int_{500}^{1000} C'(q)\, dq$ 的意義如何?

28. **水流量** 流過水庫的水流為 $w(t)$ 千加侖/時。若 t 以小時為單位,且 $t = 0$ 為今天上午 12 點,試說明 $\displaystyle\int_8^{10} w(t)\, dt = 1450$ 的意義。

29. **邊際利潤的積分** 某公司估計生產 q 架鋼琴的邊際利潤為 $4.3 - 0.002q$ 千美元/架。試求產量從 1200 架提高到 1800 架所增加的利潤。

30. **細菌的數量** 已知 t 小時後細菌成長率為 $r(t) = 3.4e^{0.24t}$ 千個/小時。在前 4 小時細菌數量增加了多少?

31. **汽油外漏** 已知汽車油箱破裂 t 分鐘後,汽油流出的速度為 $r(t) = 2.1e^{-0.3t}$ 加侖/分鐘。在前 10 分鐘中汽油外漏了多少?

32. **蜜蜂數量** 每週蜜蜂數量的增加率 $r(t)$ 如下圖所示。試以中點法及取六個子區間來估計 24 週後蜜蜂的數量。

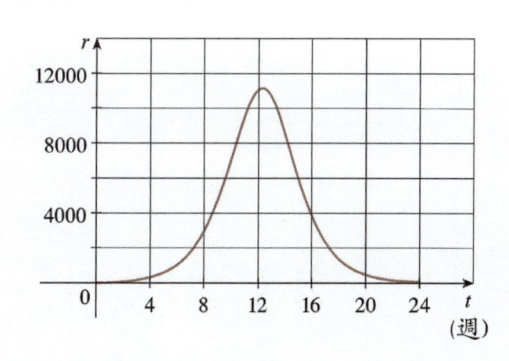

33. **粒子的運動** 直線運動粒子之速度為 $v(t) = t^2 - t$ 公尺/秒。試求在時間區間 $[0, 5]$ 中 (a) 粒子的位移和 (b) 移動總距離。

34. 試求函數 $f(x) = x^2\sqrt{1 + x^3}$ 在區間 $[0, 2]$ 的平均值。

35. **放射性物質的衰減** 實驗開始 t 小時後,某種

放射性物質剩下 $A(t) = 7.4e^{-0.12t}$ 盎司。試求在前 5 小時此放射性物質的平均量為何？

36-45 ■ 試用變數變換法求下列積分。

36. $\int t(t^2 - 4)^5 \, dt$

37. $\int x^2(1 + x^3)^6 \, dx$

38. $\int v\sqrt{3v^2 + 2} \, dv$

39. $\int_0^1 \dfrac{x}{x^2 + 1} \, dx$

40. $\int_0^1 (1 - x)^9 \, dx$

41. $\int_0^2 we^{4-w^2} \, dw$

42. $\int_1^2 \dfrac{1}{2 - 3x} \, dx$

43. $\int e^x \sqrt{e^x + 2} \, dx$

44. $\int_1^4 \dfrac{dt}{(2t + 1)^3}$

45. $\int x5^{x^2} \, dx$

46-50 ■ 試用分部積分求下列積分。

46. $\int 4xe^{2x} \, dx$

47. $\int_1^4 x^{3/2} \ln x \, dx$

48. $\int_0^5 ye^{-0.6y} \, dy$

49. $\int \dfrac{t^2}{e^{4t}} \, dt$

50. $\int \dfrac{\ln t}{\sqrt{t}} \, dt$

51-54 ■ 試計算下列的積分。

51. $\int_0^3 3^t \, dt$

52. $\int_1^2 x^3 \ln x \, dx$

53. $\int \dfrac{x + 2}{\sqrt{x^2 + 4x}} \, dx$

54. $\int \dfrac{3p}{2p^2 + 5} \, dp$

55. 試用對稱性求積分 $\int_{-3}^3 \dfrac{x}{2x^4 + 5} \, dx$。

56. 若 $\int_0^6 f(x) \, dx = 10$ 及 $\int_0^4 f(x) \, dx = 7$，試求 $\int_4^6 f(x) \, dx$。

6 積分的應用

如果電影院把票價提高,雖然可以從每個觀眾多得到一些收入,但觀眾人數可能因而減少。在本章討論的一些技巧,能讓我們分析如何在票價及人數兩者間取得平衡,因此得到最大的利潤。

©Wernher Krutein / photovault.com

6.1 曲線間的面積
6.2 經濟學上的應用
6.3 生物學的運用
6.4 微分方程式
6.5 瑕積分
6.6 機率

在本章中,我們討論積分的一些應用。兩條曲線之間區域的面積在許多應用都有其涵義,我們也將探究這些應用的計算技巧。當討論在經濟學、生物學的應用問題時,將包含如何度量經濟市場的公平性,以及由存活率、出生率預測未來物種的數量。最後,我們也討論如何將定積分推廣到無窮的區間,並將這些積分應用於機率的計算。

在這些應用中所使用的通則和求曲線面積的方法相似:將某個很大的量 Q 分成小部分,再將每個小的部分以 $f(x_i)\,\Delta x$ 的形式來估計,得到 Q 的黎曼和之估計,最後將黎曼和取極限,就得到 Q 的一個積分的形式。

6.1 曲線間的面積

在第 5 章中,我們定義了在曲線下方區域的面積,並且討論它的計算方法。兩個函數圖形之間區域面積是有實際的應用。現在要用積分來計算這樣區域的面積。

■ 兩條曲線間區域的面積

首先考慮以 S 來表示由曲線 $y=f(x)$ 及 $y=g(x)$,和垂鉛線 $x=a$ 及 $x=b$ 所圍成的區域,其中函數 f 和 g 在 $[a,b]$ 中是連續的,且滿足 $f(x) \geq g(x)$。如果 f 和 g 都是正函數 (如圖 1)。直觀上,可以得到區域 S 的面積 A 為

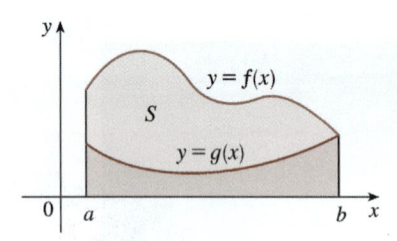

$A = $ [在曲線 $y=f(x)$ 之下的面積] $-$ [在曲線 $y=g(x)$ 之上的面積]

$$= \int_a^b f(x)\,dx - \int_a^b g(x)\,dx = \int_a^b [f(x) - g(x)]\,dx$$

圖 1　$A = \int_a^b f(x)\,dx - \int_a^b g(x)\,dx$

如果兩條曲線或其中之一落在 x 軸下方 (如圖 2),這時只需要將圖形向上移動距離 c,使得都完全落在 x 軸上方 (如圖 3)。

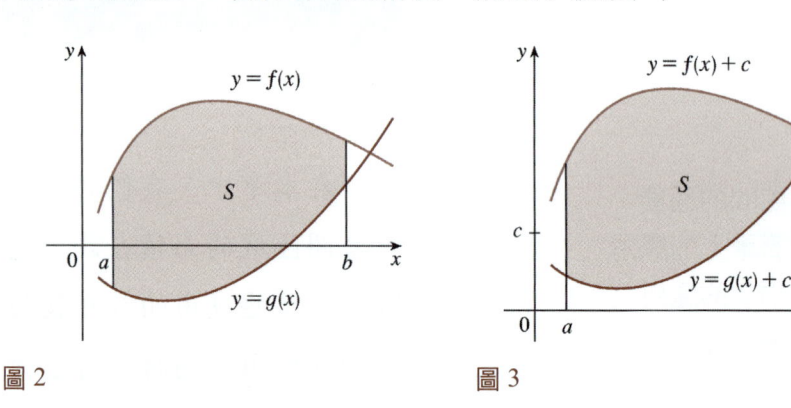

圖 2

圖 3

由於區域形狀大小完全不變,因此兩條曲線間區域的面積:

$A = $ [在曲線 $y = f(x) + c$ 之下的面積]

　　$-$ [在曲線 $y = g(x) + c$ 之上的面積]

$$= \int_a^b [f(x) + c]\,dx - \int_a^b [g(x) + c]\,dx$$

$$= \int_a^b ([f(x) + c] - [g(x) + c])\,dx$$

$$= \int_a^b [f(x) + c - g(x) - c]\,dx = \int_a^b [f(x) - g(x)]\,dx$$

因此,不論 f、g 是否為正函數,我們都有下面關於兩條曲線間區域的面積公式:

(1) ■ 若曲線 $y = f(x)$ 及 $y = g(x)$，和鉛直線 $x = a$ 及 $x = b$ 所圍成區域的面積為 A，其中函數 f 和 g 在 $[a, b]$ 中是連續的且滿足 $f(x) \geq g(x)$，則

$$A = \int_a^b [f(x) - g(x)] \, dx$$

例 1　兩條曲線間區域的面積

試求上方為函數 $y = e^x$，下方為函數 $y = x$，左右分別為直線 $x = 0$ 和 $x = 1$ 所圍出區域的面積。

解

圖 4 為此區域的圖形。由上面邊界曲線是 $y = e^x$，下面邊界曲線是 $y = x$，可設 $f(x) = e^x$、$g(x) = x$、$a = 0$ 和 $a = 1$，再由公式 (1) 可得

$$A = \int_0^1 (e^x - x) \, dx = e^x - \tfrac{1}{2}x^2 \Big]_0^1$$
$$= e - \tfrac{1}{2} - 1 = e - 1.5 \approx 1.2183$$

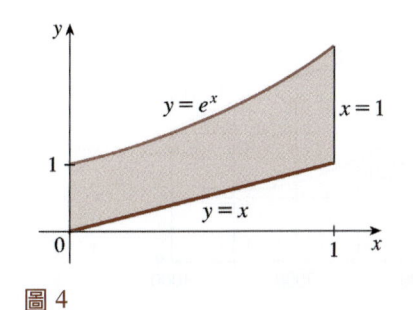

圖 4

在下面的例子中，左右邊界都只是個點，因此必須先找出 a 和 b 的值。

例 2　相交曲線間區域的面積

試求由拋物線 $y = x^2$ 和 $y = 2x - x^2$ 所圍成區域的面積。

解

首先要找出兩條拋物線相交的點，也就是要同時解兩個方程式，即可得 $x^2 = 2x - x^2$ 或 $2x^2 - 2x = 0$。因式分解後成為 $2x(x - 1) = 0$，所以可得 $x = 0$ 或 1，也就是兩條拋物線的交點為 $(0, 0)$ 及 $(1, 1)$。

從圖 5 可以觀察到，這個區域的上下邊界分別為

$$y_T = 2x - x^2 \quad \text{和} \quad y_B = x^2$$

且整個區域是落在 $x = 0$ 和 $x = 1$ 之間。因此面積是

$$A = \int_0^1 (2x - x^2 - x^2) \, dx = \int_0^1 (2x - 2x^2) \, dx$$
$$= \left[x^2 - \tfrac{2}{3}x^3 \right]_0^1 = 1 - \tfrac{2}{3} - 0 = \tfrac{1}{3}$$

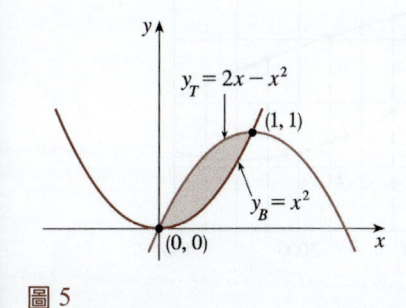

圖 5

■ 應用

在第 3.2 節中，我們知道利潤等於收益減去成本。下面的例子說明如何將利潤視為邊際成本曲線和邊際收益曲線間區域的面積。

例 3 邊際成本曲線和邊際收益曲線間區域的面積

圖 6 為某麵包店邊際成本和邊際收益的曲線圖。試估計它將產量從 1000 條提高到 4000 條時所增加的利潤。

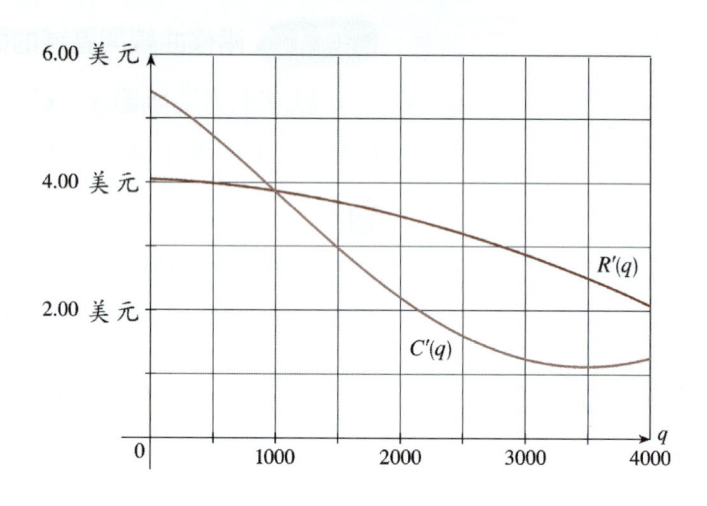

圖 6

解

由第 5.1 節可知邊際成本曲線下方區域的面積表示總成本，同理邊際收益曲線下方區域的面積表示總收益。因為利潤等於收益減去成本，我們可以將這兩條曲線間的面積視為所增加的利潤。(注意在 $1000 \leq q \leq 4000$ 時，邊際收益大於邊際成本，所以利潤為正。) 用兩個函數值的差以中點法來估計面積，並取子區間長度為 $\Delta q = 500$，我們所估計的中點值如圖 7。

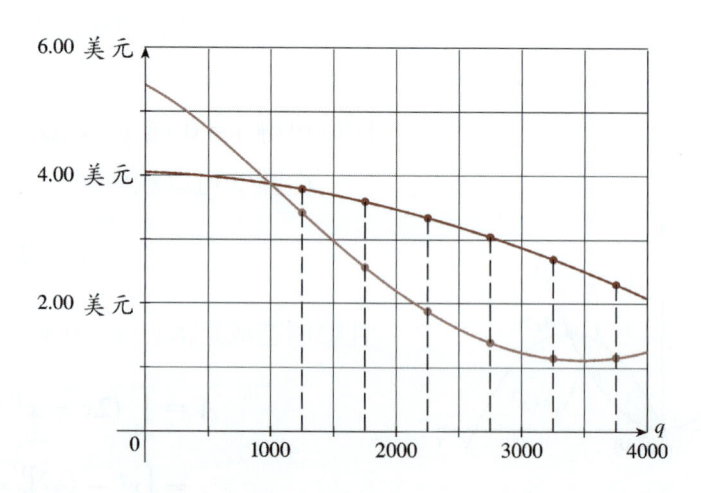

注意在圖 6 中，因為當 $0 \leq q \leq 1000$ 時 $R'(q) < C'(q)$，所以兩條曲線間的面積表示利潤為下降 (即為負利潤)。若我們要計算 $\int_0^{4000} [R'(q) - C'(q)]\, dq$ 的值，就要把在 $1000 \leq q \leq 4000$ 曲線之間的面積減去介於 0 到 1000 曲線之間的面積。

圖 7

最後將這些結果列表如下：

中點	1250	1750	2250	2750	3250	3750
$R'(q)$	3.8	3.6	3.3	3.1	2.7	2.3
$C'(q)$	3.5	2.6	1.9	1.4	1.1	1.1
$R'(q) - C'(q)$	0.3	1.0	1.4	1.7	1.6	1.2

所以

$$\int_{1000}^{4000} [R'(q) - C'(q)]\, dq \approx [0.3 + 1.0 + 1.4 + 1.7 + 1.6 + 1.2]\Delta q$$

$$= 7.2(500) = 3600$$

因此，增加的利潤大約為 3600 美元。

例 4　速度曲線的區域面積

圖 8 為 A 和 B 兩部在公路上並行的汽車之速度曲線，這兩條曲線間的區域面積意義為何？試以中點法估計之。

解

由第 5.3 節可知，在速度曲線 A 下方區域的面積代表 A 車前 16 秒鐘行經的距離。同理，在速度曲線 B 下方區域的面積代表同時間內 B 車行經的距離。所以，曲線之間的區域面積等於兩面積之差，表示 16 秒鐘後兩車之間的距離。從圖 8 上讀出兩車的速度，並將其單位換成呎/秒 (1 哩/小時 = $\frac{5280}{3600}$ 呎/秒)。

t	0	2	4	6	8	10	12	14	16
v_A	0	34	54	67	76	84	89	92	95
v_B	0	21	34	44	51	56	60	63	65
$v_A - v_B$	0	13	20	23	25	28	29	29	30

由中點法，取 $n = 4$ 個區間，所以 $\Delta t = 4$，而且四個區間的中點分別為 $\bar{t}_1 = 2$，$\bar{t}_2 = 6$，$\bar{t}_3 = 10$，$\bar{t}_4 = 14$，因此我們估計在 16 秒後兩車間的距離如下：

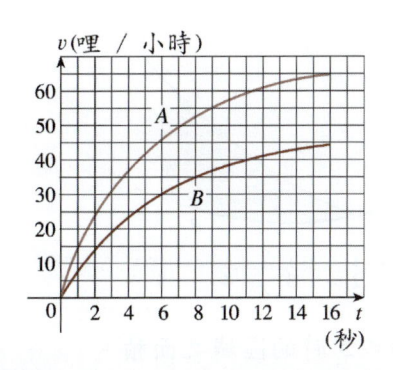

$$\int_0^{16} (v_A - v_B)\, dt \approx \Delta t [13 + 23 + 28 + 29]$$

$$= 4(93) = 372 \text{ 呎}$$

圖 8

■ 自我準備

1. 試求下列定積分。
   (a) $\int_0^8 (0.4x^2 - 6x + 1.8)\, dx$ (b) $\int_0^2 (e^t - t)\, dt$
   (c) $\int_1^4 (1/x - 2\sqrt{x})\, dx$ (d) $\int_0^1 (2.5^x - 3x)\, dx$
   (e) $\int_1^2 \left(\dfrac{1}{q} - \dfrac{4}{q^2}\right) dq$

2. 試引用中點法並取四個子區間來估計
$$\int_0^{12} \ln(2x^2 + 5)\, dx$$

3. 試找出 $y = 2x^2 - 8$ 與 $y = x^2 - x + 4$ 交點的坐標。

4. 若 $C'(q)$ 表示製造 q 單位商品的邊際成本 (單位：千美元)，則 $\int_0^{1500} C'(q)\, dq$ 之意義為何？

5. 若 $r(t)$ 表示儲油槽中石油在 t 分鐘後所流出的石油 (單位：夸特 / 分鐘)，則 $\int_5^{20} r(t)\, dt$ 之意義為何？

■ 習題 6.1

1-2 ■ 試求藍色區域的面積。

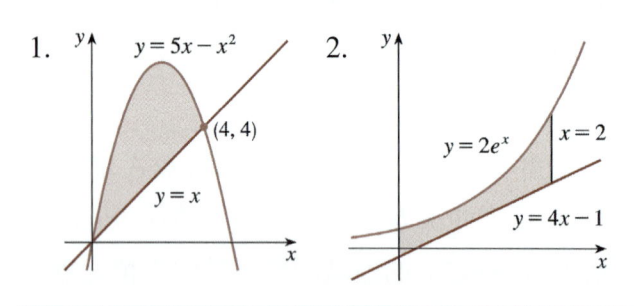

1. $y = 5x - x^2$, $y = x$, 通過 $(4, 4)$

2. $y = 2e^x$, $y = 4x - 1$, $x = 2$

3-9 ■ 試描繪給定曲線間的區域，並計算其面積。

3. $y = x + 1$, $y = 9 - x^2$, $x = -1$, $x = 2$
4. $y = e^x$, $y = x^2 - 1$, $x = -1$, $x = 1$
5. $y = x$, $y = x^2$
6. $y = 1/x$, $y = 1/x^2$, $x = 2$
7. $y = x^2$, $y = \sqrt{x}$
8. $y = 12 - x^2$, $y = x^2 - 6$
9. $y = e^x$, $y = xe^x$, $x = 0$

10. 下圖為兩函數圖形及其間的區域。

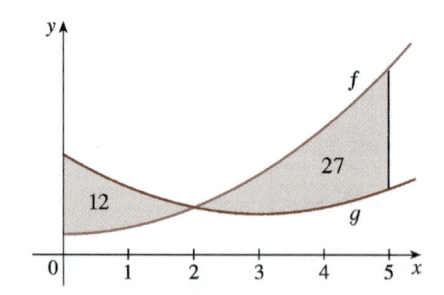

    (a) 試求在 $0 \le x \le 5$ 時的區域之面積。
    (b) 試求 $\int_0^5 [f(x) - g(x)]\, dx$。

11. 試用中點法並取 $n = 4$ 個子區間，求給定曲線間區域之面積。
$$y = \sqrt{x^2 - 1},\quad y = (\ln x)^2,\quad x = 1,\quad x = 5$$

12. **邊際成本與收益**　某公司所生產的可攜帶電暖器之邊際成本 (單位：美元 / 個) 為
$$C'(q) = 48 - 0.03q + 0.00002q^2$$
而邊際收益為 $R'(q) = 44 - 0.007q$。試求在 $0 \le q \le 200$ 時，這兩個函數圖形間的區域面積，並解釋所得結果的意義。[注意當 $0 \le q \le 200$ 時，$C'(q) > R'(q)$。]

13. **硬碟之生產** 某公司在 2010 年生產硬碟的速度為：當年 t 個月後

$$f(t) = 4.3e^{0.0172t} \text{ 千個 / 月}$$

在 2011 年時生產硬碟的速度為：當年 t 個月後

$$g(t) = 5.3e^{0.0164t} \text{ 千個 / 月}$$

試求在 $0 \leq t \leq 12$ 時，這兩個函數圖形間的區域面積，並解釋所得結果的意義。

14. **不動產之價值** 某投資人以相同價錢買了兩棟商用大樓。t 年後其中一棟增值率為

$$r_1(t) = 0.063(1.041^t) \text{ 百萬美元 / 年}$$

另一棟增值率為

$$r_2(t) = 0.047(1.038^t) \text{ 百萬美元 / 年}$$

在 $0 \leq t \leq 10$ 時，兩函數圖形間的區域面積為何？其意義為何？

15. **行車距離** 已知 A 和 B 兩車由同一停車點同時加速並排前進。下圖所示為兩車速度函數之曲線。
   (a) 出發 1 分鐘後哪部車領先？為什麼？
   (b) 藍色區域面積的意義為何？
   (c) 出發 2 分鐘後哪部車領先？為什麼？
   (d) 試估計兩部車又並排前進之時間。

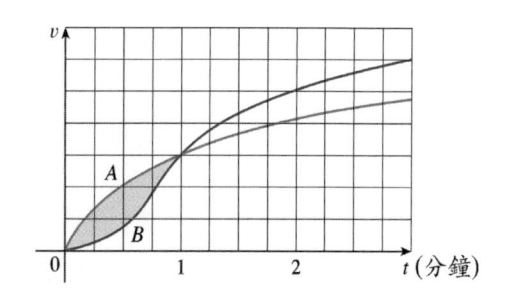

16. **行車的距離** 克里斯 (C) 和凱利 (K) 各開一輛跑車朝同方向並行。下表為前 10 秒鐘兩車的速度 (單位：哩 / 小時)。試用中點法估計在前 10 秒鐘凱利比克里斯多跑了多少距離？

t	v_C	v_K	t	v_C	v_K
0	0	0	6	69	80
1	20	22	7	75	86
2	32	37	8	81	93
3	46	52	9	86	98
4	54	61	10	90	102
5	62	71			

17. **截面積** 飛機機翼的截面如下圖。當以每 20 公分間隔測量其厚度，得到 5.8、20.3、26.7、29.0、27.6、27.3、23.8、20.5、15.1、8.7 及 2.8。試用中點法估計機翼的截面積。

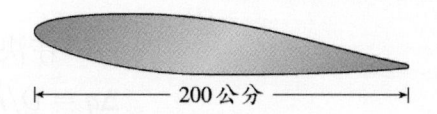

自我挑戰

18. 試描繪由曲線 $y = 1/x$，$y = x$，$y = \frac{1}{4}x$，$x > 0$ 所圍出的區域並求其面積。

19. 試求 b 值使得兩曲線 $y = x^2$ 及 $y = 4$ 之間區域面積被直線 $y = b$ 等分成兩部分。

6.2 經濟學上的應用

在本節，我們將討論兩個很重要且很自然在經濟學上使用定積分方法的問題：消費者和生產者剩餘，以及**所得流動 (income stream)** 之**現值 (present value)** 與**終值 (future value)**。至於一些其他的內容則留在習題中討論。

■ 消費者剩餘

由第 3.2 節可知，需求函數 D 表示將 q 單位的某商品以單價為 p 出售：$p = D(q)$。通常要出售的商品多，售價相對就低，所以需求函數為一遞減的函數。圖 1 為一典型的需求函數曲線。若 Q 表示目前可以售出商品的數量，$P = D(Q)$ 則表示目前的售價。

在某個售價時，若消費者願意付出較高的價錢購買，則消費者就會因未實際去購買而得利，因此消費者願意付出的價錢與實際售價的差就稱為**消費者剩餘**。經濟學家藉由計算出某商品所有售價的消費者剩餘，而得知市場機制對社會的貢獻。

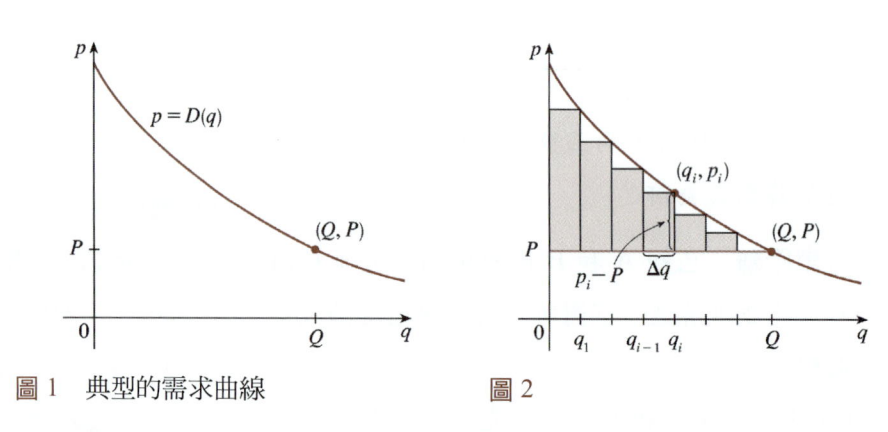

圖 1　典型的需求曲線　　圖 2

在決定消費者剩餘時，我們將區間 $[0, Q]$ 等分成 n 個長度為 $\Delta q = Q/n$ 的子區間，且 q_i 為第 i 個子區間的右端點，如圖 2。依據需求曲線，消費者以 $p_{i-1} = D(q_{i-1})$ 的價錢購買 q_{i-1} 單位的商品，為了將銷售量增加到 p_i 單位，售價應降到 $q_i = D(q_i)$，也就是多賣了 Δq 單位 (僅止於此)。由於對商品的喜好消費者願意付較高的價錢 p_i，所以當他們付較低的價錢 P 時，消費者就節省

(每單位所節省的)(單位數) $= = [p_i - P]\Delta q = [D(q_i) - P]\Delta q$

考慮消費者在每個子區間的意願，並將所節省的金錢相加，就得到所有的剩餘：

$$[D(q_1) - P]\Delta q + [D(q_2) - P]\Delta q + \cdots + [D(q_n) - P]\Delta q$$

(這對應於圖 2 中所有矩形的面積和。)令 $n \to \infty$，黎曼和就近似定積分

$$\int_0^Q [D(q) - P]\, dq$$

這就是此商品的消費者總剩餘。

> **(1)** ■ 某商品以 $P = D(Q)$ 價錢售出 Q 單位時的**消費者剩餘 (consumer surplus)** 為
>
> $$\int_0^Q [D(q) - P]\, dq$$

消費者剩餘是消費者對某商品願意付出的價錢和實際的價錢之差。

消費者剩餘是消費者在以售價 P 時買到需求為 Q 單位商品所節省的金額，圖 3 中需求曲線和水平直線 $p = P$ 間的面積，即為消費者剩餘。注意：此商品的實際消費總金額為直線 $p = P$ 下方介於 $0 \le q \le Q$ 的矩形面積。

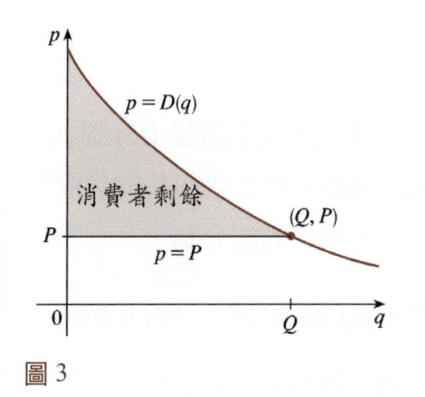

圖 3

例 1　消費者剩餘

某產品的需求函數 (單位：美元) 為

$$p = 1200 - 0.2q - 0.0001q^2$$

試求當銷售量為 500 時的消費者剩餘。

解

當銷售量為 500 時，$Q = 500$ 的銷售價為

$$P = 1200 - (0.2)(500) - (0.0001)(500)^2 = 1075$$

由定義 1 可知，消費者剩餘為

$$\begin{aligned}
\int_0^{500} [D(q) - P]\, dq &= \int_0^{500} (1200 - 0.2q - 0.0001q^2 - 1075)\, dq \\
&= \int_0^{500} (125 - 0.2q - 0.0001q^2)\, dq \\
&= \left. 125q - 0.1q^2 - (0.0001)\left(\frac{q^3}{3}\right) \right]_0^{500} \\
&= (125)(500) - (0.1)(500)^2 - \frac{(0.0001)(500)^3}{3} \\
&= \$33{,}333.33
\end{aligned}$$

■ 生產者剩餘

現在我們從生產者觀點來檢視商品售價與銷售量的關係。**供給函數 (supply function)** S 表示當生產者願意以單價為 p 售出 q 個單位某商品時，兩者間之關係：$p = S(q)$，而供給函數的圖形稱為**供給曲線 (supply curve)**。

典型的情況為：當商品的售價高時，製造商就會有生產更多商品的誘因。(例如，當收益增加，生產者就有意願添購生產機具，並僱用更多員工。) 我們可以預期 S 是一個遞增函數，圖 4 是一個典型的供給曲線。

當生產者能以高於最低可能的售價賣出商品時，就會有利潤。經濟學家稱此為**生產者剩餘**。如同討論消費者剩餘的情形，我們也可以決定生產者剩餘。設 $P = S(Q)$ 為目前銷售 Q 單位商品的售價。將區間 $[0, Q]$ 等分成幾個區間。在售出第 q_i 個單位後商品價格上升到 $p_i = S(q_i)$，所以生產者會提供 Δq 單位更多的商品，而這些商品的售價為 p_i，生產者因而會得到比預期更多的營收，多餘的部分為

(每單位多餘的營收)(單位數) $= [P - p_i] \Delta q = [P - S(q_i)] \Delta q$

再將每個子區間所得多餘的和相加 P 而得到總多餘。在此黎曼和中，令 $n \to \infty$，所得到定積分

$$\int_0^Q [P - S(q)] \, dq$$

即為某商品生產者剩餘。

---

(2) ■ 某商品當以 $P = S(Q)$ 售出 Q 單位時，**生產者剩餘 (producer surplus)** 為

$$\int_0^Q [P - S(q)] \, dq$$

圖 5 在水平線 $p = P$ 下方與在供給曲線上方區域的面積，即為總生產者剩餘。

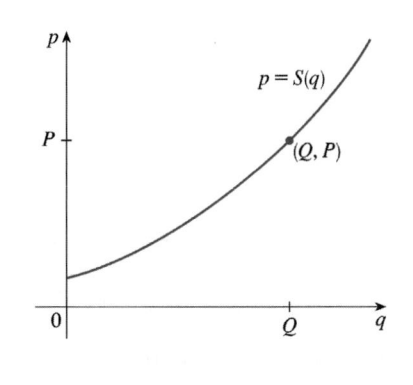

第 6 章 積分的應用 341

圖 4 一個典型的供給曲線 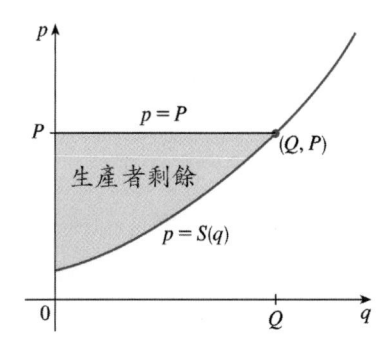   圖 5

例 2 生產者剩餘

某電子儀器製造商估計其電子鐘的供給函數為 $S(q) = 5.4 + 0.001q^{1.2}$ 美元,試求當電子鐘銷售量為 2000 個時的生產者剩餘。

解

當電子鐘的產量為 $Q = 2000$ 時,售價為

$$P = S(2000) = 5.4 + 0.001(2000)^{1.2} \approx 14.55$$

由定義 2 可得,生產者剩餘為

$$\int_0^{2000} [P - S(Q)]\, dq = \int_0^{2000} (14.55 - 5.4 - 0.001q^{1.2})\, dq$$

$$= \int_0^{2000} (9.15 - 0.001q^{1.2})\, dq$$

$$= 9.15q - \frac{0.001}{2.2} q^{2.2} \Big]_0^{2000}$$

$$= 9.15(2000) - \frac{0.001}{2.2}(2000)^{2.2} - 0$$

$$\approx \$9985.36$$

在一個競爭的市場,我們假設某商品的售價會趨向於供需平衡的售價(當消費需求量等於生產者願意提供量時的價錢),此時稱為市場處於平衡點。在圖 6 中,我們看到平衡點是需求曲線與生產曲線的交點。

我們稱生產者剩餘加消費者剩餘為**總剩餘 (total surplus)**。經濟學家常用它來作為檢視社會經濟健全與否的工具之一。在圖 6 中,

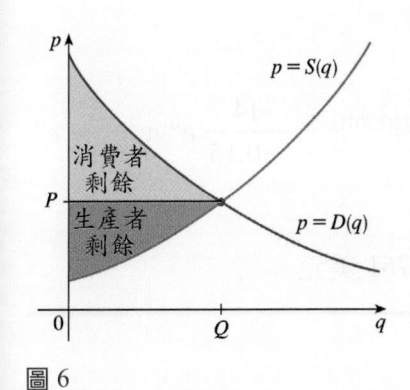

圖 6

由圖 6 中,總剩餘可以看成生產者剩餘及消費者剩餘的和,當 P 和 Q 在平衡點時總剩餘最大化。

總剩餘為需求曲線和供給曲線間介於 $0 \leq q \leq Q$ 的面積。當 (Q, P) 為此兩曲線的交點時，面積最大，也就是市場在平衡點時有最大總剩餘。

例 3　總剩餘之最大化

某製造商生產金屬保溫瓶，其需求函數為 $p = D(q) = 14e^{-0.15q}$，而其供給函數為 $p = S(q) = 2e^{0.12q}$，q 則以千為單位。當總剩餘為最大時，其價格為何？又此時總剩餘為多少？

解

由前面討論得知在市場供需達到平衡時總剩餘為最大，也就是當供給曲線與需求曲線相交時。我們解方程式

$$14e^{-0.15q} = 2e^{0.12q}$$
$$7e^{-0.15q} \cdot e^{0.15q} = e^{0.12q} \cdot e^{0.15q}$$
$$7 = e^{0.27q}$$
$$\ln 7 = 0.27q$$
$$q = \frac{\ln 7}{0.27} \approx 7.2071$$

此時保溫瓶的價格為 $D(7.2071) = 14e^{-0.15(7.2071)} \approx 4.75$ 美元。要找出總剩餘，可求出消費者剩餘加上生產者剩餘。但我們注意到總剩餘是在供給曲線和需求曲線間區域介於 $0 \leq q \leq 7.2071$ 的面積，所以

$$\text{總剩餘} = \int_0^{7.2071} [D(q) - S(q)]\, dq = \int_0^{7.2071} [14e^{-0.15q} - 2e^{0.12q}]\, dq$$
$$= 14\frac{e^{-0.15q}}{-0.15} - 2\frac{e^{0.12q}}{0.12} \Big]_0^{7.2071}$$
$$= \frac{14}{-0.15}e^{-0.15(7.2071)} - \frac{2}{0.12}e^{0.12(7.2071)} - \frac{14}{-0.15}e^0 + \frac{2}{0.12}e^0$$
$$\approx 38.761$$

因為的 q 單位是千，所以總剩餘是 38,761 美元。

■ 所得流動

考慮在有所得後立即將所得投資以獲取利息的商業行為，例如：你購買公寓並因出租而每月獲利。我們常將此種獲利看成是為連續性

的所得。如果持續利用所得來賺取固定利率的利息，就可以算出在特定期間內的總收入。這個總收入稱為所得的**終值 (future value)**。

若在 T 年間，每年有持續性的所得 $f(t)$ 且投資的獲利為年利率 r (複利計算)，就可以估算總收入如下：將總期間 T 等分成 n 段時期，每段時期長為 ΔT (即 $\Delta T = T/n$)。如果 t_i 為第 i 段期結束時間，我們可以假設在這段期間所得不變，這時的收入為 $f(t_i)\Delta T$ (利率×期間)，而利息收入會持續 $T - t_i$ 年。再利用公式 $A = Pe^{rt}$，得到在此期間結束時的收入為

$$f(t_i)\,\Delta t\, e^{r(T-t_i)}$$

我們將所有期間的收入相加，就得到這期間 T 的總收入為

$$f(t_1)\,\Delta t\, e^{r(T-t_1)} + f(t_2)\,\Delta t\, e^{r(T-t_2)} + \cdots + f(t_n)\,\Delta t\, e^{r(T-t_n)}$$

但這就是函數 $f(t)e^{r(T-t)}$ 在區間 $[0, T]$ 的黎曼和，取極限 $n \to \infty$ 就得到下列公式。

> **(3)** ■ 若每年持續收入 $f(t)$，並將此收入投資且每年的獲利相當於年利率 r (連續複利) 的利息時，在 T 年後此收入的終值為
>
> $$\text{FV} = \int_0^T f(t)\,e^{r(T-t)}\,dt$$

我們可將定義 (3) 中的積分式化簡如下：

因為 e^{rT} 與 t 無關，我們可以將它提到積分符號外。

$$\int_0^T f(t)\,e^{r(T-t)}\,dt = \int_0^T f(t)\,e^{rT}e^{-rt}\,dt$$
$$= e^{rT}\int_0^T f(t)\,e^{-rt}\,dt$$

所以得到

(4)
$$\text{FV} = e^{rT}\int_0^T f(t)\,e^{-rt}\,dt$$

例 4　計算投資的終值

布雷德繼承了一間公寓，從今天算起的 7 年期間，每年約可收入 $22000e^{0.02t}$ 美元，他將這筆收入存入銀行，年利率為 4.5% (複利)。試問 6 年後他在這間公寓的總收入為多少？

解

假設收入是持續性的，由公式 (4) 得出投資的終值是

$$\text{FV} = e^{rT}\int_0^T f(t)e^{-rt}\,dt = e^{0.045(6)}\int_0^6 22{,}000e^{0.02t}e^{-0.045t}\,dt$$

$$= 22{,}000e^{0.27}\int_0^6 e^{-0.025t}\,dt = 22{,}000e^{0.27}\left(\frac{1}{-0.025}\right)e^{-0.025t}\Big]_0^6$$

$$= -880{,}000e^{0.27}(e^{-0.15}-1)\approx 160{,}571\text{ 美元}$$

我們由不同面向來看例 4 中的所得流動問題。假設在一定的利率時，需要投資多少錢才能達到相同的金額？此投資稱為所得流的**現值 (present value)**；這告訴我們長期投資大約為現值。

例 5　計算某所得流動的現值

試求例 4 中布雷德收入流動的現值。

解

我們要求出當年利率為 4.5%，且 6 年後可得利 160,571 美元時，現在須投資的金額 P。由公式 $A=Pe^{rt}$ 可得

$$Pe^{0.045(6)} = 160{,}571$$

$$P = \frac{160{,}571}{e^{0.27}} \approx 122{,}577$$

所以，布雷德收入的現值是 122,577 美元。

一般而言，一個所得流動的現值是要找出本金 P，使得投資在年利率為 r，T 年後本利和能達到此所得流動的終值。T 年後的本利和是 Pe^{rt}，所以由公式 (4) 可得

$$Pe^{rT} = e^{rT}\int_0^T f(t)e^{-rt}\,dt$$

$$P = \int_0^T f(t)e^{-rt}\,dt$$

所以我們得到現值的公式如下。

(5) ■ 已知每年所得皆為 $f(t)$ 並將此收入投資於年利率為 r (連續複利)，則持續 T 年的所得之現值為

$$\text{PV} = \int_0^T f(t) e^{-rt} \, dt$$

例 6 計算現值

某比賽贏家持續 10 年每週可獲得 500 美元的獎金。假設目前年利率為 5% (連續複利)，試求此獎金的現值。

解

假設一年為 52 週，並將獎金視為每年 26,000 美元的連續固定所得，由公式 (5) 得

$$\text{PV} = \int_0^{10} 26{,}000 e^{-0.05t} \, dt = \left. \frac{26{,}000}{-0.05} e^{-0.05t} \right]_0^{10}$$

$$= -520{,}000(e^{-0.5} - 1) \approx 204{,}604$$

所以，現值是 204,604 美元。

■ 習題 6.2

1-4 ■ **消費者剩餘** 試求下列給定需求函數及銷售量的消費者剩餘。

1. $p = 1450 - 0.2q$, 2000
2. $p = 760 - 0.1q - 0.0002q^2$, 800
3. $p = 15{,}000 e^{-0.03q}$, 45
4. $p = 40 - 3.2\sqrt{q}$, 100

5. **消費者剩餘** 某套裝旅遊行程的需求函數是 $D(q) = 2000 - 46\sqrt{q}$。試求當銷售量為 800 時的消費者剩餘，並以圖形及深色區域表示消費者剩餘。

6. **消費者剩餘** 若需求曲線為 $p = 450/(q + 8)$。試求當售價為 10 美元時的消費者剩餘。

7. **需求及消費者剩餘** 音樂會有人以單價 18 美元促銷 T 恤。若售價每降低 1 美元，銷售量就增加 30 件。試求 T 恤的需求函數，並求當售價為 15 美元時的消費者剩餘。

8-9 ■ **生產者剩餘** 求下列給定供給函數及銷售量的生產者剩餘。

8. $p = 16 + 0.03q$, 500
9. $p = 22 e^{0.002q}$, 600

10. **生產者剩餘** 若供給函數為 $p = 200 + 0.2q^{3/2}$。試求當售價為 400 美元時的生產者剩餘。

11. **總剩餘** 某電子公司生產汽車音響的需求函數是 $D(q) = 228.4 - 18q$，而供給函數為 $S(q) = 27q + 57.4$，其中 q 的單位是千。
    (a) 汽車音響的市場平衡價錢為何？
    (b) 試由 (a) 中所得求總剩餘。
    (c) 試問最大總剩餘是多少？

12. **總剩餘** 生產相機估計其新推出的數位相機之需求函數為 $p = 312e^{-0.14q}$，且其供給函數為 $p = 26e^{0.2q}$，其中 q 的單位是千。試問單價為何時有最大總剩餘？

13. **終值** 某人每月領 1500 美元的退休金，若將這筆錢存入每年連續複利為 6% 的帳戶。試問 10 年後這筆錢的終值是多少？

14. **現值及終值** 某人繼承了 t 年後每年數目為
    $$f(t) = 30,000e^{0.025t} \text{ 美元}$$
    的遺產，她將這筆筆存入連續複利 4.8% 的帳戶。
    (a) 試問 10 年後的終值是多少？
    (b) 試求 10 年收入的現值。

15. **現值** 有人中了 100 萬美元樂透彩，連續 20 年他每年可以獲得 50,000 美元獎金。中獎人也可以選擇一次領取 450,000 美元。他估計若將這筆錢投資會有年息 8% 的獲利。試問 20 年期支付的現值是多少？他是否應該一次領取？

16. **現值及終值** 某慈善機構接受來自一個家庭信託基金的捐贈，在未來 15 年捐款為每年
    $$f(t) = 12,000 + 500t \text{ 美元}$$
    若該慈善機構將此收入投資，獲利為年息 5.2% (連續複利)，試求這筆收入的終值。這筆收入的現值為何？

17. **淨投資流動** 若某公司在 t 年後的資產為 $f(t)$，則其導數 $f'(t)$ 稱為淨投資流動 (net investment flow)。若公司每年的淨投資流動為 $\sqrt{t}$ 百萬美元 (其中 t 的單位是年)。試求從第四年到第八年所增加的資金 (capital formation)。

■ **自我挑戰**

18. **Pareto 之所得法則** 依據 Pareto 之所得法則，所得介於 $x = a$ 及 $x = b$ 之間的人數為 $N = \int_a^b Ax^{-k} dx$，其中 A、k 為常數且 $A > 0$，$k > 1$，他們的平均所得是

$$\bar{x} = \frac{1}{N} \int_a^b Ax^{1-k} dx$$

試求 $\bar{x}$。

6.3 生物學的運用

在本節，我們將定積分應用於生物學的問題：族群的存活和更新、血管中的血液流動及心臟輸出量，其餘應用則在習題中討論。

■ 存活及更新

在第 6.2 節中，分析所得流動的方法可應用在其他問題上。例如：在生物族群中，會因新生命的誕生 (增加) 及既有生命的死亡 (減少) 使得數量改變。若能將這種改變加以模型化，就可以預測未來的數量。

假設某族群開始的數量為 P_0，t 年後增加率為 $R(t)$，我們稱 $R(t)$ 為**更新函數** (renewal function)；而 t 年後目前的成員依舊存活的比率取決於**存活函數** (survival function) $S(t)$。[當 $S(5) = 0.8$ 時，表示目前的成員中的 80% 在 5 年後依舊存活。]

預測此族群在 T 年後的數量時，首先我們注意到目前的成員中有 $S(T) \cdot P_0$ 依舊存活。想計算在這段期間所增加的成員時，可將時間 $[0, T]$ 等分成長為 $\Delta t = T/n$ 的 n 個子區間，t_i 為第 i 個子區間右邊端點。在這段期間，大約有 $R(t_i)\,\Delta t$ 個新成員，而其中能存活到 T 年的比例為 $S(T - t_i)$。所以，在這段期間所增加的成員為：

$$(\text{存活的比例})(\text{成員總數}) = S(T - t_i)\,R(t_i)\,\Delta t$$

T 年後所增加的新成員 (存活到 T 年) 大約是

$$S(T - t_1)\,R(t_1)\,\Delta t + S(T - t_2)\,R(t_2)\,\Delta t + \cdots + S(T - t_n)\,R(t_n)\,\Delta t$$

令 $n \to \infty$，上面的黎曼和就接近定積分

$$\int_0^T S(T - t)\,R(t)\,dt$$

將這個值加上能存活到 T 年開始時的成員數，就可得到此族群 T 年後成員的總數。

> ■ 已知某族群開始時的成員數為 P_0，並以更新函數 $R(t)$ 的速度增加，其中 t 表示年。若此族群 t 年後的存活率以存活函數來 $S(t)$ 表示，則 T 年後的成員數為
>
> (1) $\qquad P(T) = S(T) \cdot P_0 + \int_0^T S(T - t)\,R(t)\,dt$

當 t 為其他時間單位如週或月，公式 (1) 仍然成立。

例 1　未來數量的預測

目前湖內有 5600 條鱒魚，其生殖率為每年 $R(t) = 720e^{0.1t}$ 條。由於環境污染會造成許多鱒魚死亡，使得其 t 年後的存活率為

$S(t) = e^{-0.2t}$。試問 10 年後湖中有多少鱒魚？

解

由題意可知，$P_0 = 5600$ 和 $T = 10$。由公式 1，可得 10 年後湖中鱒魚的數量為

$$P(10) = S(10) \cdot 5600 + \int_0^{10} S(10-t) R(t)\, dt$$

$$= 5600 e^{-0.2(10)} + \int_0^{10} e^{-0.2(10-t)} \cdot 720 e^{0.1t}\, dt$$

$$= 5600 e^{-2} + 720 \int_0^{10} e^{0.3t-2}\, dt$$

將 $e^{0.3t-2}$ 寫成 $e^{0.3t} e^{-2}$，就可得到

$$P(10) = 5600 e^{-2} + 720 e^{-2} \int_0^{10} e^{0.3t}\, dt$$

$$= 5600 e^{-2} + 720 e^{-2} \frac{e^{0.3t}}{0.3}\bigg]_0^{10}$$

$$= 5600 e^{-2} + \frac{720}{0.3} e^{-2}(e^3 - e^0)$$

$$= 5600 e^{-2} + 2400(e - e^{-2}) \approx 6956.95$$

因此我們預測 10 年後湖中有 6960 條鱒魚。

雖然公式 (1) 用來描述生物族群中數量的變化，但也可應用在其他課題。例如：用藥量的管理也必須考慮身體能排出藥物的因素，至於其他的應用則留在習題中討論。

■ 血液流動

當估計血液在靜脈或動脈中流動的速度時，可以假設血管是一個半徑為 R，長度為 l 的圓形管 (如圖 1)。

圖 1　血液在動脈中流動

更多相關的資訊可以參考 W.Nichols and M. O'Rourke (eds.), *McDonald's Blood Flow in Arteries: Theoretic, Experimental, and Clinical Principles*, 5th ed. (New York, 2005).

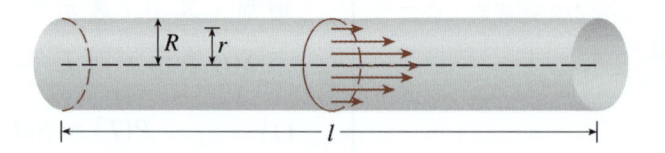

由於管壁的摩擦力，靠近血管軸心的血液流速最大，且隨著與軸心距離為 r 的增加因而遞減，直到血管壁時流速 v 為 0。血液流速 v 和 r 的關係是由法國醫生 Jean-Louis-Marie Poiseuille 在 1840 年所發現的**薄層流法則 (law of laminar flow)** 所決定。這個法則是說

$$(2) \quad v(r) = \frac{P}{4\eta l}(R^2 - r^2)$$

其中 η 表示血液黏稠度，P 表示血管兩端血壓之差。當 P 和 l 為常數時，v 就是定義在區間 $[0, R]$ 上 r 的函數。

因此，我們可以計算出血流每單位時間體積或流量如下：將半徑分割成等長的半徑 $r_1, r_2, \cdots$，所以在兩個半徑 r_{i-1}，r_i 間的環狀區域之面積為

$$2\pi r_i \, \Delta r \quad 其中 \quad \Delta r = r_i - r_{i-1}$$

(如圖 2)。當 Δr 很小時，在這個環狀區域中血液的流速幾乎為常數，並可估計為大約是 $v(r_i)$，所以血液在單位時間流過環狀區域的流量大約為

$$(2\pi r_i \, \Delta r) \, v(r_i) = 2\pi r_i \, v(r_i) \, \Delta r$$

且在單位時間通過血管橫截面血液的總體積為

$$2\pi r_1 \, v(r_1) \, \Delta r + 2\pi r_2 \, v(r_2) \, \Delta r + \cdots + 2\pi r_n \, v(r_n) \, \Delta r$$

(大致情形如圖 3)。注意：在血管中愈接近中心軸時，流速 (每單位時間流量) 就愈大。所以 n 愈大，所得的近似值愈佳。取 $n \to \infty$ 時，定積分就給出了正確的**流量** (**flux** 或 discharge)，也就是單位時間血液流過截面的體積：

$$F = \int_0^R 2\pi r \, v(r) \, dr$$

$$= \int_0^R 2\pi r \frac{P}{4\eta l}(R^2 - r^2) \, dr$$

$$= \frac{\pi P}{2\eta l} \int_0^R (R^2 r - r^3) \, dr = \frac{\pi P}{2\eta l} \left[R^2 \frac{r^2}{2} - \frac{r^4}{4} \right]_{r=0}^{r=R}$$

$$= \frac{\pi P}{2\eta l} \left[\frac{R^4}{2} - \frac{R^4}{4} \right] = \frac{\pi P R^4}{8\eta l}$$

所得到的方程式為

$$(3) \quad F = \frac{\pi P R^4}{8\eta l}$$

就稱為 Poiseuille 定律，它說明了血液流量與血管半徑的四次方成正比。

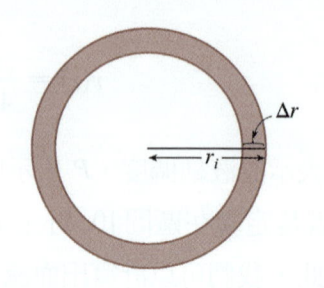

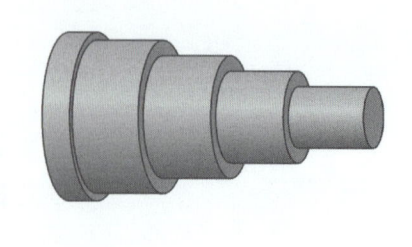

圖 2

圖 3

■ 心臟輸出量

圖 4 是人類心臟系統圖，血液經由靜脈回流到心臟，進入右心房再經由肺動脈進入肺部吸收氧氣，回到左心房再經過主動脈輸送到身體各部位。**心臟輸出量 (cardiac output)** 是指每單位時間從心臟流出血液的體積，也就是血液進入動脈的流速。

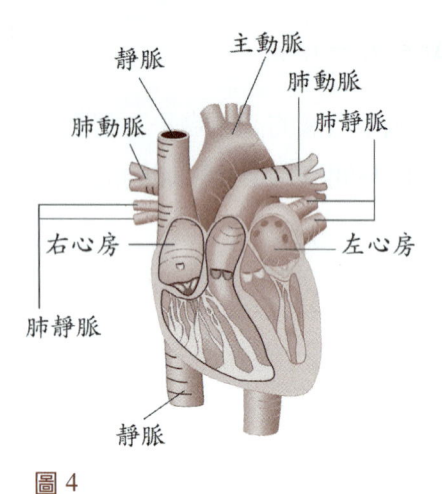

圖 4

心臟輸出量是用顯影劑稀釋法 (dye dilution method) 來測量，將顯影劑注入右心房，經過心臟流入主動脈。藉由置於主動脈的探針每隔一段時間測量流出的顯影劑的濃度直到顯影劑完全從心臟清除為止的時間 T。設 $c(t)$ 為顯影劑在時間 t 的濃度。將 $[0, T]$ 等分成長度為 Δt 的區間，那麼在 t_{i-1} 到 t_i 的時間內，顯影劑流經探針的量大約為

$$(濃度) \cdot (體積) = c(t_i)(F\Delta t)$$

其中 F 為待決定的流速。所以顯影劑的總量為

$$c(t_1) F \Delta t + c(t_2) F \Delta t + \cdots + c(t_n) F \Delta t$$

令 $n \to \infty$，我們得到顯影劑的總量為

$$A = \int_0^T c(t) F \, dt = F \int_0^T c(t) \, dt$$

所以心臟輸出量為

(4)
$$F = \frac{A}{\int_0^T c(t) \, dt}$$

其中 A 為已知顯影劑的量，而分母中的積分可以由所讀取的濃度來估計。

例 2 心臟輸出量

將 5 毫克 (稱為一個 bolus) 的顯影劑注入右心房，每秒測量主動脈中顯影劑的濃度 (毫克/公升) 得到左邊列表。試估計心臟輸出量。

t	$c(t)$	t	$c(t)$
0	0	6	6.1
1	0.4	7	4.0
2	2.8	8	2.3
3	6.5	9	1.1
4	9.8	10	0
5	8.9		

解

由題意可知，$A = 5$ 和 $T = 10$。我們用中點法並取 $n = 5$ 來估計濃度的積分，所以 $\Delta t = 2$ 且

$$\int_0^{10} c(t)\,dt \approx [c(1) + c(3) + c(5) + c(7) + c(9)]\Delta t$$
$$= [0.4 + 6.5 + 8.9 + 4.0 + 1.1](2)$$
$$= 41.8$$

因此，由公式 (4) 得出心臟輸出量為

$$F = \frac{A}{\int_0^{10} c(t)\,dt} \approx \frac{5}{41.8} \approx 0.12 \text{ 公升/每秒} = 7.2 \text{ 公升/分鐘}$$

習題 6.3

1. **動物的存活及更新**　已知某種動物目前的數量是 7400 頭，其繁殖率為每年 $R(t) = 2240 + 60t$ 頭，且 t 年後的存活率為 $S(t) = 1/(t + 1)$。
   (a) 在最初的動物中 4 年後有多少存活下來？
   (b) 未來 4 年有多少新成員？
   (c) 試說明 4 年後動物的數量為何與 (a) 及 (b) 的數目相加後所得到的不一樣。

2. **昆蟲的存活及更新**　已知昆蟲的目前數量為 22,500 隻，並以每週 $R(t) = 1225e^{0.14t}$ 隻的速度增加。假設 t 週後的存活函數為 $S(t) = e^{-0.2t}$，試問 12 週後的昆蟲數為多少？

3. **雜誌的訂閱戶**　某雜誌現有 8400 個訂閱戶，新訂戶的增加率為每月 $R(t) = 180e^{0.04t}$。若 t 個月後仍訂閱的比例為 $S(t) = e^{-0.06t}$。試問 2 年後有多少訂閱戶？

4. **藥物濃度**　藥物以 12 毫克/小時的速率經由靜脈注射到病人體中。由於人體會排出藥物，t 小時後藥物殘留的比例為 $e^{-0.25t}$。若一病人身體內殘留有 50 毫克的藥物，計求 8 小時後有多少藥物殘留。

5. **水質污染**　已知湖水遭污染的速率為 $R(t) = 1600e^{0.06t}$ 加侖/小時，且在湖水中加入某種酵素來中和污染物，使得 t 小時後殘餘污染物的比例 $S(t) = e^{-0.32t}$。若湖中目前有 10,000 加侖的污染物，試問 18 小時後殘餘的污染物有多少？

6. **血液流動**　試利用 Poiseuille 法則計算在人體內小動脈血液的流率，其中取 $\eta = 0.027$、$R =$

0.008 公分、$l = 2$ 公分及 $P = 4000$ 達因 (dynes) / 平方公分。

7. **心臟輸出量** 注入以 6 毫克的顯影劑用來測量心臟的輸出量。若顯影劑在 t 秒後的濃度為 $c(t) = 20te^{-0.6t}$ 毫克 / 公升，其中 $0 \leq t \leq 10$，試求心臟輸出量。[提示：需要用分部積分法。]

8. **心臟輸出量** 下圖為將 7 毫克的顯影劑注射入身體後其濃度函數 $c(t)$ 的圖形，試利用中點法估計心臟輸出量。

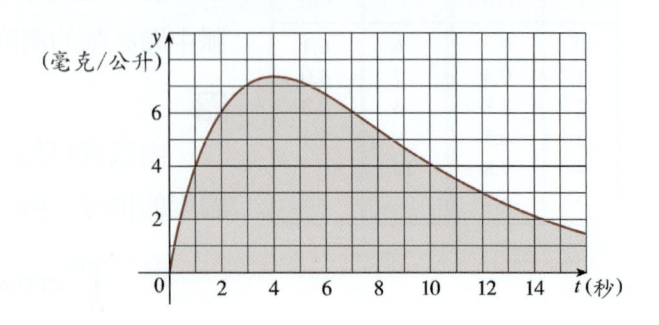

6.4 微分方程式

■ 微分方程式簡介

在第 1.1 節描述模型化的過程中，我們提到由現象的直觀理由，或者由實驗所得的物理定律得到實際問題的數學模型。數學模型通常是以**微分方程式 (differential equation)** 來呈現，也就是方程式中包含一個未知的函數及一個或多個此函數的導數。其實這並不意外，因為在實際的問題中，我們會觀察到現象的變化，因此希望從目前觀察得到變化的情形來預測未來的行為。

例如，某函數與其導數間可能的關係是

(1) $$f'(x) = xf(x)$$

這是一個微分方程式。我們說某函數是微分方程式的解，是指若對在一區間中所有的 x，此函數都滿足這個方程式。我們常以 y 來表示未知的函數，以 y' 或 dy/dx 表示 $f'(x)$，所以方程式 (1) 可寫成

$$y' = xy$$

例 1 驗證微分方程式的解

試驗證 $y = e^{x^2/2}$ 是方程式 $y' = xy$ 的一個解。

解

若 $y = e^{x^2/2}$，則 $y' = e^{x^2/2} \cdot \frac{1}{2}(2x) = xe^{x^2/2} = xy$，故得證。

在例 1 中，$y = e^{x^2/2}$ 並非該方程式唯一的解。事實上，任何形式如同 $y = Ce^{x^2/2}$ 都是解 (而且沒有其他形式的解)，其中 C 為任意常數。

當我們被要求解出微分方程式時，是要找出所有可能的解。一般而言，找出微分方程式的解不是一件容易的事。事實上，並沒有一個能解出所有方程式的方法。但在本節中，我們將檢視一些特殊類型的微分方程式，並找出它們所有解的形式。

■ 可分離微分方程式

一個微分方程式被稱為**可分離方程式 (separable equation)**，是指如果方程式包含一個未知含數及其一次導數，且 dy/dx (或 y') 可以寫成一個只含變數 x 的函數和另一個只含變數 y 的函數之乘積。換言之，可分離方程式可表示成

$$\frac{dy}{dx} = g(x)f(y)$$

可分離的含意就是等號右邊是可分離出一個 x 的函數以及一個 y 函數。也就是若 $f(y) \neq 0$，則方程式可以寫成

(2) $$\frac{dy}{dx} = \frac{g(x)}{h(y)}$$

其中 $h(y) = 1/f(y)$。解方程式時，我們將 dy、dx 視為分離的微分元，然後將方程式改寫成微分形式

$$h(y)\, dy = g(x)\, dx$$

所以含變數 y 的都在等號的一邊，而含變數 x 的則在另一邊。最後將兩邊作積分：

(3) $$\int h(y)\, dy = \int g(x)\, dx$$

方程式 (3) 就是把 y 看成 x 的隱函數。有時候，可以將 y 解出成為 x 的函數。

我們可以用微分的連鎖法則來驗證：若 h、g 滿足方程式 (3)，則

$$\frac{d}{dx}\left(\int h(y)\, dy\right) = \frac{d}{dx}\left(\int g(x)\, dx\right)$$

1690 年伯努利 (James Bernoulli) 首先利用分離變數法的技巧，解出萊布尼茲所提出的單擺問題，並在 1694 年所發表的論文中詳述了一般的方法。

所以
$$\frac{d}{dy}\left(\int h(y)\,dy\right)\frac{dy}{dx} = g(x)$$

且
$$h(y)\frac{dy}{dx} = g(x)$$

因此，方程式 (2) 是成立的。

> **例 2** 解可分離微分方程式

試解微分方程式 $\dfrac{dy}{dx} = \dfrac{x^2}{y^2}$。

解

將等式兩邊同時乘以 dx 及 y^2：
$$y^2\,dy = x^2\,dx$$

這樣就得到方程式為微分元的形式，且變數 y 在等號的一邊，變數 x 則在另一邊。將兩邊作積分：
$$\int y^2\,dy = \int x^2\,dx$$
$$\tfrac{1}{3}y^3 = \tfrac{1}{3}x^3 + C$$

其中 C 為任意常數。(我們在等式左邊可以用常數 C_1，在等式右邊用常數 C_2。但可將兩個常數合併為 $C = C_2 - C_1$。)

解出 y 可得
$$y^3 = x^3 + 3C$$
$$y = \sqrt[3]{x^3 + 3C}$$

我們可以維持原式或再將其記作
$$y = \sqrt[3]{x^3 + K}$$

其中 $K = 3C$。(因為 C 是任意常數，所以 K 或 $3C$ 亦為任意常數。)

例 2 中方程式的解稱為**通解** (general solution)，這是方程式所有可能解的**族群**。每給定一個常數 C (或 K) 就給出方程式的一個解。

在許多問題中，我們會被要求得到某個滿足形式如同 $y(x_0) = y_0$ 的條件之特別解。(在這裡將 y 視為 x 的函數，也視為輸出量的變

圖 1 為例 2 中微分方程式解族群的某些成員。黑色曲線則是例 3 中初始值問題的解。

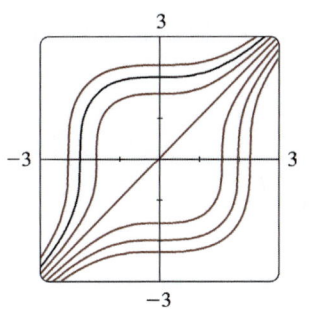

圖 1

數。) 這種條件稱為**初始條件 (initial condition)**。我們稱含有初始條件的方程式為**初始值問題 (initial-value problem)**。幾何上來說，初始條件的解對應於從方程式的通解曲線之族群中找出某一條恰巧通過點 (x_0, y_0) 的曲線。

例 3 求初始值問題的解

試求例 2 中方程式滿足初始條件 $y(0) = 2$ 的解。

解

將 $x = 0$ 代入例 2 中的通解，得 $y(0) = \sqrt[3]{K}$。由初始條件 $y(0) = 2$，可得 $\sqrt[3]{K} = 2$，即 $K = 8$。所以初始值問題的解為

$$y = \sqrt[3]{x^3 + 8}$$

■ 族群成長的模型

在第 3.6 節中，我們討論了一些量 (如某族群的數量) 的成長率與本身成正比，並說明其函數的形式必定如同 $A(t) = Ce^{kt}$。現在要證明這些是滿足此種描述的唯一函數。

由第 3.6 節可知，某些族群的成長率與其數量成正比。假設 P 為該族群在時間 t 的數量，則可將上面的條件表示為

$$\frac{dP}{dt} = kP$$

其中 k 為常數。在下面例子中，我們找出這個可分離微分方程式的解。

例 4 指數型成長

試解微分方程式 $dP/dt = kP$。

解

$$\frac{dP}{dt} = kP$$

$$\frac{1}{P} dP = k\, dt$$

$$\int \frac{1}{P} dP = \int k\, dt$$

$$\ln|P| = kt + C$$

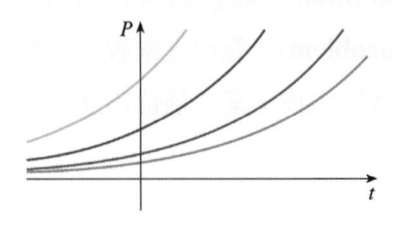

圖 2　方程式 $dP/dt = kP$ 所有的解，其中 $P>0$ $(k>0)$

由該族群的數量恆不為負數，可得 $|P|=P$，就可將 P 解出。

$$e^{\ln P} = e^{kt+C}$$
$$P = e^{kt}e^C$$
$$P = Ae^{kt}$$

其中 $A = e^C$ 為任意常數 (對任意常數 C 而言，e^C 恆為正數)。此方程式解的曲線如圖 2。

要了解常數 A 的意義，我們注意到

$$P(0) = Ae^{k\cdot 0} = A$$

所以 A 即是該族群的初始規模，且可以將方程式的解記作

$$P = P_0 e^{kt}$$

其中 $P_0 = P(0)$。

在理想狀況下，例 4 中指數成長函數的描述是合理的。但我們必須認知到一個更為實際的模型必須能反映出環境資源是有限制的。在許多情況下，族群在開始時是呈現指數成長，但成長逐漸接近環境的**飽和量** (carrying capacity) M 時，成長曲線就趨於平坦。為了兼顧此二趨勢，我們有下面兩個假設：

■ $\dfrac{dP}{dt} \approx kP$，若 P 很小

　(開始時，族群成長率與 p 成正比。)

■ $\dfrac{dP}{dt}$ 接近 0，若 P 很靠近 M

　(當族群數靠近飽和量時，成長趨緩。)

一個可兼顧上面兩個假設的簡易模型為：

方程式 (4) 又稱為**邏輯微分方程式** (logistic differential equation)，是在 1840 年代由比利時生物數學家 Pierre-Francois Verhulst 研究世界人口時所提出的。

(4) $$\dfrac{dP}{dt} = kP\left(1 - \dfrac{P}{M}\right)$$

注意：當 P (與 M 比較) 很小的時候，P/M 接近 0，所以 $dP/dt \approx kP$。當 P 接近 M 時，P/M 幾乎等於 1，所以 $1-P/M$ 幾乎為 0。

首先，我們看出常數函數 $P(t)=0$ 及 $P(t)=M$ 都是方程式 (4) 的解，因為式 (4) 中右邊都為 0。(事實上也合理，當族群數為 0 或 M

時，就會維持不變。）我們稱這兩個常數解為平衡解 (equilibrium solutions)。

接著，當族群規模接近飽和量 M 時 $(P \to M)$，則 $dP/dt \to 0$，也就是族群曲線趨於平坦。因此我們可以期望邏輯方程式解的曲線圖形如同圖 3 所示。注意：這些曲線 (由左到右) 離開平衡解 $P = 0$，然後向另一平衡解 $P = M$ 接近。

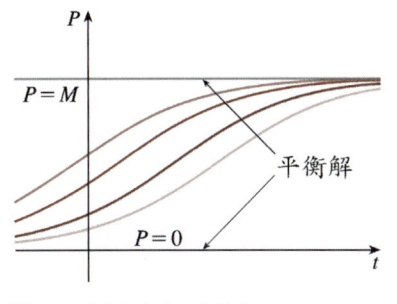

圖 3 邏輯方程式的解

例 5　邏輯方程式

試解出式 (4) 中的邏輯微分方程式。

解

邏輯微分方程式是可分離微分方程式

$$\frac{dP}{dt} = kP\left(1 - \frac{P}{M}\right)$$

$$\frac{1}{P(1 - P/M)} dP = k\, dt$$

所以

(5) $$\int \frac{1}{P(1 - P/M)} dP = \int k\, dt$$

為求左邊的積分，先將被積分函數寫成

$$\frac{1}{P(1 - P/M)} \cdot \frac{M}{M} = \frac{M}{P(M - P)}$$

這個分式可以寫成兩個較容易積分的分式，讀者可以將下式右邊通分驗證：

$$\frac{M}{P(M - P)} = \frac{1}{P} + \frac{1}{M - P}$$

所以式 (5) 就可改寫成：

$$\int \left(\frac{1}{P} + \frac{1}{M - P}\right) dP = \int k\, dt$$

將左式分成兩個積分，並以變數變換 $u = M - p$ 來求第二個積分。我們得到

$$\ln|P| - \ln|M - P| = kt + C$$

因為 P 表示族群的規模，所以 $P>0$；又因 $P<M$，所以 $M-P>0$。因此可得

$$\ln P - \ln(M-P) = kt + C$$
$$-\ln P + \ln(M-P) = -kt - C$$
$$\ln \frac{M-P}{P} = -kt - C$$
$$\frac{M-P}{P} = e^{-kt-C} = e^{-C}e^{-kt}$$

(6) $$\frac{M-P}{P} = Ae^{-kt}$$

其中 $A = e^{-C}$。將式 (6) 中的 P 解出，就可得到

$$\frac{M}{P} - 1 = Ae^{-kt}$$
$$\frac{M}{P} = 1 + Ae^{-kt}$$
$$\frac{P}{M} = \frac{1}{1 + Ae^{-kt}}$$
$$P = \frac{M}{1 + Ae^{-kt}}$$

再令式 (6) 中 $t=0$ 來解 A。若 $t=0$ 時，$P=P_0$ (族群初始規模)，則

$$\frac{M-P_0}{P_0} = Ae^0 = A$$

就得到邏輯微分方程式的解為

(7) $$\boxed{P(t) = \frac{M}{1+Ae^{-kt}} \qquad 其中\ A = \frac{M-P_0}{P_0}}$$

這是第 3.6 節的邏輯方程式。讀者應驗證對不同 A 值，函數的曲線都形如圖 3 所示。

■ 經濟學中的方程式

在第 4.7 節中，我們討論如何用彈性需求來作為測量價格影響需求的工具。當需求為具彈性的 ($E>1$)，則價格的變動會對需求有較

大的影響；反之，當需求為非彈性的 ($E < 1$)，則影響甚小；當 $E = 1$ (需求為單位彈性) 時，需求的變動正比於價格的變動。在下面的例子中，我們將決定出何種需求函數為單位彈性。

例 6 何種需求函數 $E(q) = 1$？

試找出什麼需求函數 $p = D(q)$ 為單位彈性，即

$$E(q) = -\frac{p/q}{dp/dq} = 1$$

解

由題意可將方程式寫成微分形式：

$$-\frac{p/q}{dp/dq} = 1$$

$$-\frac{p\,dq}{q\,dp} = 1$$

$$q\,dp = -p\,dq$$

$$\frac{1}{p}\,dp = -\frac{1}{q}\,dq$$

將等式兩邊積分。

$$\int \frac{1}{p}\,dp = \int -\frac{1}{q}\,dq$$

$$\ln|p| = -\ln|q| + C$$

由於 p、q 均為正數，所以 $|p| = p$，$|q| = q$ 並將解出 p：

$$\ln p = -\ln q + C$$

$$e^{\ln p} = e^{-\ln q + C}$$

$$p = e^C e^{-\ln q}$$

由於 $e^{-\ln q} = e^{\ln q^{-1}} = q^{-1} = 1/q$，我們得到

$$p = e^C \cdot \frac{1}{q}$$

$$p = \frac{k}{q}$$

其中 $k = e^C$。因此，所有單位彈性的需求函數之形式為

$$p = D(q) = \frac{k}{q}$$

其中 k 為任意正數。

自我準備

1. 若 $y = e^{-3x}$，則 $y' = ?$ 又 $y + y' = ?$
2. 若 $y = x^2 e^x$，試求 $xy' + y$。
3. 試求下列不定積分。
   (a) $\int (1/x)\, dx$
   (b) $\int (1/x^2)\, dx$
   (c) $\int 1/(x+4)\, dx$
   (d) $\int x/(x^2+4)\, dx$
   (e) $\int e^{-2t}\, dt$
   (f) $\int \sqrt{t}\, dt$

習題 6.4

1-2 ■ 試驗證所給定的函數是方程式的解。

1. $y = \frac{2}{3}e^x + e^{-2x}$, $y' + 2y = 2e^x$
2. $y = xe^x$, $y'/y = 1 + 1/x$

3-7 ■ 試求下列可分離方程式的解。

3. $\dfrac{dy}{dx} = xy^2$
4. $\dfrac{dy}{dx} = \dfrac{x+1}{y-1}$
5. $\dfrac{dy}{dx} = \dfrac{y}{x}$
6. $(x^2+1)y' = xy$
7. $\dfrac{du}{dt} = (1+u)(2+t)$

8-10 ■ 試求下列滿足給定初始條件之方程式的解。

8. $\dfrac{dy}{dx} = \dfrac{x}{y}$, $y(0) = -3$

9. $y' = \dfrac{e^{2x}}{y^2}$, $y(0) = 3$

10. $\dfrac{dA}{dt} = \dfrac{1}{At}$ $(t > 0, A > 0)$, $A(1) = 4$

11. (a) 若只看方程式 $y' = -y^2$，你對此方程式的解有何結論？
    (b) 試驗證所有形式如 $y = 1/(x+C)$ 都是 (a) 中方程式的解。
    (c) 你可以找出形式與 (b) 中不同，但仍是微分方程式 $y' = -y^2$ 的解嗎？

12. 試求經過 $(0, 1)$ 且在點 (x, y) 斜率為 xy 的曲線方程式。

13. 假設 B 為 t 的函數，且 B 遞增的速度和自己成反比。試寫下滿足此敘述的微分方程式。

14. **族群規模的成長** 某生物族群數量的成長率為其數量的 1/100（以成員／年為單位）。試以微分方程式表示上面的描述。若族群目前的數量

是 20,000，試求 t 年後的數量。

15. **昆蟲數量** 在螞蟻的族群中，成員每月增加的速度為本身數量的 1/50，再多 500 隻。試寫下其微分方程式。若目前有 300,000 隻螞蟻，試求 1 年後螞蟻的數量。

16. **學習速度** 心理學家對學習速度理論研究的**學習曲線 (learning curve)** 有興趣。學習曲線為函數 $P(t)$ 的圖形，其中 $P(t)$ 為某人學習一技巧在時間 t 後的表現。dP/dt 表示其進步的速度。

    (a) 你認為 $P(t)$ 在何時增加最快？當 t 增加時，dP/dt 如何變化？試解釋之。
    (b) 若 M 表示一學員最高的表現，試說明微分方程式

    $$\frac{dP}{dt} = k(M - P) \qquad k\ \text{為一正的常數}$$

    是個合理的模型。
    (c) 試描繪解的概略圖。
    (d) 試解出微分方程式。當 $t \to \infty$ 時 $P(t)$，的極限為何？

■ 自我挑戰

17. 試解微分方程式 $\dfrac{dy}{dt} = \dfrac{te^t}{y\sqrt{1+y^2}}$。

18. 試以變換 $u = x+y$ 解微分方程式 $y' = x+y$。

19. **葡萄糖值** 葡萄糖溶液以常數速率 r 注入血管。當葡萄糖進入人體內，會轉化成其他物質，且隨著血液流動而降低濃度，葡萄糖溶液濃度的變化率與當時的濃度成正比。所以，得到血液中葡萄糖的濃度 $C = C(t)$ 滿足

    $$\frac{dC}{dt} = r - kC$$

    其中 k 為常數。
    (a) 若在 $t = 0$ 時濃度為 C_0，試解出微分方程式，並求出在任意時間 t 的濃度。
    (b) 若 $C_0 < r/k$，試求出 $\lim_{t \to \infty} C(t)$，並解釋其意義。

20. **組織成長** 假設 $A(t)$ 為某個有機組織培養時間 t 後的面積，且 M 為組織完全成長的面積。在成長的過程中，大部分細胞在組織的邊界產生分裂，且在組織邊界的細胞的個數與 $\sqrt{A(t)}$ 成正比。所以，假設組織面積的成長率同時與 $\sqrt{A(t)}$ 及 $M - A(t)$ 成正比，可以建構組織成長的合理模型。試寫出微分方程式，並證明當 $A(t) = \frac{1}{3}M$ 時組織成長的速度最快。[提示：引用連鎖律對 dA/dt 的表示式作微分，並適時的將 dA/dt 的表示式代入。]

6.5 瑕積分

定義積分 $\int_a^b f(x)\,dx$ 時，我們考慮定義在有限區間 $[a, b]$ 的函數。在本節中，我們把定積分推廣到無窮區間，並稱這類積分為瑕積分 (improper integral)。至於瑕積分的一個重要的應用，將在下一節討論。

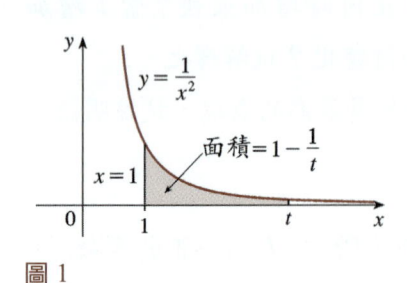

■ 無窮區間的積分

以 S 表示在曲線 $y = 1/x^2$ 下方、x 軸上方，且在 $x = 1$ 右邊的區域。因為 S 涵蓋到無窮遠處，開始可能會認為它的面積也會是無窮大。如果先考慮 S 在 $x = t$ 左邊的部分區域 (圖 1 中的陰影部分)，其面積為

$$A(t) = \int_1^t \frac{1}{x^2}\,dx = -\frac{1}{x}\Big]_1^t = 1 - \frac{1}{t}$$

注意：不論 t 取多大，它的面積 $A(t)$ 都小於 1。

另一方面，當 t 趨近無窮大時，$A(t)$ 的極限值會存在，即

$$\lim_{t \to \infty} A(t) = \lim_{t \to \infty}\left(1 - \frac{1}{t}\right) = 1$$

也就是當 $t \to \infty$ 時，如圖 2 所示，陰影部分的面積會趨近於 1。這時我們就說 S 的面積為 1，並記作

$$\int_1^\infty \frac{1}{x^2}\,dx = \lim_{t \to \infty} \int_1^t \frac{1}{x^2}\,dx = 1$$

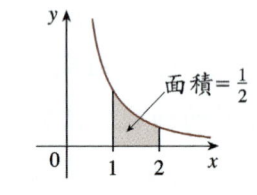

圖 2

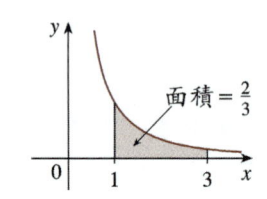

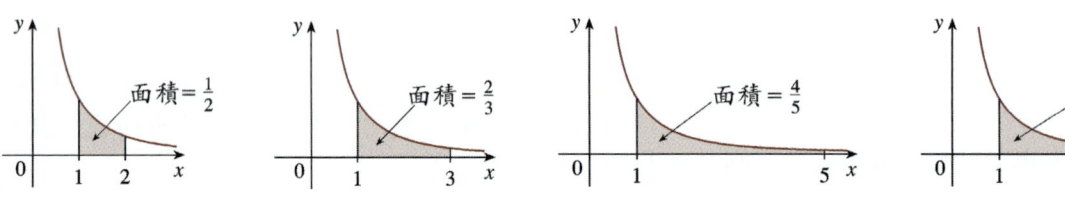

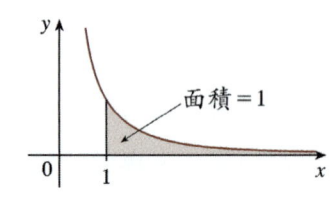

由這個例子，我們就可以把函數 f (不一定要是正的) 在無窮區間上的積分，定義為在有限區間上積分的極限。

> **(1) ■ 從 a 到 ∞ 的積分**　若對任意 $t \geq a$，積分 $\int_a^t f(x)\,dx$ 都存在，則
>
> $$\int_a^\infty f(x)\,dx = \lim_{t \to \infty} \int_a^t f(x)\,dx$$
>
> 如果上面的極限存在。當對應的極限存在，就稱瑕積分 $\int_a^\infty f(x)\,dx$ 為**收斂的 (convergent)**，否則就稱為**發散的 (divergent)**。

如果 f 是正函數，定義 1 中的每一種情形都可以解釋為某個區域的面積。例如，在 (a) 中，如果 $f(x) \geq 0$ 且積分 $\int_a^\infty f(x)\,dx$ 收斂，則圖 3 中區域的面積就定義為

$$面積 = \int_a^\infty f(x)\,dx$$

這樣的定義是恰當的，因為 $\int_a^\infty f(x)\,dx$ 確實是在曲線下方從 a 到 t 的面積在 $t \to \infty$ 時之極限。

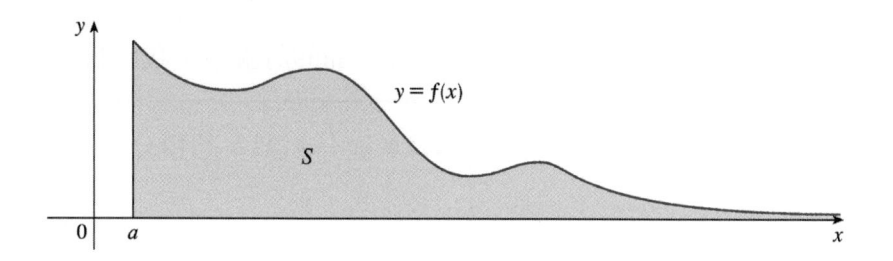

圖 3

例 1　發散的瑕積分

試判別積分 $\int_1^\infty (1/x)\,dx$ 是收斂或發散的。

解

由定義 (1)，可以得到

$$\int_1^\infty \frac{1}{x}\,dx = \lim_{t \to \infty} \int_1^t \frac{1}{x}\,dx = \lim_{t \to \infty} \ln|x|\Big]_1^t$$

$$= \lim_{t \to \infty}(\ln t - \ln 1) = \lim_{t \to \infty} \ln t = \infty$$

所得的極限並不是一個有限的實數，所以這個瑕積分是發散的。

比較例 1 和本節開始所討論的例子，我們會發現

$$\int_1^\infty \frac{1}{x^2}\,dx \text{ 收斂} \qquad \int_1^\infty \frac{1}{x}\,dx \text{ 發散}$$

在幾何上，雖然在 $x > 0$ 時，曲線 $y = 1/x^2$ 和 $y = 1/x$ 的圖形看起來很像，但是在 $x = 1$ 的右側，$y = 1/x^2$ 下方的面積 (圖 4 中的陰影部分) 是有限的，而 $y = 1/x$ 下方的面積 (圖 5 中的陰影部分) 卻是無窮大。注意到 $1/x$ 和 $1/x^2$ 在 $x \to \infty$ 時都會趨近於 0，但是 $1/x^2$ 趨近於 0 的速度比 $1/x$ 快，也就是 $1/x$ 下降的速度太慢，不足以讓它的積分成為有限值。

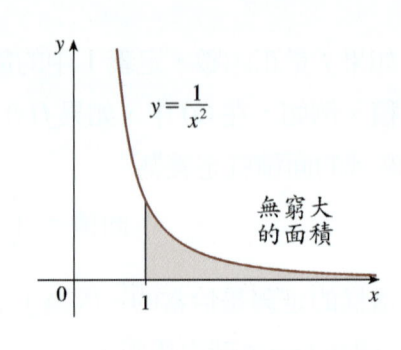

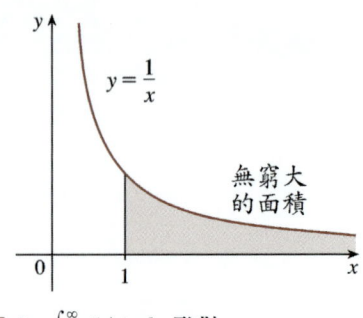

圖 4　$\int_1^\infty (1/x^2)\, dx$ 收斂　　　　圖 5　$\int_1^\infty (1/x)\, dx$ 發散

在下面的討論中，我們將瑕積分推廣到負無窮大的區間。

---

(2) ■ **從 $-\infty$ 到 b 的積分**　若對任意 $t \leq b$，積分 $\int_t^b f(x)\, dx$ 都存在，則

$$\int_{-\infty}^b f(x)\, dx = \lim_{t \to -\infty} \int_t^b f(x)\, dx$$

如果上面的極限存在。

如果極限存在，我們說瑕積分是收斂的，否則就是發散的。

例 2　收斂的瑕積分

試求 $\int_{-\infty}^0 e^x\, dx$。

解

由定義 (2)，可得

$$\int_0^\infty e^x\, dx = \lim_{t \to \infty} \int_0^t e^x\, dx = \lim_{t \to \infty} e^x \Big]_0^t$$

$$= \lim_{t \to \infty} (e^t - 1)$$

當 $t \to -\infty$ 時，$e^t \to 0$，所以

$$\int_{-\infty}^0 e^x\, dx = \lim_{t \to -\infty} (1 - e^t) = 1 - 0 = 1$$

最後，對於在整條數線上的積分，我們可將數線分割成兩部分來討論。

(3) ■ 整條實數線的積分 若 $\int_a^\infty f(x)\,dx$ 和 $\int_{-\infty}^a f(x)\,dx$ 都是收斂的，則定義

$$\int_{-\infty}^\infty f(x)\,dx = \int_{-\infty}^a f(x)\,dx + \int_a^\infty f(x)\,dx$$

其中 a 為任意實數。

例 3　整條實數線上的瑕積分

試求 $\int_{-\infty}^\infty e^x\,d$。

解

由定義 (3) 將欲求的定積分分成兩部分。若以 $x = 0$ 為分割點，則可得

$$\int_{-\infty}^\infty e^x\,dx = \int_{-\infty}^0 e^x\,dx + \int_0^\infty e^x\,dx$$

由例 2 可知第一個積分為 1。第二個積分的計算如下：

$$\int_0^\infty e^x\,dx = \lim_{t \to \infty} \int_0^t e^x\,dx = \lim_{t \to \infty} e^x \Big]_0^t$$

$$= \lim_{t \to \infty} (e^t - 1)$$

但當 $t \to \infty$ 時 $e^t \to \infty$，所以 $\lim_{t \to \infty} e^t = \infty$ 且

$$\lim_{t \to \infty} (e^t - 1) = \infty$$

可知 $\int_{-\infty}^\infty e^x\,dx$ 為發散的。雖然 $\int_{-\infty}^0 e^x\,dx$ 是收斂的，但 $\int_0^\infty e^x\,dx$ 是發散的。收斂的積分與發散的積分之和是發散的，所以 $\int_{-\infty}^\infty e^x\,dx$ 為發散的。

■ 瑕積分的應用

在第 6.2 節中，我們討論了所得流動的現值。在 T 年期間，若每年所得為 $f(t)$，而且利息收入為固定利率 r (連續複利) 時，這個所得流動的現值是：

$$\text{PV} = \int_0^T f(t) e^{-rt}\,dt$$

在經濟學上，**年金 (perpetuity)** 指的是永不終止的所得流動，它的現值可以用瑕積分來計算。

> ■ **年金的現值** 當每年所得為 $f(t)$ 且利息收入為固定利率 r 來計算 (連續複利) 時
>
> (4) $$\text{PV} = \int_0^T f(t) e^{-rt}\, dt$$

例 4　年金的現值

英國政府發行了一種名為 consols 的年金公債，並以年利率為 2.5% 的利息永久支付給債權人。政府每 3 個月支付給債權人利息，但我們可將之視為連續所得，並以公式 (4) 計算其現值。假設某人買了 5000 英鎊的公債，並將這利息所得存入利率為 4% 的帳戶，試求此年金公債的現值。

解

由題意可知，年利率為 2.5% 的 5000 英鎊公債之收入為 5000(0.025) = 125 英鎊。若將這筆錢視為連續的所得流動，則此時公式 (4) 中的 $f(t) = 125$ 英鎊 / 年。由 $r = 0.04$，我們得到公債的現值是

$$\text{PV} = \int_0^\infty f(t) e^{-rt}\, dt = \lim_{T\to\infty} \int_0^T 125 e^{-0.04t}\, dt$$

$$= \lim_{T\to\infty} \left[\frac{125}{-0.04} e^{-0.04t} \right]_0^T = \lim_{T\to\infty} \left[-3125(e^{-0.04T} - 1) \right]$$

$$= -3125 \left[\left(\lim_{T\to\infty} \frac{1}{e^{0.04T}} \right) - 1 \right]$$

$$= -3125(0 - 1) = 3125$$

由此可知，此公債的現值是 3125 英鎊，低於其本身的價值，所以買 consol 不是一個聰明的投資！

> 一個永久支付的終生年金之現值為有限，這個事實似乎和我們的直覺不符，但請注意此年金之現值是隨著時間遞減，所以可能是有限的。

■ 自我準備

1. 試求下列極限的值。
   (a) $\lim_{t \to \infty} e^{-t}$
   (b) $\lim_{x \to \infty} (x + e^{-x})$
   (c) $\lim_{x \to -\infty} (4 + e^{-x})$
   (d) $\lim_{t \to \infty} (1 + 5\sqrt{t})$
   (e) $\lim_{t \to \infty} (1 + 5/\sqrt{t})$
   (f) $\lim_{x \to \infty} (1/\ln x)$
   (g) $\lim_{x \to -\infty} \ln(1 + x^2)$

2. 試求下列的積分。
   (a) $\int_2^5 \frac{1}{(x+1)^{5/2}} dx$
   (b) $\int_1^w e^{-x/3} dx$
   (c) $\int t e^{t^2} dt$
   (d) $\int \frac{1}{x \ln x} dx$
   (e) $\int 1/t^{1.4} dt$

■ 習題 6.5

1. 試求從 $x=1$ 到 $x=t$ 在曲線 $y=1/x^3$ 下方區域的面積，並計算 $t=10$、100、1000 時的值。最後求當 $x \geq 1$ 時的所有面積。

2-8 ■ 判定下列積分是否收斂。若收斂，則計算積分的值。

2. $\int_1^\infty \frac{2}{x^3} dx$

3. $\int_3^\infty \frac{1}{(x-2)^{3/2}} dx$

4. $\int_{-\infty}^{-1} \frac{1}{\sqrt{2-w}} dw$

5. $\int_4^\infty e^{-y/2} dy$

6. $\int_{-\infty}^\infty x e^{-x^2} dx$

7. $\int_1^\infty \frac{\ln x}{x} dx$

8. $\int_e^\infty \frac{1}{x(\ln x)^3} dx$

9. 試描繪給定區域 $x \leq 1$，$0 \leq y \leq e^x$，並求面積(若面積是有限的)。

10. **現值** 某年金每月支付債券所有人 400 美元。若這筆錢投資且每年獲利為 5% (連續複利)，試問其現值為何？

11. **現值** 某政府公債永久支付債券所有人每年利息 3%。若這筆收入再投資且每年獲利 4.2% (連續複利)，試問 10,000 美元的公債之現值為何？

12. **現值** 某企業從現在算起 t 年後捐給慈善機構 $f(t) = 8000 e^{0.01t}$ 美元。若將這筆錢再投資且獲利 5.5% (連續複利)，若這筆捐款永久持續下去，試問其現值為何？

13. **燈泡壽命** 某廠牌電燈製造商想製造壽命為 700 小時的燈泡，但有些燈泡會有較短的壽命。若 $F(t)$ 是壽命為 t 小時的燈泡之比例，所以 $F(t)$ 是一個介於 0 與 1 間的數。
    (a) 試描繪 $F(t)$ 的概略圖形。
    (b) 其導數 $r(t) = F'(t)$ 的意義為何？
    (c) 試求 $\int_0^\infty r(t) dt$，其意義又為何？

■ 自我挑戰

14. 試求使得積分 $\int_1^\infty \frac{1}{x^p} dx$ 收斂的所有 p 值，並求出對應這些 p 的積分值。(提示：分別考慮 $p < 0$、$p = 0$、$0 < p < 1$、$p = 1$ 和 $p > 1$ 的情形。)

6.6 機率

在隨機行為的分析上，微積分扮演重要的角色。假設我們從某個年齡族群中隨意選取一人並檢測他(她)的膽固醇值，或從成年女生中任意取一人來測量她的身高，或任意取一乾電池，觀察其使用壽命。這些量都稱為**連續隨機變量** (continuous random variables)，因為它們的值會是落在某區間中的任何實數，即使這些值的紀錄都是以最近的整數來呈現。我們常想知道某人膽固醇值高於 250，或成年女性身高介於 60 吋與 70 吋之間，或乾電池的壽命在 100 小時及 200 小時間的機率為何。若 X 代表這種電池的壽命，就以下列記號表示上面的機率：

$$P(100 \leq X \leq 200)$$

若引用頻率來解釋，這個數字表示這類電池其壽命介於 100 至 200 間出現的比例。既然該數字為一個比例，所以必定介於 0 和 1 之間。

■ 機率密度函數

每個連續隨機變數 X 都有一個**機率密度函數** (probability density function) f。這表示 X 介於 a 和 b 之間的機率是將 f 從 a 積分到 b：

(1) $$P(a \leq X \leq b) = \int_a^b f(x)\, dx$$

例如：圖 1 為一隨機變數 X 的機率密度函數 f 之模型圖，其中 X 為美國成年女性的身高(以吋為單位)(由國家衛生局所提供的數據)。隨機取一成年女性其身高在 60 吋與 70 吋之間的機率，等於函數 f 圖形下從 60 到 70 的面積。

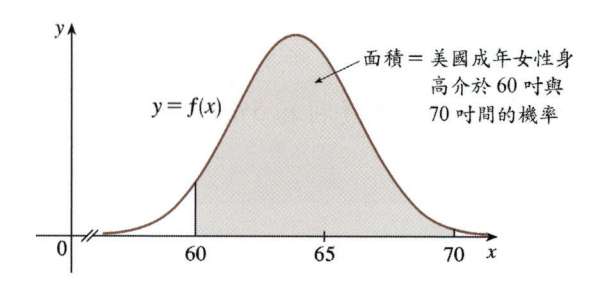

圖 1　美國成年女性身高的機率密度函數

一般而言，隨機變數 X 的機率密度函數 f 滿足條件：對所有 x，$f(x) \geq 0$。由於機率值介於 0 與 1，所以

(2) $$\int_{-\infty}^{\infty} f(x)\, dx = 1$$

例 1　機率密度函數

已知當 $0 \leq x \leq 10$ 時，$f(x) = 0.006x(10-x)$；對所有其他的 x，$f(x) = 0$。

(a) 試驗證 $f(x)$ 是一個機率密度函數。
(b) 試求 $P(4 \leq X \leq 8)$。

解

(a) 當 $0 \leq x \leq 0$ 時，$0.006x(10-x) \geq 0$，所以對所有的 x，我們得到 $f(x) \geq 0$。也要驗證 (2)：

$$\int_{-\infty}^{\infty} f(x)\,dx = \int_0^{10} 0.006x(10-x)\,dx = 0.006 \int_0^{10}(10x - x^2)\,dx$$

$$= 0.006\left[5x^2 - \tfrac{1}{3}x^3\right]_0^{10} = 0.006\left(500 - \tfrac{1000}{3}\right) = 1$$

可知 $f(x)$ 是一個機率密度函數。

> 只須積分從 0 到 10，因為其他值 $f(x) = 0$。

(b) X 介於 4 和 8 的機率為

$$P(4 \leq X \leq 8) = \int_4^8 f(x)\,dx = 0.006 \int_4^8 (10x - x^2)\,dx$$

$$= 0.006\left[5x^2 - \tfrac{1}{3}x^3\right]_4^8 = 0.544$$

例 2　等候時間的機率密度函數

等候時間或設備損壞時間這類現象常以指數遞減的機率密度函數為模型。試求此種機率密度函數。

解

想像以你在打電話給某公司時等候其接聽的時間為隨機變數。我們以 t (不以 x) 表示時間 (單位：分鐘)。若 f 表示機率密度函數，且你在 $t=0$ 撥通電話，由定義 (1)，則你等候的時間為 2 分鐘內的機率為 $\int_0^2 f(t)\,dt$；若你等候時間為 5 分鐘的機率為 $\int_4^5 f(t)\,dt$。

很明顯的，當 $t < 0$ 時，$f(t) = 0$ (同為等候時間不可能為負)；當 $t > 0$ 時，我們引用指數遞減函數，即 $f(t) = Ae^{-ct}$，其中 A、c 均為正的常數。所以，

$$f(t) = \begin{cases} 0 & \text{當 } t < 0 \\ Ae^{-ct} & \text{當 } t \geq 0 \end{cases}$$

利用公式 (2) 求 A，先將積分拆開：

$$\int_{-\infty}^{\infty} f(t)\,dt = \int_{-\infty}^{0} f(t)\,dt + \int_{0}^{\infty} f(t)\,dt$$

因為當 $t < 0$ 時，$f(t) = 0$，所以 $\int_{-\infty}^{0} f(t)\,dt = 0$，進而得到

$$\int_{-\infty}^{\infty} f(t)\,dt = \int_{0}^{\infty} f(t)\,dt = \int_{0}^{\infty} Ae^{-ct}\,dt$$

$$= \lim_{x \to \infty} \int_{0}^{x} Ae^{-ct}\,dt = \lim_{x \to \infty} \left[-\frac{A}{c} e^{-ct} \right]_{0}^{x}$$

$$= \lim_{x \to \infty} \left[-\frac{A}{c} e^{-cx} + \frac{A}{c} e^{0} \right] = \lim_{x \to \infty} \frac{A}{c} (-e^{-cx} + 1)$$

$$= \lim_{x \to \infty} \frac{A}{c} \left(1 - \frac{1}{e^{cx}} \right) = \frac{A}{c} (1 - 0) = \frac{A}{c}$$

由公式 (2)，$\int_{-\infty}^{\infty} f(t)\,dt = 1$，所以 $A/c = 1$，即 $A = c$。所以，任意指數密度函數的形式為

$$f(t) = \begin{cases} 0 & \text{當 } t < 0 \\ ce^{-ct} & \text{當 } t \geq 0 \end{cases}$$

典型的圖形如圖 2。

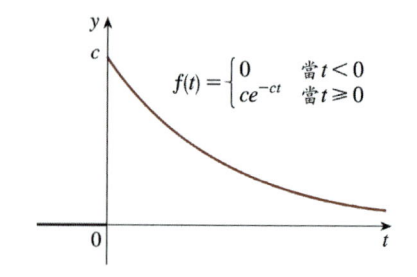

圖 2　指數密度函數

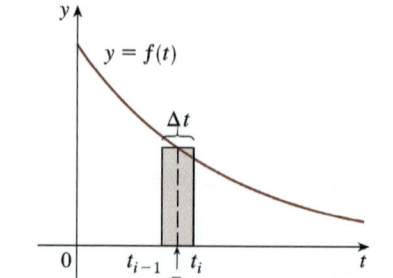

■ 平均值

假設你正在等候某家公司客服人員接聽你的電話，而你正在想到底要等多久。令 $f(t)$ 為對應機率密度函數，其中 t 以分鐘為單位，且假設有 N 個顧客同時也在等候這家公司的客服人員接聽電話。如果每位顧客不太像是需要等超過 1 小時，所以可以考慮 $0 \leq t \leq 60$。將時間區間等分成長度為 Δt 的子區間，端點為 $0, t_1, t_2, \cdots, t_n = 60$（想像 Δt 為 1 分鐘、半分鐘、10 秒，甚至 1 秒）。某人等候的時間介於 t_{i-1} 到 t_i 的機率為曲線 $y = f(t)$ 下方從 t_{i-1} 到 t_i 之間的面積，這個面積大約為 $f(\bar{t}_i)\,\Delta t$，其中 $\bar{t}_i$ 為子區間的中點（大概如圖 3 中矩形的面積）。

從長期觀點來看，在 t_{i-1} 到 t_i 時間內被接聽電話的比例是 $f(\bar{t}_i)\,\Delta t$，我們可以期望在所選取 N 個顧客中有 $Nf(\bar{t}_i)\,\Delta t$ 人的電話被接聽，每個顧客等候的時間約為 $\bar{t}_i$。所以這些人等候的總時間為 $\bar{t}_i [Nf(\bar{t}_i)\,\Delta t]$。把這些子區間相加，得到每人等候的時間大約為

圖 3

$$N\bar{t}_1 f(\bar{t}_1)\,\Delta t + N\bar{t}_2 f(\bar{t}_2)\,\Delta t + \cdots + N\bar{t}_n f(\bar{t}_n)\,\Delta t$$

將這個時間除以 N(顧客人數)，就得到平均等候時間：

$$\bar{t}_1 f(\bar{t}_1)\,\Delta t + \bar{t}_2 f(\bar{t}_2)\,\Delta t + \cdots + \bar{t}_n f(\bar{t}_n)\,\Delta t$$

將上面的和想成是函數 $tf(t)$ 的黎曼和。當時間區間縮短時 (即 $\Delta t \to 0$，$n \to \infty$)，黎曼和就接近下列的積分

$$\int_0^{60} tf(t)\,dt$$

這個積分稱為平均等候時間。

一般而言，我們定義任意機率密度函數的**平均值 (mean)** 為：

$$\mu = \int_{-\infty}^{\infty} x f(x)\,dx$$

傳統上以希臘字母 μ (讀作 mu) 來表示平均值。

平均值可以視為隨機變數 X 在很長範圍的平均，也可被解說為機率密度函數 X 的中心值所在。

例 3　平均值的計算

試求例 2 中機率密度函數的平均值：

$$f(t) = \begin{cases} 0 & \text{當 } t < 0 \\ ce^{-ct} & \text{當 } t \geq 0 \end{cases}$$

解

由平均值的定義，可得

$$\mu = \int_{-\infty}^{\infty} tf(t)\,dt = \int_0^{\infty} tce^{-ct}\,dt$$

想求 $\int tce^{-ct}\,dt$，可利用分部積分，即令 $u = t$ 和 $dv = ce^{-ct}\,dt$，則可得 $du = dt$ 且 $v = -e^{-ct}$，進而得到

$$\int tce^{-ct}\,dt = -te^{-ct} - \int -e^{-ct}\,dt = -te^{-ct} - \frac{e^{-ct}}{c} + C$$

所以

$$\int_0^{\infty} tce^{-ct}\,dt = \lim_{x \to \infty} \int_0^{x} tce^{-ct}\,dt = \lim_{x \to \infty} \left[-te^{-ct} - \frac{e^{-ct}}{c}\right]_0^{x}$$

$$= \lim_{x \to \infty} \left(-xe^{-cx} - \frac{e^{-cx}}{c} + 0 + \frac{e^0}{c}\right)$$

$$= \lim_{x \to \infty} \left(-\frac{x}{e^{cx}} - \frac{1}{ce^{cx}} + \frac{1}{c}\right)$$

估計 $\lim_{x\to\infty} x/e^{cx}$ 的值，我們注意 e^{cx} 增加的速度大於 x，所以當 x 愈大，x/e^{cx} 就愈小。因此得到

$$\lim_{x\to\infty} \frac{x}{e^{cx}} = 0$$

且

$$\int_0^\infty tce^{-ct}\,dt = \lim_{x\to\infty}\left(-\frac{x}{e^{cx}} - \frac{1}{ce^{cx}} + \frac{1}{c}\right) = 0 - 0 + \frac{1}{c} = \frac{1}{c}$$

也就是平均值為 $\mu = 1/c$，即 $c = 1/\mu$，我們可將機率密度函數記作

$$f(t) = \begin{cases} 0 & \text{當 } t < 0 \\ \mu^{-1}e^{-t/\mu} & \text{當 } t \geq 0 \end{cases}$$

例 4　由平均值求機率

假設顧客打電話到某公司，平均等候客服人員接聽的時間為 5 分鐘。
(a) 試求在 1 分鐘內，電話被接聽的機率。
(b) 試求等後超過 5 分鐘的機率。

解
(a) 由題意可知，平均值為 $\mu = 5$，所以例 3 告訴我們機率密度函數是

$$f(t) = \begin{cases} 0 & \text{當 } t < 0 \\ \tfrac{1}{5}e^{-t/5} & \text{當 } t \geq 0 \end{cases}$$

因此在 1 分鐘內，電話被接聽的機率為

$$P(0 \leq T \leq 1) = \int_0^1 f(t)\,dt$$
$$= \int_0^1 \tfrac{1}{5}e^{-t/5}\,dt$$
$$= \tfrac{1}{5}(-5)e^{-t/5}\Big]_0^1 = -1(e^{-1/5} - e^0)$$
$$= 1 - e^{-1/5} \approx 0.1813$$

即大約 18% 的顧客在 1 分鐘內，電話會被客服人員接聽。
(b) 等候時間超過 5 分鐘的機率是

$$P(T > 5) = \int_5^\infty f(t)\,dt = \int_5^\infty \tfrac{1}{5} e^{-t/5}\,dt$$

$$= \lim_{x \to \infty} \int_5^x \tfrac{1}{5} e^{-t/5}\,dt = \lim_{x \to \infty} \left[-e^{-t/5}\right]_5^x$$

$$= \lim_{x \to \infty} (-e^{-x/5} + e^{-1}) = 0 + e^{-1}$$

$$= \frac{1}{e} \approx 0.368$$

約有 37% 的顧客要等超過 5 分鐘。

由例 4(b) 的結果顯示：雖然平均等候時間是 5 分鐘，但只有 37% 的顧客要等超過 5 分鐘。理由是有些顧客要等更久 (也許 10 分鐘或 15 分鐘)，如此一來，平均值就提高了。

另一個衡量機率密度函數中心的值稱為中位數，這個數的意義是：有 50% 的顧客等候的時間超過 m 分鐘，另外 50% 的顧客等候的時間少於 m 分鐘。一般而言，一個機率密度函數的**中位數 (median)** m 滿足下面等式

$$\int_m^\infty f(x)\,dx = \tfrac{1}{2}$$

這就是說在函數圖形下方的區域，一半的面積位在 m 的左邊，另一半在 m 的右邊。在習題 5 中，你必須求出例 4 中的等候時間的中位數大約為 3.5 分鐘。

■ 常態分布

許多重要的隨機現象——如性向測驗的成績、人口身高、體重、地區年降雨量，都以**常態分佈 (normal distribution)** 作為模型，也就是隨機變數 X 的機率密度函數形式如同

(3) $$f(x) = \frac{1}{\sigma\sqrt{2\pi}}\, e^{-(x-\mu)^2/(2\sigma^2)}$$

讀者可自行驗證，這個機率密度函數的平均數為 μ。另一個常數 σ 稱為**標準差 (standard deviation)**，這個數描述隨機變數 X 分散的程度。由圖 4 中的鐘型圖可看出，如果 σ 值較小，X 的值會集中在 μ 的附近；若 σ 值較大，X 就會比較分散。統計學家會引用某些方法由已知的數據來決定 σ 及 μ。

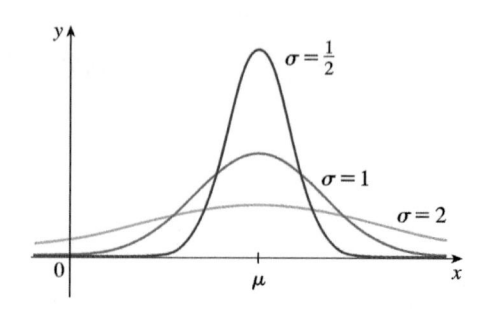

圖 4　常態分佈

為使 f 成為一個機率密度函數，必須在公式前面加上常數 $1/(\sigma\sqrt{2\pi})$。事實上，用多變數函數的積分方法，我們可以驗證

$$\int_{-\infty}^{\infty} \frac{1}{\sigma\sqrt{2\pi}} e^{-(x-\mu)^2/(2\sigma^2)}\, dx = 1$$

例 5　常態分佈

智商的分佈就是常態的，其平均數為 100，標準差為 15 (如圖 15)。

(a)　有多少百分比的人智商介於 85 和 115？
(b)　有多少百分比的人智商高於 140？

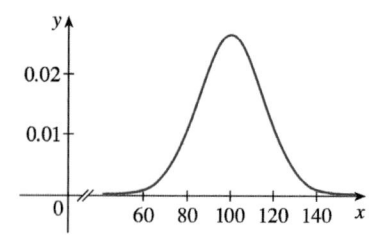

圖 5　智商的分佈

解

(a)　因為智商是常態分佈，在方程式 (3) 中令 $\mu = 100$，$\sigma = 15$，可得

$$P(85 \le X \le 115) = \int_{85}^{115} \frac{1}{15\sqrt{2\pi}} e^{-(x-100)^2/(2\cdot 15^2)}\, dx$$

由第 5.5 節可知，$y = e^{-x^2}$ 沒有一般函數能表示的反導數。所以，積分的實際值無法算出，但我們可以用具有數值計算功能的計算器或電腦(或用中點法)估計出近似值：

$$P(85 \le X \le 115) \approx 0.68$$

所以有 68% 的人智商在 85 到 115 之間，也就是在平均值的一個變異數範圍內。

(b)　任意選取民眾，其智商高於 140 的機率為

$$P(X > 140) = \int_{140}^{\infty} \frac{1}{15\sqrt{2\pi}} e^{-(x-100)^2/450}\, dx$$

為了避免用到瑕積分，我們取 140 到 200 的積分 (因為智商高於 200 的人十分稀少)，所以

$$P(X > 140) \approx \int_{140}^{200} \frac{1}{15\sqrt{2\pi}} e^{-(x-100)^2/450} \, dx \approx 0.0038$$

只有 0.4% 的人智商高於 140。

習題 6.6

1. **車胎壽命** 令 $f(x)$ 為某廠牌出產最高級車胎的壽命之機率密度函數,其中 x 的單位是哩。試說明下列積分的意義
   (a) $\int_{30,000}^{40,000} f(x) \, dx$
   (b) $\int_{25,000}^{\infty} f(x) \, dx$

2. 當 $0 \leq x \leq 4$ 時,$f(x) = \frac{3}{64} x\sqrt{16 - x^2}$;對其他的 x,則有 $f(x) = 0$。
   (a) 試證明 $f(x)$ 為一個機率密度函數。
   (b) 試求 $P(X < 2)$。

3. 令 $f(x) = cxe^{-x^2}$,若 $x \geq 0$,且 $f(x) = 0$,若 $x < 0$。
   (a) 試求使得 $f(x)$ 為一個機率密度函數的 c 值。
   (b) 試由 (a) 所得之 c 值,求 $P(1 < X < 4)$。

4. **機會遊戲** 由輪盤遊戲隨機選取由 0 到 10 中的任意實數。此遊戲是公平的,因為在同一長度的區間裡所選出的任意實數,其機率相等。
   (a) 試說明為何下面函數為此遊戲的機率密度函數。
   $$f(x) = \begin{cases} 0.1 & \text{當 } 0 \leq x \leq 10 \\ 0 & \text{當 } x < 0 \text{ 或 } x > 10 \end{cases}$$
   (b) 試由直覺猜出這個機率密度函數的平均值,並用公式計算出平均值來驗證你的答案。

5. **等候電話的時間** 試說明例 4 中等候電話時間的中位數為 3.5 分鐘。

6. **等餐時間** 某速食店經理估算每位顧客平均等餐的時間為 2.5 分鐘。
   (a) 試求顧客至少等候 4 分鐘的機率。
   (b) 試求顧客等候不超過 2 分鐘的機率。
   (c) 經理想用下面方法吸引顧客:只要等候超過某個時間的顧客都可以免費得到一個漢堡。但她卻不希望有超過 2% 的顧客能得到免費的漢堡,她的廣告應該怎麼表示?

7. **垃圾處理計畫** 美國亞利桑那大學研究「垃圾處理計畫」的結論是:每戶每週所丟棄的廢紙數量為一常態分布曲線,其平均值為 9.4 磅,變異數為 4.2 磅。試問每週丟棄廢紙超過 10 磅的住家之百分比為何?

8. **車行速度** 在最高速限為 100 公里/小時的高速公路上,車輛的行車速度為常態分布,其平均值為 112 公里/小時,變異數為 8 公里/小時。
   (a) 隨意選取一部車輛,其行駛速度在法定範圍速限內的機率為多少?
   (b) 若交通警察要取締時速超過 125 公里的駕駛人,試問有多少百分比的駕駛人會收到罰單?

■ 自我挑戰

9. 對任意常態分佈函數，試求隨機變數在距離平均值兩個標準差範圍內的機率。

第 6 章　複習

■ 觀念問題

1. 試問如何求出兩條曲線間的區域面積？若有一條曲線位於 x 軸下方，這會有何不同？

2. 試問在邊際收益曲線和邊際成本曲線間的區域面積代表什麼？

3. 假設在 1500 公尺賽跑中，蘇比凱西跑得快，試問這兩位跑者在第一分鐘內的速度曲線間區域面積的物理意義為何？

4. (a) 給定需求曲線 $p = D(q)$ 時，當商品的需求為 Q，而售價為 P 時，試說明何謂消費者剩餘。試以圖形說明如何求出此值？
   (b) 給定供給函數 $p = S(q)$。當商品需求為 Q，而售價為 P 時，試說明何謂生產者剩餘。又如何求出此值？
   (c) 試問何謂總剩餘？又如何求出總剩餘？

5. (a) 何謂一所得流動的終值？如何求終值？
   (b) 如何求出一連續所得流動的現值？此值的意義又為何？

6. 假設已知某物種的更新函數及存活函數數量。試問要如何預測 T 年後此物種的數量？

7. (a) 什麼是心臟輸出量？
   (b) 試說明如何使用顯影劑稀釋法求出心臟輸出量。

8. 何謂微分方程式？何謂初始值問題？

9. 何謂分離微分方程式？要如何求解？

10. (a) 試寫出一個量的成長與此量成正比的微分方程式。
    (b) 在什麼情況下，上面的模型適用於物種數量的成長？
    (c) 這個方程式的解為何？

11. (a) 寫出一個邏輯方程式。
    (b) 在什麼情況下，邏輯方程式適用於物種的成長？

12. 試定義下列瑕積分。
    (a) $\int_a^\infty f(x)\,dx$ (b) $\int_{-\infty}^b f(x)\,dx$ (c) $\int_{-\infty}^\infty f(x)\,dx$

13. 試問何謂機率密度函數？機率密度函數有什麼性質？

14. 若某女子大學學生體重的機率密度函數為 $f(x)$，其中 x 的單位為磅。
    (a) 試問積分 $\int_0^{130} f(x)\,dx$ 的意義為何？
    (b) 寫出這個機率密度函數平均值的公式。
    (c) 試問如何求這個機率密度函數的中位數？

15. 何謂常態分佈？其標準差的意義為何？

■ 習題

1-4 ■ 試描繪給定曲線圍出的區域，並求出其面積。

1. $y = x^2 + 1$, $y = 5 + 2x$, $x = 0$, $x = 2$
2. $y = 2e^x$, $y = \sqrt{x}$, $x = 0$, $x = 1$
3. $y = \frac{1}{2}x^2$, $y = 4\sqrt{x}$
4. $y = 2^x$, $y = x + 5$, $x = 0$

5-8 ■ 試求所給定曲線圍出區域的面積。

5. $y = x^2$, $y = 4x - x^2$
6. $y = 1/x$, $y = x^2$, $x = e$
7. $y = 1 - 2x^2$, $y = |x|$
8. $y = x^3$, $y = \sqrt{x}$

9. **邊際成本及收益** 某品牌的登山背包之邊際成本函數為 $C'(q) = 16 - 0.02q + 0.00004q^2$，且邊際收益函數為 $R'(q) = 22 - 0.005q$。試描繪出此兩函數在 $0 \le q \le 500$ 時圖形間區域的面積，並說明其意義。

10. **收入與支出** 某信託基金在 t 年後每年收入為 $2.8e^{0.02t}$ 百萬美元，而其支出為每年 $1.3e^{0.02t}$ 百萬美元。試求出這兩個函數圖形在 $0 \le t \le 5$ 之間區域的面積，並解釋其意義。

11. **消費者剩餘** 某商品的需求函數為 $p = 2000 - 0.1q - 0.01q^2$。當需求量為 100 時，試求出消費者需求。

12. **需求與消費者剩餘** 某出版社有 34,000 個雜誌訂戶，每年支付 26 美元的訂閱費。每降低訂閱費 1 美元，就會增加 2500 個訂閱戶。試寫出雜誌訂閱的需求函數，並求在每年訂閱費用 14 美元時的消費者剩餘。

13. **生產者剩餘** 若某商品的供給函數為 $p = 18e^{0.003q}$，試求當商品售量為 500 時的生產者剩餘。

14. **總剩餘** 某品牌咖啡豆的需求函數為

$$D(q) = 8.8 - 0.02q \text{ 美元 / 磅}$$

而其供給函數為 $S(q) = 2.5 + 0.01q$，其中 q 的單位為千美元。

(a) 咖啡豆的市場平衡價格為何？
(b) 試求最大總剩餘。

15. **終值** 某年金每月支付 2000 美元，若投資每年的獲利率為 6.2% (連續複利)，試問此年金在 6 年後的終值為何？

16. **現值與終值** 未來 10 年所得流動為每年 $f(t) = 150{,}000e^{0.03t}$ 美元，並且投資獲利為年息 4.8% (連續獲利)，試問所得的終值為何？現值又為何？

17. **存活與更新** 某城市現有居民 75,000 人，且更新函數為 $R(t) = 3200e^{0.05t}$。當存活函數為 $S(t) = e^{0.1t}$ 時，試求 10 年後的人口。

18. **動物的存活與更新** 某湖中目前魚的數量為 3400 隻，且每月增加率為 $R(t) = 650e^{0.04t}$。若 t 個月後魚的存活率為 $S(t) = e^{-0.09t}$，試問 3 年後湖中還有多少隻魚？

19. **會員人數** 某團體目前有會員 26,500 人，並以每年 $R(t) = 1720$ 人的速度。若 t 年後仍保留會員資格的比例為 $S(t) = 2/(t+2)$，試求 8 年後此團體的會員人數為何？

20. **心臟輸出量** 將 6 毫克的顯影劑注入心臟後，每 2 秒測量其濃度的紀錄如下表所列。試以中點法估計心臟輸出量。

t	$c(t)$	t	$c(t)$
0	0	14	4.7
2	1.9	16	3.3
4	3.3	18	2.1
6	5.1	20	1.1
8	7.6	22	0.5
10	7.1	24	0
12	5.8		

21. 若 A 為變數 t 的函數，且 A 的增加率與其平方成正比，試寫出此關係的微分方程式。

22. 試驗證 $y = (1 + \ln x)/x$ 是微分方程式 $x^2 y' = 1 - xy$ 的解。

23. 試解可分離微分方程式 $dB/dt = e^{2B}/\sqrt{t}$。

24. 試解 $xyy' = y^2 + 1$，$x > 0$。

25. 試求微分方程式 $y' = xy^3$ 的解，其中初始條件為 $y(\frac{1}{4}) = 4$。

26. 試求圖形在點 (x, y) 的斜率為 x^2/y 的所有函數，並找出通過點 $(0, 5)$ 的解。

27-29 ■ 試判定下列瑕積分為收斂或發散。若為收斂，試求其積分值。

27. $\int_1^\infty \dfrac{1}{(2x+1)^3} dx$ 28. $\int_4^\infty \dfrac{1}{x^{3/2}} dx$

29. $\int_{-\infty}^0 e^{-x/2} dx$

30. **年金價值** 假設 t 年後每年所得為 $f(t) = 5000 e^{0.02t}$，並將此所得投資且其獲利為年息 6%（連續複利），試求此所得的現值為何？

31. (a) 試說明為何所給定函數是一個機率密度函數。

$$f(x) = \begin{cases} \dfrac{1}{288}(12x - x^2) & \text{當 } 0 \le x \le 12 \\ 0 & \text{當 } x < 0 \text{ 或 } x > 12 \end{cases}$$

(b) 試求 $P(X < 4)$。
(c) 試求平均值。這是否合乎預期？

32. **懷孕期** 人類的懷孕期依常態分佈，其平均值為 268 天，且標準差為 15 天。試問懷孕期為 250 天到 280 天的比例為何？

33. **等候時間** 已知銀行排隊等候服務人員的時間是一個指數密度函數，其平均值為 8 分鐘。
(a) 某人等候時間少於 3 分鐘的機率為何？
(b) 某人等候時間超過 10 分鐘的機率為何？
(c) 等候時間的中位數為何？

7 多變數函數

雙變數函數的圖形是三維空間中的曲面，這些曲面可能是馬鞍型或如山谷。圖中的地點為猶他州南部某地 (Phipps Arch)，你可以看出中間有一點從某方向看來是最低點，而從另一方向看來又是最高點。這類的曲面我們會在第 7.3 節中討論。

©Photo by Stan Wagon, Macalester College

7.1 多變數函數
7.2 偏微分
7.3 極大值與極小值
7.4 拉格朗日乘數法

若有同時超過一個輸入值的函數稱為雙變數函數或多變數函數。許多量與兩個以上的變數有關，如製造商每年的生產成品取決於商品、原料成本、勞動力等；某地區的溫度與所在的經度、緯度及時間有關；海浪的高度取決於風速及刮風的時間。

在本章中，我們將微積分的基本概念(導數、極大值及極小值)推廣到兩個或多個變數的函數。

7.1 多變數函數

我們先考慮兩個輸入值的函數。

■ 雙變數函數

在地表上某一地點的溫度 T 可用兩個變數 x、y 表示,其中 x 代表這個地點的經度,y 則代表這個地點的緯度。我們稱 T 為雙變數函數,並以 $T = f(x, y)$ 來表示。

> ■ 一個**雙變數函數** f (**function f of two variables**) 是對每一個數對 (x, y) 的輸入給定一個實數 $f(x, y)$ 輸出的規則。

函數 f 的**定義域** (**domain**) 是所有可以輸入的數對所組成之集合。換句話說,就是所有平面上的數對 (x, y),使得 $f(x, y)$ 有意義的集合。

我們常以 $z = f(x, y)$ 來表示函數在給定點 (x, y) 的值,其中 x、y 是**獨立變數** (**independent variables**),而 z 是**應變數** (**dependent variable**)。[與單變數函數 $y = f(x)$ 的符號作比較。]

例 1 兩個輸入值的成本函數

一公司生產兩種巧克力棒:純巧克力及杏仁口味。已知固定成本為 10,000 美元,且每條杏仁口味成本為 1.25 美元,純巧克力口味成本則為 1.10 美元。

(a) 若生產 x 條純巧克力和 y 條杏仁口味,試將總成本表示成雙變數函數 $C = f(x, y)$。

(b) 試求 $f(2000, 1000)$ 並解釋其意義。

(c) 函數 f 的定義域為何?

解

(a) 純巧克力每條成本為 1.10 美元,所以生產 x 條純巧克力的成本為 $1.1x$ 美元。同理可知,生產 y 條杏仁口味的成本為 $1.25y$ 美元,加上固定成本為 10,000 美元,我們得到的總成本為

$$C = f(x, y) = 10{,}000 + 1.1x + 1.25y$$

(b) 當 $x = 2000$,$y = 1000$ 時,可得

$$f(2000, 1000) = 10{,}000 + 1.1(2000) + 1.25(1000)$$
$$= 10{,}000 + 2{,}200 + 1{,}250 = 13{,}450$$

就是生產 2000 條純巧克力和 1000 條杏仁口味的總成本為 13,450 美元。

(c) 因為糖果數量不能為負數，所以 $x \geq 0$，$y \geq 0$。因此，f 的定義域為

$$D = \{(x, y) \mid x \geq 0, y \geq 0\}$$

這個區域為包含平面上的第一象限、正 x 軸、正 y 軸和原點 (如圖 1)。

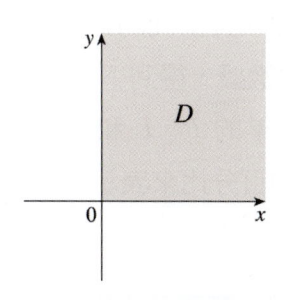

圖 1　例 1 中成本函數的定義域

例 2　雙變數函數的定義域

設 $g(x, y) = 3x^2y - 2xy^3 + \sqrt{y - x}$。

(a) 試求 $g(2, 6)$。　(b) 試求函數 g 的定義域。

解

(a) 令 $x = 2$ 和 $y = 6$，我們得到

$$g(2, 6) = 3(2^2)(6) - 2(2)(6^3) + \sqrt{6 - 2}$$
$$= 72 - 864 + \sqrt{4} = -790$$

(b) 當 $y - x \geq 0$ 時，即 $y \geq x$，函數 $g(x, y)$ 有意義，所以 $g(x, y)$ 的定義域為

$$D = \{(x, y) \mid y \geq x\}$$

這是平面上在直線 $y = x$ (含直線) 上方所有點的集合 (如圖 2)。

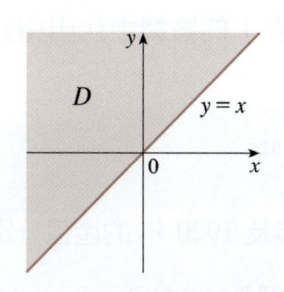

圖 2　例 2 中函數 g 的定義域

例 3　考布-道格拉斯生產函數

1928 年考布 (Charles Cobb) 和道格拉斯 (Paul Douglas) 發表一篇針對美國在 1899 年到 1922 年間經濟成長的研究報告。他們考慮一個簡化的經濟成長模型，也就是只考慮總產值取決於勞力與資本的情況。雖然還有其他影響經濟表現的因素，但他們的模型後來被證明是相當準確的。他們引用下列生產函數的模型：

$$\text{(1)} \qquad P(L, K) = bL^a K^{1-a}$$

其中 P 是總產值 (一整年所有生產物的價錢)、L 是勞動力 (一整年所投入的工時)，及 K 是總資本額 (包含機具、設備、建物)。在方程式 (1) 中，b 為一個正的常數，a 則是一個介於 0 與 1 間的常數。

考布和道格拉斯使用美國政府所發表的數據，得到下列的表 1。他們以 1899 年的數值作為基準，並將此年的 P、L 和 K 都設成 100，而往後每年的數值都以 1899 年各值的百分比來表示。

表 1

年	P	L	K	年	P	L	K
1899	100	100	100	1911	153	148	216
1900	101	105	107	1912	177	155	226
1901	112	110	114	1913	184	156	236
1902	122	117	122	1914	169	152	244
1903	124	122	131	1915	189	156	266
1904	122	121	138	1916	225	183	298
1905	143	125	149	1917	227	198	335
1906	152	134	163	1918	223	201	366
1907	151	140	176	1919	218	196	387
1908	126	123	185	1920	231	194	407
1909	155	143	198	1921	179	146	417
1910	159	147	208	1922	240	161	431

考布和道格拉斯引用最小平方法，由表 1 的數據中找出相對應的函數

$$\text{(2)} \qquad P(L, K) = 1.01 L^{0.75} K^{0.25}$$

由方程式 (2) 的模型，我們可以求出 1910 年及 1920 年的產值分別為

$$P(147, 208) = 1.01(147)^{0.75}(208)^{0.25} \approx 161.9$$
$$P(194, 407) = 1.01(194)^{0.75}(407)^{0.25} \approx 235.8$$

這和實際產值 159 及 231 相當接近。

方程式 (1) 從此被廣泛應用於其他情況，包含私人企業及全球經濟的預測。這是有名的**考布－道格拉斯生產函數**(Cobb-Douglas production function)。因為 L 表示勞動力，K 表示成本，都不能為負數，因此這個函數的定義域為 $\{(L, K) \mid L \geq 0, K \geq 0\}$。

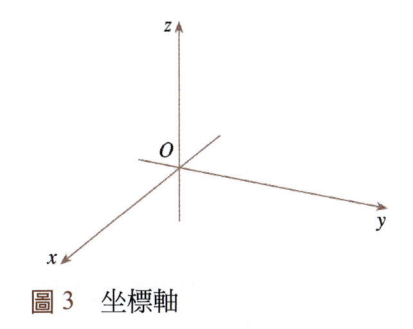

■ 三維空間坐標與圖形

雙變數函數的圖形須在三維空間中描繪，因為當我們寫下方程式 $z = f(x, y)$ 時，就有三個變數，其中 x、y 為獨立變數，z 為應變數。

在表示空間中點的位置時，我們先取一點 O (原點) 及三個互相垂直，並從 O 點出發的射線稱為**坐標軸 (coordinate axes)**，並將之標示為 x 軸、y 軸及 z 軸。我們通常都將 x 軸、y 軸想像成是水平的，而 z 軸為鉛直的，其方向如圖 3 所示。

圖 3　坐標軸

三個坐標軸分別決定了三個**坐標平面 (coordinate planes)** 如圖 4(a)。xy 平面包含 x 軸及 y 軸，yz 平面包含 y 軸及 z 軸，xz 平面包含 x 軸及 z 軸。這三個平面把空間分割成八個部分，我們稱為**卦限 (octants)**。**第一卦限 (first octant)** 是由三個正的坐標軸所決定出來的。

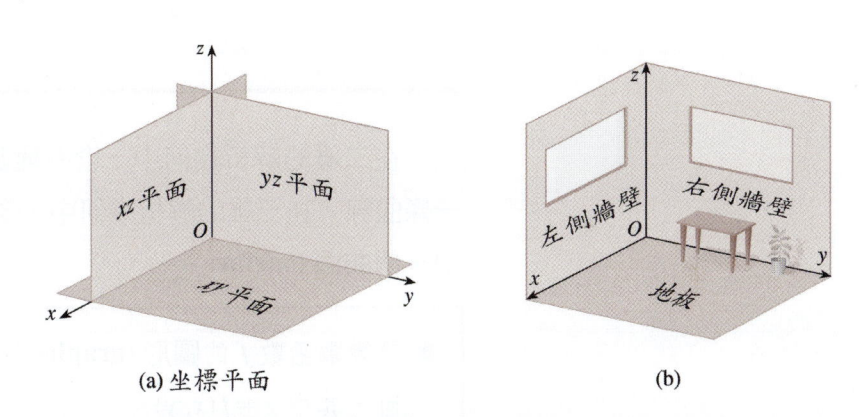

圖 4

(a) 坐標平面　　　　(b)

由於許多人不容易看到三維空間的圖形，或許圖 4(b) 會有些幫助。將房間任一角落想像成原點，那麼左側的牆壁就是 xz 平面，右側的牆壁就是 yz 平面，地板就是 xy 平面。x 軸就是左側牆壁與地板交界的直線，y 軸就是右側牆壁與地板交界的直線，z 軸則是從地板沿著左右兩面牆的交界且朝向天花板的直線。若你站的位置就在第一卦限，可以想像其他房間所對應的卦限 (三個房間在同一樓層，另外四個房間則同在下面的樓層)，且以角落的點 O 為共同的交點。

若 P 點為空間中任一點，a 為 P 點到 yz 平面 (有方向) 的垂直距離，b 為 P 點到 xz 平面 (有方向) 的垂直距離，c 為 P 點到 xy 平面 (有方向) 的垂直距離。以三個數對 (a, b, c) 表示 P 點，稱為 P 的**坐標 (coordinates)**。因此，a 為 x 坐標，b 為 y 坐標，而 c 為 z 坐標。由此，若想找到坐標為 (a, b, c) 的點，我們可以從原點 O 出發沿 x 軸移動 a 個單位長，然後沿平行於 y 軸的方向移動 b 個單位長；再沿著

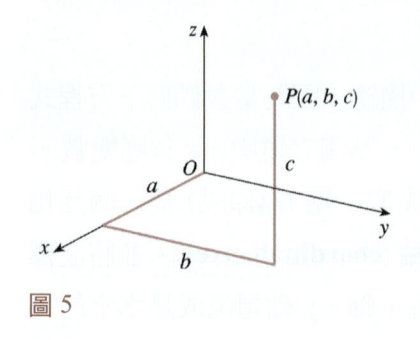

平行於 z 軸的方向移動 c 個單位長 (如圖 5)。注意：第一卦限為所有坐標都是正數的點所組成的集合。

例 4　三維空間的描點

試描出點 $(-4, 3, 2)$。

解

從原點出發沿著正 x 軸的反方向移動 4 個單位長，再沿著正 y 軸的方向移動 3 個單位長，最後沿著正 z 軸移動 2 個單位長 (如圖 6)。

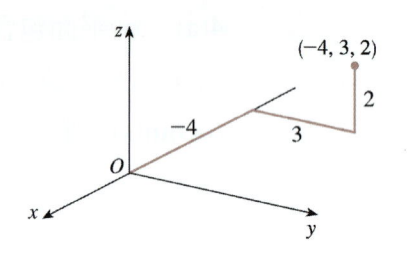

圖 5

圖 6

在二維的解析幾何中，含有變數 x、y 的方程式之圖形為平面上一條曲線。在三維的解析幾何中，含有變數 x、y、z 的方程式為空間中一個**曲面** (**surface**)。

- 雙變數函數 f 的**圖形** (**graph**) 為包含所有點 (x, y, z) 所形成的曲面，其中 $z = f(x, y)$。

如同單變數函數 f 的圖形，平面上曲線 C 的方程式為 $y = f(x)$，所以雙變數函數的圖形則是一個曲面 S，其方程式為 $z = f(x, y)$。我們可以想像此曲面 S 位在 f 定義域 D 的上方或下方 (如圖 7)。

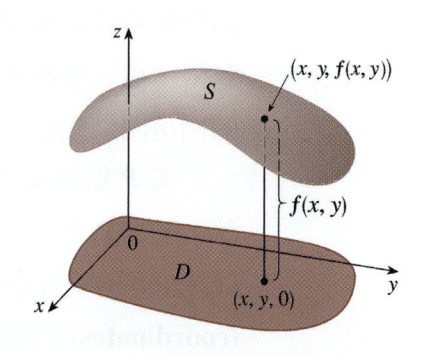

圖 7

例 5　三維空間中常數函數的圖形

試描繪常數函數 $f(x, y) = 3$ 的圖形。

解

所求圖形的方程式為 $z = 3$，所以在此曲面上的所有點 (x, y, z) 之 z 坐標都是 3。這是一個與 xy 平面平行，且在其上方距離 3 個單位長的平面 (如圖 8)。

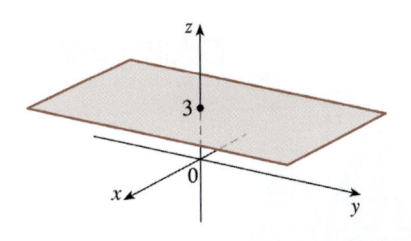

圖 8　函數 $f(x, y) = 3$ 的圖形是一水平的平面

形式如同 $f(x, y, z) = ax + by + c$ 的函數稱為**線性函數 (linear function)**，其中 a、b、c 為常數。它的圖形之方程式為

$$z = ax + by + c \quad \text{或} \quad ax + by - z + c = 0$$

因而得知它的圖形是一個平面。

例 6　描繪線性雙變數函數的圖形

試描繪 $f(x, y, z) = 6 - 3x - 2y$ 的圖形。

解

函數 f 圖形的方程式為 $z = 6 - 3x - 2y$ 或 $3x + 2y + z = 6$，這是一個平面。先求出這個平面與三個坐標軸的交點(截距)。令 $y = z = 0$，即可得 x-截距為 2。同理，y-截距為 3，z-截距為 6。由此可協助我們畫出這個平面在第一卦限的圖形 (如圖 9)。

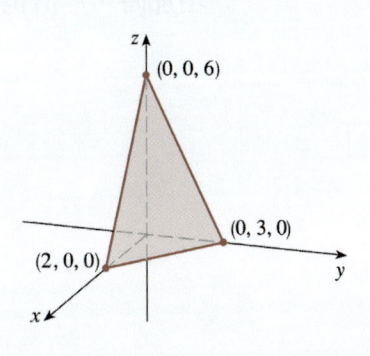

圖 9

雖然我們可以描繪如例 5 和例 6 中簡單函數的圖形，但對多數的雙變數函數而言，繪圖是極為困難的。一般的電腦程式是可以幫助我們描繪這些函數圖形。在多數的程式中，電腦所畫出的曲面與鉛直平面 $x = k$ (平行 yz 平面) 及 $y = k$ (平行 xz 平面) 相交的曲線，稱為**鉛直軌跡 (vertical traces)**，這些曲線可視為曲面和鉛直面的截線。

圖 10 是一個雙變數函數的圖形，若將圖形旋轉會看得更清楚。注意：f 圖形在離原點較遠的地方會很平坦，這是因為當 x 或 y 值都很大時，函數 $e^{-x^2-y^2}$ 的值會很小。

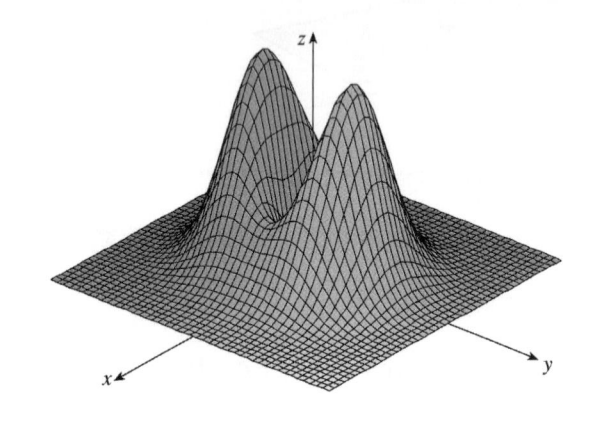

圖 10　$f(x, y) = (x^2 + 3y^2)e^{-x^2-y^2}$

例 7 考布-道格拉斯生產函數的圖形

試利用電腦畫出考布-道格拉斯函數 $P(L, K) = 1.01L^{0.75}K^{0.25}$ 的圖形。

解

圖 11 是當勞動力 L 及資本 K 在 0 與 300 之間時，生產函數 P 的圖形。如我們所預期的，由電腦畫出的鉛直軌跡顯示，當 L 或 K 增加時，P 值也隨之變大。

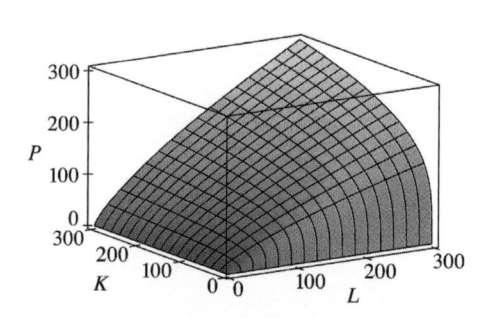

圖 11

■ 等高線

了解雙變數函數的一個方法是觀察這個函數的圖形，另一個方法則是藉由製圖學的方法，畫出**等高線圖 (contour map)**；也就是將圖形上高度都相同的點連接起來，形成輪廓線 (*contour curves*)，或稱為等高線 (*level curves*)。

> ■ 雙變數函數 f 的**等高線 (level curves)** 是 xy 平面上方程式為 $f(x, y) = k$ 的曲線，其中 k 為常數（函數 f 值域中的某數）。

等高線 $f(x, y) = k$ 指的是：函數定義域中其函數值為 k 的所有點所組成之集合，也就是等高線上的點，它們的高度都為 k。

你可以由圖 12 看出等高線與**水平軌跡 (horizontal traces)**，也就是函數的圖形與水平面所截出的曲線之間的關係。等高線 $f(x, y) = k$ 就是函數 f 的圖形與水平面 $z = k$ 所截出的軌跡在 xy 平面上的投影。如果你把等高線畫出來，並將這些曲線放在對應的高度就可以想像出函數的圖形。當等高線愈密集時，曲面就愈陡峭；反之，曲面就愈平坦。

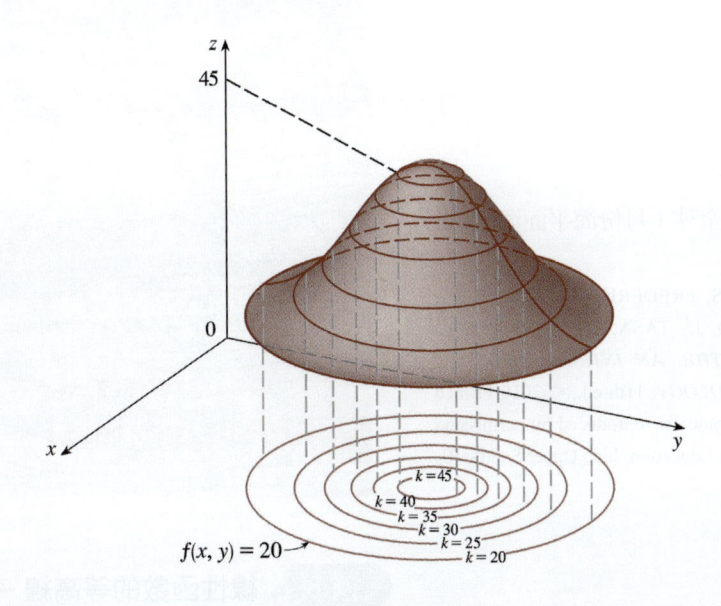

圖 12

一個常見的例子是山區的地圖，如圖 13。等高線上的點都在同一個海平面高度，當我們沿著等高線移動時，不會感到高度的變化。

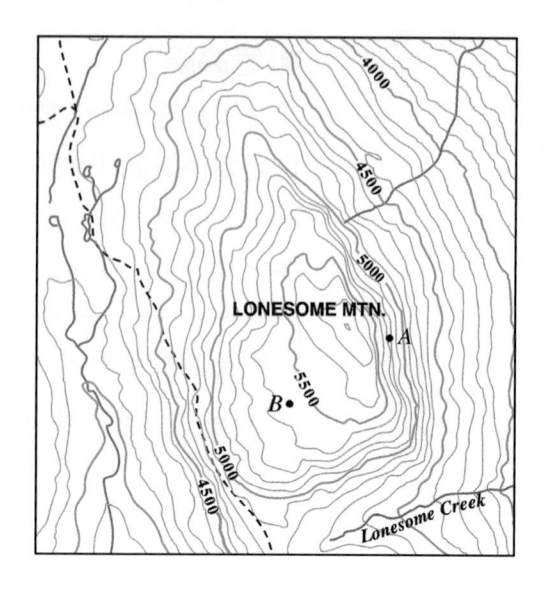

圖 13

另一個例子就是本節開始所討論的氣溫函數，我們將溫度相同的點連結所形成的曲線稱為**等溫線 (isothermals)**，即溫度相同點的曲線。圖 14 為全球 1 月份平均氣溫圖，而等溫線為不同顏色區域間之曲線。

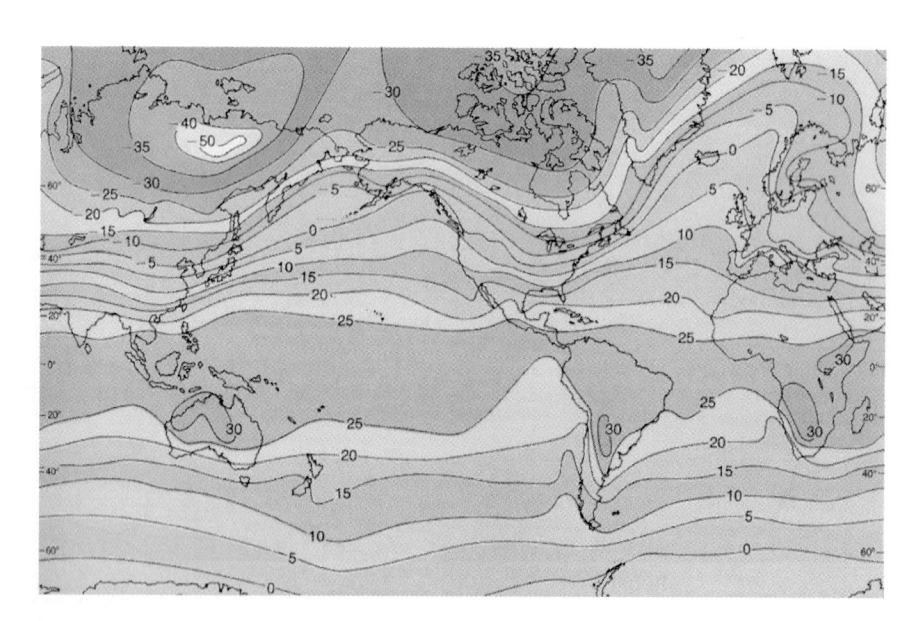

圖 14　全球 1 月份海平面溫度 (攝氏)

LUTGENS, FREDERICK K.; TARBUCK, EDWARD J.; TASA, DENNIS, *ATMOSPHERE, THE: AN INTRODUCTION TO METEOROLOGY*, 11th ed., © 2010 Printed and electronically reproduced by permission of Pearson Education, Inc., Upper Saddle River, NJ

例 8　線性函數的等高線

試描繪函數 $f(x, y) = 6 - 3x - 2y$ 之等高線 $f(x, y) = k$，其中 $k = -6$、0、6、12。

解

這些等高線方程式為線性函數

$$6 - 3x - 2y = k \quad \text{或} \quad 3x + 2y + (k - 6) = 0$$

所以它們都是斜率為 $-\frac{3}{2}$ 的直線。若 $k = -6$、0、6 和 12，所對應的四條等高線分別為 $3x + 2y - 12 = 0$、$3x + 2y - 6 = 0$、$3x + 2y = 0$ 和 $3x + 2y + 6 = 0$。如圖 15 所示，它們互相平行且間距都相等。

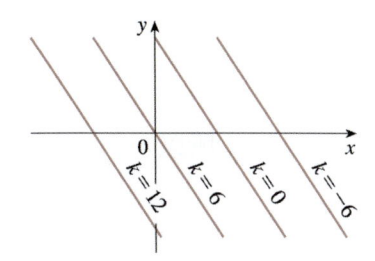

圖 15　$f(x, y) = 6 - 3x - 2y$ 的等高線圖

例 9　描繪等高線圖

試描繪函數 $h(x, y) = x^2 + y^2 + 2$ 的等高線圖。

解

我們回想一下可知，等高線圖包含一些等高線。每條等高線的方程式為 $x^2 + y^2 + 2 = k$ 或 $x^2 + y^2 = k - 2$。當 $k > 2$ 時，這是圓的方程式，其中圓心在原點，半徑為 $\sqrt{k - 2}$。圖 16(a) 中的圖形為對不同的 k 值所畫出的同心圓，而圖 16(b) 則是將這些同心圓放置於對應的高度，所形成函數 h 的圖形，其方程式為 $z = x^2 + y^2 + 2$。我們稱這個曲面為**拋物面**（**paraboloid**），因為鉛直軌跡的方程式為 $z = x^2 + k^2 + 2$ 及 $z = k^2 + y^2 + 2$ 都是拋物線。

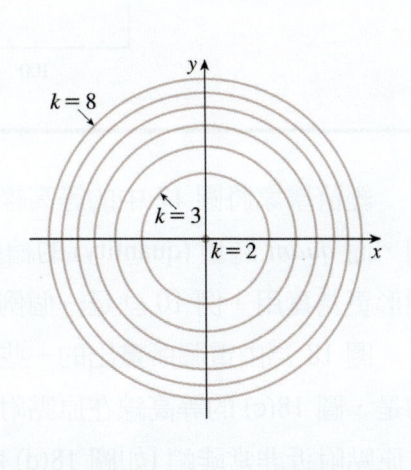

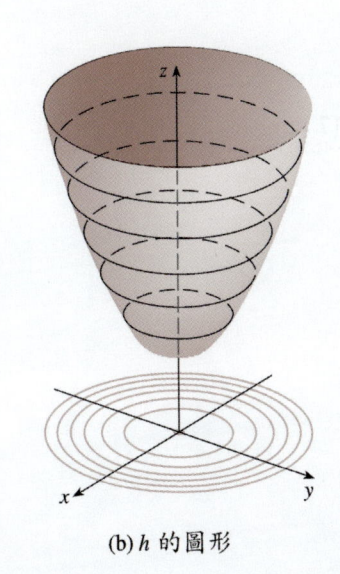

圖 16　$h(x, y) = x^2 + y^2 + 2$ 的圖形是由升高的等高線所形成。

(a) $h(x, y) = x^2 + y^2 + 2$ 的等高線圖　　(b) h 的圖形

例 10　考布-道格拉斯函數的等高線圖

試描繪例 3 中考布-道格拉斯生產函數的等高線。

解

若要畫出如 $k = 140$ 的等高線，我們令 $P = 140$ 並解出 K。由 $P(L, K) = 1.01L^{3/4}K^{1/4}$ 可得

$$1.01L^{3/4}K^{1/4} = 140$$

所以
$$K^{1/4} = \frac{140}{1.01}\frac{1}{L^{3/4}}$$

$$K = \left(\frac{140}{1.01}\right)^4 \frac{1}{L^3}$$

若令 $x = L$ 和 $y = K$，會得到下面我們較為熟悉的方程式：

$$y = \left(\frac{140}{1.01}\right)^4 \frac{1}{x^3}$$

圖 17 所示的為這條等高線以及其他的等高線。例如，標示為 140 的曲線為當產值 $P = 140$ 時，所有可能的勞動工時 L 及資本 K。我們注意到當產值 P 固定時，L 隨著 K 增加而減少，反之亦然。

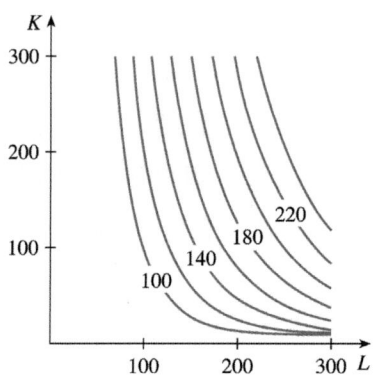

圖 17

經濟學家將圖 17 中的等高線稱為**等量線 (isoquants)** [*iso* 表示相同，而 *quant* 為量 (quantity) 的縮寫]。在某些情況下，等高線比函數圖形更為實用。例 10 就是一個例子 (請自行比較圖 17 與圖 11)。

圖 18 為由電腦所畫出的一些函數圖形及對應的等高線。要注意的是，圖 18(c) 的等高線在原點附近十分密集，所對應的事實為函數在原點附近非常陡峭 [如圖 18(d) 所示]。

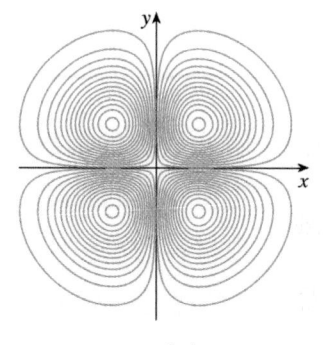

(a) $f(x, y) = -xye^{-x^2-y^2}$ 的等高線

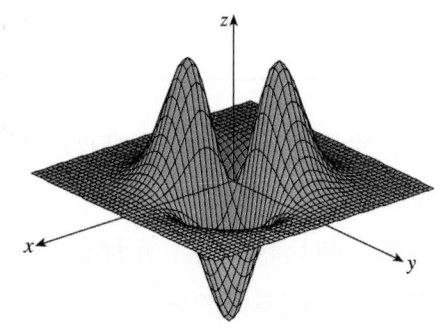

(b) $f(x, y) = -xye^{-x^2-y^2}$ 的兩種觀察

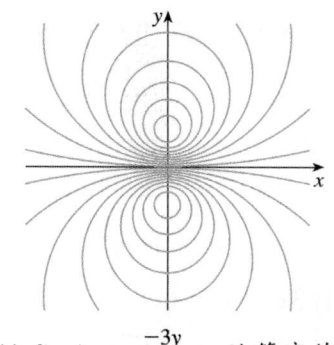

(c) $f(x, y) = \dfrac{-3y}{x^2 + y^2 + 1}$ 的等高線

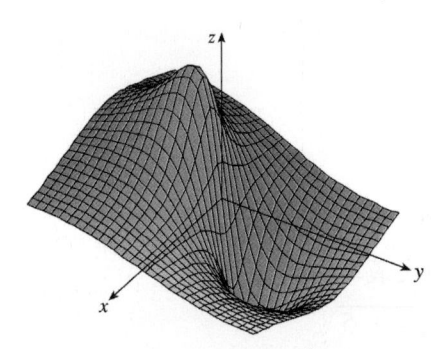

(d) $f(x, y) = \dfrac{-3y}{x^2 + y^2 + 1}$

圖 18

■ 三個以上變數的函數

三變數函數 (function of three variables)，f，是對三個輸入值 (x, y, z) 指定一個輸出值 $f(x, y, z)$ 的規則。例如，除了經度 x 與緯度 y 外，地球表面的溫度還與時間 T 有關，我們以 $T = f(x, y, t)$ 表示這個溫度函數。三變數函數的定義域是三維空間中的集合，而它的圖形需要用四維空間來呈現，所以描繪圖形是十分困難。

例 11　三變數函數

令 $f(x, y, z) = e^{x-y+z}(\sqrt{z-2} + x^2 y)$。

(a) 試求 $f(1, 4, 3)$。　(b) 試求 f 的定義域。

解

(a) 令 $x = 1$，$y = 4$ 及 $z = 3$ 代入 f 的方程式中，即可得

$$f(1, 4, 3) = e^{1-4+3}(\sqrt{3-2} + 1^2 \cdot 4) = e^0(1 + 4) = 5$$

(b) 在 $f(x, y, z)$ 的表示式中，x 和 y 可為任意數，但 $z - 2 \geq 0$，所以 f 的定義域為

$$\{(x, y, z) \mid z \geq 2\}$$

這個集合的所有點在水平面 $z = 2$ 上或在它的上方。

我們可以考慮任意多個變數的函數。一個 **n 變數的函數 (function of n variables)** 有 n 個輸入值。例如，某生產食品的公司，在製造某一商品時使用了 n 種材料，若 c_i 為第 i 種材料的單位成本，並使用了 x_i 個單位的第 i 種材料，則總成本函數 C 就是一個 n 變數 x_1, x_2, $\cdots$, x_n 的函數

$$C = f(x_1, x_2, \ldots, x_n) = c_1 x_1 + c_2 x_2 + \cdots + c_n x_n$$

■ 自我準備

1. 試求函數的定義域。
   (a) $f(x) = \sqrt{x + 5}$
   (b) $g(x) = \sqrt{4 - x^2}$
   (c) $F(a) = \dfrac{a^2}{a - 2}$
   (d) $L(t) = \ln(1 - 2t)$

2. 試描繪方程式的圖形。
   (a) $3x + y = 6$
   (b) $x^2 + y = -1$
   (c) $xy = 4$
   (d) $\sqrt{8 - x^2 - y^2} = 2$

■ 習題 7.1

1-4 ■ 試求函數的值。

1. $f(x, y) = 1 + 4xy - 3y^2$
   (a) $f(6, 2)$
   (b) $f(-1, 4)$
   (c) $f(0, -3)$
   (d) $f(x, 2)$

2. $g(x, y) = x^2 e^{3y}$
   (a) $g(-3, 0)$
   (b) $g\left(3, \tfrac{1}{3}\right)$
   (c) $g(1, -1)$
   (d) $g(-2, y)$

3. $f(x, y, z) = \dfrac{x}{y - z}$
   (a) $f(12, 2, -2)$
   (b) $f(6, 5, 1)$
   (c) $f\left(\tfrac{1}{6}, \tfrac{1}{2}, \tfrac{1}{3}\right)$
   (d) $f(x, 2, 3)$

4. $f(x, y) = e^{xy}$
   (a) $f(x + h, y) - f(x, y)$
   (b) $f(x, y + h) - f(x, y)$

5. 令 $f(x, y) = x^2 e^{3xy}$。
   (a) 試求 $f(2, 0)$。
   (b) 試求 f 的定義域。

6-8 ■ 試求函數的定義域並描繪其圖形。

6. $f(x, y) = \sqrt{x + y}$

7. $f(x, y) = \dfrac{xy}{x - y}$

8. $g(x, y) = \ln(4 - x^2 - y^2)$

---

9. 若從原點出發沿正 x 軸移動 4 個單位長，再向下移動 3 個單位長，試問你所在位置的坐標。

10. 試在同一坐標平面中描繪點 $(0, 0, 3)$、$(1, 2, 0)$、$(5, 1, -2)$ 及 $(-1, 2, 3)$。

11. 試描繪函數 $f(x, y) = 1 - x - y$ 的圖形。

12-14 ■ 試描繪給定函數的等高線圖及部分等高線。

12. $f(x, y) = 2x - y$

13. $f(x, y) = xy$

14. $f(x, y) = ye^x$

---

15. **考布-道格拉斯生產函數** 某製造商將其年產值(所有產量的金錢價值) P 以考布-道格拉斯函數為模型

$$P(L, K) = 1.47 L^{0.65} K^{0.35}$$

其中 L 為投入之勞動力(單位：千小時)，K 為投入之資本額(單位：百萬美元)。試求 $P(120, 20)$ 並解釋其意義。

16. **聯合成本函數** 某公司生產大、中、小三種不同的紙箱。大紙箱的成本為每個 4.50 美元，中紙箱的成本為每個 4.00 美元，小紙箱的成本為每個 2.50 美元，且固定成本為 8000 美元。
    (a) 試求製造 x 個小紙箱、y 個中紙箱、z 個大紙箱的總成本函數：$C = f(x, y, z)$。
    (b) 試求 $f(3000, 5000, 4000)$ 並解釋其意義。
    (c) 試求函數 f 的定義域。

17. **人體表面積** 人體的表面積可以用下列函數來表示：

$$S = f(w, h) = 0.1091 w^{0.425} h^{0.725}$$

其中 w 為體重(單位：磅)，h 為身高(單位：吋)，S 的單位為平方吋。
    (a) 試求 $f(160, 70)$ 並解釋其意義。
    (b) 試問你身體的表面積為何？

7.2 偏微分

■偏微分的簡介

在炎熱的天氣，由於濕度高會使人們感覺氣溫比實際溫度高，但是在乾燥的環境中，則會感覺到氣溫反而比實際溫度低。國家氣象局設計了炎熱指數 (*heat index*) (在某些國家稱為溫度-濕度指數)，來描述濕度和溫度結合的效應。炎熱指數 I 是指當溫度為 T 和濕度為 H 時，人們所感受的氣溫，所以 I 是 T 及 H 的函數，記作 $I = f(T, H)$。下表所列的為摘錄自國家氣象局所彙編有關炎熱指數 I 之數據。

表 1

相對濕度 (%)

T \ H	50	55	60	65	70	75	80	85	90
90	96	98	100	103	106	109	112	115	119
92	100	103	105	108	112	115	119	123	128
94	104	107	111	114	118	122	127	132	137
96	109	113	116	121	125	130	135	141	146
98	114	118	123	127	133	138	144	150	157
100	119	124	129	135	141	147	154	161	168

實際溫度 (°F)

如果我們觀察表 1 中深色的一行，這是指相對濕度固定為 $H = 70\%$ 時，所對應的炎熱指數。因此，可把 I 視為單變數 T 的函數。設 $g(T) = f(T, 70)$，則 $g(T)$ 描述當相對濕度 $H = 70\%$ 時，炎熱指數 I 隨著實際溫度 T 變化的情形。當 $T = 96°F$ 時，g 的導數為 I 對 T 的變化率：

$$g'(96) = \lim_{h \to 0} \frac{g(96 + h) - g(96)}{h} = \lim_{h \to 0} \frac{f(96 + h, 70) - f(96, 70)}{h}$$

取 $h = 2$ 和 -2，可由表 1 可求得它的近似值：

$$g'(96) \approx \frac{g(98) - g(96)}{2} = \frac{f(98, 70) - f(96, 70)}{2} = \frac{133 - 125}{2} = 4$$

$$g'(96) \approx \frac{g(94) - g(96)}{-2} = \frac{f(94, 70) - f(96, 70)}{-2} = \frac{118 - 125}{-2} = 3.5$$

將所得到的值作平均，我們可以說 $g'(96)$ 大約是 3.75。這個意義是：當實際溫度為 96°F 且相對濕度為 70% 時，實際溫度每增加華氏 1 度，所感受到的氣溫增加了 3.75°F！

現在我們來看表 1 中深色的一列，這對應於當溫度固定為 $T = 96°F$ 的時候。這一列的數字表示，當溫度為 96°F 時，且相對濕度 H 變化時，炎熱指數函數 $G(H) = f(96, H)$ 如何隨之變化的情形。當 $H = 70\%$ 時，函數 G 的導數為 I 對 H 的變化率：

$$G'(70) = \lim_{h \to 0} \frac{G(70 + h) - G(70)}{h} = \lim_{h \to 0} \frac{f(96, 70 + h) - f(96, 70)}{h}$$

取 $h = 5$ 和 -5，可由表 1 求得它的近似值：

$$G'(70) \approx \frac{G(75) - G(70)}{5} = \frac{f(96, 75) - f(96, 70)}{5} = \frac{130 - 125}{5} = 1$$

$$G'(70) \approx \frac{G(65) - G(70)}{-5} = \frac{f(96, 65) - f(96, 70)}{-5} = \frac{121 - 125}{-5} = 0.8$$

將所得到的值作平均，我們得到估計值 $G'(70) \approx 0.9$。這就是說，當溫度為 96°F 且相對濕度為 70% 時，濕度每增加 1%，炎熱指數則增加 0.9°F。

一般而言，若 f 為一個雙變數 x 和 y 的函數，當我們將雙變數函數 $f(x, y)$ 中的一個變數固定時，就得到一個單變數函數。例如，將變數 y 固定，令 $y = b$，其中 b 為常數，就可得到以 x 為變數的函數 $g(x) = f(x, b)$。若函數 $g(x)$ 在 $x = a$ 可微分，其導數 $g'(a)$ 就稱為函數 $f(x, y)$ 在點 (a, b) 對 x 之偏導數 [partial derivative of f with respect to x at (a, b)]，記作 $f_x(a, b)$。

(1) $\quad\boxed{f_x(a, b) = g'(a) \qquad 其中 \qquad g(x) = f(x, b)}$

由導數的定義，可得

$$g'(a) = \lim_{h \to 0} \frac{g(a + h) - g(a)}{h}$$

所以公式 (1) 可表示為

(2) $\quad\boxed{f_x(a, b) = \lim_{h \to 0} \frac{f(a + h, b) - f(a, b)}{h}}$

同理，若固定變數 x ($x = a$)，即可得到函數 $f(x, y)$ 在點 (a, b) 對 y 的偏導數 [partial derivative of f with respect to y at (a, b)]，記作 $f_y(a, b)$，也就是 $G(y) = f(a, y)$ 在 $y = b$ 的導數：

(3) $\quad\boxed{f_y(a, b) = \lim_{h \to 0} \frac{f(a, b + h) - f(a, b)}{h}}$

由上述偏導數的符號，我們可將炎熱指數 I 對實際溫度 T 和相對濕度 H 的變化率 (當 $T = 96°F$，$H = 70\%$) 分別記作

$$f_T(96, 70) \approx 3.75 \qquad f_H(96, 70) \approx 0.9$$

例 1 計算偏導數的值

若 $f(x, y) = x^3 + x^2y^3 - 2y^2$，試求 $f_x(2, 1)$ 和 $f_y(2, 1)$。

解

由定義 (1)，可令 $f(x, y)$ 的 $y = 1$ 來求 $f_x(x, 1)$：

$$f(x, 1) = x^3 + x^2 - 2$$

將此函數對 x 微分：

$$f_x(x, 1) = 3x^2 + 2x$$

令 $x = 2$：

$$f_x(2, 1) = 3 \cdot 4 + 2 \cdot 2 = 16$$

同理，可令 $f(x, y)$ 的 $x = 2$ 來求 $f_y(2, y)$：

$$f(2, y) = 8 + 4y^3 - 2y^2$$
$$f_y(2, y) = 12y^2 - 4y$$
$$f_y(2, 1) = 12 \cdot 1 - 4 \cdot 1 = 8$$

若公式 (2) 和 (3) 中的點 (a, b) 是可變動的，則 f_x 和 f_y 也是雙變數函數。

(4) ■ 若 f 為雙變數函數，它的**偏導數 (partial derivatives)** f_x 和 f_y 定義如下：

$$f_x(x, y) = \lim_{h \to 0} \frac{f(x + h, y) - f(x, y)}{h}$$

$$f_y(x, y) = \lim_{h \to 0} \frac{f(x, y + h) - f(x, y)}{h}$$

當函數的變數超過一個時就以 ∂ 取代 d 來表示偏導數，而 d 這個偏導數的符號取自古代斯拉夫語的字母。

偏導數也有其他表示的符號，例如，我們也可將 f_x 寫成 $\partial f/\partial x$。

■ **偏導數的符號**　設 $z = f(x, y)$，我們記作

$$f_x(x, y) = f_x = \frac{\partial f}{\partial x} = \frac{\partial}{\partial x} f(x, y) = \frac{\partial z}{\partial x}$$

$$f_y(x, y) = f_y = \frac{\partial f}{\partial y} = \frac{\partial}{\partial y} f(x, y) = \frac{\partial z}{\partial y}$$

在計算偏導數時，只需記得在公式 1 中對 x 求偏導數時，就是對將變數 y 固定後所得到的單變數函數 g 作微分。因此，我們有下列的規則。

■ $z = f(x, y)$ 的偏導數之計算規則

1. 對變數 x 作偏微分時，要將變數 y 視為常數，再將函數 $f(x, y)$ 對 x 微分。
2. 對變數 y 作偏微分時，要將變數 x 視為常數，再將函數 $f(x, y)$ 對 y 微分。

在下個例子中，我們將介紹例 1 的另一種解法。

例 2　回顧例 1

若 $f(x, y) = x^3 + x^2 y^3 - 2y^2$，試求 $f_x(2, 1)$ 和 $f_y(2, 1)$。

解

將 y 視為常數，對 x 微分，可得

所以
$$f_x(x, y) = 3x^2 + 2xy^3$$
$$f_x(2, 1) = 3 \cdot 2^2 + 2 \cdot 2 \cdot 1^3 = 16$$

同理，將 x 固定，對 y 微分，即可得

$$f_y(x, y) = 3x^2 y^2 - 4y$$
$$f_y(2, 1) = 3 \cdot 2^2 \cdot 1^2 - 4 \cdot 1 = 8$$

例 3　偏導數的計算

若 $f(x, y) = \left(\dfrac{x}{1+y}\right)^5$，試計算 $\dfrac{\partial f}{\partial x}$ 和 $\dfrac{\partial f}{\partial y}$。

解

利用單變數函數的連鎖法則，我們得到

$$\frac{\partial f}{\partial x} = 5\left(\frac{x}{1+y}\right)^4 \cdot \frac{\partial}{\partial x}\left(\frac{x}{1+y}\right) = 5\left(\frac{x}{1+y}\right)^4 \cdot \frac{\partial}{\partial x}\left(\frac{1}{1+y} \cdot x\right)$$

$$= 5\left(\frac{x}{1+y}\right)^4 \cdot \frac{1}{1+y} = \frac{5x^4}{(1+y)^5}$$

$$\frac{\partial f}{\partial y} = 5\left(\frac{x}{1+y}\right)^4 \cdot \frac{\partial}{\partial y}\left(\frac{x}{1+y}\right) = 5\left(\frac{x}{1+y}\right)^4 \cdot \frac{\partial}{\partial y}\left(x \cdot \frac{1}{1+y}\right)$$

$$= 5\left(\frac{x}{1+y}\right)^4 \cdot \frac{-x}{(1+y)^2} = -\frac{5x^5}{(1+y)^6}$$

例 4 偏導數的乘法律

若 $g(v, w) = we^{vw}$，試求 g_v 及 g_w。

解

當求 g_v 時，我們把 w 視為常數且將 v 視為變數：

$$g_v(v, w) = w\left[e^{vw} \cdot \frac{\partial}{\partial v}(vw)\right] = w(e^{vw} \cdot w) = w^2 e^{vw}$$

當求 g_w 時，我們把 v 視為常數，並將 w 視為變數，再由微分的乘法律就得到

$$g_w(v, w) = w \cdot \frac{\partial}{\partial w}(e^{vw}) + e^{vw} \cdot \frac{\partial}{\partial w}(w)$$

$$= w \cdot (e^{vw} \cdot v) + e^{vw} \cdot 1 = (vw + 1)e^{vw}$$

偏導數的意義

為了說明偏導數的幾何意義，讓我們回顧：方程式 $z = f(x, y)$（也就是函數 f 的圖形）是三維空間中一個曲面 S。若 $c = f(a, b)$，則 $P(a, b, c)$ 是位在曲面 S 上的點。當固定 $y = b$ 時，鉛直平面 $y = b$ 和 S 的交集為一條曲線 C_1。同理，鉛直平面 $x = a$ 和 S 的交集為一條曲線 C_2。這兩條曲線同時通過 P 點（如圖 1）。

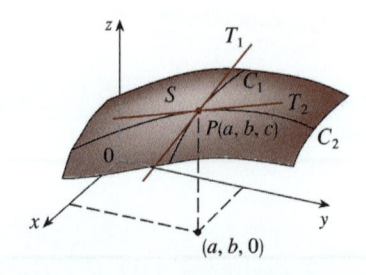

圖 1 f 在 (a, b) 的兩個偏導數分別是切線 C_1 及 C_2 的斜率。

我們注意到 C_1 是函數 $g(x) = f(x, b)$ 的圖形,所以它在 P 點的切線 T_1 之斜率為 $g'(a) = f_x(a, b)$;而 C_2 是函數 $G(y) = f(a, y)$ 的圖形,所以它在 P 點的切線 T_2 之斜率為 $G'(b) = f_y(a, b)$。

因此,偏導數 $f_x(a, b)$ 和 $f_y(a, b)$ 可以視為曲面 S 與鉛直平面 $y = b$ 及 $x = a$ 所截出的兩條軌跡 C_1 及 C_2 在 P 點之切線斜率。

例 5 將偏導數視為斜率

若 $f(x, y) = 4 - x^2 - 2y^2$,試求 $f_x(1, 1)$ 及 $f_y(1, 1)$,並解釋其幾何意義。

解

我們得到

$$f_x(x, y) = -2x \qquad f_y(x, y) = -4y$$

$$f_x(1, 1) = -2 \qquad f_y(1, 1) = -4$$

函數 $z = 4 - x^2 - 2y^2$ 的圖形為一拋物面,而由平面 $y = 1$ 所截出的曲線為在此平面上之拋物線 $C_1 : z = 2 - x^2$,$y = 1$ (如圖 2)。C_1 在點 (1, 1, 1) 切線之斜率即為 $f_x(1, 1) = -2$。同理,由平面 $x = 1$ 所截出的曲線 C_2 亦為一條拋物線 $z = 3 - 2y^2$,$x = 1$ (如圖 3),而 C_2 在點 (1, 1, 1) 之斜率,則為 $f_y(1, 1) = -4$。

圖 2

圖 3

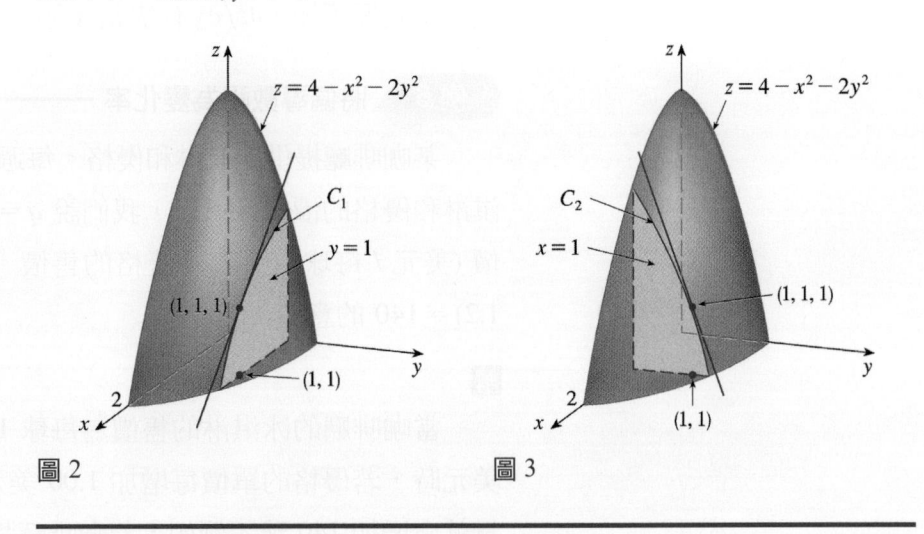

圖 4 是對應於圖 2 的電腦繪圖。(a) 部分是鉛直平面 $y = 1$ 與曲面 S 所截出曲線的 C_1,而 (b) 部分則是 T_1 和 C_1。

圖 4

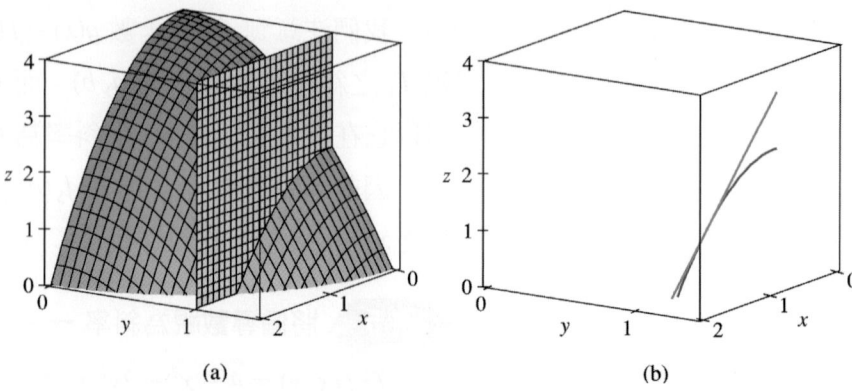

(a)　　　　　　　　　　(b)

同理，下面的圖 5 則對應了圖 3。

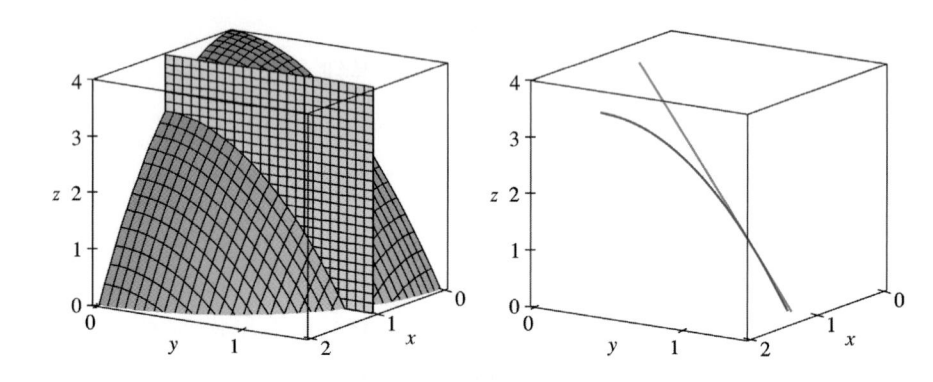

圖 5

如同我們考慮炎熱指數的例子，偏導數可以看成是**變化率** (*rates of change*)。如果 $z = f(x, y)$，則 $\partial z/\partial x$ 代表當 y 固定時，z 對 x 的變化率。同理可知，$\partial z/\partial y$ 代表當 x 固定時，z 對 y 的變化率。

例 6　將偏導數視為變化率

某咖啡廳提供冰淇淋和優格。每週冰淇淋的銷售量 q，取決於冰淇淋和優格的價格。所以，我們說 $q = f(x, y)$，若 x 表示冰淇淋的售價 (美元／每球)，y 表示優格的售價。在此條件下，試解釋 $f_y(1.8, 1.2) = 140$ 的意義。

解

當咖啡廳的冰淇淋的售價為每球 1.80 美元及優格的單價為 1.20 美元時，若優格的單價每增加 1.00 美元，咖啡廳每週冰淇淋的銷售量就會增加 140 球。例如，若咖啡廳將優格的價錢提高 0.10 美元，那麼冰淇淋的銷售量每週會增加 14 球。

兩個以上變數的函數

我們也可以定義三個或更多個變數的函數之偏導數。例如，若 f 為三個變數 x、y 和 z 的函數，f 對變數 x 的偏導數定義為

$$f_x(x, y, z) = \lim_{h \to 0} \frac{f(x+h, y, z) - f(x, y, z)}{h}$$

此時必須將變數 y 和 z 都視為常數。若 $w = f(x, y, z)$，則 $f_x = \partial w / \partial x$ 可視為當 y 和 z 為定數時，w 對 x 的變化率。由於 f 的圖形為四度空間中之圖形，所以我們無法詮釋偏導數的幾何意義。

例 7　三個變數函數的偏導數

試求 f_x、f_y 和 f_z，若 $f(x, y, z) = e^{xy} \ln z$。

解

將 y 和 z 視為常數，並對 x 作微分，可得

$$f_x = y e^{xy} \ln z$$

同理，可得 $\quad f_y = x e^{xy} \ln z \quad$ 和 $\quad f_z = \dfrac{e^{xy}}{z}$

二階偏導數

若 f 為雙變數函數，它的偏導數 f_x 和 f_y 亦為兩個雙變數函數，因此可以再計算它們的偏導數 $(f_x)_x$、$(f_x)_y$、$(f_y)_x$ 及 $(f_y)_y$，稱為 f 的**二階偏導數 (second partial derivatives)**。若 $z = f(x, y)$，我們使用下列符號：

$$(f_x)_x = f_{xx} = \frac{\partial}{\partial x}\left(\frac{\partial f}{\partial x}\right) = \frac{\partial^2 f}{\partial x^2} = \frac{\partial^2 z}{\partial x^2}$$

$$(f_x)_y = f_{xy} = \frac{\partial}{\partial y}\left(\frac{\partial f}{\partial x}\right) = \frac{\partial^2 f}{\partial y \, \partial x} = \frac{\partial^2 z}{\partial y \, \partial x}$$

$$(f_y)_x = f_{yx} = \frac{\partial}{\partial x}\left(\frac{\partial f}{\partial y}\right) = \frac{\partial^2 f}{\partial x \, \partial y} = \frac{\partial^2 z}{\partial x \, \partial y}$$

$$(f_y)_y = f_{yy} = \frac{\partial}{\partial y}\left(\frac{\partial f}{\partial y}\right) = \frac{\partial^2 f}{\partial y^2} = \frac{\partial^2 z}{\partial y^2}$$

因此，f_{xy} (或 $\partial^2 f/\partial y\, \partial x$) 表示先對 x 微分，再對 y 微分，而計算 f_{yx} 時，則是對調微分的順序。

例 8　二階偏導數

試求函數 $f(x, y) = x^3 + x^2 y^3 - 2y^2$ 的二階偏導數。

解

由例 2 可知

$$f_x(x, y) = 3x^2 + 2xy^3 \qquad f_y(x, y) = 3x^2 y^2 - 4y$$

所以

$$f_{xx} = \frac{\partial}{\partial x}(3x^2 + 2xy^3) = 6x + 2y^3 \qquad f_{xy} = \frac{\partial}{\partial y}(3x^2 + 2xy^3) = 6xy^2$$

$$f_{yx} = \frac{\partial}{\partial x}(3x^2 y^2 - 4y) = 6xy^2 \qquad f_{yy} = \frac{\partial}{\partial y}(3x^2 y^2 - 4y) = 6x^2 y - 4$$

要注意的是，在例 8 中我們得到 $f_{xy} = f_{yx}$，這並非巧合。事實上，對許多函數而言，混合偏導數 f_{xy} 和 f_{yx} 會相等。

■ 科布-道格拉斯生產函數

在第 7.1 節例 3 中，說明科布和道格拉斯在一個經濟系統中，將總產值 P 視為勞動力 L 及資本 K 的函數來建構數學模型。這個模型的特殊形式是由他們對經濟活動給定某些假設 P 而得到的。

若生產函數為 $P = P(L, K)$，則偏導數 $\partial P/\partial L$ 是產值相對於勞動力 L 的變化率，經濟學家稱為**邊際勞動力產值 (marginal productivity of labor)**；同樣地，偏導數 $\partial P/\partial K$ 是產值相對於資本 K 的變化率，經濟學家稱為**邊際資本產值 (marginal productiivity of capital)**。科布和道格拉斯的假設如下：

(i)　當勞動力或資本為 0 時，產值亦為 0。
(ii)　邊際勞動力產值與每單位勞動力的產值成正比。
(iii)　邊際資本產值與每單位的資本產值成正比。

由這些假設可以得到

(5) $$P(L, K) = bL^a K^{1-a}$$

其中 b 為一個正的常數，$0 < a < 1$。

例 9 邊際產值

由第 382 頁的表 1，科布和道格拉斯得到公式 (5) 中的 $b = 1.01$ 和 $a = 0.75$，也就是

$$P(L, K) = 1.01 L^{0.75} K^{0.25}$$

(a) 試求 P_L 和 P_K。

(b) 當 $L = 194$ 和 $K = 407$ 時，試求 1920 年的邊際勞動力產值與邊際資本產值 (相對於 1899 年的 $L = 100$ 和 $K = 100$)，並解釋其結果。

(c) 在 1920 年時，增加勞動力或增加資本何者較有利？

解

(a) $P_L = \dfrac{\partial}{\partial L}(1.01 L^{0.75} K^{0.25}) = 1.01(0.75 L^{-0.25}) K^{0.25} = 0.7575 \left(\dfrac{K}{L}\right)^{0.25}$

$P_K = \dfrac{\partial}{\partial K}(1.01 L^{0.75} K^{0.25}) = 1.01 L^{0.75}(0.25 K^{-0.75}) = 0.2525 \left(\dfrac{L}{K}\right)^{0.75}$

(b) 1920 年的邊際勞動力產值為

$$P_L(194, 407) = 0.7575 \left(\dfrac{407}{194}\right)^{0.25} \approx 0.91$$

這表示當資本為固定 407 單位時，每增加 1 單位的勞動力，會增加 0.91 單位的產值。

1920 年的邊際資本產值為

$$P_K(194, 407) = 0.2525 \left(\dfrac{194}{407}\right)^{0.75} \approx 0.14$$

這表示當勞動力為固定 194 單位時，每增加 1 單位的資本，會增加 0.14 單位的產值。

(c) 由上面的結果可知，增加勞動力較有利。

> (c) 的結論是成立的，因為 L 和 K 的算法是取 1899 年值的百分率。

▎替代商品與互補商品

當一個商品的需求增加，另一商品的需求反而下降時，我們稱這兩種商品為**替代商品 (substitute products)**。(例如，奶油與乳瑪琳就是替代商品，消費者若多買些奶油，就可能少買些乳瑪琳)。反之，

若一商品的需求增加時，另一商品的需求也增加，就稱這兩種商品為**互補商品 (complementary products)** (汽車與汽油就是互補商品的例子)。

假設兩種相關的商品，其需求函數為

$$q_1 = D_1(p_1, p_2) \qquad q_2 = D_2(p_1, p_2)$$

其中 q_1 和 q_2 分別為商品 1 及商品 2 的需求。由於需求取決於價格，所以這兩種商品的需求都與兩者的價格相關。

例 10　替代商品與互補商品

若商品 A 和 B 的需求函數分別為 $q_1 = D_1(p_1, p_2)$ 及 $q_2 = D_2(p_1, p_2)$，其中 p_1 和 p_2 分別為商品 A 及 B 的價格。

(a) 當兩者為替代商品時，對於偏導數 $\partial q_2 / \partial p_1$ 和 $\partial q_1 / \partial p_2$，你有什麼結論？

(b) 又當兩者為互補商品時呢？

解

(a) 假設商品 A 和商品 B 為替代 (競爭性) 商品 (例如，商品 A 為奶油與 B 為乳瑪琳)。當 p_2 (商品 B 的價格) 固定時，若 p_1 上升，那麼消費者會轉向多買些商品 B，因此其需求 q_2 會增加，也就是 $\partial q_2 / \partial p_1 > 0$。同理可知，若 p_1 固定，而 p_2 上升，那麼消費者會轉向多買些商品 A，因此其需求 q_1 會增加，也就是 $\partial q_1 / \partial p_2 > 0$。我們得到的結論是：當兩者為替代商品時，$\partial q_2 / \partial p_1$ 和 $\partial q_1 / \partial p_2$ 均為正數。

(b) 假設商品 A 和商品 B 為互補商品 (例如，商品 A 為汽車與 B 為汽油)。當 p_2 固定，而 p_1 上升時，可得 $\partial q_1 / \partial p_1 < 0$，所以 $\partial q_2 / \partial p_1 < 0$。(當汽車價格上升，汽車賣得少，因此汽油需求也變少。) 同理可知，若 p_1 固定且 p_2 上升時，可得 $\partial q_2 / \partial p_2 < 0$，所以 $\partial q_1 / \partial p_2 < 0$。我們得到：當兩者為互補商品時 $\partial q_2 / \partial p_1$ 和 $\partial q_1 / \partial p_2$ 為負數。

例 10 中的因果關係是可以互換的，所以可用來決定兩者為替代商品或互補商品。當混合偏導數 $\partial q_2 / \partial p_1$ 和 $\partial q_1 / \partial p_2$ 同時為正數時，它們為替代商品；當 $\partial q_2 / \partial p_1$ 和 $\partial q_1 / \partial p_2$ 同時為負數時，它們就為互補商品。

■ 自我準備

1. 設 $f(t)$ 表示暴風雨開始 t 小時後的總降雨量（單位：吋），試說明 $f'(1.5) = 0.6$ 的意義。

2. 試求函數的導數。
   (a) $g(x) = 5x^3 - 8x^2 + 13x - 4$
   (b) $f(x) = (x + 2)^8$
   (c) $K(v) = 3^v$
   (d) $B(u) = u^3 e^u$
   (e) $H(t) = \dfrac{e^t}{t^3}$
   (f) $f(x) = \dfrac{7x}{x^2 + 1}$
   (g) $g(y) = \sqrt{y} + \ln y + 1$
   (h) $y = e^{x^2 + 2}$
   (i) $y = \ln(t^2 - 5t)$
   (j) $A(t) = t\sqrt{t^3 - 1}$

3. 試求 dz/dx。
   (a) $z = a^2 + x^3$
   (b) $z = ae^x$
   (c) $z = \ln(x + ax^2 + b)$
   (d) $z = \dfrac{x}{2x - c}$

4. 試求函數的二階導數。
   (a) $y = \dfrac{x}{x - 1}$
   (b) $y = \sqrt{x^2 + 1}$

■ 習題 7.2

1. **包裹遞送** 若快遞公司運送重量為 w 磅的包裹，x 哩的距離之費用為 $C(x, w)$ 美元。試問 $C_w(150, 80)$ 的意義為何？其單位又為何？

2. **氣溫** 北半球某地的氣溫 T（單位：°C）取決於此地的經度 x、緯度 y 及時間 t。所以某地的氣溫可表示為 $T = f(x, y, t)$。假設以 $t = 0$ 表示 1 月。
   (a) 試問偏導數 $\partial T/\partial x$、$\partial T/\partial y$ 及 $\partial T/\partial t$ 的意義為何？
   (b) 已知檀香山的經度為西經 158 度，緯度為北緯 21 度。假設 1 月 1 日早上 9 點焚風吹向東北方，所以南邊及東邊空氣較溫暖，而西邊及北邊空氣較涼快。你認為 $f_x(158, 21, 9)$、$f_y(158, 21, 9)$ 及 $f_t(158, 21, 9)$ 是正數或負數？試說明理由。

3. **風寒指數** 當實際溫度為 T 且風速為 v 時，會產生風寒效應，此時感覺上的氣溫（風寒指數）W 會較低。我們可以將 W 表示成 $W = f(T, v)$。下表摘錄美國及加拿大國家氣象局蒐集的部分資料。

風速（公里/小時）

T \ v	20	30	40	50	60	70
−10	−18	−20	−21	−22	−23	−23
−15	−24	−26	−27	−29	−30	−30
−20	−30	−33	−34	−35	−36	−37
−25	−37	−39	−41	−42	−43	−44

實際氣溫 (°C)

   (a) 試估計 $f_T(-15, 30)$ 及 $f_v(-15, 30)$ 的值。它們的意義為何？
   (b) 一般而言，$\partial W/\partial T$ 及 $\partial W/\partial v$ 為正數或負數？
   (c) 下列極限值該為多少？
   $$\lim_{v \to \infty} \frac{\partial W}{\partial v}$$

4. 試由函數 f 圖形判定下列偏導數的符號。

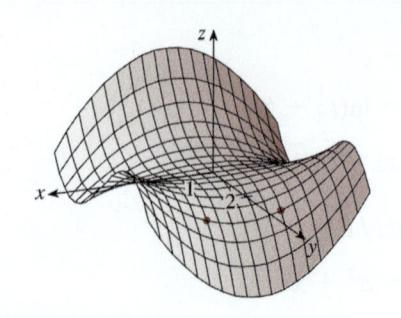

   (a) $f_x(1, 2)$
   (b) $f_y(1, 2)$
   (c) $f_x(-1, 2)$
   (d) $f_y(-1, 2)$

5. 若 $f(x, y) = 16 - 4x^2 - y^2$，試求 $f_x(1, 2)$ 及 $f_y(1, 2)$，將結果解釋為斜率，並試以手繪或電腦繪圖說明。

6. 設 $f(x, y) = x^2 y - 5xy^2$。
   (a) 試求 $f(x, -2)$，並用這結果計算 $f_x(x, -2)$。
   (b) 試求 $f(3, y)$，並用這結果計算 $f_y(3, y)$。

7-18 ■ 試求下列函數的一階偏導數。

7. $f(x, y) = y^5 - 3xy$

8. $f(x, y) = x^4 + x^2y^2 + y^4$

9. $z = (2x + 3y)^{10}$

10. $f(x, y) = \dfrac{x - y}{x + y}$

11. $f(r, s) = r \ln(r^2 + s^2)$

12. $u = te^{w/t}$

13. $f(s, t) = \sqrt{2 - 3s^2 - 5t^2}$

14. $f(x, y, z) = xz - 5x^2 y^3 z^4$

15. $w = \ln(x + 2y + 3z)$

16. $f(x, y, z) = \dfrac{x}{y + z}$

17. $f(x, y, z) = x^{yz}$

18. $f(x, y, z, t) = xy^2 z^3 t^4$

19-21 ■ 試求下列偏導數。

19. $f(x, y) = x^3 y^5$；$f_x(3, -1)$

20. $f(x, y) = \ln(x + \sqrt{x^2 + y^2})$；$f_x(3, 4)$

21. $f(x, y, z) = \dfrac{y}{x + y + z}$；$f_y(2, 1, -1)$

22-23 ■ 試求下列函數之所有二階偏導數。

22. $f(x, y) = x^3 y^5 + 2x^4 y$

23. $w = \sqrt{u^2 + v^2}$

24-25 ■ 試驗證 $u_{xy} = u_{yx}$。

24. $u = 3x^2 y - 8x^3 + 2y^2$

25. $u = \ln \sqrt{x^2 + y^2}$

26. **國家產值** 當勞動力投入為 L 單位及資本投入為 K 單位時，某國家的生產函數為

$$P(L, K) = 140 L^{0.712} K^{0.288}$$

   (a) 若勞動力增加 750 單位及資本增加 1200 單位。試求此時之勞動力邊際產值及資本邊際產值。
   (b) 政府應鼓勵增加勞動力投入或增加資本投入？我們是否有充分資訊作出正確的判斷？

27. **互補 VS. 替代商品** 兩種商品的需求函數分別為

$$q_1 = 8000 - 25p_1 - 10p_2$$
$$q_2 = 15,000 - 120p_1 - 50p_2$$

試問兩者為互補或替代商品？

28. **電阻係數** 三條電阻分別為 R_1、R_2 和 R_3 的並聯電路之總電阻由下面公式決定

$$\frac{1}{R} = \frac{1}{R_1} + \frac{1}{R_2} + \frac{1}{R_3}$$

試求 $\partial R/\partial R_1$。

29. **動能** 若一質量為 m 的物體以速度 v 運動，則其動能為 $K = \frac{1}{2}mv^2$。試證明

$$\frac{\partial K}{\partial m}\frac{\partial^2 K}{\partial v^2} = K$$

7.3 極大值與極小值

在第 4 章我們看到導數的一個主要的應用就是找出函數的極大與極小值。在本節中，我們將利用偏導數來求出雙變數函數的極大與極小值。在例 4 中，就可看出一個生產兩種不同商品的公司如何制訂價格，以取得最大的利潤。

■ 局部與絕對極值

由圖 1 中雙變數函數 f 的圖形之高峰與低谷，可以看出函數有兩個局部極大值，也就是它們的函數值比附近的都大，其中較大的是**絕對極大值**。同樣地，函數有兩個局部極小值，也就是它們函數值比附近的都小，其中較小的是**絕對極小值**。

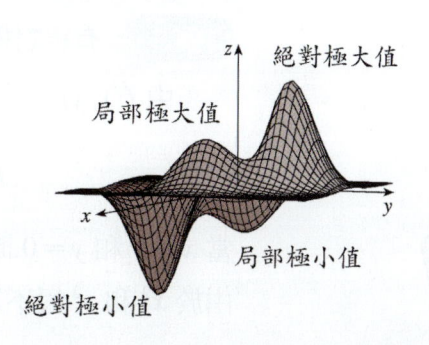

圖 1

■ **定義** 若 f 為雙變數函數，在點 (a, b) 的值為

■ **局部極大值 (local maximum)**，是說對在點 (a, b)（附近的 (x, y)），$f(a, b) \geq f(x, y)$ 都成立。

■ **局部極小值 (local minimum)**，是說對在點 (a, b)（附近的 (x, y)），$f(a, b) \leq f(x, y)$ 都成立。

當我們說當 (x, y) 接近 (a, b) 時，某個敘述是正確的，這是指當 (x, y) 落在以 (a, b) 為圓心的某個圓的內部時，這個敘述是正確的。

若對函數 f 定義域中的所有點 (x, y)，定義中的不等式都成立，那麼函數在 (a, b) 就有**絕對極大值 (absolute maximum)** [或**絕對極小值 (absolute minimum)**]。

回顧在單變數函數中，由費瑪定理得到：若函數 $f(x)$ 在 $x=c$ 有局部極大值或極小值，且 $f'(c)$ 存在時，則 $f'(c)=0$。對於雙變數函數，我們則有下面的定理。

■ **雙變數函數的費瑪定理** 當函數 f 在 (a, b) 有局部極大值或局部極小值，且其一階偏導數 f_x 和 f_y 在此點均存在，則 $f_x(a, b) = 0$ 且 $f_y(a, b) = 0$。

從單變數的費瑪定理可得到本定理的證明。因為若 $g(x) = f(x, b)$，則函數 g 在 $x=a$ 有局部極大值或局部極小值，所以 $f_x(a, b) = g'(a) = 0$。

如果 $f_x(a, b) = 0$ 且 $f_y(a, b) = 0$，或是其中一個偏導數不存在，就稱點 (a, b) 為函數 f 的**臨界點 (critical point)** (或 *stationary point*)。因此，費瑪定理是說：若函數 f 在 (a, b) 有局部極大值或局部極小值，則點 (a, b) 必為臨界點。如同單變數函數的情形，臨界點未必能決定局部極大值或局部極小值；換句話說，函數的臨界點可能產生局部極大值、局部極小值或以上皆非。

例 1 有絕對極小值的函數

由 $f(x, y) = x^2 + y^2 + 2$，可得到它的偏導數：

$$f_x(x, y) = 2x \qquad f_y(x, y) = 2y$$

當 $x=0$ 和 $y=0$ 時，$f_x = 0$ 且 $f_y = 0$，所以 f 有唯一的臨界點 $(0, 0)$。由於 x^2 和 y^2 恆不為負數，所以得到

$$f(x, y) = x^2 + y^2 + 2 \geq 2$$

因此，$f(0, 0) = 2$ 為局部極小值，也是絕對極小值，對所有的 x 和 y 這可以由圖 2 看出。我們在第 7.1 節例 9 中見過這個曲面 (橢圓拋物面)。

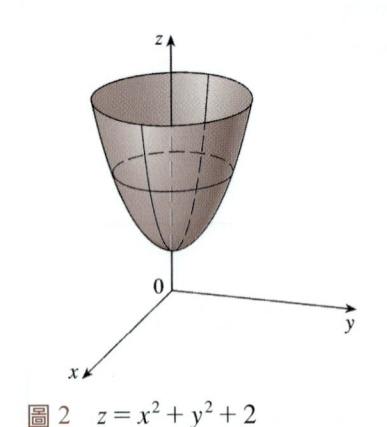

圖 2 $z = x^2 + y^2 + 2$

例 2 沒有極值的函數

試求函數 $f(x, y) = y^2 - x^2$ 的極值。

解

由 $f_x = -2x$ 和 $f_y = 2y$ 可知 $(0, 0)$ 為 f 唯一的臨界點。注意：沿著 x 軸，即 $y = 0$，函數 $f(x, y) = -x^2 < 0$ (當 $x \neq 0$)；若沿著 y 軸，即 $x = 0$，函數 $f(x, y) = y^2 > 0$ (當 $y \neq 0$)。這就是說，在以 $(0, 0)$ 為圓心的圓盤內，函數值有正也有負，因此 $f(0, 0) = 0$ 既不是局部極大值，也不是局部極小值，所以函數 f 沒有極值。

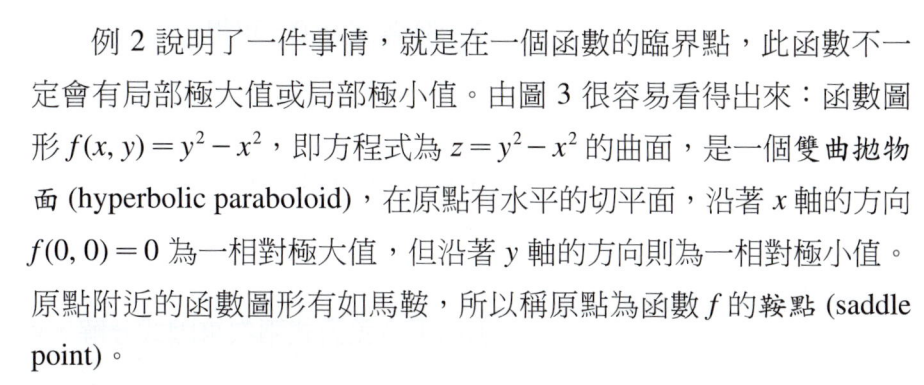

例 2 說明了一件事情，就是在一個函數的臨界點，此函數不一定會有局部極大值或局部極小值。由圖 3 很容易看得出來：函數圖形 $f(x, y) = y^2 - x^2$，即方程式為 $z = y^2 - x^2$ 的曲面，是一個**雙曲拋物面** (hyperbolic paraboloid)，在原點有水平的切平面，沿著 x 軸的方向 $f(0, 0) = 0$ 為一相對極大值，但沿著 y 軸的方向則為一相對極小值。原點附近的函數圖形有如馬鞍，所以稱原點為函數 f 的**鞍點** (saddle point)。

在本章前言的附圖中，我們也看到在山脊上所出現的鞍點。

圖 3　$z = y^2 - x^2$

■ 臨界點的判定

我們需要一個判定函數在臨界點是否有極值的工具，下面的判定法對多數的函數都能成立，它與單變數函數的二階導數判別法類似。

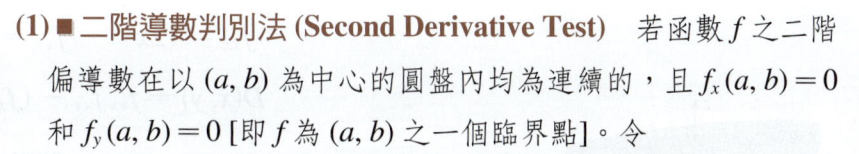

> **(1) ■ 二階導數判別法 (Second Derivative Test)**　若函數 f 之二階偏導數在以 (a, b) 為中心的圓盤內均為連續的，且 $f_x(a, b) = 0$ 和 $f_y(a, b) = 0$ [即 f 為 (a, b) 之一個臨界點]。令
>
> $$D = D(a, b) = f_{xx}(a, b) f_{yy}(a, b) - [f_{xy}(a, b)]^2$$
>
> **(a)** 若 $D > 0$ 和 $f_{xx}(a, b) > 0$，則 $f(a, b)$ 為一局部極小值。
>
> **(b)** 若 $D > 0$ 和 $f_{xx}(a, b) < 0$，則 $f(a, b)$ 為一局部極大值。
>
> **(c)** 若 $D > 0$，$f(a, b)$ 既非局部極大值，亦非局部極小值，此時稱作函數 f 的**鞍點** (saddle point)。
>
> **(d)** 若 $D = 0$，則沒有結論：此時 $f(a, b)$ 可能為局部極大或極小，也可能是鞍點。

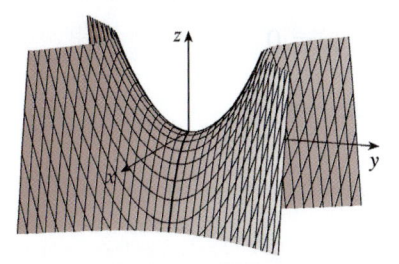

例 3　臨界點的分類

試求函數 $f(x, y) = x^4 + y^4 - 4xy + 1$ 的局部極小值、局部極大值及鞍點。

解

我們先找出函數 f 所有的臨界點：

$$f_x = 4x^3 - 4y \qquad f_y = 4y^3 - 4x$$

令上列各式為 0，可得

$$x^3 - y = 0 \quad \text{和} \quad y^3 - x = 0$$

將第一式中的 $y = x^3$，代入第二式即有下列方程式：

$$x^9 - x = x(x^8 - 1) = 0$$

引用平方差公式兩次來因式分解，可得

$$x(x^4 - 1)(x^4 + 1) = 0$$
$$x(x^2 - 1)(x^2 + 1)(x^4 + 1) = 0$$

因此到三個實根：$x = 0、1、-1$，所以函數 f 的臨界點為 $(0, 0)$、$(1, 1)$ 和 $(-1, -1)$。

接著計算函數的二階偏導數及 $D(x, y)$：

$$f_{xx} = 12x^2 \qquad f_{xy} = -4 \qquad f_{yy} = 12y^2$$
$$D(x, y) = f_{xx} f_{yy} - (f_{xy})^2 = 144x^2 y^2 - 16$$

由 $D(0, 0) = -16 < 0$，可知二階導數判別法中的情形 (c) 成立，所以 $(0, 0)$ 為鞍點。因為 $D(1, 1) = 128 > 0$ 且 $f_{xx}(1, 1) = 12 > 0$，可知二階導數判別法中情形 (a) 成立，所以 $f(1, 1) = -1$ 為局部極小值。同理，可知 $D(-1, -1) = 128 > 0$ 和 $f_{xx}(-1, -1) = 12 > 0$，所以 $f(-1, -1) = -1$ 為局部極小值。

函數 f 之圖形如圖 4。

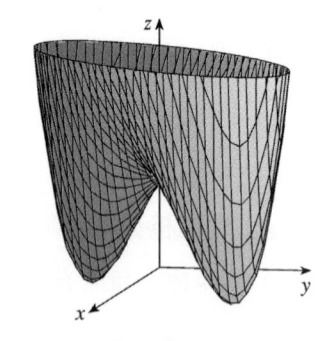

圖 4　$z = x^4 + y^4 - 4xy + 1$

　　本節的概念可用於計算最小成本及最大收益或利潤。若一公司生產過多的商品，會使商品價格下滑，進而降低利潤；反之，商品數量不足造成銷售下滑，而減少利潤。在此兩端之間，應可找到利潤函數的極大值。這由下面例子可以看出。

例 4　將利潤極大化

某公司生產兩種活力棒：1 號及 2 號，成本分別為每條 0.50 美元及 1.00 美元。每個月活力棒 1 號的銷售額為 q_1，活力棒 2 號的銷售額為 q_2，則需求函數分別為

$$q_1 = 600(p_2 - p_1) \qquad q_2 = 600(6 + p_1 - 2p_2)$$

其中 p_1 和 p_2 分別為它們的售價。試求使公司利潤為最大時的售價。

解

總成本函數為

$$\begin{aligned} C &= 0.50q_1 + 1.00q_2 \\ &= 0.50(600)(p_2 - p_1) + 600(6 + p_1 - 2p_2) \\ &= 300(p_2 - p_1) + 300 \cdot 2(6 + p_1 - 2p_2) \\ &= 300(12 + p_1 - 3p_2) \end{aligned}$$

收益為

$$\begin{aligned} R &= p_1 q_1 + p_2 q_2 \\ &= p_1(600)(p_2 - p_1) + p_2(600)(6 + p_1 - 2p_2) \\ &= 600(p_1 p_2 - p_1^2) + 600(6p_2 + p_1 p_2 - 2p_2^2) \\ &= 600(-p_1^2 - 2p_2^2 + 2p_1 p_2 + 6p_2) \end{aligned}$$

所以利潤為

$$\begin{aligned} P &= R - C \\ &= 300 \cdot 2(-p_1^2 - 2p_2^2 + 2p_1 p_2 + 6p_2) - 300(12 + p_1 - 3p_2) \\ &= 300(-2p_1^2 - 4p_2^2 + 4p_1 p_2 + 12p_2 - 12 - p_1 + 3p_2) \\ &= 300(-2p_1^2 - 4p_2^2 + 4p_1 p_2 - p_1 + 15p_2 - 12) \end{aligned}$$

當偏導數都為 0 時，利潤函數有臨界點：

$$\frac{\partial P}{\partial p_1} = 300(-4p_1 + 4p_2 - 1) = 0$$

$$\frac{\partial P}{\partial p_2} = 300(4p_1 - 8p_2 + 15) = 0$$

解聯立方程式

$$-4p_1 + 4p_2 - 1 = 0$$
$$4p_1 - 8p_2 + 15 = 0$$

得到 $p_1 = 3.25$ 和 $p_2 = 3.50$。又因

$$\frac{\partial^2 P}{\partial p_1^2} = -1200 \qquad \frac{\partial^2 P}{\partial p_2^2} = -2400 \qquad \frac{\partial^2 P}{\partial p_1 \partial p_2} = 1200$$

所以

$$D(3.25, 3.5) = (-1200)(-2400) - (1200)^2 > 0$$

因為 $\partial^2 P/\partial p_1^2$ 是負數，由二階導數判定法知，所得的 p_1 和 p_2 之對應值為 (局部) 最大值。因此，公司應將活力棒 1 號售價定為 3.23 美元，而活力棒 2 號糖售價訂為 3.50 美元。

如之前在例 4 所述，我們知道利潤函數有絕對極大值。

例 5 體積的極大化

已知一無蓋長方形紙盒的表面積為 12 平方公尺，試求紙盒最大體積。

解

設紙盒之長、寬和高分別為 x、y 及 z，單位為公尺 (如圖 5)，則其體積為

$$V = xyz$$

我們想將 V 表示成 x 和 y 的函數，由題意可知其表面積 (四個邊和底部) 為 12 平方公尺：

$$2xz + 2yz + xy = 12$$

解出 z：

$$2z(x + y) = 12 - xy$$
$$z = \frac{12 - xy}{2(x + y)}$$

代入 V 的表示式，即可得

$$V = xy \cdot \frac{12 - xy}{2(x + y)} = \frac{12xy - x^2 y^2}{2(x + y)}$$

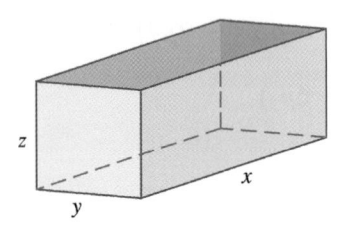

圖 5

使用除法律計算此函數的偏導數：

$$\frac{\partial V}{\partial x} = \frac{2(x+y) \cdot (12y - 2xy^2) - (12xy - x^2y^2) \cdot 2}{[2(x+y)]^2}$$

$$= \frac{2(12xy - 2x^2y^2 + 12y^2 - 2xy^3 - 12xy + x^2y^2)}{4(x+y)^2}$$

$$= \frac{y^2(12 - 2xy - x^2)}{2(x+y)^2}$$

同理，$\dfrac{\partial V}{\partial y} = \dfrac{x^2(12 - 2xy - y^2)}{2(x+y)^2}$

當 V 有極大值時，它的偏導數必都為 0。若 $\partial V/\partial x = 0$，則 $y^2(12 - 2xy - x^2) = 0$，所以 $y = 0$ 或 $12 - 2xy - x^2 = 0$。同理，若 $\partial V/\partial y = 0$，則 $x = 0$ 或 $12 - 2xy - y^2 = 0$。若 $x = 0$ 或 $y = 0$，V 必為 0。所以，我們只須解下列方程式

$$12 - 2xy - x^2 = 0 \qquad 12 - 2xy - y^2 = 0$$

因此得到 $x^2 - y^2 = 0$ 或 $x^2 = y^2$（因為 x 和 y 必為正數），所以 $x = y$。將 $x = y$ 代入上面任一方程式，即得 $12 - 3x^2 = 0$，所以可得 $x = 2$、$y = 2$ 和 $z = (12 - 2 \cdot 2)/[2(2+2)] = 1$。

我們可引用二階導數判別法來驗證此臨界點的對應值 V 為局部極大，或者從直觀來看，紙盒的體積必定有絕對極大值，而此極大值必發生在臨界點，所以得到當 $x = 2$，$y = 2$，$z = 1$ 時，紙盒的最大體積為 $V = 2 \cdot 2 \cdot 1 = 4$ 立方公尺。

■ 習題 7.3

1. 若 $(1, 1)$ 為 f 之臨界點，則下列條件對有 f 何意義？
   (a) $f_{xx}(1, 1) = 4$, $f_{xy}(1, 1) = 1$, $f_{yy}(1, 1) = 2$
   (b) $f_{xx}(1, 1) = 4$, $f_{xy}(1, 1) = 3$, $f_{yy}(1, 1) = 2$

2-10 ■ 試求下列函數的局部極大值、局部極小值及鞍點。

2. $f(x, y) = 9 - 2x + 4y - x^2 - 4y^2$

3. $f(x, y) = (x + 1)^2 + (y - 2)^2 - 4$

4. $f(x, y) = x^2 + xy + y^2 + y$

5. $f(x, y) = (x - y)(1 - xy)$

6. $f(x, y) = xy(1 - x - y)$

7. $f(x, y) = y^3 + 3x^2y - 6x^2 - 6y^2 + 2$

8. $f(x, y) = x^3 - 12xy + 8y^3$

9. $f(x, y) = xe^{-2x^2-2y^2}$

10. $f(x, y) = (x^2 + y^2)e^{y^2-x^2}$

11. 試求和為 100 的三個正數，其乘積之最大值。

12. **最大收益** 某賣場銷售兩種競爭性商品 A 和 B。若 A 的銷售量為 q_A 單位，商品 B 的銷售量為 q_B 單位，則其收益為

$$R = 40q_A + 60q_B - 6q_A^2 - 9q_B^2 - 4q_Aq_B$$

試求 q_A、q_B 使賣場有最大收益。

13. **最大利潤** 某製造商生產兩種商品，其聯合成本函數為

$$C = 12q_1 + 10q_2 + q_1q_2$$

而需求函數分別為

$$q_1 = 60 - 2p_1 \qquad q_2 = 40 - p_2$$

試求使利潤為最大的售價，並求在此售價時兩種商品的銷售量。

14. **紙箱設計** 如果要用紙板造出一個體積為 32,000 立方公分的不加蓋紙箱，試問要做成什麼形狀才會最節省所需的紙板？

15. **紙箱設計** 試求 12 條邊長總和為 30 呎且體積為最大之長方體的長、寬及高。

7.4 拉格朗日乘數法

在第 7.3 節中，我們討論了求函數極大值與極小值的方法，但有時候我們不是要求出函數整體的極值，而是在某些限制條件下的極值。

例如，假設某公司以科布-道格拉斯函數作為其年產值的數學模型：

$$P(L, K) = 1000L^{0.7}K^{0.3}$$

其中 L 為勞動力單位數，K 為資本單位數，並且希望在每年 200 萬美元的預算下，將其產值最大化。假設每單位勞動力的成本為 2000 美元，而每單位的資本為 4000 美元，所以總成本 (單位：千美元) 為

$$C(L, K) = 2L + 4K$$

也就是預算的限制條件為

$$2L + 4K = 2000$$

我們將在例 2 中詳細討論這個問題。

■|雙變數函數的拉格朗日乘數法

一般而言，假設我們要在限制條件 $g(x, y) = k$ 下，求出函數 $f(x, y)$ 極值，其中 k 為常數。換句話說，要在等高線 $g(x, y) = k$ 上找出函數 $f(x, y)$ 的極值。圖 1 給出了這條等高線以及函數 f 的數條等高線 $f(x, y) = c$，其中 c 分別是 7、8、9、10 及 11。求函數 $f(x, y)$ 在限制條件 $g(x, y) = k$ 下的極大值，等同於求出最大的 c 值，使得等高線 $f(x, y) = c$ 與 $g(x, y) = k$ 相交。由圖 1，我們明顯地看到，隨著 c 值增加，當這些等高線與曲線 $g(x, y) = k$ 恰好碰觸時，也就是當 $f(x, y) = c$ 與 $g(x, y) = k$ 相切時，c 有最大值。此時，這兩條曲線在碰觸點 (x_0, y_0) 會有共同的切線。法國數學家拉格朗日 (Joseph-Louis Lagrange, 1736-1817) 利用這個幾何概念，設計出一個在限制條件下求極值的方法。

圖 1

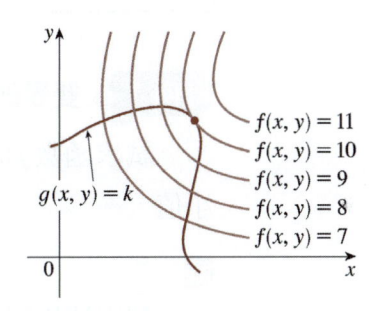

拉格朗日函數 (*Lagrange function*)

$$L(x, y, \lambda) = f(x, y) - \lambda[g(x, y) - k]$$

引進一個新的變數 λ，稱為**拉格朗日乘數 (Lagrange multiplier)**。拉格朗日先找出 $L(x, y, \lambda)$ 的臨界點，即解聯立方程式

$$L_x = f_x - \lambda g_x = 0 \qquad L_y = f_y - \lambda g_y = 0 \qquad L_\lambda = -[g(x, y) - k] = 0$$

得到

$$f_x = \lambda g_x \qquad f_y = \lambda g_y \qquad g(x, y) = k$$

因此，在限制條件 $g(x, y) = k$ 下，函數 $f(x, y)$ 在滿足上列方程式的 x 和 y 有極值。

> ■ **雙變量函數的拉格朗日乘數法則**
> 欲求函數 $f(x, y)$ 在限制條件 $g(x, y) = k$ 下的極值（假設函數有極值）步驟如下：
> 1. 解聯立方程式
> $$f_x(x, y) = \lambda g_x(x, y)$$
> $$f_y(x, y) = \lambda g_y(x, y)$$
> $$g(x, y) = k$$
> 其中 x、y 和 λ 為未知數。
> 2. 將步驟 1 所解出的 (x, y) 代入函數 $f(x, y)$。
> 3. 在步驟 2 中所得最大的數就是函數 f 的極大值，最小的數就是函數 f 的極小值。

例 1　雙變數函數的極值

試求函數 $f(x, y) = x^2 + 2y^2$ 在限制條件 $x^2 + y^2 = 1$ 的極大值和極小值。

解

利用拉格朗日乘數法，解聯立方程式

$$f_x = \lambda g_x \qquad f_y = \lambda g_y \qquad g(x, y) = 1$$

可得

(1) $\qquad\qquad\qquad 2x = 2x\lambda$

(2) $\qquad\qquad\qquad 4y = 2y\lambda$

(3) $\qquad\qquad\qquad x^2 + y^2 = 1$

由式 (1)，可得 $x = 0$ 或 $\lambda = 1$。若 $x = 0$，由式 (3) 可得出 $y = \pm 1$；若 $\lambda = 1$，由式 (2) 則可得到 $y = 0$，且由式 (3) 得到 $x = \pm 1$。所以，f 的極值可能發生在點 $(0, 1)$、$(0, -1)$、$(1, 0)$ 及 $(-1, 0)$ 上。接著分別求出其對應的函數值

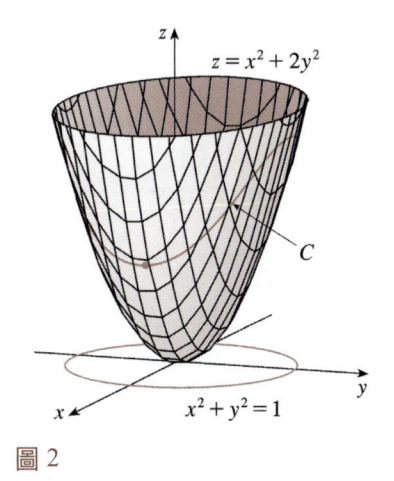

$$f(0, 1) = 2 \quad f(0, -1) = 2 \quad f(1, 0) = 1 \quad f(-1, 0) = 1$$

再比較大小，就得出最大值為 $f(0, \pm 1) = 2$，最小值為 $f(\pm 1, 0) = 1$。

從幾何上而言，例 1 所求的為圖 2 中橢圓拋物面 $z = x^2 + 2y^2$ 位在曲線 $x^2 + y^2 = 1$ 上之最高點與最低點。函數 f 的整體 (overall) 的極小值為 $f(0, 0) = 0$，但在限制條件 (constrained) 下的極小值則是 $f(1, 0) = f(-1, 0) = 1$。

例 2　產值之極大化

某公司的年生產函數為

$$P(L, K) = 1000 L^{0.7} K^{0.3}$$

其中投入 L 單位的勞動力和 K 單位的資本。若每單位勞動力為 2000 美元，每單位資本為 4000 美元。若年度總預算是 200 萬美元，試問當 L 和 K 為何值時產值為最大？

解

P 的偏導數為

$$P_L(L, K) = 700 L^{-0.3} K^{0.3} \quad P_K(L, K) = 300 L^{0.7} K^{-0.7}$$

L 單位的勞動力加上 K 單位的資本之總成本為

$$C(L, K) = 2L + 4K$$

因為總預算是 200 萬美元，所以限制條件為 $C(L, K) = 2000$。由拉格朗日乘數法，我們需解聯立方程式

$$P_L = \lambda C_L \quad P_K = \lambda C_K \quad C(L, K) = 2000$$

即

(4) $\qquad 700 L^{-0.3} K^{0.3} = 2\lambda$

(5) $\qquad 300 L^{0.7} K^{-0.7} = 4\lambda$

(6) $\qquad 2L + 4K = 2000$

解方程式 (4) 和 (5) 中的 λ，可得

$$\left(\tfrac{1}{2}\right)700L^{-0.3}K^{0.3} = \left(\tfrac{1}{4}\right)300L^{0.7}K^{-0.7}$$

把上述方程式兩邊同乘以 $2L^{0.3}K^{0.7}$ 將負的指數消去，可得

$$700K = 150L \quad 所以 \quad K = \tfrac{3}{14}L$$

再將所得的 K 代入方程式 (6)：

$$2L + \tfrac{6}{7}L = 2000$$

$$\tfrac{20}{7}L = 2000$$

$$L = 700$$

$$K = \tfrac{3}{14}L = 150$$

我們要找的是極大值 (非極小值)，且因為拉格朗日方程式有唯一的解，可以確定當勞動力為 $L = 700$ 單位和資本為 $K = 150$ 單位時，產值為最大。

■ 拉格朗日乘數的意義

在某些情況下，我們可以給拉格朗日乘數 λ 一個有實用性的意義。由拉格朗日方程式 $f_x = \lambda g_x$ 和 $f_y = \lambda g_y$，可知當 x 和 y 使得函數 f 有最佳值時，可得

(7) $$\lambda = \frac{f_x}{g_x} = \frac{f_y}{g_y}$$

若 x 變化時，則

$$\lambda = \frac{f_x}{g_x} \approx \frac{\Delta f/\Delta x}{\Delta g/\Delta x} = \frac{\Delta f}{\Delta g}$$

y 變化時亦同。當 x 和 y 使得函數 f 在最佳值時作變化，拉格朗日乘數 λ 大約是函數 f 最佳值的改變與函數 g 的改變之比值。但函數 g 的值是限制條件值 k，所以我們可以把 λ 看成大約是：當限制條件為 k 增加一個單位時，函數 f 的最佳值之改變量。

例如，在例 2 中，當勞動力 $L = 700$ 及成本 $K = 150$ 時有最大產值。從方程式得到對應的 λ：

$$\lambda = \tfrac{1}{2}(700)\left(\frac{K}{L}\right)^{0.3} \approx 220.5$$

這表示當限制條件值 ($k = 2000$) 增加一個單位 (1000 美元) 時，最大產值會增加約 220 個單位。

試回想在第 7.2 節中，我們稱 P_L 為邊際勞動力產值，及 P_K 為邊際資本產值。經濟學家稱拉格朗日乘數 λ 為**邊際金錢產值** (*marginal productivity of money*)。

注意方程式 (7) 可改成

$$\frac{f_x}{f_y} = \frac{g_x}{g_y}$$

對應於生產函數就是

$$\frac{P_L}{P_K} = \frac{C_L}{C_K}$$

這可以表示成一個經濟學的定律：當勞動力與資本都是最佳化時，邊際產值之比值應等於邊際成本之比值。

■ 三變數函數

拉格朗日乘數法可以推廣到三變數函數 $f(x, y, z)$。

> **■ 三變數函數的拉格朗日乘數法則**
>
> 欲求函數 $f(x, y, z)$ 在限制條件 $g(x, y, z) = k$ 下的極值 (假設函數有極值) 步驟如下：
>
> **1.** 解聯立方程式
>
> $$f_x(x, y, z) = \lambda g_x(x, y, z)$$
> $$f_y(x, y, z) = \lambda g_y(x, y, z)$$
> $$f_z(x, y, z) = \lambda g_z(x, y, z)$$
> $$g(x, y, z) = k$$
>
> 其中 x、y、z 和 λ 為未知數。
>
> **2.** 將步驟 1 所解出的 (x, y, z) 代入函數 $f(x, y, z)$。
>
> **3.** 在步驟 2 中所得最大的數就是函數 f 之極大值，最小的數就是函數 f 之極小值。

我們將以第 7.3 節的例 5 來說明這個方法。

例 3　三變數函數之極大值

已知一無蓋長方形紙盒其表面積為 12 平方公尺，試求紙盒最大體積。

解

如第 7.3 節的例 5，設紙盒之長寬高分別為 x、y 及 z，單位為公尺，所以我們想求

$$V = xyz$$

限制條件為

$$g(x, y, z) = 2xz + 2yz + xy = 12$$

由拉朗格日乘數法可知，先求 x、y、z 及 λ 使得

$$V_x = \lambda g_x \quad V_y = \lambda g_y \quad V_z = \lambda g_z \quad 2xz + 2yz + xy = 12$$

這些方程式變成

(8) $$yz = \lambda(2z + y)$$

(9) $$xz = \lambda(2z + x)$$

(10) $$xy = \lambda(2x + 2y)$$

(11) $$2xz + 2yz + xy = 12$$

這個聯立方程組沒有固定方法來求解，我們將式 (8) 乘以 x，式 (9) 乘以 y，式 (10) 乘以 z，則所有方程式的左邊都相同：

求方程式 (8) 至 (11) 解的另一方法是將方程式 (8)、(9)、(10) 中的求出 λ，並令其相等後解出 x、y 和 z。

(12) $$xyz = \lambda(2xz + xy)$$

(13) $$xyz = \lambda(2yz + xy)$$

(14) $$xyz = \lambda(2xz + 2yz)$$

我們觀察到 $\lambda \neq 0$，否則由式 (8)、式 (9) 和式 (10)，將得到 $yz = xz = xy = 0$，這會與式 (11) 矛盾。因此，由式 (12) 和式 (13) 可得

$$2xz + xy = 2yz + xy$$

進而得到 $xz = yz$。接著消去 z ($z \neq 0$，否則體積 $V = xyz = 0$ 不合題意)，而得到 $x = y$。再由式 (13) 和式 (14) 得到

$$2yz + xy = 2xz + 2yz$$

即 $2xz = xy$，所以 $y = 2z$ (同理，$x \neq 0$)。若將 $x = y = 2z$，代入式 (11) 就可得到

$$4z^2 + 4z^2 + 4z^2 = 12$$

最後，因為 x、y 和 z 均為正數，所以得出 $z = 1$、$x = y = 2$，這與第 7.3 節的答案相同。

習題 7.4

1-6 ■ 試引用拉格朗日乘數法，求在給定限制條件下函數的極值。

1. $f(x, y) = xy; \quad x - 2y = 1$
2. $f(x, y) = x^2 + y^2; \quad xy = 1$
3. $f(x, y) = x^2 y; \quad x^2 + 2y^2 = 6$
4. $f(x, y) = x^4 + y^4; \quad x^2 + y^2 = 2$
5. $f(x, y, z) = 2x + 6y + 10z; \quad x^2 + y^2 + z^2 = 35$
6. $f(x, y, z) = 2x + 2y + z; \quad x^2 + y^2 + z^2 = 9$

7. 試求乘積為最大且其和為 100 的兩個正數。

8. 試求乘積為最大且其和為 100 的三個正數。

9. **生產時程** 某公司用依材質製造不同產品 A 和 B，在有限資源的狀況下，他們必須決定如何作出最佳分配。若製造 x 單位的 A 產品，y 單位的 B 產品，則 x、y 滿足下面方程式

$$16x^2 + 25y^2 = 40,000$$

這方程式的圖形稱為可能生產曲線，其圖形如下。

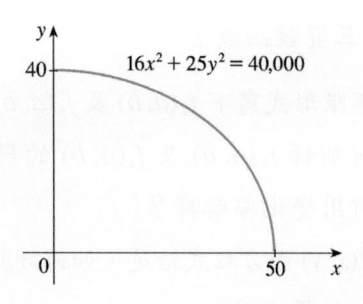

在圖形上任意一點 (x, y) 代表一份生產時程，說明要生產 x 單位的商品 A，y 單位的商品 B。若每單位商品 A 會有 8 美元的利潤，而每單位商品 B 會有 10 美元利潤，生產函數 $P(x, y) = 8x + 10y$。試決定生產時程使公司得到最大利潤。

10. **產值最大化** 某製造商新產品的總產值為

$$P(L, K) = 1200L^{2/3}K^{1/3}$$

其中 L 為投入勞動力的單位，K 為投入資本的單位。每單位勞動力為 100 美元，而每單位資本為 400 美元，總經費為 360,000 美元。

(a) 欲得最大產值時，應投入多少勞動力？應投入多少資本？

(b) 試求拉格朗日乘數，並解釋其意義。

11-12 ■ 引用拉格朗日乘數法來求解。

11. **紙箱設計** 如果要用紙板造出一個體積為 32,000 立方公分的不加蓋紙箱，請問要做成什麼形狀才會最節省所需的紙板？

12. **紙箱設計** 試求 12 條邊長總和為 30 呎，而體積為最大之長方體的長、寬及高。

第 7 章 複習

■ 觀念問題

1. (a) 什麼是雙變數函數？
   (b) 什麼是雙變數函數的圖形？

2. 什麼是雙變數線性函數？其圖形所表示的曲面為何？

3. (a) 什麼是等高線？
   (b) 什麼是等高線圖？

4. 什麼是三變數函數？

5. (a) 以極限形式寫下 $f_x(a,b)$ 及 $f_y(a,b)$ 的定義。
   (b) 如何解釋 $f_x(a,b)$ 及 $f_y(a,b)$ 的幾何意義？如何用變化率解釋？
   (c) 若 $f(x,y)$ 由方程式給定，如何計算 f_x 及 f_y？
   (d) 如何計算 f_{xy}？

6. 試說明下列敘述。
   (a) f 在點 (a,b) 有局部極大值。
   (b) f 在點 (a,b) 有絕對極大值。
   (c) f 在點 (a,b) 有局部極小值。
   (d) f 在點 (a,b) 有絕對極小值。
   (e) f 在點 (a,b) 有鞍點。

7. (a) 若 f 在點 (a,b) 有局部極大值，則 f 在 (a,b) 的偏導數有何性質？
   (b) 什麼是 f 的臨界點？

8. 敘述二階導數判別法。

9. 試說明拉格朗日乘數法如何求出限制條件 $g(x,y) = k$ 下的函數 $f(x,y)$ 之極值。

■ 習題

1. 在同一組坐標軸上描繪點 $(4, 0, -2)$ 及 $(1, 2, 3)$。

2. 設 $f(x,y) = \sqrt{y-x}$。
   (a) 試求 $f(1,5)$。
   (b) 試求並描繪 f 的定義域。
   (c) 試求 $f_x(1,5)$ 及 $f_y(1,5)$。

3. 設 $g(x,y) = \dfrac{e^{xy}}{x-1}$。
   (a) 試求 $g(2,1)$。

(b) 試求並描繪 g 的定義域。

(c) 試求 $g_x(2, 1)$ 及 $g_y(2, 1)$。

4. 設 $f(x, y) = 4 - x - 2y$

(a) f 的定義域為何？

(b) 試描繪 f 的圖形。

(c) 試描繪數條 f 的等高線。

5. 試描繪 $f(x, y) = y - x^2$ 的等高線圖及數條等高線。

6. 下圖為函數 f 的等高線圖，利用此圖描繪 f 之概略圖形。

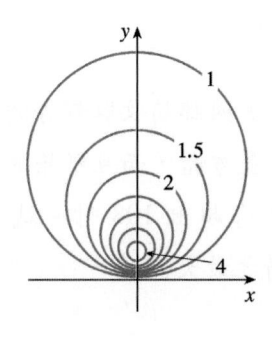

7-14 ■ 試求下列函數的一階導數。

7. $f(x, y) = x^2 y^4 - 2xy^5$

8. $f(x, y) = (5y^3 + 2x^2 y)^8$

9. $h(x, y) = xe^{2xy}$

10. $g(u, v) = \dfrac{u + 2v}{u^2 + v^2}$

11. $F(\alpha, \beta) = \alpha^2 \ln(\alpha^2 + \beta^2)$

12. $H(s, t) = ste^{s/t}$

13. $G(x, y, z) = \dfrac{x}{y + 2z}$

14. $M(x, y, t) = x^2 y \sqrt{t}$

15-16 ■ 試求下列函數所有的二階導數。

15. $f(x, y) = 4x^3 - xy^2$

16. $f(x, y, z) = \sqrt{x^2 + 2y^2 + 3z^2}$

17. **溫度** 一金屬板放置於 xy 平面且位在矩形 $0 \leq x \leq 10$，$0 \leq y \leq 8$ 中，其中 x 及 y 的單位為公尺。金屬板上任一點 (x, y) 的溫度為攝氏 $T(x, y)$ 度。在等距離的點上之溫度如下表所示，試估計偏導數 $T_x(6, 4)$ 及 $T_y(6, 4)$ 的值。其單位為何？

x\y	0	2	4	6	8
0	30	38	45	51	55
2	52	56	60	62	61
4	78	74	72	68	66
6	98	87	80	75	71
8	96	90	86	80	75
10	92	92	91	87	78

18. **音速** 海水聲音傳播的速度與溫度、鹽度及壓力有關，其模型如下：

$$C = 1449.2 + 4.6T - 0.055T^2 + 0.00029T^3 \\ + (1.34 - 0.01T)(S - 35) + 0.016D$$

其中 C 表示音速（單位：公尺/秒），T 表示溫度（單位：°C），S 表示鹽度（含鹽量 ppt 也就是每 1000 公克海水中有多少公克的鹽），而 D 是海平面以下的深度（單位：公尺）。當 $T = 10°C$、$S = 35$ ppt 和 $D = 100$ 公尺時，試求 $\partial C/\partial T$，$\partial C/\partial S$ 及 $\partial C/\partial D$，並解釋這些偏導數的物理意義。

19. **考布─道格拉斯生產函數** 某公司的產值模型形式如同考布─道格拉斯函數

$$P(L, K) = 600 L^{2/3} K^{1/3}$$

其中 L 為勞動力的單位，K 為資本額的單

位。
(a) 試求 P_L 及 P_K。
(b) 試求當 $L=100$，$K=80$ 時的勞動力邊際產值和資本邊際產值，並解釋其意義。
(c) 增加勞動力或增加資本，何者可以提高公司的產值？

20. **利潤極大化** 某公司製造兩種（不同）鐵釘，其成本分別為每磅 30 美分及 36 美分。產品的需求函數分別為：
$$q_1 = 100p_2 - 100p_1$$
$$q_2 = 400 + 100p_1 - 200p_2$$
試求這兩種商品的售價，使得公司有最大的利潤。

21-24 ■ 試求下列函數的局部極大值、局部極小值及鞍點。

21. $f(x, y) = x^2 - xy + y^2 + 9x - 6y + 10$

22. $f(x, y) = x^3 - 6xy + 8y^3$

23. $f(x, y) = 3xy - x^2y - xy^2$

24. $f(x, y) = (x^2 + y)e^{y/2}$

25-27 ■ 試以拉格朗日乘數法，求下列函數 f 在給定限制條件下的極大值與極小值。

25. $f(x, y) = x^2y;\quad x^2 + y^2 = 1$

26. $f(x, y) = \dfrac{1}{x} + \dfrac{1}{y};\quad \dfrac{1}{x^2} + \dfrac{1}{y^2} = 1$

27. $f(x, y, z) = xyz;\quad x^2 + y^2 + z^2 = 3$

28. **紙箱設計** 美國郵局收取郵寄的包裹，其包裝紙箱必須是長方體，而且紙箱的高加上紙箱的腰圍長度不得超出 108 吋。試求郵局能接受郵寄的紙箱之最大體積。

附 錄

A 代數的回顧

B 坐標幾何和直線

C 積分的近似

D 雙重積分

E 奇數題簡答

A2 微積分

A 代數的回顧

為了協助微積分的學習，我們先回顧你必須知道的代數基本規則和運算程序。

■ 算術運算

實數的運算有下列性質：

$$
\begin{aligned}
&a + b = b + a \quad ab = ba &&\text{(交換律)}\\
&(a + b) + c = a + (b + c) \quad (ab)c = a(bc) &&\text{(結合律)}\\
&a(b + c) = ab + ac &&\text{(分配律)}
\end{aligned}
$$

若設 $a = -1$，由分配律可得

$$-(b + c) = (-1)(b + c) = (-1)b + (-1)c$$

所以

$$-(b + c) = -b - c$$

例 1

(a) $(3xy)(-4x) = 3(-4)x^2y = -12x^2y$

(b) $2t(7x + 2tx - 11) = 14tx + 4t^2x - 22t$

(c) $4 - 3(x - 2) = 4 - 3x + 6 = 10 - 3x$

若引用分配律三次，我們得到

$$(a + b)(c + d) = (a + b)c + (a + b)d = ac + bc + ad + bd$$

> 縮寫 "FOIL" 的四個字母分別代表第一個 (First)、內層 (Outer)、外層 (Inner) 及最後 (Last) 的乘積，這能協助你記住這兩個二項式相乘所得到四個乘積的步驟。

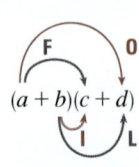

這是說先對第一個二項式中的每項分別乘上第二個二項式的每項之後，再加總所有的乘積。我們也可用有系統的方式來呈現

$$(a + b)(c + d)$$

當 $c = a$ 和 $d = b$ 時，可得到

$$(a + b)^2 = a^2 + ba + ab + b^2$$

或

(1) $$(a + b)^2 = a^2 + 2ab + b^2$$

同理，我們得到

(2) $$(a-b)^2 = a^2 - 2ab + b^2$$

例 2

(a) $(2x+1)(3x-5) = 6x^2 - 10x + 3x - 5 = 6x^2 - 7x - 5$

(b) $(x+6)^2 = x^2 + 12x + 36$

(c) $3(x-1)(4x+3) - 2(x+6) = 3(4x^2 - x - 3) - 2x - 12$
$= 12x^2 - 3x - 9 - 2x - 12$
$= 12x^2 - 5x - 21$

■ 分數

兩個同分母分數相加時，我們只要將分子相加且保留原分母：

$$\frac{a}{b} + \frac{c}{b} = \frac{a+c}{b}$$

所以下列算式也成立

$$\frac{a+c}{b} = \frac{a}{b} + \frac{c}{b}$$

但是務必避免出現下列常見的錯誤：

∅
$$\frac{a}{b+c} \neq \frac{a}{b} + \frac{a}{c}$$

(例如，取 $a = b = c = 1$ 就可發現錯誤。)

兩個異分母分數相加時，我們須使用公分母：

$$\frac{a}{b} + \frac{c}{d} = \frac{a}{b} \cdot \frac{d}{d} + \frac{c}{d} \cdot \frac{b}{b} = \frac{ad+bc}{bd}$$

這些分數的乘法計算規則如下：

$$\frac{a}{b} \cdot \frac{c}{d} = \frac{ac}{bd}$$

尤其是下列等式是成立的：

$$\frac{-a}{b} = -\frac{a}{b} = \frac{a}{-b}$$

作兩個分數的除法時，可引用乘除互逆的概念得到：

$$\frac{\dfrac{a}{b}}{\dfrac{c}{d}} = \frac{a}{b} \div \frac{c}{d} = \frac{a}{b} \times \frac{d}{c} = \frac{ad}{bc}$$

例 3

(a) $\dfrac{x+3}{x} = \dfrac{x}{x} + \dfrac{3}{x} = 1 + \dfrac{3}{x}$

(b) $\dfrac{3}{x-1} + \dfrac{x}{x+2} = \dfrac{3}{x-1} \cdot \dfrac{x+2}{x+2} + \dfrac{x}{x+2} \cdot \dfrac{x-1}{x-1}$

$\qquad = \dfrac{3(x+2) + x(x-1)}{(x-1)(x+2)} = \dfrac{3x+6+x^2-x}{x^2+x-2}$

$\qquad = \dfrac{x^2+2x+6}{x^2+x-2}$

(c) $\dfrac{s^2 t}{u} \cdot \dfrac{ut}{-2} = \dfrac{s^2 t^2 u}{-2u} = -\dfrac{s^2 t^2}{2}$

(d) $\dfrac{\dfrac{x}{y} + 1}{1 - \dfrac{y}{x}} = \dfrac{\dfrac{x+y}{y}}{\dfrac{x-y}{x}} = \dfrac{x+y}{y} \times \dfrac{x}{x-y} = \dfrac{x(x+y)}{y(x-y)} = \dfrac{x^2+xy}{xy-y^2}$

▎因式分解

之前我們曾引用分配律來展開代數式。有時候，需要藉由分配律來反轉這個程序，也就是將代數式分解成較簡潔的因式之乘積。因式分解的最簡單的情形是找出公因式：

$$\xrightarrow{\text{展開乘積}}$$
$$3x(x-2) = 3x^2 - 6x$$
$$\xleftarrow{\text{因式分解}}$$

想因式分解形如 $x^2 + bx + c$ 的二次式時，由

$$(x+r)(x+s) = x^2 + (r+s)x + rs$$

可知 r 和 s 必須滿足 $r+s=b$ 和 $rs=c$。

例 4

分解 $x^2 + 5x - 24$。

解

使得兩數和為 5，乘積為 −24 的整數為 −3 和 8。所以，

$$x^2 + 5x - 24 = (x - 3)(x + 8)$$

例 5

分解 $2x^2 - 7x - 4$。

解

雖然 x^2 項的係數不為 1，我們仍然可以尋求形式如同 $2x + r$ 和 $x + s$ 的因式，其中 $rs = -4$。由嘗試錯誤，可得

$$2x^2 - 7x - 4 = (2x + 1)(x - 4)$$

有些特別的二次式可引用公式 (1) 或公式 (2) 作因式分解，或者用下列的平方差公式：

(3) $$a^2 - b^2 = (a - b)(a + b)$$

同理，我們有立方差公式：

(4) $$a^3 - b^3 = (a - b)(a^2 + ab + b^2)$$

你可由等號右邊的乘積得到立方差公式。至於立方和，我們有下列公式：

(5) $$a^3 + b^3 = (a + b)(a^2 - ab + b^2)$$

例 6

(a) $x^2 - 6x + 9 = (x - 3)^2$ [公式 (2)；$a = b，b = 3$]
(b) $4x^2 - 25 = (2x - 5)(2x + 5)$ [公式 (3)；$a = 2x，b = 5$]
(c) $x^3 + 8 = (x + 2)(x^2 - 2x + 4)$ [公式 (5)；$a = x，b = 2$]

例 7

化簡 $\dfrac{x^2 - 16}{x^2 - 2x - 8}$。

解

因式分解分子和分母，可得

$$\dfrac{x^2 - 16}{x^2 - 2x - 8} = \dfrac{(x-4)(x+4)}{(x-4)(x+2)} = \dfrac{x+4}{x+2}$$

■ 配方法

繪製拋物線和圓的圖形時，配方法是很有用的技巧；它藉由下列步驟把二次式 $ax^2 + bx + c$ 改寫成 $a(x+p)^2 + q$ 的形式：

1. 對含有 x 的項都提出 a。
2. 加上又減去 x 一次項係數的一半之平方。

通常，可得

$$ax^2 + bx + c = a\left[x^2 + \dfrac{b}{a}x\right] + c$$
$$= a\left[x^2 + \dfrac{b}{a}x + \left(\dfrac{b}{2a}\right)^2 - \left(\dfrac{b}{2a}\right)^2\right] + c$$
$$= a\left(x + \dfrac{b}{2a}\right)^2 + \left(c - \dfrac{b^2}{4a}\right)$$

例 8

試以配方法改寫 $x^2 + x + 1$。

解

x 一次項係數的一半之平方為 $\frac{1}{4}$，因此

$$x^2 + x + 1 = x^2 + x + \tfrac{1}{4} - \tfrac{1}{4} + 1 = \left(x + \tfrac{1}{2}\right)^2 + \tfrac{3}{4}$$

例 9

$$2x^2 - 12x + 11 = 2[x^2 - 6x] + 11 = 2[x^2 - 6x + 9 - 9] + 11$$
$$= 2[(x-3)^2 - 9] + 11 = 2(x-3)^2 - 7$$

■ 一元二次方程式解的公式

由前面的配方法，可得到一元二次方程式解(根)的公式。

(6) ■ 一元二次方程式解的公式 一元二次方程式 $ax^2+bx+c=0$ 解的公式為

$$x = \frac{-b \pm \sqrt{b^2-4ac}}{2a}$$

例 10

試解方程式 $5x^2+3x-3=0$。

解

因為 $a=5$，$b=3$，$c=-3$，由解的公式可得

$$x = \frac{-3 \pm \sqrt{3^2-4(5)(-3)}}{2(5)} = \frac{-3 \pm \sqrt{69}}{10}$$

在一元二次方程式解的公式中，b^2-4ac 稱為**判別式 (discriminant)**，且有三種可能：

1. 若 $b^2-4ac > 0$，方程式有兩個相異的實數解。
2. 若 $b^2-4ac = 0$，方程式有兩個相等的實數解。
3. 若 $b^2-4ac < 0$，方程式沒有實數解。

這三種情形對應著拋物線 $y=ax^2+bx+c$ 通過 x 軸的次數分別為 2、1 和 0 (如圖 1)。在情況 3，二次式 ax^2+bx+c 無法分解，因此稱這種性質為**不可約的 (irreducible)**。

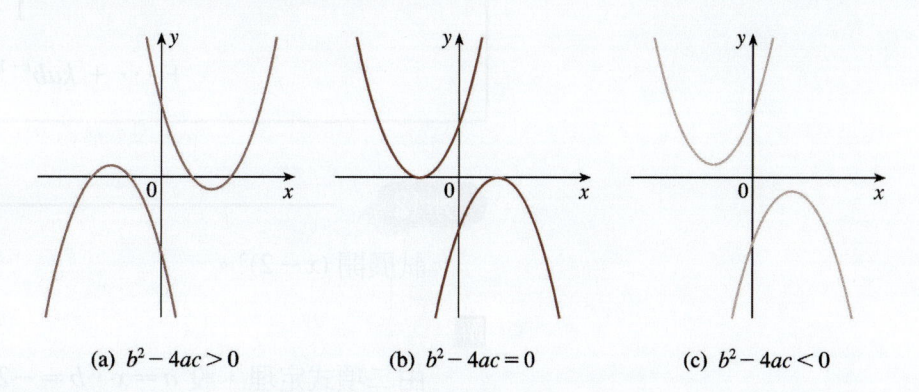

圖 1　$y=ax^2+bx+c$ 的可能圖形

(a) $b^2-4ac > 0$　(b) $b^2-4ac = 0$　(c) $b^2-4ac < 0$

例 11

二次式 x^2+x+2 是不可約的，這是因為判別式為負數：
$$b^2 - 4ac = 1^2 - 4(1)(2) = -7 < 0$$
因此，我們不能因式分解 x^2+x+2。

■ 二項式定理

回顧公式 (1) 二項式的乘積：
$$(a+b)^2 = a^2 + 2ab + b^2$$
若在等號兩邊同時乘以 $(a+b)$，即可得

(7) $$(a+b)^3 = a^3 + 3a^2b + 3ab^2 + b^3$$

再重複一次，可得
$$(a+b)^4 = a^4 + 4a^3b + 6a^2b^2 + 4ab^3 + b^4$$

一般而言，我們可得到下面的公式。

(8) ■ 二項式定理　若 k 為正整數，則
$$(a+b)^k = a^k + ka^{k-1}b + \frac{k(k-1)}{1 \cdot 2}a^{k-2}b^2$$
$$+ \frac{k(k-1)(k-2)}{1 \cdot 2 \cdot 3}a^{k-3}b^3$$
$$+ \cdots + \frac{k(k-1)\cdots(k-n+1)}{1 \cdot 2 \cdot 3 \cdot \cdots \cdot n}a^{k-n}b^n$$
$$+ \cdots + kab^{k-1} + b^k$$

例 12

試展開 $(x-2)^5$。

解

由二項式定理，設 $a=x$，$b=-2$，$k=5$，可得

$$(x-2)^5 = x^5 + 5x^4(-2) + \frac{5\cdot 4}{1\cdot 2}x^3(-2)^2 + \frac{5\cdot 4\cdot 3}{1\cdot 2\cdot 3}x^2(-2)^3$$
$$+ 5x(-2)^4 + (-2)^5$$
$$= x^5 - 10x^4 + 40x^3 - 80x^2 + 80x - 32$$

■ 根式

平方根是最常見的根式，並以記號 $\sqrt{}$ 表示「某數的正平方根」。所以

$$x = \sqrt{a} \text{ 表示 } x^2 = a \text{ 和 } x \geq 0$$

由於 $a = x^2 \geq 0$，唯有 $a \geq 0$ 時，$\sqrt{a}$ 才有意義。在這裡，我們有兩個平方根的運算公式：

(9) $$\sqrt{ab} = \sqrt{a}\sqrt{b} \qquad \sqrt{\frac{a}{b}} = \frac{\sqrt{a}}{\sqrt{b}}$$

然而，平方根卻沒有類似的加法公式，也就是你必須避免出現下列常見的錯誤：

$$\sqrt{a+b} \neq \sqrt{a} + \sqrt{b}$$

(例如：取 $a=9$ 和 $b=16$ 來察覺錯誤。)

例 13

(a) $\dfrac{\sqrt{18}}{\sqrt{2}} = \sqrt{\dfrac{18}{2}} = \sqrt{9} = 3$

(b) $\sqrt{x^2 y} = \sqrt{x^2}\sqrt{y} = |x|\sqrt{y}$

注意：因為 $\sqrt{}$ 表示正平方根，所以 $\sqrt{x^2} = |x|$。(詳見第 A14 頁的絕對值。)

一般而言，若 n 為正整數，

$$x = \sqrt[n]{a} \quad \text{表示} \quad x^n = a$$
$$\text{若 } n \text{ 為偶數，則 } a \geq 0 \text{ 且 } x \geq 0。$$

所以 $\sqrt[3]{-8} = -2$，這是因為 $(-2)^3 = -8$，但 $\sqrt[4]{-8}$ 和 $\sqrt[6]{-8}$ 沒有定義。下列公式是成立的：

$$\sqrt[n]{ab} = \sqrt[n]{a}\sqrt[n]{b} \qquad \sqrt[n]{\frac{a}{b}} = \frac{\sqrt[n]{a}}{\sqrt[n]{b}}$$

例 14

若 $x > 0$，則 $\sqrt{x^3} = \sqrt{x^2 x} = \sqrt{x^2}\sqrt{x} = x\sqrt{x}$

想**有理化 (rationalize)** 包含形如 $\sqrt{a} - \sqrt{b}$ 的分子或分母時，我們須對分子和分母同乘以共軛根式 $\sqrt{a} + \sqrt{b}$。因此，引用平方差公式可得

$$(\sqrt{a} - \sqrt{b})(\sqrt{a} + \sqrt{b}) = (\sqrt{a})^2 - (\sqrt{b})^2 = a - b$$

例 15

試有理化 $\dfrac{\sqrt{x+4} - 2}{x}$。

解

我們對分子和分母同乘以共軛根式 $\sqrt{x+4} + 2$：

$$\frac{\sqrt{x+4} - 2}{x} = \left(\frac{\sqrt{x+4} - 2}{x}\right)\left(\frac{\sqrt{x+4} + 2}{\sqrt{x+4} + 2}\right) = \frac{(x+4) - 4}{x(\sqrt{x+4} + 2)}$$

$$= \frac{x}{x(\sqrt{x+4} + 2)} = \frac{1}{\sqrt{x+4} + 2}$$

■ 指數

設 a 為任意正數且 n 為正整數。因此，由定義可得

1. $a^n = \underbrace{a \cdot a \cdot \cdots \cdot a}_{n \text{ 個次方}}$

2. $a^0 = 1$

3. $a^{-n} = \dfrac{1}{a^n}$

4. $a^{1/n} = \sqrt[n]{a}$

   $a^{m/n} = \sqrt[n]{a^m} = \left(\sqrt[n]{a}\right)^m$ m 為任意整數

(10) ■ **指數律** 設 a 和 b 為正數，r 和 s 為任意有理數，則

1. $a^r \times a^s = a^{r+s}$ **2.** $\dfrac{a^r}{a^s} = a^{r-s}$ **3.** $(a^r)^s = a^{rs}$

4. $(ab)^r = a^r b^r$ **5.** $\left(\dfrac{a}{b}\right)^r = \dfrac{a^r}{b^r}$ $b \neq 0$

若以文字表示，指數律為：
1. 底數相同的兩數相乘，我們把它們的指數相加。
2. 底數相同的兩數相除，我們把它們的指數相減。
3. 某數的次方再取新次方，我們把它們的指數相乘。
4. 兩數相乘後取次方，即為各自取次方後再相乘。
5. 兩數相除後取次方，即為各自取次方後再相除。

例 16

(a) $2^8 \times 8^2 = 2^8 \times (2^3)^2 = 2^8 \times 2^6 = 2^{14}$

(b) $\dfrac{x^{-2} - y^{-2}}{x^{-1} + y^{-1}} = \dfrac{\dfrac{1}{x^2} - \dfrac{1}{y^2}}{\dfrac{1}{x} + \dfrac{1}{y}} = \dfrac{\dfrac{y^2 - x^2}{x^2 y^2}}{\dfrac{y + x}{xy}} = \dfrac{y^2 - x^2}{x^2 y^2} \cdot \dfrac{xy}{y + x}$

$= \dfrac{(y - x)(y + x)}{xy(y + x)} = \dfrac{y - x}{xy}$

(c) $4^{3/2} = \sqrt{4^3} = \sqrt{64} = 8$ 另解：$4^{3/2} = (\sqrt{4})^3 = 2^3 = 8$

(d) $\dfrac{1}{\sqrt[3]{x^4}} = \dfrac{1}{x^{4/3}} = x^{-4/3}$

(e) $\left(\dfrac{x}{y}\right)^3 \left(\dfrac{y^2 x}{z}\right)^4 = \dfrac{x^3}{y^3} \cdot \dfrac{y^8 x^4}{z^4} = x^7 y^5 z^{-4}$

■ **區間**

實數中的線段常用**區間** (intervals) 來表示。例如：若 $a < b$，則從 a 到 b 的**開區間** (open interval) 為包含所有介於 a 和 b 之間的所有數，記作 (a, b)。若以集合的符號，則可記作

$$(a, b) = \{x \mid a < x < b\}$$

要注意的是，此區間的兩個端點 a 和 b 是被排除在外的，因此用符號 ( )，或如圖 2 數線上空心的圓點來表示。從 a 到 b 的**閉區間**

圖 2　開區間 (a, b)

圖 3 閉區間 $[a, b]$

表 1 列出九種區間的可能型態，其中假設 $a<b$

(closed interval) 為集合

$$[a, b] = \{x \mid a \leq x \leq b\}$$

在這裡，兩個端點是包括在內，因此用符號 [ ]，或如圖 3 數線上實心的圓點來表示。當然區間可能如表 1 所示的只包括一個端點。

(1) 區間表

符號	集合的描述	數線的圖形
(a, b)	$\{x \mid a < x < b\}$	
$[a, b]$	$\{x \mid a \leq x \leq b\}$	
$[a, b)$	$\{x \mid a \leq x < b\}$	
$(a, b]$	$\{x \mid a < x \leq b\}$	
(a, ∞)	$\{x \mid x > a\}$	
$[a, \infty)$	$\{x \mid x \geq a\}$	
$(-\infty, b)$	$\{x \mid x < b\}$	
$(-\infty, b]$	$\{x \mid x \leq b\}$	
$(-\infty, \infty)$	$\mathbb{R}$ (所有實數的集合)	

我們也需要考慮無限區間，例如：

$$(a, \infty) = \{x \mid x > a\}$$

這並不表示 ∞（「無窮大」）是個數。(a, ∞) 表示所有比 a 大的數所組成的集合，所以 ∞ 只是表示區間可以往正向無限的延伸。

■ 不等式

不等式有下列運算規則。

■ 不等式的規則

1. 若 $a < b$，則 $a + c < b + c$。

2. 若 $a < b$ 和 $c < d$，則 $a + c < b + d$。

3. 若 $a < b$ 和 $c > 0$，則 $ac < bc$。

4. 若 $a < b$ 和 $c < 0$，則 $ac > bc$。

5. 若 $0 < a < b$，則 $1/a > 1/b$。

規則 1 是說不等式的兩邊同加某數後，不等號不會改變；規則 2 是說把兩個不等號相同的不等式相加後，不等號不會改變；規則 3 是說在不等式兩邊同乘以正數後，不等號不會改變；但規則 4 則是說

在不等式兩邊同乘以負數後，不等號會改變。例如，對不等式 $3 < 5$ 同乘以 2，可得 $6 < 10$；但同乘以 -2，則得到 $-6 > -10$。最後，規則 5 是說當不等式兩邊都為正數時，若取倒數就會改變不等號。

例 17

試解不等式 $1 + x < 7x + 5$。

解

這個不等式可能只對某些 x 是成立的。解不等式是指找出使得不等式成立的所有 x 所組成的集合，稱之為**解集合**。

首先，對不等式兩邊同減去 1（規則 1 中取 $c = -1$）：

$$x < 7x + 4$$

再對不等式兩邊同減去 $7x$（規則 1 中取 $c = -7x$）：

$$-6x < 4$$

最後，對不等式兩邊同除以 -6（規則 4 中取 $c = -\frac{1}{6}$）：

$$x > -\frac{4}{6} = -\frac{2}{3}$$

這些步驟是可以反過來執行的，因此解集合為所有大於 $-\frac{2}{3}$ 的數所成的集合，或者以區間的記號表示為 $\left(-\frac{2}{3}, \infty\right)$。

例 18

試解不等式 $x^2 - 5x + 6 \leq 0$。

解

先因式分解左式：

$$(x - 2)(x - 3) \leq 0$$

因為對應的方程式 $(x - 2)(x - 3) = 0$ 之解為 2 和 3，所以這兩數將數線分割成三個區間：

$$(-\infty, 2) \qquad (2, 3) \qquad (3, \infty)$$

在每個區間中判定因式的正負號。例如：

$$\text{若 } x < 2\text{，則 } x - 2 < 0$$

再將這些因式的正負號記錄成下表：

A14 微積分

想用視覺的方法來解例 18 時，可引用繪圖工具畫出拋物線 $y = x^2 - 5x + 6$ 的圖形 (如圖 4)，就可觀察到當 $2 \leq x \leq 3$ 時，曲線恰在 x 軸上或在 x 軸下方。

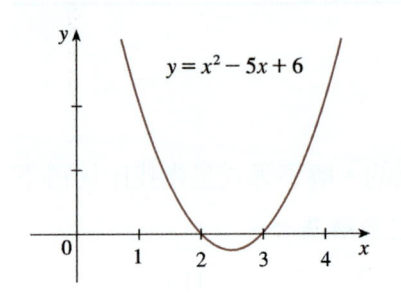

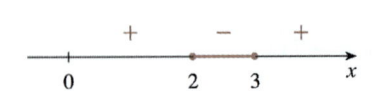

區間	$x - 2$	$x - 3$	$(x-2)(x-3)$
$x < 2$	−	−	+
$2 < x < 3$	+	−	−
$x > 3$	+	+	+

也可用代入值的方式來製作上表。例如，在區間 $(-\infty, 2)$ 中，將 $x = 1$ 代入 $x^2 - 5x + 6$ 可得

$$1^2 - 5(1) + 6 = 2$$

由於在各自區間中，$x^2 - 5x + 6$ 不會變號，因此可確定它在區間 $(-\infty, 2)$ 中恆為正數。

我們觀察到當 $2 < x < 3$ 時，$(x-2)(x-3)$ 為負數。因此，不等式的解為

$$\{x \mid 2 \leq x \leq 3\} = [2, 3]$$

要注意的是，解集合包括兩個端點 2 和 3，這是因為把兩數分別代入時，因式的乘積為零或負數。解集合如圖 5 所示。

圖 4

圖 5

▪ 絕對值

a 的**絕對值** (absolute value)，記作 $|a|$，是指在數線上從 a 到 0 的距離。因為距離恆為正數或 0，所以

$$|a| \geq 0 \quad \text{對任意數 } a$$

例如：

$$|3| = 3 \qquad |-3| = 3 \qquad |0| = 0$$

$$|\sqrt{2} - 1| = \sqrt{2} - 1 \qquad |3 - \pi| = \pi - 3$$

一般而言，我們有

務必記得若 a 為負數，則 $-a$ 為正數。

(11)
$$|a| = a \quad \text{當 } a \geq 0$$
$$|a| = -a \quad \text{當 } a < 0$$

例 19

試以去除絕對值記號的方式來表示 $|3x - 2|$。

解

$$|3x-2| = \begin{cases} 3x-2 & \text{當 } 3x-2 \geq 0 \\ -(3x-2) & \text{當 } 3x-2 < 0 \end{cases}$$

$$= \begin{cases} 3x-2 & \text{當 } x \geq \frac{2}{3} \\ 2-3x & \text{當 } x < \frac{2}{3} \end{cases}$$

回顧符號 $\sqrt{}$ 表示「某數的正平方根」。所以 $\sqrt{r} = s$ 表示 $s^2 = r$ 和 $s \geq 0$。因此，$\sqrt{a^2} = a$ 不一定是對的。但當 $a \geq 0$ 時，就一定成立。若 $a < 0$，所以可得 $\sqrt{a^2} = -a$。由 (11)，我們可得

(12) $$\boxed{\sqrt{a^2} = |a|}$$

對任意數 a 都是正確的。

下列性質的證明可在習題中找到提示。

■ **絕對值的性質** 若 a 和 b 為任意實數，n 為整數，則
1. $|ab| = |a||b|$ 2. $\left|\dfrac{a}{b}\right| = \dfrac{|a|}{|b|}$ $(b \neq 0)$ 3. $|a^n| = |a|^n$

想引用絕對值來解方程式或不等式時，下列的敘述是非常有用的。

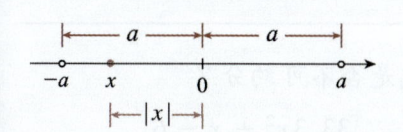

■ 若 $a > 0$，則
4. $|x| = a$ 若且唯若 $x = \pm a$
5. $|x| < a$ 若且唯若 $-a < x < a$
6. $|x| > a$ 若且唯若 $x > a$ 或 $x < -a$

例如，不等式 $|x| < a$ 是說從 x 到原點的距離小於 a，你可由圖 6 中看到，這是正確的若且唯若 x 介於 $-a$ 和 a 之間。

若 a 和 b 為任意實數，則 a 和 b 之間的距離為兩數差之絕對值，記作 $|a-b|$，它也等於 $|b-a|$（見圖 7）。

圖 6

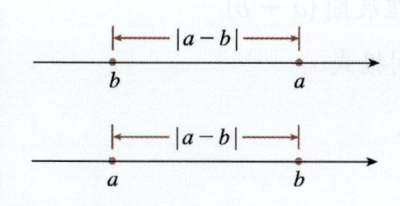

圖 7　線段長度 = $|a-b|$

例 19

試解 $|2x-5| = 3$。

解

由絕對值的性質 4，$|2x-5|=3$ 等價於

$$2x-5=3 \quad 或 \quad 2x-5=-3$$

所以，$2x=8$ 或 $2x=2$。因此，所求的解為 $x=4$ 或 $x=1$。

■ 習題 A

1-8 ■ 展開並化簡。

1. $(-6ab)(0.5ac)$
2. $2x(x-5)$
3. $-2(4-3a)$
4. $4(x^2-x+2)-5(x^2-2x+1)$
5. $(4x-1)(3x+7)$
6. $(2x-1)^2$
7. $y^4(6-y)(5+y)$
8. $(1+2x)(x^2-3x+1)$

9-14 ■ 試計算下式並化簡。

9. $\dfrac{2+8x}{2}$
10. $\dfrac{1}{x+5} + \dfrac{2}{x-3}$
11. $u+1+\dfrac{u}{u+1}$
12. $\dfrac{x/y}{z}$
13. $\left(\dfrac{-2r}{s}\right)\left(\dfrac{s^2}{-6t}\right)$
14. $\dfrac{1+\dfrac{1}{c-1}}{1-\dfrac{1}{c-1}}$

15-22 ■ 試因式分解下列各式。

15. $2x+12x^3$
16. x^2+7x+6
17. x^2-2x-8
18. $9x^2-36$
19. $6x^2-5x-6$
20. t^3+1
21. $4t^2-12t+9$
22. x^3+2x^2+x

23-25 ■ 試化簡下列各式。

23. $\dfrac{x^2+x-2}{x^2-3x+2}$
24. $\dfrac{x^2-1}{x^2-9x+8}$
25. $\dfrac{1}{x+3}+\dfrac{1}{x^2-9}$

26-28 ■ 試配方下列各式。

26. x^2+2x+5
27. $x^2-5x+10$
28. $4x^2+4x-2$

29-31 ■ 試解下列方程式。

29. $x^2+9x-10=0$
30. $x^2+9x-1=0$
31. $3x^2+5x+1=0$

32-33 ■ 下列二次式是否不可約分？

32. $2x^2+3x+4$
33. $3x^2+x-6$

34. 試以二項式定理展開 $(a+b)^6$。

35-37 ■ 試化簡下列根式。

35. $\sqrt{32}\,\sqrt{2}$
36. $\sqrt{16a^4b^3}$
37. $\sqrt{6p^5r}\,\sqrt{15r^3}$

38-44 ■ 試引用指數律改寫，並化簡下列各式。

38. $3^{10} \times 9^8$

39. $\dfrac{x^9(2x)^4}{x^3}$

40. $\dfrac{a^{-3}b^4}{a^{-5}b^5}$

41. $3^{-1/2}$

42. $125^{2/3}$

43. $(2x^2y^4)^{3/2}$

44. $\dfrac{1}{(\sqrt{t})^5}$

45-47 ■ 試有理化下列各式。

45. $\dfrac{\sqrt{x}-3}{x-9}$

46. $\dfrac{x\sqrt{x}-8}{x-4}$

47. $\dfrac{2}{3-\sqrt{5}}$

48-51 ■ 試說明下列方程式是否對任意數都成立。

48. $\sqrt{x^2} = x$

49. $\dfrac{16+a}{16} = 1 + \dfrac{a}{16}$

50. $\dfrac{x}{x+y} = \dfrac{1}{1+y}$

51. $(x^3)^4 = x^7$

52-58 ■ 試解下列不等式，並分別以區間和數線表示解集合。

52. $2x + 7 > 3$

53. $1 - x \leq 2$

54. $0 \leq 1 - x < 1$

55. $(x-1)(x-2) > 0$

56. $x^2 < 3$

57. $x^3 - x^2 \leq 0$

58. $x^3 > x$

59. 已知攝氏溫度 C 與華氏溫度 F 之間的關係式為 $C = \dfrac{5}{9}(F - 32)$。當 $50 \leq F \leq 95$ 時，所對應攝氏溫度的區間為何？

60. 當冷空氣上升時，空氣會擴散，且每上升 100 公尺溫度降 1°C，直到 12 公里高。
   (a) 若地面溫度為 20°C，試寫出當高度為 h 時之溫度表示式。
   (b) 當飛機起飛到爬升至最高點 5 公里之間時，試求所對應攝氏溫度的區間。

61. 試解方程式 $|x + 3| = 4$。

62. 試證明 $|ab| = |a||b|$。[提示：公式 (12)。]

B 坐標幾何和直線

平面上的點可用一組有序的實數數對來對應。首先，畫兩條互相垂直的坐標軸線並稱其交點為原點 O。通常，其中一條取成水平線稱為 x 軸，並以由左往右的方向為正向；另一條則取成鉛直線稱為 y 軸，並以由下往上的方向為正向。

平面上任意一點 P 可用唯一的一組數對來定位。先畫出通過 P 點且分別和 x 軸和 y 軸垂直的兩條直線。如圖 1 所示，這兩條直線與兩軸的交點坐標分別為 a 和 b，因此 P 點被指定了一組數對 (a, b)。第一個數 a 稱為 P 點的 **x 坐標**（**x-coordinate**），第二個數 b 稱為 **y 坐標**（**y-coordinate**）。此時，我們說 P 點的坐標為 (a, b)，並以符號 $P(a, b)$ 表示這個點。在圖 2 中，若干個點及它們的坐標被標示出來。

圖 1　　　　　　　圖 2

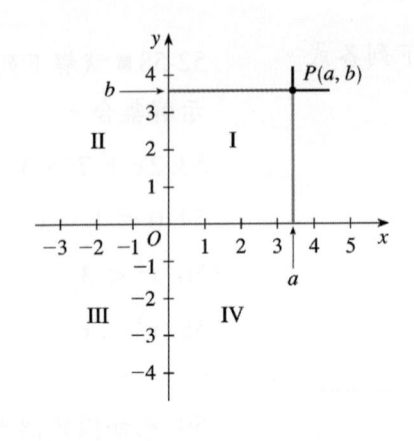

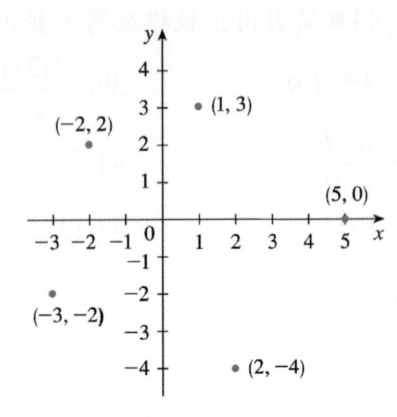

若將前面的程序倒過來，可用給定一組數對 (a, b) 找到對應的 P 點。我們通常以數對 (a, b) 來決定 P 點，並可稱為「點 (a, b)」。[雖然區間 (a, b) 的符號和點 (a, b) 的符號相同，但是你應該可以在課程內容中分辨出它想代表的意思。]

這個坐標系統稱為**直角坐標系 (rectangular coordinate system)**，或為了紀念法國數學家 René Descartes (1590-1650) 而稱為**笛卡兒坐標系 (Cartesian coordinate system)**，雖然另一位法國數學 Pierre Fermat (1601-1665) 與笛卡兒大約同時發現解析幾何的重要性質。我們稱以這個坐標系所定義的平面為**坐標平面 (coordinate plane)** 或**笛卡兒平面 (Cartesian plane)**，並記作 $\mathbb{R}^2$。

x 軸和 y 軸稱為**坐標軸 (coordinate axes)**，並將笛卡兒平面分割為四個象限，並如圖 1 所示分別標示為 I、II、III 和 IV。要注意的是，第一象限的每個點，它的 x 坐標和 y 坐標都是正數。

例 1

試描述和繪製下列集合所表示的區域。

(a) $\{(x, y) \mid x \geq 0\}$　　(b) $\{(x, y) \mid y = 1\}$　　(c) $\{(x, y) \mid |y| < 1\}$

解

(a)　x 坐標為正數或 0 的點位於 y 軸上或它的右邊之區域中，即如圖 3(a) 的陰影部分。

(a) $x \geq 0$　　(b) $y = 1$　　(c) $|y| < 1$

圖 3

(b) y 坐標為 1 的點所組成的集合為一條位於 x 軸上方 1 個單位長處的水平線 [如圖 3(b)]。

(c) 由附錄 A 可知

$$|y| < 1 \quad \text{若且唯若} \quad -1 < y < 1$$

這表示在所求區域中的所有點，它們的 y 坐標都介於 -1 和 1 之間。因此，這區域中的點介於 (但不包括) 水平線 $y = 1$ 和 $y = -1$ 之間。[這兩條線即為圖 3(c) 中的虛線，藉此表示線上的點不在所求的集合內。]

由附錄 A 可知，在數線上從 a 到 b 的距離為 $|a - b| = |b - a|$。所以在水平線上點 $P_1(x_1, y_1)$ 和點 $P_3(x_2, y_1)$ 之間的距離必為 $|x_2 - x_1|$，在鉛直線上點 $P_2(x_2, y_2)$ 和點 $P_3(x_2, y_1)$ 之間的距離必為 $|y_2 - y_1|$ (如圖 4)。

想計算兩點 $P_1(x_1, y_1)$ 和 $P_2(x_2, y_2)$ 之間的距離 $|P_1P_2|$，我們知道圖 4 中的三角形 $P_1P_2P_3$ 是個直角三角形，所以由畢氏定理可得

$$|P_1P_2| = \sqrt{|P_1P_3|^2 + |P_2P_3|^2} = \sqrt{|x_2 - x_1|^2 + |y_2 - y_1|^2}$$
$$= \sqrt{(x_2 - x_1)^2 + (y_2 - y_1)^2}$$

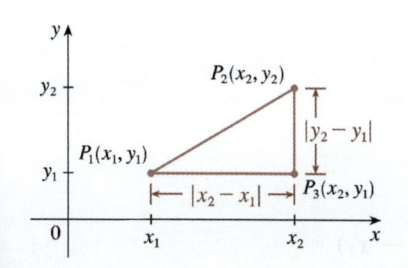

圖 4

■ **距離公式**　兩點 $P_1(x_1, y_1)$ 和 $P_2(x_2, y_2)$ 之間的距離為
$$|P_1P_2| = \sqrt{(x_2 - x_1)^2 + (y_2 - y_1)^2}$$

例 2

兩點 $(1, -2)$ 和 $(5, 3)$ 之間的距離為
$$\sqrt{(5 - 1)^2 + [3 - (-2)]^2} = \sqrt{4^2 + 5^2} = \sqrt{41}$$

直線

我們要求出給定的直線 L 之方程式；除了 L 上的點之外，沒有其他點能滿足這個方程式。要求出直線 L 的方程式，我們須用到描述直線傾斜度的量——斜率。

> ■ **定義** 通過點 $P_1(x_1, y_1)$ 和點 $P_2(x_2, y_2)$ 的非鉛直線的**斜率 (slope)** 為
> $$m = \frac{\Delta y}{\Delta x} = \frac{y_2 - y_1}{x_2 - x_1}$$
> 鉛直線的斜率沒有定義。

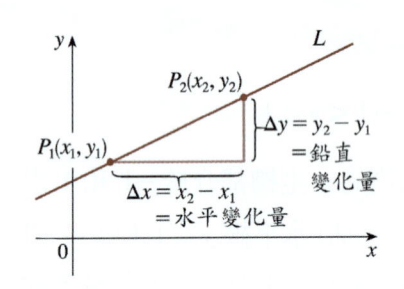

直線的斜率為 y 的變化量 (Δy) 和 x 的變化量 (Δx)，的比值。(如圖 5)。因此，斜率為 y 對 x 的變化率。事實上，當一條線為直線時表示它的變化率為常數。

圖 6 顯示多條直線並標示它們的斜率。要注意的是，斜率為正數的直線向右上方傾斜，而斜率為負數的直線向右下方傾斜。此外，傾斜度最高的直線，其斜率的絕對值為最大，而水平線的斜率為 0。

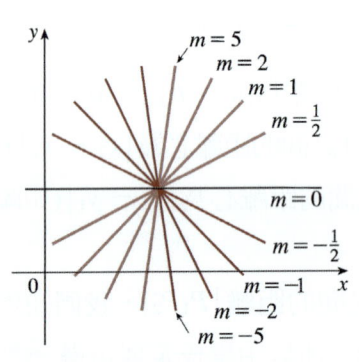

現在讓我們求出通過點 $P_1(x_1, y_1)$，斜率為 m 的直線之方程式。點 $P(x, y)$，其中 $x \neq x_1$，在此直線上，若且唯若通過 P_1 和 P 的直線其斜率必為 m；也就是

$$\frac{y - y_1}{x - x_1} = m$$

這個方程式可改寫成形如

$$y - y_1 = m(x - x_1)$$

我們也觀察到 $x = x_1$ 和 $y = y_1$ 也滿足這個方程式。因此，這就是給定直線的方程式。

> ■ **直線方程式的點斜式** 通過點 $P_1(x_1, y_1)$，斜率為 m 的直線方程式為
> $$y - y_1 = m(x - x_1)$$

圖 5

圖 6

例 3

試求通過點 $(1, -7)$，斜率為 $-\frac{1}{2}$ 的直線方程式。

解

由點斜式，因為 $m = -\frac{1}{2}$，$x_1 = 1$，$y_1 = -7$，可得

$$y + 7 = -\tfrac{1}{2}(x - 1)$$

我們也可改寫為

$$2y + 14 = -x + 1 \quad \text{或} \quad x + 2y = -13$$

例 4

試求通過點 $(-2, -9)$ 和點 $(4, 6)$ 的直線方程式

解

這條直線的斜率為

$$m = \frac{6 - (-9)}{4 - (-2)} = \frac{15}{6} = \frac{5}{2}$$

由點斜式，因為 $x_1 = 4$ 和 $y_1 = 6$，可得

$$y - 6 = \tfrac{5}{2}(x - 4)$$

並可化簡成 $\quad 5x - 2y = 8$

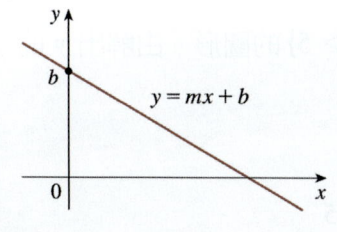

假設非鉛直的直線的斜率為 m 和 y-截距為 b。(如圖 7。) 這表示這條直線與 y 軸的交點之坐標為 $(0, b)$，所以由點斜式，$x_1 = 0$ 和 $y_1 = b$，可得

$$y - b = m(x - 0)$$

這化簡了成為下列結果。

■ **直線方程式的斜截式**　斜率為 m，y-截距為 b 的直線方程式為
$$y = mx + b$$

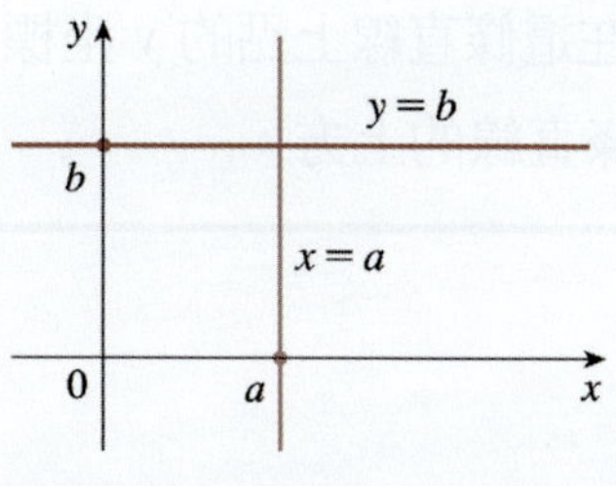

特別地，斜率為 0 的直線為水平線，所以它的方程式為 $y = b$，其中 b 為 y-截距 (見圖 8)。鉛直線沒有斜率，但可以寫成 $x = a$，其中 a 為 x-截距。這是因為這條鉛直線上每個點的 x 坐標都是 a。

圖 7

圖 8

A22 微積分

例 5

試描繪線性方程式 $3x - 5y = 15$ 的圖形。

解 1

因為方程式為線性，所以它的圖形是條直線。為了畫圖，我們只須找到直線上的兩個相異點。事實上，很容易找到截距。將 $y = 0$ (x 軸的方程式) 代入給定的方程式，可得 $3x = 15$，所以 $x = 5$ 為 x-截距。將 $x = 0$ 代入給定的方程式，得到的 y-截距為 -3。這就可以描繪出如圖 9 所示的直線。

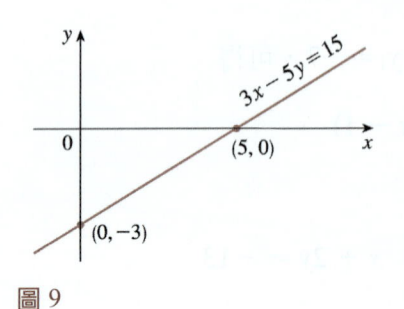

解 2

我們可將給定的方程式改寫成斜截式：

$$3x - 5y = 15$$
$$-5y = -3x + 15$$
$$y = \frac{-3x}{-5} + \frac{15}{-5} = \frac{3}{5}x - 3$$

因此得到斜率為 $\frac{3}{5}$ 和 y-截距為 -3。我們先描出點 $(0, -3)$，接著向上移 3 個單位長，再向右移 5 個單位長到達點 $(5, 0)$。

圖 9

例 6

試描繪方程式 $x + 2y > 5$ 的圖形。

解

我們被要求繪製集合 $\{(x, y) \mid x + 2y > 5\}$ 的圖形。由解出 y 的不等式開始：

$$x + 2y > 5$$
$$2y > -x + 5$$
$$y > -\tfrac{1}{2}x + \tfrac{5}{2}$$

與表示斜率為 $-\frac{1}{2}$ 和 y-截距為 $\frac{5}{2}$ 的直線方程式 $y = -\frac{1}{2}x + \frac{5}{2}$ 作比較，我們觀察到所求圖形上的點其 y 坐標大於在這條直線上點的 y 坐標。因此，如圖 10 所示，所求的圖形位在這條直線的上方。

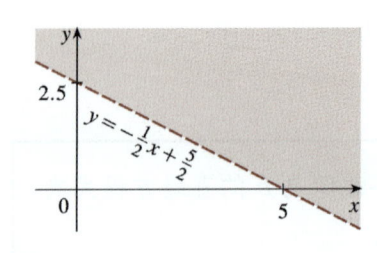

圖 10

■ 平行線與垂直線

我們能用斜率來判斷直線是否平行或垂直。下列的事實已被證明，例如，在 Stewart、Redlin 和 Watson 所著的 *Precalculus: Mathematics for Calculus*，第六版教科書。

> ■ 平行線與垂直線
>
> **1.** 兩條非鉛直的直線互相平行若且唯若它們有相同的斜率。
>
> **2.** 斜率分別為 m_1 和 m_2 兩條直線互相垂直若且唯若 $m_1 m_2 = -1$；也就是它們的斜率互為負倒數：
>
> $$m_2 = -\frac{1}{m_1}$$

例 7

試求通過點 (5, 2) 且和 $4x + 6y + 5 = 0$ 平行的直線方程式。

解

給定的直線可改寫成

$$y = -\tfrac{2}{3}x - \tfrac{5}{6}$$

這是斜率為 $m = -\tfrac{2}{3}$ 的斜截式。由於平行線有相同的斜率，所求直線的斜率為 $-\tfrac{2}{3}$。因此，所求直線方程式的斜截式為

$$y - 2 = -\tfrac{2}{3}(x - 5)$$

我們可將它改寫成 $2x + 3y = 16$。

例 8

試證明直線 $2x + 3y = 1$ 和 $6x - 4y - 1 = 0$ 互相垂直。

解

給定的方程式可改寫成

$$y = -\tfrac{2}{3}x + \tfrac{1}{3} \quad 和 \quad y = \tfrac{3}{2}x - \tfrac{1}{4}$$

因此所得到斜率分別為

$$m_1 = -\tfrac{2}{3} \quad 和 \quad m_2 = \tfrac{3}{2}$$

因為 $m_1 m_2 = -1$，所以兩直線互相垂直。

習題 B

1-3 ■ 試求給定兩點之間的距離。
1. $(1, 1)$, $(4, 5)$
2. $(6, -2)$, $(-1, 3)$
3. $(2, 5)$, $(4, -7)$

4-5 ■ 試求通過 P 點和 Q 點的直線之斜率。
4. $P(1, 5)$, $Q(4, 11)$
5. $P(-3, 3)$, $Q(-1, -6)$

6. 試描繪方程式 $x = 3$ 的圖形。

7-14 ■ 試求滿足給定條件的直線方程式。
7. 通過 $(1, -8)$，斜率為 4
8. 通過 $(1, 7)$，斜率為 $\frac{2}{3}$
9. 通過 $(4, 3)$ 和 $(3, 8)$
10. 斜率 6，y-截距為 -4
11. x-截距為 2，y-截距為 -4
12. 通過 $(4, 5)$，平行於 x 軸
13. 通過 $(1, -6)$，平行於 $x + 2y = 6$
14. 通過 $(-1, -2)$，垂直於 $2x + 5y + 8 = 0$

15-17 ■ 試求給定直線的斜率和 y-截距，並描繪其圖形。
15. $x + 3y = 0$
16. $y = -2$
17. $3x - 4y = 12$

18-22 ■ 試描繪下列在 xy 平面中的區域。
18. $\{(x, y) \mid x < 0\}$
19. $\{(x, y) \mid xy < 0\}$
20. $\{(x, y) \mid |x| \leq 2\}$
21. $\{(x, y) \mid 0 \leq y \leq 4 \text{ 且 } x \leq 2\}$
22. $\{(x, y) \mid 1 + x \leq y \leq 1 - 2x\}$

23. 試證明兩直線 $2x - y = 4$ 和 $6x - 2y = 10$ 不互相平行，並求它們的交點。

C 積分的近似

有兩種情形我們無法算出定積分的正確值。

第一種情形是：當我們用微積分基本定理計算積分 $\int_a^b f(x)\,dx$ 時，必須求出 f 的反導數，但有的時候這是很難或根本不可能求出反導數 (見第 5.5 節)。例如，下列的積分是無法準確的計算出來的：

$$\int_0^1 e^{x^2}\,dx \qquad \int_{-1}^1 \sqrt{1 + x^3}\,dx$$

第二種情形是：函數是由實驗的結果或蒐集數據所得到的。這時可能根本沒有數學式可以描述這個函數 (見例 3)。

在這兩種情形，我們都只能求定積分的近似值。由前面的學習可知，定積分是黎曼和的極限，所以可引用黎曼和來近似積分：把 $[a, b]$ 區間分成等長的 n 個子區間，則積分會近似於

$$\int_a^b f(x)\,dx \approx f(x_1^*)\Delta x + f(x_2^*)\Delta x + \cdots + f(x_n^*)\Delta x$$

其中 $\Delta x = (b - a)/n$ 是子區間的長度，而 x_i^* 是第 i 個區間 $[x_{i-1}, x_i]$

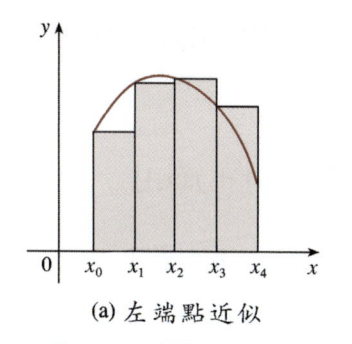

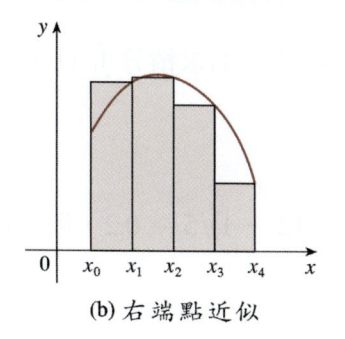

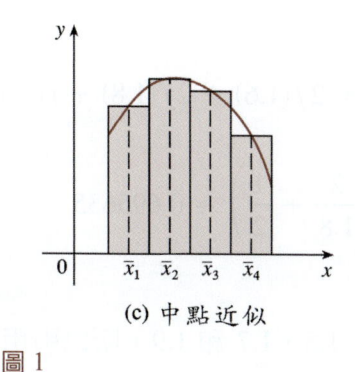

中的任意點。如果取 x_i^* 為左端點，則 $x_i^* = x_{i-1}$ 且積分的近似值為

(1) $\qquad \int_a^b f(x)\,dx \approx L_n = f(x_0)\,\Delta x + f(x_1)\,\Delta x + \cdots + f(x_{n-1})\,\Delta x$

在 $f(x) \geq 0$ 的情形，定積分代表的是面積，而公式 (1) 表示用圖 1(a) 中矩形面積的和作為估計值。如果取 x_i^* 為右端點，即 $x_i^* = x_i$，則

(2) $\qquad \int_a^b f(x)\,dx \approx R_n = f(x_1)\,\Delta x + f(x_2)\,\Delta x + \cdots + f(x_n)\,\Delta x$

[如圖 1(b)。] 公式 (1) 和公式 (2) 定義的近似值 L_n 和 R_n，分別稱為**左端點近似** (**left endpoint approximation**) 和**右端點近似** (**right endpoint approximation**)。

圖 1(c) 所顯示的是取 x_i^* 為區間 $[x_{i-1}, x_i]$ 中點 $\bar{x}_i$ 時的情形，這在第 5.1 節中已考慮過，它的中點近似估計值 M_n 看起來比 L_n 和 R_n 都好。

(a) 左端點近似

(b) 右端點近似

(c) 中點近似

圖 1

> ■ **中點法 (Midpoint Rule)**
>
> $$\int_a^b f(x)\,dx \approx M_n = \Delta x\,[f(\bar{x}_1) + f(\bar{x}_2) + \cdots + f(\bar{x}_n)]$$
>
> 其中 $\Delta x = \dfrac{b-a}{n}$，且 $\bar{x}_i = \tfrac{1}{2}(x_{i-1} + x_i)$ 為區間 $[x_{i-1}, x_i]$ 中點。

另一個方法是取公式 1 和公式 2 的平均值，稱為梯形法：

$$\int_a^b f(x)\,dx \approx \tfrac{1}{2}[f(x_0)\,\Delta x + f(x_1)\,\Delta x + f(x_2)\,\Delta x + \cdots + f(x_{n-1})\,\Delta x$$
$$+ f(x_1)\,\Delta x + f(x_2)\,\Delta x + \cdots + f(x_{n-1})\,\Delta x$$
$$+ f(x_n)\,\Delta x]$$
$$= \frac{\Delta x}{2}[f(x_0) + 2f(x_1) + 2f(x_2) + \cdots + 2f(x_{n-1}) + f(x_n)]$$

> ■ **梯形法 (Trapezoidal rule)**
>
> $$\int_a^b f(x)\,dx \approx T_n = \frac{\Delta x}{2}[f(x_0) + 2f(x_1) + 2f(x_2) + \cdots + 2f(x_{n-1}) + f(x_n)]$$
>
> 其中 $\Delta x = (b-a)/n$ 且 $x_i = a + i\,\Delta x$。

A26 微積分

圖 2 是 $f(x) \geq 0$，$n = 4$ 的例子，這很容易看出來為什麼要稱作梯形法。在第 i 個區間中的梯形面積為

$$\Delta x \left(\frac{f(x_{i-1}) + f(x_i)}{2} \right) = \frac{\Delta x}{2} [f(x_{i-1}) + f(x_i)]$$

把所有梯形的面積相加，就會得到梯形法等號右邊的算式。

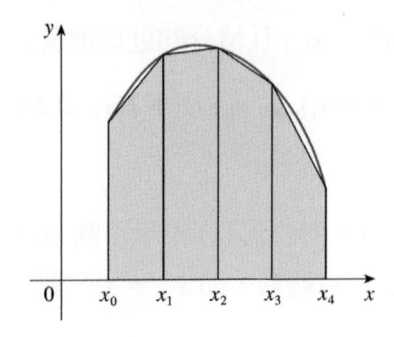

圖 2　梯形近似

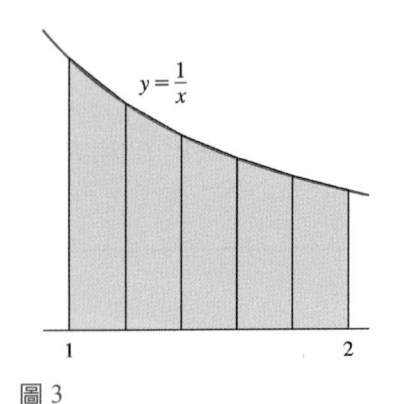

例 1　梯形法及中點法

取 $n = 5$，試引用 (a) 梯形法及 (b) 中點法分別求積分 $\int_1^2 (1/x)$ 的近似值。

解

(a) 取 $n = 5$，$a = 1$，$b = 2$，會得到 $\Delta x = (2-1)/5 = 0.2$，所以由梯形法所得的估計則為

$$\int_1^2 \frac{1}{x} dx \approx T_5$$

$$= \frac{0.2}{2} [f(1) + 2f(1.2) + 2f(1.4) + 2f(1.6) + 2f(1.8) + f(2)]$$

$$= 0.1 \left(\frac{1}{1} + \frac{2}{1.2} + \frac{2}{1.4} + \frac{2}{1.6} + \frac{2}{1.8} + \frac{1}{2} \right) \approx 0.695635$$

圖 3 說明了這個情形。

圖 3

(b) 五個子區間的中點分別為 1.1、1.3、1.5、1.7 和 1.9，所以引用中點法計算出來的估計值為

$$\int_1^2 \frac{1}{x} dx \approx M_5 = \Delta x [f(1.1) + f(1.3) + f(1.5) + f(1.7) + f(1.9)]$$

$$= \frac{1}{5} \left(\frac{1}{1.1} + \frac{1}{1.3} + \frac{1}{1.5} + \frac{1}{1.7} + \frac{1}{1.9} \right) \approx 0.691908$$

它的幾何意義請見圖 4。

圖 4

在例 1 中，我們特別舉一個定積分實際上是可以計算的例子，這樣就可以比較中點法和梯形法的精確度。由微積分基本定理可得到

$$\int_1^2 \frac{1}{x} dx = \ln x \Big]_1^2 = \ln 2 = 0.693147\ldots$$

我們稱實際的值和近似值之間的差值為**誤差 (error)**。在例 1 中，當取 $n = 5$ 時，中點法和梯形法的誤差分別為

$\int_a^b f(x)\,dx =$ 近似值 + 誤差

$$E_T \approx -0.002488 \quad \text{和} \quad E_M \approx 0.001239$$

一般而言，可得

$$E_T = \int_a^b f(x)\,dx - T_n \quad \text{和} \quad E_M = \int_a^b f(x)\,dx - M_n$$

下表是取 $n = 5$、10 及 20 時，分別引用左端點近似、右端點近似、中點法及梯形法所得到的估計值和誤差。

近似 $\int_1^2 \dfrac{1}{x}\,dx$

n	L_n	R_n	T_n	M_n
5	0.745635	0.645635	0.695635	0.691908
10	0.718771	0.668771	0.693771	0.692835
20	0.705803	0.680803	0.693303	0.693069

對應的誤差

n	E_L	E_R	E_T	E_M
5	-0.052488	0.047512	-0.002488	0.001239
10	-0.025624	0.024376	-0.000624	0.000312
20	-0.012656	0.012344	-0.000156	0.000078

由這兩個表格可以觀察到：

1. 不論用哪一種方法，n 值取愈大，得到的估計值也愈精確。(但是愈大的 n 就需要愈大的計算量，而在計算過程也愈可能出現錯誤。)

這些觀察在大部分的情形下都是成立的。

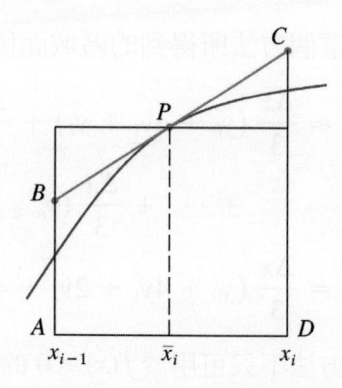

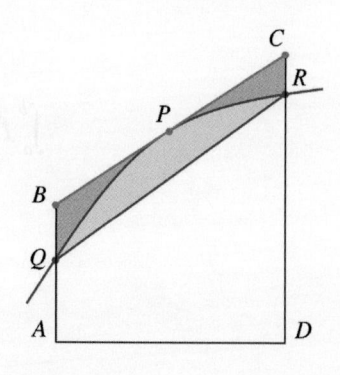

2. 梯形法和中點法會比取端點的近似值精確。
3. 中點法的誤差大概是梯形法誤差的一半。

由圖 5 可以更清楚觀察到中點法和梯形法誤差之間的關係，由中點法所得到矩形面積會等於梯形 $ABCD$ 的面積，其中斜邊是函數在 P 點的切線。它會比梯形法用的梯形 $AQRD$ 更接近函數曲線圍出的面積。[中點法的誤差 (深色陰影部分) 比梯形法的誤差 (淺色陰影部分) 小。]

圖 5

■ 辛普森法

另一個估計定積分的方法，是用拋物線而非直線來近似函數曲線。就像以前一樣，將區間 $[a, b]$ 等分成長度為 $\Delta x = (b - a)/n$ 的 n 個子區間，但是現在 n 必須是偶數。接著用拋物線來近似在相鄰兩個子區間中的函數曲線 $y = f(x) \geq 0$，如圖 6。若 $y_i = f(x_i)$，而 $P_i(x_i, y_i)$ 是曲線在 x_i 上方的點，則拋物線必須通過 P_i、P_{i+1} 和 P_{i+2}。

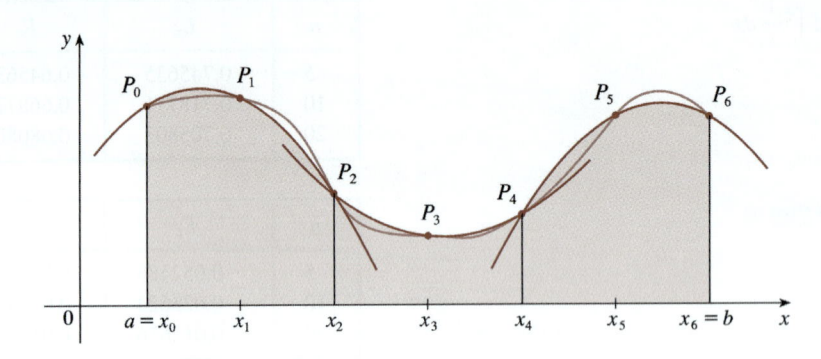

圖 6

事實上，通過 P_i、P_{i+1} 及 P_{i+2} 三點的拋物線下方的面積可被證明為

$$(3) \qquad \frac{\Delta x}{3}(y_i + 4y_{i+1} + y_{i+2})$$

所以，圖 6 中通過 P_0、P_1 及 P_2 三點的拋物線下方，從 $x = x_0$ 到 $x = x_2$ 的面積為

$$\frac{\Delta x}{3}(y_0 + 4y_1 + y_2)$$

同理可得，通過 P_2、P_3 及 P_4 的拋物線下方，從 $x = x_2$ 到 $x = x_4$ 的面積為

$$\frac{\Delta x}{3}(y_2 + 4y_3 + y_4)$$

若將這個方法所得到的區域面積相加，會有

$$\int_a^b f(x)\, dx \approx \frac{\Delta x}{3}(y_0 + 4y_1 + y_2) + \frac{\Delta x}{3}(y_2 + 4y_3 + y_4)$$
$$+ \cdots + \frac{\Delta x}{3}(y_{n-2} + 4y_{n-1} + y_n)$$
$$= \frac{\Delta x}{3}(y_0 + 4y_1 + 2y_2 + 4y_3 + 2y_4 + \cdots + 2y_{n-2} + 4y_{n-1} + y_n)$$

這個方法不只可用於 $f(x) \geq 0$ 的函數，也可以推廣到其他的連續函數上。我們用英國數學家辛普森 (Thomas Simpson, 1710-1761) 的姓氏來

命名，稱這個估計為辛普森法。注意到式中的係數為 1、4、2、4、2、……、4、2、4、1。

辛普森

辛普森是紡織工人，但他自學數學最後成為 18 世紀英國最傑出的數學家。事實上，我們現在所說的辛普森法，Cavalieri 和 Gregory 早在 17 世紀就知道了，但辛普森在他的暢銷微積分教科書 —— *A New Treatise of Fluxions* 中使用這個定理，因此大為出名。

■ **辛普森法 (Simpson's Rule)**

$$\int_a^b f(x)\,dx \approx S_n = \frac{\Delta x}{3}[f(x_0) + 4f(x_1) + 2f(x_2) + 4f(x_3) + \cdots + 2f(x_{n-2}) + 4f(x_{n-1}) + f(x_n)]$$

其中 n 為偶數且 $\Delta x = (b-a)/n$。

例 2　使用辛普森法

試在辛普森法中取 $n = 10$ 來估計 $\int_1^2 (1/x)\,dx$。

解

令 $f(x) = 1/x$，$n = 10$ 和 $\Delta x = 0.1$，由辛普森法可得到

$$\int_1^2 \frac{1}{x}\,dx \approx S_{10}$$

$$= \frac{\Delta x}{3}[f(1) + 4f(1.1) + 2f(1.2) + 4f(1.3) + \cdots + 2f(1.8) + 4f(1.9) + f(2)]$$

$$= \frac{0.1}{3}\left(\frac{1}{1} + \frac{4}{1.1} + \frac{2}{1.2} + \frac{4}{1.3} + \frac{2}{1.4} + \frac{4}{1.5} + \frac{2}{1.6} + \frac{4}{1.7} + \frac{2}{1.8} + \frac{4}{1.9} + \frac{1}{2}\right)$$

$$\approx 0.693150$$

注意在例 2 中的積分，由辛普森法所得到的估計

$$S_{2n} = \tfrac{1}{3}T_n + \tfrac{2}{3}M_n$$

在許多微積分的應用中，即使不知道函數 y 的 x 表示式，我們還是必須計算積分的值。當函數是由圖形或數據所得到的，若已知函數不會有太劇烈的變化，就可以用梯形法或辛普森法來估計積分 $\int_a^b y\,dx$ 的值。

例 3　以圖形定義的函數之積分近似

圖 7 表示在 1998 年 2 月 10 日時，美國境內和 SWITCH (瑞士教育及研究的網路) 之間數據傳輸的流量 (單位：Mb / 秒)。試引用辛普森法估計當天從午夜至中午之間數據傳輸的總量。

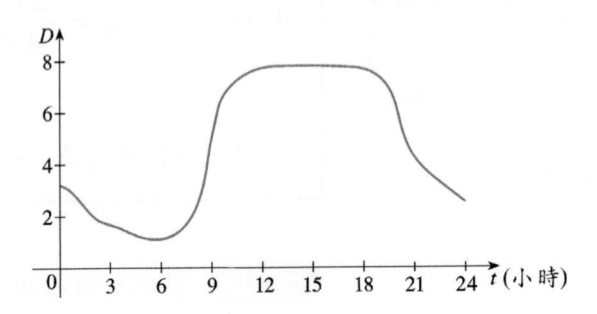

圖 7

解

首先要用正確的單位，所得到的答案才有意義。因為流量的單位是 Mb / 秒，我們必須將時間的單位從小時改為秒，所以從午夜至中午的時間為 $t = 12 \times 60^2 = 43{,}200$ 秒。如果 $A(t)$ 是在時間為 t 的數據傳輸之總數量，則它的導數為 $A'(t) = D(t)$。由第 5.3 節的淨變化量定理可知，中午前 (當 $t = 12 \times 60^2 = 43{,}200$ 時) 的數據傳輸量為

$$A(43{,}200) = \int_0^{43{,}200} D(t)\, dt$$

取 1 小時為間隔，將圖中 $D(t)$ 的值製成下表：

t(小時)	t(秒)	$D(t)$	t(小時)	t(秒)	$D(t)$
0	0	3.2	7	25,200	1.3
1	3,600	2.7	8	28,800	2.8
2	7,200	1.9	9	32,400	5.7
3	10,800	1.7	10	36,000	7.1
4	14,400	1.3	11	39,600	7.7
5	18,000	1.0	12	43,200	7.9
6	21,600	1.1			

在 $n = 12$ 和 $\Delta t = 3600$ 時，用辛普森法所得到的估計為

$$\int_0^{43{,}200} A(t)\, dt \approx \frac{\Delta t}{3}[D(0) + 4D(3600) + 2D(7200) + \cdots + 4D(39{,}600) + D(43{,}200)]$$

$$\approx \frac{3600}{3}[3.2 + 4(2.7) + 2(1.9) + 4(1.7) + 2(1.3) + 4(1.0) + 2(1.1) + 4(1.3) + 2(2.8) + 4(5.7) + 2(7.1) + 4(7.7) + 7.9]$$

$$= 143{,}880$$

所以到中午的資料傳輸量約為 144,000 Mb 或 144 Gb。

圖 8 所示為例 4 的計算，注意這些拋物線和 $y = e^{x^2}$ 的圖形接近到幾乎無法分辨。

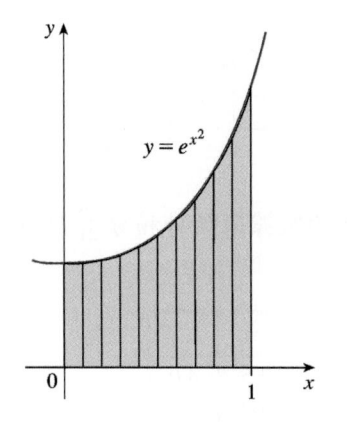

圖 8

許多繪圖計算器或電腦軟體都內建有定積分的近似工具。某些機器使用辛普森法；有些則使用更複雜的方法，例如：可調式 (adaptive) 數值積分。這表示，若函數在區間中某部分的變化相對的大，這個部分就得被分割成更多的小區間。這個策略將可減少計算量，卻仍可達到所求的精準度。

例 4　比較近似積分的技巧

(a) 取 $n = 10$，試以 (i) 辛普森法；(ii) 梯形法；和 (iii) 中點法來估計 $\int_0^1 e^{x^2} dx$。

(b) 試以繪圖計算器或電腦軟體來近似積分，並與 (a) 中的近似值作比較。

解

(a) 當 $n = 10$ 時，可得 $\Delta x = (1 - 0)/10 = 0.1$。

(i) 由辛普森法可得

$$\int_0^1 e^{x^2} dx \approx \frac{\Delta x}{3} [f(0) + 4f(0.1) + 2f(0.2) + \cdots + 2f(0.8) + 4f(0.9) + f(1)]$$

$$= \frac{0.1}{3} [e^0 + 4e^{0.01} + 2e^{0.04} + 4e^{0.09} + 2e^{0.16} + 4e^{0.25} + 2e^{0.36} + 4e^{0.49} + 2e^{0.64} + 4e^{0.81} + e^1]$$

$$\approx 1.462681$$

(ii) 由梯形法可得

$$\int_0^1 e^{x^2} dx \approx \frac{\Delta x}{2} [f(0) + 2f(0.1) + 2f(0.2) + \cdots + 2f(0.9) + f(1)]$$

$$= \frac{0.1}{2} [e^0 + 2e^{0.01} + 2e^{0.04} + 2e^{0.09} + 2e^{0.16} + 2e^{0.25} + 2e^{0.36} + 2e^{0.49} + 2e^{0.64} + 2e^{0.81} + e^1]$$

$$\approx 1.467175$$

(iii) 由中點法可得

$$\int_0^1 e^{x^2} dx \approx \Delta x [f(0.05) + f(0.15) + f(0.25) + \cdots + f(0.95)]$$

$$= 0.1 [e^{0.0025} + e^{0.0225} + e^{0.0625} + e^{0.1225} + e^{0.2025} + e^{0.3025} + e^{0.4225} + e^{0.5625} + e^{0.7225} + e^{0.9025}]$$

$$\approx 1.460393$$

(b) 由繪圖計算器可得

$$\int_0^1 e^{x^2} dx \approx 1.462652$$

假設這是最準確的近似值，我們看到辛普森法的結果最接近 (相差 0.000029)，接著是中點法 (相差 0.002259)，而梯形法的結果最不準確 (相差 0.004523)。如同在本節所提過的，這樣的結果是可以預期的。

習題 C

1. 已知定積分為 $I = \int_0^4 f(x)\,dx$，其中函數 $f(x)$ 的圖形如下圖所示。
   (a) 試由圖形求 L_2、R_2 和 M_2。
   (b) 試問這些近似值是低估或是高估 I？
   (c) 試由圖形求 T_2。它和 I 相比哪個比較大？
   (d) 對任意的 n，試將 L_n、R_n、M_n、T_n 及 I 由小到大排列出來。

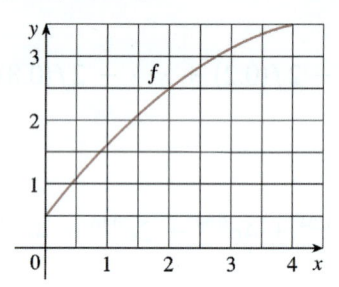

2. 取 $n = 10$，試分別引用 (a) 中點法和 (b) 辛普森法來估計積分 $\int_0^2 \dfrac{x}{1+x^2}\,dx$（精確到小數點後第六位）。試與積分的正確值作比較，以求出各個方法的誤差。

3-6 ■ 試用給定的 n 值和 (a) 梯形法；(b) 中點法；及 (c) 辛普森法，來估計下列積分的近似值。（精確到小數點後第六位。）

3. $\int_1^2 \sqrt{x^3 - 1}\,dx$, $n = 10$
4. $\int_0^2 \dfrac{e^x}{1+x^2}\,dx$, $n = 10$
5. $\int_1^4 \sqrt{\ln x}\,dx$, $n = 6$
6. $\int_{-1}^1 e^{e^x}\,dx$, $n = 10$

7. 取 $n = 8$，試分別引用 (a) 中點法；(b) 梯形法；及 (c) 辛普森法，來估計積分 $\int_0^2 \sqrt{t^3 + 2}\,dt$（精確到小數點後第五位）。

8. 取 $n = 6$，試分別引用 (a) 中點法；(b) 梯形法；及 (c) 辛普森法，來估計下圖中圖形下方區域的面積。

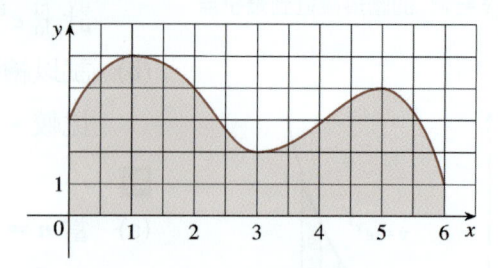

9. 試由中點法和下表的數據來估計積分 $\int_1^5 f(x)\,dx$ 的值。

x	$f(x)$	x	$f(x)$
1.0	2.4	3.5	4.0
1.5	2.9	4.0	4.1
2.0	3.3	4.5	3.9
2.5	3.6	5.0	3.5
3.0	3.8		

10. 紐約市在 2009 年 9 月 19 日的氣溫變化如下圖所示。取 $n = 12$，試以辛普森法估計當天的平均氣溫。

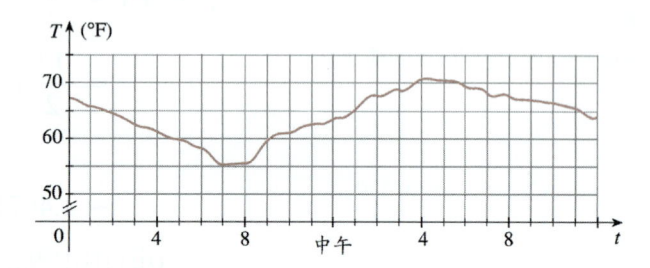

11. 下圖表示的是汽車加速度 $a(t)$ 隨時間改變的情形，其中單位是呎/平方秒。試用辛普森法來估計在這 6 秒間車子所增加的速度。

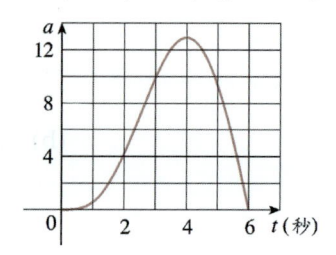

12. 下表為由美國加州聖地牙哥瓦斯及電力公司所提供，聖地牙哥郡在 12 月某天從凌晨至上午 6 點的用電量 P (單位：百萬瓦)。試用辛普森法來估計這段時間所消耗的能量。(提示：電量的導數為能量。)

t	P	t	P
0:00	1814	3:30	1611
0:30	1735	4:00	1621
1:00	1686	4:30	1666
1:30	1646	5:00	1745
2:00	1637	5:30	1886
2:30	1609	6:00	2052
3:00	1604		

■ 自我挑戰

13. 試畫出一個定義在區間 [0, 2] 的連續函數，使得梯形法 (取 $n = 2$) 比中點法更準確。

14. 若 f 為正的函數，且當 $a \leq x \leq b$ 時 $f''(x) < 0$，試推論

$$T_n < \int_a^b f(x)\,dx < M_n$$

15. 試推論 $\frac{1}{3}T_n + \frac{2}{3}M_n = S_{2n}$。

D 雙重積分

在第 5 章，我們定義了在 $[a, b]$ 之單變數連續函數 f 的定積分

(1) $$\int_a^b f(x)\,dx = \lim_{n \to \infty} [f(x_1)\,\Delta x + f(x_2)\,\Delta x + \cdots + f(x_n)\,\Delta x]$$

其中 $\Delta x = (b - a)/n$，且 $x_1, x_2, \ldots, x_n$ 為 $[a, b]$ 中長度為 Δx 的子區間之端點。我們觀察到當 $f(x)$ 為正的函數時，$\int_a^b f(x)\,dx$ 可表示區域的面積，也用 $\int_a^b f(x)\,dx$ 來計算 f 的平均值。

同樣的，我們將說明如何定義在矩形區域中的雙變數函數 $f(x, y)$ 之雙重積分。我們將看到當 $f(x, y)$ 為正的函數時，如何將雙重積分詮釋為體積，以及如何用它來計算平均值。

■ 矩形上的雙重積分

考慮一個雙變數函數 $f(x, y)$，其定義域為

$$R = \{(x, y) \mid a \leq x \leq b, c \leq y \leq d\}$$

我們先把區間 $[a, b]$ 等分成 m 個長度為 $\Delta x = (b - a)/m$ 的子區間，再把區間 $[c, d]$ 等分成 n 個長度為 $\Delta y = (d - c)/n$ 的子區間，如圖 1 所示，R 被分割成 mn 個面積為 $\Delta A = \Delta x\,\Delta y$ 的小矩形，其中小矩形的右上角端點坐標為 (x_i, y_i)。

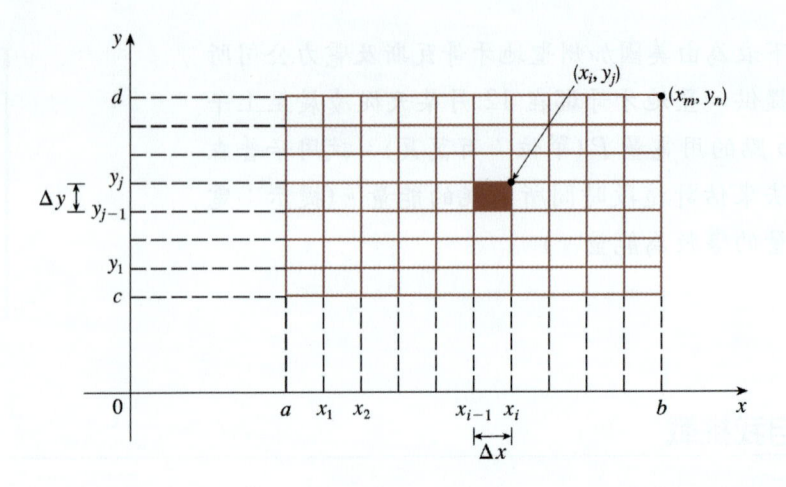

圖 1　把 R 分割成小矩形

如同方程式 (1)，我們把定義域為矩形 R 的函數 f 之**雙重積分** (**double integral**)，定義成雙重黎曼和的極限：

(2)
$$\iint_R f(x, y)\, dA = \lim_{m,n \to \infty} [f(x_1, y_1)\, \Delta A + f(x_1, y_2)\, \Delta A + \cdots + f(x_m, y_n)\, \Delta A]$$

定義 (2) 中的黎曼和共有 mn 項，每項對應著圖 1 中的其中一個小矩形。如果所求的極限存在，就說 f 是**可積分的** (integrable)。

對正的函數而言，可將 $f(x_i, y_j)$ 看成是個小長方形柱體的高，其底面積為 ΔA，體積為 $f(x_i, y_j)\, \Delta A$ (如圖 2)。因此，定義 2 的黎曼和可看成這些小長方形柱體體積的和 (如圖 3)，而這個和就是在曲面 $z = f(x, y)$ 以下，矩形 R 以上實體體積的一個近似值。

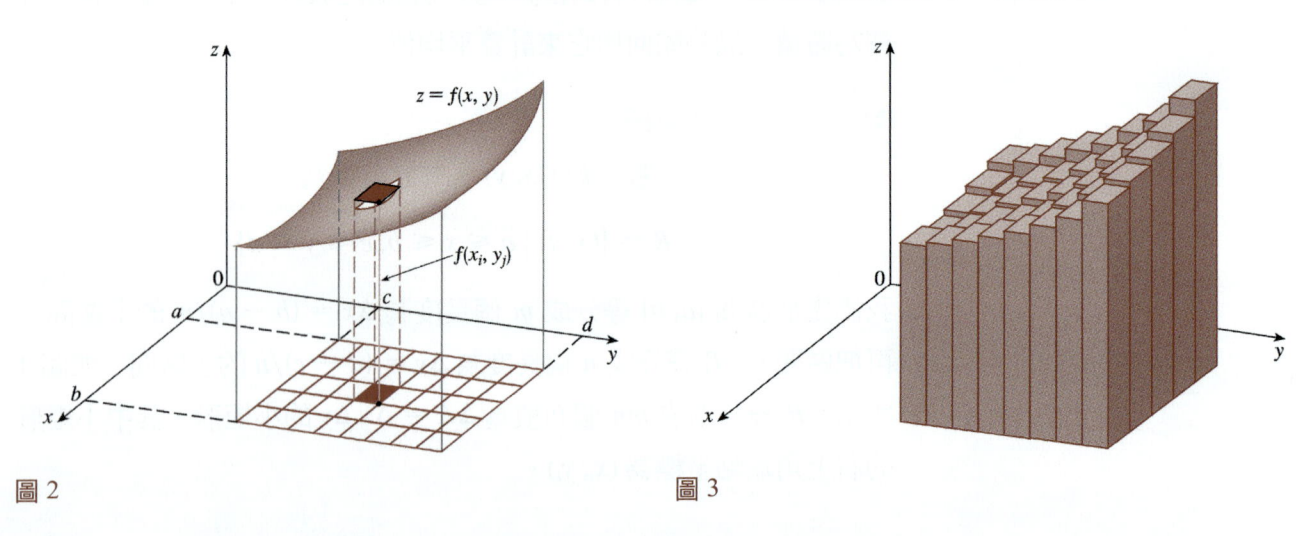

圖 2

圖 3

當定義 (2)、圖 2 和圖 3 的 m 及 n 值愈大，近似值就愈接近實體的體積，因此我們定義所求實體之體積為定積分的值。

> ■ 若 $f(x, y) \geq 0$，在曲面 $z = f(x, y)$ 以下，矩形 R 以上實體的**體積 (volume)** 為
> $$V = \iint_R f(x, y) \, dA$$

■ 逐次積分

若要直接由定義 (2) 來計算雙重積分是很困難的，我們將說明如何把雙重積分寫成逐次積分的形式，所以雙重積分的計算就能利用兩個單變數積分作出來。

假設 f 為定義在矩形區域 $R = [a, b] \times [c, d]$ 的可積分函數。我們以 $\int_c^d f(x, y) \, dy$ 來表示變數 x 是固定的，而 $f(x, y)$ 則是對變數 y 從 $y = c$ 積分到 $y = d$。這樣的過程稱為**對變數 y 偏積分 (partial integration with respect to y)**。(注意：這與偏微分相似。) 由於 $\int_c^d f(x, y) \, dy$ 為一個與變數 x 有關的數，因此將它記作

$$A(x) = \int_c^d f(x, y) \, dy$$

再把函數 A 對變數 x 從 a 到 b 積分，就得到

(3) $$\int_a^b A(x) \, dx = \int_a^b \left[\int_c^d f(x, y) \, dy \right] dx$$

我們稱公式 (3) 等號右邊的積分為**逐次積分 (iterated integral)**。通常中括弧是可以省略的，而把它記作

(4) $$\int_a^b \int_c^d f(x, y) \, dy \, dx = \int_a^b \left[\int_c^d f(x, y) \, dy \right] dx$$

也就是先對變數 y 從 c 到 d 積分，然後再對變數 x 從 a 到 b 積分。

同樣的，

(5) $$\int_c^d \int_a^b f(x, y) \, dx \, dy = \int_c^d \left[\int_a^b f(x, y) \, dx \right] dy$$

則是表示對變數 x 從 $x = a$ 到 $x = b$ 積分 (將變數 y 視為常數)，然後再對變數 y 從 $y = c$ 到 $y = d$ 積分。注意：不論是哪種情形，都是先作內層的積分再作外層的積分。

例 1

試計算下列積分。

(a) $\int_0^3 \int_1^2 x^2 y \, dy \, dx$ 　　(b) $\int_1^2 \int_0^3 x^2 y \, dx \, dy$

解

(a) 將 x 視為常數，對 y 積分可得

$$\int_1^2 x^2 y \, dy = \left[x^2 \frac{y^2}{2} \right]_{y=1}^{y=2} = x^2 \left(\frac{2^2}{2} \right) - x^2 \left(\frac{1^2}{2} \right) = \frac{3}{2} x^2$$

前面提及變數 x 的函數 A 即為 $A(x) = \frac{3}{2} x^2$，再將此函數從 0 積分到 3：

$$\int_0^3 \int_1^2 x^2 y \, dy \, dx = \int_0^3 \left[\int_1^2 x^2 y \, dy \right] dx$$

$$= \int_0^3 \frac{3}{2} x^2 \, dx = \left. \frac{x^3}{2} \right]_0^3 = \frac{27}{2}$$

(b) 先對變數 x 積分再對變 y 數積分，可得

$$\int_1^2 \int_0^3 x^2 y \, dx \, dy = \int_1^2 \left[\int_0^3 x^2 y \, dx \right] dy = \int_1^2 \left[\frac{x^3}{3} y \right]_{x=0}^{x=3} dy$$

$$= \int_1^2 9y \, dy = \left. 9 \frac{y^2}{2} \right]_1^2 = \frac{27}{2}$$

我們注意到在例 1 中，雖然積分的順序不同，但卻得到相同的結果。一般而言 [如定理 (6)]，公式 (4) 及公式 (5) 都會得到相同的結果，也就是與積分的順序無關 (如同混合偏導數也和微分的順序無關)。

事實上，計算雙重積分最實用的方法是將它寫成逐次積分的形式 (與順序無關)。對大多數的函數而言，下面的定理是成立的，因此使得逐次積分更為實用。這個定理必須在高等微積分的課程才能說明它的證明內容。

(6) ■ 若 f 為定義在矩形 $R = \{(x, y) \mid a \leq x \leq b, c \leq y \leq d\}$ 的連續函數，則

$$\iint_R f(x, y) \, dA = \int_a^b \int_c^d f(x, y) \, dy \, dx = \int_c^d \int_a^b f(x, y) \, dx \, dy$$

例 2

試求由拋物面 $x^2 + 2y^2 + z = 16$、平面 $x = 2$ 和 $y = 2$，與三個坐標平面所圍成的實體 S 之體積。

解

我們首先觀察到實體 S 在曲面 $z = 16 - x^2 - 2y^2$ 下方，且在曲面 $R = \{(x, y) \mid 0 \le x \le 2, 0 \le y \le 2\}$ 上方 (如圖 4)。由定理 (6)，可將求體積的雙重積分表示成逐次積分：

$$V = \iint_R (16 - x^2 - 2y^2)\, dA$$

$$= \int_0^2 \int_0^2 (16 - x^2 - 2y^2)\, dx\, dy$$

$$= \int_0^2 \left[16x - \tfrac{1}{3}x^3 - 2y^2 x\right]_{x=0}^{x=2} dy$$

$$= \int_0^2 \left(\tfrac{88}{3} - 4y^2\right) dy = \left[\tfrac{88}{3}y - \tfrac{4}{3}y^3\right]_0^2 = 48$$

圖 4

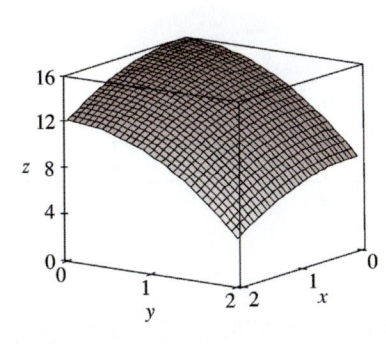

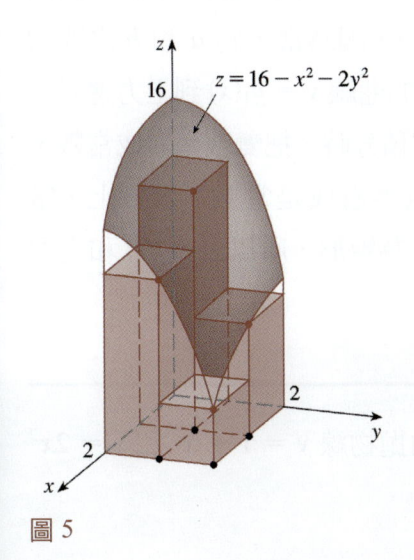

註：圖 5 顯示以四個小長方形柱體 ($m = n = 2$) 近似實體的方式來定義體積和雙重積分。圖 6 則顯示當 m、n 愈大時，由小長方體組合而成的體積和會更近似於實體的體積。

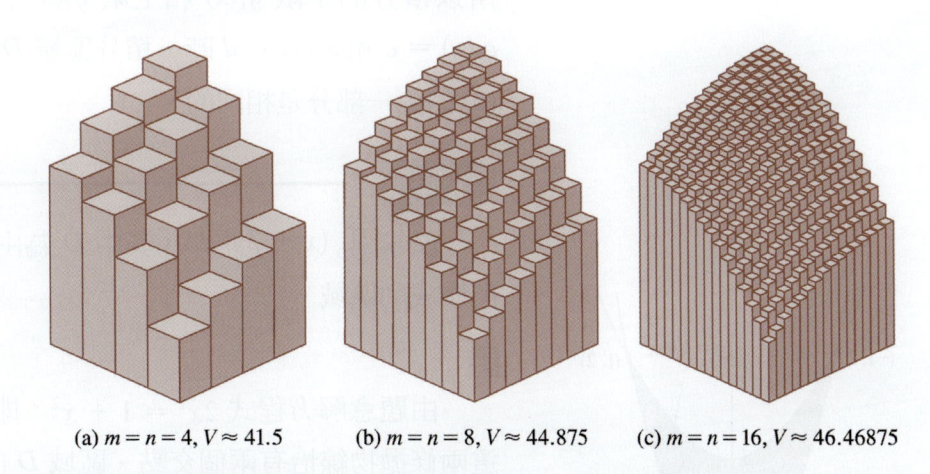

圖 5

(a) $m = n = 4, V \approx 41.5$　　(b) $m = n = 8, V \approx 44.875$　　(c) $m = n = 16, V \approx 46.46875$

圖 6　當 m、n 愈大時，黎曼和更接近在曲面下方實體的體積。

■ 在一般區域上方的雙重積分

若區域 D 不是矩形時，如何對定義在 D 的 $f(x, y)$ 作積分呢？假設區域 D 介於兩個變數為 x 的連續函數圖形之間：

$$D = \{(x, y) \mid a \leq x \leq b,\ g_1(x) \leq y \leq g_2(x)\}$$

圖 7 顯示這類區域的三種形式。

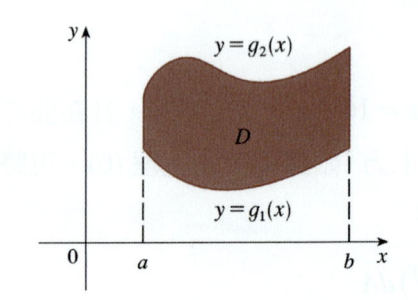

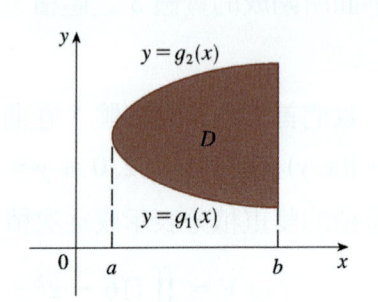

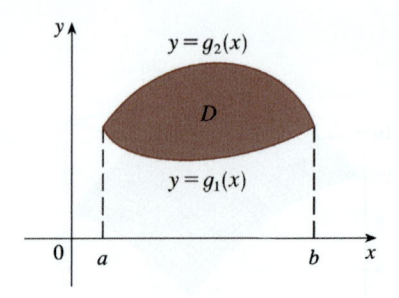

圖 7

在 D 上 f 的雙重積分，$\iint_D f(x, y)\, dA$，可由如同定義 (2) 的極限來定義，也可如定理 (6) 所說明的，以逐次積分來計算：

(7) $$\iint_D f(x, y)\, dA = \int_a^b \int_{g_1(x)}^{g_2(x)} f(x, y)\, dy\, dx$$

要注意的是，在公式 (7) 中內層積分的下限和上限分別為 x 的函數：$y = g_1(x)$ 和 $y = g_2(x)$。這是合理的，因為當 x 為 a 和 b 之間的某個定數時，y 的範圍就是從下方邊界的曲線 $y = g_1(x)$ 到上方邊界的曲線 $y = g_2(x)$。但是，當我們計算內層積分時，把變數 x 看成常數，所以積分的下限 $g_1(x)$ 和上限 $g_2(x)$ 也應看成是常數。事實上，當 $g_1(x) = c$ 和 $g_2(x) = d$ 時，積分區域 D 為矩形，所以公式 (7) 和定理 (6) 的第一部分是相同的。

例 3

試求 $\iint_D (x + 2y)\, dA$，其中 D 為由拋物線 $y = 1 + x^2$ 和 $y = 2x^2$ 所圍成的區域。

解

由題意解方程式 $2x^2 = 1 + x^2$，即 $x^2 = 1$ 可得 $x = \pm 1$，也就是這兩條拋物線恰有兩個交點。區域 D 的圖形如圖 8 所示，並且可表示成

$$D = \{(x, y) \mid -1 \leq x \leq 1,\ 2x^2 \leq y \leq 1 + x^2\}$$

因為下邊界為 $y = 2x^2$ 和上邊界為 $y = 1 + x^2$，所以由公式 (7) 可得

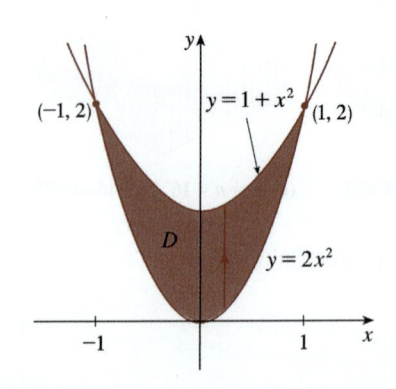

圖 8

$$\iint_D (x+2y)\,dA = \int_{-1}^{1}\int_{2x^2}^{1+x^2}(x+2y)\,dy\,dx$$

$$= \int_{-1}^{1}\bigl[xy+y^2\bigr]_{y=2x^2}^{y=1+x^2}\,dx$$

$$= \int_{-1}^{1}\bigl[x(1+x^2)+(1+x^2)^2 - x(2x^2)-(2x^2)^2\bigr]\,dx$$

$$= \int_{-1}^{1}(-3x^4-x^3+2x^2+x+1)\,dx$$

$$= -3\,\frac{x^5}{5}-\frac{x^4}{4}+2\,\frac{x^3}{3}+\frac{x^2}{2}+x\,\Bigr]_{-1}^{1} = \frac{32}{15}$$

註：如方程式 (3)，當我們想寫下雙重積分時，畫出積分區域的圖形是必要的。如同在圖 8 中畫出一條鉛直的箭號也是有幫助的。此時，可用這個圖形來解讀內層函數的上下限：這個箭號由下邊界 $y=g_1(x)$ 開始，這就是積分的下限；這個箭號止於上邊界 $y=g_2(x)$，也就是積分的上限。

■ 平均值

回顧在第 5.3 節中，定義域為區間 $[a,b]$ 的單變數函數 f 之平均值為

$$f_{\text{ave}} = \frac{1}{b-a}\int_a^b f(x)\,dx$$

同樣的，我們將定義域為矩形 R 的雙變數函數 f 之**平均值 (average value)** 定義為

$$f_{\text{ave}} = \frac{1}{A(R)}\iint_R f(x,y)\,dA$$

其中 $A(R)$ 為 R 的面積。

若 $f(x,y)\geq 0$，公式

$$A(R)\times f_{\text{ave}} = \iint_R f(x,y)\,dA$$

是說底面積為 R，高為 f_{ave} 的盒子與在 f 的圖形下方的實體之體積相等。(若描述一座山的形狀，當你將高度 f_{ave} 以上的部分剷平後，可用所剷下的土將山谷完全填平，如圖 9。)

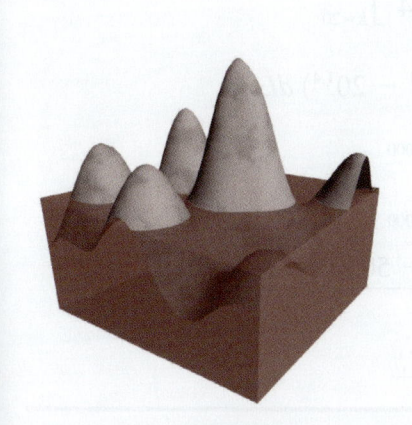

圖 9

> **例 4**

某製造商引用科布-道格拉斯生產函數

$$P(L, K) = 70L^{0.6}K^{0.4}$$

來描述產出的行為，其中 L 代表每月的總工時 (勞動力) 和 K 代表每月的資本額 (單位：千美元)。若 L 從 5000 到 6000 之間均勻分布，且每月的資本支出均勻分布在 20,000 美元到 30,000 美元之間，試求該製造商每月的平均生產量。

解

我們計算函數 $P(L, K)$ 在矩形區域 R 上的平均值，其中 R 的範圍是

$$5000 \leq L \leq 6000 \qquad 20 \leq K \leq 30$$

R 的面積為

$$A(R) = (6000 - 5000)(30 - 20) = 10{,}000$$

因此，所求的平均值為

$$\begin{aligned}
P_{\text{ave}} &= \frac{1}{A(R)} \iint_R P(L, K) \, dA \\
&= \frac{1}{10{,}000} \int_{5000}^{6000} \int_{20}^{30} P(L, K) \, dK \, dL \\
&= \frac{1}{10{,}000} \int_{5000}^{6000} \int_{20}^{30} 70 L^{0.6} K^{0.4} \, dK \, dL \\
&= \frac{1}{10{,}000} \int_{5000}^{6000} \left[70 L^{0.6} \frac{K^{1.4}}{1.4} \right]_{K=20}^{K=30} dL \\
&= \frac{1}{10{,}000} \int_{5000}^{6000} 50 L^{0.6} (30^{1.4} - 20^{1.4}) \, dL \\
&= \frac{(30^{1.4} - 20^{1.4})}{200} \left[\frac{L^{1.6}}{1.6} \right]_{5000}^{6000} \\
&= \frac{(30^{1.4} - 20^{1.4})(6000^{1.6} - 5000^{1.6})}{320} \approx 44{,}427.0
\end{aligned}$$

也就是每月平均生產量約為 44,427 單位。

習題 D

1. 試求 $\int_0^5 f(x, y)\, dx$ 和 $\int_0^1 f(x, y)\, dy$，其中 $f(x, y) = 12x^2 y^3$。

2-6 ■ 試計算逐次積分。

2. $\int_1^3 \int_0^1 (1 + 4xy)\, dx\, dy$
3. $\int_0^2 \int_0^1 (2x + y)^8\, dx\, dy$
4. $\int_1^4 \int_1^2 \left(\dfrac{x}{y} + \dfrac{y}{x} \right) dy\, dx$
5. $\int_0^4 \int_0^{\sqrt{y}} xy^2\, dx\, dy$
6. $\int_0^1 \int_{x^2}^x (1 + 2y)\, dy\, dx$

7-10 ■ 試計算雙重積分。

7. $\iint_R (6x^2 y^3 - 5y^4)\, dA$，
   $R = \{(x, y) \mid 0 \le x \le 3, 0 \le y \le 1\}$
8. $\iint_R xy e^{x^2 y}\, dA$，
   $R = \{(x, y) \mid 0 \le x \le 1, 0 \le y \le 2\}$
9. $\iint_R xy^2\, dA$，D 為頂點為 $(0, 0)$、$(1, 0)$ 和 $(1, 1)$ 的三角形。
10. $\iint_D x^3\, dA$，
    $D = \{(x, y) \mid 1 \le x \le e, 0 \le y \le \ln x\}$

11. 試求在平面 $3x + 2y + z = 12$ 下方和矩形 $R = \{(x, y) \mid 0 \le x \le 1, -2 \le y \le 3\}$ 上方的實體體積。

12. 試求在曲面 $z = xy$ 下方，且在頂點為 $(1, 1)$、$(4, 1)$ 和 $(1, 2)$ 的三角形上方之實體體積。

13-14 ■ 試求在給定區域上 f 的平均值。

13. $f(x, y) = x^2 y$，R 為矩形且其頂點為 $(-1, 0)$、$(-1, 5)$、$(1, 5)$ 和 $(1, 0)$。

14. $f(x, y) = xy$，R 為三形形且其頂點為 $(0, 0)$、$(1, 0)$ 和 $(1, 3)$。

15. 美國科羅拉多州的地圖為一個由西到東為 388 哩，由南到北為 276 哩的矩形。假設以函數

$$f(x, y) = 4.6 + 0.02x - 0.01y + 0.0001xy$$

表示在該州西南角以東 x 哩，以北 y 哩位置的落雪量之近似值 (單位：吋)。根據此模型，試問全州的平均落雪量為多少？

E 奇數題簡答

第 1 章

習題 1.1

1. (a) 4 美元；10 磅裝的培養土每袋訂價為 4 美元。
   (b) 定義域：$\{4, 10, 50\}$；值域：$\{1.60, 4.00, 20.00\}$
3. 當車速為 65 哩 / 小時，這部車的平均里程為 24.7 哩 / 加侖。
5. $[-85, 115]$
7.
9.

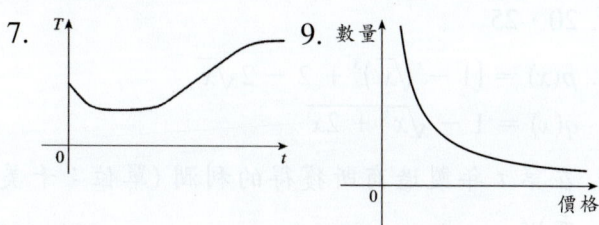

11. (a) [圖]

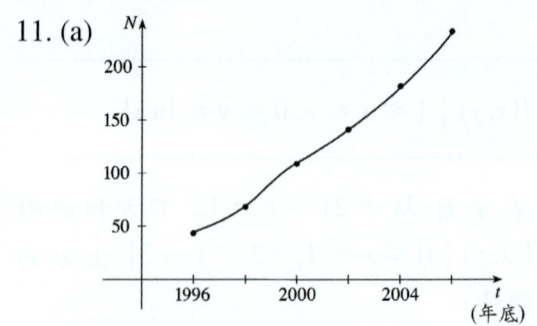

(b) 1.26 億；2.07 億

13. $8 + h$ 15. $-1/(ax)$

17. $\{t \mid t \geq -3\} = [-3, \infty)$ 19. 否

21. $-1, 1, -1$ [圖]

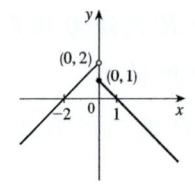

23. $A(L) = 10L - L^2, 0 < L < 10$

25. $V(x) = 4x^3 - 64x^2 + 240x, 0 < x < 6$

27. f 為奇函數，g 為偶函數

29. 奇函數 31. 偶函數

■ 習題 1.2

1. 這一年第 t 天數學課的學生總人數。

3. 在第 x 年每畝地的玉米平均產量（蒲式耳）。

5. (a) $A(x) = x^2 - 2x + 12$
   (b) $B(x) = x^2 - 8x - 12$
   (c) $C(x) = 3x^3 - 3x^2 - 60x$
   (d) $D(x) = (x^2 - 5x)/(3x + 12)$

7. 20，25

9. $p(x) = (1 - \sqrt{x})^3 + 2 - 2\sqrt{x}$,
   $q(x) = 1 - \sqrt{x^3 + 2x}$

11. 在第 t 年製造商所獲得的利潤（單位：千美元）。

13. (a) $A(m) = 14.7 + 0.2165m + 1.299\sqrt{m}$ 為保羅潛水第 m 分鐘時所感受的壓力（單位：PSI）。

(b) $A(25) = 26.6075$；保羅潛水第 25 分鐘時所感受的壓力大約為 26.6 PSI。

15. $g(x) = x^2 + 1, f(x) = x^{10}$

17. (a) $y = f(x) + 4$ (b) $y = f(x) - 4$
    (c) $y = f(x - 4)$ (d) $y = f(x + 4)$
    (e) $y = -f(x)$ (f) $y = f(-x)$
    (g) $y = 3f(x)$ (h) $y = \frac{1}{3}f(x)$

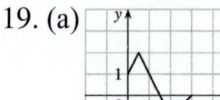

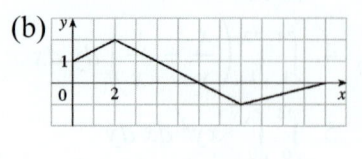

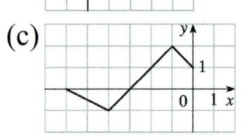

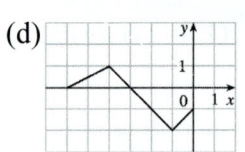

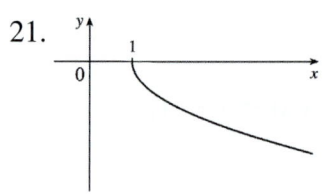

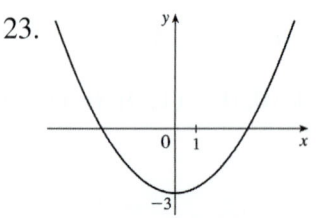

19. (a) [圖] (b) [圖]
    (c) [圖] (d) [圖]

21. [圖]

23. [圖]

25. (a) 第二座水庫的水位永遠比第一座低 15 呎。
    (b) 第二座水庫的水位和第一座在 2 個月以前的水位相同。

27. (a) $s = \sqrt{d^2 + 36}$ (b) $d = 30t$
    (c) $f(g(t)) = \sqrt{900t^2 + 36}$；燈塔與船之間的距離為自中午起時間 t 的函數。

29. $p(x) = \sqrt{x^2 + 6x + 10}$

31. $y = -f(x) - 1$ 33. 是；$m_1 m_2$

■ 習題 1.3

1. $\frac{3}{2}$ 3. $y = 3x - 2$

5. $y = -5x + 11$ 7. $y = 3x - 3$

9. $m = -\frac{2}{5}, b = 3$

11. $m = -2$，x-截距為 7，y-截距為 14

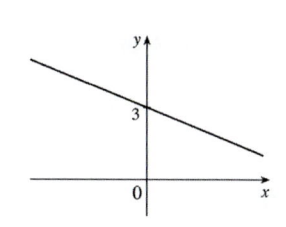

13. $h(x) = 56x - 63$

15. -3300；機器的價值每年減少 3300 美元。

17. (a) 8.34，每改變 1 歲兒童的建議用藥量之變化量 (毫克)
    (b) 8.34 毫克

19. (a) $T = \frac{1}{6}N + \frac{307}{6}$
    (b) $\frac{1}{6}$，溫度每上升華氏 1 度，蟋蟀每分鐘鳴叫次數的變化量。
    (c) 76°F

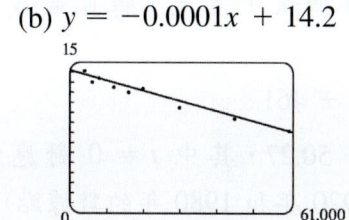

21. (a) 線性模型是合適的。
    (b) $y = -0.0001x + 14.2$
    (c) 每 100 人中有 5.2 人；外插 (d) 否

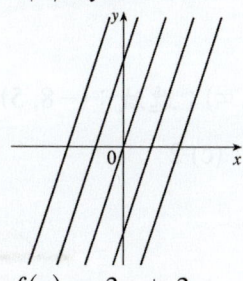

23. (a) 斜率為 3 (b) y-截距為 3
    (c) $f(x) = 3x + 3$

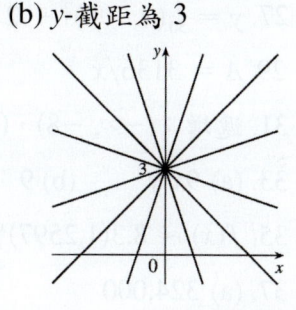

25. $H(t) = \begin{cases} -0.05t + 13.4, & t < 5 \\ 0.667t + 9.97, & t \geq 5 \end{cases}$
    其中 $t = 0$ 對應於 1995 年

■ 習題 1.4

1. (a) 冪函數，也是四次多項式
   (b) 冪函數
   (c) 七次多項式 (d) 有理函數

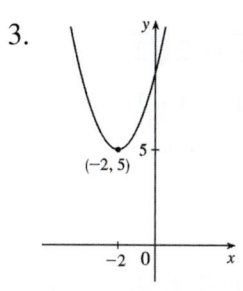

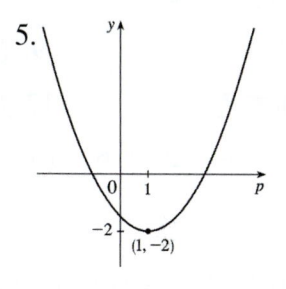

3. [圖：頂點 $(-2, 5)$]
5. [圖：頂點 $(1, -2)$]

7. $f(x) = -x^2 + 2x - 3$

9. $f(x) = 0.12x^2 - 13.2x + 2203$

11. (a) [散佈圖] $t = 0$ 對應於 1995 年
    (b) $P(t) = 0.2125(t - 4)^2 + 9.1$
    (c) 11.0%

13. (a) $R(p) = 142p - 91.4p\sqrt{p}$ 千美元
    (b) 1.07 美元；47,455

15. 遞增：$(-\infty, -2)$、$(6, 9)$；遞減：$(-2, 6)$、$(9, \infty)$

17. 225

19. (a) $D = 0.1875t$ (b) 2.625 哩

21. 頻率減半

23. 亮度增為 4 倍

■ 習題 1.5

1. (a) $f(x) = a^x, a > 0$ (b) $\mathbb{R}$
   (c) $(0, \infty)$ (d) (i) 如圖 3(b) (ii) 如圖 3(a)

3.

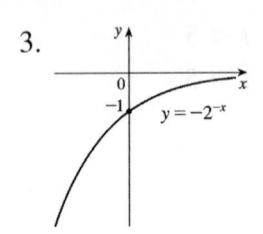

[圖：$y = -2^{-x}$，過 $(0,-1)$]

5. (a) $y = e^x - 2$ (b) $y = e^{x-2}$
   (c) $y = -e^x$ (d) $y = e^{-x}$
   (e) $y = -e^{-x}$

7. u^8

9. $\sqrt[3]{16} = 2\sqrt[3]{2}$

15. 都不是

17. $f(x) = 3 \cdot 2^x$

21. (a) $y = -2^x + 6$ (b) $y = 2^{-(x+8)}$

■ 習題 1.6

1. (a) 它被定義成以 a 為底的指數函數之反函數，也就是 $\log_a x = y \iff a^y = x$
   (b) $(0, \infty)$ (c) $\mathbb{R}$

3. (a) 3   (b) 7

5. 2.4037

7. (a) $\log 1000 = 3$ (b) $\log_4 y = x$

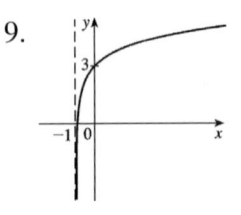

9. [圖：對數函數圖形，過 $(-1, 0)$，y 軸上標 3]

11. 約 680 億哩

13. 否

15. $\ln(u^3/25)$

17. (a) $\sqrt{e} \approx 1.6487$ (b) $-\ln 5 \approx -1.6094$

19. 6.5850

21. 6.4820

23. ≈ 86.64 呎

25. 2005 年 11 月中

■ 第 1 章 複習

1. (a) 2.7 (b) 2.3, 5.6 (c) $[-6, 6]$ (d) $[-4, 4]$

3. (a) [圖：d vs t 曲線] (b) 150 呎

5. $\left(-\infty, \frac{2}{5}\right]$ 7. $\mathbb{R}$

9. 10, $x^2 - 13x + 40$, $a + 1$, $2x + h - 3$

11. (a) 都不是 (b) 奇函數 (c) 偶函數

13. 大衛在第 t 年存入退休金帳戶的金額（單位：美元）

15. (a) $A(x) = 3x^2 - 2^x + 9$
    (b) $B(x) = 3(2^x - 5)^2 + 4$
    (c) $C(x) = 2^{3x^2+4} - 5$

17. (a) 往上移 8 個單位長。
    (b) 往左移 8 個單位長。
    (c) 垂直延伸為 2 倍，再往上移 1 個單位長。
    (d) 往右移 2 個單位長，再往下移 2 個單位長。
    (e) 對 x 軸作反映射。

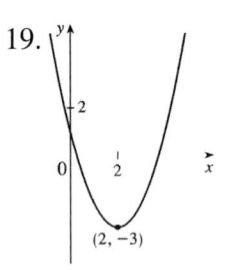

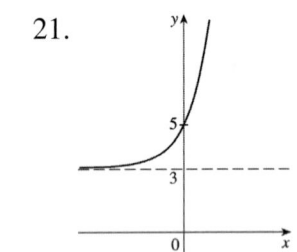

19. [圖：拋物線，頂點 $(2, -3)$，過 $(0, 2)$]

21. [圖：指數曲線，水平漸近線 $y = 3$，過 $(0, 5)$]

23. (a) -12；價格每調漲 1 美元，購買量減少 12,000 件
    (b) $L(x) = -12x + 461$

25. $L(t) = 0.2467t + 50.27$，其中 $t = 0$ 對應於 1900 年（使用 1920 年和 1980 年的數據點）；約 78.6 年。

27. $y = \frac{1}{50}(x + 8)^2 + 2$

29. $A = 3136/x$

31. 遞增：$(-\infty, -8)$，$(5, \infty)$；遞減：$(-8, 5)$

33. (a) $9x^2 y^8$ (b) 9 (c) 2

35. $f(x) \approx 8.3(1.2597)^x$

37. (a) 324,000
    (b) $P(t) = 4000 \cdot 3^{t/5}$
    (c) 約 25.13 年

第 2 章

■ 習題 2.1

1. 9 3. 0.115

5. (a) 每天 $\frac{143}{63} \approx 2.27$ 美元；由 3 月 15 日至 5 月 17 日金價每天平均漲 2.27 美元。
   (b) ≈ 0.16 美元 / 天

7. ≈ 732.72；開戶後 2.5 年到 4.5 年之間，帳戶的餘額每年平均增加 737.72 美元。

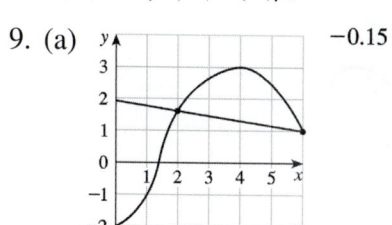

9. (a) [圖：y 軸上 -2 到 3，x 軸上 1 到 5 的曲線圖，標示 -0.15]
   (b) 正數 (c) [1, 2]

11. (a) (i) 32 呎 / 秒 (ii) 25.6 呎 / 秒
    (iii) 24.8 呎 / 秒 (iv) 24.16 呎 / 秒
    (b) 24 呎/秒

■ 自我準備 2.1

1. 0.4091 2. 0.4988

3. (a) $(x-8)(x+3)$ (b) $(a+5)(a-5)$
   (c) $(2w+3)(w-5)$ (d) $(b+1)(b^2-b+1)$

4. (a) $\dfrac{x+1}{x-4}$ (b) $c+4$ (c) $-\dfrac{1}{3q}$

5. $\dfrac{1}{\sqrt{x+1}+2}$ 6. (a) 8 (b) -3 (c) 2

■ 習題 2.2

1. 是 3. 0.25

5. (a) ≈ 0.41421，≈ 0.49242，≈ 0.49980，≈ 0.49999
   (b) 0.5
   (c) ≈ 0.499999，0.5，0，0；否
   (d) 計算器終究會產生誤差；否

7. -4 9. 0.173

11. (a) $\{z \mid z \neq 2, z \neq 3\}$ (b) -1 (c) 2

13. $\dfrac{7}{4}$ 15. $\dfrac{6}{5}$

17. $\dfrac{1}{12}$ 19. $-\dfrac{1}{16}$

21. 當 $t \to 0$ 時，函數值並不趨近於任何一個定值。

23. 當 x 由左邊趨近 1 時，$f(x)$ 趨近於 3；當 x 由右邊趨近 1 時，$f(x)$ 趨近於 7；否

25. (a) 1 (b) -1 (c) 否

27. $\dfrac{2}{3}$

■ 自我準備 2.3

1. (a) $a-3$ (b) $v+1$

2. (a) $-\dfrac{1}{5(5+t)}$ (b) $-\dfrac{1}{4r}$

3. (a) 8 (b) 10 (c) 12 (d) $\dfrac{1}{6}$

4. $y = \dfrac{3}{4}x - \dfrac{13}{2}$ 5. 6

■ 習題 2.3

1. 10 3. 440 呎 / 秒

5. 12 7. 23

9. (a) 12 (b) $4a$

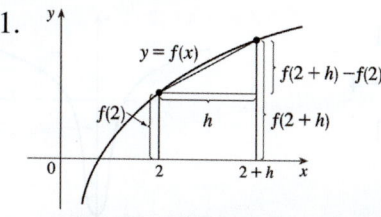

11. [圖：曲線 $y = f(x)$ 通過點 $(2, f(2))$ 和 $(2+h, f(2+h))$，標示 h、$f(2)$、$f(2+h)$、$f(2+h) - f(2)$]
    通過點 $(2, f(2))$ 和 $(2+h, f(2+h))$ 的直線

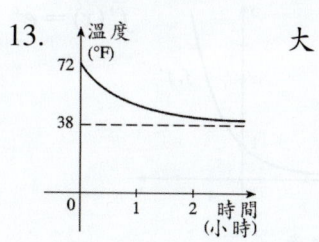

13. [圖：溫度 (°F) 對時間 (小時) 的曲線，從 72 降至 38] 大

15. 2；$y = 2x - 4$ 17. $y = -x + 5$

19. (a) (i) 20.25 美元 / 單位
    (ii) 20.05 美元 / 單位
    (b) 20 美元 / 單位

21. (a) 每小時汽油消耗量相對於速率的變化率；(加侖 / 小時) / (哩 / 小時)。
    (b) 當車速達 20 哩 / 小時，每小時汽油消耗量

的變化率遞減 0.05 (加侖 / 小時) / (哩 / 小時)

23. (a) 每週賣 80 杯，會虧損 125 美元。
    (b) 每週賣出 80 杯後，每杯的利潤增加 1.50 美元。

25. (a) (i) 4.65 公尺 / 秒 (ii) 5.6 公尺 / 秒
        (iii) 7.55 公尺 / 秒 (iv) 7 公尺 / 秒
    (b) 6.3 公尺 / 秒

27. (a) 溶氧量相對於水溫的變化率；(毫克 / 公升) / ℃
    (b) $S'(16) \approx -0.25$；當溫度增高到 16℃ 時，溶氧量的變化率為 0.25 (毫克 / 公升) / ℃。

■ 自我準備 2.4

1. $6 - 6t - 3h$
2. $-1/[x(x+c)]$
3. $2x$
4. $3x^2 + 2$
5. $\dfrac{2}{(x+a+2)(x+2)}$
6. $\dfrac{1}{4}$

■ 習題 2.4

1. (a) 1.5   (b) 1
   (c) 0   (d) −4
   (e) 0   (f) 1
   (g) 1.5

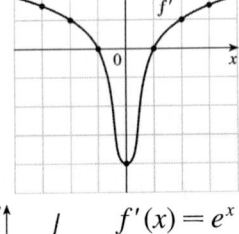

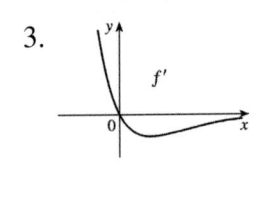

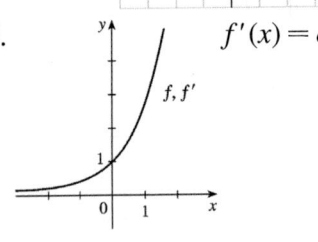

3.

5. $f'(x) = e^x$

7. (a) 每年失業率的變化率
   (b)

t	$U'(t)$	t	$U'(t)$
1999	−0.2	2004	−0.45
2000	0.25	2005	−0.45
2001	0.9	2006	−0.25
2002	0.65	2007	0.6
2003	−0.15	2008	1.2

9. $h'(v) = 8v$
11. $B(p) = -3/p^2$

13. $G'(t) = \dfrac{4}{(t+1)^2}$, $(-\infty, -1) \cup (-1, \infty)$, $(-\infty, -1) \cup (-1, \infty)$

15.

17. (a) 在 (1, 5) 遞增；在 (0, 1)、(5, 6) 遞減
    (b) 在 $x = 5$ 有局部極大值，在 $x = 1$ 有局部極小值。
    (c)

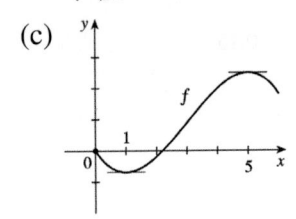

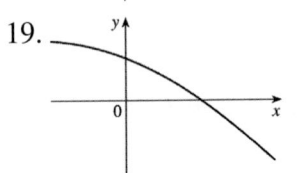

19.

21. (a) 初始變化率較小但成長得很快，達到特定量之後開始遞減而變成負數。
    (b) (1932, 2.5) 和 (1937, 4.3)；人口密度的變化率在 1932 年開始遞減，由 1937 年起開始遞增。

23. $K(3) - K(2)$；下凹

25. $a = f$，$b = f'$，$c = f''$

■ 第 2 章 複習

1. $\dfrac{\sqrt{17} - 2\sqrt{2}}{3} \approx 0.432$

3. 8.5；由第 6 個月到第 9 個月的月底，每月的平均收益增加 8500 美元。

5. 5.545
7. 6
9. $\dfrac{3}{2}$
11. 4
13. 3

15. (a) (i) 3 (ii) 0 (iii) 不存在 (iv) 2 (v) 不存在
    (b) −3, 0, 2, 4

17. (a) (i) 3 公尺 / 秒 (ii) 2.75 公尺 / 秒

(iii) 2.625 公尺／秒 (iv) 2.525 公尺／秒
(b) 2.5 公尺／秒

19. 3

21. 0，$f'(5)$，$f'(2)$，1，$f'(3)$

23. (a) 貸款相對於利率的變化率；美元／(每年百分比)
(b) 當利率增加至 10% 後，貸款會以 1200 美元／(每年百分比) 的速率增加。
(c) 恆為正

25. (a) 0.824 (b) $y = 0.824x + 0.825$

27. $C'(2000) \approx 34.95$；2000 年美元的流通量以每年 349.5 億美元的速度增加。

29. (a) 每年 -0.9 個百分點
(b) $P'(2002) \approx 0.85$；2002 年美國 18 歲以下青年生活水準低於貧窮線的比例每年增加 0.85 個百分點

31. -4 (不連續)，-1 (尖點)，2 (不連續)，5 (鉛直的切線)

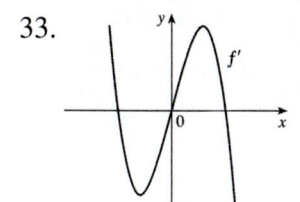

33.

35. $f'(x) = m$ 37. $g'(x) = 4x - 3$

39. $A'(w) = -\dfrac{3}{2w-1^2}$

41. $g''(x) = 4$

43. (a) 約 35 呎／秒 (b) 約 (8, 180)
(c) 車速最高的點

45. (a) 在 $(-2, 0)$ 和 $(2, \infty)$ 遞增；在 $(-\infty, -2)$ 和 $(0, 2)$ 遞減
(b) 在 0 有極大值；在 -2 和 2 有極小值
(c) 在 $(-\infty, -1)$ 和 $(1, \infty)$ 上凹；在 $(-1, 1)$ 下凹

第 3 章

■ 自我準備 3.1

1. (a) $f(x) = x^{1/3}$ (b) $g(w) = w^{-1}$
(c) $A(t) = 4t^{-1/2}$ (d) $B(v) = 8v^{-3}$
(e) $y = x^{3/4}$

2. $y = -2x + 14$

■ 習題 3.1

1. $f'(x) = 0$ 3. $g'(t) = \frac{7}{2}t^{5/2}$
5. $L'(t) = \frac{1}{4}t^{-3/4}$ 7. $f'(x) = -14/x^3$
9. $f'(x) = 3x^2 - 4$ 11. $q' = e^r$
13. $f'(t) = t^3$ 15. $y' = \frac{3}{2}\sqrt{x} + \dfrac{1}{2\sqrt{x}}$
17. $y' = 7 - \dfrac{5}{x^2}$ 19. $v' = 2t + \frac{3}{4}t^{-7/4}$
21. $y = 2x + 2$
23. $f'(x) = 4x^3 - 9x^2 + 16$，$f''(x) = 12x^2 - 18x$
25. (a) $v(t) = 3t^2 - 3$，$a(t) = 6t$
(b) 12 公尺／平方秒
(c) $a(1) = 6$ 公尺／平方秒

■ 自我準備 3.2

1. (a) $f'(x) = 2.6 + 0.04x$ (b) 4.6
2. 540   3. -3.75
4. 353.55   5. (a) 1.6   (b) 2.0

■ 習題 3.2

1. $C(q) = 2000 + 15q$
3. (a) $C'(x) = 3 + 0.02x + 0.0006x^2$
(b) 每條 11 美元，製造了 100 條牛仔褲後的成本變化率；製造第 101 條牛仔褲的成本
(c) 11.07 美元
5. (a) 390   (b) 369
7. (a) 100 單位 (b) 7.5 (c) 400 單位
9. (a) $P(q) = -0.007q^2 + 12q - 2500$
(b) $C'(q) = 4 + 0.01q$，$R'(q) = 16 - 0.004q$

(c) 857

11. 333 單位

13. (a) 2800 美元
   (b) $C'(1400) \approx 0.02$ 千美元 / 個，$R'(1400) \approx 0.01$ 千美元 / 個；否 (c) 1200 個

■ 自我準備 3.3

1. (a) $f'(x) = 15x^2 + 3$ (b) $g'(x) = -2/x^3$
   (c) $r'(x) = \dfrac{1}{2\sqrt{x}}$ (d) $U'(t) = e^t$

2. (a) $\dfrac{5}{t^2}$ (b) $\dfrac{1}{2\sqrt{x}}$ (c) $4\sqrt[3]{x}$

3. (a) 16.4 呎 / 分鐘 (b) 2.4 呎 / 平方分鐘

■ 習題 3.3

1. $y' = 5x^4 + 3x^2 + 2x$
3. $y' = (x - 2)e^x/x^3$
5. $F'(y) = 5 + \dfrac{14}{y^2} + \dfrac{9}{y^4}$
7. $y' = (r^2 - 2)e^r$ 9. $y' = 2v - 1/\sqrt{v}$
11. -0.556
13. (a) $A'(x) = [xp'(x) - p(x)]/x^2$；每增加 1 個工人，平均生產力會增加。
15. $\dfrac{1}{4}$ 17. 7
19. 16.27 億美元 / 年 21. $g^{(n)}(x) = (x + n)e^x$

■ 自我準備 3.4

1. $f(x) = \sqrt{x}$ 2. $f(x) = e^x$
3. (a) $2/\sqrt{x}$ (b) $30x^5$ (c) $-\dfrac{2}{3t^{4/3}}$
   (d) $-8e^t$ (e) $(x^2 + 2x)e^x$ (f) $\dfrac{1 - w^2}{(w^2 + 1)^2}$
4. $\dfrac{19}{2}$

■ 習題 3.4

1. $x/\sqrt{x^2 + 4}$ 3. $e^{\sqrt{x}}/(2\sqrt{x})$
5. $F'(x) = \dfrac{2 + 3x^2}{4(1 + 2x + x^3)^{3/4}}$
7. $g'(t) = -\dfrac{12t^3}{(t^4 + 1)^4}$

9. $y' = (1 - 2x^2)e^{-x^2}$
11. $A' = 4500(\ln 1.124)(1.124^t) \approx 526.02(1.124^t)$
13. $P'(t) = \tfrac{1}{3}(\ln 4)(4^{2+t/3})$ 或 $\tfrac{16}{3}(\ln 4)(4^{t/3})$
15. $F'(z) = \dfrac{1}{(z - 1)^{1/2}(z + 1)^{3/2}}$
17. $y' = \dfrac{6e^{-0.3t}}{(1 + 2e^{-0.3t})^2}$
19. $y' = \tfrac{2}{3}x(x^2 + 2)^{-2/3}e^{\sqrt[3]{x^2+2}}$
21. $f'(x) = 30x^4(3x^5 + 1) = 90x^9 + 30x^4$
23. $y = 20x + 1$
25. $A'(3.5) = 1876e^{0.245} \approx 2396.82$；3.5 年後帳戶的價值每年增加 2396.82 美元
27. (a) $F'(x) = e^x f'(e^x)$ (b) $G'(x) = e^{f(x)} f'(x)$
29. $1{,}073{,}741{,}824 e^{2x}$

■ 自我準備 3.5

1. (a) $3 + f'(x)$ (b) $xf'(x) + f(x)$
   (c) $3[f(x)]^2 \cdot f'(x)$ (d) $e^{f(x)} \cdot f'(x)$
2. (a) $1 + 4y^3 \dfrac{dy}{dx}$ (b) $\dfrac{1}{2\sqrt{x}} + \dfrac{1}{2\sqrt{y}} \dfrac{dy}{dx}$
   (c) $2x^2 y \dfrac{dy}{dx} + 2xy^2$ (d) $e^x - e^y \dfrac{dy}{dx}$
3. (a) $\dfrac{dN}{da} = 5 + 2a\sqrt{b}$
   (b) $\dfrac{dN}{db} = -2 + \dfrac{a^2}{2\sqrt{b}}$

■ 習題 3.5

1. (a) $\dfrac{dy}{dx} = -\dfrac{y + 2 + 6x}{x}$
   (b) $y = \dfrac{4}{x} - 2 - 3x$，$\dfrac{dy}{dx} = -\dfrac{4}{x^2} - 3$
3. $\dfrac{dy}{dx} = -\dfrac{x(3x + 2y)}{x^2 + 8y}$
5. $\dfrac{dy}{dx} = \dfrac{1 - 2xye^{x^2 y}}{x^2 e^{x^2 y} - 1}$
7. 3 9. $y = -\tfrac{9}{13}x + \tfrac{40}{13}$
11. $f'(x) = 3 - (2/x)$ 13. $y' = \dfrac{5(\ln x)^4}{x}$
15. $\dfrac{dy}{dx} = \dfrac{2(\ln x + 1)}{x} + 2e^x(e^x + 1)$

17. $f'(u) = \dfrac{1 + \ln 2}{u[1 + \ln(2u)]^2}$

19. $y' = \dfrac{1}{x \ln x}$

21. $f'(x) = e^x[(1/x) + \ln x]$,
$f''(x) = e^x\left(\ln x + \dfrac{2}{x} - \dfrac{1}{x^2}\right)$

25. $\dfrac{dy}{dx} = \dfrac{2x}{x^2 + y^2 - 2y}$

27. $(\pm\sqrt{3}, 0)$

29. $\dfrac{dy}{dx} = \dfrac{e^{x^2}\sqrt{x^3 + x}}{(2x + 3)^4}\left(2x + \dfrac{3x^2 + 1}{2(x^3 + x)} - \dfrac{8}{2x + 3}\right)$

■ 自我準備 3.6

1. (a) 5.69 (b) $t \approx 5.67$
2. (a) 6.11 (b) 2.14 (c) 2.12
3. (a) 216.63 (b) $-25 \ln 0.7 \approx 0.89$

■ 習題 3.6

1. (a) $46,500(1.024)^t$ (b) $46,500(0.976)^t$
3. (a) $V(t) = 28.6(0.85)^t$ 百萬美元 (b) ≈ 4.27 年
   (c) $V'(5) \approx -2.06$；5 年後機器的價值每年減少 2.06 百萬美元
   (d) 約 9.45 年
5. (a) $V(t) = 16,000\left(1 + \dfrac{0.043}{12}\right)^{12t}$
   (b) $V'(3.5) \approx 798.10$；3.5 年後帳戶價值每年增加 798.10 美元
7. $1300e^{0.172t}$；≈ 4723
9. (a) $100(4.2)^t$ (b) ≈ 7409
   (c) $\approx 10,632$ 個 / 小時
   (d) $(\ln 100)/(\ln 4.2) \approx 3.2$ 小時
11. (a) 1508 百萬，1871 百萬 (b) 2161 百萬
    (c) 3972 百萬；20 世紀前半期有戰爭，而後半世紀平均壽命增加
13. ≈ 2500 年
15. (a) $\approx 137°F$ (b) ≈ 116 分鐘

(c) $\approx 0.96°F$ / 分鐘

17. $P'(8) \approx 1.18$；2008 年 1 月 1 日，動物增加的速度為 1180 隻 / 年
19. (a) ≈ 0.00377
    (b) $P(t) = \dfrac{100}{1 + 17.87e^{-0.00377t}}$ 百萬人，其中 $t=0$ 對應於 1990 年；54.9 億
    (c) 78.1 億，276.8 億
21. (b) 下午 3 點 36 分

■ 第 3 章　複習

1. $f'(x) = 15x^2 - 7$ 3. $\dfrac{dq}{dr} = \dfrac{1}{3\sqrt[3]{r^2}} - \dfrac{6}{r^2}$
5. $h'(u) = 3e^u - \dfrac{1}{2u^{3/2}}$
7. $E'(x) = 2.3(\ln 1.06)(1.06)^x$
9. $B'(t) = 4/t$
11. $C'(a) = e^a\sqrt{a} + \dfrac{e^a + 1}{2\sqrt{a}}$
13. $y' = \dfrac{t^2 + 1}{(1 - t^2)^2}$
15. $y' = 3(x^4 - 3x^2 + 5)^2(4x^3 - 6x)$
17. $A' = -32e^{-2t}$ 19. $y' = \dfrac{3x^2}{x^3 + 5}$
21. $y' = \dfrac{2(2x^2 + 1)}{\sqrt{x^2 + 1}}$ 23. $\dfrac{dz}{dt} = \dfrac{4 - t^2}{2\sqrt{t}\,(t^2 + 4)^{3/2}}$
25. $y' = e^{-1/x}(1/x + 1)$
27. $f'(x) = 10^{x\sqrt{x-1}}(\ln 10)\left(\dfrac{x}{2\sqrt{x-1}} + \sqrt{x-1}\right)$
29. $A'(r) = \dfrac{24(\ln r)^3}{r}$
31. $y' = 3^{x \ln x}(\ln 3)(1 + \ln x)$
33. $y' = \dfrac{6x[\ln(x^2 + 1)]^2}{x^2 + 1}$
35. $f'(t) = 325e^{0.65t}$, $f''(t) = 211.25e^{0.65t}$
37. $\dfrac{dy}{dx} = \dfrac{1 - y^4 - 2xy}{4xy^3 + x^2 - 3}$
39. $-\dfrac{9}{256}$

41. $y = -x + 2$ 43. $y = 15x - 14$

45. (a) $\dfrac{10 - 3x}{2\sqrt{5 - x}}$ (b) $y = \tfrac{7}{4}x + \tfrac{1}{4}, y = -x + 8$

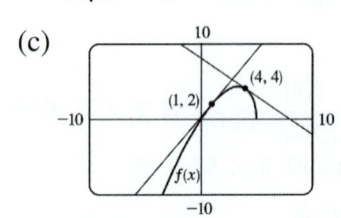

(c)

47. (a) $\dfrac{C(q)}{q} = \dfrac{920}{q} + 2 - 0.02q + 0.00007q^2$；130.11 美元

(b) $C'(q) = 2 - 0.04q + 0.00021q^2$

(c) $C'(100) = 0.1$；當已生產 100 單位時，每單位成本增加 0.10 美元

(d) $C(101) - C(100) = 0.10107$ 美元

49. (a) $P(q) = -380 + 1.04q - 0.0003q^2$

(b) $\dfrac{R(q)}{q} = 1.36 - 0.0001q$，$R'(q) = 1.36 - 0.0002q$

(c) 大約 1733 罐

51. (a) t 年後 $2.6(1.046)^t$ 百萬美元；≈ 3.04 百萬美元

(b) t 年後 $2.6(0.954)^t$ 百萬美元；約 5.57 年

53. (a) $200e^{1.1756t}$ (b) $\approx 22{,}040$

(c) $\approx 25{,}910$ 個 / 小時

(d) 1.1756 百分比 / 小時

(e) ≈ 3.33 小時

55. ≈ 100 小時

57. (a) ≈ 4.77 年 (b) ≈ 15.84 年

59. (a) $285{,}000$；$59{,}375$ (b) $\approx 188{,}000$

(c) 2037 年 5 月

(d) $P(30) \approx 4.35$；在 2040 年 1 月 1 日，動物每年增加 4350 隻

61. (a) $y = \tfrac{1}{4}(x + \ln 4) + \tfrac{1}{4}$ (b) $y = e \cdot x$

63. $g(70) = 292.8$，$g(73.3) = 280.59$

第 4 章

■ 自我準備 4.1

1. ≈ 72.1 哩   2. $\sqrt{x^2 + y^2}$ 哩

3. (a) $y' = 4[f(x)]^3 f'(x)$

(b) $y' = 2x + xf'(x) + f(x)$

4. (a) $y' = A(t)B'(t) + A'(t)B(t)$

(b) $y' = 2A(t)A'(t) + 2B(t)B'(t)$

(c) $y' = [A(t)]^2 B'(t) + 2A(t)A'(t)B(t)$

■ 習題 4.1

1. $dV/dt = 3x^2\, dx/dt$ 3. 70

5. 160 美元 / 週

7. (a) 表面積每分鐘減少 1 平方公分。

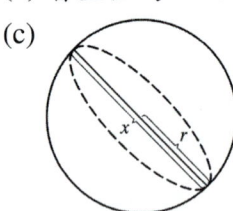

(b) 當直徑為 10 公分時，直徑遞減的速率。

(c)   (d) $S = \pi x^2$

(e) $1/(20\pi)$ 公分 / 分鐘

9. 65 哩 / 小時   11. 80 立方公分 / 分鐘

13. $6/(5\pi) \approx 0.38$ 呎 / 分鐘

15. -1.6 公分 / 分鐘   17. 5 公尺

■ 自我準備 4.2

1. (a) $\tfrac{3}{4}, -1$ (b) $0, 2$ (3) $1, -1$ (d) $-\tfrac{1}{3}$

2. $\tfrac{1}{4} \pm \tfrac{1}{4}\sqrt{41}$ 3. $(1 + x^2)^{-1/2}(4x^2 + 3)$

4. $-2t^{-1/3}(t + 2)(2t + 5)$

5. (a) $-\tfrac{2}{3}$ (b) e^2 (c) 0，± 3

6. (a) $f'(x) = (5x + 1)e^{5x}$

(b) $f'(t) = \dfrac{-t^2 - 6t + 4}{(t^2 + 4)^2}$

(c) $\dfrac{dy}{dx} = \dfrac{1}{2x\sqrt{1 + \ln x}}$

(d) $\dfrac{dy}{dx} = \dfrac{1}{2\sqrt{1 + \ln x}} + \sqrt{1 + \ln x}$

■ 習題 4.2

1. 絕對極小值：在整個定義域中所對應的函數值最小者；在 c 有相對極小值：當 x 接近 c 時，函數值最小者。

3. 絕對極大值 $f(4) = 4$；絕對極小值 $f(7) = 0$；
   局部極大值 $f(4) = 4$ 和 $f(6) = 3$；
   局部極小值 $f(2) = 1$ 和 $f(5) = 2$。

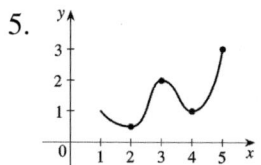

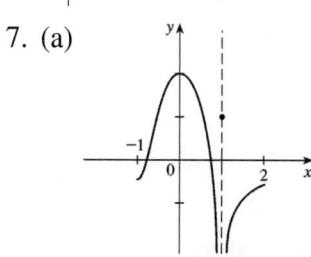

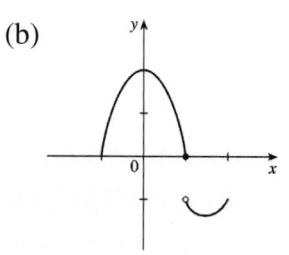

5.

7. (a)　　　(b)

9. 無　　　11. 絕對極大值 $f(0) = 1$

13. -4、2　　15. $1/e$

17. 0、$\frac{8}{7}$、4

19. $f(-1) = 8$，$f(2) = -19$

21. $f(\sqrt{2}) = 2$，$f(-1) = -\sqrt{3}$

23. $f(1) = \ln 3$，$f\left(-\frac{1}{2}\right) = \ln \frac{3}{4}$

25. $\approx 3.9665°C$

■ 自我準備 4.3

1. (a) $(-3, 6)$　(b) $(-3, 0) \cup (3, \infty)$
   (c) $(-\infty, 0) \cup (4, \infty)$　(d) $(-\infty, 4)$　(e) (e^6, ∞)

2. (a) $1/e$　(b) $-2 \pm \sqrt{2}$

3. (a) $B''(t) = (12t - 12)e^{-2t}$
   (b) $\dfrac{d^2y}{dx^2} = -\dfrac{3x^4 + 1}{(x^3 + x)^2}$

4. 負數

■ 習題 4.3

1. (a) $(0, 6)$、$(8, 9)$　(b) $(6, 8)$　(c) $(2, 4)$、$(7, 9)$
   (d) $(0, 2)$、$(4, 7)$　(e) $(2, 3)$、$(4, 4.5)$、$(7, 4)$

3. 在 $x = \frac{11}{6}$ 有局部極小值 $-\frac{73}{12}$

5. 局部極大值 $f(e^2) = 2/e$

7. 在 $(-\infty, 0.1875)$ 上凹；在 $(0.1875, \infty)$ 下凹；
   反曲點 $(0.1875, \approx -5.9664)$

9. (a) 在 $(-1, 0), (1, \infty)$ 遞增；
      在 $(-\infty, -1), (0, 1)$ 遞減
   (b) 局部極大值 $f(0) = 2$；
      局部極小值 $f(-1) = 1$，$f(1) = 1$
   (c) 在 $(-\infty, -1/\sqrt{3})$，$(1/\sqrt{3}, \infty)$ 上凹；
      在 $(-1/\sqrt{3}, 1/\sqrt{3})$ 下凹；
      反曲點 $(-1/\sqrt{3}, 13/9)$，$(1/\sqrt{3}, 13/9)$

11. (a) 在 $(-1, \infty)$ 遞增；在 $(-\infty, -1)$ 遞減
    (b) 局部極小值 $f(-1) = -1/e$
    (c) 在 $(-2, \infty)$ 上凹；在 $(-\infty, -2)$ 下凹；
       反曲點 $(-2, -2e^{-2})$

13. (a) 在 $(-\infty, -1)$，$(2, \infty)$ 遞增；在 $(-1, 2)$ 遞減
    (b) 局部極大值 $f(-1) = 7$；
       局部極小值 $f(2) = -20$
    (c) 在 $\left(\frac{1}{2}, \infty\right)$ 上凹；在 $\left(-\infty, \frac{1}{2}\right)$ 下凹；
       反曲點 $\left(\frac{1}{2}, -\frac{13}{2}\right)$
    (d)

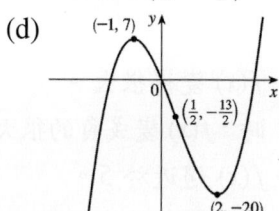

15. (a) 在 $(-2, \infty)$ 遞增；在 $(-3, -2)$ 遞減
    (b) 局部極大值 $A(-2) = -2$
    (c) 在 $(-3, \infty)$ 上凹
    (d)

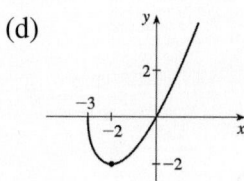

17. (a) 在 $(0, 2)$、$(4, 6)$、$(8, \infty)$ 遞增；
       在 $(2, 4)$、$(6, 8)$ 遞減
    (b) 在 $x = 2$、6 有局部極大值；$x = 4$、8 有局部極小值

(c) 在 $(3,6)$、$(6,\infty)$ 上凹；在 $(0,3)$ 下凹
(d) 3
(e)

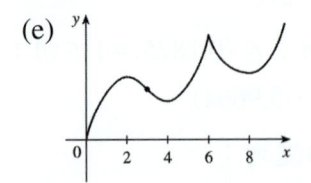

19. (a) f 在 2 有局部極大值
   (b) $y=6$ 為 f 的水平漸近線。

21. (a) $P'(t)$ 為正，$P''(t)$ 為負

■ 自我準備 4.4

1. (a) 1000   (b) $-1,000,000$
2. (a) 變成負的很大   (b) 趨近於 0
   (c) 趨近於 0   (d) 變成更大   (e) 趨近於 0
3. 若 $c>5$，它會愈來愈大；若 $c<5$，它會愈來愈負的很大
4. 它會愈來愈負的很大。
5. $\dfrac{4+\dfrac{1}{x}-\dfrac{2}{x^3}}{3+\dfrac{3}{x}}$

■ 習題 4.4

1. (a) 當 x 趨近於 2 時，$f(x)$ 變得很大。
   (b) 當 x 由右邊趨近 1 時，$f(x)$ 變成負的很大。
   (c) 當 x 變得很大時，$f(x)$ 趨近於 5。
   (d) 當 x 變成負的很大時，$f(x)$ 趨近於 3。

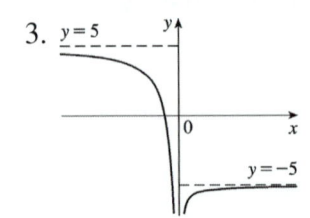

3.

5. ∞ 7. ∞
9. $\frac{1}{2}$ 11. 2
13. ∞ 15. $y=0$，$y=1$
17. (b) 接近於被注入水池的濃鹽水濃度。

■ 自我準備 4.5

1. $\{x \mid x \neq \pm 2\}$ 2. -1、3
3. 無局部極大值，局部極小值 $g(0)=0$；在 $(0,\infty)$ 遞增，在 $(-\infty,0)$ 遞減
4. 反曲點 $(0,1)$，$\left(\frac{1}{3}, \frac{26}{27}\right)$；在 $(-\infty,0)$，$\left(\frac{1}{3}, \infty\right)$ 上凹，在 $\left(0, \frac{1}{3}\right)$ 下凹
5. $t=0$，$t=-7$，$y=2$
6. 在 $x=2$ 有局部極大值
7. (a) 在 $x=1$ 有局部極小值
   (b) 在 $x=1$ 有反曲點
8. (a) 鉛直漸近線 $x=5$ (b) 水平漸近線 $y=5$

■ 習題 4.5

1. (a) 在 $(2,\infty)$ 遞增；在 $(-\infty,2)$ 遞減
   (b) 局部極小值 $f(2)=-5$
   (c) 在 $(-\infty,\infty)$ 上凹；無反曲點
   (d) $\lim\limits_{x\to -\infty} f(x)=\infty$，$\lim\limits_{x\to \infty} f(x)=\infty$
   (e)

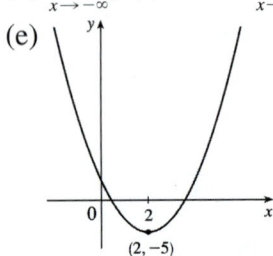

3. (a) 在 $(1,5)$ 遞增；在 $(-\infty,1)$、$(5,\infty)$ 遞減
   (b) 局部極大值 $f(5)=27$；
       局部極小值 $f(1)=-5$
   (c) 在 $(-\infty,3)$ 上凹；在 $(3,\infty)$ 下凹；
       反曲點 $(3,11)$
   (d) $\lim\limits_{x\to -\infty} f(x)=\infty$，$\lim\limits_{x\to \infty} f(x)=-\infty$
   (e)

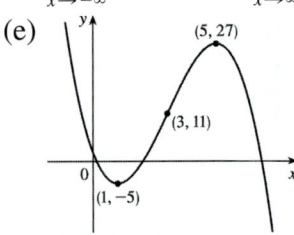

5. 定義域 $\{x \mid x \neq 1\}$；在 $(-\infty,1)$、$(1,\infty)$ 遞減；無局部極值；在 $(1,\infty)$ 上凹；在 $(-\infty,1)$ 下

凹；無反曲點；漸近線 $x=1$，$y=1$

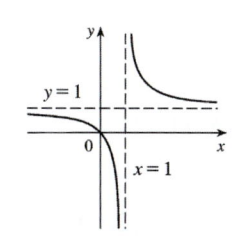

7. 定義域 $\{x \mid x \neq 0\}$；在 $(0,2)$ 遞增；在 $(-\infty, 0)$、$(2,\infty)$ 遞減；局部極小值 $f(2) = \frac{1}{4}$；在 $(3,\infty)$ 上凹；在 $(-\infty,0)$、$(0,3)$ 下凹；反曲點 $\left(3, \frac{2}{9}\right)$；漸近線 $x=0$、$y=0$

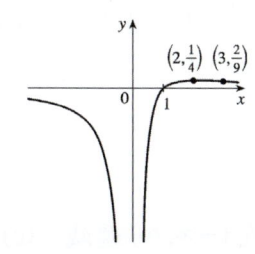

9. 定義域 $\mathbb{R}$；在 $\mathbb{R}$ 遞增；無局部極值；在 $(-\infty, 0)$ 上凹；在 $(0, \infty)$ 下凹；反曲點 $\left(0, \frac{1}{2}\right)$；水平漸近線 $y=0$（在左邊），$y=1$（在右邊）

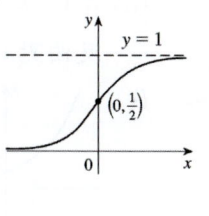

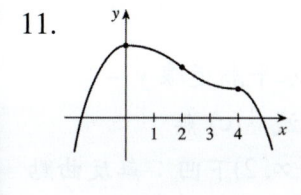

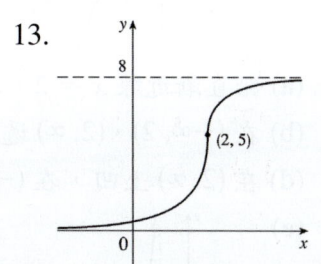

11.
13.

15. 所有圖形的樣式都相同，也都在 $(0,\infty)$ 上凹，在 $(-\infty, 0)$ 下凹。但是當 a 遞增時，下圖的四個關鍵點會離原點愈遠。

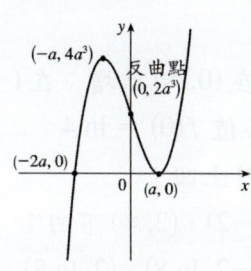

■ 自我準備 4.6

1. $\sqrt{x^2 + (20-x)^2}$
2. $\sqrt{(2x+5)^2 - (x-2)^2}$
3. $840/[x(x+4)]$ 吋
4. b/a 5. $x = \sqrt[3]{4/3}$
6. $\dfrac{dA}{dm} = \dfrac{-cm^2 - 2pcm + bp}{(cm^2 - bm)^2}$
7. $\dfrac{x}{3} + \dfrac{x-2}{1.5}$ 小時

■ 習題 4.6

1. (a) 11、12   (b) 11.5、11.5
3. 25 公尺乘以 25 公尺
5. 4000 立方公分
7. 半徑 $\sqrt[3]{231/\pi} \approx 4.19$ 吋，高 $\sqrt[3]{231/\pi} \approx 4.19$ 吋
9. $E^2/(4r)$
11. (a) 全部用來摺出正方形
    (b) 用 $40\sqrt{3}/(9 + 4\sqrt{3}) \approx 4.35$ 公尺來摺出正方形
13. 寬 $60/(4+\pi) \approx 8.40$ 呎；
    矩形高 $30/(4+\pi) \approx 4.20$ 呎
15. (a) 離 B 點約 5.1 公里
    (b) C 點靠近 B 點；C 點靠近 D 點；$W/L = \sqrt{25 + x^2}/x$，x 為 B 點到 C 點的距離
    (c) ≈ 1.07；無此值   (d) $\sqrt{41}/4 \approx 1.6$

■ 自我準備 4.7

1. $f'(x) = 4.2 - 0.6x + 0.006x^2$，
   $f''(x) = -0.6 + 0.012x$
2. $P'(t) = -4.8e^{-0.4t}$，$P''(t) = 1.92e^{-0.4t}$
3. $g'(x) = 60/x$，$g''(x) = -60/x^2$
4. $h'(a) = \dfrac{3}{2\sqrt{3a}}$ 或 $\dfrac{\sqrt{3}}{2\sqrt{a}}$，
   $h''(a) = -\dfrac{9}{4(3a)^{3/2}}$ 或 $-\dfrac{\sqrt{3}}{4a^{3/2}}$

5. $g(x) = -\frac{1}{300}x + 36$
6. (a) 62.12 (b) 4.21

■ 習題 4.7

1. (a) $C(0)$ 代表固定成本，既使沒有產出也必須花費的支出。
   (b) 在該處邊際成本為最小。
   (c)

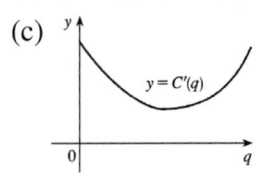

3. (a) 342,491 美元；342.49 美元／件；389.74 美元／件
   (b) 400 (c) 320 美元／件

5. 300 單位

7. (a) $D(q) = 550 - \frac{1}{10}q$ (b) 175 美元
   (c) 100 美元

9. 是；降價將會大幅提升銷售量

11. ≈ 1.23；具彈性   15. 50 美元，625 個

17. 289 箱，約每 4.7 個月

■ 第 4 章 複習

1. 絕對極大值 $f(4) = 5$，
   絕對和局部極小值 $f(3) = 1$

3. 絕對極大值 $g\left(-\frac{1}{2}\right) = g(1) = 3$，
   局部極大值 $g\left(-\frac{1}{2}\right) = 3$，
   絕對極小值 $g(-1) = g\left(\frac{1}{2}\right) = 1$，
   局部極小值 $g\left(\frac{1}{2}\right) = 1$

5. 絕對極大值 $f(2) = \frac{2}{5}$，
   絕對和局部極小值 $f\left(-\frac{1}{3}\right) = -\frac{9}{2}$

7. (a) 在 $(-\infty, -2), (4, \infty)$ 遞增；在 $(-2, 4)$ 遞減
   (b) 局部極大值 $N(-2) = 33$，
       局部極小值 $N(4) = -75$
   (c) 在 $(1, \infty)$ 上凹，在 $(-\infty, 1)$ 下凹；
       反曲點 $(1, -21)$

9. (a) 在 $\left(-\infty, \frac{3}{4}\right)$ 遞增；在 $\left(\frac{3}{4}, 1\right)$ 遞減
   (b) 局部極大值 $f\left(\frac{3}{4}\right) = \frac{5}{4}$
   (c) 在 $(-\infty, 1)$ 下凹；無反曲點

11. (a) 在 $\left(-\frac{1}{4}, \infty\right)$ 遞增；在 $\left(-\infty, -\frac{1}{4}\right)$ 遞減
    (b) 局部極小值 $f\left(-\frac{1}{4}\right) = -1/(4e)$
    (c) 在 $\left(-\frac{1}{2}, \infty\right)$ 上凹，在 $\left(-\infty, -\frac{1}{2}\right)$ 下凹；
        反曲點 $\left(-\frac{1}{2}, -1/(2e^2)\right)$

13. (a) 在 $(-\infty, -1)$、$(1, 4)$ 遞增；
        在 $(-1, 1)$、$(4, \infty)$ 遞減
    (b) 在 $x = -1, x = 4$ 有局部極大值；
        在 $x = 1$ 有局部極小值
    (c) 在 $(0, 2.5)$ 上凹；在 $(-\infty, 0)$、$(2.5, \infty)$ 下凹
    (d) $x = 0$，$x = 2.5$

15. $-\infty$ 17. 4

19. ∞

21. (a) 無 (b) 在 $(-\infty, \infty)$ 遞減 (c) 無
    (d) 在 $(-\infty, 0)$ 上凹；在 $(0, \infty)$ 下凹；
        反曲點 $(0, 2)$
    (e)

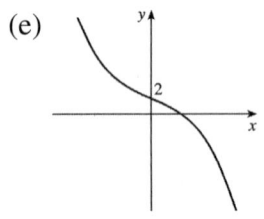

23. (a) 鉛直漸近線 $x = 2$，水平漸近線 $y = \frac{3}{2}$
    (b) 在 $(-\infty, 2)$、$(2, \infty)$ 遞減 (c) 無
    (d) 在 $(2, \infty)$ 上凹，在 $(-\infty, 2)$ 下凹；無反曲點
    (e)

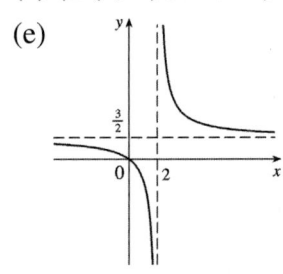

25. (a) 無 (b) 在 $(0, \infty)$ 遞增；在 $(-\infty, 0)$ 遞減
    (c) 局部極小值 $f(0) = \ln 4$
    (d) 在 $(-2, 2)$ 上凹；
        在 $(-\infty, -2)$、$(2, \infty)$ 下凹；
        反曲點 $(-2, \ln 8)$、$(2, \ln 8)$

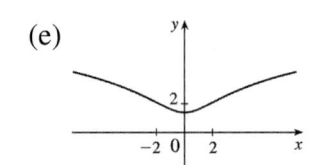

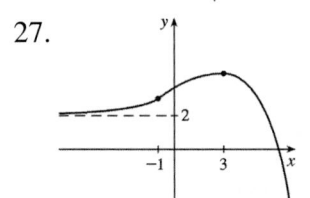

(e) [圖]

27. [圖]

29. $L = C$ 31. ≈ -3.19 千片／月

33. 13 呎／秒   35. 500 和 125

37. 1050 呎（與建築物平行）乘以 350 呎

39. (a) 28,800 美元，15.30 美元／個，14.40 美元／頂，21,200 美元
    (b) 1761   (c) 2370

41. (a) $E(q) = (7392 - q)/q$
    (b) 當 $D(q) < 154$ 美元時，$E(q) < 1$；當 $D(q) > 154$ 美元時，$E(q) > 1$
    (c) 154 美元
    (d) $R(q) = 308q - \frac{1}{24}q^2$；569,184 美元；是

第 5 章

■ 習題 5.1

1. (a) 30,220 美元   (b) 15,600 美元

3. (a) 12,475 呎 $\approx$ 2.36 哩

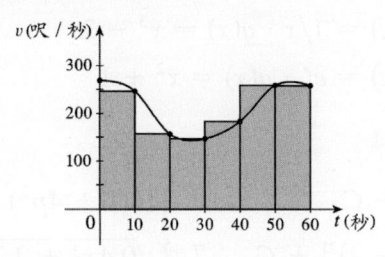

[圖]

(b) 13,022 呎 $\approx$ 2.47 哩

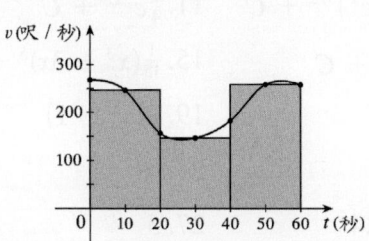

[圖]

5. (a) 41；高於所求

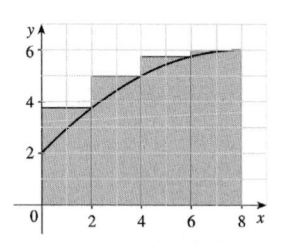

[圖]

(b) 33；低於所求

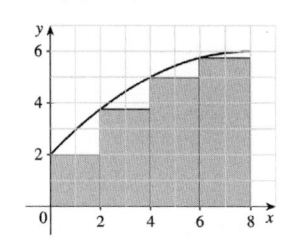

[圖]

(c) ≈ 39.1

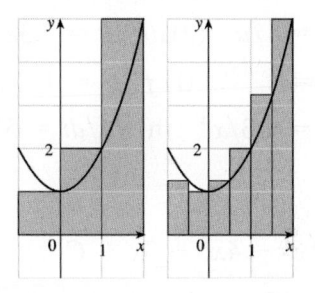

7. (a) 8，6.875

[圖]

(b) 5，5.375

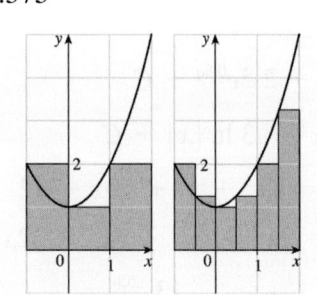

[圖]

(c) 5.75，5.9375

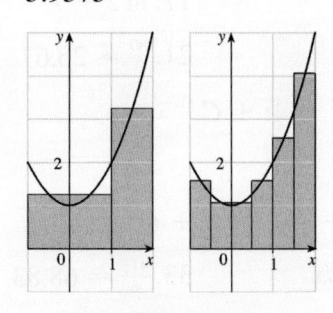

[圖]

(d) 中點法使用六個矩形

9. (a) 0   (b) -3 11. 5

13. 124.1644

15. 上估計值：16（用右端點）；下估計值：-64（用左端點）

17. (a) 是
    (b) 否，若 f 的圖形如第 10 題所示，則當 $5 \leq x \leq 6$ 時，$f(x) < 0$，但 $\int_2^6 f(x) > 0$

19. (a) 8

■ 自我準備 5.2

1. $16t^2 + 24t + 9$ 2. $2x^{5/2} - 3x^{1/2}$

3. (a) $x^{1/2}$ (b) $x^{2/3}$ (c) x^{-2} (d) $x^{-3/2}$

4. $2x^2 + 5x + 2x^{-2}$

5. (a) $dy/dx = x^3$ (b) $B'(t) = t^{1/2} = \sqrt{t}$
   (c) $L'(u) = 1/u$ (d) $dP/dt = 7.3e^t$
   (e) $g'(t) = e^{-0.2t}$ (f) $f'(v) = 1/\sqrt{v}$
   (g) $h'(x) = -3/x^4$ (h) $dA/dt = 5^t \ln 5$

■ 習題 5.2

1. $F(x) = 2x^3 - 4x^2 + 3x + C$

3. $F(x) = 2x^{3/2} - x^{-5} + C$（在任意不包括 0 的區間）

5. $F(q) = q + 2.5e^{0.8q} + C$

7. $f(x) = \frac{8}{3}x^3 - 3\ln|x| + C$

9. (a) $f'(x) = 8x^3 + x^2 + 10x - 22$
   (b) $f(x) = 2x^4 + \frac{1}{3}x^3 + 5x^2 - 22x + \frac{59}{3}$

11. $\frac{364}{3}$ 13. $\frac{208}{3}$

15. $\frac{22}{3} - \frac{10}{3}e^{-2.4}$ 17. $\ln 2 + 7$

19. $5/(\ln 2)$ 21. $\frac{80}{3} \approx 26.67$

23. $\frac{1}{3}t^3 + \frac{3}{2}t^2 + 4t + C$

25. $\frac{5}{2}e^{2t} + C$

27. $2t - t^2 + \frac{1}{3}t^3 - \frac{1}{4}t^4 + C$

31. $\int_{-1}^{5} f(x)\,dx$ 33. $\frac{413}{6} \approx 68.83$

■ 習題 5.3

1. 當吉他的產量由 300 把到 500 把的成本總數（單位：千美元）。

3. 前 2 小時漏油的總加侖數

5. 上午 6 點到上午 8 點通過路由器的資料流量為 18,350 mB (18.35 GB)

7. 142,956   9. ≈ 4512 L

11. ≈ 587.6 瓩-小時

13. (a) $-\frac{3}{2}$ 公尺   (b) $\frac{41}{6}$ 公尺

15. $\frac{8}{3}$ 17. $\approx 57.2°F$

19. 28,320 公升

■ 自我準備 5.4

1. (a) $dy/dx = 3x^2 e^{x^3+1}$ (b) $Q'(t) = \dfrac{3 + 2t}{3t + t^2}$
   (c) $f'(x) = 16x(2x^2 + 3)^3$
   (d) $g'(z) = \dfrac{e^z + 5}{2\sqrt{e^z + 5z}}$
   (e) $dr/dt = 3^{2t+2}(2 \ln 3)$

2. (a) $\frac{1}{2}x^6 + 2x^2 - x + C$ (b) $\frac{16}{3}t^{3/2} + C$
   (c) $5\ln|v| + C$ (d) $(-5/v) + C$
   (e) $\dfrac{1}{\ln 4} 4^x + C$

3. (a) $f(x) = x^4$，$g(x) = 3x^2 + 2$
   (b) $f(x) = \sqrt{x}$，$g(x) = x^3 + 8$
   (c) $f(x) = 1/x$，$g(x) = x^3 - 2$
   (d) $f(x) = e^x$，$g(x) = x^2 + 1$

■ 習題 5.4

1. $-e^{-x} + C$ 3. $\frac{1}{8}\ln(1 + 4p^2) + C$

5. $\frac{1}{63}(3x - 2)^{21} + C$ 7. $\frac{5}{3}\sqrt{0.4x^3 + 2.2} + C$

9. $\frac{2}{3}(1 + e^x)^{3/2} + C$ 11. $\frac{1}{4}e^{2t^2} + C$

13. $2e^{\sqrt{t}+1} + C$ 15. $\frac{1}{15}(x^3 + 3x)^5 + C$

17. $\frac{182}{9}$ 19. $2(e^8 - 1)$

21. 2   23. 0

25. 約 142.4   27. 5

29. 是

習題 5.5

1. $\frac{1}{2}x^2 \ln x - \frac{1}{4}x^2 + C$
3. $\frac{1}{4}x^4 \ln 2x - \frac{1}{16}x^4 + C$
5. $x \ln \sqrt[3]{x} - \frac{1}{3}x + C$
7. $\frac{3}{16}e^4 + \frac{1}{16}$
9. $\frac{1}{2} - \frac{1}{2}\ln 2$
11. (a) $2 - e^{-t}(t^2 + 2t + 2)$ 公尺 (b) ≈ 1.99 公尺
15. 2

第 5 章 複習

1. (a) 820,200 美元 (b) 242,350 美元
3. (a) 8 (b) 5.7

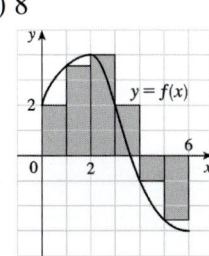

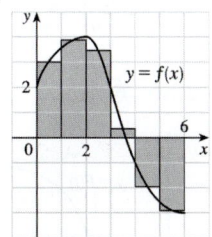

5. $\frac{1}{2} + \pi/4$
7. ≈ 56.98
9. $F(x) = \frac{1}{2}x^4 + 3x^2 - 7x + C$
11. $P(r) = 4r + 5\ln|r| + C$
13. 37
15. $\frac{9}{10}$
17. $\frac{5}{2}(e^4 - 1)$
19. $\frac{45}{2}$
21. $2.4t^3 - 2.3t^2 + 18.1t + C$
23. $6\ln|x| + \frac{1}{2}x^2 + C$
25. 2000 年 1 月 1 日至 2008 年 1 月 1 日汽油消耗量總桶數
27. 手提電腦產量由 500 台增加至 1000 台的成本改變
29. 780,000 美元
31. $7(1 - e^{-3}) \approx 6.65$ 加侖
33. (a) $29.1\overline{6}$ 公尺 (b) 29.5 公尺
35. $-\frac{37}{3}(e^{-0.6} - 1) \approx 5.56$ 盎司
37. $\frac{1}{21}(1 + x^3)^7 + C$
39. $\frac{1}{2}\ln 2$
41. $\frac{1}{2}(e^4 - 1)$
43. $\frac{2}{3}(e^x + 2)^{3/2} + C$
45. $\frac{1}{2\ln 5}5^{x^2} + C$
47. $\frac{64}{5}\ln 4 - \frac{124}{25}$
49. $-\frac{1}{e^{4t}}\left(\frac{1}{4}t^2 + \frac{1}{8}t + \frac{1}{32}\right) + C$
51. $26/(\ln 3)$
53. $\sqrt{x^2 + 4x} + C$
55. 0

第 6 章

自我準備 6.1

1. (a) $-\frac{328}{3}$ (b) $e^2 - 3$ (c) $\ln 4 - \frac{28}{3}$
   (d) $\frac{1.5}{\ln 2.5} - \frac{3}{2}$ (e) $\ln 2 - 2$
2. ≈ 48.76
3. $(-4, 24), (3, 10)$
4. 生產前 1,500 個產品的成本 (包括固定成本)，單位為千美元
5. 由第 5 分鐘結束到第 20 分鐘結束這段期間的漏油量，單位為夸特

習題 6.1

1. $\frac{32}{3}$
3. 19.5
5. $\frac{1}{6}$
7. $\frac{1}{3}$
9. $e - 2$
11. ≈ 6.32
13. ≈ 12.979；相較於 2010 年，此工廠在 2011 年多生產了 12,979 個硬碟。
15. (a) A (b) 1 分鐘後 A 車領先 B 車
    (c) A (d) ≈ 2.2 分鐘
17. 4232 平方公分
19. $4^{2/3}$

習題 6.2

1. 400,000 美元
3. 195,392.69 美元
5. 346,953.73 美元

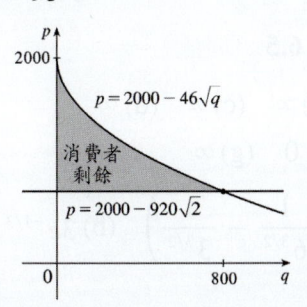

7. $p = -\frac{1}{30}q + 2$;1500 美元
9. 18,304.26 美元
11. (a) 160 美元　(b) 324,900 美元
　　(c) 324,900 美元
13. 233,539.66 美元　　15. 498,814.68 美元；否
17. $\frac{2}{3}(16\sqrt{2} - 8) \approx 9.75$ 百萬美元

■ 習題 6.3

1. (a) 1480　(b) 9440
　　(c) 並不是所有新成員都存活
3. 6265　　　　　　5. $\approx 12{,}417$ 加侖
7. 6.60 公升/分鐘

■ 自我準備 6.4

1. $-3e^{-3x}$,$-2e^{-3x}$　　2. $(x^3 + 3x^2)e^x$
3. (a) $\ln|x| + C$　(b) $-1/x + C$
　　(c) $\ln|x + 4| + C$　(d) $\frac{1}{2}\ln(x^2 + 4) + C$
　　(e) $-\frac{1}{2}e^{-2t} + C$　(f) $\frac{2}{3}t^{3/2} + C$

■ 習題 6.4

3. $y = \dfrac{2}{K - x^2}$, $y = 0$　　5. $y = Kx$
7. $u = Ae^{2t + t^2/2} - 1$　　9. $y = \sqrt[3]{\frac{3}{2}e^{2x} + \frac{51}{2}}$
11. (a) 解必恆為 0，或恆遞減。　(c) $y = 0$
　　(d) $y = 1/(x + 2)$
13. $\dfrac{dB}{dt} = \dfrac{k}{B}$
15. $dP/dt = \frac{1}{50}P + 500$；388,156
17. $y = \pm\sqrt{[3(te^t - e^t + C)]^{2/3} - 1}$
19. (a) $C(t) = (C_0 - r/k)e^{-kt} + r/k$
　　(b) r/k；無論 C_0 值為何，濃度都會接近於 r/k

■ 自我準備 6.5

1. (a) 0　(b) ∞　(c) ∞　(d) ∞
　　(e) 1　(f) 0　(g) ∞
2. (a) $-\dfrac{2}{3}\left(\dfrac{1}{6^{3/2}} - \dfrac{1}{3^{3/2}}\right)$　(b) $3e^{-1/3} - 3e^{-w/3}$

(c) $\frac{1}{2}e^{t^2} + C$　(d) $\ln|\ln x| + C$
(e) $-2.5/t^{0.4} + C$

■ 習題 6.5

1. $\frac{1}{2} - 1/(2t^2)$；0.495，0.49995，0.4999995；0.5
3. 2　　　　　　5. $2e^{-2}$
7. 發散
9. e

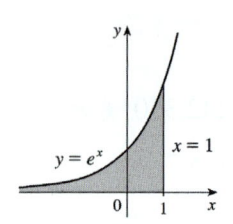

11. 7142.86 美元

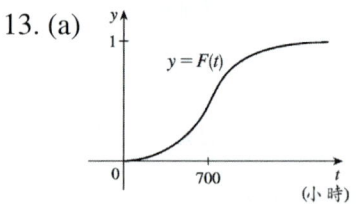

13. (a)

(b) 當 t 遞增時，分數 $F(t)$ 的變化率遞增。
(c) 1；燈泡終究會燒壞。

■ 習題 6.6

1. (a) 隨機選取一個壽命介於 30,000 哩至 40,000 哩間的輪胎之機率
　　(b) 隨機選取一個壽命至少有 25,000 哩的輪胎之機率
3. (a) $c = 2$　(b) $\dfrac{1}{e} - \dfrac{1}{e^{16}} \approx 0.368$
7. $\approx 44\%$　　　　　9. ≈ 0.9545

■ 第 6 章　複習

1. $\frac{28}{3}$　　　　　　3. $\frac{32}{3}$
5. $\frac{8}{3}$　　　　　　7. $\frac{7}{12}$
9. ≈ 3208.33；在製造和銷售前 500 個背包後，製造商的利潤約增加 3208.33 美元
11. 7166.67 美元　　13. 19,445.07 美元
15. 174,438.57 美元　　17. 54,916

19. 10,836   21. $\dfrac{dA}{dt} = \dfrac{k}{A^2}$

23. $B = -\tfrac{1}{2}\ln(K - 4\sqrt{t})$

25. $y = \sqrt{1/\left(\tfrac{1}{8} - x^2\right)}$ 27. $\tfrac{1}{36}$

29. 發散

31. (a) 因為對任意 x，$f(x) \geq 0$ 都成立，且 $\int_{-\infty}^{\infty} f(x)\,dx = 1$
   (b) $\tfrac{7}{27} \approx 0.259$ (c) 6；yes

33. (a) $1 - e^{-3/8} \approx 0.313$ (b) $e^{-5/4} \approx 0.287$
   (c) $8\ln 2 \approx 5.55$ 分鐘

第 7 章

自我準備 7.1

1. (a) $[-5, \infty)$ (b) $[-2, 2]$
   (c) $\{a \mid a \neq 2\}$ (d) $\left(-\infty, \tfrac{1}{2}\right)$

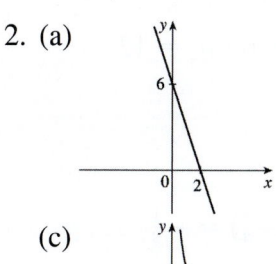

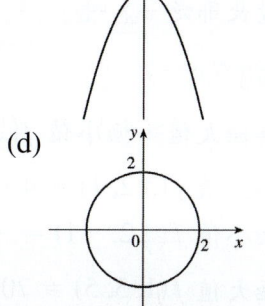

2. (a) (b) (c) (d)

習題 7.1

1. (a) 37   (b) -63 (c) -26 (d) $8x - 11$
3. (a) 3   (b) $\tfrac{3}{2}$ (c) 1   (d) $-x$
5. (a) 4   (b) 整個 xy 平面
7. $\{(x, y) \mid y \neq x\}$

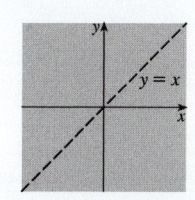

9. $(4, 0, -3)$

11. $x + y + z = 1$，平面

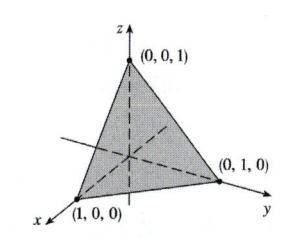

13. $y = k/x$

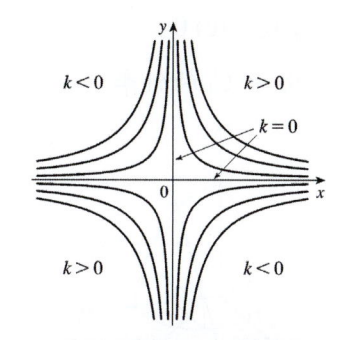

15. ≈ 94.2；當製造商投資 2000 萬美元和使用 120,000 工時，每年的產值約為 9420 萬美元

17. (a) ≈ 20.52；若體重為 160 磅且身高為 70 吋，此人的表面積約 20.52 平方呎

自我準備 7.2

1. 暴風雨開始 1.5 小時後，雨量為每小時 0.6 吋

2. (a) $g'(x) = 15x^2 - 16x + 13$
   (b) $f'(x) = 8(x + 2)^7$ (c) $K'(v) = 3^v \ln 3$
   (d) $B'(u) = (u^3 + 3u^2)e^u$
   (e) $H'(t) = (t - 3)e^t/t^4$ (f) $f'(x) = \dfrac{7 - 7x^2}{(x^2 + 1)^2}$
   (g) $g'(y) = \dfrac{1}{2\sqrt{y}} + \dfrac{1}{y}$ (h) $dy/dx = 2xe^{x^2 + 2}$
   (i) $\dfrac{dy}{dt} = \dfrac{2t - 5}{t^2 - 5t}$
   (j) $A'(t) = \dfrac{3t^3}{2\sqrt{t^3 - 1}} + \sqrt{t^3 - 1}$

3. (a) $3x^2$ (b) ae^x (c) $\dfrac{1 + 2ax}{x + ax^2 + b}$
   (d) $-c/(2x - c)^2$

4. (a) $y'' = 2/(x - 1)^3$ (b) $y'' = 1/(x^2 + 1)^{3/2}$

習題 7.2

1. 當運送距離為 150 哩且包裹重量自 80 磅改變

時運費之變化量(單位:美元/磅)

3. (a) $f_T(-15, 30) \approx 1.3$;當溫度為 $-15°C$ 且風速為 30 公里/小時,溫度每升高 $1°C$,風寒指數升高約 $1.3°C$;$f_v(-15, 30) \approx -0.15$ 當溫度為 $-15°C$ 且風速為 30 公里/小時,風速每升高 1 公里/小時,風寒指數升高約 $0.15°C$

(b) 正數,負數 (c) 0

5. $f_x(1, 2) = -8 = C_1$ 的斜率

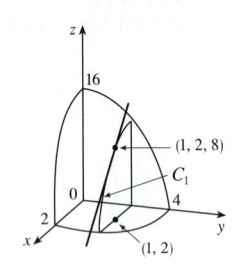

$f_y(1, 2) = -4 = C_2$ 的斜率

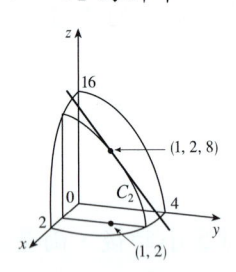

7. $f_x(x, y) = -3y$,$f_y(x, y) = 5y^4 - 3x$

9. $\partial z/\partial x = 20(2x + 3y)^9$,$\partial z/\partial y = 30(2x + 3y)^9$

11. $f_r(r, s) = \dfrac{2r^2}{r^2 + s^2} + \ln(r^2 + s^2)$,

$f_s(r, s) = \dfrac{2rs}{r^2 + s^2}$

13. $f_s(s, t) = -\dfrac{3s}{\sqrt{2 - 3s^2 - 5t^2}}$,

$f_t(s, t) = -\dfrac{5t}{\sqrt{2 - 3s^2 - 5t^2}}$

15. $\partial w/\partial x = 1/(x + 2y + 3z)$,

$\partial w/\partial y = 2/(x + 2y + 3z)$,

$\partial w/\partial z = 3/(x + 2y + 3z)$

17. $f_x = yzx^{yz-1}$,$f_y = zx^{yz} \ln x$,$f_z = yx^{yz} \ln x$

19. -27

21. $\frac{1}{4}$

23. $w_{uu} = v^2/(u^2 + v^2)^{3/2}$,

$w_{uv} = -uv/(u^2 + v^2)^{3/2} = w_{vu}$,

$w_{vv} = u^2/(u^2 + v^2)^{3/2}$

27. 互補商品

■ 習題 7.3

1. (a) f 在 $(1, 1)$ 有局部極小值。
 (b) f 在 $(1, 1)$ 有鞍點。

3. 極大值 $f(-1, 2) = -4$

5. 在 $(1, 1)$,$(-1, -1)$ 有鞍點

7. 極大值 $f(0, 0) = 2$,極小值 $f(0, 4) = -30$,鞍點在 $(2, 2)$,$(-2, 2)$

9. 極大值 $f(\frac{1}{2}, 0) = \frac{1}{2}e^{-1/2}$,

極小值 $f(-\frac{1}{2}, 0) = -\frac{1}{2}e^{-1/2}$

11. $\frac{100}{3}$,$\frac{100}{3}$,$\frac{100}{3}$

13. $p_1 = 27$,$p_2 = 28$;$q_1 = 6$,$q_2 = 12$

15. 邊長都是 2.5 吋

■ 習題 7.4

1. 無極大值,極小值 $f(\frac{1}{2}, -\frac{1}{4}) = -\frac{1}{8}$

3. 極大值 $f(\pm 2, 1) = 4$,

極小值 $f(\pm 2, -1) = -4$

5. 極大值 $f(1, 3, 5) = 70$,

極小值 $f(-1, -3, -5) = -70$

7. 50,50

9. A 為 $25\sqrt{2} \approx 35.4$ 單位,B 為 $20\sqrt{2} \approx 28.3$ 單位

11. 正方形底部的邊長 40 公分,高 20 公分

■ 第 7 章 複習

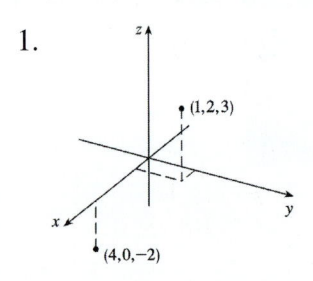

1.

3. (a) e^2 (b) $\{(x, y) \mid x \neq 1\}$

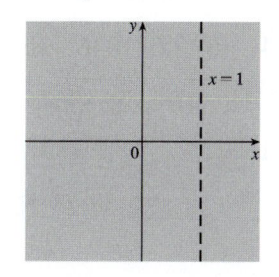

(c) $g_x(2, 1) = 0$，$g_y(2, 1) = 2e^2$

5. $y = x^2 + k$

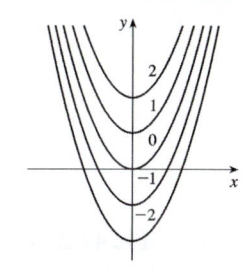

7. $f_x(x, y) = 2xy^4 - 2y^5$，
   $f_y(x, y) = 4x^2y^3 - 10xy^4$

9. $h_x(x, y) = (2xy + 1)e^{2xy}$，$h_y(x, y) = 2x^2 e^{2xy}$

11. $F_\alpha(\alpha, \beta) = \dfrac{2\alpha^3}{\alpha^2 + \beta^2} + 2\alpha \ln(\alpha^2 + \beta^2)$
    $F_\beta(\alpha, \beta) = \dfrac{2\alpha^2 \beta}{\alpha^2 + \beta^2}$

13. $G_x = \dfrac{1}{y + 2z}$，$G_y = -\dfrac{x}{(y + 2z)^2}$，
    $G_z = -\dfrac{2x}{(y + 2z)^2}$

15. $f_{xx} = 24x$，$f_{xy} = -2y = f_{yx}$，$f_{yy} = -2x$

17. $\approx 3.5°C$ / 公尺，$-3.0°C$ / 公尺

19. (a) $P_L(L, K) = 400L^{-1/3}K^{1/3}$，
    $P_K(L, K) = 200L^{2/3}K^{-2/3}$

(b) $P_L(100, 80) \approx 371.3$，$P_K(100, 80) \approx 232.1$。
當資本投資保持為 80 單位，但勞動力由 100 單位提高時，勞動力每增加 1 單位產值會增加約 371.3 單位。
當勞動力保持為 100 單位，但資本投資由 80 單位提高時，資本每增加 1 單位，產值會增加約 232.1 單位。

(c) 勞動力 (假設勞動力和資本投資的單位等值)

21. 極小值 $f(-4, 1) = -11$

23. 極大值 $f(1, 1) = 1$；鞍點 $(0, 0)$，$(0, 3)$，$(3, 0)$

25. 極大值 $f(\pm\sqrt{2/3}, 1/\sqrt{3}) = 2/(3\sqrt{3})$，
    極小值 $f(\pm\sqrt{2/3}, -1/\sqrt{3}) = -2/(3\sqrt{3})$

27. 極大值 1，極小值 -1

■ 附錄 A

1. $-3a^2 bc$
3. $-8 + 6a$
5. $12x^2 + 25x - 7$
7. $30y^4 + y^5 - y^6$
9. $1 + 4x$
11. $\dfrac{u^2 + 3u + 1}{u + 1}$
13. $\dfrac{rs}{3t}$
15. $2x(1 + 6x^2)$
17. $(x - 4)(x + 2)$
19. $(3x + 2)(2x - 3)$
21. $(2t - 3)^2$
23. $\dfrac{x + 2}{x - 2}$
25. $\dfrac{x - 2}{x^2 - 9}$
29. $(x - \frac{5}{2})^2 + \frac{15}{4}$
29. $1, -10$
31. $\dfrac{-5 \pm \sqrt{13}}{6}$
33. 不可約分
35. 8
37. $3p^2 r^2 \sqrt{10p}$
39. $16x^{10}$
41. $\dfrac{1}{\sqrt{3}}$
43. $2\sqrt{2} \, |x|^3 y^6$
45. $\dfrac{1}{\sqrt{x} + 3}$
47. $\dfrac{3 + \sqrt{5}}{2}$
49. 是
51. 否
53. $[-1, \infty)$
55. $(-\infty, 1) \cup (2, \infty)$
57. $(-\infty, 1]$
59. $[10, 35]$
61. $1, -7$

■ 附錄 B

1. 5
3. $2\sqrt{37}$
5. $-\dfrac{9}{2}$
7. $y = 4x - 12$
9. $5x + y = 23$
11. $y = 2x - 4$

13. $x + 2y + 11 = 0$

15. $m = -\frac{1}{3}$, $b = 0$ 　　17. $m = \frac{3}{4}$, $b = -3$

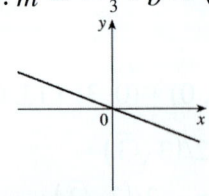

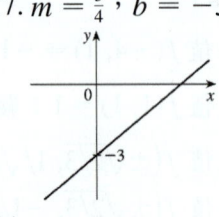

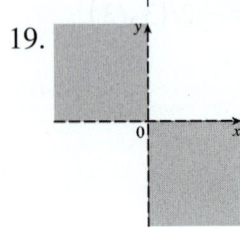

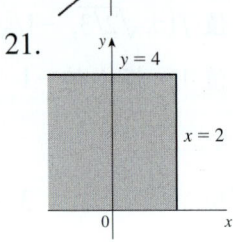

19. 　　21.

23. $(1, -2)$

■ 附錄 C

1. (a) $L_2 = 6$, $R_2 = 12$, $M_2 \approx 9.6$
   (b) L_2 低估，R_2 和 M_2 高估。
   (c) $T_2 = 9 < I$ 　(d) $L_n < T_n < I < M_n < R_n$

3. (a) 1.506361　(b) 1.518362　(c) 1.511519
5. (a) 2.591334　(b) 2.681046　(c) 2.631976
7. (a) (i) 3.853518　(ii) 3.868367　(iii) 3.858416
   (b) 3.858471
9. 14.4 　　　　　　　　11. 37.7$\overline{3}$ 呎/秒
13.

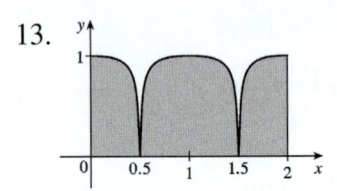

■ 附錄 D

1. $500y^3$、$3x^2$ 　　　　3. 261,632/45
5. 32 　　　　　　　　　7. $\frac{21}{2}$
9. $\frac{1}{15}$ 　　　　　　　　11. 47.5
13. $\frac{5}{6}$ 　　　　　　　　15. 約 9.8 吋